Der Pilz,

essbar und sonst noch

Sein Lebensraum und seine Wachstumszeit

Miron Elisha Hard

Writat

Diese Ausgabe erschien im Jahr 2024

ISBN: 9789359941738

Herausgegeben von
Writat
E-Mail: info@writat.com

Inhalt

EINFÜHRUNG

Ich stimme denen zu, die behaupten, dass für dieses Buch über Pilze keine Einleitung nötig ist. Trotzdem wäre ein Wort nicht unangebracht, denn der Beginn des Werks ist ungewöhnlich. Mr. Hard entschied nicht, dass ein Buch zu diesem Thema nötig sei, und begann dann, diese interessanten Pflanzen zu studieren. Er hat sie beobachtet, gesammelt, viele Freunde dazu überredet, die Pflanzen zu essen, die sich als schmackhaft und köstlich erwiesen – er hat sich jahrelang mit den verschiedenen essbaren und anderen Arten beschäftigt und sich dann kürzlich entschlossen, ein Buch über sein Lieblingsthema zu veröffentlichen. Die interessante Beschäftigung mit dem Fotografieren von Pilzen und Giftpilzen hat zweifellos viel zu der Entschlossenheit beigetragen, die zur Verwirklichung der Abhandlung führte.

Wenn ich den Ursprung und die beitragenden Ursachen richtig verstanden habe, würden wir erwarten, dass sich dieses Buch von den anderen Büchern über Pilze unterscheidet – natürlich nicht in Umfang und Zielsetzung; aber die gegebenen Anweisungen und Vorschläge, die angebotenen Beschreibungen und allgemeinen Bemerkungen, die große Bandbreite der in Wort und Bild dargestellten Formen, ja die gesamte Gestaltung des Buches werden eher die breite Masse ansprechen als den Collegestudenten im Besonderen. Der Autor schreibt nicht für die wenigen speziell Gebildeten, sondern für die Masse intelligenter Leute – diejenigen, die lesen und studieren, aber mehr beobachten; diejenigen, die dazu neigen, mit der Natur zu kommunizieren, wie sie sich in den Tälern und Lichtungen, auf den Feldern und Wäldern zeigt, und die wenig oder gar keine Zeit damit verbringen, den Formen nachzujagen oder die Gewebe zu skizzieren, die auf dem schmalen Objekttisch eines zusammengesetzten Mikroskops sichtbar sind.

Das Buch ist für Anfänger und alle Anfänger geeignet. Für Studenten ist dies der richtige Leitfaden, wenn sie mit dem Studium der Pilze beginnen möchten. Alle Lehrer an den Schulen sollten jetzt mit dem Studium der Pilze beginnen und werden dieses Buch zu diesem Zweck nützlich finden. Menschen, die oft Pilze sehen, sie aber nicht kennen, finden hier möglicherweise ein Buch, das ihnen wirklich hilft.

Wir wünschen uns vielleicht Farbfotografie, wenn das Motiv ein zart gefärbter Pilz ist; wenn wir dabei aber Details in der Struktur verlieren würden, wäre dieser Wunsch vertan. Die Farben lassen sich annähernd beschreiben, die charakteristischen Markierungen, Formen und Gestalten jedoch oft nicht. Die Halbtöne der Fotografien werden sich, so erwarten wir, als wertvolles Merkmal des Buches erweisen, insbesondere wenn die

Pflanzen sehr sorgfältig untersucht werden, bevor man sich den Bildern zuwendet. Eine halbe Stunde lang kann man die Seiten umblättern und die Illustrationen genießen. Dadurch erlangt man jedoch kein wirkliches Wissen über Pilze. Wenn man die Bilder nur für diesen Zweck verwendet, wäre es besser, sie wären nie von Mr. Hard und seinen Freunden angefertigt worden. Aber wenn man einen hübschen kleinen Giftpilz, einen zart gefärbten Pilz, einen stattlichen Blätterpilz vorsichtig aus dem Lehmbett, dem verrottenden Stumpf oder dem alten Baumstamm nimmt, dann immer wieder umdreht und auf den Kopf stellt, jedes Teil genau unter die Lupe nimmt und die Struktur in jedem Detail aufmerksam betrachtet – nicht mit abstoßendem Gefühl, sondern mit einem mitfühlenden Interesse, das natürlicherweise alle Organismen auf unserem Globus antreffen sollten –, dann muss es, wenn man zu gegebener Zeit zu dem Bild, einem echten Bild, im Buch kommt, sicherlich sowohl Freude als auch Nutzen bringen. Denken Sie über den Vorschlag nach. Und um es mit einem Wort abzuschließen: Wenn Mr. Hards Buch die Leute dazu bringt, mehr über die Pilze zu *erfahren* und *sie zu genießen* , die wir haben, wird es ein Erfolg sein und seine Belohnung wird groß sein.

W. A. KELLERMAN, PH. D.

Botanische Abteilung,
Ohio State University, Columbus, O.

ANMERKUNG DES VERFASSERS

ZUM GEDENKEN

Mit Gefühlen tiefer Trauer sehe ich mich veranlasst, die obige Einleitung durch eine kurze Hommage an den freundlichen Gentleman und liebenswerten Gefährten sowie begeisterten Wissenschaftler, den verstorbenen Dr. WA Kellerman, zu ergänzen.

Er verbrachte sein Leben mit der Wissenschaft, doch als er noch immer auf der Suche nach umfassenderen Erkenntnissen über die Natur und ihre Werke war, wurde er vom Engel des Todes überwältigt. Mit eisigen Fingern versiegelte er die Lider über seinen Augen, die stets auf der Hut waren nach der Entdeckung verborgener Wahrheiten.

Ruhig, zurückhaltend und bescheiden war es nur wenigen vergönnt, die großherzige, selbstlose Süße der Natur zu erfahren, die seinem ganzen Leben zugrunde lag. Doch die wissenschaftliche Welt im Allgemeinen und Naturwissenschaftler im Besonderen erkennen in Dr. Kellermans Tod einen Verlust, den man lange bedauern und der nicht so schnell wiedergutzumachen ist.

Die vorangegangene „Einleitung" aus seiner Feder ist eine seiner letzten, wenn nicht sogar seine letzte öffentliche Schrift; sie entstand nur wenige Wochen, bevor er in den Wäldern Guatemalas von dem tödlichen Fieber befallen wurde, das seinen irdischen Hoffnungen und Bestrebungen ein schnelles Ende setzte.

Es erscheint doppelt traurig, dass jemand, der in seinem Leben so bekannt und weithin bekannt war, aufgefordert wurde, all seine Lasten und Freuden abzulegen, während er so weit weg von allen war, die ihn gut kannten und liebten, und sich schließlich unter Fremden in einem fremden Land auszuruhen.

Diesem geliebten Freund und Gefährten so vieler schöner Tage in Wald und Feld möchte der Autor dieses Buches durch eine liebevolle Erinnerung und aufrichtige Wertschätzung Tribut zollen.

DER AUTOR.

VORWORT

"Vielfältig wie schön, Natur, ist dein Gesicht; * * * alles, was wächst, hat
Anmut.
Alles ist angemessen. Moor und Moos und Sumpf
sind nur für den unkritischen Menschen arm.
Hier kann das aufmerksame und neugierige Auge erkunden,
wie die Hand der Natur das rubinrote Moor schmückt;
Schönheiten sind jene, die sich aus dem Blickfeld zurückziehen, aber
die Aufmerksamkeit belohnen , die sie erfordern."

Botanik und Geologie waren seit dem Collegeabschluss die Lieblingsfächer
des Autors, dank Dr. Nelson, der in den Herzen aller seiner Studenten
weiterlebt. Durch seine Lehren machte er diese Fächer so attraktiv und
interessant, dass zumindest einer von ihnen jede freie Minute dem Studium
der Botanik und Paläontologie widmete. Der mykologische Teil der Botanik
wurde dem Autor jedoch praktisch von den böhmischen Kindern in Salem,
Ohio, nahegebracht, was gleichzeitig den Wunsch weckte, die
wissenschaftliche Seite des Themas kennenzulernen und so den vielen helfen
zu können, die nach persönlichen Kenntnissen über diese interessanten
Pflanzen suchten.

Jeder Lehrer sollte in der Lage sein, seinen Schülern die Türen zur Natur zu
öffnen, damit sie ihr vielfältiges Werk sehen können, und ihnen, soweit
möglich, dabei zu helfen, den Nebel aus ihren Augen zu vertreiben, damit sie
die Schönheit der Wiese, des Waldes oder der Hügel klar erkennen können.

Als der Autor begann, sich eingehender mit dem Thema zu befassen , war er
sehr benachteiligt, da jahrelang nur wenig Literatur verfügbar war. Jedes
Buch, das in diesem Land zu diesem Thema geschrieben wurde, wurde sofort
nach seinem Erscheinen gekauft und alle waren sehr hilfreich.

Das Studium hat mir großes Vergnügen bereitet und während der Suche
nach einer möglichst großen Artenvielfalt sind einige sehr schöne
Freundschaften entstanden.

Mehrere Jahre lang bestand das Ziel lediglich darin, sich mit den
verschiedenen Gattungen und Arten vertraut zu machen, und es wurden
keine Fotos von Exemplaren gemacht. Das war ein großer Fehler; denn
nachdem man sich entschlossen hatte, dieses Werk herauszubringen, schien
es unmöglich, viele der Pflanzen zu finden, die der Autor zuvor in anderen
Teilen des Staates gefunden hatte.

Dieser Misserfolg konnte jedoch größtenteils dank der großzügigen
Höflichkeit seiner geschätzten Freunde – Herrn CG Lloyd aus Cincinnati,
Dr. Fisher aus Detroit, Prof. Beardslee aus Ashville, NC, Prof. BO Longyear

aus Ft. Collins, Col., und Dr. Kellerman von der Ohio State University –
überwunden werden, die freundlicherweise Fotos der Arten zur Verfügung
gestellt haben, die früher in anderen Teilen des Staates gefunden wurden. Die
hier dargestellten Arten wurden alle in den letzten Jahren in diesem Staat
gefunden.

Der Autor ist Prof. Atkinson von der Cornell University für seine große
Unterstützung und Ermutigung beim Studium der Mykologie zu großem
Dank verpflichtet. Seine Geduld bei der Untersuchung und Bestimmung der
ihm zugesandten Pflanzen wird mehr gewürdigt, als hier ausgedrückt werden
kann. Dr. William Herbst, Trexlertown , Pa., hat bei der Lösung vieler
schwieriger Probleme geholfen; ebenso Mr. Lloyd, Prof. Morgan, Captain
McIlvaine und Dr. Charles H. Peck, Staatsbotaniker von New York.

Das Ziel des Buches bestand darin, die Arten soweit wie möglich in Begriffen
zu beschreiben, die für den allgemeinen Leser leicht verständlich sind. Wir
hoffen, dass die große Zahl an Abbildungen das Buch für diejenigen hilfreich
macht, die sich mit einem Teil der Botanik vertraut machen möchten, der in
unseren Schulen und Hochschulen so wenig studiert wird.

Es wurden keine Mühen gescheut, um möglichst repräsentative Exemplare
zu erhalten. Ein sorgfältiges Studium der Abbildungen der Pflanzen wird
dem Studenten in den meisten Fällen sehr dabei helfen, die Klassifizierung
der Pflanze zu bestimmen, wenn er sie findet; man sollte sich jedoch nicht
ausschließlich auf die Abbildung verlassen, insbesondere nicht bei der
Untersuchung von Boleti. Die Beschreibung sollte sorgfältig studiert werden,
um festzustellen, ob sie mit den Merkmalen der betreffenden Pflanze
übereinstimmt.

Bei vielen Pflanzen, bei denen keine Notizen gemacht wurden oder die
verloren gegangen sind, wurden die Beschreibungen derjenigen verwendet,
die die Pflanzen benannt haben. Dies gilt insbesondere für viele Boleti. Der
Autor war der Ansicht, dass die Beschreibungen von Dr. Peck genauer und
vollständiger wären, und verwendete sie daher, um ihm die Ehre zu erweisen.

Es wurde darauf geachtet, die Übersetzung der Namen anzugeben und zu
zeigen, warum die Pflanze so genannt wurde. Für Uneingeweihte ist es immer
ein Wunder, wie gut sich der lateinische Name einprägt, aber wenn Schüler
sehen, dass der Name ein hervorstechendes Merkmal der Pflanze enthält und
so seine Anwendbarkeit entdecken, wird es vergleichsweise einfach, sich den
Namen einzuprägen.

Der Lebensraum und die Wachstumszeit jeder Pflanze werden angegeben,
ebenso ihre Essbarkeit. Der Autor wurde von seinen vielen Freunden im
ganzen Staat, während er an seinem Institut arbeitete und häufig über dieses
Thema sprach, gedrängt, ihnen ein Buch zu geben, das ihnen dabei helfen

würde, sich mit den in ihrer Gegend verbreiteten Pilzen vertraut zu machen. Der Bitte wurde entsprochen.

Wir hoffen, dass die Arbeit ebenso hilfreich wie angenehm zu erledigen sein wird.

MEH

Chillicothe, Ohio, 11. Januar 1908.

KAPITEL I.

WARUM PILZE STUDIEREN? Als wir vor einigen Jahren die Schulen von Salem, Ohio, leiteten, hatten wir ein recht allgemeines Interesse am Studium der Botanik entwickelt. Ich pflegte jeden Tag hinauszugehen, um Blumen zu suchen, besonders die selteneren, von denen es in dieser Gegend viele gab, und Exemplare für den Unterricht mitzubringen. In der Stadt gab es eine Drahtnagelfabrik, die Tag und Nacht in Betrieb war, und deren Eigentümer von Zeit zu Zeit eine große Anzahl von Böhmen als Arbeiter in die Fabrik brachten. Sehr häufig, wenn ich frühmorgens aufs Land fuhr, traf ich die Jungen und Mädchen dieser böhmischen Familien, die in einiger Entfernung von der Stadt die Wälder, Felder und Weiden durchsuchten, obwohl sie erst seit ein oder zwei Wochen in diesem Land waren und kein Wort Englisch sprachen. Ich fand bald heraus, dass sie Pilze verschiedener Art sammelten und sie als Nahrungsmittel mit nach Hause nahmen. Sie konnten mir nicht sagen, woher sie sie kannten, aber ich erfuhr schnell, dass sie sie an ihren allgemeinen Merkmalen kannten – tatsächlich kannten sie sie so, wie wir Menschen und Blumen kennen.

Ich beschloss, selbst etwas über das Thema zu erfahren. Ich hatte keine Literatur über Mykologie und damals schien es auch wenig zu geben. Etwa zu dieser Zeit erschien in Harper's Monthly ein Artikel von W. Hamilton Gibson über essbare Giftpilze und Pilze – ein Artikel, den ich verschlang, kurz nachdem ich sein Buch zu diesem Thema gekauft hatte.

Salem, Ohio, war ein sehr fruchtbarer Ort für Pilze und es dauerte nicht lange, bis ich überrascht war, wie viele ich tatsächlich kannte. Ich erinnerte mich daran, dass wo ein Wille ist, auch ein Weg ist.

1897 zog ich nach Bowling Green, Ohio; dort fand ich viele Arten, die ich in Salem, Ohio, gefunden hatte, aber der extrem reiche Boden, das schwere Holz und die zahlreichen alten Seestrände schienen eine größere Vielfalt zu bieten, sodass ich meiner Liste viele weitere hinzufügte. Nachdem ich drei Jahre in Bowling Green verbracht und die guten Leute dieser Stadt sowie die Blumen und Pilze von Wood County kennengelernt hatte, brachte mich das Schicksal nach Sidney, Ohio, wo ich viele neue Pilzarten entdeckte und meine Bekanntschaft mit vielen derjenigen erneuerte, die ich zuvor kennengelernt hatte.

Seit ich nach Chillicothe gekommen bin, habe ich versucht, die Pflanzen so zu fotografieren, wie ich sie gefunden habe, aber da ich auf einen Fotografen angewiesen war, war mir das nicht immer möglich. Ich habe in dieser Gegend nicht viele der Pflanzen gefunden, die ich anderswo im Staat gefunden habe, obwohl ich hier viele neue Dinge entdeckt habe, was ich der hügeligen Natur der Gegend zuschreibe. Für die Abdrücke vieler Pilzarten, die ich vor meiner

Ankunft hier gemacht habe, bin ich meinen Freunden zu Dank verpflichtet. Ich würde jedem, der dieses Thema studieren möchte, raten, alle Exemplare fotografieren zu lassen, sobald sie identifiziert sind, um so die Art für zukünftige Referenzen festzulegen.

Ich bin der Meinung, dass jeder Schullehrer etwas über Mykologie wissen sollte. Einige meiner Lehrer haben sich im vergangenen Jahr eingehend mit diesem interessanten Thema beschäftigt, und ich habe festgestellt, dass ihre Schüler sie mit der Identifizierung ihrer Funde beschäftigten. Ihre Gattungs- und Artenlisten, die am Ende der Saison an den Tafeln ausgestellt waren, waren ziemlich lang. Von meinen böhmischen Jungen und Mädchen erfuhr ich, dass ihre Lehrer in ihrem Heimatland ihnen die Tür zu diesem sehr nützlichen Wissen geöffnet hatten. Beobachtungen haben mir schlüssig bewiesen, dass im größten Teil von Ohio ein großes und zunehmendes Interesse an diesem Thema besteht.

Jeder Berufstätige braucht ein Hobby, dem er in seinen Stunden der Entspannung nachgehen kann, und ich bin ganz sicher, dass es kein Gebiet gibt, das einen besseren Anreiz für ein Hobby bietet als das Fach Botanik und insbesondere dieser spezielle Zweig der botanischen Arbeit.

Ich habe einen Freund, einen Fachmann, der ein Auge und ein Herz für alle Schönheiten der Natur hat. Nach stundenlanger Abgeschiedenheit in seinem Büro bei intensiver und kritischer Arbeit brennt er immer auf einen Spaziergang über die Hügel und durch die Wälder, und wenn wir etwas Neues entdecken , scheint er es unermesslich zu genießen.

Viele Prediger des Evangeliums sind in der Welt der Mykologie berühmt geworden. Die Namen von Rev. Lewis Schweiwitz aus Bethlehem, Pennsylvania, Rev. MJ Berkeley und Rev. John Stevenson aus England werden leben, solange die Botanik der Menschheit bekannt ist. Ihr Einfluss zum Guten und ihre Hilfsbereitschaft gegenüber ihren Mitmenschen werden ewig währen.

Wie schnell verliert man sich bei einer solchen Inspiration in allen geschäftlichen Sorgen, und wie frei und lebensspendend sind die Felder, Wiesen und Wälder, so dass man mit Prof. Henry Willey in seiner „Einführung in das Studium der Flechten" ausrufen muss:

„Wenn ich meine Wälder besingen
und erzählen könnte, was dort genossen wird,
würden alle Menschen in meinen Garten strömen
und die Städte leer lassen.
Auf meinem Grundstück blühen keine Tulpen;
stattdessen schneeliebende Kiefern und Eichen;
und in Reihen wachsen die wilden Ahornbäume,

von der ersten Blüte des Frühlings bis zum Rot des Herbsts.
Mein Garten ist ein Waldrand,
der von älteren Wäldern begrenzt wird.‟

PILZE UND FLIEGENPILZE

SO UNTERSCHEIDET MAN PILZE VON FLIEGENPILZEN.
Höchstwahrscheinlich wird keinem Studenten der Mykologie eine Frage häufiger oder hartnäckiger gestellt als die Frage: „Wie unterscheidet man einen Fliegenpilz von einem Pilz?‟ – oder wenn er im Wald oder auf dem Feld mit einem uneingeweihten Kameraden auf der Suche nach neuen Arten häufig entscheiden muss, ob ein bestimmtes Exemplar „ein Pilz oder ein Fliegenpilz ist‟, so fest verwurzelt ist die Vorstellung, dass eine Pilzklasse – die Fliegenpilze – giftig und die andere – die Champignons – essbar und rundum begehrenswert sind; und diese forschenden Geister scheinen häufig wirklich enttäuscht, wenn man ihnen sagt, dass es sich um ein und dasselbe handelt; dass es essbare Fliegenpilze und Pilze und giftige Pilze und Fliegenpilze gibt; dass, kurz gesagt, ein Fliegenpilz eigentlich ein Pilz und ein Pilz letztlich nur ein Fliegenpilz ist.

sich für den Anfänger die Frage , wie er einen giftigen Pilz von einem essbaren unterscheiden kann. Auf diese Frage gibt es nur eine Antwort, und zwar, dass er sowohl Gattungen als auch Arten gründlich lernen und jede so lange studieren muss, bis er ihre besonderen Merkmale kennt, wie er sie bei seinen vertrautesten Freunden kennt.

Bestimmte Arten wurden von zahlreichen Experten getestet und für völlig unbedenklich und wohlschmeckend befunden; auf der anderen Seite gibt es in verschiedenen Gattungen Arten, die zwar nicht giftig, aber zumindest gesundheitsschädlich sind.

Es ist die Aufgabe aller Bücher über Pilze, dem Studenten dabei zu helfen, die Pflanzen in Gattungen und Arten zu unterteilen; in diesem Werk wurde besonderes Augenmerk auf die Unterscheidung zwischen essbaren und giftigen Arten gelegt. Es gibt einige Arten wie Gyromitra esculenta, Lepiota Morgani , Klitocybe illudens usw., die bei manchen Personen kurz nach dem Verzehr Übelkeit hervorrufen, während bei anderen keine unangenehmen Nebenwirkungen auftreten. Chemisch gesehen sind sie nicht giftig, aber manche Mägen weigern sich einfach, sie aufzunehmen. Am besten ist es, sie alle zu vermeiden.

WIE PILZE WACHSEN. Es gibt die feste Vorstellung, dass Pilze sehr schnell wachsen und in einer einzigen Nacht aus dem Boden schießen. Das ist falsch. Es stimmt, dass sie sich, nachdem sie das Knollstadium erreicht haben, sehr schnell entwickeln; oder im Fall derjenigen, die aus einem reifen Ei schlüpfen, entwickeln sie sich so schnell, dass man die Aufwärtsbewegung deutlich sehen kann, aber die Entwicklung des Knolls aus dem Ei _mycelium_oder dem Laich braucht Zeit – Wochen, Monate und sogar Jahre. Es wäre sehr schwierig, das Alter vieler unserer Baumpilze zu bestimmen.

WIE MAN PILZE KENNT. Wenn der Anfänger alle Knollenblätterpilze und vielleicht auch einige Steinpilze meidet , muss er sich hinsichtlich der Sicherheit anderer Arten keine großen Sorgen machen.

Es gibt drei Möglichkeiten, sich mit den essbaren Arten vertraut zu machen. Die erste ist der physiologische Test, den Herr Gibson in seinem Buch vorschlägt. Er besteht darin, ein kleines Stückchen zu kauen und es dann auszuspucken, ohne den Saft zu schlucken. Wenn innerhalb von 24 Stunden keine wichtigen Symptome auftreten, kann ein weiteres Stückchen gekaut und diesmal eine kleine Menge des Saftes geschluckt werden. Sollte nach einer weiteren Wartezeit keine Reizung auftreten, kann ein noch größeres Stück probiert werden. Ich probiere eine neue Pflanze immer sorgfältig aus und bin so oft in der Lage, ihre Essbarkeit festzustellen, bevor ich sie der richtigen Art zuordnen kann. Diesen Herbst fand ich zum ersten Mal Tricholoma Columbetta ; nachdem ich nachgewiesen hatte, dass es sich um einen Speisepilz handelt, dauerte es eine Weile, bis ich mich auf seinen Namen festgelegt hatte. Eine bessere Methode ist vielleicht, ihn zu kochen, ihn Ihrer Katze zu geben und das Ergebnis zu beobachten.

Eine andere Möglichkeit besteht darin, einen Freund mitzunehmen, der sich mit Pflanzen auskennt, und so von einem Lehrer zu lernen, wie ein Schüler in der Schule. Dies ist der schnellste Weg, sich Wissen über Pflanzen aller Art anzueignen, aber es ist schwierig, einen kompetenten Lehrer zu finden.

Eine weitere Möglichkeit, die jedem offen steht, besteht darin, sich mit einigen Arten vertraut zu machen und sich durch ihre Beschreibung mit den Begriffen vertraut zu machen, die bei der Beschreibung eines Pilzes verwendet werden. Wenn Sie dies getan haben, steht Ihnen der Weg offen, wenn Sie ein Buch mit Abbildungen und Beschreibungen der häufigsten Pflanzen haben. Beeilen Sie sich nicht, die Namen aller Pflanzen zu lernen, und verwenden Sie keine, bei denen Sie sich nicht ganz sicher sind. Wenn Sie Pilze zum Essen sammeln, legen Sie keinen einzigen Pilz, über dessen essbare Eigenschaften Sie Zweifel haben, in Ihren Korb mit den Pilzen, die Sie essen möchten. Wenn Sie auch nur den geringsten Zweifel haben, werfen Sie ihn weg oder legen Sie ihn in einen anderen Korb.

Es gibt keine festen Regeln, nach denen man einen giftigen von einem essbaren Pilz unterscheiden kann. Ich habe einen Freund dabei erwischt, wie er Lepiota aß naucina , ohne zu wissen, zu welcher Gattung er gehörte, einfach weil sie ihn schälen konnte. Ich sagte ihr, dass der tödlichste Pilz genauso leicht geschält werden kann. Auch der Silberlöffeltest, in den Mr. Gibsons alte Dame so viel Vertrauen setzte, ist nicht wertvoller. Einige sagen, man solle keine Pilze essen, die einen scharfen Geschmack haben; viele sind essbar, die ziemlich scharf schmecken. Andere sagen, man solle keine Pilze essen, deren Saft oder Milch weiß ist, aber das würde eine Anzahl von Lactarii ausschließen , die ziemlich gut sind. An der Theorie der weißen Lamellen und des hohlen Stiels ist nichts dran. Es stimmt, dass der Amanita beides hat, aber man muss es an anderen Merkmalen erkennen. Wieder wird uns gesagt, wir sollten solche vermeiden, die einen klebrigen Hut haben oder die schnell ihre Farbe ändern; das ist eine zu pauschale Verurteilung, denn dadurch würden mehrere sehr gute Arten ausgeschlossen. Ich denke, ich kann mit Sicherheit sagen, dass es keine bekannte Regel gibt, mit der die Guten von den Schlechten unterschieden werden können. Der einzige sichere Weg ist, jede Art an ihren eigenen individuellen Besonderheiten zu erkennen – sie so zu kennen, wie wir unsere Freunde kennen.

Der Student der Mykologie hat für jede Art eine Beschreibung vor sich, die mit der betreffenden Pflanze übereinstimmen muss und die ihn schnell mit den unterschiedlichen Merkmalen der verschiedenen Gattungen und Arten vertraut macht, sodass er sie ebenso leicht wiedererkennen kann wie seine besten Freunde.

WAS JEDER ESSEN KANN. Im Frühjahr des Jahres kommt mit den ersten Blüten ein Pilz, der in all seinen Formen so stark charakteristisch ist, dass ihn niemand übersehen wird. Es ist der gewöhnliche Morchel- oder Schwammpilz. Keiner von ihnen ist als schädlich bekannt, daher kann der Anfänger hier seinem Urteil vertrauen. Während er Morcheln zum Essen sammelt , wird er bald beginnen, die verschiedenen Arten der Gattungen zu unterscheiden. Von Mai bis zum Frost erscheinen die verschiedenen Arten von Bovisten. Alle Boviste sind gut, solange ihr Inneres weiß bleibt. Sie sind nie giftig, aber wenn das Fleisch anfängt, gelb zu werden, ist es sehr bitter. Der Austernpilz ist von März bis Dezember zu finden und ist immer ein sehr beliebter Pilz. Die Hexenringe sind leicht zu erkennen und können bei nassem Wetter von Juni bis Oktober auf jeder alten Weide gefunden werden. Bei jahreszeitlichem Wetter sind sie normalerweise sehr zahlreich. Der gewöhnliche Wiesenchampignon ist von September bis zum Frost zu finden. Er ist an seinen rosa Lamellen und seinem fleischigen Hut zu erkennen. Es gibt einen Pilz mit rosa Lamellen, der auf Straßen, entlang der Gehwege und zwischen Kopfsteinpflaster zu finden ist. Die Stiele sind kurz und die Hüte sehr fleischig. Es ist A. rodmani . Diese findet man im Mai und Juni. Der Pferdepilz hat rosa Lamellen und kann von Juni bis September gefunden werden. Die Täublinge , die man von Juli bis Oktober findet, sind im Allgemeinen gut. Einige sollten wegen ihres beißenden Geschmacks oder ihres starken Geruchs gemieden werden. Es gibt keine Zeit vom frühen Frühling bis zum Frost, in der man keine Pilze finden kann, sofern das Wetter einigermaßen günstig ist. Ich habe den Lebensraum und die Zeit angegeben, in der jede Art gefunden werden kann. Ich empfehle ein sorgfältiges Studium dieser beiden Punkte. Lesen Sie die Beschreibungen von Pflanzen, die an bestimmten Orten und zu bestimmten Zeiten wachsen, und Sie werden im Allgemeinen belohnt, wenn Sie die Beschreibung befolgen und die Jahreszeit günstig ist.

WIE MAN PILZE KONSERVIERT. Viele können für den Wintergebrauch getrocknet werden, wie Morcheln, Marasmius Oreaden , Steinpilz, Steinpilz, va. clavipes und eine Reihe anderer. Meine Frau hat eine Reihe von Arten sehr erfolgreich eingemacht, insbesondere Lycoperdon pyriforme , Pleurotus ostreatus und Tricholoma personatum . Die Pilze wurden sorgfältig verlesen und gewaschen, etwa fünf Minuten in Salzwasser stehen gelassen, um sie von eventuell in den Lamellen befindlichen Insekten zu befreien, dann abtropfen lassen und in Stücke schneiden, die klein genug sind, um bequem in die Gläser zu passen. Jedes Glas wurde so voll wie möglich mit Pilzen gefüllt und mit ausreichend Salzwasser aufgefüllt, um den Pilzen das richtige Aroma zu verleihen. Dann wurden sie in einen Kessel mit kaltem Wasser auf dem Herd gestellt, die Deckel locker aufgesetzt und nachdem das Wasser im Kessel zu kochen begonnen hatte, eine Stunde oder länger kochen gelassen. Die Deckel wurden dann fest verschlossen und nachdem man die Gläser auf leckende Flüssigkeiten getestet hatte, wurden sie an einen kühlen, dunklen Ort gestellt.

Beim Einmachen müssen die Boviste sorgfältig gewaschen und in Scheiben geschnitten werden, wobei darauf zu achten ist, dass sie durch und durch vollkommen weiß sind. Sie müssen nicht wie Pilze mit Lamellen in Salzwasser stehen, bevor sie in Gläser gefüllt werden. Ansonsten werden sie als Tricholoma und Austernpilze eingemacht . Jeder Speisepilz kann problemlos durch Einmachen für den Winter aufbewahrt werden. Verwenden Sie Gläser mit Glasdeckel.

VERWENDETE BEGRIFFE

EINIGE DER HÄUFIGSTEN BEGRIFFE. Bei der Beschreibung von Pilzen ist es notwendig, bestimmte Begriffe zu verwenden, und jeder, der sich mit diesem Teil der botanischen Arbeit vertraut machen möchte, muss die bei der Beschreibung der Pflanzen verwendeten Begriffe gründlich verstehen.

Die Substanz aller Pilze ist entweder fleischig, häutig oder korkig. Der *Hut* oder *Hut* ist der erweiterte Teil, der entweder sitzend oder von einem Stiel gestützt sein kann. Der Hut besteht nicht aus Zellgewebe wie bei Blütenpflanzen, sondern aus Myriaden von ineinander verwobenen Fäden oder Hyphen. Diese Struktur des Hutes wird sofort deutlich, wenn ein dünner Teil des Hutes unter das Mikroskop gelegt wird.

Die *Lamellen sind dünne Platten* oder Membranen, *die* strahlenförmig vom Stiel zum Rand des Hutes verlaufen. Wenn sie gerade und fest am Stiel befestigt sind , nennt man sie angewachsen . Wenn sie nur über einen Teil der Breite der Lamellen befestigt sind, sind sie *angewachsen* . Wenn sie sich am Stiel nach unten erstrecken, sind sie *herablaufend* . Wenn sie nicht am Stiel befestigt sind, sind sie *frei* . Häufig ist der untere Rand am Stiel oder in dessen Nähe eingekerbt. In diesem Fall nennt man sie *ausgerandet* oder *gewellt* .

ABBILDUNG 2. — Kleiner Ausschnitt eines Abschnitts durch die Sporenschicht eines Pilzes, der seine Sporen an den Enden von Basidien genannten Zellen produziert. (a) Sporen, (b) Basidien, (c) sterile Zellen.

Bei einigen Gattungen ist die Unterseite des Hutes voller Poren statt Lamellen; bei anderen Gattungen ist die Unterseite mit Zähnen übersät; bei wieder anderen ist die Oberfläche glatt, wie bei den Stereums . Die Lamellen, Poren und Zähne bilden die Grundlage für das Hymenium oder die fruchttragende Oberfläche. Es ist leicht zu erkennen, dass die Lamellen, Poren und Zähne einfach auf sehr sparsame Weise die größtmögliche sporentragende Oberfläche freilegen.

Wenn man einen Abschnitt der Kiemen unter dem Mikroskop untersucht, sieht man, dass sich auf beiden Seiten der Oberfläche ausgedehnte Hymenialschichten befinden. Das *Hymenium* besteht aus länglichen Zellen oder Basidien (Singular: Basidium), die mehr oder weniger keulenförmig sind. Abbildung 2 zeigt, wie diese Basidien bei starker Vergrößerung auf der Hymenialschicht erscheinen. Man sieht, dass sie nebeneinander angeordnet sind und senkrecht zur Oberfläche der Kiemen stehen. Auf jeder dieser Basidien befinden sich bei einigen Arten zwei, normalerweise vier schlanke Fortsätze, auf denen die Sporen produziert werden. In Abbildung 2 sieht man eine Anzahl steriler Zellen, die den Basidien ähneln, außer dass letztere vier Sterigmata tragen, auf denen die Sporen ruhen. Zwischen diesen Basidien und sterilen Zellen sieht man häufig ein übergroßes, blasenartiges steriles Basidium, das über den Rest des Hymeniums hinausragt und dessen Verwendung noch nicht vollständig bekannt ist. Sie werden Cystidien (Singular: Cystidium) genannt. Sie sind nie zahlreich, sondern über die gesamte Oberfläche verstreut und werden zum Rand der Kiemen hin zahlreicher. Wenn sie gefärbt sind, verändern sie das Aussehen der Kiemen.

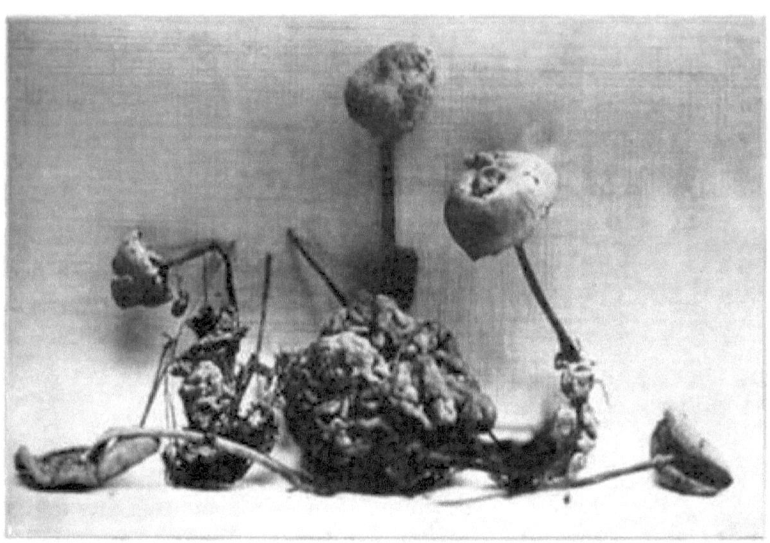

ABBILDUNG 3. — Wurzelartige Myzelstränge des birnenförmigen Bovists, der in morschem Holz wächst. An den Strängen bilden sich junge Boviste in Form kleiner weißer Knoten. Natürliche Größe . — *Longyear.*

Die Sporen sind die Samen des Pilzes. Sie haben verschiedene Größen und Formen und eine Vielzahl von Oberflächenzeichnungen. Sie sind sehr klein, so fein wie Staub und für das bloße Auge unsichtbar, außer wenn sie in Massen auf dem Gras, auf dem Boden oder auf Baumstämmen oder in einem Sporenabdruck zu sehen sind. Jeder Pilz hat die Aufgabe, Sporen zu produzieren. Einige fallen auf den Wirt oder auf den Boden. Andere werden von jedem Wind davongetragen und tagelang getragen und lassen sich schließlich möglicherweise in anderen Staaten und Kontinenten nieder als denen, in denen sie entstanden sind. Millionen gehen zugrunde, weil sie keinen geeigneten Ruheplatz finden. Die Sporen, die unter den richtigen Bedingungen einen geeigneten Ruheplatz finden, beginnen zu keimen, indem sie ein dünnes fadenförmiges Filament oder Hyphen aussenden , das sich sofort auf der Suche nach Nahrung verzweigt und immer eine mehr oder weniger filzige Masse bildet, die als Myzel bezeichnet wird. Bei ihrer ersten Bildung sind die Hyphen durchgehend und verzweigen sich durch das Nährsubstrat, aus dem später ein sporentragendes Gewächs entsteht, das als

Sporokarp oder junger Pilz bezeichnet wird. Dieser vegetative Teil des Pilzes ist normalerweise im Boden oder in verrottetem Holz oder Pflanzenmaterial verborgen. Abbildung 3 zeigt das Myzel des kleinen birnenförmigen Bovists mit einer Reihe kleiner weißer Noppen, die den Anfang des Bovists markieren. Das hier freigelegte Myzel ist dem Myzel aller Pilze sehr ähnlich.

Stereums ausgebreitet .

Die Entwicklung der Sporen ist recht interessant. Die jungen Basidien, wie in Abbildung 2 zu sehen, sind mit körnigem Protoplasma gefüllt. Bald erscheinen an den Enden der Basidien kleine Vorsprünge, Sterigma (Plural: Sterigmata), und das Protoplasma gelangt in sie. Jeder Vorsprung oder jedes Sterigma schwillt bald an seinem Ende zu einem blasenartigen Körper an, der jungen Spore, und während sie größer werden, gelangt das Protoplasma des Basidiums in sie. Wenn die vier Sporen ausgewachsen sind, haben sie das gesamte Protoplasma im Basidium verbraucht. Die Sporen trennen sich bald durch eine Quertrennwand und fallen ab. Alle Sporen der Hymenomycetenpilze sind auf ähnliche Weise angeordnet und produziert, wobei ihre sporentragende Oberfläche früh im Leben durch das Aufreißen des Universalschleiers freigelegt wird.

In den Bovisten sind die Sporen auf die gleiche Weise angeordnet, aber das Hymenium ist in einem äußeren Sack eingeschlossen . Wenn die Sporen reif sind, reißt die Hülle auf und die Sporen entweichen als staubiges Pulver in die Luft. Die Boviste gehören daher zu den Gastromyceten, da ihre Sporen bis zu ihrer Reife in einem Beutel eingeschlossen sind.

Eine weitere sehr große Pilzgruppe sind die Ascomycetes oder Schlauchpilze. Sie sind sehr leicht zu bestimmen, da alle ihre Mitglieder ihre Sporen in kleinen membranösen Säckchen oder Asci entwickeln. Diese Asci sind im Allgemeinen mit schlanken, leeren Asci oder sterilen Zellen, den sogenannten Paraphysen, vermischt. Diese Asci sind unterschiedlich geformte Körper und werden in verschiedenen Ordnungen unter verschiedenen Namen wie Ascoma, Apothecium, Perithecium und Receptacle bezeichnet. Zu den Ascomycetes zählen oft Pilze , deren Größe von mikroskopisch kleinen Einzellern bis hin zu recht großen und sehr schönen Exemplaren reicht. Zu dieser Gruppe gehört die große Anzahl kleiner Pilze, die verschiedene Pflanzenkrankheiten verursachen.

In einer Arbeit dieser Art wird der Ordnung der Discomycetes oder Becherpilze natürlich besondere Aufmerksamkeit gewidmet. Diese Ordnung ist sehr groß und wird so genannt, weil so viele der Pflanzen becherförmig sind. Diese Becher variieren stark in Größe und Form; einige sind so klein, dass man eine Lupe braucht, um sie zu untersuchen; einige sind untertassenförmig; einige sind wie Kelche und einige ähneln Bechern verschiedener Formen. Die Sattelpilze und Morcheln gehören zu dieser

Ordnung. Hier ist die Beuteloberfläche oft gewunden, gelappt und geriffelt, um eine größere Beuteloberfläche zu bieten.

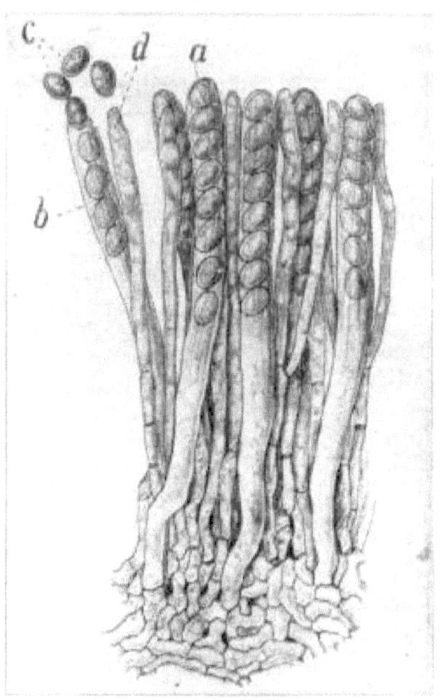

ABBILDUNG 4. — Kleiner Ausschnitt eines Abschnitts durch den sporentragenden Teil einer Morchel, in dem die Sporen in kleinen Säckchen oder Asci produziert werden. (a) Ein Ascus, (b) ein Ascus, der seine Sporen abgibt, (c) die Sporen, (d) sterile Zellen. Stark vergrößert . — *Longyear.*

Bei Pilzen, Bovisten usw. finden wir Sporen an den Enden von Basidien, normalerweise vier Sporen pro Basidien. In dieser Gruppe sind die Sporen in winzigen keulenförmigen Säckchen geformt, die als Asci (Singular: Ascus) bezeichnet werden. Diese Asci sind lange, zylindrische Säckchen, die nebeneinander senkrecht zur Fruchtoberfläche stehen. Abbildung 4 zeigt ihre Position zusammen mit den sterilen Zellen auf der Fruchtoberfläche einer der Morcheln. Sie haben normalerweise acht Sporen in jedem Säckchen oder Ascus.

Der Stiel des Pilzes befindet sich normalerweise in der Mitte des Hutes, er kann jedoch exzentrisch oder seitlich sein; wenn er fehlt, wird der Hut als gestielt bezeichnet. Der Stiel ist massiv, wenn er durchgehend fleischig ist, oder hohl, wenn er eine zentrale Höhle hat, oder ausgestopft, wenn das Innere mit markhaltiger Substanz gefüllt ist. Die Stiele sind entweder fleischig oder knorpelig. Im ersteren Fall hat er die gleiche Konsistenz wie der Hut. Im letzteren Fall unterscheidet sich seine Konsistenz immer von der des Hutes und ähnelt Knorpel. Der Stiel des Tricholoma ist ein gutes Beispiel für einen Pilz mit fleischigem Stiel, und der des Marasmius ist ein Beispiel für einen Pilz mit knorpeligem Stiel.

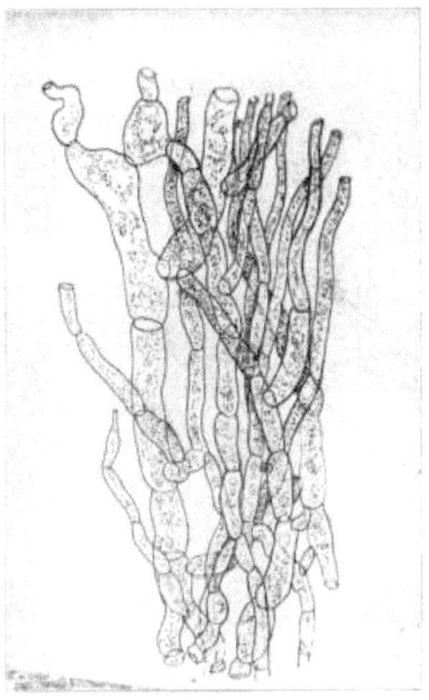

ABBILDUNG 5. – Kleiner Teil eines Morchelstiels mit Zellfäden. Stark vergrößert. – *Longyear.*

Wenn man den Hut oder Stiel eines Pilzes unter einem Mikroskop mit hoher Vergrößerung untersucht, stellt man fest, dass er aus einer Fortsetzung der Myzelfäden besteht, die miteinander verflochten und verwoben sind, sich verzweigen und die röhrenförmigen Fäden oft fein geteilt sind, was den Anschein von Zellen erweckt. Abbildung 5 zeigt einen kleinen Teil eines Morchelstiels in starker Vergrößerung, der die Zellfäden zeigt. Bei Weichpilzen sind die Myzelfäden lockerer verwoben und haben dünne Wände mit weniger Trennwänden.

Der *Schleier* ist eine dünne Schicht Myzelfäden, die die Lamellen bedeckt und manchmal am Stiel verbleibt und einen *Ring* oder *Annulus bildet*. Dieser bleibt manchmal eine Zeit lang am Rand des Hutes, dann spricht man von einem *Appendikulatum*. Manchmal ähnelt er einem Spinnennetz, dann spricht man von *einer Arachnoidea*.

Die *Volva* ist eine universelle Hülle, die die gesamte Pflanze umgibt, wenn sie jung ist, aber bald aufreißt und eine Spur in Form von Schuppen auf dem Hut und einer Hülle um die Basis des Stängels hinterlässt oder sich in Schuppen oder einen schuppigen Ring an der Basis des Stängels auflöst. Alle Pflanzen mit dieser universellen Volva sollten gemieden werden, außer zu

Studienzwecken. Es sollte darauf geachtet werden, dass sie in ihrem jungen Zustand nicht mit Bovisten verwechselt werden. Häufig ähneln sie im Eistadium einem kleinen Bovist. Abbildung 6 zeigt einen Abschnitt eines Knollenblätterpilzes im Eistadium und auch den Gemmed-Bovist. Sobald ein Abschnitt angefertigt und sorgfältig untersucht wurde, wird die Struktur des Inneren die Pflanze sofort verraten. Es besteht nur eine geringe Gefahr, das Eistadium eines Knollenblätterpilzes mit dem Bovist zu verwechseln, da sie sich nur in ihrer ovalen Form ähneln und nicht im Geringsten in ihrer Zeichnung auf der Oberfläche.

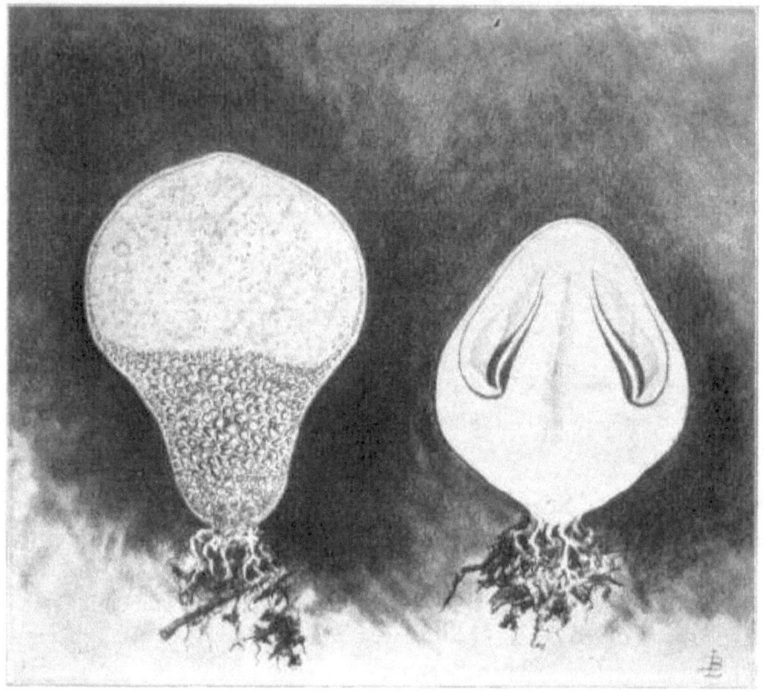

ABBILDUNG 6. — Die linke Abbildung zeigt einen vertikalen Schnitt durch eine junge Pflanze des Edelstein-Bouffes und zeigt die Zellstruktur der stammähnlichen unteren Hälfte, die Subgleba genannt wird . Die rechte Abbildung zeigt einen vertikalen Schnitt durch das Eistadium eines Knollenblätterpilzes, eines sehr giftigen Pilzes, der in Wäldern wächst und der, wenn er nicht aufgeschnitten wird, mit einem jungen Bouffe verwechselt werden könnte. Der Pilz bildet sich direkt unter der Erdoberfläche und sprengt schließlich die Volva, wodurch ein Parasolpilz nach oben kommt. Natürliche Größe . — *Longyear.*

WAS IST EIN PILZ? Es handelt sich um eine zellige, blütenlose Pflanze, die sich vom Myzel ernährt, das den Boden oder andere Stoffe durchdringt, auf denen der Pilz wächst. Alle Pilze sind entweder Parasiten oder Saprophyten, die ihr Chlorophyll verloren haben und nicht in der Lage sind, eine unabhängige Existenz aufrechtzuerhalten.

Es gibt eine große Anzahl von Gattungen und Arten, und viele haben die Eigenschaft, als Parasiten in die Körper anderer Pflanzen und Tiere einzudringen. Aus diesem Grund sind alle Pilze von wirtschaftlicher Bedeutung, insbesondere die mikroskopischen Formen, die unter der Überschrift Bakterien zusammengefasst werden. Einige neuere Autoren neigen dazu, die Bakterien und Schleimpilze von der Pilzgruppe abzutrennen und sie Pilztiere zu nennen. Wie dem auch sei, sie sind echte Pflanzen und haben viele der Merkmale der Pilze. Sie können sich in ihren vegetativen Funktionen von den Pilzen unterscheiden, haben jedoch so viele Gemeinsamkeiten, dass ich geneigt bin, sie dieser Gruppe zuzuordnen.

Viele davon, wie der Hefepilz, die verschiedenen Gärpilze und die am Zersetzungsprozess beteiligten Bakterien, sind tatsächlich sehr nützlich. Die Anreicherung und Vorbereitung des Bodens für die Nutzung durch höhere Pflanzen durch Bakterien sind sehr wichtige Dienste.

Parasiten ernähren sich von lebenden Pflanzen und Tieren. Sie sind so beschaffen, dass sie, wenn ihre Nährfäden in die Nähe der lebenden Pflanze kommen , auf einen bestimmten Impuls reagieren, indem sie spezielle Fäden aussenden, die den Wirt umhüllen und Nährstoffe aufnehmen. Saprophyten erfahren diese Reaktion von lebenden Pflanzen nicht. Sie sind gezwungen, ihre Nahrung aus verrottenden Produkten von Pflanzen oder Tieren zu beziehen, daher leben sie in reichhaltiger Erde oder Lauberde, auf verrottetem Holz oder auf Dung. Parasiten sind normalerweise klein und werden durch ihren Wirt eingeschränkt. Saprophyten sind in ihrer Nahrungsversorgung nicht so eingeschränkt und können große Pflanzen wie die gewöhnliche Pilzgruppe, Boviste usw. aufbauen.

Die Sporen sind die Samen oder Fortpflanzungskörper des Pilzes. Sie sind sehr fein und für das bloße Auge unsichtbar, außer wenn sie in großen Massen zusammenkommen. Unter Pilzen ist das Gras oder Holz häufig weiß oder durch die Sporen deutlich verfärbt. Das Hymenium ist die Oberfläche oder der Teil der Pflanze, der die Sporen trägt. Der Hymenophor ist der Teil, der das Hymenium trägt.

Beim gewöhnlichen Champignon und auch bei vielen anderen Pilzen entwickeln sich die Sporen auf einer bestimmten keulenartigen Zelle, die Basidium (Plural: Basidien) genannt wird und auf der sich normalerweise jeweils vier Sporen entwickeln. Bei Morcheln sind diese Zellen zu zylindrischen, membranösen Beuteln verlängert, die Asci genannt werden und in denen sich normalerweise jeweils acht Sporen entwickeln. Die Sporen gibt es in verschiedenen Farben, Formen und Größen, was dem Studenten beim Auffinden fremder Arten und Gattungen eine große Hilfe sein wird. Beim Keimen senden die Sporen dünne Fäden aus, die Botaniker Myzel nennen, die dem normalen Leser jedoch als Brut bekannt sind.

Die Methode und der Ort der Sporenentwicklung bilden die Grundlage für die Klassifizierung von Pilzen. Der beste Weg, um ein umfassendes Wissen über unsere essbaren und giftigen Pilze zu erlangen, besteht darin, sie im Lichte der für ihre Klassifizierung verwendeten Hauptmerkmale und ihrer natürlichen Beziehung zueinander zu studieren.

Über die Klassifizierung von Pilzen gibt es große Meinungsverschiedenheiten. Die vielleicht einfachste und zufriedenstellendste ist die von Underwood und Cook. Sie ordnen sie in sechs Gruppen ein:

1. Basidiomyceten – solche, bei denen die Sporen oder Fortpflanzungskörper nackt oder äußerlich sind, wie in Abbildung 2 auf Seite 15 dargestellt.

2. Ascomycetes – solche, bei denen die Sporen in Säckchen oder Asci eingeschlossen sind . Diese Säckchen sind in Abbildung 4 auf Seite 18 sehr deutlich dargestellt. Dazu gehören Morcheln, Pezizæ , Pyrenomycetes , Tuberaceæ , Sphairiacei usw.

3. Physcomycetes – einschließlich der Mucorini , Saprolegniaceæ und Peronosporeæ . Zu dieser Familie gehören Kartoffelfäule und falscher Mehltau an Weinreben.

4. Myxomyceten – Schleimpilze .

5. Saccharomyceten – Hefepilze.

6. Schizomyceten – sind winzige, einzellige Protophyten , die sich hauptsächlich durch Querteilung vermehren.

KLASSE PILZE – UNTERKLASSE BASIDIOMYCETEN.

Zu dieser Klasse gehören alle Lamellenpilze, Polyporus , Boletus, Hydnum usw.

Pilze dieser Klasse werden in vier natürliche Gruppen unterteilt:

1. Hymenomyceten .

2. Gasteromyceten.

3. Uredinae .

4. Ustilagineæ .

GRUPPE 1 – HYMENOMYCETEN .

In diese Gruppe werden alle Pilze eingeordnet, die aus Membranen bestehen, fleischig, holzig oder gallertartig, egal ob sie auf dem Boden oder auf Holz wachsen. Das Hymenium oder die sporentragende Oberfläche ist in einem frühen Stadium des Pflanzenlebens äußerlich. Die Sporen werden auf Basidien getragen, wie in Abbildung 2, Seite 6, erklärt. Wenn die Sporen reifen, fallen sie auf den Boden oder werden vom Wind zu einem Wirt getragen, der alle für die Keimung notwendigen Bedingungen bietet; dort produzieren sie das Myzel oder die weißen fadenartigen Ranken, die man vielleicht schon einmal in gepflügtem Rasen, in alten Hackschnitzelhaufen oder verrottetem Holz bemerkt hat. Wenn man diese Fäden untersucht, findet man kleine Knoten, die sich mit der Zeit zum ausgewachsenen Pilz entwickeln. Hymenomyceten werden in sechs Familien unterteilt:

1. Agaricaceæ . Hymenium mit Lamellen.

2. Hymenium mit Poren .

3. Hydnaceæ . Hymenium mit Stacheln.

4. Thelephoraceæ . Hymenium horizontal und überwiegend auf der Unterseite.

5. Clavariaceæ . Hymenium auf glatter, keulenförmiger Oberfläche.

6. Tremellaceen . Hymenium eben und oberständig. Gallertartige Pilze.

FAMILIE 1 – AGARICACEAE .

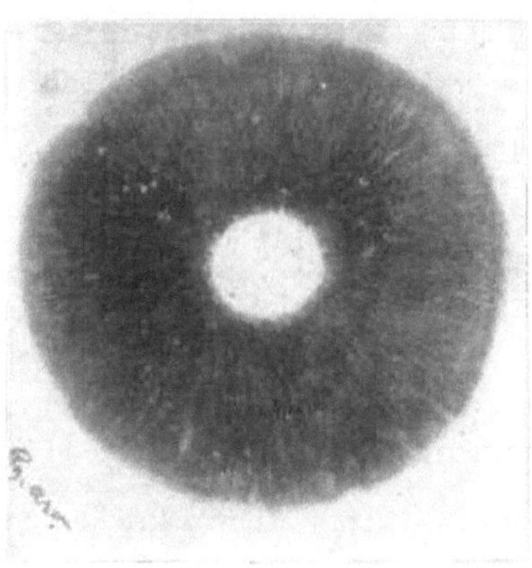

ABBILDUNG 7. – Sporenabdruck von Agaricus arvensis.

Bei den Agaricaceæ oder gewöhnlichen Pilzen und allen anderen Arten mit ähnlicher Struktur befinden sich die sporenproduzierenden Membranen auf der Unterseite des Hutes. Sie bestehen aus dünnen Lamellen oder Lamellen, die mit der Oberkante am Hut befestigt sind und sich vom Stiel bis zum

Rand des Hutes erstrecken. Sehr häufig wird dieser Raum vollständig von kürzeren Lamellen oder Lamellen ausgenutzt, die zwischen den längeren liegen, insbesondere in Richtung des Hutrands. Bei einigen Arten, bei denen der Stiel zu fehlen scheint oder an der Seite des Hutes befestigt ist, verlaufen die Lamellen oder Lamellen strahlenförmig von der Befestigungsstelle oder vom seitlichen Stiel zu anderen Teilen des Hutumfangs. Berkeley gibt die folgenden Merkmale an: Das untere Hymenium ist über leicht teilbare Lamellen oder Platten verteilt, die von einem Zentrum oder Stiel ausgehen, der einfach oder verzweigt sein kann.

Zu dieser Familie gehören die folgenden Gattungen:

1. Agaricus – Lamellen, nicht schmelzend, Rand spitz; einschließlich aller Untergattungen, die in den Rang einer Gattung erhoben wurden.

2. Coprinus – Lamellen zerfließend, Sporen schwarz.

3. Cortinarius – Kiemen dauerhaft, Schleier spinnennetzartig, terrestrisch.

4. Paxillus : Lamellen, die sich vom Hymenophorum trennen und herablaufen.

5. Gomphidius – Lamellen verzweigt und herablaufend, Hut kreiselförmig.

6. Bolbitius – Lamellen werden feucht, Sporen gefärbt.

7. Lactarius – Milchige Kiemen, terrestrisch.

8. Russula – Lamellen gleich, starr und spröde, terrestrisch.

9. Marasmius – Lamellen dick, zäh, Hymenium trocken.

10. Hygrophorus – Stiel verschmilzt mit Hymenophorum , Lamellen scharfkantig.

11. Cantharellus – Lamellen dick, verzweigt, mit abgerundetem Rand.

12. Lentinus – Hut haarig, hart, zäh; Lamellen zäh, ungleich, gezahnt; auf Baumstämmen und Baumstümpfen.

13. Lenzites – Ganze Pflanze korkig; Lamellen einfach oder verzweigt.

14. Trogia – Kiemen geädert , faltenartig, geriffelt .

15. Panus – Lamellen korkig, mit spitzem Rand.

16. Nyctalis – allgemeiner Schleier; Lamellen breit, oft parasitär.

17. Schizophyllum – Lamellen korkig, längs gespalten.

18. Xerotus – Kiemen zäh, faltenartig.

Aus diesem Grund sind die Lamellenpilze unter dem Familiennamen Agaricaceæ oder allgemeiner als Agarics bekannt.

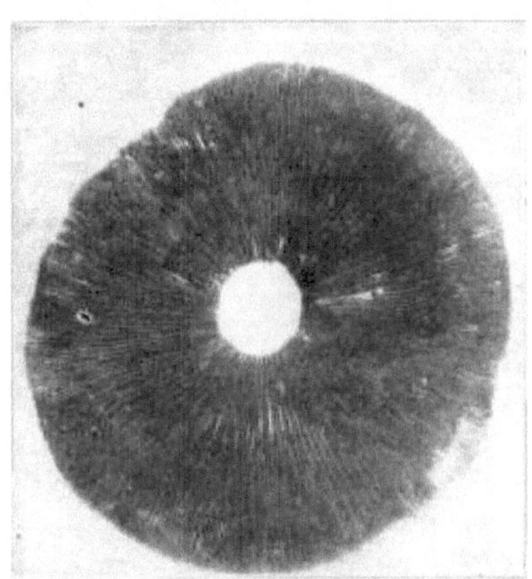

ABBILDUNG 8. — Sporenabdruck von Hypholoma Sublatertium .

Diese Familie ist je nach Farbe ihrer Sporen in fünf Serien unterteilt. Die Sporen weisen in Massen bestimmte Farben auf: weiß, rosa, rostfarben, violett-braun und schwarz. Daher ist der erste und wichtigste Schritt bei der Lokalisierung eines Pilzes die Bestimmung der Farbe der Sporen. Nehmen Sie dazu ein frisches, perfektes und voll entwickeltes Exemplar und entfernen Sie den Stiel vom Hut. Legen Sie den Hut mit den Lamellen nach unten auf die Oberfläche von dunklem, samtigem Papier, wenn Sie vermuten, dass die Sporen weiß sind. Stülpen Sie eine Fingerschale oder eine Glasglocke über den Hut, damit die Luft die Sporen nicht wegbläst. Wenn die Sporen gefärbt sein sollten, sollte weißes Papier verwendet werden. Wenn das Exemplar zu lange liegen bleibt, setzt sich die Sporenablagerung zwischen den Lamellen nach oben fort und kann eine Höhe von einem Achtel Zoll erreichen. In diesem Fall wird, wenn beim Entfernen des Hutes sehr vorsichtig vorgegangen wird, eine perfekte Ähnlichkeit der Lamellen und auch der Farbe der Sporen erreicht.

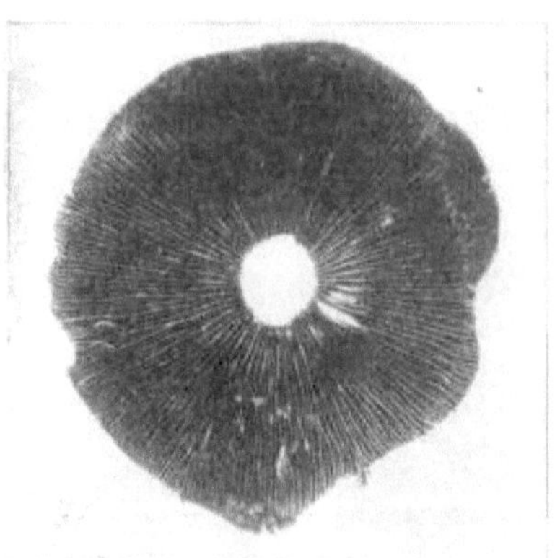

ABBILDUNG 9. — Sporenabdruck einer Flammula .

Es gibt zwei Möglichkeiten, diese Sporenabdrücke dauerhaft zu machen. Nehmen Sie zunächst ein Stück dünnes Reispapier, reiben Sie es mit einem Schwamm und lassen Sie es trocknen. Dann verfahren Sie wie oben beschrieben. Auf diese Weise hält der Abdruck einiges aus. Eine andere Möglichkeit, die auch zur Herstellung der Sporenabdrücke in diesen Fotos verwendet wurde, besteht darin, den Sporenabdruck wie bei der vorhergehenden Methode auf Japanpapier zu machen und ihn dann mit einem Zerstäuber vorsichtig und sorgfältig mit einem Fixiermittel zu besprühen, wie es zum Fixieren von Kohlezeichnungen verwendet wird. Das erfolgreiche Anfertigen von Sporenabdrücken erfordert Zeit und Sorgfalt, aber die Zufriedenheit, die sie vermitteln, entschädigt reichlich für die Mühe. Es ist schwieriger, gute Abdrücke von Pilzen mit weißen Sporen zu erhalten als von solchen mit farbigen Sporen, da es schwierig ist, ein schwarzes Papier mit einer matten, samtigen Oberfläche zu erhalten, und die Sporen nicht gut auf einem glatten, glänzenden Papier haften. Für die abgebildeten Abdrücke bin ich Mrs. Blackford zu Dank verpflichtet.

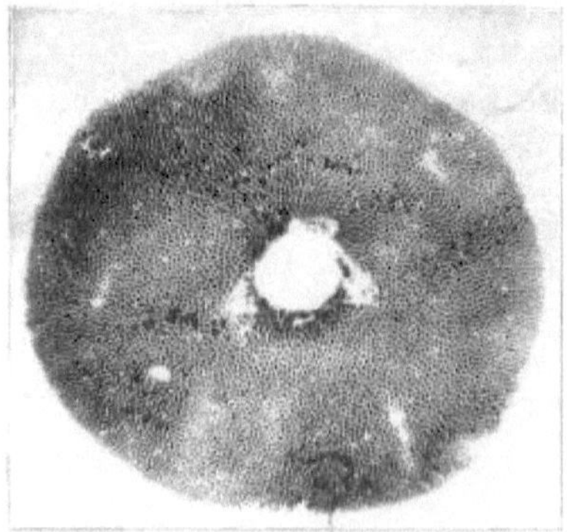

ABBILDUNG 10. – Sporenabdruck eines Steinpilzes.

Wenn die Pflanze trocken ist , ist es gut, die Innenseite der Fingerschale oder der Glocke anzufeuchten, bevor man sie über den Pilz stülpt. Die Sporen von Boleti und eigentlich allen Pilzen können auf die gleiche Weise gefangen und fixiert werden.

Bei der Untersuchung dieser Sporenabdrücke werden wir feststellen, dass die Sporen fünf verschiedene Farben haben. Diese Familie wird daher in fünf Serien unterteilt, die durch die Farbe der Sporen bestimmt werden, die in Farbe, Größe und Form immer gleich sind.

Die fünf Serien werden in folgender Reihenfolge behandelt:

1. Die weißsporigen Blätterpilze.

2. Die Rosensporenblätterpilze.

3. Die Rostsporenblätterpilze.

4. Die violett-braunsporigen Blätterpilze.

5. Die schwarzsporigen Blätterpilze.

ANALYTISCHER SCHLÜSSEL.

Dieser Schlüssel basiert weitgehend auf Cookes analytischem Schlüssel. Seine Verwendung hilft dabei, die betreffende Pflanze der Gattung zuzuordnen, zu der sie gehört.

Als erstes sollte der Schüler die Farbe der Spore bestimmen, wenn diese nicht deutlich zu erkennen ist. Dies geschieht am besten nach dem auf Seite 15 beschriebenen Plan.

Die Pflanze sollte frisch und reif sein. Die verschiedenen Entwicklungsstadien sollten sorgfältig beachtet werden. Die Wuchsform der Pflanze sollte berücksichtigt werden. Sobald die Farbe der Sporen bestimmt ist, ist es ein Leichtes, die Gattung anhand des Schlüssels zu bestimmen.

GRUPPE I – HYMENOMYCETEN .

Das Myzel ist flockig und bildet ein ausgeprägtes Hymenium. Der Pilz ist fleischig, häutig , holzig oder gallertartig. Die Sporen sind nackt.

Hymenium, normalerweise unterständig—

Hymenium mit Lamellen   Agaricaceae .

Hymenium mit Poren   Polyporaceae .

Hymenium mit Zähnen   Hydnaceae .

Hymenium sogar   Thelophoraceae .

Hymenium, überlegen—

Hymenium auf glatter Oberfläche, keulenförmig, Clavariaceae .

Hymenium gelappt, gewunden, gallertartig,   Tremellaceen .

FAMILIE 1 – AGARICACEAE .

Hymenium unterständig, Hut mehr oder weniger ausgedehnt, konvex, glockenförmig. Lamellen strahlen von der Befestigungsstelle des Hutes am Stiel oder von einem seitlichen Stiel zu anderen Teilen des Hutes aus, einfach oder verzweigt.

I. Sporen weiß oder leicht getönt.

A. Pflanzen fleischig, mehr oder weniger fest, verfaulen schnell.

a. Stiel fleischig, Hut löst sich leicht vom Stiel.

Volva vorhanden und Ring am Stiel.

Warzen oder Flecken am Hut, die frei von der Kutikula sind   Fliegenpilz.

Volva vorhanden, Ring fehlt   Amanitopsis .

Hut schuppig, Schuppen fest mit Kutikula,

Volva fehlt, Ring vorhanden   Lepiota .

Hymenophor konfluent,

Ohne Knorpelrinde,

b. Stiel zentral, Ring vorhanden (manchmal undeutlich),

Volva fehlt, Kiemen vorhanden   Hallimasch.

Ohne Ring,

    Kiemen gewölbt   Tricholom .

    Kiemen herablaufend,

        Kanten scharf   Klitocybe .

        Kanten geschwollen   Pfifferling.

    Kiemen angewachsen,

        Parasit auf anderen Pilzen   Nyctalis .

        Nicht parasitär,

        Milchig   Lactarius .

        Bei Quetschungen tritt kein Saft aus,

        Starr und spröde   Täubling .

        Ziemlich zähflüssige, wachsartige Konsistenz   Hygrophorus .

c. Stamm seitlich oder nicht vorhanden, selten mittig   Pleurotus.

d. Stamm mit knorpeliger Rinde,

    Kiemen angewachsen   Collybia .

    Kiemen gewölbt   Mykene .

    Kiemen herablaufend   Omphalia .

Pflanzen zäh, fleischig, häutig , ledrig,

Stamm zentral,

| Kiemen einfach | Marasmius . |
| Kiemen verzweigt | Xerotus . |

B. Pflanzen gallertartig und ledrig — Heliomyces .

Stamm seitlich oder fehlend,

Der Rand der Kiemen ist gesägt	Lentinus.
Rand der Kiemen ganz	Panus.
Kiemen faltenartig, unregelmäßig	Trogia .
Kiemenrand längs gespalten	Schizophyllum .

C. Pflanzen korkig oder holzig,

| Anastomose der Kiemen. | Lenzite . |

II. Sporen rosig oder lachsfarben .

A. Zentraler Stiel.

Lamellen frei, Stiel lässt sich leicht vom Hut lösen.

Ohne Knorpelschaft,

Volva vorhanden und deutlich erkennbar, kein Ring	Volvaria .
Ohne Volva, mit Ring	Annularia .
Ohne Volva und ohne Ring	Pluteus.

B. Stiel fleischig bis faserig, Hutrand zunächst nach innen gebogen,

Kiemen gewölbt oder angewachsen   Entolom .

Kiemen herablaufend   Klitopilus .

C. Stiel exzentrisch oder nicht vorhanden, Hut lateral   Claudopus .

Kiemen herablaufend, Hut nabelförmig   Kirche .

Lamellen nicht herablaufend, Hut in Schuppen zerrissen und leicht konvex, Rand zunächst eingerollt   Leptonie .

Hut glockenförmig, Rand zunächst gerade   Nolanea .

III. Sporen rostbraun oder gelbbraun.

A. Stiel nicht knorpelig,

a. Stamm zentral,

Mit einem Ring,

Ring durchgehend   Pholiota .

VeilArachnoidea,

Lamellen angewachsen, pulverförmig durch Sporen   Cortinarius .

Lamellen herablaufend oder angewachsen, meist epiphytisch   Flammula .

Lamellen etwas gewölbt, Kutikula des Hutes seidig oder fibrillenhaltig   Inocybe .

Kutikula glatt, klebrig   Patientenoma .

Lamellen lösen sich vom Hymenophor und fallen herab   Paxillus .

b. Stamm seitlich oder nicht vorhanden   Crepidotus .

B. Stamm knorpelig,

Kiemen herablaufend   Tubaria .

Lamellen nicht herablaufend,

Rand des Hutes zunächst nach innen gebogen   Naukoria .

Hutrand immer gerade,

Hymenophor frei   Pluteolus .

Hymenophor konfluent   Galera.

Kiemen lösen sich auf und werden gallertartig   Bolbitius .

IV. Sporen violett-braun.

A. Stiel nicht knorpelig,

Der Hut löst sich leicht vom Stiel,

Volva vorhanden, Ring fehlt   Chitonia-Käfer .

Volva und Ring wollen   Pilosomen .

Volva fehlt, Ring vorhanden   Agaricus.

Lamellen zusammenfließend, Ring am Stiel vorhanden   Stropharie.

Ring fehlt, Schleier bleibt am Rand des Hutes haften   Hypholom .

B. Stamm knorpelig,

Kiemen herablaufend   Deconia .

Lamellen nicht herablaufend, Hutrand zunächst
nach innen gebogen   Psilocybe .

Hutrand zunächst gerade   Psathyra .

V. Schwarze Sporenpilze.

Kiemen zerfließen   Koprinus.

Kiemen nicht zerfließend,

Kiemen herablaufend   Gomphidius .

Lamellen nicht herablaufend, Hut gestreift   Psathyrella .

Hut nicht gestreift, Ring fehlt, Schleier oft am Rand
vorhanden   Panäolus .

Ring fehlt, Schleier ist angewachsen   Chalymotta .

Ring vorhanden   Anellaria .

KAPITEL II.
DIE WEISSSPORENBLÄTTER.

Die Arten mit den weißen Sporen scheinen höherwertiger zu sein als die mit den farbigen Sporen. Die ersteren sind meist fester, während die Exemplare mit den schwarzen Sporen bald zerfließen. Die weißen Sporen sind normalerweise oval, manchmal rund und in vielen Fällen ziemlich stachelig. Alle Exemplare mit den weißen Sporen findet man an sauberen Orten.

Wulstling.

Der Name Amanita soll vom Berg Amanus stammen , dem antiken Namen einer Bergkette, die Kilikien von Syrien trennt. Man nimmt an, dass Galen als erster Exemplare dieses Pilzes aus dieser Region mitbrachte.

Die Gattung *Amanita* besitzt sowohl eine Volva als auch einen Schleier. Die Sporen sind weiß und der Stiel lässt sich leicht vom Hut trennen. Die Volva ist zunächst universell und umhüllt die junge Pflanze, ist jedoch deutlich von der Kutikula des Hutes zu unterscheiden und frei.

Diese Gattung enthält einige der tödlichsten Giftpilze, obwohl einige als sehr gut bekannt sind. Es gibt eine große Anzahl von Arten – etwa 75 sind bekannt, von denen 42 in diesem Land gefunden wurden – einige sind in diesem Staat recht häufig. Alle Amanita sind Landpflanzen, die meist einzeln wachsen und hauptsächlich in Wäldern oder auf waldreichen Böden vorkommen.

Im Knopfstadium ähnelt es einem kleinen Ei oder Bovist, wie in Abbildung 6 auf Seite 11 zu sehen ist, und man muss sehr darauf achten, es von letzterem zu unterscheiden, wenn man Boviste zum Essen jagt; die Gefahr ist jedoch nicht groß, da die Volva normalerweise bricht, bevor die Pflanze durch den Boden wächst.

Fliegenpilz. Fr.

DER TÖDLICHE FLIEGENPILZ.

ABBILDUNG 11. — Amanita phalloides. Fr. Zeigt Volva an der Basis, Hut dunkel.

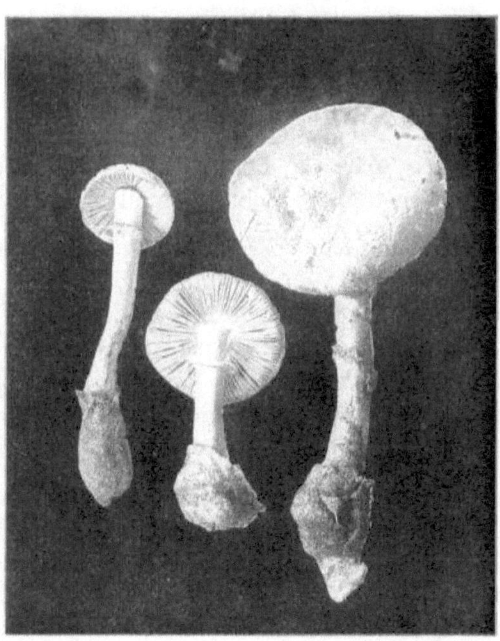

ABBILDUNG 12. — Amanita phalloides. Fr. Weiße Form mit Volva, schuppigem Stiel und Ring.

Phalloides bedeutet phallusartig. Diese Pflanze und ihre verwandten Arten sind tödlich giftig. Aus diesem Grund sollte die Pflanze von jedem Pilzsammler sorgfältig studiert und gründlich gekannt werden. An verschiedenen Standorten und manchmal auch am selben Standort kommt die Pflanze in sehr unterschiedlichen Farbtönen vor. Es gibt auch Unterschiede in der Art und Weise, wie die Volva aufgebrochen ist, sowie in der Beschaffenheit des Stammes.

Der Anfänger wird oft glauben, er habe eine neue Art, bis er mit allen Eigenheiten dieser Pflanze gründlich vertraut ist.

Der Hut ist glatt, ebenmäßig, zähflüssig, wenn er jung und feucht ist, häufig mit einigen Fragmenten der Volva verziert, weiß, grauweiß, manchmal rauchbraun; egal, ob der Hut weiß, austernfarben oder rauchbraun ist, die Mitte des Hutes ist mehrere Nuancen dunkler als der Rand. Die Pflanze verändert ihre Form von einer knopf- oder eiförmigen Gestalt, wenn sie jung ist, zu einer fast flachen Gestalt, wenn sie vollständig entfaltet ist. Viele Pflanzen haben einen ausgeprägten Wulst auf der Oberseite des Hutes und der Rand des Hutes kann leicht nach oben gebogen sein.

Die Lamellen sind immer weiß, breit, bauchig, am Stiel abgerundet und stehen frei davon.

Der Stiel ist glatt und weiß, außer in Fällen, in denen der Hut dunkel ist; dann hat der Stiel dieser Pflanzen meist die gleiche Farbe und verjüngt sich nach oben wie beim Exemplar (Abb. 11); ausgestopft, dann hohl und neigt dazu, sich bei Berührung zu verfärben.

Die Volva dieser Art ist sehr variabel und mehr oder weniger im Boden vergraben, wo sie bei genauer Beobachtung sichtbar wird.

Man muss diese Art nie mit dem Wiesenchampignon verwechseln, denn die Sporen dieses Champignon sind immer violett-braun, während ein Sporenabdruck dieses Champignon immer weiße Sporen zeigt. Ich habe einen leichten Rosaton in den Lamellen des A. phalloides gesehen, aber die Sporen waren immer weiß. Bis man beide Lepiota genau kennt, naucina und A. phalloides sollte er vor dem Verzehr der ersteren immer sorgfältig nach den Überresten einer Volva und einer bauchigen Basis im Boden suchen.

Diese Pflanze ist in all ihren verschiedenen Farbschattierungen recht auffällig und einladend. Man findet sie in Wäldern und an Waldrändern und manchmal auch auf Rasenflächen. Sie ist 10 bis 20 cm hoch und der Hut ist 7,5 bis 12,5 cm breit. Die Pflanze hat eine Persönlichkeit, die sie leicht erkennbar macht, wenn man sie erst einmal kennengelernt hat. Sie wächst von August bis Oktober.

Amanita recutita. Fr.

DER FRISCHHÄUTIGE WULSTLING. GIFTIG.

Recutita, mit frischer oder neuer Haut. Pileus konvex, dann ausgedehnt, trocken, glatt, oft mit kleinen Schuppen bedeckt, Fragmente der Volva; Rand fast eben, grau oder bräunlich.

Die Lamellen bilden Reihen entlang des Stiels.

Der Stiel ist gefüllt, dann hohl, nach oben hin dünner, seidig, weiß, der Ring ist weit auseinander, der Rand der Volva ist nicht frei, häufig ausgelöscht.

Ziemlich häufig dort, wo es viele Kiefernwälder gibt. August bis Oktober.

Diese Art unterscheidet sich von A. porphyria dadurch, dass der Ring weder braun noch bräunlich ist.

Amanita virosa . Fr.

DER GIFTIGE FLIEGENPILZ.

Virosa , voller Gift. Der Hut ist vier bis fünf Zoll breit; die ganze Pflanze weiß, konisch, dann ausgedehnt; klebrig, wenn feucht; der Rand oft etwas gelappt, eben.

Die Kiemen sind frei, gedrängt.

Der Stiel ist häufig 15 cm lang, dick, rund, mit bauchiger Basis, nach oben hin dünner, schuppig, mit Ringen nahe der Spitze, großer, lockerer Volva.

Die Sporen sind fast kugelig , 8–10 µ. Dies ist wahrscheinlich nur eine Form von A. phalloides. Sie kommt in feuchten Wäldern vor. August bis Oktober.

Fliegenpilz. Linn.

DER FLIEGENPILZ. GIFTIG.

ABBILDUNG 13. — Amanita muscaria.— *Linn.* Der Hut ist rötlich oder orange und weist Schuppen auf dem Hut und an der Basis des Stängels auf.

Muscaria, von musca, eine Fliege. Der Fliegenpilz ist eine sehr auffällige und schöne Pflanze. Er wird so genannt, weil Aufgüsse davon verwendet werden, um Fliegen zu töten. Ich habe häufig tote Fliegen auf den voll entwickelten Hüten gesehen, wo sie den Tau auf dem Hut getrunken und, wie die Lotoseatersalten, vergessen hatten, wegzufliegen. Diese Pflanze ist in den Wäldern des Columbiana County in diesem Staat sehr häufig anzutreffen. Sie wird auch häufig in vielen Gegenden um Chillicothe gefunden. Sie ist oft eine sehr schöne und attraktive Pflanze, wegen der hellen Farben des Hutes im Kontrast zum weißen Stiel und den Lamellen sowie den weißen Schuppen auf der Oberfläche des Hutes. Diese Schuppen scheinen sich etwas anders zu verhalten als die anderer Arten des Fliegenpilzes. Anstatt zu schrumpfen , sich einzurollen und abzufallen, neigen sie dazu, fest an der glatten Haut des Hutes zu haften, werden bräunlich und sehen bei der reifen Pflanze aus wie verstreute Schlammtropfen, die auf dem Hut getrocknet sind, wie Sie in Abbildung 13 sehen werden.

Der Hut ist drei bis fünf Zoll breit, zuerst kugelig, dann hantelförmig, konvex, dann ausgeweitet und mit zunehmendem Alter fast flach; der Rand ist bei ausgewachsenen Pflanzen leicht gestreift; die Oberfläche des Hutes ist mit weißen, flockigen Schuppen bedeckt, Fragmenten der Volva. Diese Schuppen lassen sich leicht entfernen, sodass alte Pflanzen häufig vergleichsweise glatt sind. Die Farbe der jungen Pflanze ist normalerweise rot, dann orange bis blassgelb; gegen Ende der Saison oder bei alten Pflanzen verblasst sie zu fast Weiß. Das Fleisch ist weiß, manchmal in der Nähe der Kutikula gelb gefärbt.

Die Lamellen sind reinweiß, sehr symmetrisch und unterschiedlich lang, wobei die kürzeren sehr abrupt unter dem Hut enden, gedrängt und frei stehen, aber bis zum Stiel reichen und in Form von vorne etwas breiteren Linien herablaufen. Manchmal ist in den Lamellen ein leichter Gelbstich zu erkennen.

Der Stängel ist weiß, wird mit der Zeit oft gelblich, hat Mark und ist oft hohl, wird rau und zottig und schließlich schuppig, wobei die Schuppen darunter scheinbar zu einer undurchsichtigen Tasse verschmelzen. Der Stängel ist zehn bis fünfzehn Zentimeter lang.

Der Schleier bedeckt die Lamellen der jungen Pflanze und ist später als kragenartiger Ring am Stängel sichtbar, weich, schlaff, gebogen, bei alten Exemplaren oft zerstört. Die Sporen sind weiß und breit elliptisch.

Die Geschichte dieser Pflanze ist so interessant wie ein Roman. Ihre tödlichen Eigenschaften waren den Griechen und Römern bekannt. Die Seiten der Geschichte berichten von ihrem Verderben und ihrer Beteiligung an Verbrechen. Plinius sagt in Anspielung auf diese Art, sie sei „sehr gut zum Vergiften geeignet". Dies war zweifellos die Art, die Agrippina, die Mutter Neros, verwendete, um ihren Ehemann, den Kaiser Claudius, zu vergiften; und dieselbe, die Nero bei jenem berühmten Bankett verwendete, als alle seine Gäste, seine Tribunen und Centurionen und Agrippina selbst ihren giftigen Eigenschaften zum Opfer fielen.

Es heißt jedoch, dass dieser Pilz von bestimmten Menschen als Rauschmittel gegessen wird; tatsächlich wird er allgemein in Kamtschatka und im asiatischen Russland verwendet, wo in anderen Ländern der Amanita-Trinker den Platz des Opiumsüchtigen und des Alkoholsäufers einnimmt. Wenn Sie Colonel George Kennan in seinem „Zeltleben in Sibirien" und Cookes „Sieben Schwestern des Schlafes" lesen, finden Sie eine vollständige Beschreibung der toxischen Verwendung dieses Pilzes, die jede mögliche Vorstellung bei weitem übersteigt.

Es führte zum Tod des russischen Zaren Alexis und des Grafen de Vecchi sowie einiger seiner Freunde in Washington im Jahr 1896. Er war auf der Suche nach dem Orangenen Fliegenpilz und fand diesen, was schwerwiegende Folgen hatte.

In Größe, Form und Farbe des Hutes gibt es Ähnlichkeiten, in anderen Punkten sind die beiden jedoch sehr unterschiedlich. Sie können wie folgt gegenübergestellt werden:

Orangefarbener Fliegenpilz, essbar. — Hut *glatt* , Lamellen *gelb* , Stiel *gelb* , Hülle *fest* , *häutig* , *weiß* .

Fliegenpilz, giftig. – Hut *warzig* , Lamellen *weiß* , Stiel *weiß* oder leicht *gelblich* , Hülle *zerbricht schnell* in *Stücke oder Schuppen* , weiß oder manchmal gelblich-braun.

Kommt an Straßenrändern, Waldrändern und in lichten Wäldern vor. Er bevorzugt karge Böden und ist häufiger dort anzutreffen, wo Pappeln und Schierlingstannen wachsen. Von Juni bis zum Frost.

ABBILDUNG 14. — Amanita muscaria.— *Linn.* Halbe natürliche Größe, zeigt die Entwicklung der Pflanze.

Amanita Frostiana .

FROST-WULSTLING. GIFTIG.

ABBILDUNG 15. — Amanita Frostiana . *Foto von CG Lloyd.*

Frostiana , benannt zu Ehren von Charles C. Frost.

Der Hut ist konvex, ausgedehnt, leuchtend orange oder gelb, warzig, manchmal glatt und am Rand gestreift. Der Hut ist ein bis drei Zoll breit.

Die Lamellen sind frei, weiß oder leicht gelblich getönt.

Der Stiel ist weiß oder gelb, gefüllt und trägt einen leichten, manchmal schwindenden Ring. Er ist an der Basis bauchig, wobei die Zwiebel leicht von der Volva begrenzt wird. Die Sporen sind kugelig und haben einen Durchmesser von 8–10 μ. *Picken.*

Wegen des oft gelben Stiels und der Lamellen muss man sehr vorsichtig sein, um diese Art von A. cæsarea zu unterscheiden . Ich habe einige schöne Exemplare auf Cemetery Hill und Ralston's Run gefunden. Sie ist sehr giftig und sollte sorgfältig gemieden werden, oder besser gesagt, man sollte sich darüber im Klaren sein, dass man sie meiden kann. Die Streifen am Rand ihrer gelben Färbung könnten dazu führen, dass man sie mit dem Orangen-Wulstling verwechselt. Sie kommt in schattigen Wäldern und manchmal an offenen Stellen mit Unterholz vor. Juni bis Oktober.

Amanita verna. Stier.

DER FRÜHLINGS-WULSTLING. GIFTIG.

ABBILDUNG 16. — Amanita verna. Zwei Drittel der natürlichen Größe, mit Darstellung der Volva-Schale und des Rings.

Verna, bezieht sich auf den Frühling. Diese Art wird von manchen nur als weiße Variante des Amanita phalloides angesehen. Die Pflanze ist immer rein weiß. Sie kann von der weißen Form des A. phalloides nur durch ihre engere Volva-Hülle und vielleicht einen eher eiförmigen Hut in der Jugend unterschieden werden.

Der Hut ist zunächst eiförmig, dann ausgeweitet, etwas eingedrückt, im feuchten Zustand zähflüssig, ebenmäßig, der Rand ist kahl und glatt. Die Lamellen sind frei.

Der Stängel ist vollgestopft, mit zunehmendem Alter hohl, gleichmäßig, flockig, weiß, geringelt, die Basis bauchig, die Volva umschließt den Stängel eng mit ihrem freien Rand, der Ring bildet einen breiten Kragen, zurückgebogen. Die Sporen sind kugelig, 8μ breit.

Diese Art ist in den bewaldeten Hügeln dieses Teils des Staates sehr häufig anzutreffen. Ihre rein weiße Farbe macht sie zu einer attraktiven Pflanze und man sollte sie sorgfältig kennen lernen. Ich habe sie vor Mitte Juni gefunden.

Amanita magnivelaris . Pk.

DER GROßE GELBE FLIEGENPILZ. GIFTIG.

Magnivelaris kommt von *magnus* , groß; *Velum* , ein Schleier.

Der Hut ist konvex, oft nahezu eben, mit ebenem Rand, glatt, im feuchten Zustand leicht zähflüssig, weiß oder gelblich-weiß.

Die Kiemen sind frei, eng anliegend und weiß.

Der Stiel ist lang, fast gleich groß, weiß, glatt und mit einer großen Membranvolva versehen , deren bauchige Basis sich nach unten verjüngt und wurzelt. Die Sporen sind breit elliptisch.

Diese Art hat große Ähnlichkeit mit dem Fliegenpilz Amanita verna, von dem sie sich an seinem großen, dauerhaften Ring, der verlängerten, sich nach unten verjüngenden Zwiebel seines Stängels und insbesondere an seinen elliptischen Sporen unterscheidet.

Man findet ihn einzeln und in Wäldern. Ich habe mehrere auf Ralston's Run unter Buchen gefunden. Von Juli bis Oktober zu finden.

Knollenblätterpilz . Verbot.

Der Hut ist zunächst glockenförmig, dann erweitert, leicht zähflüssig, in der Mitte fleischig und am Rand dünner; die Farbe ist ein glattes, leuchtendes Rot, an der Spitze dunkler und geht am Rand in ein klares, durchsichtiges Gelb über; glänzend, fleischweiß, unverändert.

Die Kiemen sind bauchig, frei, zahlreich und gelb.

Der Stiel ist ausgestopft, der Ring abfallend, vergänglich. Pecks 44. Bericht.

Diese Art unterscheidet sich von Amanita cæsarea durch einen geraden Rand und einen weißen Stiel. Es handelt sich lediglich um eine Form der cæsarea . Der weiße Stiel wird die Aufmerksamkeit des Sammlers auf sich ziehen.

Amanita solitaria. Stier.

DER EINSAME FLIEGENPILZ.

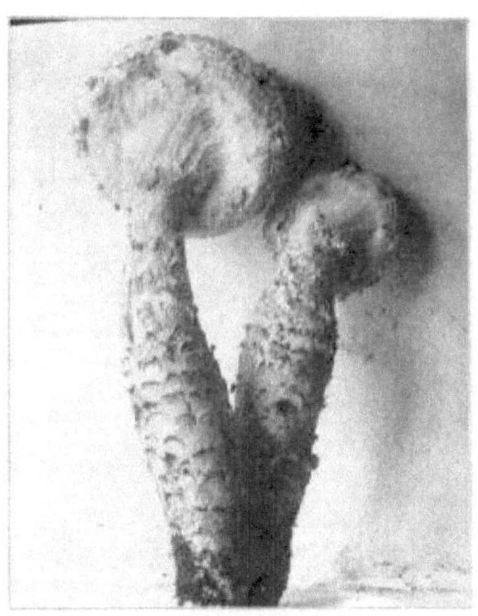

ABBILDUNG 17. — Amanita solitaria. Zwei Drittel der natürlichen Größe, mit dem eigentümlichen Schleier.

ABBILDUNG 18. — Amanita solitaria. Zwei Drittel der natürlichen Größe, mit schuppigem Hut und Stiel.

Natürliche Größe, mit schuppiger Kappe und Stiel, Pflanze weiß.

Solitär, allein wachsend. Ich habe diese Pflanze in verschiedenen Teilen des Staates gefunden und sie immer allein wachsend vorgefunden. In Poke Hollow, wo ich die Exemplare in den Abbildungen fand, fand ich bei verschiedenen Gelegenheiten mehrere am Hang, aber ich habe sie nie in Gruppen wachsen sehen. Sie ist ziemlich groß, weiß oder weißlich, sehr wollig oder flockig. Normalerweise sind Hut, Stiel und Lamellen mit einer flockigen Substanz bedeckt, die zur Identifizierung der Art dient. Diese flauschige Außenseite klebt leicht an Ihren Händen oder Ihrer Kleidung. Der Hut ist manchmal braun gefärbt, aber das Fleisch ist weiß und riecht ziemlich stark, nicht unähnlich Chlorkalk. Der Ring ist häufig vom Stiel abgerissen und klebt am Rand des Hutes.

Der Hut ist im voll entfalteten Zustand drei bis fünf Zoll breit oder mehr, zunächst kugelig bis halbkugelig, wie in den Abbildungen 17 und 18 zu sehen ist, konvex oder flach, warzig, weiß oder weißlich, wobei die spitzen Schuppen leicht abgerieben oder von starken Regenfällen abgewaschen werden können. Die Größe dieser Schuppen variiert von kleinen Körnchen bis zu ziemlich großen kegelförmigen Flocken und sie unterscheiden sich bei verschiedenen Pflanzen in Zustand und Farbe.

Die Lamellen sind frei oder nicht am oberen Teil befestigt, die Ränder sind dort, wo sie von der leichten Verbindung mit der Oberseite des Schleiers abgerissen sind, häufig flockig; weiß oder leicht cremefarben getönt, breit.

Der Stängel ist 10 bis 20 cm hoch, massiv, wird im Alter dick, bauchig, wurzelt tief im Boden, ist sehr schuppig, bei jungen Pflanzen manchmal ventrikös, weiß, sehr mehlig. Volva brüchig. Ringförmig, groß, zerfetzt, hängt normalerweise bis zum Rand des Hutes, aber in Abbildung 19 haftet er am Stängel.

Dies ist eine große und schöne Pflanze im Wald, die aufgrund ihrer flockigen Beschaffenheit und der großen Knolle an der Basis des Stängels leicht zu erkennen ist. Sie ist nicht so warzig und der Geruch ist bei weitem nicht so stark wie der Amanita strobiliformis . Sie ist essbar, aber man sollte sehr vorsichtig sein, um sicherzugehen, dass es sich um die Art handelt. Von Juli bis Oktober in Wäldern und an Straßenrändern zu finden.

Wulstling . Fzg.

ABBILDUNG 20. — Amanita radicata . Zwei Drittel der natürlichen Größe, mit schuppigem Hut, abgebrochenem bauchigem Stamm und Wurzel sowie eigenartigem Schleier.

Radicata bedeutet „mit einer Wurzel versehen". Die Wurzel des Exemplars in Abbildung 20 wurde beim Herausholen aus dem Boden abgebrochen.

Der Hut ist fast kugelig , wird konvex, ist trocken, warzenförmig, weiß, mit ebenmäßigem Rand, festes, weißes Fleisch und einem Geruch, der an Chlorkalk erinnert.

Die Kiemen sind eng, frei und weiß.

Der Stiel ist fest, tief radiär , an der Basis geschwollen oder bauchig, an der Spitze flockig oder mehlig, weiß; der Schleier ist dünn, flockig oder mehlig, weiß, bald zerrissen und in Fragmenten am Rand des Hutes befestigt oder schwindet. Die Sporen sind breit elliptisch, 7,5–10μ lang, 6–7μ breit. *Picken*.

Dies ist eine recht große und schöne Pflanze, die sehr eng mit Amanita strobiliformis verwandt ist , sich aber aufgrund ihrer weißen Farbe, ihres deutlich strahlenförmigen Stammes und ihrer kleinen Sporen leicht von ihr unterscheiden lässt. Der Stamm ist knollenförmig und der Hut mit Warzen bedeckt. Ich habe die Pflanze häufig in Poke Hollow und auf Ralston's Run gefunden. Juli und August.

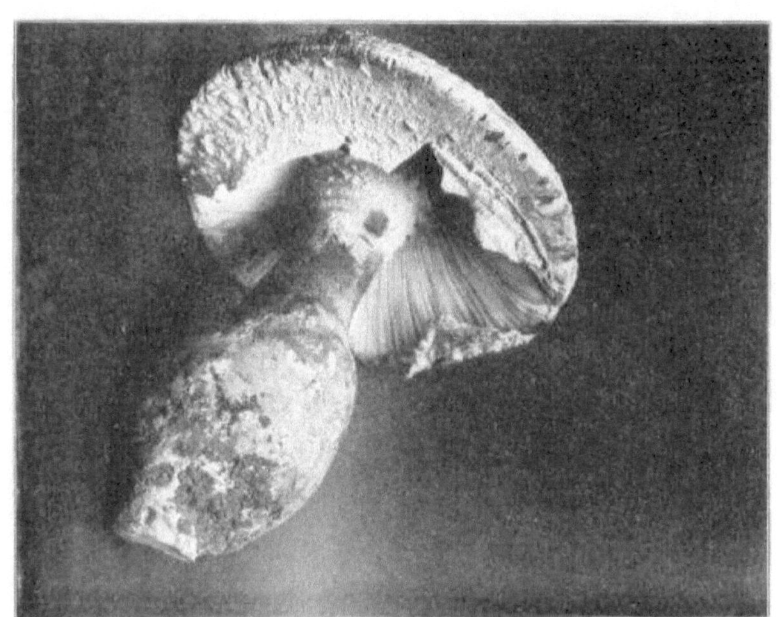

ABBILDUNG 21. – Amanita radicata .

Amanita strobiliformis . Fr.

DER TANNENZAPFEN-WULSTLING.

TAFEL III. ABBILDUNG 22.— AMANITA STROBILIFORMIS .
Junge Pflanze mit Schleier, der die gesamte Lamellenoberfläche der Pflanze
bedeckt. Hut mit hartnäckigen Warzen bedeckt, Stiel rau und wurzelnd,
starker Geruch nach Chlorkalk.

Strobiliformis bedeutet Tannenzapfenform; der Name rührt von der Ähnlichkeit seiner unentwickelten Form mit der Zapfenform der Kiefer her.

Der Hut ist in jungem Zustand 15 bis 20 cm breit, fast kugelförmig , dann konvex, ausgeweitet, nahezu eben, mit hartnäckigen Warzen, weiß, aschfarben, manchmal gelb auf dem Hut, der Rand ist eben und über die Lamellen hinausreichend; Warzen hart, eckig, spitz, weiß; Fleisch weiß, kompakt.

Die Lamellen sind frei, dicht gedrängt, gerundet, weiß und werden gelb.

Der Stiel ist fünf bis acht Zoll lang, häufig länger, verjüngt sich nach oben, ist flockig schuppig, bauchig und wurzelt über den Knollen hinaus; der Ring ist groß und zerrissen; die Volva bildet konzentrische Ringe. Die Sporen sind 13–14×8–9μ groß.

Dies ist eine der stattlichsten Pflanzen im Wald. Sie soll essbar sein, aber der starke, scharfe Geruch, wie Chlorkalk, hat mich vom Verzehr abgehalten.

Dieser Geruch soll jedoch beim Kochen verschwinden. Sie wird sehr groß.
Dr. Kellerman und ich fanden ein Exemplar in Haynes's Hollow, dessen
Stamm über 28 cm und dessen Kappe 23 cm lang war. Man findet sie in
offenen Wäldern und an Waldrändern. Man sollte sehr vorsichtig sein, bevor
man die Pflanze isst, um sie zweifelsfrei zu erkennen. Gefunden von Juli bis
Oktober.

Karte des Fliegenpilzes . Fr.

DER ZARTE KNOLLENBLÄTTERPILZ. GIFTIG.

ABBILDUNG 24. — Amanita mappa . Natürliche Größe, mit langem, glattem
Stiel, gelblich-weißem Hut und Ring.

Mappa bedeutet Serviette und wird nach der Volva benannt. Der Hut ist zwei
bis drei Zoll breit, konvex, dann ausgeweitet, eben, stumpf oder eingedrückt,
ohne abtrennbare Kutikula; der Rand ist nahezu eben; weiß oder gelblich,
normalerweise mit trockenen Stellen der Volva.

Die Lamellen sind verbunden , dicht, schmal, glänzend und weiß.

Der Stiel ist fünf bis sieben Zentimeter lang, erst gefüllt, dann hohl, zylindrisch, nahezu glatt, bauchig, an der Basis nahezu kugelförmig und oberhalb der Zwiebel fast gleichmäßig weiß.

Die Volva mit ihrem freien Rand ist spitz und schmal. Der Ring ist häutig , oberständig, weich, locker und ausgefranst.

Seine Farbe ist ebenso variabel und seine Wuchsform ähnelt stark der von A. phalloides, von der er sich nur durch seine weniger entwickelte Volva unterscheidet, die nicht becherförmig ist, sondern kaum mehr als ein Rand ist, der die Zwiebel umgibt. Der Geruch ist manchmal sehr stark. Man findet ihn in offenen Wäldern und unter Gestrüpp . Er gilt als giftig.

Amanita crenulata . Fzg.

ABBILDUNG 25. – Amanita crenulata .

Crenulata bedeutet Kerben tragend und bezieht sich auf die gekerbte Form der Lamellen, die sehr deutlich erkennbar sind.

Der Hut ist dünn, zwei bis zweieinhalb Zoll breit, breit eiförmig, wird konvex oder fast flach, ist am Rand etwas gestreift und mit einigen dünnen, weißlichen, flockigen Warzen oder weißlichen, flockigen Flecken verziert, weißlich oder gräulich, manchmal mit einem gelblichen Schimmer.

Die Lamellen stehen dicht aneinander, reichen bis zum Stiel und bilden auf ihm manchmal herablaufende Linien, sind am Rand flockig gekerbt, die kurzen sind am inneren Ende gestutzt und weiß.

Der Stängel ist gleichmäßig, bauchig, oben flockig und mehlig, gefüllt oder hohl, weiß, der Ring ist schwach und schwindend. Die Sporen sind breit elliptisch oder fast kugelig , 7,5–10 lang, fast genauso breit und enthalten normalerweise einen einzigen großen Kern. *Peck* , Bull. Tor. Bot. Club.

Der Stamm ist an der Basis bauchig, aber die Volva ist selten zu sehen, obwohl auf dem Hut häufig leichte Flecken zu sehen sind. Der Ring ist sehr flüchtig und verschwindet bald. Die Exemplare, die ich von Frau Blackford erhalten habe, sehen zum Verzehr geeignet aus und sie spricht sehr positiv über die essbaren Eigenschaften dieser Art. Soweit ich weiß, ist diese Pflanze auf die Neuenglandstaaten beschränkt. Sie ist von September bis November zu finden. Sie wächst in niedrigem, feuchtem Boden unter Bäumen.

Fliegenpilz . Atkinson.

DER STIEFELPILZ.

ABBILDUNG 26. — Amanita cothurnata . Leicht verkleinert im Vergleich zur natürlichen Größe, zeigt verschiedene Entwicklungsstadien.

Cothurnata bedeutet Halbstiefel; von corthunus , einem hohen Schuh oder Halbstiefel, der von Schauspielern getragen wird. Diese Art lässt sich leicht von den anderen Knollenblätterpilzen unterscheiden. Ich werde Prof. Atkinsons Beschreibung vollständig wiedergeben: „Der Hut ist fleischig und geht von nahezu kugelig zu halbkugelig, konvex, ausgedehnt über, und bei sehr alten Exemplaren ist der Rand manchmal erhöht. Er ist normalerweise weiß, obwohl man Exemplare mit einem Hauch von Zitronengelb in der

Mitte oder von gelbbraunem Gelb in der Mitte anderer Exemplare findet. Der Hut ist klebrig, besonders stark, wenn er feucht ist. Er ist am Rand fein gestreift und mit zahlreichen weißen, flockigen Schuppen aus der oberen Hälfte der Volva bedeckt, die mehr oder weniger dichte Flecken bilden, die bei starkem Regen abgewaschen werden können.

Die Lamellen sind neben dem Stiel abgerundet und ziemlich weit davon entfernt. Der Rand der Lamellen ist oft erodiert oder ausgefranst von den herausgerissenen Fäden, mit denen sie im jungen oder knopfförmigen Stadium lose mit der Oberseite des Schleiers verbunden waren. Die Sporen sind kugelförmig oder fast kugelförmig, mit einem großen „Kern", der die Spore fast ausfüllt.

Der Stiel ist zylindrisch, eben und unten zu einer ziemlich großen ovalen Zwiebel erweitert, wobei der Stiel direkt über der Zwiebel von einer eng anliegenden Volvarolle begrenzt ist und der obere Rand dieser Volva wie angenäht aussieht wie der gerollte Rand eines Kleidungsstücks oder Halbstiefels. Die Oberfläche des Stiels ist leicht flockig, schuppig oder stark schuppig und schon in sehr jungem Stadium deutlich hohl oder manchmal in jungem Stadium mit losen Fäden in der Höhle.

A. cothurnata ähnelt in vielen Punkten A. frostiana und es wird dem Sammler eine sehr interessante Studie bieten, wenn er die Unterschiede erkennt. Ich habe die beiden Arten auf Cemetery Hill wachsen sehen. Abbildung 26 zeigt Pflanzen, die in Michigan gesammelt und von Dr. Fisher fotografiert wurden. Gefunden im September und Oktober.

Wulstling rubescens . Fr.

DER RÖTLICHE WULSTLING. ESSBAR.

ABBILDUNG 27. — Amanita rubescens . Ein Drittel der natürlichen Größe, Kappen schmutzig rotbraun, verfärben sich rötlich, wenn sie gequetscht werden.

Rubescens kommt von *rubesco* , was rot werden bedeutet. Der Name geht auf die schmutzig-rötliche Farbe der gesamten Pflanze zurück und auch darauf, dass die Pflanze beim Anfassen oder Quetschen schnell eine rötliche Farbe annimmt. Die Pflanze ist oft groß und sperrig und wirkt eher wenig einladend.

Der Hut ist vier bis sechs Zoll breit, schmutzig rötlich, wird oft blass fleischfarben, fleischig, oval bis konvex, dann breiter; übersät mit kleinen blassen Warzen, ungleichmäßig, mehlig, verstreut, weiß, leicht trennbar; Rand gleichmäßig, leicht gestreift, besonders bei nassem Wetter; Fleisch weich, weiß, wird rot, wenn es bricht.

Die Lamellen sind weiß oder weißlich, stehen nicht am Stiel hervor, reichen aber bis an ihn heran und bilden manchmal herablaufende Linien auf ihm, dünn und gedrängt.

Der Stiel ist vier bis fünf Zoll lang, fast zylindrisch, massiv, obwohl er innen eher weich ist, und verjüngt sich von der Basis nach oben, mit einer bauchigen Basis, die sich unten oft abrupt verjüngt, und mit rötlichen Schuppen, die mattrot sind. Er weist selten deutliche Anzeichen einer Volva an der Basis auf, aber reichliche Anzeichen am Hut. Ring groß, oberständig, weiß und zerbrechlich.

Die Farbe der Pflanze variiert stark, manchmal wird sie fast weiß mit einem leichten rötlichen oder bräunlichen Farbton. Das markante Erkennungsmerkmal der Art ist das fast völlige Fehlen jeglicher Volvareste an der Basis des Stängels. Dadurch und durch die mattroten Farbtöne und die gequetschten Stellen, die schnell eine rötliche Farbe annehmen, lässt sie sich leicht von allen giftigen Knollenblätterpilzen unterscheiden.

Laut Cordier wird es in Frankreich hauptsächlich als Nahrungsmittel verwendet. Stevenson und Cooke sprechen positiv darüber. Ich bemerkte, dass die kleinen böhmischen Jungen es in der Nähe von Salem, Ohio, sammelten, da sie noch nicht länger als eine Woche in diesem Land waren und kein Wort Englisch sprechen konnten. Das überzeugte mich davon, dass es in Böhmen ein Nahrungsmittel war und dass unsere Art ihrer ähnlich ist. Ich habe die Pflanzen in Wäldern in der Nähe von Bowling Green und Sidney, Ohio, gefunden. Die Pflanzen in Abbildung 27 wurden auf Johnson's Island, Sandusky, Ohio, gesammelt und von Dr. Kellerman fotografiert. Man findet sie von Juni bis September.

Fliegenpilz. Fr.

RAUER FLIEGENPILZ.

Aspera bedeutet rau. Der Hut ist konvex, dann flach; Warzen sind winzig, etwas gedrängt, fast dauerhaft; Rand eben, ziemlich dünn, in Richtung Stiel dicker werdend; kaum gewölbt, rötlich mit verschiedenen bläulichen und grauen Schattierungen; Fleisch ziemlich fest, weiß, mit rötlich-braunen Schattierungen unmittelbar neben der Epidermis.

Die Lamellen sind frei, manchmal mit einem kleinen Zahn dahinter, verlaufen am Stiel entlang, sind weiß und vorne breit.

Der Stiel ist weiß, schuppig, die Zwiebel rau, der obere Ring ist ganzrandig. Die Sporen sind $8 \times 6\mu$ groß.

Wenn das Fleisch gequetscht oder von Insekten gefressen wird, nimmt es eine rötlich-braune Farbe an und ähnelt in dieser Hinsicht A. rubescens . Der Geruch ist stark, aber der Geschmack ist nicht unangenehm. In Wäldern von Juni bis Oktober. Der Sammler sollte sicher sein, dass er die Pflanze kennt, bevor er sie isst.

Amanita caesarea . Umfang.

DER ORANGEFARBENE WULSTLING. ESSBAR.

ABBILDUNG 28. — Amanita cæsarea . Aus einer Zeichnung, die die verschiedenen Stadien der Pflanze zeigt. Kappen, Lamellen, Stiel und Kragen gelb, Volva weiß.

Foto von HC Beardslee.

ABBILDUNG 29. – Amanita cæsarea .

Der Orange Amanita ist eine große, attraktive und schöne Pflanze. Ich habe ihn als essbar gekennzeichnet, aber niemand sollte ihn essen, es sei denn, er ist mit allen Arten der Gattung Amanita gründlich vertraut und dann mit großer Vorsicht. Es heißt, er sei Cäsars Lieblingspilz gewesen. Der Hut ist glatt, halbkugelig, glockenförmig, konvex und bei voller Entfaltung fast flach, die Mitte etwas erhaben und der Rand leicht nach unten gebogen; rot oder orange, am Rand ins Gelbe übergehend; normalerweise haben die größeren und gut entwickelten Exemplare die tiefere und sattere Farbe, wobei die Farbe in der Mitte des Hutes immer stärker ausgeprägt ist; Rand deutlich gestreift; Lamellen am Stängelende abgerundet und nicht am Stängel befestigt, gelb, frei und gerade. Die Farbe der Lamellen ausgewachsener Pflanzen ist normalerweise ein Hinweis auf die Farbe der Sporen, aber in diesem Fall ist dies eine Ausnahme, da die Sporen weiß sind.

Der Stiel und der schlaffe, membranartige Kragen, der ihn nach oben hin umgibt, sind gelb wie die Lamellen, wobei die Farbintensität je nach Größe der Pflanze stärker variiert als die Farbe des Hutes. Bei kleinen und minderwertigen Pflanzen ist die Farbe von Stiel und Lamellen manchmal fast weiß, und wenn die Volva nicht deutlich erkennbar ist, ist es schwierig, sie vom Fliegenpilz zu unterscheiden, der sehr giftig ist. Der Stiel ist hohl und hat bei jungen Pflanzen ein weiches, baumwollartiges Mark.

Bei sehr jungen Pflanzen ist der Rand des Kragens mit dem Rand des Hutes verbunden und verdeckt die Lamellen. Mit dem Aufwärtswachstum des Stängels und der Ausdehnung des Hutes löst sich der Kragen jedoch vom Rand und bleibt mit dem Stängel verbunden, wo er wie eine Rüsche herabhängt.

Der erweiterte Hut ist normalerweise drei bis sechs Zoll breit, der Stiel vier bis sechs Zoll lang und verjüngt sich nach oben.

Im Knopfstadium ist die Pflanze eiförmig; und die weiße Farbe der Volva, die die Pflanze nun vollständig umgibt, ähnelt in Größe, Farbe und Form sehr einem Hühnerei. Während sich die inneren Teile entwickeln, reißt die Volva im oberen Teil auf, der Stiel wird länger und trägt den Hut nach oben, während die Reste der Volva die Basis des Stiels in Form einer Tasse umgeben .

Wenn die Volva an der Spitze aufbricht, wird die Spitze des Hutes mit ihrer schönen roten Farbe sichtbar und ergibt im Gegensatz zur weißen Volva eine recht hübsche Pflanze, aber mit zunehmendem Alter verblasst das Rot oder Orangerot zu einem Gelb. Beim Trocknen der Exemplare verschwindet das Rot oft vollständig. Sowohl bei jungen als auch bei alten Pflanzen ist der Rand oft deutlich mit Streifen gezeichnet, wie in den Abbildungen 28 und 29 zu sehen ist. Das Fleisch der Pflanze ist weiß, aber neben der Epidermis und den Lamellen, die diese Farbe haben, mehr oder weniger gelb gefärbt.

Die Pflanze wächst bei feuchtem Wetter von Juli bis Oktober. Sie wächst in lichten Wäldern und scheint Kiefernwälder und Sandboden zu bevorzugen. Ich habe sie in den südlichen Bezirken im Norden unseres Staates gefunden. In Ohio ist sie jedoch keine häufige Pflanze.

Von seinen vielen Namen - Cäsars Agaric, Kaiserpilz, Cibus Deorum , Kaiserling – man könnte davon ausgehen, dass er seit Jahrhunderten als Speisepflanze hoch geschätzt wurde.

Bei der Unterscheidung vom sehr giftigen Fliegenpilz ist keine allzu große Vorsicht geboten.

Fliegenpilz Fzg.

VERHASSTER FLIEGENPILZ. GIFTIG.

Spreta , gehasst. Der Hut ist zunächst fast eiförmig, leicht genoppt, dann konvex, glatt, manchmal haften Bruchstücke der Volva an, der Rand gestreift , zum und auf dem Genopp hin weißlich oder blassbraun, weich, trocken, am Rand mehr oder weniger gefurcht.

Das Fleisch ist weiß, an den Rändern dünn und wird zur Mitte hin dicker. Die Lamellen sind geschlossen, weiß und reichen bis zum Stiel.

Der Stiel ist gleichmäßig, glatt, geringelt, gefüllt oder hohl, weißlich, an der Spitze von den herablaufenden Lamellenlinien fein gestreift, an der Basis nicht bauchig, die Volva eher groß und tendiert zu gelblicher Farbe. Die Sporen sind elliptisch.

Die Pflanze ähnelt den dunklen Formen der Amanitopsis , da sie deutliche Streifen und eine vollständige und eng anliegende Volva an der Basis aufweist, kann aber leicht an ihrem Ring unterschieden werden. Ich fand sie auf dem Cemetery Hill in Gesellschaft der Amanitopsis . Sie scheint nicht so tief im Boden zu wurzeln wie die Amanitopsis . Sie ist sehr giftig und sollte sorgfältig untersucht werden, damit man sie leicht erkennen und vermeiden kann.

Von Juli bis September kommt er in offenen Wäldern vor.

Amanitopsis . Rosa.

Amanitopsis ist eine Ableitung von *Aminita* und *opsis* , was ähnlich ist; so genannt, weil es dem Amanita ähnelt. Das Hauptmerkmal, durch das sich die Gattung vom Amanita unterscheidet, ist das Fehlen eines Kragens am Stängel. Viele Autoren rechnen die Arten zu den Amanita. Die Sporen sind weiß. Die Lamellen sind frei vom Stängel und die Pflanze hat einen allgemeinen Schleier, der die junge Pflanze zunächst vollständig umhüllt, sie aber bald aufbricht und Reste davon auf den Hut trägt, wo sie als verstreute Warzen erscheinen. Der Unterschied zur Lepiota besteht darin, dass sie eine Volva hat.

Amanitopsis Vagina . Stier.

DER UMMANTELTE AMANITOPSIS . ESSBAR.

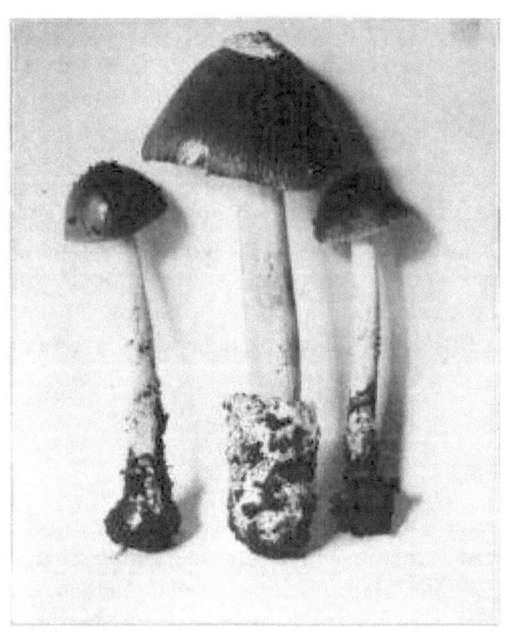

ABBILDUNG 30. — Amanita vaginata . Ein Drittel der natürlichen Größe. Beachten Sie einen Teil der Volva, der am Hut haftet.

Vaginata – von *Vagina* , Scheide. Die Pflanze ist essbar, sollte aber mit äußerster Vorsicht genossen werden. Ihre Farbe variiert sehr stark und reicht von weiß bis mausgrau, bräunlich oder gelblich.

Der Hut ist zunächst eiförmig, glockenförmig, dann konvex und ausgeweitet, dünn, recht brüchig, glatt, in jungen Jahren mit einigen an seiner Oberfläche haftenden Volvafragmenten und tief und deutlich gestreift.

Die Lamellen sind frei, weiß, dann blass, ventrikös, vorne am breitesten, unregelmäßig. Das Fleisch ist weiß, bei den dunkleren Formen jedoch unter der leicht ablösbaren Haut fleckig. Die Sporen sind weiß und fast rund, 7–10μ.

Der Stiel ist zylindrisch, eben oder nach oben leicht verjüngt, hohl oder gefüllt, glatt oder mit flaumigen Schuppen bestreut, an der Basis nicht bauchig.

Die Volva ist lang, dünn und zerbrechlich und bildet eine dauerhafte Hülle, die ziemlich weich ist und leicht an der Basis des Stängels haftet.

Die Streifen am Rand sind tief und deutlich, wie beim Orangen-Wulstling. Der Kelch ist recht regelmäßig, aber zerbrechlich, bricht leicht und liegt normalerweise tief im Boden. Bei einigen Pflanzen bildet sich in der Mitte ein leichter Wulst.

Der Pilzesser möchte diese Art sehr genau vom sehr giftigen Amanita spreta unterscheiden.

Man findet ihn in Wäldern, auf offenen Flächen mit viel Pflanzenerde , manchmal auf Stoppeln und Weiden, besonders auf Wiesen unter Bäumen. Er kommt von Juni bis November vor.

Die Farbe der Pflanze kann sehr unterschiedlich sein, und es gibt mehrere Sorten, die man anhand ihrer Farbe unterscheiden kann:

A. vaginata , var. alba. Die ganze Pflanze ist weiß.

A. vaginata var. fulva. Der Hut ist gelbbraun oder blass ockerfarben.

A. vaginata var. livida . Der Hut ist bleibraun, Lamellen und Stiel haben einen rauchbraunen Schimmer.

Foto von CG Lloyd.

Tafel V. Abbildung 31.- Amanita vaginata

Amanitopsis strangulata . Fr.

Der Graue Amanitopsis . Essbar.

Strangulata bedeutet erstickt, vom ausgestopften Stamm. Der Hut ist zwei bis vier Zoll breit, bald glatt, bläulich-braun oder grau, mit Flecken auf der Volva, der Rand ist gestreift oder gerillt.

Die Lamellen sind frei, weiß und eng anliegend.

Der Stiel ist vollgestopft, oben seidig, unten schuppig und nach oben leicht verjüngt. Die Volva bricht bald auf und bildet mehrere ringförmige Grate am Stiel. Die Sporen sind kugelig und 10–13 μ groß.

Dies ist ein Synonym für A. ceciliae . B. und Br. und vielleicht nichts anderes als ein kräftiges Wachstum von Amanitopsis vaginata . Es ist fast geruchlos, hat einen süßen Geschmack und lässt sich köstlich kochen.

Von August bis Oktober in Wäldern und offenen Gebieten zu finden.

Lepiota . Fr.

Lepiota bedeutet Schuppe. Bei den Lepiota sind die Lamellen typischerweise frei vom Stiel, wie bei Amanita und Amanitopsis , aber sie unterscheiden sich dadurch, dass sie keine oberflächlichen oder entfernbaren Warzen auf dem Hut und keine Ummantelung oder schuppigen Überreste einer Volva an der Basis des Stiels haben. Bei einigen Arten bricht die Epidermis des Hutes in Schuppen auf, die dauerhaft am Hut haften, und dieses Merkmal legt tatsächlich den Namen der Gattung nahe, der vom lateinischen Wort *lepis (* Schuppe) abgeleitet ist.

Der Stiel ist hohl oder gefüllt, sein Fruchtfleisch ist vom Hut getrennt und lässt sich leicht davon trennen. Es gibt eine Reihe essbarer Arten.

Lepiota procera . Umfang.

DER PARASOLPILZ. ESSBAR.

TAFEL VI. ABBILDUNG 32.- LEPIOTA PROCERA .

Procera bedeutet groß.

Der Hut ist dünn, stark gewölbt und mit braunen, fleckenartigen Schuppen besetzt.

Die Lamellen sind weiß, manchmal gelblich-weiß, frei, vom Stängel entfernt, breit und gedrängt, bauchig, der Rand manchmal bräunlich.

Der Stiel ist sehr lang, zylindrisch, hohl oder ausgestopft, im Verhältnis zu seiner Dicke sogar sehr lang und weist daher auf den Artnamen procera hin . Der Ring ist ziemlich dick und fest, obwohl er sich bei ausgewachsenen Pflanzen lockert und auf dem Stiel beweglich wird. Dies und die Form der Pflanze legen den Namen Parasol nahe. Der Hut ist drei bis fünf Zoll breit und der Stiel fünf bis neun Zoll hoch. Ich habe zwischen umgestürzten Bäumen ein Exemplar gefunden, das elf Zoll hoch war und dessen Hut sechs Zoll breit war.

Er ist weit verbreitet. Man findet ihn in allen Teilen von Ohio, aber er ist nirgends in großen Mengen vorhanden. Er ist bei denen, die ihn gegessen haben, sehr beliebt und tatsächlich ist er ein köstlicher Happen, wenn man ihn kurz über Kohlen grillt, mit Salz und Pfeffer abschmeckt, Butter in den Lamellen zergehen lässt und ihn auf Toast serviert. Dieser Pilz ist besonders frei von Larven und kann für den Wintergebrauch getrocknet werden.

Es gibt keine giftige Art, mit der man sie verwechseln könnte. Der sehr hohe, schlanke Stiel mit einer bauchigen Basis, der sehr eigentümliche gefleckte Hut mit dem auffälligen dunkel gefärbten Umbo und der bewegliche Ring am Stiel sind ausreichende Kennzeichen zur Identifizierung dieser Art.

Sporen weiß und elliptisch, 14×10μ. Lloyd. Man findet sie auf Weiden, Stoppeln und zwischen umgestürzten Bäumen. Juli bis Oktober.

Für das hier gezeigte Foto bin ich CG Lloyd zu Dank verpflichtet.

Lepiota naucin . Fr.

GLATTE LEPIOTA . ESSBAR.

ABBILDUNG 33. — Lepiota naucina . Die gesamte Pflanze ist weiß.

Hut weich, glatt, weiß oder rauchweiß; Lamellen frei, weiß, mit zunehmendem Alter langsam eine schmutzige rosabraune Farbe annehmend; Stiel geringelt, an der Basis leicht verdickt, nach oben hin dünner, mit rein weißen Fasern bedeckt . Die Glatte Lepiota ist im Allgemeinen sehr regelmäßig geformt und von rein weißer Farbe. Der zentrale Teil des Hutes ist manchmal gelb oder rauchweiß getönt. Seine Oberfläche ist fast immer sehr glatt und eben. Die Lamellen sind zum Stiel hin etwas schmaler als in der Mitte. Sie sind abgerundet und nicht am Stiel befestigt.

Hut 5 bis 10 cm breit, Stiel 5 bis 7,5 cm lang. Er wächst auf sauberen Grasflächen, auf Weiden und an Straßenrändern. Ich habe den Straßenrand mit dieser Art in der Gegend von Sidney, Ohio, gesehen. Die in der

Abbildung dargestellten Exemplare wurden zwischen August und November in Chillicothe gefunden.

Dies ist einer der besten Pilze, der dem Wiesenchampignon in nichts nachsteht. Er hat gegenüber diesem den Vorteil, dass die Lamellen ihre weiße Farbe behalten und nicht von Rosa zu einem abstoßenden Schwarz übergehen. Der Halbton und die Beschreibung sollten die Pflanze auch dem flüchtigsten Leser bekannt machen.

Lepiota americana. Pk.

DIE AMERIKANISCHE LEPIOTA . ESSBAR.

ABBILDUNG 34. — Lepiota americana. Mitte der Scheibe rot oder rötlich-braun, Stamm häufig geschwollen. Pflanze wird beim Trocknen rot.

Diese Pflanze ist in Chillicothe recht häufig anzutreffen, insbesondere auf Sägemehlhaufen. Sie wächst sowohl einzeln als auch in Büscheln. Der gewölbte Hut ist mit rötlichen oder rötlich-braunen Schuppen verziert, außer in der Mitte, wo die Farbe gleichmäßig rötlich oder rötlich-braun ist, da die Oberfläche nicht in Schuppen unterteilt ist; Lamellen eng, frei, weiß, bauchig; Stängel glatt, an der Basis vergrößert. Bei einigen Pflanzen ist die Basis des Stängels ungewöhnlich groß; der Ring ist weiß und neigt dazu, zart zu sein.

Wunden und Prellungen nehmen häufig bräunlich-rote Farbtöne an. Dr. Herbst sagt: „Dies ist eine echte amerikanische Pflanze, die in keinem anderen Land vorkommt. Sie ist der ganze Stolz der Familie. Es gibt nichts Schöneres als eine Ansammlung dieser Pilze. Der Anblick der schönen schuppigen Pilze ist ein ebenso faszinierender Anblick wie ein Schwarm Wachteln."

Kommt in Rasenflächen und auf alten Sägemehlhaufen vor, gemeinsam mit Pluteus cervinus . Er kommt fast im ganzen Staat vor. Er hat einen ganz ähnlichen Geschmack wie der Parasolpilz. Er neigt dazu, der Milch oder Sahne, in der er gekocht wird, eine rötliche Farbe zu verleihen. Er kommt von Juni bis Oktober vor. Herr Lloyd schlägt den Namen Lepiota vor. Bodhami . Es ist dasselbe wie die europäische Pflanze L. hæmatosperma. Bull.

Lepiota Morgani . Fzg.

ZU EHREN VON PROF. MORGAN.

Foto von CG Lloyd.

TAFEL VII. ABBILDUNG 35.- LEPIOTA MORGANI .
Die ganze Pflanze ist weiß oder bräunlich-weiß. Lamellen zuerst weiß, dann grünlich.

Hut fleischig, weich, zuerst fast kugelig , dann ausgedehnt oder sogar eingedrückt, weiß, die bräunliche oder gelbliche Kutikula zerfällt auf der Scheibe in Schuppen; Lamellen eng, lanzettlich, abgesetzt, weiß, dann grün; Stiel fest, gleich groß oder sich nach oben verjüngend, fast bauchig , glatt, netzartig gefüllt, weißlich mit braunem Schimmer; Ring ziemlich groß, beweglich, wie Sie in Abbildung 35 sehen werden. Fleisch von Hut und Stiel weiß, verfärbt sich beim Schneiden oder Quetschen erst rötlich, dann gelblich. Sporen eiförmig oder fast elliptisch , meist einkernig, schmutzig grün. 10–13 × 7–8.

Diese Pflanze ist in Chillicothe sehr häufig und ich habe sie auch in Sidney gefunden. Ich kenne mehrere Familien, die davon gegessen haben, wodurch etwa die Hälfte der Kinder in jeder Familie krank wurde. Ich halte es für eine gefährliche Pflanze, sie zu essen. Sie wird sehr groß und ich habe sie in gut markierten Ringen mit einem Durchmesser von einer Stange wachsen sehen. Wenn Sie sich nicht sicher sind, ob die Pflanze, die Sie haben, Morgani ist oder nicht, lassen Sie sie über Nacht im Korb liegen und Sie werden deutlich sehen, dass die Lamellen grün werden. Die Lamellen sind weiß, bis die Sporen abzufallen beginnen. Die Pflanze kommt auf Weiden und manchmal in Weidewäldern vor. Juni bis Oktober.

Lepiota granulosa. Batsch.

KÖRNIGE LEPIOTA . ESSBAR.

Granulosa – von granosus , voller Körner. Hut dünn, konvex oder fast glatt, manchmal fast nabelförmig, rau, mit zahlreichen körnigen Schuppen, oft strahlenförmig runzelig, rostgelb oder rötlichgelb, wird mit dem Alter oft blasser. Fleisch weiß oder rötlich getönt. Lamellen geschlossen, hinten gerundet und normalerweise leicht angewachsen , weiß. Stiel an der Basis gleich oder leicht verdickt, vollgestopft oder hohl, oberhalb des Rings weiß, darunter gefärbt und geschmückt wie der Hut. Ring schwach und schwindend. Sporen elliptisch, 0,00016 bis 0,0002 Zoll lang, 0,00012 bis 0,00014 Zoll breit.

Pflanze 2,5 bis 6,3 cm hoch; Hut 2,5 bis 6,3 cm breit; Stamm ein bis drei Reihen dick. Häufig in Wäldern, Gehölzen und Brachland. August bis Oktober.

„Dies ist eine kleine Art mit kurzem Stiel und körnigem, rötlich-gelbem Hut und leicht am Stiel befestigten Lamellen. Der Ring ist sehr klein und flüchtig und kaum mehr als das abrupte Ende der Stielhülle. Die Art umfasste früher mehrere Varietäten, die heute als verschieden gelten." – Pecks Bericht.

Gefunden in den offenen Wäldern um Salem, Ohio. Die Pflanze ist klein, aber recht fleischig und von ansprechender Qualität.

Lepiota cristatella.Pk .

Pileus dünn, konvex, subumbonat , leicht mehlig, besonders am Rand, weiße Scheibe mit einem leichten rosa Schimmer.

Lamellen geschlossen, hinten abgerundet, frei, weiß; Stiel schlank, weißlich, hohl; Sporen subelliptisch , 0,0002 Zoll lang.

Moosige Stellen in Wäldern. Oktober.— *Pecks Bericht . Niemand wird die Hauben-* Lepiota auf den ersten Blick erkennen . Sie hat viele der Erkennungsmerkmale der Familie Lepiota .

Foto von CG Lloyd.

TAFEL VIII. ABBILDUNG 36.- LEPIOTA GRANOSA .

Granosa bedeutet mit Granulat bedeckt.

Der Hut ist konvex, stumpf oder genoppt, eben, strahlenförmig runzelig, am Rand meist eben und regelmäßig, rötlich gelb oder hellbraun.

Die Lamellen sind am Stiel befestigt, leicht herablaufend, etwas gedrängt, weißlich, dann rötlich-gelb.

Der Stiel ist an der Basis verdickt und verjüngt sich zum Hut hin. Das Fruchtfleisch des Stiels ist gelb. Die Hülle ist häutig und bildet einen beständigen Ring am Stiel.

Es wächst auf verrottetem Holz. Ich habe es in großen Mengen gefunden und versucht, es zu L. granulosa zu machen, aber ich fand, dass es besser zu L. amianthinus passt , dem es sehr ähnelt, aber es ist viel größer und hat einen anderen Wuchs. Ich war mit dieser Beschreibung nicht zufrieden und schickte die Exemplare an Prof. Atkinson, der mich aufklärte. Es ist eine wunderschöne Pflanze, die man im September und Oktober auf verrottetem Holz findet.

Lepiota cepæstipes . Sau.

ABBILDUNG 37. — Lepiota cepæstipes : Hut dünn, weiß oder gelblich.

Cepæstipes kommt von cepa, einer Zwiebel, und stipes, einem Stängel. Der Pileus ist dünn und zunächst eiförmig, dann glockenförmig oder ausgedehnt, nabelförmig und bald mit zahlreichen winzigen bräunlichen Schuppen verziert, die oft körnig oder mehlig sind und am Rand in Linien gefaltet, weiß oder gelb sind, der Nabel dunkler.

Die Lamellen sind dünn, dicht, frei, weiß und werden mit dem Alter oder beim Austrocknen schmuddelig.

Der Stiel ist ziemlich lang, verjüngt sich zur Spitze hin, ist in der Mitte oder nahe der Basis meist vergrößert und hohl. Der Ring ist dünn und subpersistent . Die Sporen sind subelliptisch und haben einen einzelnen Kern, 8–10×5–8μ.

Die Pflanzen sind oft spitz zulaufend und 5 bis 10 cm hoch. Der Pileus ist 2,5 bis 5 cm breit. Man findet ihn in reichhaltigem Boden und sich zersetzender Pflanzenmasse. Man findet ihn auch in Weinkellern und Gewächshäusern. *Peck.*

Diese Pflanze hat ihren spezifischen Namen von der Ähnlichkeit ihres Stängels mit dem Samenstiel einer Zwiebel. Eine Form hat einen gelblichen oder gelblichen Hut, während die andere einen weißen oder hellen Hut hat. Sie scheint sich in gut verrotteten Sägemehlhaufen und Gewächshäusern wohlzufühlen. Die in Abbildung 37 dargestellten Exemplare wurden in Cleveland gesammelt und von Prof. HC Beardslee fotografiert.

Lepiota akutesquamosa . Wein.

DIE SQUARROSE LEPIOTA . ESSBAR.

ABBILDUNG 38. — Lepiota acutesquamosa . Zwei Drittel der natürlichen Größe, mit kleinen, spitzen Schuppen.

Acutesquamosa kommt von *acutus* (spitz) und *squama* (Schuppe); so genannt wegen der vielen borstigen, aufrechten Schuppen auf dem Hut. Der Hut ist zwei bis drei Zoll breit, fleischig, konvex, stumpf oder breit gewölbt; blass rostfarben mit zahlreichen kleinen spitzen Schuppen, die an der Scheibe normalerweise größer und zahlreicher sind.

Die Lamellen sind frei, gedrängt, einfach, weiß oder gelblich.

Der Stiel ist zwei bis drei Zoll oder länger; gefüllt oder hohl, von einer geschwollenen Basis aus leicht nach oben verjüngend; unterhalb des Rings rau oder seidig, oben bereift, Ring groß. Die Sporen sind $7–8 \times 4\mu$ groß.

Man findet sie im Wald, in Gärten und häufig in Gewächshäusern. Es gibt einen kleinen Unterschied zwischen den im Wald wachsenden Exemplaren und denen im Gewächshaus. Bei letzteren ist die behaarte Bedeckung weniger dicht und die aufrechten Schuppen sind zahlreicher als bei ersteren.

Bei älteren Exemplaren fallen diese Schuppen ab und hinterlassen kleine Narben auf der Kappe, an der sie befestigt waren. Die Exemplare in Abbildung 38 wurden in Michigan gesammelt und von Dr. Fisher aus Detroit fotografiert.

Hallimasch. Fr.

Armillaria, von armilla, ein Armband – bezieht sich auf den Ring am Stiel. Diese Gattung unterscheidet sich von allen vorgenannten Arten mit weißen Sporen dadurch, dass die Lamellen an ihrem inneren Ende am Stiel befestigt sind. Die Sporen sind weiß und der Stiel hat einen Kragen, wenn auch einen etwas flüchtigen, aber keine Hülle an der Stielbasis wie bei Amanita und Amanitopsis . Durch den Kragen unterscheidet sich die Gattung von den anderen Gattungen, die folgen.

Beim Amanita und beim Lepiota sind das Stängelfleisch und der Hut nicht durchgehend, weshalb sich der Stiel leicht vom Hut trennen lässt. Bei der Armillaria hingegen sind die Lamellen und der Hut mit dem Stängel verbunden.

Armillaria mellea . Vahl.

DIE HONIGFARBENE HALLIMASCHPFLANZE. ESSBAR.

ABBILDUNG 39. — Armillaria mellea . Zwei Drittel der natürlichen Größe. Honigfarben. Mit dunkelbraunen, flüchtigen Haarbüscheln besetzt. Fleisch weiß.

Mellea , von melleus , honigfarben. Hut fleischig, honigfarben oder ockerfarben, am Rand gestreift, zur Mitte hin dunkelbraun schattiert, mit einer buckelartigen Erhöhung in der Mitte und manchmal einer Vertiefung in der Mitte bei ausgewachsenen Exemplaren, mit büscheligen dunkelbraunen Haaren besetzt. Die Farbe des Hutes variiert je nach klimatischen Bedingungen und Beschaffenheit des Lebensraums. Lamellen weit auseinander, enden in einem herablaufenden Zahn, sind blass oder schmutzig weiß, zeigen im Alter sehr oft braune oder rostfarbene Flecken. Sporen weiß und in Hülle und Fülle. Häufig ist der Boden unter einem Büschel dieser Art von den abgefallenen Sporen weiß. Stiel elastisch und schuppig, mindestens zehn Zentimeter lang. Ring flaumig. Durchmesser des Hutes: fünf bis fünf Zoll. Wächst häufig büschelweise und, wie bei den meisten Armillarias, im Allgemeinen parasitär auf alten Baumstümpfen.

Der Schleier variiert sehr stark. Er kann membranartig und dünn oder sehr dick sein oder ganz fehlen, wie in Abbildung 39 zu sehen ist; in Abbildung 40 ist nur eine leichte Spur des Rings zu sehen. Die beiden Pflanzen wuchsen unter sehr unterschiedlichen Bedingungen; letztere wuchs im Wald und Abbildung 39 auf einem Rasen in der Stadt. Die Art ist sehr verbreitet und wächst entweder in lichten Wäldern oder auf gerodeten Flächen, auf dem Boden oder auf verrottendem Holz. Am liebsten hält sie sich in der Nähe von Baumstümpfen auf. Sie ist entweder einzeln, gesellig oder in dichten Büscheln anzutreffen. Sie kommt in der Gegend von Chillicothe sehr häufig vor, wo ich Baumstümpfe gesehen habe, die buchstäblich von ihr umgeben waren. Im rohen Zustand hat sie eine leichte Schärfe, die beim Kochen zu verlieren scheint. Wer sie mag, kann sie bedenkenlos essen, da alle Sorten essbar sind.

Prof. Peck gibt folgende Sorten an:

- A. mellea var. obscura – der Hut ist mit zahlreichen kleinen schwarzen Schuppen bedeckt.

- A. mellea var. flava – hat einen gelben oder rötlich-gelben Hut, ansonsten normal.

- A. mellea var. glabra – hat einen glatten Hut, ansonsten normal.

- A. mellea var. radicata – hat eine sich verjüngende, in den Boden eindringende Wurzel.

- A. mellea var. bulbosa – hat eine bauchige Basis.

- A. mellea var. exannulata – der Hut ist am Rand glatt und ebenmäßig, und der Stiel verjüngt sich an der Basis.

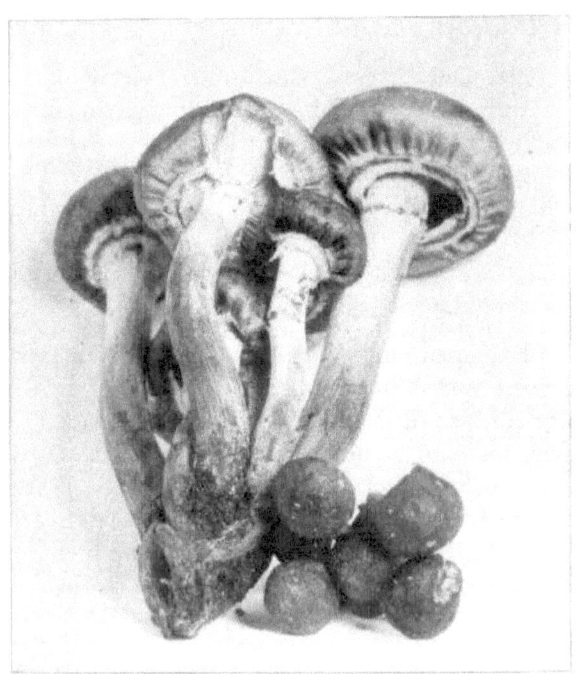

ABBILDUNG 40. — Armillaria mellea . Zwei Drittel der natürlichen Größe, mit vorhandenem Doppelring.

Armillaria bulbigera (Hellerwurz) . ALS.

ARMILLARIA MIT GERANDETEN ZWIEBELN.

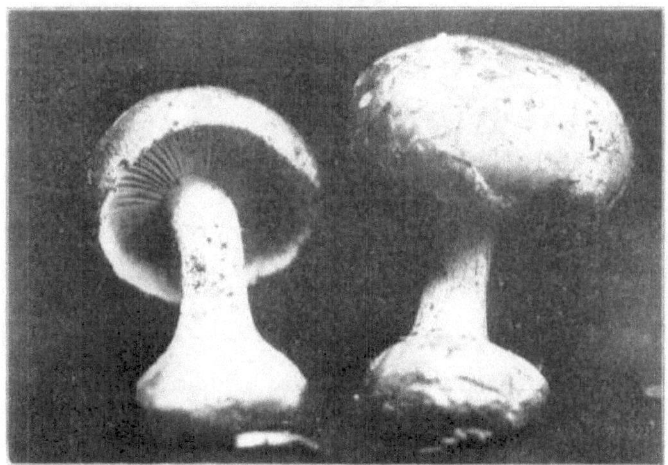

ABBILDUNG 41. — Armillaria bulbigera . Rötlich-graue Kappen und kurze, bauchige Stiele.

Bulbigera kommt von *bulbus* (Zwiebel) und *gero* (tragen).

Der Hut ist fleischig, hat einen Durchmesser von drei bis vier Zoll, ist konvex, dann erweitert, stumpf, ebenmäßig, bräunlich, grau, manchmal rötlich, trocken und am Rand faserig.

Die Lamellen sind am Stiel eingekerbt, blass, anfangs gedrängt, mit der Zeit eher weit entfernt und leicht gefärbt.

Der Stiel ist deutlich bauchig, zwei bis drei Zoll lang, vollgestopft, blass, faserig, ringförmig schräg, flüchtig. Die Sporen sind 7–10×5µ groß.

Ich habe einige sehr schöne Exemplare in Poke Hollow, in der Nähe von Chillicothe, gefunden. Die Stiele waren kurz und sehr bauchig und wiesen kaum noch Spuren des Rings auf, den die älteren Exemplare aufwiesen. Die Kappen waren stumpf konvex und hatten eine gräulich-rötliche Farbe. Diese Art kann leicht an der deutlich gerandeten Zwiebel an der Basis des Stiels erkannt werden. Die Exemplare in Abbildung 41 wurden am 2. Oktober in Poke Hollow, in der Nähe von Chillicothe, gefunden. Ich zweifle nicht an ihrer Essbarkeit, habe sie aber nicht gegessen.

Armillaria nardosmia . Ich meine, Ellis.

NACH NARDE RIECHENDE ARMILLARIA. ELLIS.

ABBILDUNG 42. — Armillaria nardosmia . Halbe natürliche Größe, mit Schleier und nach innen gebogenem Rand.

Nardosmia kommt von *nardosmius* , dem Geruch von Narden oder Nardengewächsen.

Der Hut ist recht dick, fest und kompakt, zum Rand hin dünner, in der Jugend stark eingerollt, grauweiß und schön braun gefleckt, wie die Brust eines Fasans, ziemlich zäh, mit abtrennbarer Oberhaut, fleischweiß.

Die Lamellen sind gedrängt, leicht eingekerbt oder ausgerandet, etwas bauchig und weiß.

Der Stiel ist fest, kurz, faserig und von einem mehr oder weniger schwindenden Ring umhüllt. Die Sporen sind fast rund und haben einen Durchmesser von 6 μm.

Dies ist die schönste Art der Gattung und lässt sich leicht an ihrem fasanenartigen gefleckten Hut sowie ihrem starken Geruch und Geschmack nach Narde oder Mandeln erkennen. Der Mandelgeschmack und -geruch verschwindet beim Kochen. Ich habe einige sehr schöne Exemplare an einem Teich in Mr. Shrivers Wäldern östlich von Chillicothe gefunden. Bei älteren Exemplaren bricht die Kutikula der Hüte häufig in Schuppen auf. Im September und Oktober in Wäldern gefunden.

Armillaria appendiculata (Hirschfuß) . Fzg.

Appendiculata, mit kleinen Anhängen. Der Hut ist breit konvex, kahl, weißlich, auf der Scheibe oft rostfarben oder bräunlich rostfarben getönt. Fleisch weiß oder weißlich. Lamellen dicht, hinten abgerundet, weißlich. Stiel gleichförmig oder leicht nach oben verjüngt, massiv, bauchig, weißlich, der Schleier entweder membranös oder netzartig, weiß, haftet gewöhnlich in Fragmenten am Rand des Hutes. Sporen subelliptisch , 8×5.

Hut zwei bis vier Zoll breit. Stiel 1,5–3,5 Zoll lang; 5–10 Linien dick.

Das allgemeine Erscheinungsbild dieser Art erinnert an Tricholoma album, aber das Auftreten eines Schleiers unterscheidet sie von diesem Pilz und ordnet sie der Gattung Armillaria zu. Der Schleier ist jedoch oft leicht zerfetzt oder netzartig und haftet am Rand des Hutes. Pecks Bericht.

Ich habe das in Salem und Chillicothe gefunden.

Tricholoma . Fr.

Tricholoma setzt sich aus zwei griechischen Wörtern zusammen, die Haar und Fransen bedeuten. Diese Gattung ist an ihrem kräftigen, fleischigen Stiel ohne Anzeichen eines Rings und an den Lamellen erkennbar, die am Stiel befestigt sind und in ihren Rändern in der Nähe oder am Ende eine Kerbe aufweisen. Der Schleier fehlt oder ist, wenn vorhanden, flaumig und am Rand des Hutes haftend. Der Hut ist im Allgemeinen ziemlich fleischig; der Stiel ist homogen und mit dem Hut verbunden, zentral und fast fleischig, ohne Ring oder Volva und ohne deutlich erkennbare rindenartige Beschichtung. Die Sporen sind weiß oder grauweiß.

Die charakteristischen Merkmale sind der fleischige Stiel, der in das Fleisch des Hutes übergeht, und die geriffelten oder gekerbten Lamellen. Dies ist eine recht universelle Gattung. Alle Arten, soweit ich sie kenne, wachsen auf dem Boden.

Es gibt viele essbare Arten dieser Gattung, aber nur zwei sind meines Wissens nicht essbar und aufgrund ihres starken Geruchs würde auch niemand diese anrühren. Es sind T. sulphureum und T. saponaceum .

Tricholom Transmutane .

DAS SICH VERÄNDERNDE TRICHOLOMA . ESSBAR.

Transmutans bedeutet Veränderung, was auf Farbveränderungen sowohl des Stängels als auch der Lamellen in verschiedenen Stadien der Pflanze zurückzuführen ist. Diese Art hat einen Hut von zwei bis vier Zoll Breite, der bei Feuchtigkeit zähflüssig oder klebrig ist. Er ist zunächst gelbbraun, insbesondere mit zunehmendem Alter. Das Fleisch ist weiß und hat einen deutlich mehligen Geruch und Geschmack.

Die Lamellen sind gedrängt, eher schmal, manchmal verzweigt und werden mit dem Alter rötlich gefleckt.

Der Stiel ist gleichmäßig oder leicht nach oben verjüngt; kahl oder leicht seidig-faserig; gefüllt oder hohl; weißlich, oft mit rötlichen Flecken gezeichnet oder zur Basis hin rötlich-braun werdend, innen weiß. Sporen fast kugelig , 5µ.

Die Art wächst in Wäldern und auf offenem Gelände, auch auf Kleeweiden, entweder einzeln oder in Büscheln. Ich habe große Büschel davon gesehen, und in diesem Fall sind die Kappen aufgrund ihrer dichten Anordnung mehr oder weniger unregelmäßig. Ich habe sie häufig in der Gegend von Salem gefunden, und im Herbst 1905 fand ich sie in großer Menge auf einer Kleeweide in der Nähe von Chillicothe. Gefunden bei nassem Wetter von August bis September.

Tricholom Reiter . Linn.

DAS RITTERLICHE TRICHOLOMA . ESSBAR.

Equestre bedeutet, einem Reiter zu gehören; so genannt wegen seines markanten Aussehens im Wald.

Der Hut ist drei bis fünf Zoll breit, fleischig, kompakt, konvex, ausgedehnt, stumpf, zähflüssig, schuppig, der Rand ist zunächst nach innen gebogen, blassgelblich, manchmal mit einem leichten Grünstich in Hut und Lamellen. Das Fleisch ist weiß oder gelblich getönt.

Die Lamellen sind frei, gedrängt, hinten abgerundet und gelb.

Der Stiel ist kräftig, fest, blassgelb oder weiß, innen weiß. Die Sporen sind 7–8×5μ groß.

Der Unterschied zu T. coryphæum besteht darin, dass die Lamellen vollständig gelb sind, während bei letzterem nur die Ränder gelb sind. Der Unterschied zu T. sejunctum besteht darin, dass letzterer rein weiße Lamellen und einen schlankeren Stiel hat.

Hier findet man sie nur gelegentlich und dann nur ein oder zwei Exemplare. Es ist eine attraktive Pflanze und niemand würde im Wald daran vorbeigehen, ohne sie zu bewundern. Sie kommt von August bis Oktober vor.

Tricholom Schmutz . Fr.

Sordidum bedeutet schmuddelig, schmutzig.

Der Hut ist zwei bis drei Zoll breit, ziemlich zäh, fleischig, konvex, glockenförmig, dann eingedrückt, subumbonat , glatt, hygrophan , der Rand ist leicht gestreift, bräunlich-lila, dann dunkel.

Die Lamellen sind gerundet, ziemlich gedrängt, von schmutzig-violett bis dunkel und mit einem herablaufenden Zahn versehen.

Der Stiel ist hutähnlich gefärbt, faserig gestreift, meist leicht gebogen, gefüllt, kurz, oft an der Basis verdickt.

Die Sporen sind 7–8 × 3–4 groß und fein rautenförmig.

Diese Art unterscheidet sich von T. nudum dadurch, dass sie kleiner, robuster und oft hygrophan ist .

Man findet sie in gut gedüngten Gärten, in der Nähe von Misthaufen und in Treibhäusern. Die Exemplare in Abbildung 44 wurden in einem Treibhaus in der Nähe von Boston, Mass., gefunden und mir von Mrs. E. Blackford zugeschickt. Sie kommen im September und Oktober vor.

Tricholom Grammopodium . Stier.

DER GERILLTE STAMM -TRICHOLOMA . ESSBAR.

ABBILDUNG 45. — Tricholoma Grammopodium . Natürliche Größe.

Grammopodium setzt sich aus zwei griechischen Wörtern zusammen, *die Linie* und *Fuß bedeuten* .

Der Hut ist drei bis sechs Zoll breit, das Fleisch ist in der Mitte dick und am Rand dünn, fest, aber weich; bräunlich, schwärzlich-umbra, im feuchten Zustand fast schmutzig-lila, im trockenen Zustand weißlich; zuerst glockenförmig, dann konvex, manchmal leicht gewellt, stumpf genoppt; der Rand neigt zuerst zur Einrollung und reicht über die Lamellen hinaus.

Die Lamellen sind am Stängel befestigt, breit eingekerbt, wie man am Exemplar sehen kann, dicht gedrängt, ganz glatt, die kürzeren sind zahlreich, einige verzweigt und weiß oder weißlich.

Der Stiel ist drei bis vier Zoll lang, an der Basis verdickt, glatt, fest und längs gerillt, woher auch sein spezifischer Name „weißlich" stammt.

Die Sporen sind nahezu rund, 5–6μ.

Es ähnelt T. fuligineum stark , kann aber durch den gerillten Stiel und die dicht gedrängten Lamellen unterschieden werden. Die Exemplare in Abbildung 45 wurden in der Nähe von Boston gefunden und mir von Mrs. Blackford geschickt. Die Pflanzen sind gut haltbar und lassen sich leicht trocknen. Sie wurden am 1. Juni gefunden. Sie haben ein ausgezeichnetes Aroma.

Tricholom Pädidum . Fr.

Paedidum bedeutet eklig, stinkend.

Der Hut ist klein, etwa 3,8 cm breit, ziemlich fleischig, zäh; konvex, dann abgeflacht, bald um den konischen Umbo herum eingedrückt; faserig, wird glatt; rauchgrau, etwas gestreift; feucht; der Rand ist eingerollt, nackt.

Die Lamellen sind angewachsen , dicht gedrängt, schmal, erst weiß, dann gräulich, etwas gewölbt und mit einem leichten herablaufenden Zahn versehen.

Der Stiel ist kurz, leicht gestreift, schmutzig grau und an der Basis verdickt. Die Sporen sind elliptisch oder spindelförmig, 10–11×5–6μ.

Der spezifische Name „eklig" oder „stinkend" hat eigentlich keine Bedeutung für die Pflanze. Gekocht soll sie sehr gut schmecken. Man findet sie in gut gedüngten Gärten und Feldern oder in der Nähe von Misthaufen.

Der Unterschied zu T. sordidum besteht darin, dass keine Spur von violetter Farbe vorhanden ist. T. lixivium unterscheidet sich durch die freien gestutzten Lamellen.

Tricholoma lixivium. Fr.

Lixivium bedeutet „zu Lauge verarbeitet" und hat daher die Farbe von Asche und Wasser.

Der Hut ist zwei bis drei Zoll breit; das Fleisch ist dünn; konvex und dann eben; gewölbt, nie eingedrückt; eben; glatt; im feuchten Zustand graubraun, dann umbrafarben; der Rand ist häutig , zuletzt leicht gestreift, manchmal gewellt.

Die Lamellen sind hinten abgerundet und angewachsen , frei, weich, weit abstehend, oft gekräuselt, grau.

Der Stiel ist etwa zwei Zoll lang, faserig, hohl oder gefüllt, gleichmäßig, zunächst mit einem weißen, zerbrechlichen, grauen Flaum bedeckt.

Die Sporen sind elliptisch, 7×4–5μ.

Kennzeichnend für ihn sind der gewölbte Hut und die fast freien, breiten, grauen Lamellen. Er wächst spät und ist im November unter Kiefern zu finden.

Tricholom sulphureum . Stier.

SCHWEFELTRICHOLOMA . GIFTIG .

ABBILDUNG 46. — Tricholoma Schwefel .

Sulphureum , Schwefel ; so genannt nach der allgemeinen Farbe der Pflanze.

Der Hut ist ein bis drei Zoll breit, fleischig, konvex, dann erweitert, eben, leicht gewölbt, manchmal eingedrückt oder gebogen und unregelmäßig, der Rand ist zuerst eingerollt, schmutzig oder rötlich-gelb, zuerst seidig und wird glatt und ebenmäßig.

Die Lamellen sind ziemlich dick, hinten verengt, ausgerandet oder spitz angewachsen und schwefelfarben .

Der Stiel ist zwei bis vier Zoll lang, etwas bauchig, manchmal gebogen, häufig leicht gestreift; gefüllt, oft hohl; schwefelgelb , innen gelb; an der Basis gelegentlich mit vielen ziemlich starken, gelben, faserigen Wurzeln versehen. Starker und unangenehmer Geruch. Fleisch dick und gelb. Sporen sind 9–10×5µ groß.

Es wächst in Mischwäldern. Ich finde es häufig dort, wo Baumstämme verrottet sind. Das Exemplar in Abbildung 46 wurde in Haynes' Hollow gefunden und von Dr. Kellerman fotografiert. Gefunden im Oktober und November.

Tricholom fünfteilig . Fr.

Quinquepartitum bedeutet in fünf Teile geteilt. Es gibt keinen erkennbaren Grund für den Namen. Fries konnte Linnæus ' Agaricus quinquepartitus nicht identifizieren und gab dieser Art den Namen.

Der Hut ist drei bis vier Zoll breit, leicht fleischig; konvex, eher eingerollt, dann abgeflacht, etwas gewölbt; klebrig, glatt, ebenmäßig, blassgelblich.

Die Lamellen sind an der Ansatzstelle zum Stiel eingekerbt, breit und weiß.

Der Stiel ist drei bis vier Zoll lang, massiv, gestreift oder gerillt, glatt. Die Sporen sind 5–6×3–4.

Diese Art unterscheidet sich von T. portentosum dadurch, dass der Hut nicht stumpf ist, und von T. fucatum dadurch, dass der Stamm glatt, gestreift oder gerillt ist. Diese Pflanze wächst in dünnen Wäldern, in denen die Stämme verrottet sind. Ich habe diese Art nicht gegessen, aber ich zweifle nicht daran, dass sie essbar ist. Der Geschmack ist angenehm. Man findet sie im Oktober und November.

Tricholom Laterarium .

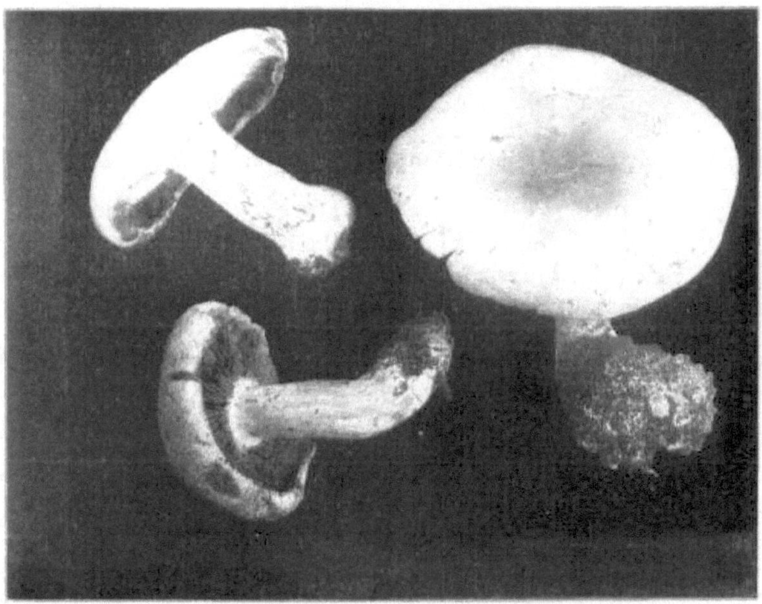

ABBILDUNG 47. — Tricholoma Laterarium .

Laterarium kommt von *später* , einem Ziegelstein; so genannt, weil die Scheibe fast immer einen leichten ziegelroten Schimmer aufweist.

Der Hut ist zwei bis vier Zoll breit, konvex, dann erweitert, manchmal in der Mitte leicht eingedrückt; bereift, weißlich, die Scheibe oft rot oder braun getönt, der dünne Rand mit leicht subdistant verlaufenden , kurzen, strahlenförmigen Graten versehen.

Die Lamellen sind schmal, dicht gedrängt, weiß und verlaufen in kleinen, herablaufenden Linien am Stiel. Der Stiel ist nahezu gleichmäßig, massiv und weiß. Die Sporen sind kugelförmig und haben einen Durchmesser von 0,00018 Zoll. *Peck's* 26. Rep.

Diese Pflanze ist in den Vereinigten Staaten recht weit verbreitet. Sie kommt recht häufig in Ohio vor und ist auf den Hügeln um Chillicothe recht häufig anzutreffen, wo sie häufig etwas bauchig ist. Die bräunlich-rote Tönung der Scheibe und die kurzen strahlenförmigen Grate am Rand des Hutes dienen zur Identifizierung der Pflanze. Sie ist essbar und recht gut. Von Juli bis November findet man sie auf Lauberde in ziemlich feuchten Wäldern.

Tricholom Panäolum . Fr.

ABBILDUNG 48. — Tricholoma Panäolum .

Panäolum , ganz bunt. Der Hut ist drei bis vier Zoll breit, tief eingedrückt, dunkel mit grauem Belag, hygrophan ; der Rand ist zunächst eingerollt , manchmal gewellt oder unregelmäßig, wenn er vollständig entfaltet ist.

Die Lamellen stehen recht dicht beieinander, sind verwachsen, bogenförmig und zunächst weiß, verfärben sich dann zu einem hellen Grau mit einem Hauch von Rot und sind mit einem herablaufenden Zahn eingekerbt.

Der Stiel ist kurz, leicht bauchig, nach oben verjüngt, fest, glatt und hat etwa die gleiche Farbe wie der Hut. Die Sporen sind fast kugelig , 5–6.

Ich habe die Exemplare in Abbildung 48 unter Kiefern auf einem Bett aus Kiefernnadeln auf dem Cemetery Hill gefunden. Sie wurden am 9. November gefunden.

Bei Var. calceolum , Sterb ., ist der Hut schwammig, deformiert, dünn, weich, ausgedehnt, der Rand ist nach innen gebogen und rußgrau; die Lamellen sind rauchig; der Stiel ist exzentrisch , spindelförmig und sehr kurz.

Tricholom Columbetta . Fr.

DAS TAUBENFARBENE TRICHOLOMA . ESSBAR.

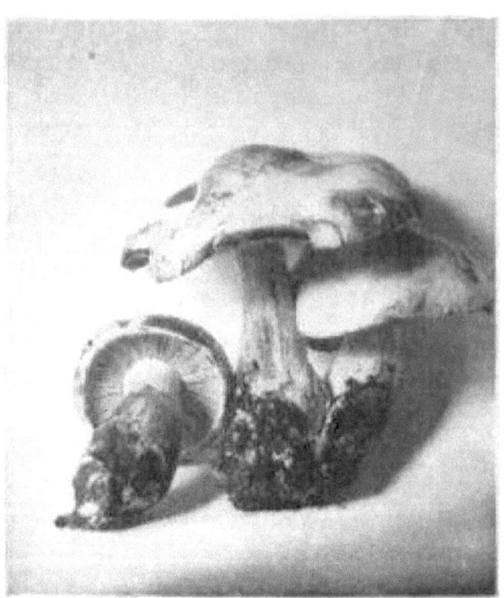

ABBILDUNG 49. — Tricholoma Columbetta . Ein Drittel der natürlichen Größe. Kappen weiß. Stiele bauchig.

Columbetta ist die Verkleinerungsform von *Columba* , einer Taube; so genannt nach der Farbe der Pflanze. Der Hut ist ein bis vier Zoll breit, fleischig, konvex, dann ausgeweitet; zuerst glatt, dann seidig; weiß, in der Mitte manchmal eine verdünnte Mausfarbe, die ins Weiß übergeht, häufig ist am Rand ein Hauch von Rosa zu sehen, der zuerst eingerollt , bei jungen Pflanzen filzig, manchmal rissig ist.

Die Lamellen sind an der Verbindung zum Stiel eingekerbt, gedrängt, dünn, weiß und brüchig.

Der Stiel ist 5 cm oder länger, massiv, weiß, zylindrisch, ungleichmäßig, oft zusammengedrückt, glatt, krumm, seidig, besonders bei jungen Pflanzen, bauchig. Sporen 0,00023 x 0,00018 Zoll. Fleisch weiß, Geschmack mild.

Dies ist eine wunderschöne Pflanze, die anscheinend völlig frei von Insekten ist und auf Ihrem Schreibtisch mehrere Tage lang gesund bleibt. Ich hatte endlose Probleme damit, bis Dr. Herbst diese Art vorschlug. Sie ist hier in großer Menge vorhanden. Dr. Peck bietet eine ganze Reihe von Sorten an. Curtis, McIlvaine, Stevenson und Cooke sprechen alle von ihren köstlichen Eigenschaften. Im September und Oktober in den Wäldern zu finden.

Tricholom melaleucum.Pers .

ABBILDUNG 50. — Tricholoma melaleucum . Zwei Drittel der natürlichen Größe.

Melaleucum , schwarz und weiß; aufgrund der kontrastierenden Farben von Hut und Lamellen.

Dieses Tricholoma wächst in großer Menge im Norden von Ohio. Ich habe es in den Wäldern in der Nähe von Bowling Green, Ohio, gefunden. Die Exemplare im Halbton wurden in der Nähe von Sandusky, Ohio, gefunden und von Dr. Kellerman fotografiert. Es kommt normalerweise in sandigem Boden vor und wächst einzeln in schattigen Wäldern.

Der Hut ist fleischig, dünn, ein bis drei Zoll breit, konvex, ziemlich breit gewölbt, glatt, feucht und von unterschiedlicher Farbe, normalerweise blass, zuerst fast weiß, später viel dunkler, manchmal leicht gewellt.

Die Kiemen sind eingekerbt, angewachsen , bauchig, gedrängt und weiß.

Der Stiel ist gefüllt, dann hohl, elastisch, 5 bis 10 cm lang, etwas glatt, weißlich, mit einigen Fasern bestreut, die an der Basis meist verdickt sind. Das Fleisch ist weich und weiß. Soweit mir bekannt ist, gibt es keine Berichte über die Essbarkeit, und ich habe diesbezüglich keine Zweifel, rate aber zur Vorsicht.

Tricholom lascivum . Fr.

DAS TEERIGE TRICHOLOMA .

Lascivum , verspielt, lüstern; so genannt wegen seiner vielen Verwandtschaftsverhältnisse, von denen keine sehr nahe beieinander liegt. Der Hut ist fleischig, konvex, dann ausgedehnt, leicht stumpf, etwas eingedrückt, zuerst seidig, dann glatt, eben. Die Lamellen sind gekerbt, angewachsen , dicht gedrängt und weiß; der Stiel ist fest, gleichmäßig, starr, wurzelnd, weiß, an der Basis filzig. Gefunden in den Wäldern, Haynes' Hollow bei Chillicothe. September und Oktober.

Tricholom Täubling . Schäff .

DAS RÖTLICHE TRICHOLOMA . ESSBAR.

ABBILDUNG 51. — Tricholoma Russula . Natürliche Größe. Kappen rötlich oder fleischfarben.

Russula geht auf die farbliche Ähnlichkeit mit einigen Arten der Gattung Russula zurück .

Der Hut ist drei bis vier Zoll breit, fleischig, konvex, dann eingedrückt, klebrig, gleichmäßig oder mit körnigen Schuppen übersät, rot oder fleischfarben, der Rand ist etwas blasser, eingerollt und bei der jungen Pflanze leicht flaumig.

Die Lamellen sind abgerundet oder leicht herablaufend, ziemlich weit auseinander, weiß und werden mit dem Alter oft rot gefleckt.

Der Stiel ist zwei bis drei Zoll lang, fest, kräftig, weißlich-rosa-rot, nahezu gleichmäßig, an der Spitze schuppig. Die Sporen sind elliptisch, $10 \times 5\mu$.

Diese Pflanze ist in vielen ihrer besonderen Merkmale recht variabel, weist aber normalerweise genug Merkmale auf, um sie leicht zu unterscheiden. Der Hut kann fleischfarben und der Stiel rosarot sein, der Hut kann rot und der Stiel weiß oder weißlich mit roten Flecken sein. Bei nassem Wetter sind die Hüte aller Pflanzen klebrig; bei trockenem Wetter können sie alle mehr oder weniger rissig sein. Die Stiele sind an der Spitze nicht unbedingt schuppig und in jungen Jahren oft rosig. Man findet sie einzeln, in Gruppen oder häufig in dichten Büscheln in den Wäldern . Die Exemplare in Abbildung 51 wurden in Michigan gefunden und von Dr. Fischer fotografiert.

Ich habe diese Pflanze in Poke Hollow gefunden. Die Lamellen waren ziemlich herablaufend.

Tricholom acerbum . Stier.

DAS BITTERTRICHOLOMA .

Acerbum bedeutet bitter im Geschmack.

Der Hut ist drei bis vier Zoll breit, konvex bis ausgeweitet, stumpf, glatt, mehr oder weniger gefleckt, der Rand ist dünn, anfangs eingerollt, runzelig, gefurcht, klebrig, weißlich, oft rotbraun oder gelblich getönt und schmeckt recht bitter.

Die Kiemen sind eingekerbt, gedrängt, blass oder rotbraun und schmal.

Der Stiel ist fest, eher kurz, stumpf, gelblich und an der Spitze oder um diese herum schuppig. Die Sporen sind fast kugelig und 5–6 μ groß.

Diese Pflanzen wurden in einem dichten Moosbett zusammen mit Armillaria nardosmia gefunden . Es waren keine perfekten Pflanzen, aber ich entschied aufgrund ihres Geschmacks und des eingerollten Randes, dass es sich um T. acerbum handelte . Ich schickte einige an Prof. Atkinson, der meine Klassifizierung bestätigte. Sie wachsen im Oktober und November in offenen Wäldern.

Tricholom cinerascens . Stier.

Cinerascens bedeutet, die Farbe der Asche anzunehmen.

Der Hut ist zwei bis drei Zoll breit, fleischig, konvex bis ausgedehnt, gleichmäßig, stumpf, glatt, weiß, dann gräulich, mit dünnem Rand.

Die Lamellen sind ausgerandet, gedrängt, ziemlich gewellt, schmutzig, rötlich, oft gelblich und lösen sich leicht vom Hut.

Der Stiel ist gefüllt, gleichmäßig, glatt und elastisch.

Sie wachsen in Büscheln in Mischholz und sind mild im Geschmack.

Tricholoma -Album. Schäff.

DAS WEIßE TRICHOLOMA . ESSBAR.

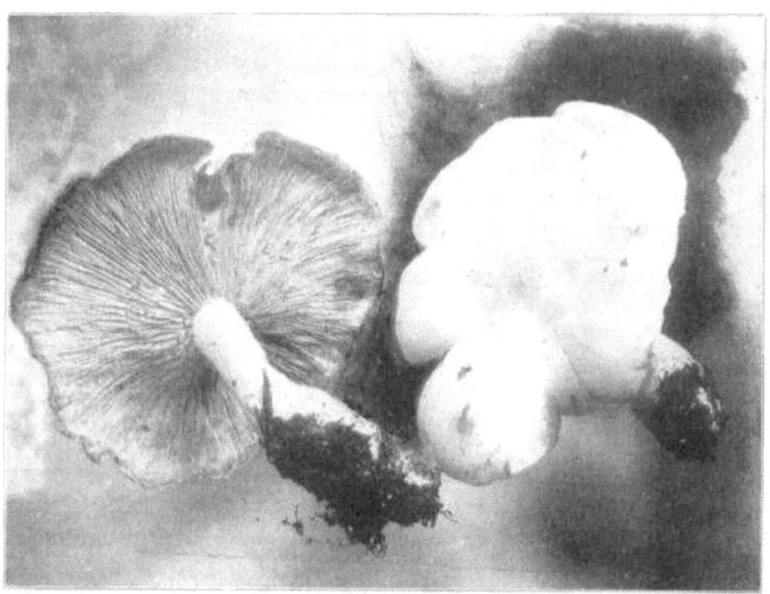

ABBILDUNG 52. — Tricholoma album. Vollständig weiß.

Album bedeutet weiß.

Der Hut ist fünf bis zehn Zentimeter breit, fleischig, ganz weiß, konvex, dann eingedrückt, stumpf, glatt, trocken, die Scheibe ist häufig gelblich getönt, der Rand ist zuerst eingerollt, schließlich nach außen gewölbt.

Die Lamellen sind hinten abgerundet, ziemlich gedrängt, dünn, weiß und breit.

Der Stiel ist fünf bis zehn Zentimeter lang, massiv, fest, nach oben verjüngt und glatt.

Diese Pflanze ist in unseren Wäldern recht häufig und wächst normalerweise in Gruppen. Sie wächst auf Lauberde und wird häufig recht groß. Roh schmeckt sie recht scharf, was sich jedoch beim Kochen bessert. Sie ist von August bis Oktober zu finden.

Diese Pflanzen kommen in den bewaldeten Hügeln um Chillicothe in großer Menge vor. Die in Abbildung 52 gezeigten Pflanzen wurden auf Ralston's Run gefunden und von Dr. Kellerman fotografiert.

Tricholom imbricatum . Fr.

DAS IMBRIKATE TRICHOLOMA . ESSBAR.

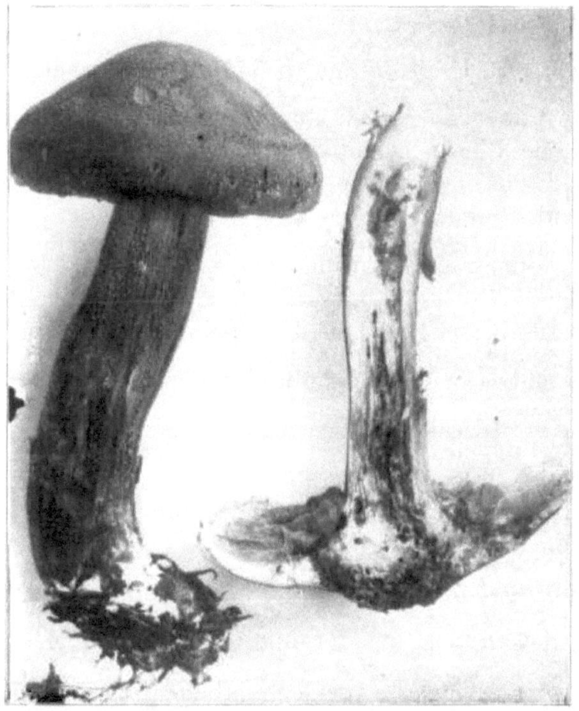

Foto von CG Lloyd

ABBILDUNG 53. — Tricholoma imbricatum .

Imbricatum bedeutet „mit Ziegeln bedeckt" *(imbreces)* , was sich auf den zerfetzten Zustand des Hutes bezieht. Diese Art ist in Größe, Farbe und Geschmack sehr eng mit T. transmutans verwandt . Sie lässt sich jedoch leicht an ihrem trockenen Hut und dem festen Stiel unterscheiden. Ihr Hut ist rötlich-braun oder zimtbraun und seine Oberfläche zeigt oft ein etwas schuppiges Aussehen, da die Epidermis zerfetzt oder in kleine, unregelmäßige Fragmente zerrissen wird, die aneinander haften und sich zu überlappen scheinen wie Dachschindeln. Das Fleisch ist fest, weiß und hat einen mehligen Geschmack und Geruch. Die Lamellen sind weiß, werden rot oder rostig gefleckt, stehen ziemlich dicht und sind eingekerbt. Der Stiel ist fest, fest, nahezu gleichmäßig, außer dass er an der Basis leicht geschwollen ist, und hat eine ähnliche Farbe wie der Hut, ist aber normalerweise blasser. Im alten Zustand ist er manchmal hohl, da Insekten ihn abgraben. Die Sporen sind weiß und elliptisch und 0,00025 Zoll lang.

Ich habe diesen Pilz in der Nähe von Salem, Ohio, Bowling Green, Ohio und am Ralston's Run in der Nähe von Chillicothe gefunden. Von September bis November in Mischwäldern zu finden.

Tricholom terriferum .

DAS ERDTRAGENDE TRICHOLOMA . ESSBAR.

Terriferum , erdtragend, spielt auf den klebrigen Hut an, der beim Durchbrechen des Bodens Lehmpartikel und Kiefernnadeln festhält. Dies ist ein fleischiger Pilz und ergibt, wenn er richtig gereinigt wird, ein appetitanregendes Gericht.

Der Hut ist konvex, unregelmäßig, am Rand gewellt und nach innen eingerollt, glatt, zähflüssig, blassgelb, manchmal weißlich, wegen der klebrigen Oberfläche des Hutes meist mit Lehm bedeckt, fleischweiß.

Die Lamellen sind weiß, dünn, dicht beieinander und leicht verbunden .

Der Stiel ist kurz, fleischig, fest, gleichmäßig, mehlig und an der Basis ganz leicht bauchig.

Von September bis Oktober auf der Farm des ehrenwerten J. Thwing Brooks in der Nähe von Salem, Ohio, gefunden.

Tricholom fumidellum .

DAS RAUCHIGE TRICHOLOMA . ESSBAR.

Fumidellum – rauchig, aufgrund der lehmfarbenen, braun getrübten Kappen.

Der Hut ist ein bis zwei Zoll breit, konvex, dann erweitert, subumbonat , kahl, feucht, schmutzig weiß oder lehmfarben mit bräunlichen Wolken, die Scheibe oder der Umbo ist im Allgemeinen rauchbraun.

Die Kiemen sind gedrängt, subventrikös und weißlich.

Der Stiel ist eineinhalb bis zweieinhalb Zoll lang, gleichmäßig, kahl, fest und weißlich. Die Sporen sind winzig, fast kugelig , 4–5×4μ. *Peck* , 44 Rep.

Die von mir gefundenen Exemplare wuchsen in einem Mischwald im Laubsumpf. In unseren Wäldern findet man sie nur vereinzelt im September und Oktober.

Tricholom leucocephalum . Fr.

DER WEIßKOPF- TRICHOLOMA . ESSBAR.

Leucocephalum setzt sich aus zwei griechischen Wörtern zusammen, die „weiß" und „Kopf" bedeuten und sich auf die weißen Kappen beziehen.

Der Hut hat einen Durchmesser von 3,8 bis 5 cm, ist erst konvex und dann eben; gleichmäßig, feucht, glatt, wenn der seidige Schleier verschwunden ist, nach einem Regen wassergetränkt; das Fleisch ist dünn, zäh, riecht mehlig und schmeckt mild und angenehm.

Die Kiemen sind hinten abgerundet und fast frei, gedrängt und weiß.

Der Stamm ist etwa zwei Zoll lang, hohl, an der Basis fest, glatt, knorpelig, zäh und wurzelnd. Die Sporen sind 9–10×7–8µ groß.

Der Unterschied zu T. album besteht darin, dass der Geruch nach frischem Mehl stark ausgeprägt ist. Man findet ihn im September und Oktober in offenen Wäldern.

Tricholom fumescens . Pk.

RAUCHIGES TRICHOLOMA . ESSBAR.

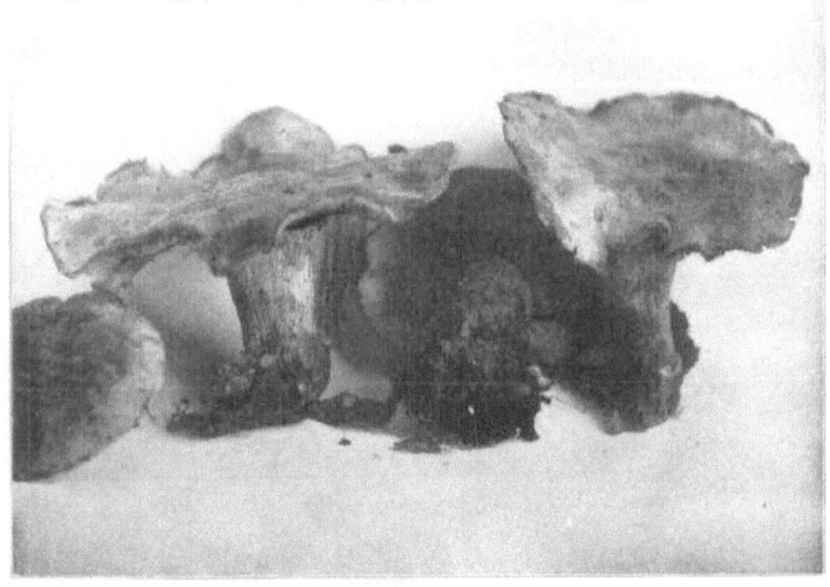

ABBILDUNG 54. — Tricholoma Rauch .

Fumescens bedeutet rauchig werden.

Hut konvex oder ausgedehnt, trocken, mit einem sehr feinen, anliegenden, weißlichen Filz bedeckt.

Die Kiemen sind schmal, gedrängt, hinten abgerundet und von weißlicher oder blass cremefarbener Farbe, die an Druckstellen ins Rauchblau oder Schwärzliche wechselt.

Der Stiel ist kurz, zylindrisch und weißlich. Die Sporen sind länglich-elliptisch, 5–6×5μ. Der Hut ist 2,5 cm breit. Der Stiel ist 2,5 bis 3,8 cm hoch. *Peck* , 44. Repräsentant, NY State Bot.

Die Kappen der in Ohio gefundenen Exemplare sind um einiges größer als die von Dr. Peck beschriebenen. So sehr, dass ich an der richtigen Identifizierung zweifelte. Ich schickte einige Exemplare an Dr. Peck, damit er sie bestimmen konnte. Die Art lässt sich leicht an den feinen, dicht gedrängten Lamellen und dem rauchblauen oder schwärzlichen Farbton erkennen, den sie annehmen, wenn sie zerdrückt werden. Die Kappen sind häufig gewellt, wie in Abbildung 54 zu sehen ist.

Ich habe die Pflanzen von September bis November in Poke Hollow in der Nähe von Chillicothe gefunden.

Tricholom terreum . Schaeff .

DAS GRAUE TRICHOLOMA . ESSBAR.

ABBILDUNG 55. — Tricholoma terreum . Hut graubraun oder mausfarben.

Terreum kommt von *Terra* , der Erde; so genannt wegen der Farbe. Dies ist eine Art, die hinsichtlich Farbe und Größe sowie Wuchsart recht variabel ist.

Der Hut ist ein bis drei Zoll breit, trocken, fleischig, dünn, konvex, ausgedehnt, nahezu eben und weist häufig einen zentralen Wulst auf; flockig-schuppig, aschbraun, graubraun oder mausfarben.

Die Lamellen sind angewachsen , etwas abstehend , weiß und werden gräulich. Die Ränder sind mehr oder weniger erodiert. Sporen: 5–6 μ.

Der Stiel ist weißlich, faserig, gleichmäßig und blasser als der Hut, von massiv bis gefüllt oder hohl, ein bis drei Zoll hoch.

Ich finde diese Pflanze an Nordhängen in Buchenwäldern. Sie ist nicht sehr häufig. Es gibt mehrere Sorten:

Var. orirubens . Q. Kiemenrand rötlich.

Var. atrosquamosum . Chev. Hut grau mit kleinen schwarzen Schuppen; g. weißlich.

Var. argyraceum . Bull. Ganz rein weiß oder Hut gräulich.

Var. Chrysites . Jungh . Hut gelblich oder grünlich getönt.

Die Pflanzen in Abbildung 55 wurden in Poke Hollow in der Nähe von Chillicothe gefunden. Ihre Blütezeit ist September bis November.

Tricholom Seifenkraut . Fr.

Saponaceum stammt von *Sapo* , Seife, und wird wegen ihres besonderen Geruchs so genannt.

Der Hut ist fünf bis sieben Zentimeter breit, erst konvex, dann eben, zunächst eingerollt, wie in Abbildung 56 zu sehen, glatt, bei nassem Wetter feucht, aber nicht zähflüssig, oft schuppig oder punktiert, gräulich oder bläulich-braun, oft mit einem Hauch von Oliv, das Fleisch ist fest und wird bei Schnitten oder Verletzungen mehr oder weniger rot.

Die Lamellen sind uncinatusförmig ausgerandet, dünn, ganz ungeteilt, nicht gedrängt, weiß, manchmal grünlich getönt. Sporen fast kugelig , 5×4μ.

Der Stängel ist fest, ungleichmäßig, wurzelnd, glatt, manchmal netzartig mit schwarzen Fasern oder schuppig.

Diese Art kommt in der Gegend von Chillicothe recht häufig vor. Sie ist in Größe und Farbe recht unterschiedlich, kann aber leicht an ihrem eigentümlichen Geruch und der rötlichen Verfärbung ihres Fleisches bei Verletzungen erkannt werden. Sie ist nicht giftig, aber ihr Geruch hält jeden davon ab, sie zu essen. Sie kommt von August bis November in Mischwäldern vor.

Tricholom cartilagineum . Stier.

DAS KNORPELIGE TRICHOLOM . ESSBAR.

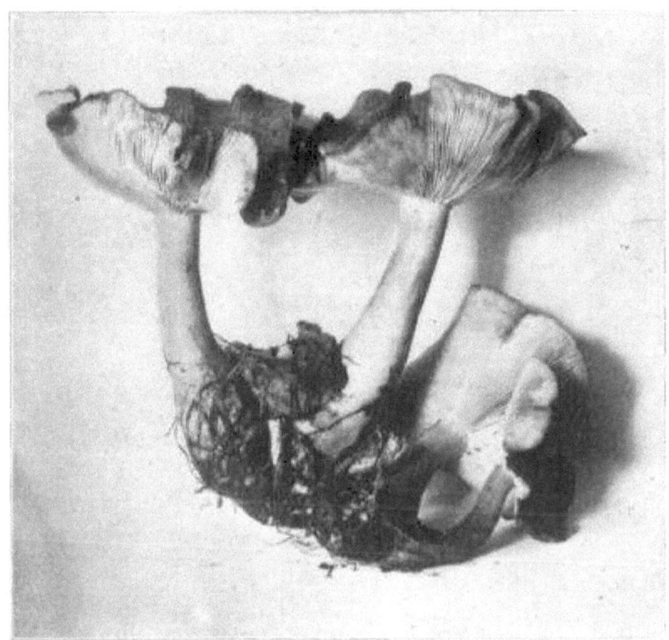

ABBILDUNG 57. – Tricholoma cartilagineumZwei Drittel der natürlichen Größe.

Cartilagineum bedeutet knorpelig oder knorpelig.

Der Hut ist zwei bis drei Zoll breit, knorpelig, elastisch, fleischig, konvex, bald ausgedehnt, gewellt, wie in Abbildung 57 zu sehen, der Rand ist nach innen gebogen, glatt, neigt zuerst dazu, schwärzlich zu sein, zerfällt dann in kleine schwarze Flecken.

Die Kiemen sind leicht eingekerbt, angewachsen , etwas gedrängt und gräulich.

Der Stiel ist ein bis zwei Zoll lang, ziemlich fest, gefüllt, gleichmäßig, glatt, weiß, oft gestreift und mehlig. Geschmack und Geruch sind angenehm.

Einige meiner Freunde aßen es wegen seines verlockenden Geschmacks und Geruchs. Es wuchs in großen Mengen zwischen dem Klee in unserem Stadtpark während des nassen Wetters Ende Mai und Anfang Juni.

Tricholom squarrulosum . Bres.

ABBILDUNG 58. — Tricholoma squarrulosum . Kappen mit schwarzen Schuppen .

Squarrulosum bedeutet voller Schuppen.

Der Hut ist zwei bis drei Zoll breit, konvex, dann erweitert, gewölbt, trocken; erst dunkelbraun, dann grellbraun, in der Mitte schwarz, mit schwarzen Schuppen ; der Rand ist faserig und über die Lamellen hinausragend.

Die Kiemen sind breit, dicht gedrängt, weißlich-grau und rötlich, wenn sie gequetscht werden.

Der Stiel hat die gleiche Farbe wie der Hut, punktiert und schuppig. Die Sporen sind elliptisch, 7–9×4–5μ.

Dies ist eine wunderschöne Pflanze, die in Mischwäldern zwischen den Blättern wächst. Der Stiel ist kurz und hat anscheinend dieselbe Farbe wie der Hut. Letzterer ist mit schwarzen Schuppen bedeckt , die der Art ihren Namen geben. Ich konnte die Pflanzen nur im Oktober finden. Die Exemplare in Abbildung 58 wurden in Poke Hollow in der Nähe von Chillicothe gefunden.

Tricholom maculatescens . Pk.

GEFLECKTE TRICHOLOMA .

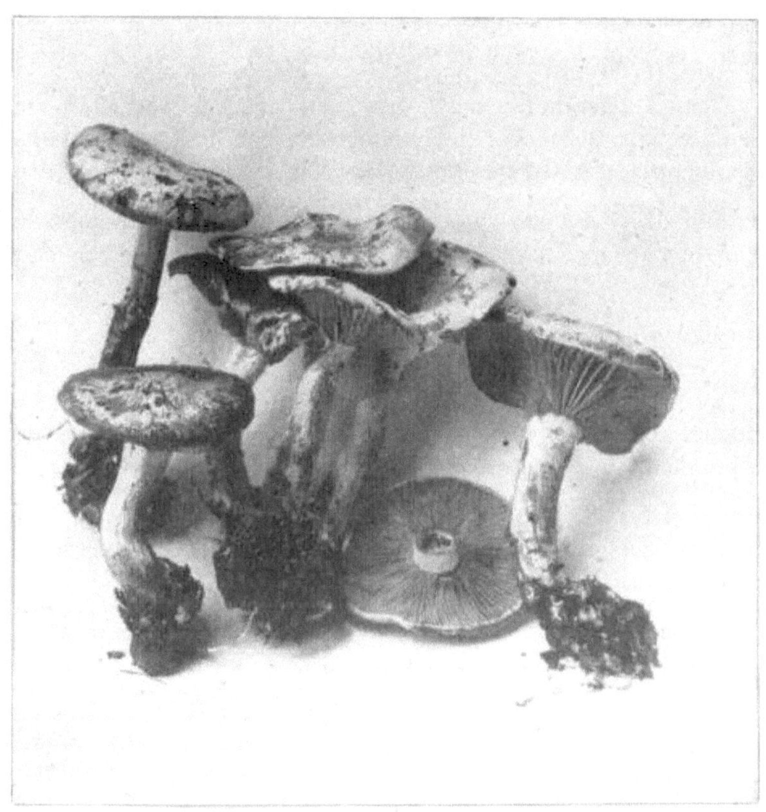

ABBILDUNG 59. — Tricholoma maculatescens . Ein Drittel der natürlichen Größe.

Maculatescens bedeutet „gefleckt wachsend"; der Name kommt daher, dass der Hut beim Trocknen des Exemplars mehr oder weniger gefleckt wird.

Der Hut ist eineinhalb bis drei Zoll breit, kompakt, schwammig, rötlichbraun, konvex, dann ausgedehnt, stumpf, ebenmäßig, im nassen Zustand leicht klebrig, wird beim Trocknen riffelflüssig und braun gefleckt, das Fleisch ist weißlich, der Rand ist eingebogen und überragt die Lamellen.

Die Lamellen sind leicht ausgerandet, eher schmal und fein gezahnt.

Der Stiel ist schwammig-fleischig, gleichmäßig, manchmal an der Basis abrupt verengt, fest, kräftig, faserig, blass oder weißlich. Die Sporen sind länglich oder subspindelförmig , an den Enden spitz, einkernig, 0,0003 Zoll lang, 0,00016 Zoll breit. *Peck.*

Ich habe die Pflanze im November mehrmals gefunden, konnte sie aber nicht zufriedenstellend bestimmen, bis mir Prof. Morgan half. Die Exemplare in Abbildung 59 wurden am Erntedankfest in den Morton -

Wäldern in Gallia County, Ohio, gefunden. Zuvor hatte ich mehrere Exemplare in der Nähe von Chillicothe gefunden.

Diese Art scheint T. flavobrunneum, T. graveolens und T. Schumacheri sehr verwandt zu sein , kann aber von ihnen durch die Fleckenbildung des Hutes beim Trocknen und die besondere Form der Sporen unterschieden werden.

Man findet ihn sogar bei Frost zwischen den Blättern in Mischwäldern. Er ist zweifellos essbar, aber ich sollte ihn beim ersten Probieren vorsichtig probieren.

Tricholoma flavobrunneum. Fr.

DAS GELBBRAUNE TRICHOLOMA . ESSBAR.

Flavobrunneum kommt von flavus (gelb) und brunneus (braun); so genannt wegen des braunen Hutes und des gelben Fleisches.

Der Hut ist drei bis vier Zoll oder mehr breit, fleischig, konisch, dann konvex, erweitert, subumbonat , klebrig, bräunlich-braun, schuppig gestreift, das Fleisch ist gelb, dann rötlich getönt.

Die Lamellen sind blassgelb, ausgerandet, leicht herablaufend, etwas gedrängt und oft rötlich getönt.

Der Stängel ist drei bis vier Zoll lang, hohl, leicht bauchig, bräunlich, das Fleisch ist gelb, zunächst zähflüssig, manchmal rötlich-braun. Die Sporen sind 6–7×4–5. In Mischwäldern zwischen Blättern zu finden.

Tricholom Schumacheri . Fr.

Schumacheri zu Ehren von CF Schumacher, Autor von „Plantarum Sællandiæ ". Der Hut ist zwei bis drei Zoll breit, schwammig, konvex, dann flach, stumpf, eben, bläulich grau, feucht, der Rand jenseits der Lamellen ist nach innen gebogen.

Die Lamellen sind schmal, dicht, reinweiß und leicht ausgerandet.

Der Stiel ist drei bis vier Zoll lang, fest, faserig -gestreift, weiß und fleischig.

Dies scheint eine heimische Pflanze zu sein, die man in Gewächshäusern findet.

Tricholom groß .

DAS GROßE TRICHOLOMA . ESSBAR.

Prachtvoll, groß, auffällig. Diese Art war während des nassen Herbstwetters 1905 in Haines' Hollow und auf Ralston's Run recht häufig anzutreffen. Sie scheint T. columbetta sehr ähnlich zu sein und kommt an denselben Orten vor.

Der Hut ist dick, fest, halbkugelig, konvex werdend, oft unregelmäßig, trocken, schuppig, zum Rand hin etwas seidig-faserig, weiß, der Rand zunächst eingerollt. Fleisch grauweiß, Geschmack mehlig.

Die Lamellen sind eng anliegend, hinten abgerundet, angewachsen und weiß.

Der Stiel ist kräftig, fest, faserig, verjüngt sich zunächst nach oben, ist dann an der Basis gleichmäßig oder nur leicht verdickt und reinweiß. Die Sporen sind elliptisch, 9–11×6μ.

Der Hut ist vier bis fünf Zoll breit, der Stiel zwei bis vier Zoll lang und ein bis anderthalb Zoll dick. *Peck* , 44. Rep.

Dies ist eine sehr große und auffällige Pflanze, die nach starken Regenfällen zwischen Blättern wächst. Sowohl diese als auch T. columbetta sowie eine weiße Variante von T. personatum waren in denselben Wäldern sehr zahlreich. Sie wachsen in so dicht gedrängten Gruppen, dass die Kappen oft recht unregelmäßig sind. Die dunklere und schuppige Scheibe und die größeren Sporen helfen Ihnen, sie von T. columbetta zu unterscheiden . Die sehr großen Exemplare sind zu grob, um als gut zu gelten. Von August bis November in feuchten Wäldern zwischen Blättern zu finden.

Tricholom sejunctum . Sau.

DAS SICH TRENNENDE TRICHOLOMA . ESSBAR.

ABBILDUNG 60. — Tricholoma Sejunctum . Halbe natürliche Größe.

Sejunctum bedeutet „getrennt". Es bezieht sich auf die Trennung der Lamellen vom Stiel. Der Hut ist fleischig, konvex, dann erweitert, nabelförmig, leicht zähflüssig, mit braunen oder schwärzlichen Fasern durchzogen, weißlich oder gelb, manchmal grünlich-gelb, das Fleisch ist weiß und brüchig.

Die Lamellen sind breit, subdistant , hinten abgerundet oder eingekerbt und weiß.

Der Stiel ist fest, kräftig, oft unregelmäßig und weiß. Die Sporen sind fast kugelig und 0,00025 Zoll breit. Der Hut ist ein bis drei Zoll breit; der Stiel ist ein bis vier Zoll lang und vier bis acht Reihen dick. *Pecks* Bericht.

Dies ist in Salem, Ohio, recht verbreitet; an der alten Uferlinie des Lake in Wood County in der Nähe von Bowling Green, Ohio; und ich habe es häufig in der Nähe von Chillicothe gefunden. Gekocht hat es ein angenehmes Aroma. Es ist immer ein attraktives Exemplar. Ich finde es von September bis November unter Buchen in den Wäldern.

Tricholom unifaktum . Fzg.

VEREINIGTES TRICHOLOMA . ESSBAR.

Unifactum bedeutet „vereint" oder „zu einem gemacht" und bezieht sich auf die Stämme, die in einer Basiswurzel oder einem Stamm vereint sind.

Der Hut ist fleischig, aber dünn, konvex; oft unregelmäßig, manchmal exzentrisch in seiner Wuchsform; weißlich, Fleisch weißlich, Geschmack mild.

Die Lamellen sind dünn, schmal, dicht beieinander, hinten abgerundet, leicht angewachsen , manchmal nahe der Basis gegabelt und weiß.

Die Stiele sind an der Basis gleich lang oder dicker, fest, faserig, weiß und an der Basis zu einer großen fleischigen Masse vereint.

Die Sporen sind weiß, fast kugelförmig und 0,00016 bis 0,0002 Zoll breit . *Peck.*

Ich habe in Poke Hollow, in einem Buchenwald mit einigen Eichen und Kastanien, ein wunderschönes Exemplar gefunden. Aus einer großen weißlichen fleischigen Masse wuchs nur ein einziger Büschel. Aus dieser fleischigen Masse wuchsen fünfzehn Hüte. Ich konnte die Art erst identifizieren, als es schon zu spät war, um sie zu fotografieren.

Tricholom Alberich . Fr.

DAS WEIßLICHE TRICHOLOMA . ESSBAR.

Der Hut ist zwei bis drei Zoll breit, wird blassweiß und geht im trockenen Zustand ins Grau über. Er ist fleischig, an der Scheibe dick und an den Seiten dünner, erst konisch und dann konvex, im ausgebreiteten Zustand bucklig, in kräftigem Zustand an der Oberfläche feucht und gefleckt wie mit Schuppen, der dünne Rand ist nackt, das Fleisch ist weich, flockig, weiß und unveränderlich.

Die Lamellen sind hinten stark verjüngt, nicht ausgerandet und werden vorne breit; sehr gedrängt, ganz vollständig und weiß.

Der Stiel ist ein bis zwei Zoll lang, fest, fleischig-kompakt, eiförmig-zwiebelförmig (in der Mitte konisch, oben zylindrisch), faserig-gestreift, weiß. Sporen elliptisch, 6–7×4μ.

Tricholom personatum . Fr.

DAS MASKIERTE TRICHOLOMA . ESSBAR.

ABBILDUNG 61. — Tricholoma personatum . Ein Drittel der natürlichen Größe. Kappen meist lila oder violett getönt. Stiele bauchig.

ABBILDUNG 62. — Tricholoma personatum . Zwei Drittel der natürlichen Größe. Die gesamte Pflanze weiß.

Personatum bedeutet „eine Maske tragen"; so genannt wegen der Vielfalt der Farben, die er annehmen kann. Dies ist ein wunderschöner Pilz mit ausgezeichnetem Geschmack; er ist weit verbreitet und häufig in großer Menge zu finden. Ich habe ihn oft über sechs Meter lang in fast gerader Linie wachsen sehen, mit den Hüten so dicht gedrängt, dass sie ihre Form verloren hatten. In jungem Zustand ist der Hut konvex und ganz fest, mit einem leicht flaumigen oder mit mehligen Partikeln verzierten und nach innen gebogenen Rand. Bei der ausgewachsenen Pflanze ist er weicher, breit konvex oder beinahe eben, mit einem dünnen Rand, der sich ausbreitet und mehr oder weniger nach oben gebogen und gewellt ist. In jungem Zustand hat er eine blasslila Farbe, aber mit zunehmendem Alter nimmt er eine gelbbraune oder rostfarbene Tönung an, besonders in der Mitte. Manchmal ist der Hut weiß, weißlich oder grau oder von blassvioletter Farbe.

Die Lamellen stehen dicht beieinander, sind neben dem Stiel abgerundet und fast frei, nähern sich aber dem Stiel, werden zum Rand hin schmaler und haben in jungen Jahren einen schwachen Lila- oder Violettton, sind aber oft weiß.

Der Stiel ist kurz, fest und mit sehr feinen Fasern, flaumigen oder mehligen Partikeln verziert, wenn er jung und frisch ist, wird aber mit zunehmendem Alter glatter. Die Farbe des Stiels ähnelt stark der des Hutes, ist aber möglicherweise einen Farbton heller.

Der Hut ist 2,5 bis 12,5 cm breit und der Stiel 2,5 bis 7,5 cm hoch. Er wächst einzeln oder in Gruppen. Man findet ihn in lichten Wäldern und Dickichten. Er wächst am liebsten dort, wo eine alte Sägemühle gestanden hat.

Die schönsten Exemplare dieser Art, die ich je gesehen habe, wuchsen auf einem Komposthaufen aus ehemaligen grünen Kolben aus der Konservenfabrik. Sie lagen etwa drei Jahre lang auf dem Haufen, und Ende November war der Kompost buchstäblich mit dieser Art bedeckt, von denen viele über fünf Zoll groß waren, während die Farbe und die Gestalt der Pflanzen ziemlich typisch waren.

In englischen Büchern wird diese Pflanze als „Blewits" und in Frankreich als „Blue-stems" bezeichnet, in diesem Land sind die Stängel jedoch eher lila oder violett und auch nur bei den jüngeren Pflanzen.

Die Sporen sind fast elliptisch und schmutzig weiß, aber in Massen auf weißem Papier haben sie eine lachsfarbene Tönung. Ihre glatte, fast glänzende, intakte Epidermis und ihre besondere pfirsichblütenartige Tönung unterscheiden sie von allen anderen Tricholoma-Arten . Es gibt eine weiße Variante, die in unseren Wäldern sehr häufig vorkommt und in Abbildung 62 dargestellt ist. Sie kommen nur in Lauberde in den Wäldern vor. September bis Frost.

Tricholoma nudum. Stier.

DAS NACKTE TRICHOLOMA . ESSBAR.

Nudum, nackt, kahl; vom Charakter des Randes. Der Hut ist zwei bis drei Zoll breit, fleischig, ziemlich dünn, konvex, dann ausgedehnt, leicht eingedrückt; glatt, feucht, die ganze Pflanze zuerst violett, die Farbe wechselnd, der Rand eingerollt, dünn, nackt, oft gewellt.

Die Lamellen sind schmal, hinten abgerundet, leicht herablaufend, wenn die Pflanze eingedrückt wird, gedrängt, zunächst violett und wechseln dann zu einem rötlich-braunen Farbton ohne violetten Schimmer.

Der Stiel ist zwei bis drei Zoll lang, gefüllt, elastisch, gleichmäßig, zunächst violett, dann blass, mehr oder weniger mehlig. Sporen $7 \times 3{,}5\mu$

Ich habe einige sehr schöne Exemplare im Laub der Wälder von Haynes' Hollow in der Nähe von Chillicothe gefunden. Oktober und November.

Tricholom gambosum . Fr.

GEORGSPILZ. ESSBAR.

Gambosum , mit Schwellung des Hufs, *Gamba* . Der Hut ist drei bis sechs
Zoll breit, manchmal sogar noch größer; sehr dick, konvex, ausgedehnt,
eingedrückt, häufig hier und da rissig; glatt, erinnert an weiches Ziegenleder;
der Rand ist zunächst eingerollt, blass ockerfarben oder gelblich weiß.

Die Kiemen sind gekerbt, mit einem angewachsenen Zahn, dicht gedrängt,
bauchig, feucht, unterschiedlich lang und gelblich weiß.

Der Stiel ist kurz, fest, an der Spitze flockig , die Substanz cremeweiß, an der
Basis leicht geschwollen. Die Sporen sind weiß.

In England wird er St.-Georgs-Pilz genannt, weil er um die Zeit des St.-
Georgs-Tages, dem 23. April, herumwächst. Er wächst häufig in Ringen oder
Halbmonden. Er hat einen sehr starken Geruch. Seine Saison ist im Mai und
Juni.

Tricholom portentosum . Fr.

DAS SELTSAME TRICHOLOMA . ESSBAR.

Portentosum bedeutet seltsam oder monströs.

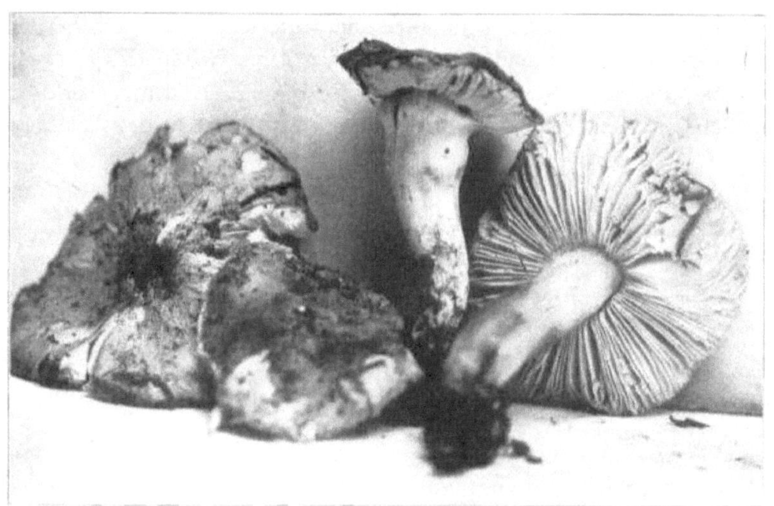

ABBILDUNG 63. — Tricholoma portentosum .

Der Hut ist drei bis fünf Zoll breit, fleischig, konvex, dann erweitert,
subumbonat , klebrig, rußig, oft mit violettem Schimmer, häufig
ungleichmäßig und nach oben gebogen, mit dunklen Linien durchzogen, der
dünne Rand ist nackt, das Fleisch nicht kompakt, weiß, brüchig und weich.

Die Lamellen sind weiß, sehr breit, gerundet, fast frei, weit auseinander und werden oft blassgrau oder gelblich.

Der Stiel ist drei bis sechs Zoll lang, fest, ziemlich faserig, manchmal gleichmäßig, oft zur Basis hin verjüngend, weiß, kräftig, gestreift, an der Basis zottig. Die Sporen sind fast kugelig , 4–5×4µ.

Die Pflanzen wachsen in Kiefernwäldern und an den Rändern von Mischwäldern, häufig an Straßenrändern. Sie sind normalerweise im Oktober und November zu finden. Die Pflanzen in Abbildung 63 wurden in der Nähe von Waltham, Mass., gefunden und mir von Mrs. EB Blackford geschickt. Sie sollen sogar T. personatum in Bezug auf die essbaren Eigenschaften übertreffen.

Fr.

Clitocybe setzt sich aus zwei griechischen Wörtern zusammen: „Hang" oder „Abhang" und „Kopf"; so genannt nach der zentralen Vertiefung des Hutes.

Die Gattung Clitocybe unterscheidet sich von Tricholoma in der Art der Lamellen. Sie sind über die gesamte Breite am Stiel befestigt und verlaufen normalerweise den Stiel hinunter oder herablaufend. Dies ist die erste Gattung mit herablaufenden Lamellen. Die Gattung hat weder eine Volva noch einen Ring und die Sporen sind weiß. Der Stiel ist elastisch, innen schwammig, häufig hohl und extrem faserig und geht in den Hut über.

Der Hut ist im Allgemeinen fleischig und wird zum Rand hin dünner, ist eben oder eingedrückt oder trichterförmig und hat einen nach innen gebogenen Rand. Der allgemeine Schleier ist, wenn überhaupt vorhanden, nur am Rand des Hutes zu sehen, wie Frost oder seidiger Tau.

Diese Pflanzen wachsen normalerweise auf dem Boden und oft in Gruppen, einige sind jedoch auch auf verrottetem Holz zu finden.

Collybia , Mycena und Omphalia haben knorpelige Stiele, während der Stiel der Clitocybe extrem faserig ist und sich die Tricholoma durch ihre gekerbten Lamellen auszeichnet.

Diese Gattung wird aufgrund der Artenvielfalt für Anfänger wie auch für Experten immer ein Rätsel sein. Wir können leicht entscheiden, dass es sich um eine Clitocybe handelt , da die Lamellen gerade auf den Stiel treffen oder an ihm entlanglaufen und der äußere faserige Stiel vorhanden ist, aber die Art zu lokalisieren ist eine ganz andere Sache.

Clitocybe media.Pk.

DIE ZWISCHEN- CLITOCYBE . ESSBAR.

ABBILDUNG 64. — Clitocybe media. Halbe natürliche Größe.

Media kommt von *medius , Mitte; es wird so genannt, weil es zwischen C.* nebularis und C. clavipes liegt . Es ist in unseren Wäldern nicht so häufig wie die anderen Arten.

Der Hut ist graubraun oder schwarzbraun, immer dunkler als bei C. nebularis . Das Fleisch ist weiß und schmeckt mehlig.

Die Lamellen sind ziemlich breit, nicht gedrängt, angewachsen und herablaufend, weiß, mit wenigen Querrippen oder Adern in den Zwischenräumen der Lamellen.

Der Stiel ist ein bis zwei Zoll lang, verjüngt sich normalerweise nach oben, ist blasser als der Hut, ziemlich elastisch und glatt. Die Sporen sind deutlich elliptisch, $8\times5\mu$.

Diese Art ähnelt sehr stark den beiden oben genannten Arten und ist schwer zu unterscheiden. Ich habe die Exemplare in Abbildung 64 entlang des Ralston's Run gefunden, wo der Boden moosig und feucht ist. Gefunden im September und Oktober.

Klitoriszybe infundibuliformis . Schaeff .

DIE TRICHTERFÖRMIGE CLITOCYBE . ESSBAR.

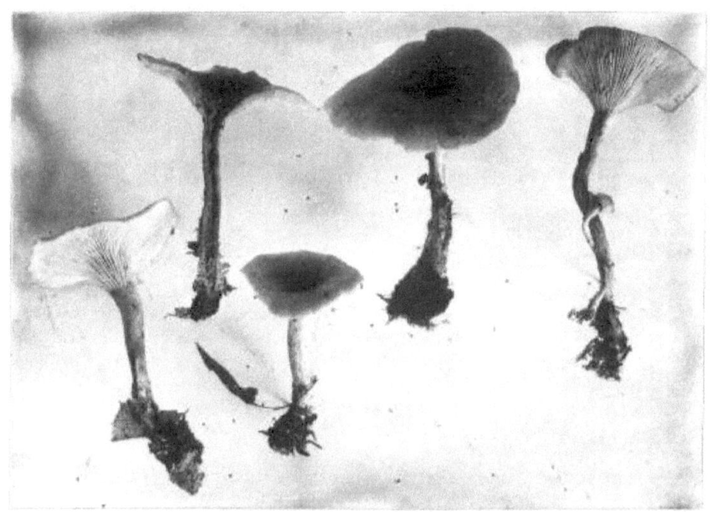

Foto von CG Lloyd.

Infundibuliformis bedeutet trichterförmig. Dies ist eine wunderschöne Pflanze und kommt nach einem starken Regen sehr häufig in Wäldern vor. Sie wächst auf den Blättern und insbesondere zwischen Kiefernnadeln.

Der Hut ist zunächst konvex und gewölbt, und mit zunehmendem Alter der Pflanze hebt sich der Rand, bis die Pflanze trichterförmig wird. Der Rand ist häufig nach innen gebogen und schließlich gewellt. Das Fleisch ist weich und weiß. Die Farbe des Hutes ist blassbraun. Bei genauer Betrachtung des Hutes ist zu erkennen, dass er, insbesondere am Rand, mit einer leichten Flaum- oder Seidensubstanz bedeckt ist. Die Farbe des Hutes neigt zum Verblassen, sodass einige Exemplare fast weiß sind.

Die Lamellen sind dünn, dicht, weiß oder weißlich und stark herablaufend.

Der Stiel ist ziemlich glatt und verjüngt sich im Allgemeinen von der Basis nach oben. Er ist manchmal weiß oder weißlich, aber häufiger wie der Hut. Myzel findet sich normalerweise an der Basis der Blätter und bildet einen weichen weißen Flaum. Ich habe diese Art in mehreren Teilen des Staates gefunden. Sie kommt häufig in Büscheln vor, wobei die Hüte aufgrund der dichten Anordnung unregelmäßig sind. Sie sind sehr zart und haben ein ausgezeichnetes Aroma. Gefunden von August bis Oktober.

Klitoriszybe odora . Stier.

SÜß RIECHENDE CLITOCYBE . ESSBAR.

ABBILDUNG 66. — Clitocybe odora . Ein Drittel der natürlichen Größe. Hut blassgrün.

Odora bedeutet wohlriechend. Dies ist eine der am einfachsten zu identifizierenden Clitocybes . Der Sammler erkennt sie sehr leicht an ihrer olivgrünen Farbe und ihrem Geruch. Die Farbe ist bei alten Pflanzen recht unterschiedlich, bei jungen Pflanzen jedoch deutlich ausgeprägt. Der Hut ist ein bis zweieinhalb Zoll breit, das Fleisch ziemlich dick; zunächst konvex, dann ausgedehnt, eben, oft eingedrückt, manchmal wellig; gleichmäßig, glatt, olivgrün.

Die Lamellen sind angewachsen, ziemlich dicht beieinander, manchmal leicht herablaufend, breit und blass.

Der Stiel ist 2,5 bis 3,8 Zentimeter lang und an der Basis oft leicht bauchig.

Diese Pflanzen findet man von August bis Oktober auf Blättern im Wald. Nach einem Regen sind sie in Chillicothe recht häufig anzutreffen. Wenn sie allein gekocht werden, ist ihr Geschmack etwas stark, aber gemischt mit anderen Pflanzen, die nicht so stark schmecken, sind sie in Ordnung.

Klitoriszybe illustriert . Schw .

DIE TRÜGERISCHE KLITOZYBE . NICHT ESSBAR.

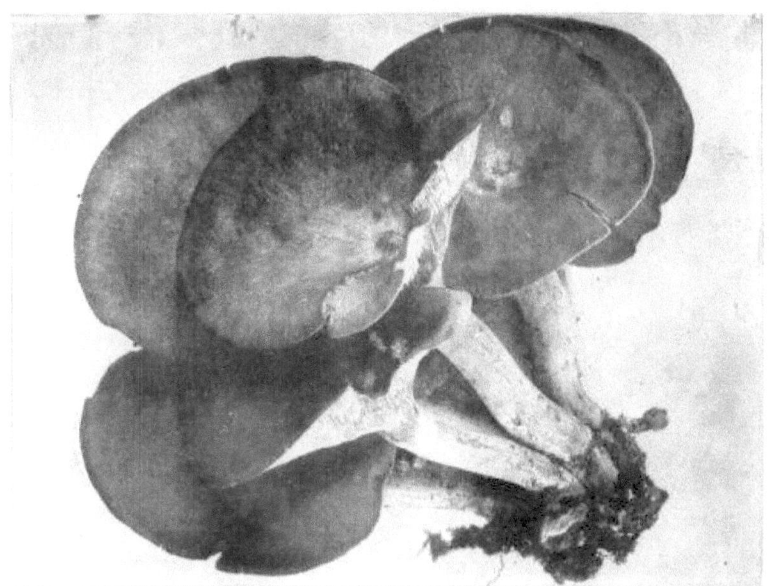

Foto von CG Lloyd.

PLATTE X. ABBILDUNG 67. -CLITOCYBE ILLUDENS .
Kappen rötlich-gelb bis dunkelgelb. Lamellen gelb und herablaufend.

Illudens bedeutet Täuschung. Hut von einem schönen Gelb, sehr auffällig und einladend. Viele Körbe wurden mir gebracht, um sie zu identifizieren, in der Hoffnung, dass sie essbar sind. Der Hut ist konvex, gewölbt, ausgebreitet, eingedrückt, glatt, oft unregelmäßig aufgrund seines dichten Wachstumszustands; bei älteren und größeren Pflanzen ist der Rand des Hutes gewellt. Das Fleisch ist in der Mitte dick, aber zum Rand hin dünner. Bei alten Pflanzen ist die Farbe bräunlich.

Die Lamellen sind herablaufend, manche viel weiter als andere; gelb; nicht gedrängt; breit.

Der Stiel ist massiv, lang, fest, glatt und verjüngt sich zur Basis hin, wie in Abbildung 67 zu sehen ist. Manchmal sind die Stiele sehr groß.

Der Hut ist 10 bis 15 cm breit. Der Stiel ist 15 bis 20 cm hoch. Er wächst in großen Büscheln und die satte Safranfarbe der gesamten Pflanze weckt Bewunderung und erinnert uns daran, dass „nicht alles Gold ist, was glänzt". Es wird interessant sein, eine große Büschel zu sammeln, um ihre Phosphoreszenz und die Wärme zu zeigen, die die Pflanze erzeugt. Sie können die Phosphoreszenz zeigen, indem Sie sie in einen dunklen Raum stellen und ein Thermometer in die Büschel legen, um die Wärme zu zeigen. Sie wird häufig „Jack-o'-Lantern" genannt.

Ich kenne Leute, die es ohne Schaden gegessen haben, aber die Wahrscheinlichkeit ist groß, dass die meisten davon krank werden. Es sollte gut sein, da es so reichlich vorhanden ist und so köstlich aussieht. Gefunden von Juli bis Oktober.

Klitoriszybe Multizeps .

DIE VIELKÖPFIGE KLITOZYBE . ESSBAR.

ABBILDUNG 68. — Clitocybe Multiceps . Halbe natürliche Größe. Kappen grauweiß.

Multiceps bedeutet viele Köpfe; der Name kommt daher, dass viele Hüte in einem Büschel vorkommen. Es ist eine sehr verbreitete Pflanze in der Umgebung von Chillicothe. Man hat sie auch innerhalb der Stadtgrenzen gefunden. Es ist auch eine recht typische Art, die alle Merkmale der Gattung aufweist. Ich habe oft über fünfzig Hüte in einem Büschel gesehen.

Der Hut ist weiß oder grau, bräunlich-grau oder gelbbraun, glatt, am Rand dünn, konvex, bei Regenwetter leicht feucht.

Die Lamellen sind weiß, dicht gedrängt, an beiden Enden schmal und herablaufend.

Der Stiel ist zäh, elastisch, fleischig, fest und hat die gleiche Farbe wie der Hut.

Der Hut ist ein bis drei Zoll breit und wächst in dichten Büscheln. Die Sporen sind weiß, glatt und kugelförmig.

Wenn man sie im Juni findet, sind die Pflanzen einen Hauch weißer als im Herbst. Die Herbstpflanzen haben eine sehr austernfarbene Farbe. Die frühen Pflanzen sind zarter und besser zum Verzehr geeignet, ich halte sie jedoch nicht für ausgezeichnet. Man findet sie in Wäldern, auf alten Weiden bei Baumstämmen und Baumstümpfen und auf Rasenflächen. Juni bis Oktober.

Klitoriszybe Clavipes .

Foto von CG Lloyd.

ABBILDUNG 69. — Clitocybe Clavipes .

Clavipes setzt sich aus *clava* (Keule) und *pes* (Fuß) zusammen.

Der Hut ist ein bis zweieinhalb Zoll breit, fleischig, eher schwammig, konvex bis ausgedehnt, stumpf, eben, glatt, grau oder bräunlich, manchmal zum Rand hin weißlich.

Die Lamellen sind herablaufend, absteigend, ziemlich weit auseinander, fast vollständig, ziemlich breit und weiß.

Der Stiel ist zwei Zoll lang, an der Basis geschwollen, nach oben hin dünner, vollgestopft, schwammig, faserig, blassrosa. Die Sporen sind elliptisch, 6–7×4µ.

Ich habe Exemplare auf dem Cemetery Hill unter Kiefern gefunden. Ich habe einige an Dr. Herbst und Prof. Atkinson geschickt; beide haben sie als C. clavipes bezeichnet . Sie ähneln ziemlich stark C. nebularis . Ich habe diese Pflanze auch in Mischwäldern gefunden. Essbar und ziemlich gut.

Klitoriszybe tornata . Fr.

Tornata bedeutet „auf einer Drehbank gedreht" und wird wegen seiner sauberen und regelmäßigen Form so genannt.

Der Hut ist kugelförmig, eben, etwas eingedrückt, dünn, glatt, glänzend, weiß, auf der Scheibe dunkler, sehr regelmäßig.

Die Lamellen sind herablaufend, angewachsen, ziemlich gedrängt und weiß.

Der Stiel ist vollmundig, fest, schlank, glatt und an der Basis kurz weichhaarig.

Die Sporen sind elliptisch, 4–6×3–4µ.

Dies sind kleine, sehr regelmäßige und geruchlose Pflanzen. Man findet sie auf offenen Feldern im Gras um Ulmenstümpfe herum. Juli bis September. Sie sind essbar und leicht zu kochen.

Klitoriszybe metachroa. Fr.

DIE OBKONISCHE CLITOCYBE . ESSBAR.

ABBILDUNG 70. — Clitocybe Metachroa . Kappen dunkelgrau. Kiemen blassgrau.

Metachroabedeutet Farbwechsel.

Der Hut ist ein bis zweieinhalb Zoll breit, etwas fleischig, konvex, dann eben, eingedrückt, glatt, hygrophan , bräunlich-grau, dann blass und wird blass.

Die Lamellen sind am Stiel befestigt, gedrängt, blassgrau und leicht herablaufend.

Der Stiel ist ein bis zwei Zoll lang, gefüllt, dann hohl, die Spitze mehlig, gleichmäßig und grau.

Der Unterschied zu C. ditopa besteht darin, dass er geruchlos ist und einen dickeren und eingedrückten Hut hat.

Die Kappen sind ziemlich glatt und häufig konzentrisch gerissen oder faltig, ähnlich wie bei Clitopilus noveboracensis .

Man findet sie auf Blättern in Mischwäldern nach Regenfällen im August und September. In jungen Jahren ist der Rand nach innen gebogen, wird aber mit zunehmendem Alter wellig. Es ist eine recht robuste Pflanze.

Klitoriszybe adirondackensis . Pk.

ABBILDUNG 71. — Clitocybe adirondackensis . Drei Viertel der natürlichen Größe. Kappen weiß.

Adirondacksis , so genannt, weil die Pflanze erstmals in den Adirondack Mountains in New York gefunden wurde.

Der Hut ist dünn, unterhäutig , trichterförmig, mit nach unten gebogenem Rand, fast glatt, hygrophan , weiß, die Scheibe ist oft dunkler.

Die Lamellen sind weiß, sehr schmal, kaum breiter als die Dicke des Fleisches des Hutes, gedrängt, lang, herablaufend, fast bogenförmig , einige von ihnen gegabelt.

Der Stiel ist schlank, halbgleich, nicht hohl, weißlich und das Myzel an der Basis verdickt .

Der Hut ist ein bis zwei Zoll breit und der Stiel ein bis zweieinhalb Zoll lang. Dies ist ein recht hübscher Pilz und weist in ausgeprägtem Maße das Aussehen eines Clitocybe auf. Die langen, schmalen, herabhängenden Lamellen, die manchmal gelblich gefärbt und teilweise gegabelt sind, und der Rand des Hutes, der manchmal gewellt ist, helfen bei der Unterscheidung. Ich zweifle nicht daran, dass er essbar ist. Nach schweren Regenfällen zwischen Blättern in Wäldern gefunden. Bei uns ist er auf die bewaldeten Hügel beschränkt. Die Exemplare in Abbildung 71 wurden in Michigan gefunden und von Dr. Fischer fotografiert. Gefunden im Juli und August.

Klitoriszybe ochropurpurea . Berk.

DIE TON-PURPUR -KLITOCYBE . ESSBAR.

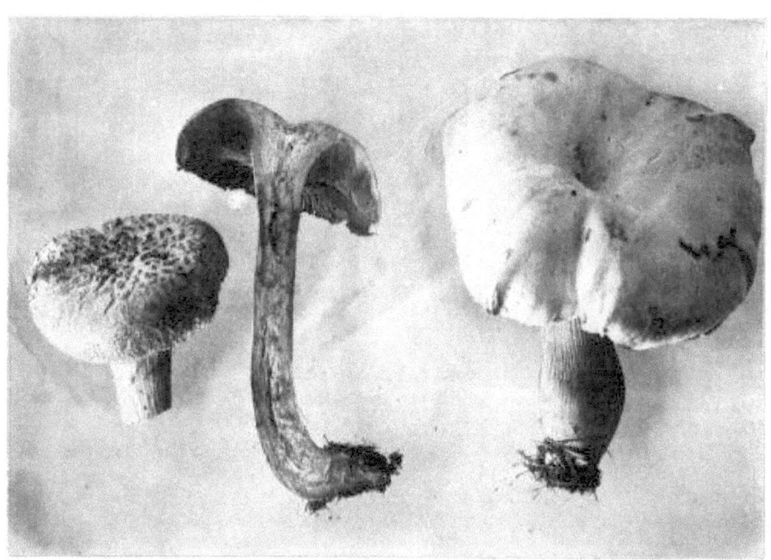

Foto von CG Lloyd.

TAFEL XI. ABBILDUNG 72. – CLITOCYBE OCHROPURPUREA .

Ochropurpurea kommt von *Ochra* , ockerfarben oder lehmfarben; *purpureus* bedeutet purpurn; es wird so genannt, weil die Kappen lehmfarben und die Lamellen purpurn sind. Die Kappen sind konvex, fleischig, ziemlich kompakt, lehmfarben, manchmal am Rand purpurn getönt, die Kutikula löst sich leicht, der Rand ist eingerollt, oft anfangs filzig, alte Formen oft nach außen gebogen oder gewellt.

Die Lamellen sind violett, bei alten Exemplaren aufgrund der weißen Sporen manchmal weißlich, hinten breit, herablaufend und weit abstehend.

Der Stiel ist blasser als der Hut, oft violett getönt, fest, häufig lang und in der Mitte geschwollen, faserig. Die Sporen sind weiß oder blassgelb.

Als ich diese Art zum ersten Mal fand, hätte ich nie geglaubt, dass es sich um eine Clitocybe handelte. Sie war besonders häufig auf unseren bewaldeten Lehmbänken oder Hügeln in der Nähe von Chillicothe während des nassen Wetters im Juli und August 1905 zu finden. Es ist eine robuste Pflanze und hält sich mehrere Tage. Insekten scheinen nicht so leicht daran zu arbeiten. Wenn man sie sorgfältig kocht, ist sie ziemlich zart und recht gut.

Klitoriszybe Unterarten der Subditopoda .

Subditopoda wird so genannt, weil es fast (sub) wie Fries' C. ditopus ist , was bedeutet, an zwei Orten zu leben, was sich vielleicht darauf bezieht, dass der Stiel manchmal zentral und manchmal exzentrisch ist.

Der Hut ist dünn, konvex oder nahezu eben, nabelförmig, hygrophan , graubraun, im feuchten Zustand am Rand gestreift, im trockenen Zustand blasser, das Fleisch ist einfarbig, der Geruch und Geschmack sind mehlig.

Die Lamellen sind breit, eng anliegend, verwachsen und weißlich oder blass aschgrau.

Der Stiel ist gleichmäßig, glatt, hohl und wie der Hut gefärbt. Die Sporen sind elliptisch, 0,0002 bis 0,00025 Zoll lang und 0,00012 bis 0,00016 Zoll breit. *Peck.*

Man findet sie auf moosigem Boden in Wäldern. Ich habe sie unter Kiefern auf dem Cemetery Hill gefunden. Dr. Peck sagt, er habe diese Art von C. ditopoda aufgrund des „gestreiften Randes des Hutes, der helleren Lamellen, des längeren Stiels und der elliptischen Sporen" unterschieden. Die Pflanze ist essbar. September und Oktober.

Klitoriszybe Zweifüßler . Fr.

Ditopoda setzt sich aus zwei griechischen Wörtern zusammen: *ditotos* , „ an zwei Orten lebend", und *pus* oder *poda* , „Fuß", was sich darauf bezieht, dass der Stamm manchmal zentral und manchmal exzentrisch ist.

Der Hut ist eher fleischig, konvex, dann eben, eingedrückt, eben, glatt, hygrophan .

Die Kiemen sind verwachsen, gedrängt, dünn, dunkel und kiemenförmig.

Der Stiel ist hohl, gleichmäßig, fast kahl.

Diese Art ähnelt im Aussehen C. metachroa , unterscheidet sich aber durch den milden Geschmack und den mehligen Geruch. Am liebsten frisst sie Kiefernnadeln. August und September. Ich habe diese Art an verschiedenen Orten in der Umgebung von Chillicothe gefunden und am Thanksgiving Day fand ich sie in einem Mischwald in Gallia County, Ohio, zusammen mit Hygrophorus lauræ und Tricholoma maculatescens . Ich schickte einige Exemplare an Dr. Herbst, der es als C. ditopoda aussprach .

Klitoriszybe Pithyophila . Fr.

DIE KIEFERN LIEBENDE CLITOCYBE .

ABBILDUNG 73. — Clitocybe Pithyophila . Zwei Drittel der natürlichen Größe. Der Hut ist weiß und zeigt die Kiefernnadeln, auf denen er wächst.

Pithyophila bedeutet Kiefernliebe. Diese Pflanze ist unter den Kiefern auf dem Cemetery Hill sehr häufig anzutreffen. Sie wächst auf Kiefernnadeln. Der Hut ist sehr variabel in der Größe, weiß, ein bis zwei Zoll breit; fleischig, dünn, wird flach, gewölbt, glatt, wird blass, wird schließlich unregelmäßig geformt, rund, gewellt, manchmal leicht gestreift.

Der Stängel ist hohl, rund, dann zusammengedrückt, glatt, gleichmäßig, eben und an der Basis flaumig.

Die Lamellen sind angewachsen, etwas herablaufend, gedrängt, eben und immer weiß. Die Sporen sind 6–7×4µ groß. Die Pflanzen in Abbildung 73 sind klein und wurden während des kalten Wetters im November gefunden. Sie sollen gut sein, aber ich habe sie nicht gegessen.

Klitoriszybe Kandidaten . Fr.

Candicans , weißlich oder glänzend weiß. Der Hut ist einen Zoll breit, ganz weiß, etwas fleischig, konvex, dann flach oder eingedrückt, eben, glänzend, mit regelmäßig gebogenem Rand.

Die Lamellen sind verwachsen, gedrängt, dünn und schließlich herablaufend und schmal.

Der Stamm ist fast hohl, eben, wachsartig, glänzend, fast gleichmäßig, knorpelig, glatt und an der Basis nach innen gebogen. Die Sporen sind breit elliptisch oder fast kugelig , 5–6×4μ. In feuchten Hölzern auf Blättern zu finden.

Klitoriszybe obbata . Fr.

DIE BECHERFÖRMIGE CLITOCYBE . ESSBAR.

Obbata bedeutet „geformt wie ein Obba oder ein Becher".

Der Hut ist etwas häutig , nabelförmig, dann ziemlich tief eingedrückt, glatt, neigt zur Hygrophanie , rußbraun, der Rand ist längs gestreift.

Die Lamellen sind herablaufend, weit auseinanderliegend, grauweiß und bereift.

Der Stiel ist hohl, graubraun, glatt, gleichmäßig und ziemlich zäh.

Ich habe Pflanzen gefunden, die auf dem Cemetery Hill unter Kiefern wuchsen. Ich hatte einige Schwierigkeiten, die Art zu identifizieren, bis mir Prof. Atkinson half. August bis September.

Klitoriszybe gilva . Pers.

DIE GELBE KLITOZYBE . ESSBAR.

Gilva bedeutet blasses Gelb oder rötliches Gelb.

Der Hut ist fünf bis zehn Zentimeter breit, fleischig, kompakt, bald eingedrückt und gewellt, glatt, feucht, schmutzig-ockerfarben, das Fleisch gleichfarbig, manchmal gefleckt, der Rand nach innen gebogen.

Die Lamellen sind herablaufend, dicht gedrängt, dünn, manchmal verzweigt, schmal, aber in der Mitte breiter, ockerfarben gelb.

Der Stiel ist fünf bis sieben Zentimeter lang, fest, glatt, nahezu gleichmäßig, etwas blasser als der Hut und neigt dazu, an der Basis zottig zu sein.

Die Sporen sind nahezu kugelförmig und 4–5 μ groß.

Diese Pflanze kommt manchmal in Mischwäldern vor, scheint aber Kiefern zu bevorzugen. Sie ist weit verbreitet und kommt sowohl im Osten und Süden als auch im Westen vor. Ich habe sie an mehreren Orten in Ohio gefunden. Sie wächst von Juli bis September.

Klitoriszybe flaccida . Sau.

DIE SCHLAFFE KLITOZYBE . ESSBAR.

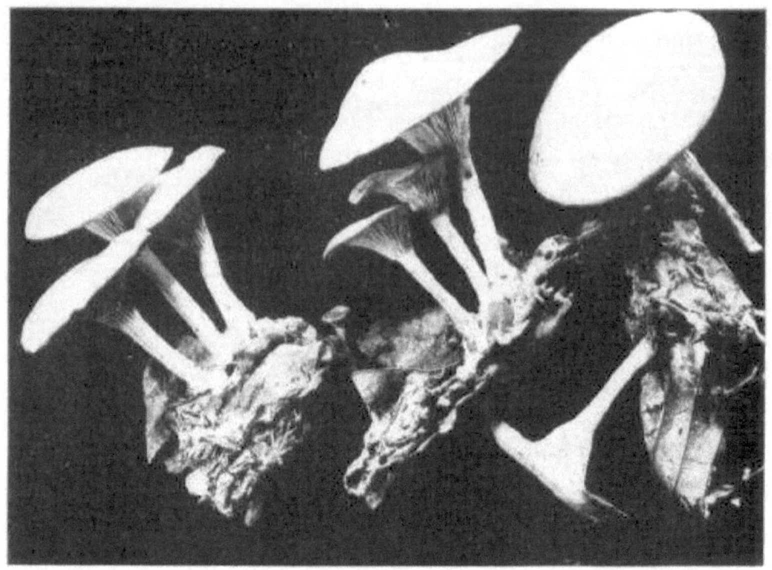

ABBILDUNG 74. — Clitocybe flaccida . Halbe natürliche Größe.

Flaccida bedeutet schlaff, schlapp.

Der Hut ist fünf bis sieben Zentimeter breit, ziemlich fleischig, dünn, schlaff, nabelförmig, dann trichterförmig, eben, glatt, manchmal in winzige Schuppen zerfallend, gelbbraun oder rostfarben, mit breit zurückgebogenem Rand.

Die Lamellen sind stark herablaufend, gelblich bis weißlich, geschlossen und bogenförmig.

Der Stängel ist büschelig, ungleichmäßig, rostfarben, etwas gewellt, zäh, kahl und an der Basis zottig. Die Sporen sind kugelig oder fast kugelig, 4–5×3–4µ.

Dies ähnelt dem C. infundibuliformis sehr, sowohl im Aussehen als auch in der Wuchsform. Es wächst bei nassem Wetter zwischen Blättern in Mischwäldern. Es ist gesellig, oft wachsen viele Stämme aus einer Myzelmasse. Die Pflanzen in Abbildung 74 wurden in Ackermans Wäldern in der Nähe von Columbus, Ohio, gesammelt und von Dr. Kellerman fotografiert. Man findet sie an allen Hügelhängen um Chillicothe. Sie sind von Juli bis Ende Oktober zu finden.

Klitoriszybe Monadelpha . Morg .

Foto von CG Lloyd.

TAFEL XII. ABBILDUNG 75.- CLITOCYBE MONADEPHA .

Monadelpha stammt von *Monos* (Eins) und *Adelphos* (Bruder).

Prof. Morgan aus Preston, Ohio, gibt folgende Beschreibung der One-Brotherhood Clitocybe in der Mycological Flora of the Miama Valley: „Dicht keimig. Hut fleischig, konvex, dann niedergedrückt, zuerst kahl, dann schuppig, honigfarben, variierend bis blassbraun oder rötlich. Der Stiel ist länglich, fest, krumm, verdreht, faserig, an der Basis spitz zulaufend, blassbräunlich oder fleischfarben. Sporen weiß, ein wenig unregelmäßig, 0,0055 mm."

mellea verwechseln , aber die deutlich herablaufenden Lamellen und der feste Stängel sollten jeden eines Besseren belehren. Bei sehr nassem Wetter saugt es sich schnell mit Wasser voll und ist dann nicht mehr gut. Man findet es in

Wäldern in der Nähe von Baumstümpfen und auf frisch gerodeten Feldern in der Nähe von Wurzeln oder Baumstümpfen. Von Frühling bis Oktober. Siehe Tafel XII, Abbildung 75, für eine Illustration. Bresadola aus Europa hat festgestellt, dass es sich um dieselbe Pflanze handelt, die Scoparius 1772 als Agaricus (Clitocybe) tabescens beschrieben hat . Ich habe es vorgezogen, den von Prof. Morgan vergebenen Namen beizubehalten.

Clitocybe dealbata. Sau.

DIE WEIßE CLYTOCYBE . ESSBAR.

Dealbata bedeutet weiß getüncht; der Name kommt von der weißen Farbe.

Der Hut ist etwa einen Zoll breit, eher fleischig, konvex, dann eben, nach oben gebogen und gewellt, glatt, glänzend, ebenmäßig.

Die Lamellen sind dicht gedrängt, weiß und am Stiel befestigt.

Der Stiel ist faserig, dünn, gleichmäßig und gefüllt. Die Sporen sind 4–5×2,5µ groß.

Dies ist eine wunderschöne und weit verbreitete Pflanze. Sie findet sich zwischen Blättern und manchmal im Gras. Sie ergibt ein köstliches Gericht.

Klitoriszybe phyllophila . Fr.

DIE BLATTLIEBENDE CLITOCYBE . ESSBAR.

Phyllophila bedeutet Blatt und Liebling. Es wird so genannt, weil es bei nassem Wetter auf Blättern im Wald zu finden ist.

Der Hut hat einen Durchmesser von 3,8 bis 7,5 cm, ist weißlich-braun, eher fleischig, konvex, dann flach, schließlich eingedrückt, eben, trocken und am Rand auffallend weiß.

Die Lamellen sind am Stängel befestigt, herablaufend, insbesondere nachdem der Hut eingedrückt ist, etwas abstehend, eher breit, weiß, gelblich oder ockerfarben werdend, dünn.

Der Stiel ist zwei bis drei Zoll lang, vollgestopft, wird hohl, seidig, ziemlich zäh, weißlich. Die Sporen sind elliptisch, 6×4µ.

Zur Identifizierung der Art dient der weißlich-braune Hut mit der weiß-silbrigen Zone am Rand. August bis Oktober.

Klitoriszybe cyathiformis . Stier.

DIE BECHERFÖRMIGE CLITOCYBE . ESSBAR.

Cyathiformis kommt von *cyathus* , einem Trinkbecher, und *formis* , Form oder Gestalt.

Der Hut ist zwei bis drei Zoll breit, fleischig, ziemlich dünn; zuerst eingedrückt, dann trichterförmig; eben, glatt, feucht, hygrophan ; der Rand ist eingerollt, rußig oder dunkelbraun, wenn er feucht ist, und wird blass, wenn er trocken ist, oft schmutzig ockerfarben oder hellbraun, mit einer Neigung zur Wellenbildung.

Die Lamellen sind am Stiel befestigt, entspringen der abgesenkten Form des Hutes, sind hinten vereint, etwas schmuddelig und spärlich verzweigt.

Der Stiel ist vollgestopft, elastisch, nach oben verjüngt, faserig, die Basis zottig. Die Sporen sind elliptisch, 9×6µ.

Diese Pflanze ist weit verbreitet und kommt in Wäldern oder an Waldrändern vor. Ich habe einige sehr schöne Exemplare auf Ralston's Run in der Nähe von Chillicothe gefunden. September bis Oktober.

Klitoriszybe milchig . Umfang.

Wachsartige Clitocybe . Essbar.

ABBILDUNG 76. — Clitocybe laccata . Zwei Drittel der natürlichen Größe. Kappe violett oder rötlich-braun. Lamellen breit und weit auseinander.

Laccata bedeutet aus Schellack oder Siegelwachs hergestellt. Dies ist eine sehr verbreitete, variable Pflanze. Manchmal ist sie hell amethystfarben, aber normalerweise rötlich-braun. Der Hut ist ein bis zwei Zoll breit, fast häutig , konvex, dann flach, in der Mitte eingedrückt, flaumig mit kurzen Haaren, violett oder rötlich-braun.

Die Lamellen sind breit, weit auseinander und über die gesamte Breite mit dem Stängel verbunden. Sie haben eine blass fleischrote Farbe, die konstanter ist als die Farbe des Hutes und ein Erkennungszeichen zur Artbestimmung bildet. Sie sind mit einem herablaufenden Zahn verwachsen und flach. Die weißen Sporen sind sehr zahlreich.

Der Stängel ist zäh, faserig, ausgestopft, krumm, an der Basis weißzottig, eher lang und schlank, matt rötlich gelb oder rötlich fleischfarben, manchmal blass oder matt ockerfarben, leicht gestreift; in feuchten Jahreszeiten ist er oft wässrig.

Diese wachsartige Clitocybe ist weit verbreitet und häufig in großer Menge vorhanden. Sie ist fast die ganze Saison über zu finden. Sie wächst fast überall, in Wäldern, auf Weiden und Rasenflächen und manchmal auch auf nacktem Boden. Die Pflanzen in Abbildung 76 wurden im August in hohem Gras in einem Wäldchen gefunden. Die Pflanzen in Abbildung 77 wurden Ende November auf dem Cemetery Hill unter Kiefern gefunden.

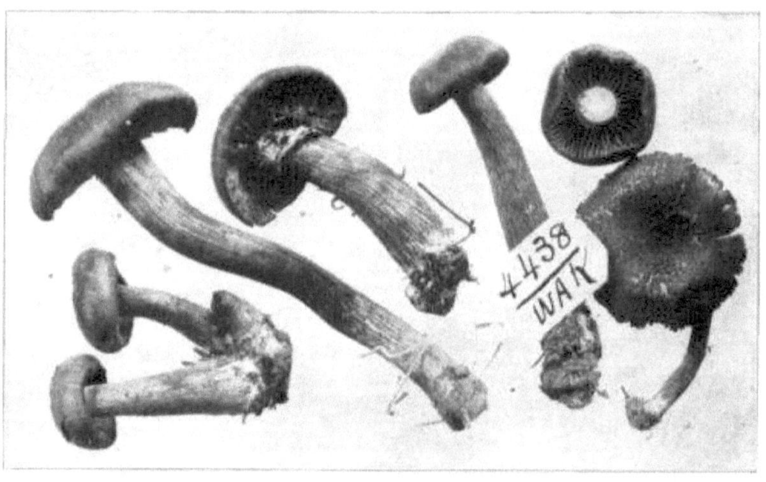

ABBILDUNG 77. — Clitocybe laccata . Zwei Drittel der natürlichen Größe. Exemplare wachsen spät im Herbst.

Prof. Peck gibt folgende Sorten an:

- Var. Amethystina – bei der die Kappe eine viel dunklere Farbe hat.

- Var. pallidifolia – Lamellen viel blasser als gewöhnlich.

- Var. striatula — Hut glatt, dünn, so dass auf dem Hut Schattenlinien zu sehen sind, die von der Mitte zum Rand hin ausstrahlen. Wächst an feuchten Orten. Einige Autoren machen Clitocybe laccata, einen Typ für eine neue Gattung, und nennen Sie ihn Lacaria laccata .

Collybia . Fr.

Collybia ist ein griechisches Wort, das eine kleine Münze oder einen kleinen runden Kuchen bedeutet. Ring und Volva fehlen in dieser Gattung. Der Hut ist fleischig, im Allgemeinen dünn, und wenn die Pflanze jung ist, ist der Rand des Hutes nach innen gebogen.

Die Lamellen sind angewachsen oder fast frei, weich und häutig . Viele Collybia -Arten erholen sich bis zu einem gewissen Grad, wenn sie angefeuchtet werden, aber sie sind nicht lederartig.

Der Stiel unterscheidet sich in seiner Substanz vom Hut, er ist knorpelig oder hat eine knorpelige Kutikula, während das Innere gefüllt oder hohl ist. Dies ist eine ziemlich große Gattung, die vierundfünfzig amerikanische Arten umfasst.

Collybia Radicata . Rehl.

DIE WURZELNDE COLLYBIA . ESSBAR.

TAFEL XIII. ABBILDUNG 78.— COLLYBIA RADICATA .

Dies ist zu seiner Jahreszeit einer der häufigsten Pilze im Wald. Er wächst im Boden, häufig um alte Baumstümpfe herum, manchmal auch auf Rasenflächen.

Die in Abbildung 78 gezeigten Pflanzen wurden im Wald auf dem Boden gefunden. Eine Pflanze ist, wie man am Quadrat erkennen kann, einen Fuß hoch.

Man erkennt sie leicht an ihrer langen Wurzel und dem flachen Hut. Die Wurzel reicht in den Boden und bricht häufig, bevor sie sich herausziehen lässt. Diese Wurzel gibt der Art ihren Namen.

Der Hut ist fleischig, eher dünn, konvex, dann eben, bei alten Pflanzen oft mit nach oben gebogenem Rand wie in Abbildung 78, und häufig am und zum Umbo hin runzelig, glatt, klebrig im feuchten Zustand.

Die Farbe ist sehr variabel, von fast weiß bis grau, graubraun; das Fleisch ist dünn, sehr weiß, elastisch.

Die Lamellen sind meist schneeweiß, breit, ziemlich weit auseinander, in der Mitte breit, durch den oberen Winkel mit dem Stiel verbunden, ungleich.

Der Stiel ist häufig lang und hat die gleiche Farbe wie der Hut, manchmal jedoch blasser; er ist glatt, fest, manchmal gerillt, häufig verdreht und verjüngt sich nach oben, wobei er in einer langen, sich verjüngenden Wurzel endet, die tief in der Erde verwurzelt ist.

Die Sporen sind elliptisch, $15 \times 10\mu$.

Sie wachsen einzeln, haben aber im Allgemeinen viele Nachbarn. Man findet sie in offenen Wäldern und um alte Baumstümpfe herum. Ich habe selten Probleme, genug für eine große Familie und etwas für meinen Nachbarn zu bekommen, der vielleicht nicht weiß, was er kaufen soll, aber er weiß, wie er sie zu schätzen weiß. Man findet sie von Juni bis Oktober und von den Neuenglandstaaten bis in den Mittleren Westen. Sie unterscheiden sich von C. hariolarum durch die dichte Büschelform des letzteren.

Kolobia undankbar . Schum.

Ingrata bedeutet unangenehm; wegen seines etwas unangenehmen Geruchs.

Der Hut ist ein bis zwei Zoll breit, kugelig, glockenförmig, dann konvex, gewölbt, ebenmäßig, bräunlich-braun.

Die Kiemen sind frei, schmal, gedrängt und blass.

Der Stängel ist gedreht, leicht zusammengedrückt , oben mit mehligem Filz bestreut, unten umbrafarben, hohl, ziemlich lang und ungleichmäßig.

Diese Pflanze habe ich in großer Menge auf dem Cemetery Hill gefunden. Sie wächst unter Kiefern, inmitten der vielen Kiefernnadeln. Gefunden im Juli und August.

Collybia platyphylla . Fr.

BREITLAMELLEN- COLLYBIA . ESSBAR.

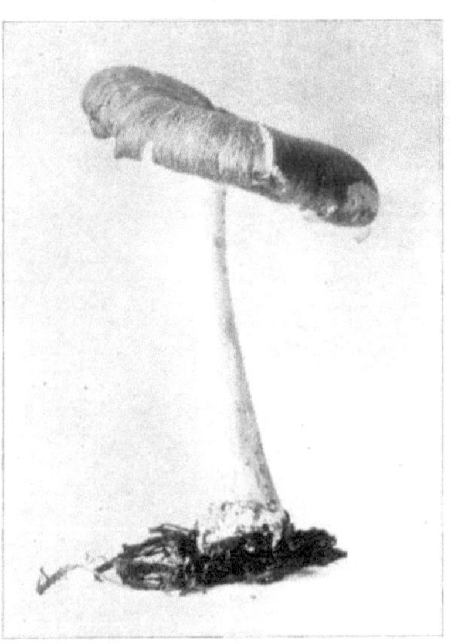

ABBILDUNG 79. — Collybia platyphylla . Ein Drittel der natürlichen Größe.

Platyphylla stammt von zwei griechischen Wörtern ab, die breit und Blatt bedeuten und sich auf die breiten Lamellen beziehen. Es ist eine viel größere und kräftigere Pflanze als Collybia radicata . Man findet ihn auf neuem Boden auf offenen Weiden in der Nähe von Baumstümpfen, auch in Wäldern, auf morschen Baumstämmen und in der Nähe von Baumstümpfen.

Der Hut ist drei bis vier Zoll breit, zuerst konvex, dann erweitert, eben, mit oft nach oben gebogenem Rand, rauchbraun bis gräulich, mit dunklen Fasern durchzogen, wässrig im feuchten Zustand, das Fleisch ist weiß.

Die Lamellen sind angewachsen , sehr breit, hinten schräg eingekerbt, abstehend, weich, weiß und im Alter mehr oder weniger gebrochen oder rissig.

Der Stängel ist kurz, dick, oft gestreift, weißlich, weich, gefüllt, manchmal an der Spitze leicht gepudert, die Wurzel stumpf. Die Sporen sind weiß und elliptisch.

radicata unterscheiden, da die Wurzel stumpf ist und die Lamellen sehr breit sind. Wie C. radicata müssen sie gut gekocht werden, da sie sonst einen leicht bitteren Geschmack bekommen. Man findet sie von Juni bis Oktober.

Collybia dryophila . Stier.

Eichenliebende Collybia . Essbar.

Foto von CG Lloyd.

Abbildung 80. — Collybia dryophila . Natürliche Größe. Kappen lorbeerbraun.

Dryophila setzt sich aus den beiden griechischen Wörtern „Eiche" und „liebe von" zusammen. Der Hut ist buchtbraun, buchtrot oder hellbraun, ein bis zwei Zoll breit, konvex, eben, manchmal eingedrückt und der Rand erhöht, das Fleisch dünn und weiß.

Die Lamellen sind frei mit einem herablaufenden Zahn, gedrängt, schmal, weiß oder weißlich, selten gelb.

Der Stiel ist knorpelig, glatt, hohl, gelb oder gelblich, gleichmäßig, manchmal an der Basis verdickt, wie in Abbildung 80 zu sehen ist. Die Farbe des Stiels ist normalerweise die gleiche wie die des Hutes. Dies ist eine sehr häufige Pflanze in Chillicothe. Man findet sie in Wäldern, insbesondere unter Eichen, aber auch an offenen Stellen. Ich habe sie auf dem Rasen der High School in Chillicothe gefunden. Einige sehr schöne Exemplare, die in einem gut markierten Ring in einem alten Obstgarten wuchsen, wurden mir etwa am 1. Mai gebracht. Ihre Saison dauert vom 1. Mai bis Oktober.

Collybia Zone . Fzg.

DIE IN ZONEN EINGETEILTE COLLYBIA . ESSBAR.

Foto von CG Lloyd.

TAFEL XIV. ABBILDUNG 81.- COLLYBIA ZONE .

Zonata , zoniert; bezieht sich auf die konzentrischen Zonen auf der Kappe, die in Abbildung 81 schwach zu erkennen sind.

Der Hut ist etwa einen Zoll breit, manchmal mehr, manchmal weniger; ziemlich fleischig, dünn, konvex, im ausgebreiteten Zustand nahezu eben, leicht nabelförmig, mit faserigem Flaum bedeckt; gelbbraun oder ockerfarben gelbbraun, manchmal mit leicht dunkleren Zonen gezeichnet; selbst bei sehr jungen Exemplaren ist die Nabelform normalerweise vorhanden.

Die Lamellen sind schmal, dicht, frei, weiß oder fast weiß, normalerweise mit einem pulverförmigen Rand.

Der Stiel ist ein bis drei Zoll lang, ziemlich fest, gleichmäßig, hohl und wie der Hut mit einem faserigen Flaum bedeckt, der gelbbraun oder bräunlich gelbbraun ist. Die Sporen sind breit elliptisch, 0,0002 Zoll lang und 0,00016 Zoll breit.

Diese Art ähnelt stark C. stipitaria , lässt sich aber aufgrund ihrer Wuchsform, anderer Lamellen und kürzerer Sporen leicht von ihr unterscheiden. Man findet sie auf oder neben verrottendem Holz in Mischwäldern. Ich habe sie häufig auf Ralston's Run gefunden, aber immer nur wenige Exemplare an einer Stelle. Bei uns wächst sie nicht keimförmig. Gefunden im August.

Collybia maculata . Alb. & Schw .

DIE GEFLECKTE COLLYBIA . ESSBAR.

ABBILDUNG 82. — Collybia maculata . Zwei Drittel der natürlichen Größe. Rötlich-braune Flecken auf Kappen und Stielen.

Maculata , gefleckt; bezieht sich auf die rötlichen Flecken oder Flecken sowohl auf dem Hut als auch auf dem Stiel. Der Hut ist zwei bis drei Zoll breit, zunächst weiß, dann (ebenso wie der Stiel) mit rötlich-braunen Flecken oder Flecken gefleckt, fleischig, sehr fest, konvex, manchmal fast eben, eben, glatt, wirklich fleischig , kompakt, zunächst halbkugelig und mit einem eingerollten Rand, oft nach außen gewölbt.

Die Lamellen sind etwas gedrängt, schmal, verbunden , oft frei, linear, weiß oder weißlich, oft bräunlich-cremefarben, die Lamellen reichen nicht bis zum Rand des Hutes.

Der Stängel ist drei bis vier Zoll lang, fast massiv, mehr oder weniger gerillt, kräftig, ungleichmäßig, manchmal ventrikös, häufig teilweise bauchig, heller als die Lamellen, im Alter meist gefleckt, anfangs weiß. Die Sporen sind subglobös , 4–6 μ. Die Pflanze ist winterhart. Sie hält sich mehrere Tage. Die Pflanzen in Abbildung 82 wuchsen im Wald, wo ein Baumstamm verrottet war.

Var. immaculata , Cooke, unterscheidet sich von der typischen Form dadurch, dass sie weder die Farbe ändert noch gefleckt ist und breitere und gezähnte Lamellen hat. Diese Sorte gedeiht wunderbar in Tannenwäldern. September bis November.

Collybia atrata . Fr.

HOLZKOHLE -COLLYBIA .

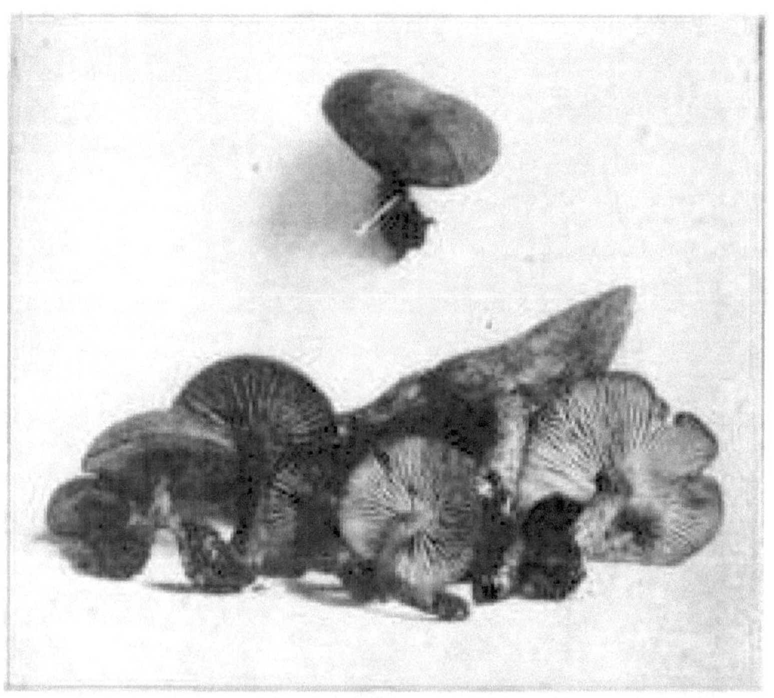

ABBILDUNG 83. — Collybia atrata . Halbe natürliche Größe. Kappe matt schwarzbraun. Lamellen grauweiß.

Atrata, schwarz gekleidet; da der Hut in jungen Jahren sehr schwarz ist. Der Hut ist ein bis zwei Zoll breit, zunächst regelmäßig und konvex, wird im ausgebreiteten Zustand in der Regel unregelmäßig geformt, manchmal teilweise gelappt oder gewellt; bei jungen Pflanzen ist der Hut matt schwarzbraun, bei älteren Exemplaren verblasst er zu einem helleren Braun, nabelförmig, glatt und glänzend.

Die Lamellen sind verwachsen, leicht gedrängt, zahlreich und kurz, eher breit und grauweiß.

Der Stiel ist glatt, gleichmäßig, eben, hohl oder ausgestopft, zäh, kurz, innen und außen braun, aber heller als der Hut. Die Pflanze wächst auf Weiden, deren Stümpfe abgebrannt wurden, und, soweit ich es bemerkt habe, immer auf verbranntem Boden. Sporen .00023×.00016.

Collybia ambusta . Fr.

DIE VERBRANNTE COLLYBIA .

Ambusta , verbrannt oder versengt, da es auf verbrannter Erde gefunden wurde.

Der Hut ist nahezu häutig , konvex, dann erweitert, nahezu eben, papillös, gestreift , glatt, bläulich-braun, hygrophan und genoppt.

Die Lamellen sind verwachsen, gedrängt, lanzettlich, weiß und haben dann einen rauchigen Schimmer.

Der Stiel ist etwas dick, zäh, kurz und bläulich. Sporen 5–6×3–4.

Diese Art unterscheidet sich von C. atrata durch ihren umbonaten Hut.

Collybia Zusammenflüsse . MF

DIE BÜSCHEL -COLLYBIA . ESSBAR.

ABBILDUNG 84. — Collybia confluens . Natürliche Größe, mit rötlichen Stielen.

„Confluens" bedeutet „zusammenwachsen"; der Name kommt daher , dass die Stiele oft zusammenfließen oder aneinander haften.

Der Hut ist 2,5 bis 3,25 cm breit, rötlich-braun, oft dicht behaart, etwas fleischig, konvex, dann eben, schlaff, glatt, oft wässrig, mit dünnem Rand, bei alten Exemplaren leicht eingedrückt und gewellt.

Die Lamellen sind frei und bei alten Pflanzen vom Stängel entfernt, eher gedrängt, schmal, fleischfarben, dann weißlich.

Der Stiel ist zwei bis drei Zoll lang, hohl, blassrot und mit einer mehligen Behaarung bestreut. Die Sporen sind leicht eiförmig und an einem Ende spitz zulaufend, 5–6×3–4μ.

Diese Pflanzen wachsen nach warmen Regenfällen zwischen den Blättern im Wald und wachsen in Büscheln, manchmal in Reihen oder Linien. Sie sind nicht so groß wie C. dryophylla , der Stamm ist ganz anders und die Pflanzen scheinen die Fähigkeit zu haben, wie ein Marasmius wieder aufzuleben . Sie können für den Wintergebrauch getrocknet werden.

Collybia Myriadophylla . Fzg.

VIELBLÄTTRIGE COLLYBIA .

ABBILDUNG 85. — Collybia Myriadophylla .

Myriadophylla hat zwei griechische Wörter und bedeutet viele Blätter. Es bezieht sich auf seine zahlreichen Lamellen.

Der Hut ist sehr dünn, breit konvex, dann eben oder mittig eingedrückt, manchmal nabelförmig , hygrophan , braun im feuchten Zustand, ockerfarben oder hellbraun im trockenen Zustand.

Die Lamellen sind sehr zahlreich, schmal, linear, gedrängt, hinten abgerundet oder leicht angewachsen , bräunlich-lila.

Der Stamm ist schlank, aber normalerweise kurz, gleichmäßig, kahl, vollgestopft oder hohl, rötlich-braun. Die Sporen sind winzig, breit elliptisch, 0,00012 bis 0,00016 Zoll lang und 0,0008 Zoll breit. *Peck* , 49. Rep.

Ich habe in Haynes's Hollow nur wenige Exemplare gefunden. Die Kappen waren etwa einen Zoll breit und die Stiele anderthalb Zoll lang. Man kann die Pflanze leicht identifizieren, wenn man die Beschreibung hat, denn sie hat eigenartig gefärbte Lamellen. Ich habe meine Pflanzen im August auf einem verrotteten Baumstumpf gefunden. Bei den getrockneten Exemplaren nehmen die Lamellen einen eher bräunlich-roten Farbton an, wie bei der nächsten Art.

Collybia colorea . Pk. Sie scheinen manchmal einen blaugrünen Schimmer zu haben, wahrscheinlich aufgrund der vielen Sporen. Der Stiel ist mehr oder weniger radiär und zur Basis hin oft leicht flockig-bereift. Die Basidien sind sehr kurz und nur 0,0006 bis 0,0008 Zoll lang.

Collybia atratoides . Fzg.

DIE SCHWÄRZLICHE COLLYBIA .

ABBILDUNG 86. — Collybia atratoides . Zwei Drittel der natürlichen Größe. Kappen schwärzlich bis graubraun.

Atratoides bedeutet wie die Art *atrata* , was schwarz bedeutet; so genannt, weil die Kappen im frischen Zustand ganz schwarz sind. Atratoides hat einen anderen Lebensraum und ist nicht so dunkel.

Der Hut ist dünn, konvex, subumbilikal , kahl, hygrophan , im feuchten Zustand schwarzbraun, im trockenen Zustand graubraun und glänzend.

Die Lamellen sind ziemlich breit, subdistant , angewachsen, grauweiß, auf der Oberseite oft quer geadert und durch Adern verbunden.

Der Stiel ist gleichmäßig, hohl, glatt, graubraun mit einem weißlichen Myzelfilz an der Basis. Die Sporen sind fast kugelförmig und etwa 0,0002 Zoll breit. Der Hut ist sechs bis zehn Linien breit und der Stiel ist etwa einen Zoll lang. *Peck.*

Die Pflanze ist gesellig und wächst auf verrottetem Holz und auf moosbedeckten Stöcken in Mischwäldern. Der Rand des Hutes ist oft gezähnt, wie Sie in Abbildung 86 sehen werden, doch scheint dies kein durchgängiges Merkmal der Art zu sein. Sie ist eng mit C. atrata verwandt , doch ihr Lebensraum und die Farbe ihres Hutes und ihrer Lamellen unterscheiden sich sehr stark. Ich habe sie nicht gegessen, zweifle aber nicht an ihren guten Eigenschaften.

Im August und September zu finden. In all unseren Wäldern recht häufig.

Collybia acervata . Fr.

DIE BÜSCHEL -COLLYBIA . ESSBAR.

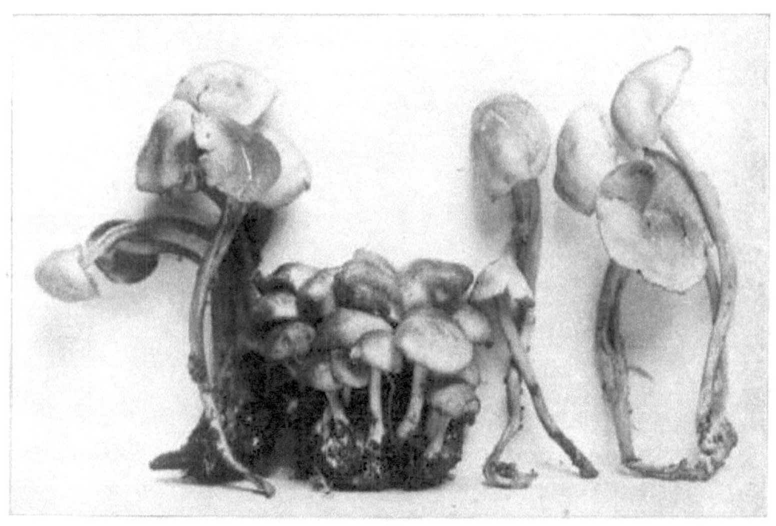

ABBILDUNG 87. — Collybia acervata . Zwei Drittel der natürlichen Größe. Kappen blass, hellbraun oder schmutzig rosa.

Acervata , von acervus , eine Masse, ein Haufen.

Der Hut ist fleischig, aber dünn, konvex oder nahezu flach, stumpf, kahl, hygrophan , blass, hellbraun oder schmutzig rosarot und weist im feuchten Zustand normalerweise Streifen am Rand auf, im trockenen Zustand blasser oder weißlich.

Lamellen schmal, eng, angewachsen oder frei, weißlich oder fleischfarben getönt.

Der Stängel ist schlank, starr, hohl, kahl, rötlich, rötlich-braun oder braun, an der Spitze oft weißlich, besonders wenn er jung ist, und an der Basis häufig mit einem verfilzten Flaum bewachsen. Sporen elliptisch, 6×3–4µ.

Die Pflanze ist keimig. Hut einen halben Zoll breit. Stiel zwei bis drei Zoll lang. *Pecks* 49. Bericht.

Wenn sie in großen Büscheln wächst, ist dies eine wunderschöne Pflanze. Die ganze Pflanze ist zart und hat ein feines Aroma. Ich fand die hier abgebildete Pflanze auf dem Frankfort Pike, wo früher eine alte Sägemühle gestanden hatte. Sie wuchs dort in Hülle und Fülle, zusammen mit Lepiota Americana und Pluteus cervinus .

Gefunden von August bis Oktober.

Collybia Velutipes . Ich meine, Curtis.

DIE SAMTFUß- COLLYBIA . ESSBAR.

Foto von CG Lloyd.

Natürliche Größe. Mit den Samtstängeln, die der Art ihren Namen geben.

Velutipes , aus *Pergament* , Samt und *Pes* , Fuß.

exzentrisch verlaufend .

Lamellen hinten abgerundet, breit, leicht angewachsen , hellbraun oder blassgelb, etwas weit voneinander entfernt.

Der Stiel ist knorpelig, zäh, hohl, umbrafarben, dann schwärzlich, mit samtiger Beschichtung. Die Sporen sind elliptisch, $7 \times 3–3,5\mu$.

Es wächst auf Stümpfen, Baumstämmen und Wurzeln im Boden. Es wächst fast das ganze Jahr über. Ich habe es im Februar zum Essen gesammelt. Tafel XV vermittelt ein sehr genaues Bild der Pflanze. Es ist im September, Oktober und November am häufigsten, aber auch in den Wintermonaten ist es zu finden.

Mykene . Fr.

Myccna ist ein griechisches Wort, das Pilz bedeutet. Die Pflanzen dieser Gattung sind klein und eher zerbrechlich.

Der Hut ist mehr oder weniger häutig , im Allgemeinen gestreift, mit fast geradem Rand und zunächst an den Stiel gedrückt, nie eingerollt, erweitert, glockenförmig und im Allgemeinen gewölbt.

Der Stiel ist außen knorpelig, hohl, in jungen Jahren nicht gefüllt und mit dem Hut verschmolzen. Lamellen verlaufen nie nach außen, obwohl einige Arten in der Nähe des Stiels eine breite Sinus aufweisen.

Die meisten Arten sind klein und geruchlos, aber einige mit starkem alkalischem Geruch sind wahrscheinlich nicht gut. Einige sind bekanntermaßen essbar.

Einige Arten sondern beim Zerquetschen einen farbigen oder wässrigen Saft ab. Die Mycena ähnelt der Collybia , hat aber nie den nach innen gebogenen Rand der letzteren. Die Pflanzen sind normalerweise kleiner und die Kappen sind mehr oder weniger konisch.

Diese Gattung kann mit Omphalia verwechselt werden , bei denen die Lamellen nur leicht herablaufend sind; bei Omphalia ist der Hut jedoch nabelförmig, während er bei Mycena nabelförmig ist.

Aufgrund ihrer geringen Größe ist die Artbestimmung etwas schwierig. Manche haben einen charakteristischen Geruch, der bei der Identifizierung sehr hilfreich ist.

Mykene galericulata . Umfang.

TAFEL XVI. ABBILDUNG 89.— MYKENE GALERICULATA .
Natürliche Größe.

Galericulata , eine kleine Schirmmütze.

Der Hut ist glockenförmig, weißlich oder gräulich, in der Mitte der Scheibe dunkler und zum Rand hin heller, glatt, trocken, der Rand bis fast zur Spitze des Nabels gestreift, manchmal leicht eingedrückt.

Die Lamellen sind mit einem Zahn verwachsen, durch Adern verbunden, weißlich, dann grau, oft fleischfarben, eher weit abstehend, bauchig, der Rand manchmal ganz, manchmal gesägt.

Der Stiel ist starr, knorpelig, hohl, zäh, gerade, poliert, glatt und an der Basis haarig.

Sie wächst auf Baumstämmen und Baumstümpfen im Wald. Sie ist sehr verbreitet und manchmal in großen Mengen zu finden. Die Pflanzen stehen häufig dicht gedrängt, die zahlreichen Stängel sind an der Basis durch einen weichen, haarigen Flaum miteinander verfilzt. Es gibt viele Formen dieser Pflanze. Sie ist von September bis zum Frost zu finden. Die Pflanzen in Abbildung 89 wurden von Prof. GD Smith, Akron, O., fotografiert.

Mycena rugosa. Fr.

DER RUNZELMYKENE . ESSBAR.

Rugosa bedeutet runzelig. Der Hut ist etwas fleischig, dunkler und kleiner als bei der galericulata , ziemlich zäh, glockenförmig, dann ausgeweitet, mit ungleichmäßig erhabenen Runzeln, immer trocken, am Rand gestreift.

Die Lamellen sind verwachsen, mit einem Zahn, hinten verwachsen, durch Adern verbunden, etwas abstehend, weißlich, dann grau, der Rand manchmal ganz, manchmal gesägt.

Der Stamm ist kurz, zäh, hat eine haarige Basis, ist stark knorpelig, hohl, starr und glatt. Er wächst im September und Oktober auf Baumstümpfen oder verrotteten Baumstämmen.

Mykene prolifera . Sau.

DER WUCHERNDE MYKENE . ESSBAR.

Prolifera kommt von *proles* (Nachkommen) und *fero* (tragen). Der Hut ist etwas fleischig, glockenförmig, dann ausgeweitet, trocken, mit einem breiten, dunklen Umbo; der Rand ist schließlich gefurcht oder gefurcht und manchmal gespalten, blassgelblich oder wird bräunlich-braun.

Die Lamellen sind angewachsen , subdistant , weiß, dann blass.

Der Stiel ist fest, starr, glatt, glänzend, fein gestreift und wurzelt .

Diese Art ist, wie auch M. galericulata , eng mit M. cohærens verwandt . Ich habe sie in dichten Büscheln oder Gruppen gefunden, manchmal auf Rasenflächen, auf dem nackten Boden und im Wald. Es ist eine der Pflanzen, bei denen die Stängel mit den Kappen gekocht werden können.

Mykene capillaris . Schum.

Capillaris bedeutet haarähnlich. Dies ist eine sehr kleine, aber schöne weiße Pflanze.

Der Hut ist glockenförmig, an der Länge nabelförmig und glatt.

Die Lamellen sind am Stiel befestigt, aufsteigend und ziemlich weit voneinander entfernt.

Der Stiel ist fadenförmig, glatt und kurz.

Die Sporen sind 7–8×4 groß. *Pommes frites.*

Diese Pflanzen sind sehr klein und leicht zu übersehen. Sie wachsen nach einem Regen auf Blättern im Wald. Juli und August. Ziemlich häufig.

Mykene Setosa . Sau.

Setosa bedeutet voller Setæ oder Haare.

Der Hut ist sehr zart, halbkugelig, stumpf und glatt.

Die Lamellen sind weit auseinanderliegend, weiß und fast frei.

Der Stiel ist kurz, schlank und mit sich ausbreitenden Haaren bedeckt, was zu seinem spezifischen Namen führt.

Nach einem Regen findet man ihn häufig auf toten Blättern im Wald. Er kommt im Juli und August vor.

Mykene Hämatopa . MF

Der Blutfußmykene . Essbar .

ABBILDUNG 90. — Mykene hæmatopa . Bräunlich-rot oder fleischfarben. Aus dem Stiel tritt ein stumpfroter Saft aus. Rand durch sterilen Lappen gezähnt.

Hæmatopa setzt sich aus zwei griechischen Wörtern zusammen und bedeutet Blut und Fuß.

Der Hut ist fleischig, einen Zoll breit, kegel- oder glockenförmig, etwas genutet, stumpf, weißlich bis fleischfarben, mit mehr oder weniger mattem Rot, gleichmäßig oder leicht gestreift am Rand, der über die Lamellen hinausragt und gezähnt ist.

Die Lamellen sind am Stiel befestigt, oft mit einem herablaufenden Zahn, weißlich. Sporen: 10×6–7.

Der Stiel ist fünf bis zehn Zentimeter lang, fest, hohl, manchmal glatt, manchmal mit weißlichem, weichem Flaum bestäubt, hat die gleiche Farbe wie der Hut und gibt einen dunkelroten Saft ab, der der Art ihren Namen gibt.

Die Farbe dieser Pflanzen variiert ziemlich stark, da manche mehr roten Saft haben als andere. Die Gattung ist leicht an ihrem matten, blutroten Saft, dem hohlen Stamm, dem gekerbten Rand des Hutes und ihrem dichten, spitz zulaufenden Wuchs zu erkennen. Man findet sie von August bis Oktober auf verrotteten Baumstämmen an feuchten Orten. Die Pflanzen in Abbildung 90 wurden am 8. September in Haynes' Hollow gefunden. Die Pflanze ist in den Vereinigten Staaten weit verbreitet. Niemand wird die geringste Schwierigkeit haben, diese Art zu erkennen, wenn er die Pflanzen in der obigen Abbildung sieht.

Mykene alkalina . Fr.

DER BAUMSTUMPF MYKENE .

ABBILDUNG 91. — Mykene alkalina . Zwei Drittel der natürlichen Größe, oft größer. Junge Exemplare.

Einzeln oder spitz zulaufend; Hut 1,25 bis 5 cm breit, eher häutig , glockenförmig, stumpf, nackt, tief gestreift, feucht, im trockenen Zustand glänzend, im Alter ausgedehnt oder eingedrückt, aber in der Farbe kaum verändert, obwohl gelegentlich ein rosa oder gelber Farbton, weißlich oder gräulich, die Mitte der Scheibe dunkler ist.

Die Lamellen sind verwachsen, ziemlich weit voneinander entfernt, leicht bauchig, zuerst blass, dann blaugrün, rosa oder gelb und mehr oder weniger durch Adern verbunden.

Der Stängel ist glatt, leicht klebrig, glänzend, an der Basis zottig, manchmal gelbbraun, manchmal fest und zäh, hohl und nach oben hin dünner. Die Pflanze ist starr, aber spröde und duftet stark. Man findet sie häufig auf verrotteten Baumstümpfen und Baumstämmen. August bis November.

Mykene Filopes . Stier.

FADENSTÄMMIGER MYKENE .

Der Hut ist häutig , stumpf, glockenförmig, dann erweitert, gestreift, braun oder umbrafarben, mit rosa Schimmer.

Die Kiemen sind frei oder schwach verwachsen , leicht bauchig, weiß oder blasser als der Hut, gedrängt.

Der Stängel ist hohl, saftig, glatt, fadenförmig, eher spröde, weißlich oder bräunlich. Gefunden in Wäldern auf Blättern, nach einem Regen, von Juli bis Oktober.

Mykene stannea . Fr.

DER ZINNFARBENE MYKENE .

ABBILDUNG 92. — Mycena stannea . Natürliche Größe. Kappen weiß, manchmal rauchig.

Stannea hat die Farbe von Zinn. Dies ist eine empfindliche Art, die in Büscheln auf morschem Holz an feuchten Orten im Wald wächst. Der allgemeine Charakter ist in der Abbildung dargestellt. Er ist fast weiß, aber viele der Häutchen sind etwas rauchig.

Der Hut ist fest, membranös , glockenförmig, dann erweitert, glatt, ganz leicht gestreift, hygrophan , ziemlich seidig und zinnfarben.

Die Lamellen sind fest mit dem Stiel verbunden, haben einen herablaufenden Zahn und sind durch grauweiße Adern verbunden.

Der Stamm ist glatt, eben, glänzend, wird blass und schließlich zusammengedrückt. Diese Art unterscheidet sich von Mycena vitrea hat einen Zahn bis in die Kiemen. Mai, Juni und Juli.

Mykene vitrea . Fr.

Vitrea , glasig. Diese Pflanze ist ziemlich zerbrechlich. Der Hut ist häutig , glockenförmig, livid-braun, fein gestreift, keine Spur von Nabel.

Die Lamellen sind fest mit dem Stängel verbunden, nicht durch Adern verbunden, deutlich erkennbar, linear und weißlich.

Der Stiel ist schlank, leicht gestreift, poliert, blass und an der Basis faserig. Diese Art unterscheidet sich von M. ætites und M. stannea dadurch, dass die Lamellen keinen herablaufenden Zahn haben und nicht durch Adern verbunden sind.

Mykene Corticola . Fr.

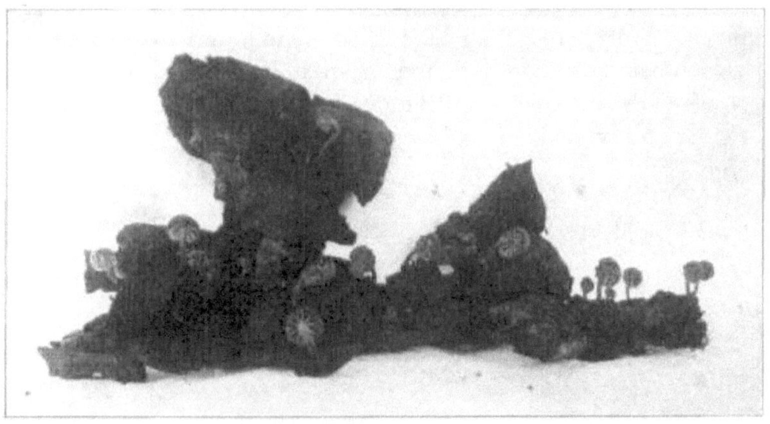

ABBILDUNG 93. — Mykene Corticola .

Corticola bedeutet „auf der Rinde wohnen".

Es handelt sich um einen der kleinsten Mykene , dessen Hut etwa zwei- bis vierlinig, dünn, halbkugelförmig, stumpf, leicht nabelförmig, tief gestreift, kahl oder flockig bereift, grau, hellbraun oder bräunlich ist.

Die Lamellen sind am Stiel befestigt, mit leicht herablaufenden Zähnen, breit, eher eiförmig, blass.

Der Stiel ist kurz, schlank, nach innen gebogen, kahl oder leicht schorfig, etwas blasser als der Hut. Die Sporen sind elliptisch, 5–6×3µ; die Zystidien sind stumpf spindelförmig, 50–60×8–10µ.

Diese Pflanzen findet man auf der Rinde lebender Bäume. Nach Regenfällen habe ich die Rinde der Schattenbäume entlang der Spazierwege in Chillicothe buchstäblich mit diesen wunderschönen kleinen Pflanzen bedeckt gesehen. Die Pflanzen in Abbildung 93 wurden am 4. Dezember von einem Ahornbaum genommen. Sie sind sehr eng mit M. hiemalis verwandt, können aber an den breiten, eiförmigen Lamellen mit Zystidien und kleineren Sporen unterschieden werden.

Mykene heidelbeere . Osbeck.

DIE WINTERMYKENE .

Hiemalis , vom Winter oder zum Winter gehörend. Der Hut ist ziemlich dünn, glockenförmig, ganz leicht genoppt, der Rand gestreift; rosa, rotbraun, weiß, manchmal bereift.

Die Lamellen sind verwachsen, linear, weiß oder weißlich.

Der Stängel ist schlank, gebogen, an der Basis flaumig, weißlich, rosarot. Die Sporen sind 7–8×3.

Dies ist eine empfindlichere Art als M. corticola und unterscheidet sich von dieser durch schmale Lamellen und einen gestreiften, nicht gefurchten Hut sowie durch die Farbe des Stiels. Auf Baumstümpfen und Baumstämmen zu finden. Oktober und November.

Mykene ^ "Leaiana , Berk".

ABBILDUNG 94. — Mycena leaiana . Natürliche Größe. Kappen leuchtend orange und sehr klebrig.

Leaiana wurde zu Ehren von Herrn Thomas G. Lea benannt, der als erster Mensch im Miami Valley Mykologie studierte. Dies ist eine sehr schöne Pflanze, die bei Regenwetter auf verrotteten Buchenstämmen wächst. Der Hut ist fleischig, sehr zähflüssig, leuchtend orange, der Rand ist leicht gestreift, wie man an der Pflanze sehen kann, deren Hut sichtbar ist.

Die Lamellen sind weit auseinander, nicht vollständig, breit, am Stiel eingekerbt und angewachsen, der Rand ist dunkelorange oder zinnoberrot, die kurzen Lamellen beginnen am Rand.

Der Stiel ist in den meisten Fällen gekrümmt, zum Hut hin dünner, glatt, hohl, ziemlich fest, an der Basis ziemlich behaart oder strähnig. Die Sporen sind elliptisch, spitz zulaufend, 0,0090 × 0,0056 mm.

Sie sind kahle , dichte Büschel wachsen auf leicht verrotteten Baumstämmen. Sie sind extrem zähflüssig, so dass Ihre Hände gelb werden, wenn Sie sie häufig anfassen. Sie wachsen von Frühling bis Herbst, sind aber im August und September häufiger anzutreffen. Sehr häufig.

Mycena- Schwertlilie. B.

Der Hut ist klein, konvex, ausgedehnt, stumpf, leicht klebrig, gestreift, blauin jungen Jahren hellbraun und wächst bräunlich mit blauen Fasern.

Die Kiemen sind frei und grau getönt.

Der Stängel ist kurz, unten bläulich, oben braun getönt und etwas bereift.
Gefunden in feuchten Wäldern nach einem Regen im August.

Mycena pura. Pers.

Foto von Prof. GD Smith.

ABBILDUNG 95. — Mycena pura.

Pura bedeutet unbefleckt, rein.

Der Hut ist fleischig, dünn, glockenförmig, ausgedehnt, stumpf genoppt, am
Rand fein gestreift, manchmal mit nach oben gebogenem Rand, violett bis
rosa.

Die Lamellen sind breit, verwachsen bis gebuchtet, bei älteren Pflanzen
manchmal frei vom Stängel abgebrochen, durch Blattadern verbunden,
manchmal gewellt und am Rand gekerbt, der Rand der Lamellen manchmal
fast oder ganz weiß, violett, rosa.

Der Stiel ist ebenmäßig, fast kahl, an der Basis etwas zottig, in der Jugend
manchmal fast weiß, nimmt später die Farbe des Hutes an, hohl, glatt.

Die Sporen sind weiß und länglich, 6–8 × 3–3,5. M. Pelianthina unterscheidet
sich davon durch dunkel umrandete Lamellen. Es unterscheidet sich von M.

pseudopura und M. zephira durch einen starken Geruch. M. ianthina unterscheidet sich durch einen konischen Hut.

Diese Pflanze ist recht weit verbreitet. Unsere Pflanzen haben eine hellviolette Farbe und die Farbe scheint konstant zu sein. Ich habe sie in Mischwäldern gefunden. Sie kommt im September und Oktober vor.

Mycena vulgaris. Pers.

Vulgaris bedeutet gewöhnlich.

Der Hut ist klein, konvex, dann eingedrückt, papillös, zähflüssig, bräunlich-grau und am Rand fein gestreift.

Die Lamellen sind fast herablaufend , dünn und weiß; durch den eingedrückten Hut und die herablaufenden Lamellen ähnelt die Pflanze einer Omphalia . Sporen: 5×2,5μ.

Der Stängel ist zähflüssig, blass, zäh, an der Basis faserig, wurzelnd und hohl. Er unterscheidet sich von M. pelliculosa durch das Fehlen einer abtrennbaren Kutikula und der faltenartigen Lamellen.

Diese Pflanze erkennt man an ihrer rauchigen oder gräulichen Farbe, ihrem nabelförmigen Hut und ihrem klebrigen Stamm. Man findet sie in Wäldern auf Blättern und verrotteten Zweigen. August und September.

Mykene Epipterygie . Umfang.

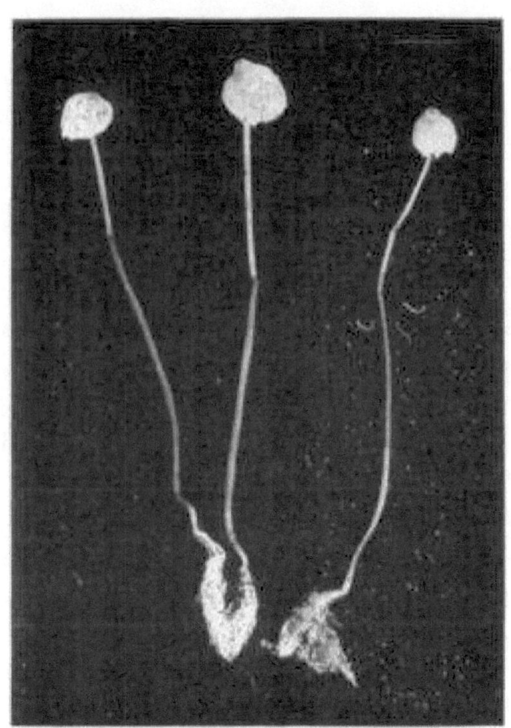

ABBILDUNG 96. — Mykene Epipterygie .

Epipterygia bedeutet *Epi* (auf) und *Pterygion* (ein kleiner Flügel).

Sie sind klein, der Hut ist einen halben bis einen Zoll breit, membranös , glockenförmig, dann breiter, eher stumpf, nicht eingedrückt, gestreift, die Kutikula ist unter allen Bedingungen trennbar und bei feuchtem Wetter klebrig, grau, oft blass gelblich-grün in der Nähe des Randes, in jungen Jahren oft minimal eingekerbt.

Die Lamellen sind durch einen herablaufenden Zahn am Stiel befestigt, dünn, weißlich oder grau getönt.

Der Stamm ist fünf bis zehn Zentimeter lang, hohl, zäh, wurzelnd, zähflüssig, gelblich, manchmal grau oder sogar weißlich. Die Sporen sind elliptisch, 8–10×4–5μ.

Diese Pflanzen sind weit verbreitet und arewachsen auf Ästen, zwischen Moos und toten Blättern. Sie kommen in Büscheln und einzeln vor. Sie ähneln in vielerlei Hinsicht M. alcalina , haben aber nicht den eigentümlichen Geruch.

Die Pflanzen in Abbildung 96 wurden von Prof. GD Smith aus Akron fotografiert.

Omphalia . Fr.

Omphalia kommt von einem griechischen Wort, das „Nabel" bedeutet und sich hier auf die zentrale Vertiefung in der Kappe bezieht.

Der Hut ist von Anfang an mittig eingedrückt, dann trichterförmig, fast häutig und wässrig, wenn er feucht ist; der Rand ist nach innen gebogen oder gerade. Der Stiel ist knorpelig und hohl, in jungen Jahren oft ausgestopft, geht in den Hut über, ist aber anders im Charakter. Lamellen herablaufend und manchmal verzweigt.

Sie sind im Allgemeinen auf Holz zu finden und bevorzugen feuchte, holzige Standorte und eine Regenzeit. Sie lassen sich leicht von Collybia und Mycena durch ihre herablaufenden Lamellen unterscheiden. Bei einigen Arten der Mycena , bei denen die Lamellen leicht herablaufend sind, ist der Hut nicht zentral eingedrückt, wie bei entsprechenden Arten der Omphalia . Es gibt einige Arten der Omphalia , deren Hut nicht zentral eingedrückt ist, deren Lamellen jedoch deutlich herablaufend sind.

Omphalia campanella . Batsch.

DIE GLOCKEN -OMPHALIA . ESSBAR.

Foto von CG Lloyd.

TAFEL XVII. ABBILDUNG 97.— OMPHALIA GLOCKENBLUME .

Campanella bedeutet kleine Glocke.

Der Hut ist membranös , konvex bis ausgedehnt, in der Mitte eingedrückt, gestreift, wässrig und von rostgelber Farbe.

Die Lamellen sind mäßig eng, herablaufend, bogenförmig, durch Adern verbunden, starr, fest, gelblich. Die Sporen sind elliptisch, 6–7×3–4μ.

Der Stiel ist hohl, mit Flaum bedeckt und oben blasser.

Diese Pflanze ist in unseren Wäldern sehr verbreitet und reichlich vorhanden und in den Staaten weit verbreitet. Sie wächst auf Holz oder auf Böden, die stark mit verrottendem Holz belastet sind. Sie ist im Sommer und Herbst zu finden. Sie ist köstlich, wenn Sie die Geduld haben, sammle sie.

Omphalia Epichysie .

Der Hut ist dünn, konvex bis ausgedehnt, in der Mitte eingedrückt, rußgrau mit wässrigem Aussehen, blass bis fast weiß, wenn er trocken ist.

Die Lamellen sind leicht herablaufend, weißlich, dann grau, etwas gedrängt.

Der Stiel ist schlank, hohl und grau. Die Sporen sind elliptisch, 8–10×4–5μ.

Es wächst in verrottetem Holz. Seine rauchige Farbe, der trichterförmige Hut und der graue kurze Stiel zeichnen es aus. Ich habe einige Pflanzen aus Massachusetts bekommen, die viel kleiner zu sein scheinen als unsere Pflanzen.

Omphalia Doldenblütler . Linn.

DER DOLDEN -OMPHALIA . ESSBAR.

Umbellifera – *umbella* , ein kleiner Schatten; *ferro* , tragen. Hut einen halben Zoll breit, häutig , weißlich, konvex, dann flach, breit verkehrt kegelförmig, selbst bei den kleinsten Pflanzen leicht nabelförmig, bei nassem Wetter hygrophan , mit dunkleren Streifen gesprenkelt .

Die Lamellen sind herablaufend, weit auseinander, hinten recht breit, dreieckig und mit geraden Rändern.

Der Stiel ist kurz, nicht länger als einen Zoll, an der Spitze erweitert und hat die gleiche Farbe wie der Hut, ist zunächst gefüllt, dann hohl, fest, weiß und an der Basis zottig.

Es ist eine in unseren Wäldern weit verbreitete Pflanze, die auf verrottetem Holz oder auf Böden wächst, die größtenteils aus morschem Holz bestehen. Verrottete Buchenrinde ist ein beliebter Lebensraum. Von Juli bis Oktober zu finden.

Omphalia caespitosa . Bol.

ABBILDUNG 98. — Omphalia cæspitosa . Natürliche Größe.

Cæspitosa bedcutct „in Büscheln wachsend"; *cæspes bedeutet* Rasen. Der Hut ist submembranös , sehr klein, konvex, fast halbkugelförmig, nabelförmig, dünn, gefurcht, hellockerfarben, der Rand ist gekerbt und glatt.

Die Lamellen sind weit auseinanderliegend, ziemlich breit, kurz herablaufend und weißlich.

Der Stiel ist gekrümmt, hohl, gefärbt wie der Hut, an der Basis leicht bauchig. Die Sporen sind 6×5.

Omphalia sehr ähnlich oniscus und sie können nur anhand ihres Lebensraums und ihrer Farbe unterschieden werden. Man findet sie im August und September. Sie ernährt sich von gut verrottetem Holz. Ich habe Millionen davon an einem Ort gesehen.

Omphalia Oniscus . Fr.

BOLTONS OMPHALIA . ESSBAR.

Oniscus , ein Name, den die Griechen einer Kabeljauart gaben, die aufgrund ihrer grauen Farbe so genannt wurde. Der Hut ist schlaff, unregelmäßig, etwa einen Zoll breit, konvex, eben oder eingedrückt, leicht fleischig, gewellt, manchmal gelappt, der Rand ist gestreift, dunkel ölig und blasser, wenn er trocken ist.

Die Lamellen sind angewachsen, herablaufend, bläulich oder weißlich und in Vierergruppen etwas voneinander entfernt angeordnet.

Der Stiel ist etwa einen Zoll lang, ziemlich fest, gerade oder gebogen, manchmal ungleichmäßig, fast hohl. Die Sporen sind 12×7–8μ groß.

Dieser kommt von August bis November an feuchten Orten vor.

Omphalia pyxidata . Stier.

DIE BOX OMPHALIA .

Pyxidata bedeutet „wie eine Schachtel gemacht", von *pyxis* , einer Schachtel.

Der Hut ist etwas häutig , deutlich nabelförmig, dann trichterförmig, im feuchten Zustand glatt, der Rand oft gestreift, ziegelrot.

Die Lamellen sind herablaufend, ziemlich weit auseinander, dreieckig, schmal, rötlich grau, oft gelblich.

Der Stiel ist gefüllt, dann hohl, eben, zäh und blassgelb. Die Sporen sind 7–8×5–6µ groß.

Die Pflanzen sind normalerweise feuchtigkeitsliebend , aber wenn sie trocken sind, flockig oder leicht seidig. Dies ist eine kleine Pflanze, die normalerweise auf Rasenflächen wächst und fast im Gras verborgen ist. Ich habe einige sehr schöne Exemplare auf Dr. Sulzbachers Rasen in der Second Street in Chillicothe gefunden. Die Pflanze ist jedoch weit verbreitet. Ich habe am 3. November viele Exemplare gefunden.

Omphalia fibula. Stier.

ABBILDUNG 99. — Omphalia fibula.

Fibula bedeutet Schnalle oder Nadel, abgeleitet vom stiftähnlichen Schaft.

Der Hut ist membranös , zunächst kreiselförmig, ausgedehnt, leicht nabelförmig, gestreift, mit leicht nach innen gebogenem Rand, gelb oder gelbbraun, mit dunkler Mitte und leicht behaart.

Die Lamellen sind tief herablaufend, blasser und deutlich erkennbar.

Der Stamm ist schlank, fast orangefarben mit violett-brauner Spitze und ganz fein behaart. Die Sporen sind elliptisch, 4–5×2µ.

Man findet sie auf moosigen Ufern, wo es mehr oder weniger feucht ist. Ich habe sie nur im Oktober gefunden.

Omphalia Alboflava . Moi.

DIE GOLDKIEMER- OMPHALIA .

ABBILDUNG 100. — Omphalia alboflava . Hut gelblich-braun, manchmal grünlich schimmernd. Lamellen goldgelb.

Alboflava setzt sich aus zwei griechischen Wörtern zusammen und bedeutet „weißlich-gelb", nach den gelben Lamellen.

Der Hut ist ein bis zwei Zoll breit, dünn, etwas membranös , nabelförmig, schlaff, mit feinem, wolligem Material bedeckt, gelbbraun, heller, wenn trocken, mit zurückgebogenem Rand.

Die Lamellen sind weit auseinanderliegend, tief goldgelb, gelegentlich gegabelt.

Der Stiel ist hohl, gleichmäßig, glatt, glänzend und eigelb.

Die Sporen sind elliptisch, 8×4μ.

Diese Pflanze findet man recht häufig auf verrotteten Ästen und Baumstämmen in der Gegend von Chillicothe. Ich hatte noch nie die Gelegenheit, ihre Essbarkeit zu testen, aber ich zweifle nicht daran, dass sie gut ist.

Die Pflanzen in Abbildung 100 wurden in Haynes' Hollow gefunden und von Dr. Kellerman fotografiert. Gefunden von Juli bis Oktober.

Marasmius . Fr.

Marasmius ist ein griechisches Partizip und bedeutet „verwelkt" oder „schrumpelig". Der Name kommt daher, weil die Pflanze verwelkt und austrocknet, aber bei einsetzendem Regen wieder auflebt.

Die Sporen sind weiß und fast elliptisch . Der Hut ist zäh und fleischig oder häutig .

Der Stiel ist knorpelig und geht in den Hut über, hat aber eine andere Beschaffenheit. Die Lamellen sind dick, ziemlich zäh und weit auseinander, manchmal ungleich, unterschiedlich angesetzt oder frei, selten herablaufend und mit einem scharfen Rand versehen. Es handelt sich um eine recht große Gattung und viele ihrer Arten werden für den Studenten von großem Interesse sein.

Marasmius Oreaden . Fr.

DER FEENRINGPILZ. ESSBAR.

Oreaden , Bergnymphen. Der Hut ist fleischig, zäh und biegsam, wenn er feucht ist, spröde, wenn er trocken ist, konvex, wird flach, etwas genoppt, zuerst bräunlich-gelblich, wird cremefarben; im Alter ist er normalerweise ziemlich runzelig.

Die Lamellen sind breit und weit auseinander, cremefarben oder gelblich, am Stielende abgerundet und ungleich lang.

Der Stiel ist fest, gleichmäßig, zäh, faserig, nackt und an der Basis glatt, überall mit einer flaumigen Oberfläche. Die Sporen sind weiß, 8×5.

Meiner Meinung nach gibt es keinen appetitlicheren Pilz als den „Fairy Ring"-Pilz. Abbildung 101 gibt eine genaue Vorstellung von der Pflanze und Abbildung 102 zeigt, wie sie im Gras wächst. Man findet sie in ganz Ohio. Jedes alte Weidefeld oder jeder Rasen ist voll von diesen Ringen. Die Pflanze ist klein, aber ihre Fülle macht ihre Größe wett.

Es gibt viele Vermutungen, warum dieser und viele andere Pilze kreisförmig wachsen. Die Erklärung liegt auf der Hand. Der Ring beginnt mit einem Klumpen oder einem einzelnen Pilz. Der Boden, auf dem der Pilz wuchs, wird wieder für Pilze unbrauchbar gemacht, die Sporen fallen auf den Boden und das Myzel breitet sich von diesem Punkt aus aus, sodass der Ring jedes Jahr größer wird. Manchmal erscheinen sie nur halbmondförmig. Wenn man über eine Wiese oder Weide schaut, kann man erkennen, wo sich die Ringe befinden, denn durch den Zerfall des Pilzes ist das Gras dort grüner und kräftiger.

Vor langer Zeit, in England und Irland, bevor die Bauern die Existenz der Feen und ihre wohltätige Einmischung in die Angelegenheiten des Lebens in Frage zu stellen begannen, glaubte man fest daran, dass diese smaragdfarbenen Ringe von den Schritten der Feen herrührten, die nachts ihre ausgewählten Schlupfwinkel durchstreiften, und dass sie den Lieblingstanzplatz der „kleinen Leute" markierten. „Sie hatten immer schöne Musik untereinander und tanzten in einer mondhellen Nacht um oder in einem Ring, wie man es bis heute auf jeder Allmende in England sehen kann, auf der Pilze wachsen", sagt ein alter Schriftsteller kurios. Und der Reverend Gerard Smith bringt den Glauben der Menschen hinsichtlich der Natur dieser grasbewachsenen Ringe noch weiter zum Ausdruck:

„Die flinken Elfen , die im Mondschein saure grüne Locken machen , die kein Schaf beißt; deren Zeitvertreib es ist , diese Mitternachtspilze zu machen."

Es handelt sich um eine sehr verbreitete Pflanze und es lohnt sich für jeden, sie zu kennen, da wir auf den Märkten nichts finden, was ihr als Tischspezialität gleichkäme.

Bei Regenwetter von Mai bis zum Frost auf Weiden und Rasenflächen zu finden.

ABBILDUNG 102. — Marasmius Oreaden . Zeigt einen Feenring.

Marasmius urens . Fr.

DER STECHENDE MARASMIUS .

Urens bedeutet brennend und wird wegen seines beißenden Geschmacks so genannt.

Der Hut ist hellbraun, zäh, fleischig, konvex oder flach, wird eingedrückt und schließlich runzelig, glatt, eben und ein bis zwei Zoll breit.

Die Lamellen sind ungleichmäßig, cremefarben, werden bräunlich, stehen viel dichter als beim Hexenring, reichen kaum bis zum eigentlichen Stiel und sind hinten miteinander verbunden.

Der Stängel ist oben fest und unten hohl, faserig, blass, seine Oberfläche mehr oder weniger mit flockigem Flaum bedeckt und an der Basis dicht mit weißem Flaum bedeckt.

Sammler sollten diese und M. peronatus meiden oder bei ihrer Verwendung äußerste Vorsicht walten lassen. Sie wurden ohne Schaden gegessen, gelten aber seit langem als giftig, sodass man nicht allzu vorsichtig sein kann. Sie schmecken scharf und wachsen von Juni bis September auf Rasenflächen und Weiden.

Marasmius androsaceus . Linn.

ABBILDUNG 103. — Marasmius androsaceus . Natürliche Größe.

Androsaceus ist ein griechisches Wort, das eine nicht identifizierte Meerespflanze oder Zoophyt bezeichnet.

Der Hut ist drei bis sechs Linien breit, häutig , konvex, mit einer leichten Vertiefung, blassrötlich, in der Mitte dunkler, gestreift, glatt.

Die Lamellen sind am Stiel befestigt, häufig ganz einfach und gering an der Zahl, etwa fünfzehn, mit kürzeren Lamellen dazwischen, manchmal gegabelt, weißlich.

Der Stiel ist ein bis zwei Zoll lang, hornig, fadenförmig, hohl, ziemlich glatt, schwarz und im trockenen Zustand oft verdreht. Die Sporen sind 7×3–4μ groß.

Dies ist eine sehr hübsche kleine Pflanze, die man nach einem Regen auf den Blättern im Wald findet. Sie sind recht häufig anzutreffen. Man findet sie von Juli bis Oktober.

Marasmius fœtidus . Sau.

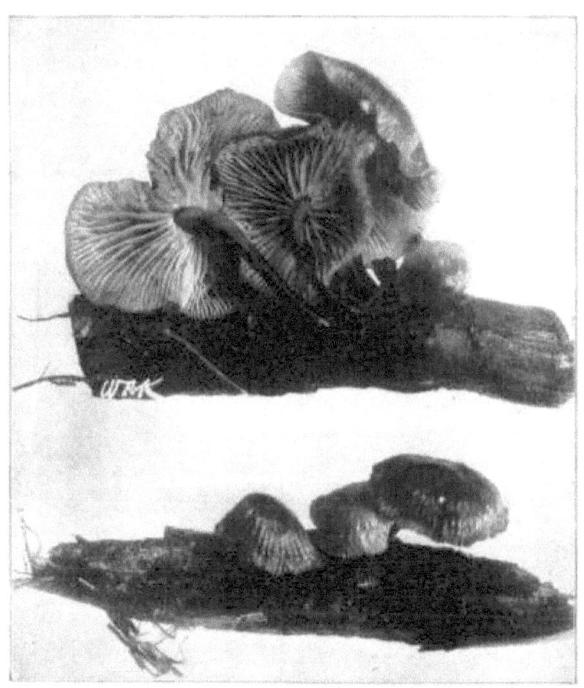

ABBILDUNG 104. — Marasmius foetidus .

Fœtidus bedeutet stinkend oder übelriechend .

Der Hut ist submembranös , zäh, konvex, dann ausgedehnt, nabelförmig, striato -plikativ, wird blass, wenn er trocken ist, und subpruinös .

Die Lamellen sind gezahnt , weit auseinanderliegend, rötlich gefärbt und weisen einen gelblichen Schimmer auf.

Der Stiel ist hohl, fein samtig, braun, die Basis flockig .

Die Kappen sind hell bräunlich-rot und verblassen, wenn sie trocken sind. Im frischen Zustand haben sie einen für so kleine Pflanzen deutlich wahrnehmbaren übelriechenden Geruch. Man findet sie auf verrotteten

Zweigen und Blättern in Wäldern. Bei nassem Wetter oder nach starken Regenfällen ist sie in den Wäldern um Chillicothe recht häufig anzutreffen.

Gefunden von Juli bis Oktober.

Dies wird auch Heliomyces genannt fœtens (Pat.) und wird von Prof. Morgan in seinem ausgezeichneten Monogramm über nordamerikanische Marasmius- Arten so klassifiziert .

Marasmius Velutipes . B. & C.

ABBILDUNG 105. — Marasmius Velutipes .

Velutipes bedeutet samtig, nach dem samtigen Stamm. Der Hut ist dünn, unterhäutig , glatt, konvex oder ausgedehnt, im feuchten Zustand graurötlich, im trockenen Zustand ölig und 1,25 bis 3,85 cm breit.

Die Kiemen sind sehr schmal, gedrängt und weißlich oder gräulich.

und mit einem dichten, gräulich-samtigen Filz bedeckt.

Sie wachsen normalerweise sehr dicht gedrängt, wobei viele Pflanzen aus einer Myzelmatte wachsen. Bei uns ist sie eine recht häufige Pflanze, die man in feuchten Wäldern oder an sumpfigen Orten findet. Der Hut ist bei uns konvex. Manche Experten sprechen von einem nabelförmigen Hut. Die

Pflanze ist recht robust und aufgrund ihres langen und schlanken Stiels mit dem gräulichen Filz an der Basis leicht zu erkennen. Sie ist von Juli bis Oktober zu finden.

Die Exemplare in Abbildung 105 wurden in Ashville, Ohio, gefunden.

Marasmius Kohärenzen . (Fr.) Bres.

DER STÄNGEL-MASSIV- MARASMIUS . ESSBAR.

ABBILDUNG 106. — Marasmius cohærens . Zwei Drittel der natürlichen Größe, zeigt, wie die Stämme zusammengedrängt sind.

Cohærens bedeutet „zusammenhalten" und bezieht sich auf die zusammengepressten Stämme.

Der Hut ist fleischig, dünn, konvex, glockenförmig, dann erweitert, manchmal leicht genutet, bei alten Exemplaren ist der Rand nach oben gebogen oder gewellt, samtig, rötlich-braun gefärbt, in der Mitte dunkler, undeutlich gestreift.

Die Lamellen sind ziemlich dicht gedrängt, schmal, angewachsen, lösen sich manchmal vom Stiel, sind durch leichte Adern verbunden, blass zimtfarben und werden mit zunehmendem Alter etwas dunkler. Die Farbvariation ist auf die Anzahl der über die Oberfläche der Lamellen und an deren Rand verstreuten Zystidien zurückzuführen. Sporen oval, weiß, klein, 6×3μ.

Der Stiel ist hohl, lang, starr, ebenmäßig, glatt, glänzend, rötlich-braun und wird zum Hut hin blasser oder weißlich. Einige Stiele wachsen an der Basis zusammen und haben einen weißlichen, myzelartigen Filz.

Die Pflanze wächst in dichten Büscheln zwischen Blättern und in gut verrottetem Holz. Ich habe sie recht oft in der Gegend von Chillicothe gefunden. Sie heißt Mycena cohærens , Fr., Collybia lachnophylla , Berk., Collybia spinulifera , Pk. Die Pflanzen in Abbildung 106 wurden in der Nähe von Ashville, Ohio, gefunden. September bis Frost.

Marasmius Candidus . Bolzen.

DER WEIßE MARASMIUS .

ABBILDUNG 107. — Marasmius Candidus . Natürliche Größe.

Candidus bedeutet strahlend weiß. Diese zarte Art wächst an feuchten und schattigen Stellen im Wald. Sie wächst auf Zweigen. Ihr Lebensraum und ihre Struktur sind in Abbildung 107 vollständig dargestellt.

Der Hut ist eher häutig , halbkugelförmig, dann eben oder eingedrückt, durchsichtig, runzelig, nackt, ganz weiß.

Die Kiemen sind angewachsen , bauchig, abstehend und nicht vollständig.

Der Stiel ist dünn, gefüllt, weißlich, leicht bereift, die Basis ist braun gefärbt. Die Sporen sind elliptisch, $4{\times}2\mu$.

Diese Pflanze ist in diesem Land weit verbreitet. Die abgebildeten Exemplare wurden von HH York in der Nähe von Sandusky, Ohio, gesammelt und von Dr. Kellerman fotografiert. Ich habe sie an verschiedenen Orten in Ohio gefunden.

Marasmius rotula. Fr.

Der Halsband -Marasmius .

Foto von CG Lloyd.

Abbildung 108. — Marasmius rotula. Natürliche Größe. Kappen weiß oder hellbraun.

Rotula bedeutet kleines Rad.

Der Hut ist ein bis drei Linien breit, halbkugelig, nabelförmig und leicht gewölbt, geflochten, glatt, häutig , mit gekerbtem Rand, weiß oder blass gelbbraun und mit dunklem Nabel.

Die Kiemen sind breit, weit auseinander, wenige, gleich groß oder gelegentlich mit einigen kurzen Kiemen versehen, in der Farbe des Hutes und an einem freien Kragen hinten befestigt.

Der Stamm ist borstenförmig, leicht gebogen, oben weiß, dann gelbbraun, an der Basis tief glänzend braun, gestreift, hohl, häufig verzweigt und sarmentös , mit oder ohne abgebrochene Häutchen. – MJB Diese Pflanze ist in Wäldern auf abgefallenen Zweigen sehr häufig anzutreffen. Die Pflanzen in Abbildung 108 wurden in der Nähe von Cincinnati gesammelt. Diese Pflanze ist weit verbreitet. Sie kommt in allen unseren Wäldern in Ohio vor.

Marasmius Scorodonius . Fr.

Stark duftender Marasmius . Essbar.

Abbildung 109. — Marasmius Scorodonius .

Scorodonius kommt von einem griechischen Wort und bedeutet „Knoblauch".

Der Hut ist einen halben Zoll oder mehr breit, in jungem Zustand rötlich, wird dann aber blass und weißlich; etwas fleischig, zäh; ebenmäßig, bald glatt, schon in jungem Zustand rauh, schließlich rauh und knusprig.

Die Lamellen sind am Stiel befestigt, oft getrennt, durch Adern verbunden, beim Trocknen knusprig und weißlich.

Der Stiel ist mindestens einen Zoll lang, hohl, gleichmäßig, ganz glatt, glänzend, rötlich. Die Sporen sind elliptisch, $6 \times 4\mu$.

Man findet ihn in Wäldern, wo er auf Stöcken und verrottetem Holz wächst. Er hat einen starken Geruch. Er wird häufig mit anderen Pflanzen gepflanzt, um Gerichten einen Knoblauchgeschmack zu verleihen. Er wächst von Juli bis Oktober.

Marasmius Kalopus . Fr.

Calopus setzt sich aus den beiden griechischen Wörtern „schön" und „Fuß" zusammen und wird wegen seines schönen Stiels so genannt.

Der Hut ist ziemlich fleischig, zäh, konvex, flach und dann eingedrückt, gleichmäßig, schließlich runzelig und weißlich.

Die Lamellen sind ausgerandet, angewachsen , dünn, weiß und in Gruppen von 2–4 angeordnet.

Der Stamm ist hohl, gleichmäßig, glatt, wurzelt nicht, ist glänzend und rötlich-braun. Man findet ihn auf Zweigen und abgefallenen Blättern im Wald. Kleiner als M. Scorodonius , aber mit längerem Stamm.

Marasmius Prasiosmus . Fr.

DER LAUCHDUFT- MARASMIUS .

Prasiosmus bedeutet „riecht wie Lauch"; von *prason* = Lauch. Der Hut ist einen halben bis einen Zoll breit, etwas häutig , zäh, glockenförmig, blassgelb oder weißlich, die Scheibe ist oft dunkler und runzelig.

Die Lamellen sind etwas dicht beieinanderliegend und weiß.

Der Stiel ist zäh, hohl, blass und oben glatt, an der Basis geweitet, filzig und braun. Man findet ihn in Wäldern, wo er nach schweren Regenfällen an Eichenblättern haftet. Er ist M. porreus sehr ähnlich , unterscheidet sich jedoch von ihm dadurch, dass seine Lamellen weiß und seine Kappen nicht gestreift sind. Er unterscheidet sich von M. terginus hauptsächlich durch seinen Lebensraum und seinen lauchartigen Geruch.

Marasmius anomalus .

Anomalus , nicht der Regel entsprechend, unregelmäßig. Der Hut ist ein bis zwei Zoll breit, etwas fleischig, zäh, konvex, ebenmäßig, rötlich-grau.

Der Stiel ist fünf bis sieben Zentimeter lang, hohl, gleichmäßig, glatt, oben blass, unten rötlich-braun.

Die Lamellen sind rundlich , eng, schmal, weißlich oder blass. *Morgan.*

Dies ist eine recht hübsche Pflanze, die auf Stöcken zwischen Blättern im Wald wächst. Sie ist größer als die meisten der kleinen Marasmii, die in ähnlichen Lebensräumen vorkommen.

Marasmius Halbhirtipes .

Semihirtipes bedeutet ein leicht behaarter Fuß oder Stiel.

Der Hut ist dünn, zäh, nahezu eben oder eingedrückt, glatt, manchmal am Rand gestreift, hygrophan , im feuchten Zustand rötlich-braun, im trockenen Zustand alutös , die Scheibe manchmal dunkler.

Die Lamellen sind subdistant , reichen bis zum Stiel, sind leicht geadert , am Rand leicht gekerbt und weiß.

Der Stängel ist gleichmäßig, eben oder fein gestreift, hohl, oben glatt, zur Basis hin samtig filzig, rötlich-braun. *Picken.*

Diese Pflanzen sind sehr klein und werden vom Sammler oft übersehen. Sie wachsen gesellig.

Marasmius langipes .

Longipes bedeutet langer Stiel oder Fuß.

Der Hut ist dünn, konvex, glatt, am Rand fein gestreift und gelbbraun-rot.

Die Kiemen sind nicht gedrängt, sondern verbunden und weiß.

Der Stängel ist hoch, gerade, hohl, gleichmäßig, mit einer flaumigen Schicht bedeckt, wurzelt, ist braun oder rehbraun und an der Spitze weiß.

Diese Pflanzen sind recht klein und schlank, manchmal zehn bis zwölf Zentimeter hoch. Nach einem Regen sind sie in unseren Wäldern recht häufig anzutreffen.

Marasmius Graminum . Berk.

Graminum ist der Genusplural von *Gramen* , was Gras bedeutet.

Der Hut ist klein, häutig , konvex, dann nahezu eben, gewölbt, tief und deutlich gestreift oder gefurcht, rotbraun getönt, die Furchen blasser, die Scheibe braun.

Die Lamellen sind an einem Kragen befestigt, der frei um den Stiel herum verläuft, wenige sind vorhanden, leicht bauchig und cremefarben.

Der Stiel ist kurz, schlank, gleichmäßig, glatt, glänzend, schwarz, oben weißlich.

Die Sporen sind kugelig und 3–4 μ groß.

Diese Art ist M. rotula sehr ähnlich, lässt sich aber leicht an dem blassroten, deutlich gefurchten Hut und seinem Wuchs auf Gras unterscheiden. Ich habe sie häufig auf dem Rasen der Chillicothe High School gefunden.

Marasmius siccus. Schw.

DER GLOCKENFÖRMIGE MARASMIUS.

TAFEL XVII. ABBILDUNG 110.— MARASMIUS SICCUS.
Natürliche Größe. Der Hut ist ockerfarben rot, die Scheiben etwas dunkler, die Stiele glänzend und schwarzbraun.

ABBILDUNG 111. — Marasmius siccus. Natürliche Größe. Kappen tief gefurcht und rosa.

Dies ist eine sehr schöne Pflanze, die nach einem Regen im Wald wächst und aus Blättern wächst. Sie kommen einzeln, aber normalerweise in Gruppen vor.

Der Hut ist zunächst nahezu kegelförmig, dann glockenförmig, häutig , trocken, glatt, die Furchen gehen fast von der Mitte aus und werden zum Rand hin größer, ockerfarben-rot, die Scheibe etwas dunkler.

Die Lamellen sind frei oder leicht angewachsen, wenige, weit auseinander stehend, breit, zum Stiel hin verengt und weißlich.

Der Stiel ist hohl, zäh, glatt, glänzend, schwarzbraun und fünf bis sieben Zentimeter lang. Der Hut ist etwa einen halben Zoll breit.

Die Pflanze ist in unseren Wäldern recht häufig anzutreffen. Ich habe sie nirgendwo sonst gefunden. Die Pflanzen auf dem Foto zeigen die rosafarbene Form, die nicht so häufig vorkommt wie die ockerfarben-rote. Bei der rosafarbenen Form sind die Mitte des Hutes und die Spitze des Stiels zartrosa, was der Pflanze ein schönes Aussehen verleiht.

Von Juni bis Oktober zu finden. Ich habe es nicht getestet, zweifle aber nicht an seinen essbaren Eigenschaften.

Marasmius fagineus . Morgan.

Fagineus bedeutet Zugehörigkeit zu beech.

Hut ein wenig fleischig, konvex, dann eben oder eingedrückt, zuletzt etwas nach außen gewölbt, runzelig-gestreift, rötlich-blass oder bräunlich-braun .

Die Lamellen sind kurz verwachsen, etwas gekräuselt, eng anliegend und blassrötlich.

Der Stiel ist kurz, hohl, behaart, nach oben verdickt, einfarbig; die Basis etwas knollig . *Morgan* , Myc. Flora MV

Diese Pflanze ist in unseren Wäldern recht häufig anzutreffen und wächst auf der Rinde am Fuß lebender Buchen. Ihr Lebensraum, ihr rötlicher oder schwefelartiger Hut und ihre helleren Lamellen kennzeichnen die Art eindeutig.

Marasmius peronatus . Fr.

DER MASKIERTE MARASMIUS .

ABBILDUNG 112. — Marasmius peronatus . Natürliche Größe. Hut rötlich-gelblich. Lamellen cremefarben oder hell rötlich-braun.

Peronatus kommt von *pero* , einem Stiefel.

Der Hut ist rötlich-gelblich, konvex, an der Spitze leicht abgeflacht, im Alter ziemlich runzelig; der Durchmesser beträgt bei voller Ausdehnung zwischen ein und zwei Zoll, der Rand ist gestreift.

Die Lamellen sind dünn und dicht gedrängt, cremefarben, werden hell rötlich-braun und verlaufen in einer kurzen Kurve weiter nach unten am Stiel.

Der Stängel ist faserig gefüllt, blass und an der Basis dicht mit steifen, gelblichen Haaren bedeckt.

Es wächst von Mai bis zum Frost im Wald zwischen abgestorbenen Blättern.

Normalerweise ist er einzeln, manchmal aber auch in Gruppen zu finden. Er wurde oft ohne Verletzungen gegessen, wird aber von den meisten Autoren als giftig eingestuft. Er ist ziemlich scharf, was jedoch beim Kochen verschwindet. Die dichten gelben Haare an der Basis des Stängels scheinen das Erkennungsmerkmal zu sein. Zu finden von Juli bis Oktober.

Marasmius ramealis . Fr.

ABBILDUNG 113. — Marasmius ramealis . Natürliche Größe.

Ramealis bedeutet „Zweig" oder „Stock"; der Name kommt daher , dass die Pflanze auf Stöcken in offenen Wäldern wächst.

Der Hut ist sehr klein, etwas fleischig, flach oder leicht eingedrückt, stumpf, nicht gestreift, leicht rau, undurchsichtig.

Die Lamellen sind am Stiel befestigt, etwas abstehend, schmal und weiß.

Der Stiel ist etwa einen Zoll lang, gefüllt, mehlig, weiß und neigt dazu, an der Basis rötlich zu sein.

Die Sporen sind elliptisch, 4×2μ.

Dies ist eine sehr hübsche Pflanze, die jedoch leicht übersehen wird. Sie wächst auf Eichen- und Buchenzweigen, häufig in großen Gruppen. Abbildung 113 zeigt ihre Wuchsweise und hilft dem Sammler bei der Identifizierung der Art. Nicht giftig, aber zu klein zum Sammeln. Gefunden von Juli bis Oktober. Die Exemplare in Abbildung 113 wurden in Haynes' Hollow in der Nähe von Chillicothe gefunden und von Dr. Kellerman fotografiert.

Marasmius saccharinus . Batsch.

GRANULÄRER MARASMIUS . ESSBAR.

Saccharinus leitet sich von *Saccharum* (Zucker) ab. Der Name kommt daher, dass der weiße Hut sehr stark an Hutzucker erinnert.

Der Hut ist ganz weiß, häutig , konvex, etwas papilliert, glatt, gefurcht und gefalten.

Die Lamellen sind breit und fest mit dem Stiel verbunden, schmal, dick, weit auseinanderliegend, durch Adern verbunden, weißlich.

Der Stiel ist recht dünn, fädenförmig, nach oben hin verjüngt, zunächst flockig , schließlich glatt, schräg eingesetzt, rötlich, an der Spitze blass. Sporen: $5\times3\mu$.

Bei nassem Wetter recht häufig auf abgestorbenen Eichenästen in Wäldern. Diese Pflanze unterscheidet sich von M. epiphyllus in ihrem Lebensraum, in der papillenartigen Form ihres Hutes und in der Flockigkeit des Stängels , der später glatt ist; außerdem sind die Lamellen netzartig verbunden. Häufig. Juli bis Oktober.

Marasmius epiphyllus . Fr.

DAS BLATT MARASMIUS . ESSBAR.

Epiphyllus bedeutet „auf Blättern wachsend".

Der Hut ist weiß, membranös , nahezu eben, an der Länge nach nabelförmig, glatt, runzelig und gefalzt.

Die Lamellen sind fest mit dem Stängel verbunden, weiß, durch Adern verbunden, ganzrandig, weit voneinander entfernt und wenige.

Der Stängel ist ziemlich hornig, braun, fein samtig, die Spitze blass und eingesetzt. Die Sporen sind $3\times2\mu$ groß. Diese Pflanze ist überall reichlich vorhanden, auf abgefallenen Blättern in Wäldern bei Regenwetter. Juli bis Oktober.

Marasmius Delegaten . Morgan.

ABBILDUNG 114. — Marasmius delectans . Natürliche Größe. Kappen weiß. Lamellen breit und weit auseinander.

Delectans bedeutet angenehm oder entzückend.

Der Hut ist unterlederartig , konvex, dann erweitert und eingedrückt, kahl, rauh, weiß und verfärbt sich beim Trocknen zu blass bräunlich .

Die Lamellen sind mäßig breit, ungleich, ziemlich weit voneinander entfernt, trabekulär, weiß, ausgerandet und angewachsen ; die Sporen sind lanzettlich-länglich, hyalin, 7–9×4μ.

Der aus einem üppigen weißflockigen Myzel hervorgehende Stiel ist lang, schlank, verjüngt sich leicht nach oben, ist glatt, braun und glänzend und an der Spitze weiß.

Man findet sie auf alten Blättern in Wäldern. Die Pflanzen in der Abbildung wurden am 28. Juli 1906 von RA Young in den Wäldern von Sugar Grove, Ohio, gesammelt und von Dr. Kellerman fotografiert. Gefunden von Juli bis Oktober.

Marasmius nigripes. Schw .

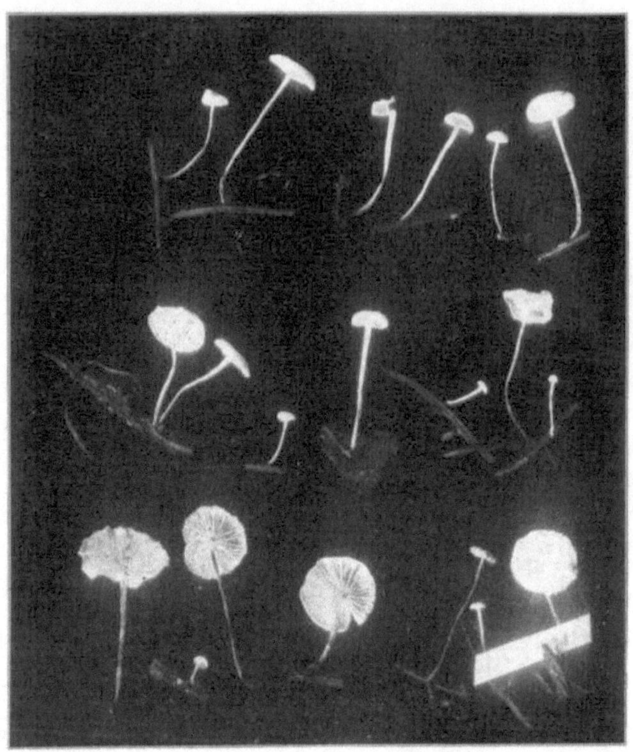

ABBILDUNG 115. — Marasmius nigripes. Natürliche Größe. Kappen und Lamellen weiß, Stiele schwarz.

Nigripes bedeutet Schwarzfuß und wird so genannt, weil die Stängel schwarz sind.

Tremmelloid . Hut sehr dünn, reinweiß, bereift, rau-gefurcht, konvex und dann erweitert.

Die Lamellen sind reinweiß, ungleich, teilweise gegabelt, verwachsen und die Zwischenräume venös.

Der Stiel ist an der Spitze am dicksten, verjüngt sich nach unten, ist schwarz, weiß bereift und hat eine durchgehende Basis . *Morgan* .

Man findet ihn auf alten Blättern, Stöcken und alten Eicheln und Hickorynüssen. Wenn er trocken ist, verliert der Stamm seine schwarze Farbe und die Lamellen werden fleischfarben. Er kommt recht häufig in dünnen und offenen Wäldern vor. Die Sporen sind hyalin und sternförmig, 3–5-strahlig. Man findet ihn von Juli bis Oktober.

Einige Autoren bezeichnen diesen Pilz als Heliomyces nigripes.

Pleurotus. Fr.

Pleurotus hat zwei griechische Wörter, die Seite und Ohr bedeuten und auf die Art und Weise anspielen, wie er auf einem Baumstamm wächst. Diese Gattung ist in ganz Ohio weit verbreitet und lässt sich leicht an ihrem exzentrischen, seitlichen oder sogar fehlenden Stamm erkennen, aber sie muss weiße Sporen und die Merkmale der Agaricini aufweisen .

Hut fleischig bei den größeren Arten und häutig bei den kleineren Formen, wird aber nie holzig. Stiel meist seitlich oder fehlt; wenn vorhanden, durchgehend mit Hut. Lamellen mit Sinus oder breit herablaufend, gezahnt.

Wächst in Wäldern.

Pleurotus ostreatus. Jacq.

DER AUSTERNPILZ. ESSBAR.

ABBILDUNG 116. – Pleurotus ostreatus. Zwei Drittel der natürlichen Größe. Wird oft sehr groß.

Hut zwei bis sechs Zoll breit, weich, fleischig, konvex oder hinten leicht eingedrückt, untergeordnet, oft spitz zulaufend überlappend, feucht, glatt, Rand eingerollt; weißlich, aschgrau oder bräunlich; Fleisch weiß, die gesamte Oberfläche glänzend und seidig, wenn trocken.

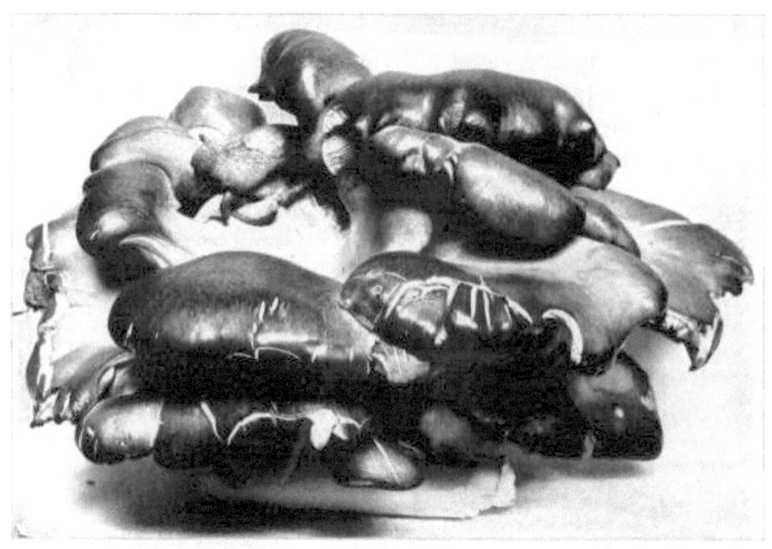

Lamellen breit, herablaufend, unterständig, an der Basis verzweigt, weiß oder weißlich. Der Stiel ist, wenn vorhanden, sehr kurz, fest, seitlich, manchmal rau mit steifen Haaren, an der Basis haarig. Sporen länglich, weiß, 0,0003 bis 0,0004 Zoll lang, 0,00016 Zoll breit.

Dies ist einer unserer am häufigsten vorkommenden Pilze und für Anfänger am einfachsten zu identifizieren. In den Abbildungen 116 und 117 sehen Sie die Pflanze in schuppenartiger Form wachsen, scheinbar ohne Stiel. In Abbildung 118 ist eine Sorte mit ausgeprägtem Stiel abgebildet. Man sieht, wie die Stiele an der Basis zusammenwachsen, die Stiele sind leicht gerillt und haben auch herabhängende Lamellen. Bei den meisten dieser Pflanzen sind die Stiele deutlich seitlich, aber einige scheinen mittig zu sein. Es wird schwierig sein, ihn vom Sapid-Pilz zu unterscheiden, und für den Verzehr besteht kaum Bedarf, sie zu trennen. In Ohio ist der Austernpilz überall sehr verbreitet. Ich habe Bäume gesehen, die 60 bis 70 Fuß hoch waren und einfach mit diesem Pilz vollgestopft waren. Wenn man ein paar Baumstämme oder Baumstümpfe findet, auf denen der Austernpilz wächst, kann man dort während der gesamten Saison einen reichlichen Vorrat finden (wenn die Bedingungen für das Pilzwachstum stimmen). Er ist bei Pilzessern fast überall beliebt, muss aber sorgfältig und gründlich gekocht werden. Sie wächst sehr groß und häufig in großen Massen. Ich habe oft Exemplare gefunden, deren Kappen 20 bis 25 cm breit waren. Sie wächst von Mai bis Dezember.

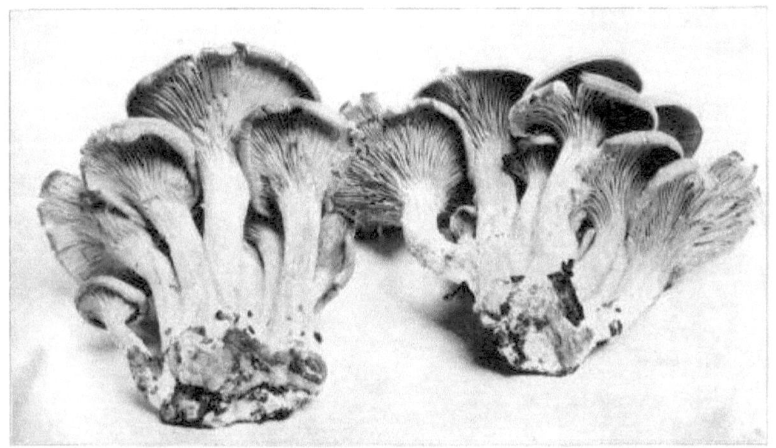

ABBILDUNG 118. — Pleurotus ostreatus. Halbe natürliche Größe, mit Kiemen und Stielen.

Pleurotus salignus . Fr.

DER WEIDEN-PLEUROTUS. ESSBAR.

Salignus , von *salix* , eine Weide. Der Hut ist kompakt, fast halbiert, horizontal, zunächst kissenförmig, eben, dann mit eingedrückter Scheibe, substrigös , weiß oder rötlich. Der Stiel ist exzentrisch oder seitlich, manchmal veraltet, kurz, weißfilzig. Die Lamellen sind herablaufend, etwas verzweigt, erodiert, an der Basis deutlich erkennbar, fast von gleicher Farbe. Sporen 0,00036 x 0,00015 Zoll. Fries.

Ich fand diese Art in der Nähe von Bowling Green auf Weidenstümpfen. Etwa alle zehn Tage boten mir die Stümpfe ein sehr gutes Gericht, besser als es jeder Fleischmarkt bieten könnte. September bis November.

Pleurotus ulmarius . Stier.

DIE ULME PLEUROTUS. ESSBAR.

FIGUR 119.— Pleurotus ulmarius . Ein Drittel der natürlichen Größe.

Ulmarius , von *ulmus* , eine Ulme. Der Name kommt von der Tatsache, dass er auf Ulmen und Baumstämmen wächst. Er erscheint im Herbst und kann zusammen mit dem Austernpilz Ende Dezember tiefgefroren gefunden werden. Diese Art sieht man häufig auf Ulmen, sowohl lebenden als auch toten, auf lebenden Bäumen, die beschnitten oder auf sonstige Art verletzt wurden. Man sieht sie oft auf Ulmen in Städten, wo die Ulme ein verbreiteter Schattenbaum ist. Ihr Hut ist groß, dick und fest, glatt und breit konvex, manchmal blassgelb oder gelbbraun. Häufig reißt die Epidermis in der Mitte des Hutes, wodurch die Oberfläche ein mosaikartiges Aussehen erhält, wie in Abbildung 119. Das Fleisch ist sehr weiß und recht kompakt. Die Lamellen sind weiß oder werden bei Reife oft gelbbraun, breit, gerundet oder eingekerbt, nicht dicht beieinander, manchmal beinahe herablaufend. Der Stiel ist fest und massiv, unterschiedlich lang, gelegentlich sehr kurz, neigt dazu, an der Basis dick zu sein und ist gebogen, sodass die Pflanze aufrecht steht, wie in Abbildung 119 zu sehen ist.

Der Hut ist drei bis sechs Zoll breit. Ein Exemplar mit einem Hutdurchmesser von über zehn Zoll wurde etwa neun Meter hoch in einem Baum gefunden. Es war zwar sehr groß, aber recht zart und ergab mehrere Mahlzeiten für zwei Familien. Diese Art ist jedoch nicht ausschließlich auf Ulmen beschränkt. Ich fand sie auf Hickorybäumen in der Nähe von Chillicothe. Auf meinen Wanderungen finden sich einige Ulmenstämme, von denen ich regelmäßig schöne Exemplare finde. Sie scheinen nicht so von Insekten befallen zu werden wie der Ostreatus und der Sapidus. Wenn die Pflanze aus der Spitze eines Baumstamms oder der Schnittfläche eines Baumstumpfs wächst, ist der Stamm manchmal länger, gerade und befindet sich in der Mitte des Hutes. Manche Autoren nennen diese Form var. verticalis .

Für meinen eigenen Gebrauch finde ich den Ulmenpilz, wenn er richtig zubereitet wird, sehr lecker. Wie alle Baumpilze sollte er jung gegessen werden. Er lässt sich leicht trocknen und für den Winter aufbewahren. Er kommt von September bis November vor.

Pleurotus petaloides . Stier.

DER PETALOID PLEUROTUS. ESSBAR.

ABBILDUNG 120. — Pleurotus petaloides .

Diese Art ist so benannt, weil sie den Blütenblättern einer Blume ähnelt. Der Hut ist fleischig, spachtelförmig, ganzrandig; der Rand ist zunächst eingerollt, schließlich vollständig entfaltet; zottig, niedergedrückt. Der Stiel ist zusammengedrückt und zottig, oft geriffelt , fast aufrecht. Die Lamellen sind stark herablaufend, dicht gedrängt, schmal und weiß oder weißlich. Die Sporen sind winzig kugelig, 0,0003 mal 0,00015.

Die Pflanze variiert sehr stark in Form und Größe. Ihr Hauptmerkmal ist das Vorhandensein zahlreicher kurzer weißer Cystidien im Hymenium, die die Oberfläche des Hymeniums bedecken und den Lamellen unter einer gewöhnlichen Taschenlupe ein etwas verschwommenes Aussehen verleihen. Häufig sieht es so aus, als ob sie aus dem Boden wächst, aber bei genauerer

Untersuchung wird man ein Stück Holz entdecken, das als Wirt für das Myzel dient. Ich habe diese Pflanze nur ein paar Mal gefunden. Sie scheint in unserem Staat, insbesondere im südlichen Teil des Staates, ziemlich selten zu sein. Die Pflanzen in Abbildung 120 wurden von Prof. GD Smith aus Akron, Ohio, fotografiert.

Pleurotus sapidus. Kalchb .

DER WÜRZIGE PLEUROTUS. ESSBAR.

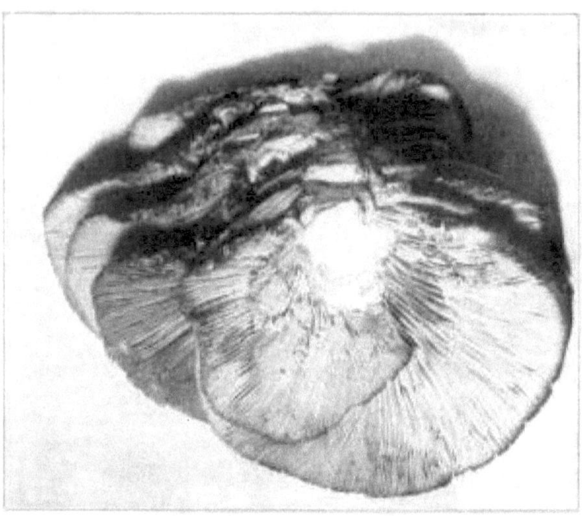

ABBILDUNG 121. — Pleurotus sapidus. Ein Drittel der natürlichen Größe, zeigt schuppenförmiges Wachstum. Sporen lila.

Sapidus, Bohnenkraut. Diese Pflanze wächst in Büscheln, deren Stängel an der Basis mehr oder weniger vereint sind, wie in Abbildung 121. Die Kappen sind, wenn sie dicht gedrängt stehen, oft unregelmäßig. Sie sind glatt und variieren stark in der Farbe, sie sind weißlich, aschgrau, bräunlich, gelblich-grau.

Das Fleisch ist dick und weiß. Die Lamellen sind weiß oder weißlich, ziemlich breit, verlaufen am Stiel herab und sind manchmal durch schräge oder quer verlaufende Äste leicht verbunden. Der Stiel ist im Allgemeinen kurz und fest, mehrere entspringen normalerweise einer verdickten Basis, sind weiß oder weißlich und entweder seitlich oder exzentrisch mit dem Hut verbunden.

Diese Pflanze wird zu den weißsporigen Arten gezählt, ihre Sporen weisen jedoch nach kurzer Einwirkung der Luft tatsächlich eine blasslila Färbung auf. Diese ist nur dann zu erkennen, wenn die Sporen in ausreichender Menge vorhanden sind und auf einer geeigneten Unterlage ruhen.

Die Größe der Pflanze variiert, der Hut ist normalerweise zwei bis fünf Zoll lang. Sie wächst in Wäldern und offenen Flächen, auf Stümpfen und Baumstämmen verschiedener Art. Ihre essbare Qualität ist genauso gut wie die des Austernpilzes. Sie kann nur durch ihre lila gefärbten Sporen vom P. ostreatus unterschieden werden. Sie wächst von Juni bis November.

Foto von CG Lloyd.

Pleurotus serotinoides . Pk.

DER GELBLICHE PLEUROTUS. ESSBAR.

ABBILDUNG 124. — Pleurotus serotinoides . Ein Drittel der natürlichen Größe.

Serotinoides , ähnlich wie Serotinus, was „spät kommend" bedeutet; von seinem Auftreten im Winter.

Der Hut ist fleischig, ein bis drei Zoll breit, kompakt, konvex oder nahezu eben, in jungem und feuchtem Zustand klebrig, halbnierenförmig, rundlich, einzeln oder gedrängt und schuppenförmig, unterschiedlich gefärbt, schmutzig-gelb, rötlich-braun, grünlich-braun oder olivfarben, der Rand zunächst nach innen gebogen.

Die Lamellen sind eng anliegend, abgegrenzt und weißlich oder gelblich.

Der Stiel ist sehr kurz, seitlich, dick, auf der Unterseite gelblich und leicht flaumig oder schuppig mit schwärzlichen Spitzen.

Die Sporen sind winzig, elliptisch, 0,0002 Zoll lang und 0,0001 Zoll breit.

Es gibt wahrscheinlich keinen Unterschied zwischen dieser und P. serotinus, der europäischen Art. Es ist eine wunderschöne Pflanze. Farbe und Größe sind sehr unterschiedlich. Ich habe sie auf Ralston's Run und in Baird's Woods auf Frankfort Pike gefunden. Sie ist von September bis Januar zu finden.

Pleurotus applicatus . Batsch.

KLEINER GRAUER PLEUROTUS.

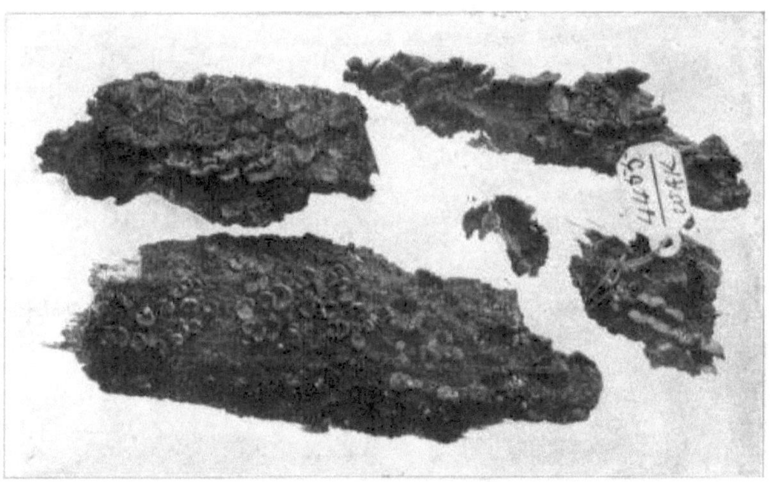

ABBILDUNG 125. — Pleurotus applicatus . Natürliche Größe.

Applicatus bedeutet „auf oder nahe liegend"; so benannt nach dem gestielten Hut. Der Hut hat einen Durchmesser von einem Drittel Zoll, ist in jungem Zustand becherförmig, dunkelbraun, etwas häutig , ziemlich fest, nach innen gekrümmt, dann zurückgebogen, etwas gestreift, leicht bereift und an der Basis zottig.

Die Lamellen sind dick, im Verhältnis zur Hutgröße breit, weit auseinanderliegend, strahlenförmig verlaufend, grau, der Rand heller, manchmal sind die Lamellen so dunkel wie der Hut.

Manchmal ist es nur in der Mitte des Hutes befestigt; manchmal wächst es seitlich an einem Regalstamm. Es ist nicht so häufig wie einige andere Formen von Pleurotus. Es unterscheidet sich von P. tremulus durch das Fehlen eines ausgeprägten Stammes.

Pleurotus cyphellæformis . Berk.

Cyphellæformis bedeutet geformt wie die Ohrhöhlen. Der Hut ist becherförmig, herabhängend, flaumig oder mehlig, die obere Schicht gallertartig, grau, sehr fein behaart, besonders an der Basis, der Rand blasser.

Die Lamellen sind schmal, ziemlich weit auseinander, rein weiß, die Lamellen sind abwechselnd kürzer. Es handelt sich um sehr kleine Pflanzen, die nur an feuchten Stellen auf abgestorbenen krautigen Pflanzen zu finden sind. Sie ähneln einer Cyphella Griseo -Pallida in der Gewohnheit.

Pleurotus abskondensiert . Fzg.

ABBILDUNG 126. — Pleurotus abscondens . Die ganze Pflanze ist weiß.

Abscondens bedeutet, sich aus dem Blickfeld zu halten. Der Name kommt daher, dass die Pflanze hartnäckig an Orten wächst, wo sie nicht zu sehen ist.

Der Hut ist oft zweieinhalb Zoll breit, zartweiß, hat einen starken, strengen Geruch und ist normalerweise bereift, der Rand ist leicht nach innen gebogen.

Die Lamellen sind am Stiel befestigt, ziemlich gedrängt, sehr weiß und etwas schmal.

Der Stiel ist kurz, massiv, bereift, meist seitlich und gebogen.

Die Pflanze wächst normalerweise in hohlen Baumstümpfen oder Baumstämmen. In diesem Fall ist der Stamm immer seitlich und die Pflanze wächst ähnlich wie P. ostreatus, außer dass sie nicht dachziegelförmig sind. Gelegentlich findet man die Pflanze auf dem Boden eines hohlen Baumstamms. In diesem Fall ist der Hut zentral und in der Mitte deutlich eingedrückt. Ich habe sie noch nie anders als in einem hohlen Baumstumpf oder Baumstamm wachsen sehen. Ihre Wuchsweise und ihre zarte weiße Form dienen zur Identifizierung. Sie ist von August bis November zu finden.

Pleurotus circinatus . Fr.

Circinatus bedeutet „rund machen" und bezieht sich auf die Form des Hutes.

Glanz überzogen .

Die Lamellen sind angewachsen und herabhängend, eher gedrängt, ziemlich breit und weiß.

Der Stiel ist gleichmäßig, glatt, ein bis zwei Zoll lang, gefüllt, zentral oder leicht exzentrisch und an der Basis verwurzelt.

Die Form dieser Pflanzen ist ziemlich konstant und die runden weißen Kappen lassen auf den ersten Blick an eine Collybia denken . Die weißen Lamellen und die herablaufende Form unterscheiden sie von P. lignatilis . Gut gekocht ergibt sie ein recht köstliches Gericht. Ich habe einige schöne Exemplare auf einem verrotteten Buchenstamm in Poke Hollow gefunden. Gefunden im September und Oktober.

Lactarius . Fr.

Lactarius bedeutet „zu Milch gehörend". Es gibt ein Merkmal dieser Gattung, an dem man sie leicht erkennen kann: das Vorhandensein von milchigem oder farbigem Saft, der aus einer Wunde oder einer gebrochenen Stelle einer frischen Pflanze austritt. Dieses Merkmal allein reicht aus, um die Gattung zu unterscheiden, aber es gibt noch andere Punkte, die die Bestimmung sicherer machen.

Das Fleisch ist, obwohl es ziemlich fest und fest erscheint, sehr spröde. Der Bruch ist immer gleichmäßig, sauber geschnitten und nicht ausgefranst wie bei faserigeren Stoffen.

Die Pflanzen sind fleischig und kräftig und ähneln in dieser Hinsicht den Clitocybes , man kann sie aber leicht an der Sprödigkeit ihres Fleisches, dem milchigen Saft und der Zeichnung auf dem Hut unterscheiden.

Viele Arten haben einen sehr scharfen oder pfeffrigen Geschmack. Wer eine dieser Arten roh probiert, vergisst sie nicht so schnell. Beim Kochen geht die Schärfe meist verloren.

Der Hut ist bei allen Arten fleischig, mehr oder weniger eingedrückt, der Rand ist zunächst eingerollt und oft mit konzentrischen Zonen gekennzeichnet.

Der Stiel ist kräftig, im Alter oft hohl und verschmilzt mit dem Hut.

Die Lamellen sind meist ungleich, der Rand ist spitz, herabhängend oder angewachsen und milchig; bei fast allen Arten ist die Milch weiß und verfärbt sich an der Luft zu schwefelgelb , rot oder violett.

Lactarius torminosus . Fr.

DER WOLLIGE LACTARIUS . GIFTIG.

ABBILDUNG 127. — Lactarius torminosus . Drei Viertel natürliche Größe. Kappen gelblich-rot oder ockerfarben mit rotem Schimmer, Rand nach innen gebogen.

Torminosus , voller Krämpfe, die Koliken verursachen. Der Hut ist zwei bis vier Zoll breit, konvex, dann eingedrückt, glatt oder fast glatt, mit Ausnahme des eingerollten Randes, der mehr oder weniger zottig, etwas gezont, klebrig ist, wenn er jung und feucht ist, gelblich-rot oder blass ockerfarben, mit Rot getönt.

Die Lamellen sind dünn, dicht, ziemlich schmal, haben fast die gleiche Farbe wie der Hut, sind aber gelber und blasser, leicht gegabelt und verlaufen allmählich nach unten .

Der Stiel ist ein bis zwei Zoll lang, blasser als der Hut, gleich groß oder leicht nach unten verjüngt, gefüllt oder hohl, manchmal gefleckt und mit einem sehr winzigen, anliegenden Flaum bedeckt.

Die Milch ist weiß und sehr scharf. Die Sporen sind stachelförmig, fast kugelig und 9–10 × 7–8 µ groß.

Dieser unterscheidet sich von L. cilicioides durch seinen gezonten Hut und seine weiße Milch. Die meisten Experten halten ihn für gefährlich. Captain McIlvaine spricht davon, dass die Russen ihn in Salz einlegen und ihn mit Öl und Essig gewürzt essen. Er wächst in Wäldern, auf offenem Gelände und auf Feldern. Die Exemplare in Abbildung 127 wurden in Michigan gefunden und von Dr. Fischer fotografiert.

Lactarius piperatus . Fr.

DER PFEFFER -LACTARIUS . ESSBAR.

ABBILDUNG 128. — Lactarius piperatus . Ein Drittel der natürlichen Größe.

Piperatus – mit pfefferartigem Geschmack. Der Hut ist cremeweiß, fleischig, fest, konvex, dann ausgedehnt, in der Mitte eingedrückt, trocken, nie zähflüssig und ziemlich breit.

Die Lamellen sind cremeweiß, schmal, dicht, ungleichmäßig, gegabelt, herablaufend, angewachsen und sondern bei Druck einen milchigen Saft ab, der milchig weiß und sehr scharf ist.

Der Stiel ist cremeweiß, kurz, dick, fest, glatt, am Ende abgerundet und an der Basis leicht spitz zulaufend. Sporen haben im Allgemeinen einen Apiculus von 0,0002 x 0,00024 Zoll.

Die Pflanze ist in ganz Ohio zu finden, aber die meisten Menschen haben Angst vor ihr, weil sie sehr pfeffrig schmeckt. Obwohl man sie ohne Schaden essen kann, wird sie nie ein Liebling werden.

Von Juli bis Oktober ist er in offenen Wäldern zu finden. In seiner Jahreszeit ist er eine der häufigsten Pflanzen in all unseren Wäldern.

Lactarius pergamenus . Fr.

Pergamenus kommt von *Pergamena* , Pergament. Der Hut ist konvex, dann erweitert, eben, eingedrückt, gewellt, faltig, ohne Zonen, oft repandiert, glatt, weiß.

Die Lamellen sind verwachsen, sehr schmal, strohfarben getönt, oft weiß, verzweigt, stark gedrängt und horizontal.

Der Stiel ist glatt, gefüllt, verfärbt und nicht lang. Die Milch ist weiß und scharf. Sporen: 8×6. Er unterscheidet sich von L. piperatus durch seine dicht gedrängten, schmalen Lamellen und den längeren Stiel. Von August bis Oktober in Wäldern zu finden.

Lactarius deceptivus . Pk.

TÄUSCHENDER LACTARIUS . ESSBAR

ABBILDUNG 129. — Lactarius deceptivus .

Deceptivus bedeutet täuschen.

Der Hut ist drei bis fünf Zoll breit, kompakt, zuerst konvex und nabelförmig, dann erweitert und mittig eingedrückt oder subinfundibuliform , ausschließlich filzig oder kahl außer am Rand, weiß oder weißlich, oft mit gelblichen oder schmutzigen Streifen versetzt, der Rand ist zuerst eingerollt und mit einem dichten, weichen, baumwollartigen Filz bedeckt, dann ausgebreitet oder erhaben und mehr oder weniger faserig.

Die Lamellen sind ziemlich breit, weit auseinander stehend oder nahe beieinander stehend , angewachsen oder herablaufend, einige von ihnen sind gegabelt, weißlich und werden cremefarben.

Der Stiel ist ein bis drei Zoll lang, gleich lang oder nach unten verjüngt, fest, bereift-behaart, weiß. Die Sporen sind weiß, 9–12,7 µ. Milchweiß, Geschmack scharf.

Diese Pflanze gedeiht wunderbar in Wäldern und offenen Hainen, besonders unter Nadelbäumen. Es handelt sich um eine große, fleischige, beißend weiße Art mit einem dicken, weichen, baumwollartigen Filz am Rand des Hutes der jungen Pflanze.

Das fotografierte Exemplar wurde mir von Frau Blackford aus Massachusetts geschickt. Es wächst im Juli, August und September. Seine

scharfe Schärfe verliert sich beim Kochen, aber wie alle scharfen Lactarius
ist es grob und nicht sehr gut.

Lactarius indigo. (Schw .) Fr.

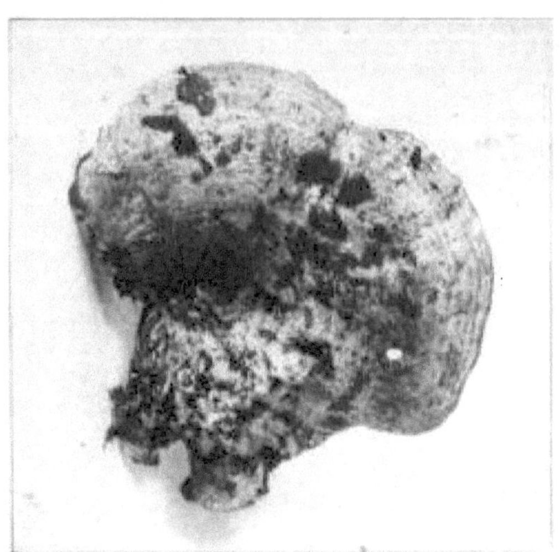

ABBILDUNG 130. — Lactarius indigo. Ein Drittel der natürlichen Größe. Die
gesamte Pflanze ist indigoblau.

ABBILDUNG 131. — Lactarius indigo. Ein Drittel der natürlichen Größe, mit
sichtbaren Kiemen.

Dies ist eine unserer auffälligsten Pflanzen. Niemand kann sie übersehen, da die gesamte Pflanze ein tiefes Indigoblau aufweist. Ich habe sie nur an einem einzigen Ort gefunden, in der Nähe des sogenannten Lone-Tree Hill bei Chillicothe. Ich habe sie dort bei mehreren verschiedenen Gelegenheiten gefunden.

Der Hut ist drei bis fünf Zoll breit, die sehr jungen Pflanzen scheinen nabelförmig zu sein, mit einem stark nach innen gebogenen, dann nach unten oder trichterförmigen Rand; wenn die Pflanze älter wird, wird der Rand angehoben und manchmal gewellt. Die gesamte Pflanze ist indigoblau und die Oberfläche des Hutes hat ein silbergraues Aussehen, durch das die Indigofarbe hindurchscheint. Die Oberfläche des Hutes ist mit einer Reihe konzentrischer Zonen dunkleren Farbtons markiert, wie in Abbildung 130 besonders am Rand zu sehen ist; manchmal gefleckt, mit zunehmendem Alter oder beim Trocknen blasser und weniger deutlich zoniert.

Die Lamellen sind dicht gedrängt und indigoblau, werden mit dem Alter gelblich und manchmal grünlich.

Der Stiel ist ein bis zwei Zoll lang, kurz, nahezu gleich groß, hohl, oft blau gefleckt und wie der Hut gefärbt.

Es ist essbar, aber ziemlich grob. Im Juli und August in offenen Wäldern zu finden.

Lactarius regalis. Fzg.

ABBILDUNG 132. — Lactarius regalis. Natürliche Größe. Kappen weiß, gelblich getönt.

Regalis bedeutet königlich; so benannt nach seiner Größe. Der Hut ist vier bis sechs Zoll breit, konvex, in der Mitte tief eingedrückt; klebrig, wenn feucht; am Rand oft gewellt; weiß, gelblich getönt.

Die Lamellen stehen eng aneinander, sind herablaufend, weißlich und teilweise an der Basis gegabelt.

Der Stiel ist zwei bis drei Zoll lang und einen Zoll dick, kurz, gleichmäßig und hohl. Der Geschmack ist scharf und die Milch spärlich, weiß und wechselt schnell zu schwefelgelb . Die Sporen haben einen Durchmesser von 0,0003 Zoll . *Pick*.

Dies ist häufig eine sehr große Pflanze, die in ihrem Aussehen L. piperatus ähnelt , aber leicht an ihrem klebrigen Hut und ihrer dünnen, sich gelb verfärbenden Milch zu erkennen ist, wie bei L. chrysorrhæus . Sie wächst im August und September auf dem Boden in den Wäldern. Ich finde sie hier hauptsächlich an den Hängen. Die Exemplare in Abbildung 132 wurden in Michigan gefunden und von Dr. Fischer fotografiert.

Lactarius scrobiculatus . Fr.

DER GEFLECKTE LACTARIUS .

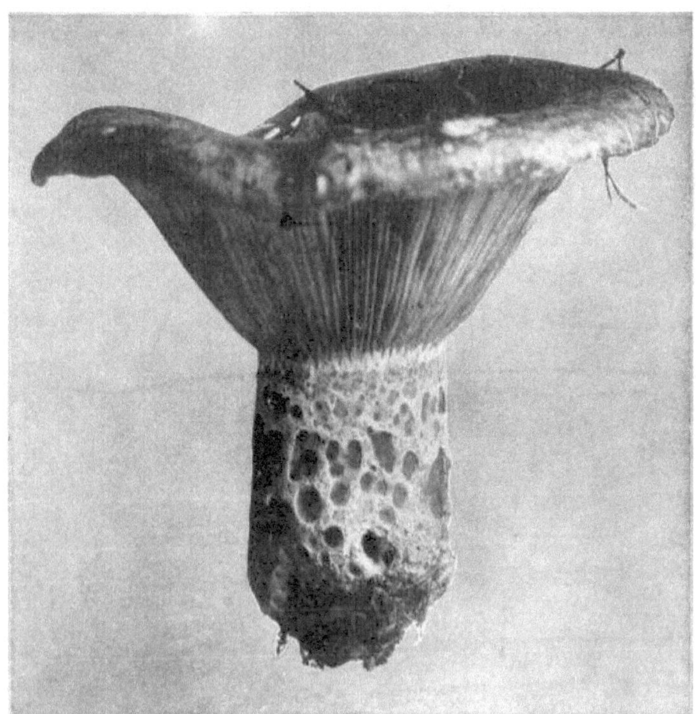

Foto von CG Lloyd.

ABBILDUNG 133. — Lactarius scrobiculatus . Natürliche Größe. Kappen rötlich-gelb, gezont. Rand stark nach innen gebogen, Stiel narbig.

Scrobiculatus kommt von *scrobis* , einem Graben, und *ferro* , tragen, was sich auf den narbigen Zustand des Stängels bezieht. Der Hut ist konvex, mittig eingedrückt, mehr oder weniger gezont, rötlich-gelb, klebrig, der Rand stark nach innen gebogen und flaumig.

Die Lamellen sind angewachsen oder leicht herablaufend, weißlich und aufgrund der zunächst nach innen gebogenen Kappe oft stark gekrümmt.

Der Stiel ist gleichmäßig, gefüllt und oft mit Gruben dunklerer Farbe verziert.

Die Sporen sind weiß, der Saft weiß, später gelblich.

Die Pflanze schmeckt sehr scharf und ist fest. Zu scharf zum Essen. Ich habe sie nur ein paar Mal auf den Hügeln von Huntington Township in der Nähe von Chillicothe gefunden. Die Pflanze ist an der gelblichen Farbe und dem deutlich nach innen gebogenen Rand zu erkennen. Gefunden im August und September.

Lactarius trivialis . Fr.

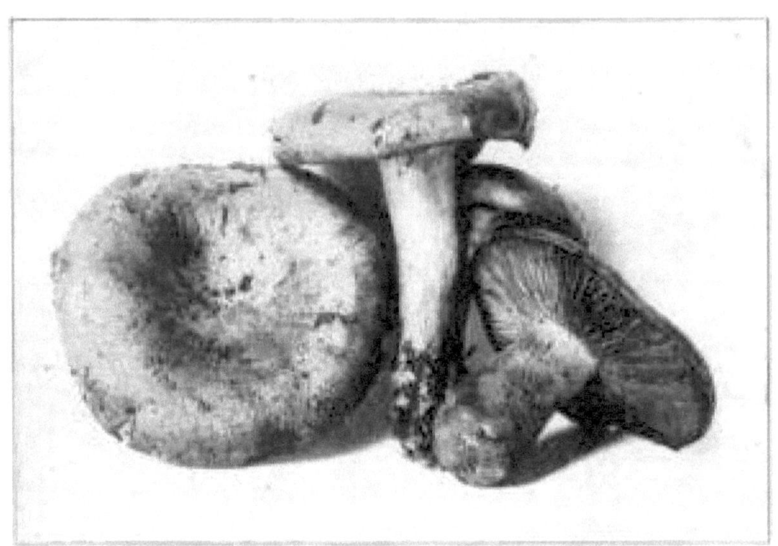

ABBILDUNG 134. — Lactarius trivialis . Halbe natürliche Größe. Kappen hellbraun mit rosa Schimmer. Sehr scharf.

Trivialis bedeutet gewöhnlich.

Der Hut ist drei bis vier Zoll breit, normalerweise feucht oder wässrig, manchmal ziemlich klebrig, glänzt im trockenen Zustand, ist konvex, dann ausgedehnt, in der Mitte eingedrückt, der Rand ist zunächst nach innen gebogen, eben, glatt; es herrscht ein warmer, weicher Braunton, eher hell und manchmal ein ganz leichter rosa Farbton. Das Fleisch ist fest und beständig.

Die Lamellen sind ziemlich dicht gedrängt, leicht herablaufend, zunächst weißlich, dann hellgelb, viele reichen nicht bis zum Stiel, keine sind gegabelt. Der Stiel ist drei bis vier Zoll lang, hat dieselbe Farbe wie der Hut, oft einen viel helleren Farbton; verjüngt sich vom Hut zur Basis hin, ist glatt, ausgestopft und schließlich hohl. Die Pflanze ist ziemlich voll mit Milch, zunächst weiß, wird dann gelblich.

Die Pflanze ist sehr scharf und pfeffrig. Sie ist in großen Mengen entlang der Flüsse von Ross County , Ohio, zu finden. Sie ist nicht giftig, scheint aber zu scharf zum Essen zu sein. Man findet sie nach Regenfällen von Juli bis Oktober in feuchten Mischwäldern.

Lactarius insulsus . Fr.

ABBILDUNG 135. — Lactarius Insulsus . Ein Drittel der natürlichen Größe. Kappen gelblich oder strohfarben. Sehr scharf.

Insulsus , fad oder geschmacklos. Dies ist eine sehr attraktive Pflanze. Ziemlich fest und behält seine Form mehrere Tage lang; Der Hut ist zwei bis vier Zoll breit, konvex, in der Mitte eingedrückt, dann trichterförmig, glatt, klebrig, wenn feucht, mehr oder weniger zoniert, die Zonen viel schmaler als bei L. scrobiculatus , gelblich oder strohfarben, der Rand leicht nach innen gebogen und kahl.

Die Lamellen sind dünn, ziemlich gedrängt, angewachsen und manchmal herablaufend, einige von ihnen an der Basis gegabelt, weißlich oder blass. Sporen fast kugelig , rau, 10×8μ.

Der Stiel ist ein bis zwei Zoll lang, gleich lang oder leicht nach unten verjüngend, gefüllt, weißlich, im Allgemeinen gefleckt. Milchig, weiß.

Die meisten Experten stufen diese Pflanze als essbar ein, aber sie ist so scharf und ihr Fleisch so fest, dass ich sie nie probiert habe. Ich fand zwei Pflanzen, die der Beschreibung der europäischen Pflanzen vollständig entsprachen. Die Zonen waren orangegelb und ziegelrot. Ich habe den Ort seitdem viele Male besucht, konnte aber nie eine andere finden. Bei uns ist diese Pflanze nicht häufig anzutreffen. Man findet sie von Juli bis Oktober in offenen Wäldern.

Lactarius lignyotus . Fr.

DER RUßIGE LACTARIUS . ESSBAR.

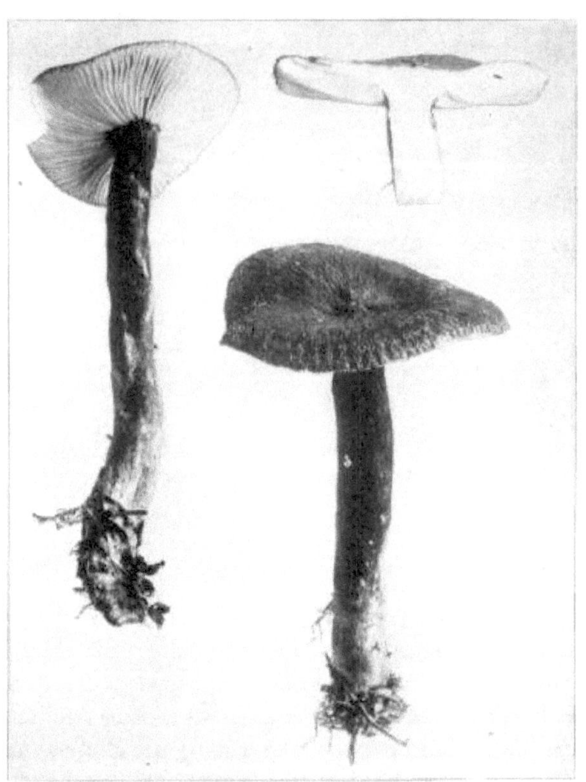

TAFEL XXI. ABBILDUNG 136.— LACTARIUS LIGNYOTUS .
Natürliche Größe. Kappen rußig-umbrafarben. Das Fruchtfleisch schmeckt mild.

Lignyotus ist aus *Lignum* , Holz. Der Hut ist ein bis vier Zoll im Durchmesser, fleischig, konvex, dann erweitert, manchmal leicht gewölbt, oft im Alter leicht eingedrückt, glatt oder oft runzelig, bereift samtig , rußig umbra, der Rand im Alter Pflanzen gewellt und deutlich geflochten, das Fleisch weiß und mild im Geschmack.

Die Lamellen sind am Stengel befestigt; ungleich; schneeweiß oder gelblich-weiß, ändern bei Quetschung langsam ihre Farbe in ein rosa-rotes oder lachsfarbenes Licht; bei alten Pflanzen weit auseinander.

Der Stiel ist ein bis drei Zoll lang, gleichmäßig, an der Spitze abrupt verengt, glatt, gefüllt und hat die gleiche Farbe wie der Hut. Milchweiß, Geschmack mild oder langsam scharf. Die Sporen sind kugelig, gelblich, 9–11,3 μ.

Dieser wird Sooty Lactarius genannt und ist sehr leicht zu identifizieren. Er wird häufig in Verbindung mit dem Smoky Lactarius gefunden , dem er sehr ähnelt. Er scheint feuchte, sumpfige Wälder zu lieben. Er gilt als einer der besten Lactarii . Die Exemplare in Abbildung 136 wurden in Sandusky, Ohio, gesammelt und von Dr. Kellerman fotografiert.

Lactarius cinereus. Pk.

ABBILDUNG 137. — Lactarius cinereus.

Cinereus kommt von *cineres* , Asche; so genannt wegen der Farbe der Pflanze.

Der Hut ist ein bis zweieinhalb Zoll breit, zonenlos, etwas klebrig, flockig-schuppig, in der Mitte eingedrückt, der Rand dünn, ebenmäßig, das Fleisch dünn und weiß, mild im Geschmack, aschgrau.

Die Lamellen sind verwachsen, ziemlich dicht beieinander, manchmal gegabelt (normalerweise in der Nähe des Stiels), ungleichmäßig, weiß oder cremeweiß, milchweiß und nicht zahlreich.

Der Stiel ist fünf bis sieben Zentimeter lang, verjüngt sich nach oben, ist locker gefüllt, schließlich hohl und an der Basis oft beflockt.

Diese Pflanze ist von September bis November recht häufig anzutreffen und wächst bei feuchtem Wetter auf Blättern in Mischwäldern. Sie hat einen milden Geschmack. Obwohl ich sie nicht gegessen habe , zweifle ich nicht daran, dass sie essbar ist. Die Farbe des Hutes ist manchmal recht dunkel.

Lactarius griseus.Pk.

GRAUER LACTARIUS.

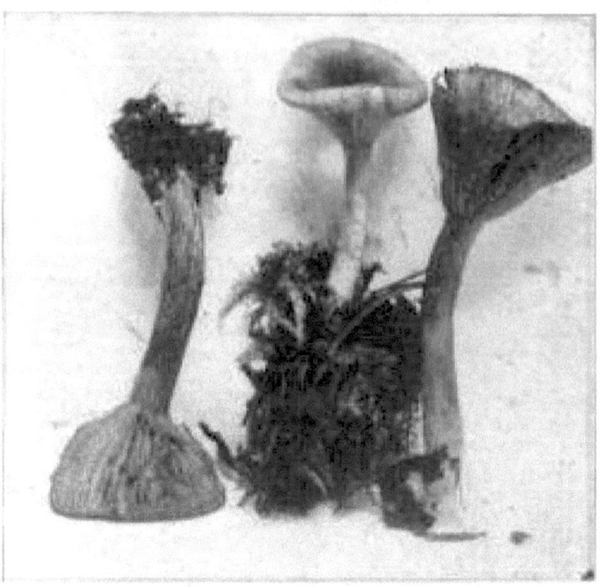

ABBILDUNG 138. — Lactarius griseus.

Griseus bedeutet grau.

Der Hut ist dünn, nahezu eben, breit nabelförmig oder mittig eingedrückt, manchmal trichterförmig, im Allgemeinen mit einem kleinen Nabel oder einer Papille, leicht schuppig-filzig, grau oder bräunlich-grau und wird mit dem Alter blasser.

Die Lamellen sind dünn, dicht aneinanderliegend, angewachsen oder leicht herablaufend, weißlich oder gelblich.

Der Stiel ist schlank, gleichmäßig oder leicht nach oben verjüngt, eher zerbrechlich; gefüllt oder hohl; im Allgemeinen zottig oder filzig an der Basis, blasser als der Hut oder ähnlich gefärbt.

Die Sporen sind 0,0003 bis 0,00035 Zoll groß, milchig weiß und schmecken leicht scharf. Der Hut ist 6 bis 18 Linien breit, der Stiel 1 bis 2 Zoll lang und 1 bis 3 Linien dick. *Picken.*

Es ähnelt L. mammosus und L. cinereus. Es unterscheidet sich von ersterem dadurch, dass es keine eisenhaltigen Lamellen und keine behaarten Stängel hat, und von letzterem durch seine geringere Größe, seinen dicht behaarten Hut und seinen Lebensraum. Es wächst auf moosbedeckten Baumstämmen oder in moosbedeckten Sümpfen. Die Basis einer der Pflanzen in Abbildung

138 ist mit dem Moos bedeckt, in dem sie wuchsen. Diese Pflanzen wurden von Mrs. Blackford im Purgatory Swamp in der Nähe von Boston gefunden. Sie wachsen von Juli bis September.

***Lactarius distans* .**

DER LANGFLÜGELIGE SEIDENSCHWANZ . ESSBAR.

Distans bedeutet „entfernt" und wird so genannt, weil die Kiemen sehr weit auseinander liegen.

Der Hut ist fest, breit konvex oder nahezu eben, in der Mitte nabelförmig oder leicht eingedrückt; mit einer winzigen, samtigen Bereifung ; gelblich-gelbbraun oder bräunlich-orange.

Die Lamellen sind ziemlich breit, weit auseinander, angewachsen oder leicht herablaufend, weiß oder cremegelb, die Zwischenräume geadert; milchweiß, mild.

Der Stiel ist kurz, gleichmäßig oder nach unten verjüngt, fest, bereift und wie der Hut gefärbt.

Die Sporen sind fast kugelförmig und 9–11 μ breit. *Peck* , NY Report, 52.

Ich verwechsle diese Pflanze häufig mit L. volemus , wenn ich sie im Boden wachsen sehe, aber die weit auseinander liegenden Lamellen unterscheiden die Pflanze sofort, wenn man sie erntet. Der Stängel ist kurz und rund, verjüngt sich nach unten, ist fest und hat die Farbe des Hutes. Die Milch ist weiß und mild zugleich. Ich finde sie auf fast jedem bewaldeten Hügel in der Umgebung von Chillicothe. Sie ist von Juli bis September zu finden.

Lactarius atroviridus* . *Fzg.

DER DUNKELGRÜNE LACTARIUS .

ABBILDUNG 139. — Lactarius atroviridus . Hut und Stiel dunkelgrün. Hut in der Mitte eingedrückt. Lamellen weiß.

Atroviridus kommt von *ater* , schwarz, und *viridus* , grün; so genannt nach der Farbe des Hutes und des Stängels der Pflanze.

Der Hut ist konvex, eben, dann in der Mitte eingedrückt, mit einer anhaftenden Häutchen, grünlich mit dunkleren Schuppen, der Rand nach innen gebogen.

Die Lamellen sind leicht herablaufend, weißlich, breit und weit auseinanderliegend; milchweiß, aber nicht so üppig wie bei vielen Lactarii .

Der Stiel ist recht kurz, verjüngt sich nach unten, ist dunkelgrün und schuppig.

Der Stiel ist so kurz, dass der Hut direkt auf dem Boden zu liegen scheint, daher wird er sehr leicht übersehen. Man findet ihn nur gelegentlich auf moosigen Hügeln, wo es nicht zu viele Blätter gibt. Die Pflanze in Abbildung 139 wurde in Haynes' Hollow in der Nähe von Chillicothe gefunden. Ich habe die Pflanze auf dem Gipfel des Mount Logan gefunden. Sie ist von Juli bis Oktober zu finden. Ob sie essbar ist, weiß ich nicht. Alle Exemplare, die ich gefunden habe, habe ich an meine mykologischen Freunde geschickt. Sie sollte mit Vorsicht verkostet werden.

Lactarius subdulcis . Fr.

DER SÜßE LACTARIUS . ESSBAR.

ABBILDUNG 140. — Lactarius subdulcis .

Subdulcis bedeutet fast süß oder süßlich.

Der Hut ist fünf bis sieben Zentimeter breit, eher dünn, papillös, konvex, dann eingedrückt, glatt, ebenmäßig, zonenlos, zimtrot oder gelbbraun, der Rand ist manchmal gewellt.

Die Lamellen sind eher schmal, dünn, dicht, weißlich, oft rötlich oder rot getönt. Sporen: 9–10µ.

Der Stiel ist gefüllt, dann hohl, gleichmäßig, leicht nach oben verjüngt, schlank, glatt, manchmal zottig an der Basis. Die Milch ist weiß, manchmal etwas scharf und schmeckt roh unangenehm. Sie muss lange gekocht werden, damit sie gut wird.

Man kann sie wahrscheinlich überall finden, aber sie gedeiht am besten an feuchten Orten. Die bei uns vorkommenden Pflanzen scheinen alle rote oder zimtrote Lamellen zu haben, besonders bevor die Sporen abzufallen beginnen. Man findet sie auf dem Boden, zwischen Blättern oder auf gut verrottetem Holz und manchmal auf dem nackten Boden. Sie kommen von Juli bis November vor.

Lactarius serifluus . Fr.

Serifluus bedeutet Fließen mit Serum, dem wässrigen Teil der Milch.

Der Hut ist fleischig, in der Mitte eingedrückt, trocken, glatt, nicht gezont, gelbbraun, der Rand ist dünn und nach innen gebogen.

Die Lamellen sind dicht gedrängt, hellbraun oder gelblich, milchig spärlich und wässrig.

Der Stiel ist fest, gleichmäßig und blasser als der Hut. Sporen: 7–8 µ.

Der Unterschied zu L. subdulcis besteht darin, dass er einen festen Stamm und möglicherweise eine etwas dunklere Farbe hat. In Wäldern zu finden, Juli bis November.

Lactarius gewellt . Fzg.

DER RUNZELIGE LACTARIUS . ESSBAR.

ABBILDUNG 141. — Lactarius corrugis . Kappen runzelig, gelbbraun. Lamellen orangebraun.

Corrugis bedeutet faltig.

Der Hut ist konvex, eben, ausgedehnt und in der Mitte leicht eingedrückt. Die Oberfläche des Hutes ist runzelig, trocken und lorbeerbraun. Der Rand ist zunächst nach innen gebogen.

Die Lamellen sind angewachsen , breit, gelblich oder bräunlich-gelb und werden mit zunehmendem Alter blasser. Der Stiel ist ziemlich kurz, gleichmäßig, fest, bereift und hat die gleiche Farbe wie der Hut. Die Sporen sind fast kugelig und 10–13 µ groß.

volemus sehr ähnlich , und der einzige wesentliche Unterschied besteht in der runzeligen Form und der Farbe des Hutes. Die Milch ist im trockenen Zustand sehr klebrig und wird ziemlich schwarz. Sie hat nur einen leichten säuerlichen Geschmack.

Borsten im Hymenium bemerken , die über die Oberfläche der Lamellen hinausragen. Sie sind so zahlreich und so nahe am Rand der Lamellen, dass sie diesen ein flaumiges Aussehen verleihen. Die Qualität dieser Art ist sogar besser als die von L. volemus , obwohl sie hier nicht so häufig vorkommt wie letzterer. Von August bis September in dünnen Wäldern zu finden. Das Foto, Abbildung 141, wurde von Prof. HC Beardslee gemacht.

Lactarius volemus . Fr.

DER ORANGE-BRAUNE LACTARIUS . ESSBAR.

Foto von Prof. Atkinson.

ABBILDUNG 142. — Lactarius volemus . Natürliche Größe. Kappen goldgelb. Milch in Hülle und Fülle, wie man an den Einstichstellen der Pflanze sehen kann.

Volemus von Volema pira , eine Art Birne , so genannt nach der Form des Stiels. Der Hut ist breit, das Fleisch dick, kompakt, starr, eben, dann ausgedehnt, stumpf, trocken, goldgelb, schließlich etwas runzelig.

Die Lamellen sind dicht gedrängt, angewachsen oder leicht herablaufend, weiß, dann gelblich; die Milch ist reichlich und süß.

Der Stiel ist fest, hart, stumpf und im Allgemeinen birnenförmig gebogen. Seine Farbe ist die des Hutes, jedoch eine Nuance heller. Sporen kugelig, weiß.

Die Milch dieser Art ist sehr reichlich vorhanden und schmeckt recht angenehm. Sie wird ziemlich klebrig, wenn sie auf den Händen trocknet. Diese Pflanze ist bei Pilzessern sowohl in diesem Land als auch in Europa sehr beliebt.

Es besteht keine Verwechslungsgefahr. Die Pflanzen wachsen von Juli bis September in feuchten Wäldern. Man findet sie einzeln oder in Flecken. Sie wurden in großer Zahl in der Umgebung von Salem, Ohio, und auch in der Umgebung von Chillicothe gefunden.

Lactarius köstlich . Fr.

DER KÖSTLICHE LACTARIUS . ESSBAR.

ABBILDUNG 143. — Lactarius deliciosus . Ein Drittel der natürlichen Größe. Kappen hell rötlich-gelb. Milchig-orange Farbe.

Deliciosus , köstlich. Der Hut ist drei bis fünf Zoll breit; die Farbe variiert von gelb bis matt orange oder sogar bräunlich gelb mit gesprenkelten konzentrischen Zonen von dunklerer Farbe, besonders bei jüngeren Pflanzen, manchmal ein helles rötlich gelb, ohne sichtbare Zonen (wie im Fall der Pflanzen in Abbildung 143); konvex, wird beim Ausdehnen sehr eingedrückt; trichterförmig; glatt, feucht, manchmal unregelmäßig, gewellt; Fleisch spröde, cremig, mehr oder weniger orange gefärbt.

Die Lamellen sind bei den eingedrückten Exemplaren leicht herablaufend, etwas gedrängt, am Stiel gegabelt, kurze Lamellen beginnen am Rand; bei Quetschung sondert sie reichlich milchigen Saft von oranger Farbe ab; blassbraune Farbe, wird mit zunehmendem Alter oder beim Trocknen grün. Die Sporen sind stachelig, 9–10×7–8μ.

Der Stiel ist fünf bis sieben Zentimeter oder mehr lang, gleichmäßig, glatt, hohl, leicht bereift, blasser als der Hut, gelegentlich orange gefleckt, bei alten Pflanzen grünlich getönt.

Der Geschmack der rohen Pflanze ist leicht pfeffrig. Sie wächst in feuchten Wäldern und ist manchmal recht häufig anzutreffen. Ihr Name lässt auf die Wertschätzung schließen, die sie von allen genießt, die sie gegessen haben. Wie alle Lactarii muss sie gut gekocht werden. Die Exemplare in Abbildung 143 wurden auf dem Cemetery Hill in der Nähe der Kiefern und in Gesellschaft von Boletus Americanus gesammelt. Gefunden von Juli bis November. Ich fand die Pflanze in einer typischeren Form in der Nähe von Salem, Ohio.

Lactarius uvidus . Fr.

ABBILDUNG 144. — Lactarius uvidus .

Uvidus kommt von *uva* (Traube) und wird so genannt, weil es bei Kontakt mit Luft die Farbe einer Traube annimmt.

Der Hut ist fünf bis zehn Zentimeter breit, das Fleisch ziemlich dünn, konvex, manchmal leicht genoppt, dann in der Mitte eingedrückt, nicht gezont, zähflüssig, schmutzig blass ockerfarben-braun, der Rand zuerst eingerollt, nackt, zuerst milchig mild, dann scharf werdend, weiß wechselt zu lila.

Die Lamellen sind dünn, leicht herablaufend, gedrängt, die kürzeren sind sehr stumpf und hinten gestutzt, durch Adern verbunden, weiß und werden bei Verletzung lila.

Der Stiel ist bald hohl, fünf bis sieben Zentimeter lang, zähflüssig und blass.

Die Sporen sind rund, 10μ.

Nicht nur die Milch verfärbt sich lila, wenn man sie anschneidet, sondern auch das Fruchtfleisch selbst. Man findet sie im August und September in feuchten Wäldern. Die Pflanzen in Abbildung 144 wurden von Mrs. Blackford in der Nähe von Boston gefunden. Diese Pflanzen wuchsen im Purgatory Swamp. Das Sphagnum-Moos ist an der Basis der aufrecht stehenden Pflanze zu sehen.

Lactarius Chrysorrheus . Fr.

GELBSAFTIGER LACTARIUS .

Chrysorrheus setzt sich aus zwei griechischen Wörtern zusammen: *chrysos* – gelb oder golden; *reo* – ich fließe, weil der Saft bald eine goldgelbe Farbe annimmt.

Der Hut ist eher fleischig, eingedrückt, dann trichterförmig, gelblich-fleischfarben, mit dunklen Zonen oder Flecken gezeichnet.

Der Stiel ist gefüllt, dann hohl, gleich groß oder unten spitz zulaufend, blasser als der Hut, manchmal narbig.

Die Lamellen sind herablaufend, dünn, gedrängt, gelblich, milchig weiß, dann goldgelb und sehr scharf.

Die Milch ist weiß, recht scharf, hat einen eigenartigen Geschmack und verfärbt sich bei Kontakt sofort schön gelb. Diese Art ist in der Gegend von Salem, Ohio, weit verbreitet und kann sehr unterschiedlich groß sein. Von Juli bis Oktober findet man sie in Wäldern und Hainen. Ich weiß nicht, ob ihre Essbarkeit jemals getestet wurde. Als ich sie vor einigen Jahren fand , hatte ich weniger Vertrauen in Pilze als heute.

Lactarius vellereus . Fr.

DER WOLLWEIßE LACTARIUS . ESSBAR.

Vellereus von Vellus, einem Vlies. Der Hut ist weiß, kompakt, fleischig, eingedrückt oder konvex, filzig, zonenlos, der Rand zunächst eingerollt, milchweiß und scharf.

Die Lamellen sind weiß oder weißlich, weit auseinander stehend, gegabelt, angewachsen oder herablaufend, durch Adern verbunden, bogenförmig und spärlich milchig.

Der Stiel ist fest, stumpf, behaart, weiß und verjüngt sich nach unten. Die Sporen sind weiß und fast glatt, 0,00019 x 0,00034 Zoll.

Diese Art ist recht häufig; obwohl sie sehr scharf schmeckt, geht diese Schärfe beim Kochen völlig verloren. Man erkennt sie leicht an der flaumigen Bedeckung des Hutes. In dünnen Wäldern und Waldrändern zu finden. Juli bis Oktober.

Täubling .

Russula , rot oder rötlich. Der Anfänger wird keine Schwierigkeiten haben, diese Gattung zu bestimmen. Die Familienähnlichkeit ist so stark, dass er, wenn er eine findet, sofort sagen wird, es sei eine Russula . Die Kontur des Hutes, die Brüchigkeit seines Fleisches und seines Stiels, die zerbrechlichen Lamellen und das Fehlen eines milchigen oder farbigen Saftes an irgendeinem Teil der Pflanze, die vielen bunten Farben – all das hilft bei der Bestimmung der Gattung.

Viele Arten der Russula ähneln stark denen der Gattung Lactarius in Größe, Form und Beschaffenheit. Auch die Sporen sind recht ähnlich, aber das Fehlen des Milchsafts macht den Unterschied sofort deutlich.

Der Hut kann rot, purpurn, violett, rosa, blau, gelb oder grün sein. Die bei den Lactarii häufig vorkommenden Farbzonen kommen hier nicht vor. Anfänger werden möglicherweise Schwierigkeiten haben, die Arten zu identifizieren, da Größe und Farbe variieren. Die Sporen sind weiß bis sehr blassgelb, im Allgemeinen stachelig. Der Hut ist fleischig, konvex, dann ausgedehnt und schließlich eingedrückt. Der Stiel ist spröde, kräftig und glatt, im Allgemeinen innen schwammig und mit dem Hut verschmolzen. Die Lamellen sind milchlos , mit spitzen Kanten und sehr zart.

Captain McIlvaine sagt in seinem sehr wertvollen Buch „One Thousand American Fungi": „Dieser Gattung haben die Autoren besondere Ungerechtigkeit angetan; es ist keine einzige Art unter ihnen bekannt, die giftig ist, und wo sie nicht zu stark nach Kirschrinde oder anderen stark gewürzten Substanzen schmecken, sind sie alle essbar; die meisten von ihnen sind beliebt." Ich kann bezeugen, dass viele von ihnen beliebt sind, obwohl einige sehr pfeffrig schmecken und es etwas Mut erfordert, sie anzugreifen.

Sie sind alle vom Frühsommer bis zum Spätherbst auf dem Boden in offenen Wäldern zu finden.

Täubling delikat . Fr.

DER ENTWÖHNTE TÄUBLING . ESSBAR.

Delica bedeutet entwöhnt und wird deshalb so genannt, weil es, obwohl es Lactarius ähnelt, Es sieht aus wie Vellereus , enthält aber keine Milch.

Der Hut ist ziemlich groß, fleischig, fest, eingedrückt, ebenmäßig, glänzend, der Rand ist nach innen gebogen, glatt und nicht gestreift.

Die Lamellen sind herablaufend, dünn, weit auseinander, ungleichmäßig und weiß.

Der Stiel ist fest, kompakt, weiß und kurz.

Es werden Exemplare gefunden, die Lactarius ähneln piperatus und L. vellereus , aber sie können leicht unterschieden werden, da sie keine Milch in ihren Lamellen haben und der Geschmack mild ist. Sie sind nicht mit den meisten Täublingen identisch . Von August bis Oktober in Wäldern zu finden.

Täubling justa . MF

DER RAUCHTÄUBLING . ESSBAR.

ABBILDUNG 145. — Täubling justa .

Adusta bedeutet verbrannt.

Der Hut ist rauchig, eisenhaltig, fleischig und kompakt, der Rand ist eben und gebogen und in der Mitte eingedrückt.

Die Lamellen sind am Stiel befestigt, herablaufend, dünn, gedrängt, ungleichmäßig, weiß und werden bei Quetschung nicht rot.

Der Stiel ist dick, fest und hat die gleiche Farbe wie der Hut. Er wird bei Quetschungen nicht rot.

Die Pflanze ähnelt R. nigricans, kann aber leicht von ihr unterschieden werden, da sie dünne, dicht gedrängte Lamellen hat und beim Schneiden oder Quetschen nicht rot wird. Die Sporen sind subglobös , fast glatt, 8–9 μ; keine Zystidien. Sie ist im August und September in den Wäldern zu finden. Essbar, aber nicht erstklassig. Es ist eine sehr weit verbreitete Pflanze.

Schwarzer Täubling. Fr.

Foto von CG Lloyd.

ABBILDUNG 146. — Russula nigricans.

Nigricans bedeutet schwärzlich.

Der Hut ist zwei bis vier Zoll breit, dunkel graubraun, mit zunehmendem Alter schwarz, fleischig, kompakt, das Fleisch wird rot, wenn es gequetscht oder konvex ist, abgeflacht, dann eingedrückt, schließlich trichterförmig,

Rand ganz, ohne Streifen, Rand an zuerst nach innen gebogen, junge Exemplare sind im feuchten Zustand leicht klebrig, gleichmäßig, ohne abtrennbare Haut; zuerst weißlich, bald rußig-oliv, schließlich schuppig und schwarz; Fleisch fest und weiß, wird rötlich, wenn es zerbricht.

Die Lamellen sind hinten gerundet, leicht angewachsen , dick, weit auseinander stehend, breit, ungleichmäßig, die kürzeren manchmal sehr spärlich, gegabelt und röten sich bei Berührung.

Der Stängel ist ziemlich kurz, dick, fest, gleichmäßig, in jungen Jahren blass, dann schwarz. Die Sporen sind fast kugelig , rau und 8–9 µ groß.

adusta leicht dadurch unterscheiden, dass das Fleisch beim Quetschen rötlich wird und die Lamellen viel dicker und weiter voneinander entfernt sind. Sie ist R. densifolia sehr ähnlich, unterscheidet sich jedoch von ihr durch weiter voneinander entfernte Lamellen und ihren milden Geschmack.

Ich freue mich, meinen Lesern in Abbildung 146 ein Foto einer Pflanze präsentieren zu können, die in Schweden an der Stelle wuchs, wo Prof. Fries seine großartige Arbeit in der Pilzforschung leistete. Es handelt sich um ein typisches Exemplar dieser Art. Es wurde von Herrn CG Lloyd gesammelt und fotografiert.

Es kommt von Juni bis Oktober vor. Nicht giftig, aber nicht gut.

Täubling fœtens . Fr.

DER STINKENDE TÄUBLING . NICHT ESSBAR.

ABBILDUNG 147. — Täubling fœtens .

Fœtens bedeutet stinkend.

Der Hut ist vier bis sechs Zoll breit, schmutzig weiß oder gelblich; das Fleisch ist dünn; zuerst halbkugelförmig, dann ausgedehnt, fast eben, oft in der Mitte eingedrückt; bedeckt mit einer Häutchenschicht, die angewachsen ist; klebrig bei nassem Wetter; am Rand breit gestreift-höckerig, der zuerst nach innen gebogen ist.

Die Lamellen sind verwachsen , durch Adern verbunden, gedrängt, unregelmäßig, vielfach gegabelt, ziemlich breit, weißlich, werden bei Quetschung schmutzig und sondern zunächst wässrige Tropfen ab.

Der Stiel ist kräftig, gefüllt, dann hohl, einfarbig und zwei bis vier Zoll lang. Die Sporen sind klein, stachelig und fast rund.

Ich habe die Pflanzen sehr weit verbreitet im ganzen Staat gefunden. Sie sind sehr grob und wenig einladend. Ihr Geruch und Geschmack sind schlecht. Sie kommen von Juli bis Oktober vor. Diese Pflanzen sind weit verbreitet und normalerweise ziemlich häufig.

Täubling alutacea (Alutaceae) . Fr.

DER HELLBRAUNE TÄUBLING . ESSBAR.

ABBILDUNG 148. — Täubling alutacea . Zwei Drittel der natürlichen Größe. Kappen fleischfarben. Lamellen breit und gelblich.

Alutacea , gegerbtes Leder. Der Hut ist fleischfarben, manchmal rot; fleischweiß; glockenförmig, dann konvex; ausgedehnt, mit einer klebrigen Hülle, die blass wird; leicht eingedrückt; ebenmäßig; der Rand neigt dazu, dünn und gestreift zu sein.

Die Lamellen sind breit, bauchig, frei, dick, etwas weit auseinander, gleich groß, gelb, dann ockerfarben.

Der Stängel ist kräftig, fest und ebenmäßig; weiß, obwohl Teile des Stängels rot, manchmal violett sind; der Länge nach runzelig; schwammig. Die Sporen sind gelb.

Der Geschmack ist mild und angenehm, wenn er jung ist, aber ziemlich scharf, wenn er alt ist. Alutacea erkennt man vor allem an seinem milden Geschmack und den breiten und gelben Lamellen. Er ist recht häufig, wächst aber nicht in Gruppen. Er ist süß und nussig.

Von Juli bis Oktober.

Täubling ochrophylla .

OCKERFARBENER LAMELLENTÄUBLING . ESSBAR .

Der Name Ochrophylla setzt sich aus zwei griechischen Wörtern zusammen, die „ *Ocker* " und „ *Blatt* " *bedeuten* und auf die ockerfarbenen Lamellen zurückzuführen sind.

Der Hut ist fünf bis zehn Zentimeter breit, fest, konvex und wird in der Mitte nahezu eben oder leicht eingedrückt; im Alter ist er am Rand gleichmäßig oder selten ganz leicht gestreift; violett oder dunkel purpurrot; das Fleisch ist weiß, purpurn unter der angewachsenen Kutikula; der Geschmack ist mild.

Die Lamellen sind ganzrandig, einige von ihnen sind an der Basis gegabelt, subdistant , verwachsen und zunächst gelblich, werden dann hell, ockerfarben-gelblich, wenn sie reif und mit Sporen bestäubt sind, die Zwischenräume sind etwas geadert .

Der Stiel ist gleich oder fast gleich groß, innen fest oder schwammig, rötlich oder rosa gefärbt, blasser als der Hut. Die Sporen sind hell, ockerfarben-gelb, kugelig, warzenförmig und 0,0004 Zoll breit . *Peck.*

Dies ist eine der am einfachsten zu bestimmenden Täublinge , da sie einen violetten oder purpurroten Hut und durchgehende Lamellen hat, die zunächst gelblich sind und dann im ausgewachsenen Zustand hell ockerfarben-braun werden. Der Geschmack ist mild und das Aroma recht gut.

Es gibt auch eine Pflanze namens Russula , die einen violetten Hut und einen weißen Stängel hat. ochrophylla albipes . Pk. Es stimmt in seinen essbaren Eigenschaften völlig mit dem ersteren überein.

R. ochrophylla kommt im Juli und August in Wäldern, insbesondere unter Eichen, vor.

Täubling Schmetterling . Fr.

Der Hübsche Täubling . Essbar.

ABBILDUNG 149. — Täubling lepida . Zwei Drittel der natürlichen Größe. Kappen purpurrot mit mehr oder weniger braun.

Lepida, von *lepidus* , ordentlich.

Der Hut ist fest und massiv; die Farbe variiert von leuchtendem Rot bis zu mattem, gedämpftem Violett mit deutlichem Braun; kompakt; konvex, dann eingedrückt, trocken und ungeschliffen; der Rand ist eben, manchmal rissig und schuppig, nicht gestreift.

Die Lamellen sind weiß, breit, überwiegend eben, gelegentlich gegabelt, sehr brüchig, gerundet, etwas gedrängt, durch Adern verbunden, manchmal am Rand rot, besonders in Ufernähe.

Der Stiel ist fest, weiß, normalerweise rosa fleckig und gestreift, kompakt und gleichmäßig.

Die Oberfläche ist matt, wie von feinem Staub oder einer pflaumenartigen Blüte, und daher ohne Glanz. Oft erscheint die Oberfläche fast samtig. Die Farbtöne des Fruchtfleischs und der Lamellen sind gleichmäßig. Roh schmeckt die Pflanze süß und nussartig. Dies ist eine wunderschöne Art, deren Farbe im Durchschnitt ein dunkles, gedämpftes Rot ist, das ins Kastanienbraune tendiert. Richtig gekocht schmeckt sie einfach köstlich. Von Juli bis September in Wäldern zu finden.

Täubling Cyanoxantha . Fr.

DER BLAU-GELBE TÄUBLING . ESSBAR.

Cyanoxantha , von zwei griechischen Wörtern, blau und gelb, die sich auf die Farbe der Pflanze beziehen.

Die Farbe des Hutes ist sehr variabel und reicht von lila oder violett bis grünlich. Die Scheibe ist gelblich, der Rand bläulich oder bläulich-violett. Er ist konvex, dann eben, in der Mitte eingedrückt. Der Rand ist schwach gestreift, manchmal faltig.

Die Lamellen sind hinten abgerundet, durch Adern verbunden, gegabelt, weiß und leicht gedrängt.

Der Stiel ist fest, schwammig, gefüllt, im Alter hohl, gleichmäßig, glatt und weiß.

Die Farbe des Hutes ist sehr unterschiedlich, aber die besondere Farbkombination hilft dem Schüler, ihn zu unterscheiden. Es ist eine schöne Pflanze und eine der am besten essbaren Täublinge . Der Pilzesser kann sich glücklich schätzen, wenn er einen Korb voll dieser Art findet, nachdem das „Tischlerhörnchen" seine Vorliebe für diese besondere Köstlichkeit gestillt hat. Von August bis Oktober ist er in Wäldern recht häufig anzutreffen.

Täubling vesca . Fr.

DER ESSBARE TÄUBLING . ESSBAR.

Vesca von vesco , füttern. Der Hut ist zwei bis drei Zoll breit; fleischrot, Scheibe dunkler; fleischig; fest; konvex, mit einer leichten Vertiefung in der Mitte, dann trichterförmig; leicht runzelig; Rand eben oder leicht gestreift.

Die Lamellen sind ziemlich gedrängt, ungleichmäßig, gegabelt und weiß.

Der Stamm ist fest, massiv, manchmal eigenartig netzartig geformt und verjüngt sich an der Basis. Die Sporen sind kugelig, stachelig und weiß. Ich habe ihn häufig in der Nähe von Salem, Ohio, in lichten Kastanienwäldern und auf Weiden unter solchen Bäumen gefunden. Ein Pilzliebhaber wird für die langen Wanderungen reichlich entlohnt, wenn er einen Korb voll dieser Köstlichkeiten findet. Roh schmeckt er mild und süß. Er kommt von August bis Oktober in lichten Wäldern und an Waldrändern vor, manchmal unter Bäumen auf Weiden.

Weißer Täubling. Fr.

DER GRÜNE TÄUBLING . ESSBAR.

ABBILDUNG 150. — Russula virescens. Zwei Drittel der natürlichen Größe. Kappen blassgrün. Lamellen weiß.

Virescens, grün. Der Hut ist graugrün; zunächst kugelig, dann ausgedehnt, konvex, schließlich in der Mitte eingedrückt; fest, mit schuppigen grünlichen oder gelben Flecken geschmückt, die durch das Aufbrechen der Haut entstehen; zwei bis vier Zoll breit, Rand gestreift, oft weiß.

Die Lamellen sind weiß, mäßig eng, frei oder fast frei, verengen sich zum Stiel hin, einige sind gegabelt, andere nicht; sehr spröde, zerbrechen bei der leichtesten Berührung.

Der Stiel ist kürzer als der Durchmesser des Hutes, glatt, weiß und fest oder schwammig. Die Sporen sind weiß, rau und fast kugelförmig.

Diese Pflanze schmeckt besonders süß und nussig, wenn sie jung und unverwelkt ist. Alle Täublinge sollten frisch gegessen werden. Ich habe die Pflanze im ganzen Staat gefunden. Sie ist bei den Eichhörnchen sehr beliebt. Sie findet sie oft halb aufgefressen von diesen kleinen Knabbern. Von Juli bis September in offenen Wäldern zu finden. Es ist einer der besten Speisepilze und man kann ihn sehr leicht erkennen. Er ist in der Gegend von Chillicothe, Ohio, recht häufig anzutreffen. Seine schimmelige Farbe ist nicht so ansprechend wie die helleren Farbtöne vieler weit weniger köstlicher Pilze, aber er hält dem Gebrauch stand.

Täubling variata . Verbot.

VERÄNDERLICHER TÄUBLING . ESSBAR.

Der Hut ist fest, konvex und wird mittig eingedrückt oder etwas trichterförmig. Er ist klebrig, sogar am dünnen Rand, rötlich-violett, oft mit Grün gesprenkelt, erbsengrün, manchmal mit Purpur gesprenkelt, die Haut ist weiß, der Geschmack ist scharf oder langsam scharf.

Die Lamellen sind dünn, schmal, dicht beieinander, oft gegabelt, zu jedem Ende hin spitz zulaufend, angewachsen oder leicht herablaufend und weiß.

Der Stamm ist gleichmäßig oder fast gleichmäßig, massiv, manchmal hohl und weiß. Die Sporen sind weiß, fast kugelig , 0,0003 bis 0,0004 Zoll lang und 0,0003 Zoll breit. *Peck* , Rep. State Bot., 1905.

Diese Pflanze wächst in offenen, eher feuchten Buchenwäldern und erscheint im Juli und August. Die Kappen sind oft dunkelviolett, oft mit einem roten Schimmer, und manchmal weisen die Kappen Grüntöne auf . Ich fand die Pflanzen im Juli 1907 in großer Menge im Woodland Park in der Nähe von Newtonville , Ohio. Wir haben sie mehrmals gegessen und fanden sie sehr gut. Der grünliche Rand und die violette Mitte kennzeichnen die Pflanze.

Integraler Täubling. Fr.

DER GANZE RUSSULA . ESSBAR.

Integra, ganz oder vollständig. Der Hut ist drei bis vier Zoll im Durchmesser, fleischig; normalerweise rot, aber die Farbe ändert sich; ausgedehnt, eingedrückt, mit einer klebrigen Kutikula, die blass wird. Der Rand ist dünn, gefurcht und knollenförmig. Das Fleisch ist weiß, oben manchmal gelblich.

Der Stiel ist zunächst kurz und kegelförmig, dann keulenförmig oder bauchig, manchmal drei Zoll lang und bis zu einem Zoll dick; schwammig, gefüllt, gewöhnlich gestreift; ebenmäßig und glänzend weiß.

Die Lamellen sind etwas frei, sehr breit, manchmal drei Viertel Zoll; am Stiel gleich oder gespalten, ziemlich weit auseinander und durch Adern verbunden; blass oder weiß, schließlich hellgelb und von den Sporen gelb bestäubt.

Obwohl der Geschmack mild ist, ist er oft adstringierend. Eine der veränderlichsten aller Arten, insbesondere in der Farbe des Hutes, der zwar normalerweise rot ist, aber oft ins Azurblaue, Lorbeerbraune, Olivgrüne usw. tendiert. Gelegentlich kommt es vor, dass die Lamellen steril sind und weiß bleiben. *Pommes frites.*

Die Sporen sind kugelförmig, stachelig und blass ockerfarben.

alutacea so sehr, dass man beide Pflanzen kennen muss, um sie unterscheiden zu können, und selbst dann ist man sich vielleicht nicht ganz sicher; das spielt jedoch keine große Rolle, da sie gleich gut sind. Die pulverförmigen Lamellen helfen dabei, R. integra von R. alutacea zu unterscheiden . Gefunden von Juli bis Oktober.

Täubling roseipes . (secr) Bres.

ABBILDUNG 151. — Täubling Rosenblüten . Natürliche Größe.

Roseipes kommt von *rosa* , was Rose bedeutet, und *pes* , was Fuß bedeutet; so genannt wegen seines rosafarbenen oder rosafarbenen Stängels.

Der Hut ist zwei bis drei Zoll breit, konvex und wird nahezu eben oder leicht eingedrückt. Er ist zunächst zähflüssig, bald trocken und wird am Rand leicht gestreift. Er ist rosarot mit wechselnden rosa-, orange- oder ockerfarbenen Farbtönen und wird mit der Zeit manchmal blasser. Der Geschmack ist mild.

Die Lamellen sind mäßig eng, fast vollständig, hinten abgerundet und leicht angewachsen , bauchig, weißlich und werden gelb.

Der Stiel ist ein bis drei Zoll lang, verjüngt sich leicht nach oben, ist voll oder etwas hohl, weiß mit rotem Schimmer. Die Sporen sind gelb und rund. *Peck* , 51 R.

Diese Pflanze ist von Maine bis in den Westen weit verbreitet. Sie wächst am besten in Kiefern- und Hemlocktannenwäldern, kommt aber manchmal auch in Mischwäldern vor. Sie wächst im Juli und August.

Täubling . Fr.

DER ZARTE TÄUBLING .

ABBILDUNG 152. — Russula fragilis.

Fragilis bedeutet zerbrechlich.

Der Hut ist eher klein, fleischfarben oder rot oder rötlich; dünn, nur an der Scheibe fleischig; zuerst konvex und oft gewölbt, dann flach, eingedrückt; die Kutikula ist dünn, wird blass, klebrig bei nassem Wetter, der Rand ist knollig-gestreift.

Die Lamellen sind dünn, bauchig, weiß, leicht angewachsen , gleich groß, gedrängt und manchmal am Rand leicht erodiert. Die Sporen sind winzig echinulate, 8–10×8μ.

Der Stiel ist gefüllt, hohl und glänzend weiß.

Ganz so scharf wie R. emetica , dem er in vielerlei Hinsicht ähnelt, insbesondere die kleineren Pflanzen. Er ist an seinen dünneren Hüten, dünneren und dichteren Lamellen zu erkennen, die bauchiger sind und am Rand oft leicht erodiert sind. Er wird allgemein zu den giftigen Pilzen gezählt, aber Captain Charles McIlvaine schreibt in seinem Buch: „Obwohl er zu den pfeffrigen Pilzen gehört , hatte ich nach fünfzehn Jahren des Verzehrs keinen Grund, seine Essbarkeit anzuzweifeln." Ich rate zur Vorsicht. Essen Sie ihn sparsam, bis Sie sich seiner Wirkung sicher sind. In Wäldern von Juli bis Oktober zu finden.

__Täubling Brechmittel . Fr.__

ABBILDUNG 153. — Täubling emetica . Zwei Drittel der natürlichen Größe.
Kappen rosarot bis gelbrot. Lamellen weiß.

Emetica bedeutet „krank machen", „zum Erbrechen anregen". Der Hut ist
fleischig, ziemlich zähflüssig, ausgedehnt, poliert, glänzend, oval oder
glockenförmig, wenn er jung ist; seine Farbe ist sehr variabel, von rosarot bis
gelbrot oder sogar violett; der Rand ist gefurcht, das Fleisch weiß.

Die Lamellen sind frei, gleichmäßig, breit, weit auseinander und weiß. Die
Sporen sind rund und 8μ groß.

Der Stamm ist kräftig, fest, manchmal jedoch schwammig gefüllt,
gleichmäßig, weiß oder rötlich. Die Sporen sind weiß, rund und stachelig.

Diese Art erkennt man an ihrem sehr scharfen Geschmack und den freien
Lamellen. Zwischen den Lamellen und dem Stiel ist ein deutlicher Kanal zu
sehen. Dieser sehr hübsche Pilz ist in den meisten Teilen von Ohio recht
verbreitet. Ich habe ihn in Hülle und Fülle in Salem, Bowling Green, Sidney
und Chillicothe gefunden – alles in diesem Staat.

Captain McIlvaine gibt an, dass er es wiederholt gegessen hat und nennt eine
Reihe anderer, die es ohne negative Folgen gegessen haben, obwohl die
Autorität es als verwerflich bezeichnen würde. Ich freue mich, etwas
Positives über es berichten zu können, denn es ist eine wunderschöne
Pflanze, aber ich rate zu Vorsicht bei der Verwendung.

Von Juli bis Oktober ist er in offenen Wäldern oder auf Weiden unter
Bäumen zu finden. Er ist an seinem klebrigen Hut zu erkennen.

Täubling furcata . Fr.

DER GABELTÄUBLING . ESSBAR.

ABBILDUNG 154. — Täubling furcata . Zwei Drittel der natürlichen Größe. Kappen grünlich-umbra bis rötlich.

Furca, eine Gabel, so genannt wegen der Gabelung der Lamellen. Dies ist jedoch nicht spezifisch für diese Art. Der Hut ist zwei bis drei Zoll breit; grünlich, normalerweise grünlich-umbra, manchmal rötlich; fleischig; kompakt; fast rund, dann ausgedehnt, in der Mitte eingedrückt; eben; glatt; oft mit einem seidigen Glanz besprenkelt, Häutchen abtrennbar, Rand zuerst eingebogen, dann ausgedehnt, immer eben, manchmal nach oben gebogen. Das Fleisch ist fest, weiß, trocken, etwas käsig.

Die Lamellen sind angewachsen oder leicht herabhängend, etwas gedrängt, breit, an beiden Enden verengt, viele gegabelt, glänzend weiß. Die Sporen sind 7–8×9μ groß.

Der Stiel ist zwei bis drei Zoll lang, fest, weiß, ziemlich fest, eben, gleichmäßig oder nach unten verjüngend. Die Sporen sind rund und stachelig.

Ich habe sie häufig auf den bewaldeten Hügeln des Staates gefunden. Der Geschmack ist im rohen Zustand zunächst mild, entwickelt aber bald eine leichte Bitterkeit, die jedoch beim Kochen verloren geht. In Butter gebraten schmecken sie ausgezeichnet. Juli bis Oktober.

Russula rubra, Fr.

DER ROTE TÄUBLING .

ABBILDUNG 155. — Russula rubra. Zwei Drittel der natürlichen Größe. Kappen hell zinnoberrot. Lamellen gegabelt und rot getönt.

Rubra bedeutet rot und wird so genannt, weil der Hut einfarbig und hell zinnoberrot ist; auffällig, wird mit dem Alter blass, die Mitte des Hutes ist normalerweise dunkler; kompakt, hart, zerbrechlich, konvex, ausgedehnt, etwas eingedrückt, trocken, ohne Häutchen, im Alter oft rissig. Das Fleisch ist weiß, unter der Kutikula oft rötlich.

Die Lamellen sind verwachsen, ziemlich gedrängt, zuerst weiß, dann gelblich, viele gegabelt und mit einigen kurzen dazwischen vermischt, häufig am Rand rot gefärbt. Sporen 8–10μ, Cystidien spitz.

Der Stiel ist fünf bis sieben Zentimeter lang, fest, ebenmäßig, weiß, oft mit einem schwachen rötlichen Farbton. Die Sporen sind fast rund und weiß.

Es schmeckt sehr scharf und wird deshalb normalerweise für giftig gehalten, aber Captain McIlvaine sagt, er zögert nicht, es allein oder mit anderen Russulae zu kochen . Es ist im Staat weit verbreitet und von Juli bis Oktober in den Wäldern um Chillicothe in großen Mengen vorhanden.

Täubling purpurina . Quel & Schulz.

DER PURPUR- TÄUBLING . ESSBAR.

ABBILDUNG 156. — Täubling purpurina . Zwei Drittel der natürlichen Größe. Kappen rosa-pink bis hellgelb. Lamellen im Alter gelblich.

Purpurina bedeutet violett. Der Hut ist fleischig, der Rand spitz, fast kugelig , dann flach, in der Mitte schließlich eingedrückt, bei nassem Wetter leicht klebrig, nicht gestreift, oft gespalten, Häutchen trennbar, rosa-pink, blass bis hellgelb.

Die Lamellen sind in der Jugend dicht gedrängt, später flach , weiß, im Alter gelblich, reichen bis zum Stiel, sind hinten nicht stark verschmälert, fast gleich groß und nicht gegabelt.

Der Stiel ist vollgestopft, schwammig, sehr variabel, zylindrisch, oben dünner, rosa-rosa, zur Basis hin blasser werdend, Farbe mit zunehmendem Alter undeutlich. Das Fleisch ist brüchig, weiß, unter der Schale rötlich; Geruch schwach und Geschmack mild. Die Sporen sind weiß, kugelig, manchmal fast elliptisch , 4–8 µ lang, fein warzig . *Peck* , 42 Rept., NY State Bot.

Dies ist keine große Pflanze, aber man kann sie leicht an ihrem roten oder rötlichen Stamm, ihrem milden Geschmack und ihren weißen Sporen erkennen. Im Juli und August in offenen Wäldern zu finden.

Täubling densifolia . Gillet.

ABBILDUNG 157. — Täubling densifolia . Zwei Drittel der natürlichen Größe. Kappen weißlich, werden fluoreszierend grau. Fleisch wird rot, wenn es der Luft ausgesetzt wird.

Densifolia bezieht sich auf den dicht gedrängten Zustand der Lamellen.

Der Hut ist drei bis vier Zoll breit, fleischig, ziemlich kompakt, konvex, ausgedehnt, dann eingedrückt, der Rand ist nach innen gebogen, glatt, nicht gestreift, weiß oder weißlich, wird rötlich, grau oder bräunlich, ist in der Mitte ganz schwarz und fleischrot, wenn er bricht.

Die Lamellen sind am Stängel befestigt, etwas herablaufend, ungleichmäßig, dünn, gedrängt, weiß oder weißlich mit rosiger Tönung. Sporen: 7–8 µ.

Der Stiel ist kurz, leicht mehlig, weiß, dann grau, schließlich schwärzlich, glatt, rund und wird beim Anfassen rot oder braun.

Es unterscheidet sich von *R. nigricans* durch seine viel kleinere Größe und seine dicht gedrängten Lamellen. Es unterscheidet sich von *R. adusta* dadurch, dass das Fleisch rot wird, wenn es zerbricht. Das Fleisch oder die Substanz ist zunächst weiß, wird an der Luft rot und dann schwärzlich. Diese Pflanze ist in diesem Zustand nicht häufig. Ich habe mehrere Pflanzen auf Cemetery Hill gefunden, wo etwas Schiefer unter einer großen Buche abgeladen worden war. Gefunden im Juli und August.

Cantharellus. Adanson .

Cantharellus bedeutet eine kleine Trinkschale oder Vase. Diese Gattung unterscheidet sich von allen anderen Gattungen durch die Art ihrer Lamellen, die am Rand ziemlich stumpf, faltenartig und poliert sind und meist gegabelt oder verzweigt sind. Bei einigen Arten variieren die Lamellen in Dicke und Anzahl. Sie sind herablaufend, gefaltet, mehr oder weniger dick und geschwollen. Die Sporen sind weiß. Sie wachsen auf dem Boden, auf morschem Holz und zwischen Moos. Sie scheinen feuchte, schattige Plätze zu mögen.

Pfifferling cibarius. Fr.

DER ESSBARE PFIFFERLING.

TAFEL XXII. ABBILDUNG 158.— CANTHARELLUS CIBARIUS.
Natürliche Größe. Die ganze Pflanze ist eigelb.

Cibarius bedeutet „zu Nahrungsmitteln gehörend". Diese Pflanze wird häufig als Pfifferling bezeichnet. Die gesamte Pflanze ist kräftig eigelb. Der Hut ist fleischig, zunächst konvex, später flach, drei bis fünf Zoll breit, in der Mitte eingedrückt, schließlich trichterförmig; hell- bis dunkelgelb; fest, glatt, aber oft unregelmäßig, sein Rand oft gewellt; das Fleisch ist weiß, der Hut sieht aus wie ein umgekehrter Kegel.

Die Lamellen sind herablaufend, flach und geriffelt, ähneln geschwollenen Adern, sind verzweigt, mehr oder weniger miteinander verbunden und verjüngen sich am Stiel nach unten. Sie haben die gleiche Farbe wie der Hut.

Der Stiel ist massiv, von unterschiedlicher Länge, oft gekrümmt, verjüngt sich zur Basis hin und ist blasser als Hut und Lamellen.

Sie wächst in Wäldern und eher offenen Stellen. Ich habe sie in großer Menge in Stanleys Wäldern in der Nähe von Damascus, Ohio, gefunden. Ich habe sie sehr oft in der Gegend von Chillicothe gefunden. Die Pflanze hat einen starken pflaumenartigen Geruch; roh schmeckt sie pfeffrig und scharf, gekocht jedoch süß und sehr lecker. Meine Freunde und ich haben sie gegessen und für sehr gut befunden. Die Pflanzen in Abbildung 158 wurden in der Nähe von Columbus, Ohio, gesammelt und von Dr. Kellerman fotografiert.

Die Art ist im Staat recht häufig und kommt von Juni bis September vor.

Cantharellus aurantiacus . Fr.

FALSCHER PFIFFERLING.

Foto von CG Lloyd.

ABBILDUNG 159. — Cantharellus aurantiacus . Ein Drittel der natürlichen Größe. Kappen orangegelb. Lamellen gelb und gegabelt.

Aurantiacus bedeutet orangegelb. Der Hut ist fleischig, weich, eingedrückt, flaumig, der Rand ist in jungen Jahren stark nach innen gebogen, bei ausgewachsenen Pflanzen ist er gewellt oder gelappt; die Farbe ist matt gelblich, meist bräunlich.

Die Lamellen sind dicht gedrängt, gerade, dunkelorange, verzweigt und weisen eine regelmäßige Gabelung auf.

Der Stiel ist heller gefärbt als der Hut, zunächst massiv, dann schwammig, ausgestopft, hohl, ungleichmäßig, nach oben verjüngend und etwas gebogen.

Es wird allgemein als giftig bezeichnet, aber einige seriöse Experten sagen, es sei gesund. Ich habe es nie länger als roh gegessen. Es lässt sich leicht von der essbaren Art an seinem matt-orangen Hut und seinen orangefarbenen Lamellen unterscheiden, die dünner und dichter und regelmäßiger gegabelt sind als die des essbaren Pfifferlings. Es wächst in Wäldern und auf offenen Flächen. Zu finden von Juli bis September.

Cantharellus floccosus . Schw .

DER WOLLIGE PFIFFERLING. ESSBAR.

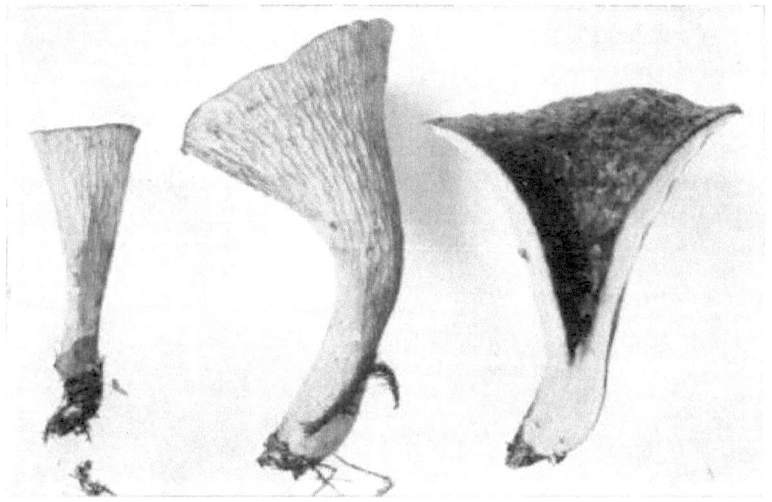

Foto von CG Lloyd.

TAFEL XXIII. ABBILDUNG 160. – CANTHARELLUS FLOCCOSUS .

Floccosus bedeutet flockig oder wollig.

Der Hut an der Spitze ist ein bis zwei Zoll breit, fleischig, länglich trichter- oder trompetenförmig, flockig- schuppig und ockerfarben-gelb.

Die Lamellen sind aderförmig, dicht, oben stark anastomosierend, unten lang herablaufend und fast parallel, gleichfarbig.

Der Stamm ist sehr kurz, dick und ziemlich tief verwurzelt. Die Sporen sind elliptisch, 12,5–15×7,6µ. *Peck* , 23 Rep., NY

Diese Pflanze ist fast bis zur Basis des Stängels trichterförmig. Es ist eine kleine Pflanze, die nie höher als 10 cm wird. Ich fand sie in Haynes's Hollow, in ziemlich offenen Wäldern, auf moosigen Hügeln. Juli und August.

Cantharellus brevipes . Pk.

Der kurzstielige Pfifferling. Essbar.

Brevipes kommt von *brevis* – kurz; *pes* – Fuß; so genannt wegen seines kurzen
Stiels.

Der Hut ist fleischig, verkehrt konisch, kahl, ölig oder schmutzig
cremefarben, der dünne Rand ist aufrecht , oft unregelmäßig und gelappt und
bei jungen Pflanzen lila getönt; die Falten sind zahlreich und am Rand fast
gerade, unten reichlich anastomosierend; blasses Umbra, lila getönt.

Der Stiel ist kurz, filzig-behaart, aschfarben, fest und verjüngt sich oft nach
unten. Sporen gelblich, länglich-elliptisch, einkernig, 10–12×5μ. *Peck* , 33.
Rep., NY

Die Pflanze ist klein; bei uns nicht mehr als drei Zoll hoch und der Hut oben
nicht mehr als zwei Zoll breit. Sie unterscheidet sich etwas in Farbe, in der
Art der Falten und wesentlich in der Form des Hutrandes. Gelegentlich von
Juli bis August an den Hängen von Huntington Township in der Nähe von
Chillicothe zu finden.

Cantharellus cinnabarinus . Schw .

DER ZINNOBER-PFEIFENPFEFFER. ESSBAR.

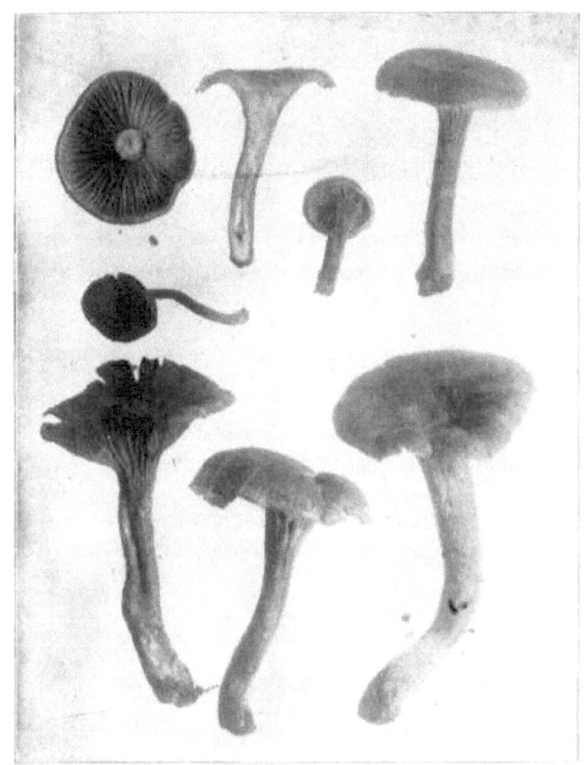

ABBILDUNG 161. — Cantharellus cinnabarinus . Hut und Stiel zinnoberrot , Fleisch weiß. Natürliche Größe.

Cinnabarinus bedeutet zinnoberrot, nach der Farbe der Pflanze.

Der Hut ist fest, konvex oder in der Mitte leicht eingedrückt, oft unregelmäßig mit gewelltem oder gelapptem Rand; kahl, zinnoberrot, fleischweiß.

Die Lamellen sind schmal, weit auseinanderliegend, verzweigt, herablaufend, von der gleichen Farbe wie der Hut und am Rand matt.

Der Stiel ist gleichförmig oder verjüngt sich nach unten, ist kahl, fest, manchmal gefüllt und zinnoberrot.

Die Sporen sind elliptisch, 8–10μ lang und 4–5μ breit.

Niemand wird Schwierigkeiten haben, diese Pflanze zu identifizieren, da ihre Farbe sofort auf den Namen schließen lässt. Sie ist in Chillicothe und im ganzen Staat recht verbreitet. Sie wird häufig zusammen mit Craterellus gefunden. Cantharellus . Es ist eine sehr hübsche Pflanze, die in offenen Wäldern oder am Straßenrand in Wäldern wächst. Sie ist nach dem Sammeln einige Zeit haltbar. Man findet sie von Juli bis Oktober.

Cantharellus infundibuliformis . Fr.

Trichterförmiger Cantharellus.

Infundibuliformis bedeutet trichterförmig.

Der Hut ist ein bis zweieinhalb Zoll breit, etwas häutig , nabelförmig, dann trichterförmig, normalerweise an der Basis durchbrochen und in die Stängelhöhle mündend, an der Oberfläche flockig runzelig, im feuchten Zustand gelblich-grau oder rauchig, im trockenen Zustand blass und wellig werdend.

Die Lamellen sind herablaufend, dick, weit auseinander stehend, regelmäßig gegabelt, gerade, gelb oder rosig und schließlich bereift.

Der Stiel ist zwei bis drei Zoll lang, hohl, eben, glatt, immer gelb, an der Basis leicht verdickt. Die Sporen sind elliptisch, glatt, 9–10×6µ.

Sie wachsen auf dem Boden, insbesondere dort, wo Holz verrottet und mit dem Boden verwachsen ist. Sie wachsen auch auf verrottetem Holz. Man findet sie von Juli bis Oktober.

Nyctalis . Fr.

Nyctalis kommt von einem griechischen Wort und bedeutet Nacht.

Der Hut ist symmetrisch und trägt bei manchen Arten große Konidien auf seiner Oberfläche.

Die Lamellen sind angewachsen oder herablaufend, dick, weich und mit stumpfem Rand.

Der Stiel ist zentral, seine Substanz geht in das Fleisch des Hutes über. Die Sporen sind farblos, glatt, elliptisch oder kugelförmig. *Fries.*

Nyctalis asterophora . Fr.

Foto von CG Lloyd.

ABBILDUNG 162. — Nyctalis Asterophora .

Asterophora bedeutet sternentragend.

Der Hut ist etwa einen halben Zoll breit, fleischig, kegelförmig, dann halbkugelförmig, flockig und aufgrund der großen, sternförmigen Konidien eher mehlig, weißlich, dann rehbraun getönt.

Die Lamellen sind verwachsen, weit auseinander, schmal, etwas gegabelt, gerade und schmuddelig.

Der Stiel ist etwa einen halben Zoll lang, schlank, gedreht, gefüllt, weiß, dann bräunlich, eher mehlig. Die Sporen sind elliptisch, glatt, 3×2μ. *Fries, Hym.*

Ich entdeckte diese Pflanzen etwa Ende August auf verrottenden Exemplaren von Russula nigricans am Ralston's Run in der Nähe von Chillicothe.

Hygrophorus . Fr.

Hygrophorus setzt sich aus zwei griechischen Wörtern zusammen, die „Feuchtigkeit tragen" bedeuten. Der Name kommt daher, dass die Mitglieder dieser Gattung an ihren feuchten Kappen und der wachsartigen Beschaffenheit der Lamellen zu erkennen sind, die sie von allen anderen unterscheiden. Wie beim Pleurotus sind die Lamellen einiger Arten am Ende neben dem Stängel abgerundet oder eingekerbt, bei anderen wachsen sie am Stängel herab; daher ähneln sie bei einigen Arten in ihrer Anheftung den Lamellen von Tricholoma , bei anderen laufen sie am Stängel herab, wie bei Clitocybe . Bei vielen sind Kappe und Stängel sehr klebrig, ein Merkmal, das bei Clitocybes nicht zu finden ist ; und die Lamellen sind im Allgemeinen dicker und stehen viel weiter auseinander als bei dieser Gattung. Einige Arten sind wunderschön gefärbt.

Hygrophorus pratensis. Fr.

DER WEIDENHYGROPHORUS . ESSBAR.

TAFEL XXIV. ABBILDUNG 163. – HYGROPHORUS PRATENSIS.

Pratensis, von pratum , eine Wiese. Der Hut ist ein bis zwei Zoll breit; in jungen Jahren fast halbkugelförmig, dann konvex, muschelförmig oder nahezu flach, die Mitte mehr oder weniger konvex, als ob sie nabelförmig wäre; der Rand ist oft rissig, häufig zusammengezogen oder gelappt; weiß oder verschiedene Gelbtöne, lederfarben -rötlich oder bräunlich. Das Fleisch ist weiß, in der Mitte dick, am Rand dünn. Der Stiel ist vollgestopft und nach unten hin dünner. Die Lamellen sind dick, weit auseinander, weiß oder gelblich, bogenförmig, herablaufend und durch aderartige Falten verbunden. Die Sporen sind weiß, breit elliptisch und 0,00024 bis 0,00028 Zoll lang.

Der Weidenhygrophorus ist ein kleiner, aber ziemlich stämmig wirkender Pilz. Er wächst von Juli bis September auf dem Boden von Weiden, Brachland, Lichtungen und lichten Wäldern. Manchmal ist er ganz weiß oder grau.

Var. cinereus, Fr. Hut und Lamellen grau. Der Stiel weißlich und schlank.

Var. pallidus, B. & Br. Hut eingedrückt, Rand gewellt, ganz blass ockerfarben.

Diese Art unterscheidet sich hauptsächlich dadurch von H. leporinus , dass der Hut bei letzterem ziemlich flockig ist.

Hygrophorus eburneus . Stier.

GLÄNZEND WEIßER HYGROPHORUS . ESSBAR.

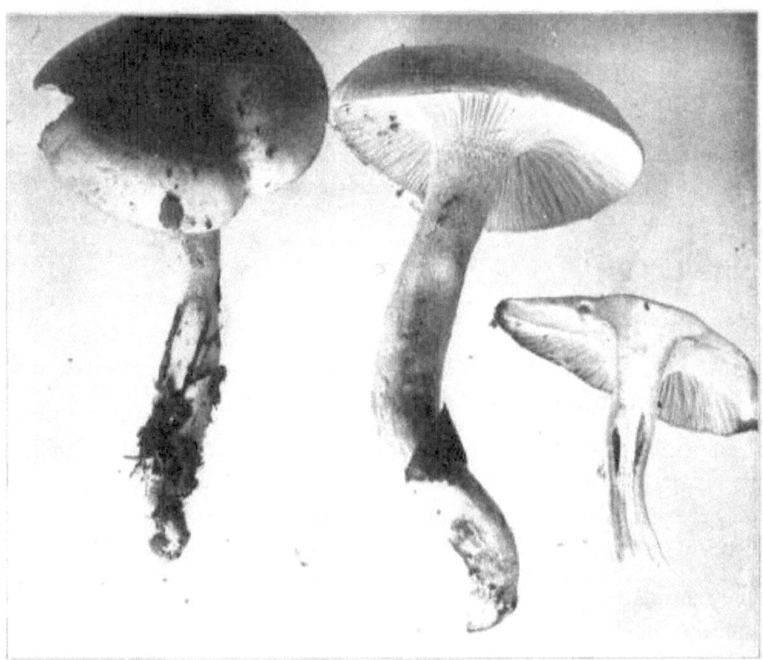

Foto von CG Lloyd.

ABBILDUNG 164. — Hygrophorus eburneus .

Eburneus stammt von *Ebur* , Elfenbein. Der Hut ist zwei bis vier Zoll breit, manchmal dünn, manchmal etwas kompakt, weiß; bei nassem Wetter sehr zähflüssig oder klebrig und bei Berührung rutschig; der Rand ist uneben, manchmal gewellt; glatt und glänzend. In jungen Jahren ist der Rand nach innen gebogen.

Die Lamellen sind fest, weit auseinander, gerade, stark herablaufend, mit aderartigen Erhebungen in der Nähe des Stiels. Die Sporen sind weiß, ziemlich lang.

Der Stiel ist ungleichmäßig, manchmal lang und manchmal kurz; gefüllt, dann hohl, nach unten verjüngend, oben punktiert mit körnigen Schuppen. Geruch und Geschmack sind eher angenehm. Man findet ihn in Wäldern und auf Weiden in ganz Ohio, aber er ist nirgendwo in großen Mengen vorhanden. Ich habe ihn nur in feuchten Wäldern in der Nähe von Chillicothe gefunden. August bis Oktober.

Hygrophorus Kossus . Sau.

Cossus, weil es wie die Raupe Cossus ligniperda riecht .

Der Hut ist klein, ziemlich klebrig, glänzt im trockenen Zustand, ist weiß mit einem gelblichen Schimmer, am Rand kahl und hat einen sehr starken Duft.

Die Lamellen sind etwas herablaufend, dünn, weit auseinander, gerade und fest.

Der Stiel ist gefüllt, fast gleichmäßig und nach oben skorbutpunktiert. Sporen 8×4. Im Wald zu finden. Der starke Geruch dient zur Identifizierung der Art.

Hygrophorus Chlorophanus . Fr.

DER GRÜNLICH-GELBE HYGROPHORUS .

Chlorophanus setzt sich aus zwei griechischen Wörtern zusammen und bedeutet „grünlich-gelb erscheinen".

Der Hut ist einen Zoll breit, normalerweise leuchtend schwefelgelb , manchmal scharlachrot getönt und ändert seine Farbe nicht; leicht membranös , sehr brüchig, oft unregelmäßig, mit gespaltenem oder gelapptem Rand, zuerst konvex, dann erweitert; glatt, klebrig, Rand gestreift.

Die Lamellen sind ausgerandet, angewachsen , ziemlich bauchig, mit einem dünnen, herabhängenden Zahn, dünn, subdistant , deutlich erkennbar, blassgelb.

Der Stiel ist zwei bis drei Zoll lang, hohl, gleichmäßig, rund, klebrig im feuchten Zustand, glänzend im trockenen Zustand, völlig einfarbig, leuchtend hellgelb.

Die Sporen sind leicht elliptisch, 8×5μ.

Diese Art ähnelt im Aussehen H. ceraceus , ist aber an ihren ausgefransten Lamellen und ihrer etwas größeren Form zu erkennen. Die Pflanze ist weit verbreitet und kommt von den Neuenglandstaaten bis in den Mittleren Westen vor. Sie kommt von August bis Oktober an feuchten, moosigen Orten vor. Ich habe keine Zweifel, dass sie essbar ist. Roh verzehrt hat sie einen milden und angenehmen Geschmack.

Hygrophorus cantharellus . Schw .

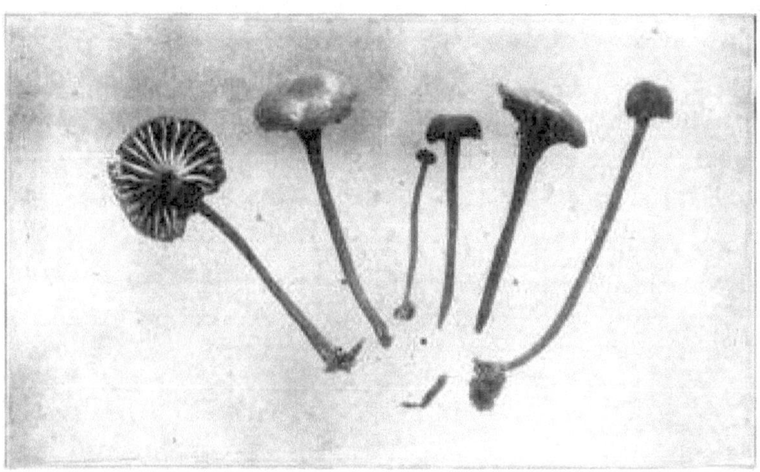

ABBILDUNG 165. — Hygrophorus Cantharellus . Natürliche Größe. Kappen leuchtend rot.

Cantharellus bedeutet kleine Vase.

Der Hut ist dünn, konvex, an der Länge nabelförmig oder in der Mitte eingedrückt, leicht schuppig, feucht, leuchtend rot und wird orange oder gelb.

Die Lamellen sind weit auseinanderliegend, fast bogenförmig , herablaufend, gelb, manchmal zinnoberrot getönt.

Der Stiel ist ein bis drei Zoll lang, glatt, gleichmäßig, halbmassiv, wird manchmal hohl, gleichfarbig und innen weißlich. *Picken.*

Ich habe über Chillicothe eine Reihe der von Dr. Peck angegebenen Sorten herausgefunden.

Var. flava. Hut und Stiel blassgelb. Lamellen bogenförmig, stark herablaufend.

Var. flavipes . Hut rot oder rötlich. Stiel gelb.

Var. flaviceps . Hut gelb. Stängel rötlich oder rot.

Var. rosea. Der Hut ist ausgedehnt und der Rand gewellt und gezackt.

Gefunden von Juli bis September.

Hygrophorus coccineus . Fr.

DER SCHARLACHHYGROPHORUS . ESSBAR.

Coccineus , gehört zu Scharlachrot. Der Hut ist dünn, konvex, stumpf, zähflüssig, scharlachrot, wird blass, ist glatt und zerbrechlich.

Die Lamellen sind mit einem herablaufenden Zahn am Stiel befestigt und durch unterschiedlich gefärbte Adern verbunden.

Der Stiel ist hohl und zusammengedrückt, ziemlich eben, nicht rutschig, scharlachrot in der Nähe des Hutes, gelb an der Basis.

Diese Pflanze ist in jungen Jahren leuchtend scharlachrot, verfärbt sich jedoch mit zunehmendem Alter bald hellgelb. Sie ist recht zerbrechlich und ihre Größe variiert je nach Standort sehr stark. Von Juli bis Oktober in Wäldern und auf Weiden zu finden.

Hygrophorus conicus . Fr.

DER KONISCHE HYGROPHORUS . ESSBAR.

ABBILDUNG 166. — Hygrophorus Kegelförmig .

Der Hut ist ein bis zwei Zoll breit, spitz zulaufend kegelförmig, unterhäutig , glatt, etwas gelappt, schließlich ausgedehnt und geriffelt ; er wird schwarz, wie die ganze Pflanze, wenn er zerbricht oder gequetscht wird; er färbt sich orange, gelb, scharlachrot, braun oder dunkel.

Die Lamellen sind frei oder angewachsen , dick, dünn, bauchig, gelblich mit häufig einem öligen Schimmer, gewellt und ziemlich gedrängt.

Der Stiel ist drei bis vier Zoll lang, hohl, zylindrisch, faserig, gestreift, wie der Hut gefärbt und wird bei Berührung schwarz.

Diese Pflanze ist ziemlich zerbrechlich. Man erkennt sie daran, dass sie sich schwarz verfärbt, wenn man sie quetscht. Sie erscheint manchmal im frühen Frühling und bleibt bis in den späten Herbst hinein. Sie ist nicht sehr häufig, sondern kommt nur gelegentlich auf dem Boden in Wäldern und auf offenen Flächen vor.

Hygrophorus Frost .

GELBSCHEITEL- HYGROPHORUS . ESSBAR.

ABBILDUNG 167. — Hygrophorus flavodiscus . Natürliche Größe. Das Gluten verbindet den Rand des Hutes mit dem Stiel.

Flavodiscus bedeutet gelbscheitig.

Der Hut ist einen halben bis drei Zoll breit, fleischig, konvex oder nahezu eben, kahl, sehr zähflüssig oder klebrig, in der Mitte weiß, blassgelb oder rötlich-gelb, das Fleisch weiß.

Die Lamellen sind angewachsen oder herablaufend, subdistant , weiß, manchmal mit einer leichten fleischfarbenen Tönung, die Zwischenräume manchmal geadert .

Der Stiel ist ein bis drei Zoll lang, fest, halbgleich, sehr zähflüssig oder klebrig, an der Spitze weiß, sonst weiß oder gelblich. Die Sporen sind elliptisch, weiß, 0,00025 bis 0,0003 Zoll lang und 0,00016 bis 0,0002 Zoll breit.

Aus diesen Pilzen lässt sich ein köstliches Gericht zubereiten. Die Exemplare auf dem Foto wurden in West Gloucester, Mass., von Mrs. EB Blackford aus Boston gesammelt. Ich habe sie in der Nähe von Chillicothe gefunden. Sie sind sehr klebrig, wie die Pflanzen in Abbildung 167 zeigen. Die Hüte sind dick und der Rand eingerollt . Man findet sie im Oktober und November.

Hygrophorus speciosus . Fzg.

AUFFÄLLIGER HYGROPHORUS . ESSBAR.

Speciosus bedeutet schön, auffällig; so genannt nach der scharlachroten Farbe des Umbo. Der Hut ist ein bis zwei Zoll im Durchmesser, breit konvex, oft mit einem kleinen zentralen Umbo; kahl, sehr klebrig oder klebrig, wenn feucht; gelb, normalerweise leuchtend rot oder scharlachrot in der Mitte; Fleisch weiß, gelb unter der dünnen, abtrennbaren Haut.

Die Lamellen sind weit auseinanderliegend, herablaufend und weiß oder leicht gelblich getönt.

Der Stiel ist zwei bis vier Zoll lang, fast gleich groß, fest, zähflüssig, leicht faserig, weißlich oder gelblich. Die Sporen sind elliptisch, 0,0003 Zoll lang und 0,0002 Zoll breit. *Peck.*

Dies ist eine sehr schöne und auffällige Pflanze. Sie wächst an sumpfigen Orten und unter Lärchen. Die Exemplare in Abbildung 168 wurden von Mrs. Blackford in Massachusetts gefunden und von Dr. Kellerman fotografiert. Sie kommt im September und August vor.

Hygrophorus fuligineus . Frost.

RUSSIGER HYGROPHORUS . ESSBAR.

ABBILDUNG 169. — Hygrophorus fuligineus . Natürliche Größe. Das rechte Exemplar ist H. caprinus .

Fuligineus bedeutet rußig oder rauchig.

Der Hut ist ein bis vier Zoll breit, konvex oder nahezu eben, kahl, sehr zähflüssig oder klebrig, graubraun oder rötlich, die Scheibe oft dunkler oder fast schwarz.

Die Lamellen sind unterständig , angewachsen oder herablaufend und weiß.

Der Stiel ist zwei bis vier Zoll lang, fest, zähflüssig oder klebrig, weiß oder weißlich. Die Sporen sind elliptisch, 0,0003 bis 0,00035 Zoll lang und 0,0002 Zoll breit. *Peck* , Nr. 4, Band 3.

Diese Art kommt häufig in Verbindung mit H. flavodiscus vor , dem sie bis auf die Farbe sehr ähnelt. Wenn sie feucht sind, sind Hut und Stiel mit einer dicken Schicht Gluten überzogen, und wenn die Hüte trocken sind, sehen sie wie lackiert aus. Ich finde sie hier nicht in großer Menge. Die Pflanzen in Abbildung 169 wurden von Mrs. Blackford in der Nähe von West Gloucester, Mass. gefunden. Sie kommen im Oktober und November vor.

Hygrophorus Steinbock . Umfang.

DER ZIEGENHYGROPHORUS . ESSBAR.

Caprinus bedeutet „zu einer Ziege gehörend"; der Name leitet sich von den Fibrillen ab, die an Ziegenhaar erinnern.

Der Hut ist fünf bis sieben Zentimeter breit, fleischig, brüchig, kegelförmig, dann abgeflacht und gewölbt, eher gewellt, rußig und faserig.

Die Lamellen sind sehr breit, ziemlich weit voneinander entfernt, tief herablaufend, weiß, dann blaugrün.

Der Stiel ist fünf bis zehn Zentimeter lang, fest, faserig, rußig und oft gestreift oder geriffelt, wie in Abbildung 169 auf Seite 212 zu sehen ist.

Die Sporen sind 10×7–8μ groß.

Diese Pflanzen wachsen in Kiefernwäldern zusammen mit H. fuligineus und H. flavodiscus . Das Exemplar rechts in Abbildung 169 wurde von Mrs. Blackford in der Nähe von West Gloucester, Mass., gefunden. Es ist von September bis zum strengen Frost zu finden.

Hygrophorus Laurae . Morgen .

ABBILDUNG 170. — Hygrophorus Laurae .

Dies ist eine wunderschöne Pflanze, die zwischen Blättern wächst und so vollständig mit Blatt- und Erdpartikeln bedeckt ist, dass es schwierig ist, sie zu entfernen. Sie sind sehr klebrig, sowohl der Stiel als auch der Hut. Sie kommen in unserem Staat nur gelegentlich vor.

Der Hut ist zwei bis drei Zoll breit, in der Mitte rötlich-braun und geht an den Rändern in ein sehr helles Braun über, ist sehr zähflüssig und konvex; der Rand ist zunächst leicht nach innen gebogen und dann erweitert.

Die Lamellen sind angewachsen, leicht herablaufend, nicht gedrängt, ungleichmäßig und gelblich.

Der Stiel ist vollgestopft, verjüngt sich nach unten, ist weißlich und in der Nähe des Hutes pelzartig.

Ich habe diese Pflanze mehrmals in Poke Hollow, in der Nähe von Chillicothe, ebenfalls in Gallia County , Ohio, gefunden. Ich habe sie nirgendwo sonst in dieser Gegend gefunden. Obwohl ich sie nicht in ausreichender Menge gefunden habe, um sie zu probieren , zweifle ich nicht an ihren essbaren Eigenschaften. Ich habe sie erst Ende September und Anfang Oktober gefunden. Sie wächst in ziemlich dichten Wäldern an den Nordhängen der Hügel, wo sie ständig im Schatten und feucht ist. Benannt nach Prof. Morgans Frau.

Hygrophorus Mikropus .

KURZSTIELIGER HYGROPHORUS . ESSBAR.

Micropus bedeutet kurzstämmig. Der Hut ist dünn, brüchig, konvex oder mittig eingedrückt, nabelförmig; seidig, grau, oft mit einer oder zwei schmalen Zonen am Rand; Geschmack und Geruch mehlig.

Die Kiemen sind schmal, eng anliegend, angewachsen oder leicht herablaufend, grau und nehmen mit dem Alter eine lachsfarbene Farbe an.

Der Stiel ist kurz, massiv oder hat eine leichte Höhle, ist an der Spitze oft leicht verdickt, bereift, grau und hat an der Basis einen weißen, myzelartigen Filz. Die Sporen sind eckig, einkernig, lachsfarben, 0,0003–0,0004 Zoll lang und 0,00025–0,0003 Zoll breit. *Peck.*

Dies ist eine sehr kleine Pflanze, die nicht häufig vorkommt, aber weit verbreitet ist. Ich habe sie bei feuchtem Wetter immer auf offenen, grasbewachsenen Stellen gefunden. Die Kappen sind dünn und oft deutlich eingedrückt. Ihr seidiges Aussehen und die schmalen Zonen am Rand der Kappe sowie ihre ziemlich dichten Lamellen, die breit am Stiel befestigt sind und zunächst grau, dann lachsfarben sind, kennzeichnen die Art. Juli bis September.

Hygrophorus miniatus . Fr.

DER ZINNOBERHYGROPHORUS . ESSBAR.

ABBILDUNG 171. — Hygrophorus miniatus . Hut und Stiel zinnoberrot. Lamellen gelblich und leuchtend rot getönt.

Miniatus besteht aus Mennige , Rotmennige.

Dies ist eine kleine, aber sehr verbreitete Art, stark gefärbt und sehr attraktiv. Der Hut und der Stiel sind leuchtend rot und oft zinnoberrot. Der Hut ist zunächst konvex, aber wenn er vollständig entfaltet ist, ist er fast oder ganz flach und bei nassem Wetter ist er durch die Erhöhung des Randes sogar konkav, glatt oder leicht schuppig, oft nabelförmig. Seine Farbe variiert von leuchtendem Rot oder Zinnober oder Blutrot bis hin zu blassorangen Farbtönen.

Die Lamellen sind gelb und häufig stark rötlich gefärbt, weit abstehend, am Stiel befestigt und manchmal eingekerbt.

Der Stiel ist normalerweise kurz und schlank, hat die gleiche Farbe wie der Hut oder ist etwas blasser als dieser; in jungen Jahren massiv, wird aber mit zunehmendem Alter dick oder hohl. Die Sporen sind elliptisch, weiß und 8 µ lang.

Der Zinnoberpilz wächst in Wäldern und auf offenen Feldern. Bei nassem Wetter ist er häufiger anzutreffen. Er scheint am besten dort zu wachsen, wo Kastanienstämme verrottet sind. An solchen Orten findet man ihn in ausreichender Menge zum Verzehr. Nur wenige Pilze sind zarter oder haben einen feineren Geschmack. Es gibt zwei weitere Arten mit roten Kappen, Hygrophorus coccineus und H. puniceus , aber beide sind essbar und ein Fehler kann keinen Schaden anrichten. Sie kommen von Juni bis Oktober vor. Die in Abbildung 171 gezeigten Exemplare wurden am 29. September in Poke Hollow gefunden.

Hygrophorus Miniatur sphagnophilus .

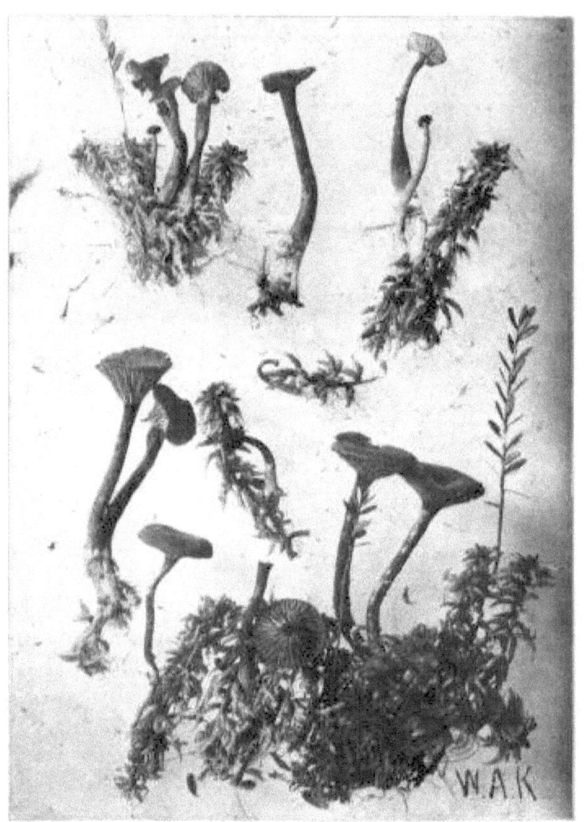

TAFEL XXV. ABBILDUNG 172.— HYGROPHORUS MINIATUR SPHAGNOPHILUS
Natürliche Größe.

Sphagnophilus bedeutet „Sphagnum-liebend" und wird so genannt, weil die Pflanze auf Sphagnum wächst.

Der Hut ist breit konvex, subumbilikal und rot.

Die Lamellen sind verwachsen, weißlich, werden gelblich oder sind manchmal rötlich getönt, gelegentlich sind sie am Rand rot.

Der Stiel ist wie der Hut gefärbt, an der Basis weißlich, sowohl er als auch der Hut sind sehr brüchig.

Diese ist zerbrechlicher als die typische Form und behält beim Trocknen ihre Farbe besser. *Peck* , 43. Rep.

Dies ist eine wunderschöne Pflanze, die, wie Abbildung 172 zeigt, auf dem unteren, abgestorbenen Teil der Stängel von Torfmoos oder Sphagnum wächst. Sie wächst in großer Menge im Buckeye Lake. Das Foto wurde von Dr. Kellerman gemacht. Sie wächst von Juli bis Oktober. Diese Pflanzen lassen sich leicht kochen, haben ein ausgezeichnetes Aroma und sind aufgrund ihrer Farbe ein verlockendes Gericht. Ich habe sie schon mehrmals herzhaft gegessen.

Hygrophorus marginatus .

GERÄNDERTER HYGROPHORUS . ESSBAR.

ABBILDUNG 173. — Hygrophorus marginatus .

Marginatus , so genannt wegen der häufig zinnoberrot gesäumten Kiemen.

Der Hut ist dünn, brüchig, konvex, glockenförmig oder nahezu eben, oft unregelmäßig, manchmal breit genoppt, kahl, glänzend, am Rand gestreift und leuchtend goldgelb.

Die Lamellen sind ziemlich breit, subdistant , bauchig, ausgerandet, angewachsen , gelb, werden am Rand manchmal orange oder zinnoberrot, die Zwischenräume sind geädert .

Der Stiel ist brüchig, kahl, oft gebogen , zusammengedrückt oder unregelmäßig, hohl, blassgelb; Sporen breit elliptisch, 0,00024–0,0003 Zoll lang, 0,00024–0,0002 Zoll breit. *Peck* , NY, 1906.

Diese Pflanze hat das schönste Gelb, das ich je bei einem Pilz gesehen habe. Dieses leuchtende Goldgelb und die orange oder zinnoberrote Farbe am

Rand oder an der Kante der Lamellen werden die Pflanze immer charakterisieren.

Die Exemplare in Abbildung 173 wurden mir Ende August von Frau Blackford aus Boston, Mass., zugesandt. Als sie fotografiert wurden, waren sie nicht im besten Zustand.

Hygrophorus ceraceus . Fr.

DER WACHSARTIGE HYGROPHORUS . ESSBAR.

ABBILDUNG 174. — Hygrophorus ceraceus . Kappen wachsartig gelb.

Ceraceus kommt von *cera* , Wachs. Der Hut ist höchstens 2,5 cm breit, wachsgelb, glänzend, brüchig, dünn, gelegentlich subumbonat , leicht fleischig und leicht gestreift.

Die Lamellen sind fest mit dem Stängel verbunden, verlaufen leicht ablaufend, weit auseinander , breit, bauchig, oft durch Adern verbunden, fast dreieckig und gelb.

Der Stiel ist ein bis zwei Zoll lang, hohl, oft ungleichmäßig, gebogen, manchmal zusammengedrückt, gelb, gelegentlich orange an der Basis, wachsartig. Die Sporen sind $8{\times}6\mu$.

Dies ist eine sehr schöne, empfindliche Pflanze, die normalerweise im Gras wächst. Sie ist leicht an ihrer wachsartigen gelben Farbe zu erkennen. Die fotografierten Pflanzen wurden auf dem Friedhofshügel gefunden. Sie sind von August bis Oktober zu finden.

Hygrophorus virgineus . Wulf.

DER ELFENBEINKOPF- HYGROPHORUS . ESSBAR.

ABBILDUNG 175. — Hygrophorus virgineus . Zwei Drittel der natürlichen Größe. Die ganze Pflanze ist weiß.

Virgineus , Jungfrau; so genannt wegen seiner weißen Farbe. Der Hut ist fleischig, konvex, dann flach, stumpf, schließlich eingedrückt; feucht, manchmal in Flecken rissig, flockig, wenn trocken.

Die Lamellen sind herablaufend, weit auseinanderliegend, ziemlich dick und oft gegabelt.

Der Stiel ist kurz, dick, fest, an der Basis verjüngt und wird äußerlich glatt und nackt. Sporen 12×5–6μ. *Fries.*

Die Pflanze ist ganz weiß und nie groß. Sie wird leicht mit H. niveus verwechselt und ist manchmal schwer von den weißen Formen von H. pratensis zu unterscheiden. Diese Pflanze ist auf Weiden sowohl im Frühjahr als auch im Herbst recht häufig anzutreffen. Die Exemplare in Abbildung 175 fand ich am 11. November auf dem Cemetery Hill unter den Kiefern. Sie wurden von Dr. Kellerman fotografiert.

Hygrophorus Niveau .

DER SCHNEEWEIßE HYGROPHORUS . ESSBAR.

Niveus, schneeweiß. Die Pflanze ist ganz weiß. Der Hut ist kaum einen Zoll breit, etwas häutig , glockenförmig, konvex, dann nabelförmig, glatt, gestreift, klebrig, wenn feucht, nicht rissig, wenn trocken, fleischdünn, überall gleich.

Die Lamellen sind herablaufend, dünn, weit auseinanderliegend, spitz und völlig vollständig.

Der Stängel ist hohl, dünn, gleichmäßig und glatt. Sporen 7×4μ. Auf Weiden zu finden.

Hygrophorus sordidus. Fzg.

DER SCHMUDDELIGE HYGROPHORUS . ESSBAR.

ABBILDUNG 176. — Hygrophorus sordidus.

Sordidus bedeutet schmutziges Weiß oder Schmutzig und bezieht sich auf die Farbe der Kappen, die durch anhaftende Erde entstehen.

Der Hut ist breit konvex oder nahezu eben, kahl, leicht zähflüssig, weiß, aber meist durch anhaftenden Schmutz verunreinigt; der Rand ist zunächst stark eingerollt, dann ausgebreitet oder zurückgebogen; das Fleisch ist in der Jugend fest, im Alter zäh.

Die Lamellen sind unterständig , angewachsen oder herablaufend und weiß oder cremeweiß.

Der Stiel ist fünf bis zehn Zentimeter lang, fest, massiv und weiß.

Die Sporen sind elliptisch, 6,5–7,5×4–5μ. *Peck.*

Die Exemplare, die ich fand, waren rein weiß, wuchsen zwischen Blättern und waren besonders frei von Erde. Die Stiele waren kurz und neigten dazu, leicht ventrikös zu sein. Dr. Peck sagt, dass diese „Art sich von H. penarius durch ihre rein weiße Farbe unterscheidet, obwohl diese normalerweise durch den anhaftenden Schmutz verdeckt wird, der beim Wachstum des Pilzes nach oben getragen wird." Die jungen, wachsenden Pflanzen waren stark eingerollt, aber die älteren Pflanzen waren zurückgebogen, was den

Pflanzen ein trichterförmiges Aussehen verlieh und den Lamellen ein viel stärker herablaufendes Aussehen verlieh. Gefunden am 26. Oktober.

Hygrophorus serotinus. Fzg.

ABBILDUNG 177. — Hygrophorus serotinus.

Serotinus bedeutet spät. So genannt, weil es spät in der Saison ist.

Der Hut ist fleischig, aber dünn, konvex oder nahezu eben, oft mit nach oben gebogenem dünnen Rand, kahl oder mit wenigen undeutlichen angeborenen Fibrillen, in der Mitte rötlich, am Rand weißlich, das Fleisch weiß, der Geschmack mild.

Die Lamellen sind dünn, subdistant , angewachsen oder herablaufend, weiß, die Zwischenräume leicht geadert .

Der Stamm ist gleichmäßig, gefüllt oder hohl, kahl, weißlich. Die Sporen sind weiß, elliptisch, 0,0003 Zoll lang und 0,0002 Zoll breit.

Der Hut ist 8–15 Linien breit; der Stiel ist etwa 1 Zoll lang und 1,5–2,5 Linien dick. *Pickel.*

Einige Exemplare dieser Art wurden mir von Mrs. Blackford aus Boston geschickt, aber nach sorgfältiger Untersuchung konnte ich sie nicht zuordnen. Sie schickte sie dann an Dr. Peck, der ihnen einen sehr treffenden Namen gab. Die in Abbildung 177 gezeigten Exemplare wurden mir im Dezember 1907 zugesandt.

Sie wachsen in einer Reihe in der gleichen Gegend und häufig in engen Gruppen oder Büscheln. Sie scheinen in Eichen- und Kiefernwäldern zu erfreuen. Dr. Peck stellt fest, dass diese Art ähnlich ist wie Hygrophorus queletii , Bres., sowohl in Größe als auch Farbe, aber die allgemeinen Merkmale der Pflanzen stimmen nicht überein. Er sagt auch, dass sie in Größe und Farbe H. subrufescens , Pk. ähnelt, sich aber in der spezifischen Beschreibung wesentlich unterscheidet.

Panus. Fr.

Panus bedeutet Schwellung. Die Arten dieser Gattung sind ledrige Pflanzen, deren Stängel seitlich verlaufen und manchmal fehlen. Sie trocknen aus, erneuern sich aber durch Feuchtigkeit. Die Lamellen sind einfach und dünner als die von Lentinus, haben aber einen durchgehenden, spitzen Rand. Es gibt einige Arten, die ein phosphoreszierendes Licht abgeben, wenn sie auf verrotteten Baumstämmen wachsen. Die Gattung ähnelt stark Lentinus, ist aber aufgrund der glatten Lamellenränder leicht zu erkennen. Einige gute Experten trennen sie nicht, sondern führen beide unter dem Namen Lentinus auf. Diese Gattung ist überall verbreitet, wo es Baumstümpfe und umgestürzte Bäume gibt.

Panus stypticus . Fr.

DER BLUTSTILLENDE PANUS. GIFTIG.

Foto von CG Lloyd.

ABBILDUNG 178. — Panus stypticus . Zwei Drittel der natürlichen Größe. Zimtfarben.

Stypticus bedeutet adstringierend, blutstillend. Der Hut ist lederartig, nierenförmig, zimtfarben, wird blass, die Kutikula bricht in Schuppen auf, der Rand ist ganzrandig oder gelappt, die Oberfläche nahezu eben, manchmal zoniert.

Die Lamellen sind dünn, dicht gedrängt, durch Adern verbunden, von derselben Farbe wie der Hut, bestimmt und ziemlich schmal.

Der Stiel ist seitlich, ziemlich kurz, oben geschwollen, fest, zusammengedrückt, bereift und blasser als die Lamellen.

Man findet sie in großer Menge auf verrotteten Baumstämmen und Baumstümpfen und manchmal ist sie in ihrer Erscheinungsform ziemlich phosphoreszierend. Sie hat einen äußerst unangenehmen, adstringierenden Geschmack. Man könnte genauso gut eine Indianerrübe wie diese Art essen. Schon ein Geschmack verrät sie. Sie kommt von Herbst bis Winter vor.

Panus strigosus . B. & C.

DER HAARIGE PANUS. ESSBAR.

Strigosus , mit steifen Haaren bedeckt. Der Hut ist manchmal ziemlich groß, exzentrisch, mit steifen Haaren bedeckt, der Rand ist dünn und weiß.

Die Lamellen sind breit, weit auseinanderliegend, herablaufend und strohfarben.

Der Stiel ist kräftig, fünf bis zehn Zentimeter lang und wie ein Hut behaart.

Der bevorzugte Wirt dieser Art ist ein Apfelbaum. Ich habe einen schönen Cluster an einem Apfelbaum in Chillicothe gefunden. Seine cremige Weiße, die haarige Kappe und der kurze haarige Stamm unterscheiden ihn von allen anderen Baumpilzen. Er ist essbar, wenn er jung ist, aber bald wird holzig.

Panus conchatus . Fr.

DER MUSCHELPANUS.

Conchatus bedeutet muschelförmig. Der Hut ist dünn, ungleichmäßig, zäh, fleischig, exzentrisch, dünnhäutig; zimtfarben, dann blass; wird schuppig; schlaff; der Rand ist oft gelappt.

Die Lamellen sind schmal und bilden herablaufende Linien am Stiel, sind oft verzweigt und rosa, dann ockerfarben.

Der Stiel ist kurz, ungleichmäßig, massiv, eher blass und an der Basis flaumig.

Diese Art ist häufig dachziegelförmig und sehr häufig zusammenfließend anzutreffen. Ihre schalenartige Form, ihre zähe Substanz und ihr dünner Hut sind ihre Erkennungsmerkmale. Der Geschmack ist angenehm, aber ihre Substanz ist sehr zäh. Sie ist von September bis zum Frost zu finden.

Panus rudis . Fr.

ABBILDUNG 179. — Panus rudis .

Diese Pflanze ist in der Gegend von Chillicothe sehr häufig und kommt in den gesamten Vereinigten Staaten vor, ist in Europa jedoch selten. In American Mycology wird sie im Allgemeinen unter dem Namen Lentinus Lecomtei geführt . Sie wächst auf Baumstämmen und Baumstümpfen. Die Form der Pflanze ist ganz anders, wenn sie oben auf einem Baumstamm oder Baumstumpf wächst, als wenn sie seitlich davon wächst. Die ganz links in Abbildung 179 wuchsen seitlich am Baumstamm, während die in der Mitte oben wuchsen. In diesem Fall hat die Pflanze normalerweise eine trichterförmige Gestalt.

Der Hut ist zäh, rötlich oder rötlich-braun, eingedrückt, gewellt und mit Haarbüscheln besetzt, der Rand ist ziemlich stark nach innen gebogen und spitz zulaufend .

Die Lamellen sind schmal und gedrängt, herablaufend und erheblich blasser als der Hut.

Der Stiel ist kurz, haarig und gelbbraun; manchmal ist der Stiel fast abgenutzt.

Im rohen Zustand hat die Pflanze einen leicht bitteren Geschmack, der jedoch beim Kochen verschwindet. Wenn sie zum Essen zubereitet wird, sollte sie fein gehackt und gut gekocht werden. Für den Wintergebrauch kann sie getrocknet werden. Sie ist vom Frühling bis zum Spätherbst zu finden.

Panus torulosus . Fr.

DER VERDREHTE PANUS. ESSBAR.

Foto von CG Lloyd.

Abbildung 180. — Panus torulosus .

Torulosus bedeutet Haarbüschel. Der Hut ist zwei bis drei Zoll breit, fleischig, dann zäh, lederartig; flach, dann trichterförmig oder dünn; eben; glatt; fast fleischfarben, variierend bis rötlich-bläulich, manchmal violett getönt.

Die Lamellen sind herablaufend, ziemlich weit entfernt, deutlich hinten angeordnet, getrennt, einfach, rötlich, dann hellbraun gefärbt.

Der Stiel ist kurz, kräftig, schräg, grau und mit einem violetten Flaum bedeckt. Die Sporen sind $6 \times 3\mu$ groß.

Die Pflanze ist in Form und Farbe variabel. Manchmal ist sie ganz leicht rosa getönt. Sie ist hier nicht sehr verbreitet. Ich habe einige sehr schöne Exemplare auf einem Baumstamm in der Nähe der Spider Bridge in Chillicothe gefunden.

Es ist essbar, aber ziemlich zäh.

Panus levis . B. & C.

Der helle Panus. Essbar.

Levis, hell. Hut zwei bis drei Zoll breit, rund, etwas eingedrückt, weiß, mit dichtem Haarteppich bedeckt; Rand nach innen gebogen und durch dreieckige Leisten gekennzeichnet.

Die Lamellen sind breit, ganzrandig und herablaufend.

Der Stiel ist zwei bis drei Zoll lang, nach oben hin verjüngt, exzentrisch, seitlich, fest, unten haarig wie der Hut. Die Sporen sind weiß.

Dies ist sicherlich eine sehr schöne Pflanze und wird die Aufmerksamkeit des Sammlers fesseln. Bei uns ist sie nicht üblich. Ich habe sie nur auf Hickory-Stämmen gefunden. Sie soll gut schmecken und sich leicht kochen lassen.

Lentinus. Fr.

Lentinus bedeutet zäh. Der Hut ist fleischig, korkig, zäh, hart und trocken und erholt sich bei Feuchtigkeit.

Der Stiel ist mittig oder seitlich und fehlt oft, ist er aber, wenn vorhanden, durchgehend mit dem Hut verbunden.

Die Lamellen sind zäh, ungleichmäßig, dünn, normalerweise gezahnt, mehr oder weniger herablaufend, der Rand ist spitz. Die Sporen sind glatt, weiß, kugelförmig.

Alle Arten wachsen, soweit ich weiß, auf Holz. Sie nehmen eine große Vielfalt an Formen an. Diese Gattung ist in der trockenen, lederartigen Beschaffenheit des Hutes und der Lamellen sehr eng mit Panus verwandt, kann aber leicht an dem gezahnten Rand der Lamellen erkannt werden.

Lentinus vulpinus. Fr.

STARK DUFTENDER VULPINUS.

TAFEL XXVI. ABBILDUNG 181. – LENTINUS VULPINUS.
Ein Drittel der natürlichen Größe.

Vulpinus stammt von *Vulpes* , einem Fuchs.

Dies ist eine ziemlich große, massive Pflanze, die sitzend und schuppenartig
wächst. Sie ist in den letzten vier Jahren in großer Zahl auf einer Ulme
aufgetaucht, die ganz leicht verfault ist, aber an einem ziemlich feuchten und
dunklen Ort steht. Der Leser kann sich eine Vorstellung von der Größe der
gesamten Pflanze in Abbildung 181 machen, wenn er davon ausgeht, dass
jeder Hut fünf bis sechs Zoll breit ist. Sie sind übereinander aufgebaut und
überlappen sich wie Dachschindeln.

Der Hut ist fleischig, aber zäh, muschelförmig, hinten verwachsen, in der
Längsrichtung rau, gerippt, gewellt, hellbraun und der Rand ist stark nach
innen gebogen.

Die Kiemen sind breit, fast weiß, an der Basis fleischfarben und grob
gezähnt.

Der Stamm ist normalerweise veraltet, in einigen Fällen ist er jedoch sichtbar.

Die Sporen sind fast rund und sehr klein, 0,00006 Zoll im Durchmesser. Bei
allen Pflanzen, die ich gefunden habe, ist der Geruch ziemlich stark und der
Geschmack scharf. Sie wächst im September und Oktober im Wald.

Lentinus lepideus . Fr.

DER SCHUPPIGE LENTINUS. ESSBAR.

ABBILDUNG 182. — Lentinus lepideus .

Lepideus kommt von *lepis* , einer Schuppe.

Der Hut ist fleischig, kompakt, konvex, dann eingedrückt, ungleichmäßig, in dunkle Schuppen aufgeteilt, das Fleisch ist weiß und zäh.

Die Lamellen sind gebuchtet, herablaufend, breit, zerrissen, quergestreift, weißlich oder mit weißen Rändern, unregelmäßig gezähnt.

Der Stängel ist kräftig, mittig oder seitlich, filzig oder schuppig, oft krumm, wurzelnd, weißlich, massiv, gleichmäßig oder an der Basis spitz zulaufend.

Dies ist eine eigenartige Pflanze, die manchmal zu riesigen Wuchsformen heranwächst. Sie wächst auf Holz und scheint sich besonders auf Eisenbahnschwellen zu fressen, denen ihr Myzel sehr schadet. Ich habe die Pflanze häufig in der Nähe von Salem, Ohio, gefunden. Die Exemplare im Halbton wurden in der Nähe von Akron, Ohio, gefunden und von Prof. Smith fotografiert. Als Esspflanze ist sie fast ein Rivale der Pleuroti . Sie wächst von Frühling bis Herbst. Ich habe Ende April auf einem Eichenstumpf in der Nähe von Chillicothe eine schöne Ansammlung gefunden, als ich nach Morcheln suchte.

Lentinus cochleatus . Fr.

Foto von CG Lloyd.

ABBILDUNG 183. — Lentinus cochleatus .

Cochleatus kommt von *Cochlea* , einer Schnecke, wegen der Ähnlichkeit ihres Gehäuses.

Der Hut ist fünf bis sieben Zentimeter breit, zäh, schlaff, unregelmäßig, eingedrückt, manchmal trichterförmig, manchmal gelappt oder verdreht, fleischfarben und wird blass.

Die Lamellen sind dicht gedrängt, schön gezähnt und rosa-weiß.

Der Stiel ist massiv, die Länge variabel, manchmal mittig, häufig exzentrisch, oft seitlich, glatt. Die Sporen sind fast rund, 4μ.

Dies ist eine schöne Pflanze, die bei uns aber nur selten vorkommt. Ich habe eine hübsche Ansammlung am Fuße eines Ahornstumpfs in Poke Hollow gefunden. Die gezackte Form der Lamellen fällt sofort auf. Man findet sie im August und September.

Lenzite . Fr.

Lenzite , benannt nach dem deutschen Botaniker Lenz. Der Hut ist korkig, dünn und gestielt. Die Lamellen sind korkig, fest, ungleich, verzweigt und haben einen stumpfen Rand. Er ist in Wäldern sehr verbreitet und bedeckt manchmal fast Stümpfe und Baumstämme.

Lenzite Betulina . Fr.

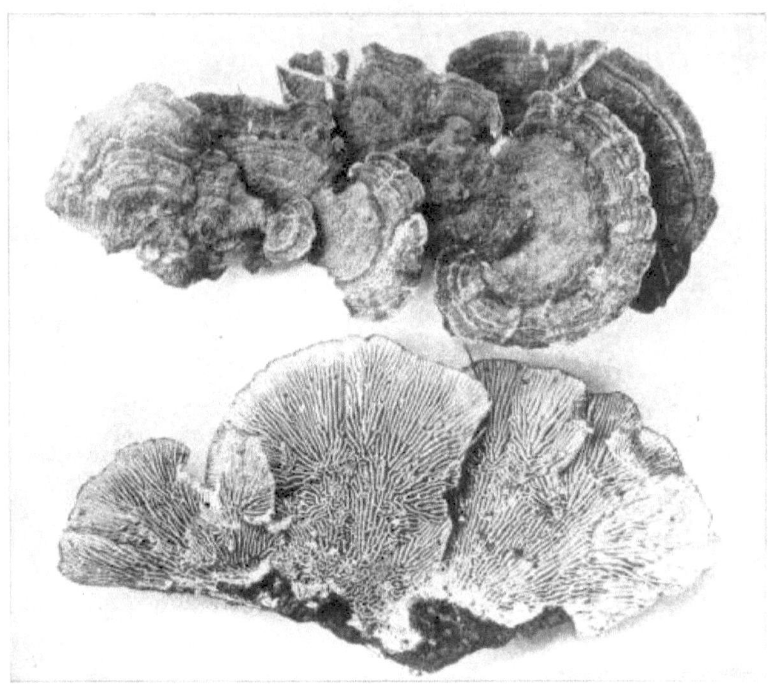

Foto von CG Lloyd.

TAFEL XXVII. ABBILDUNG 184.— LENZITE BETULINA .

ABBILDUNG 185. — Lenzite Betulina .

Betulina , von *Betula* , einer Birke. Diese hat einen etwas korkigen, ledrigen Hut, fest und ohne Zonen, wollig, gestielt, konzentrisch tief gefurcht, Rand von gleicher Farbe.

Die Lamellen sind radial, etwas verzweigt und laufen wieder zusammen; sie sind schmutzig weiß oder hellbraun.

Diese Art ist weit verbreitet und sehr variabel. Sie wächst in Form von Klammern. Abbildung 185 wurde von Dr. Kellerman fotografiert.

Lenzite Separia . Fr.

DIE SCHOKOLADEN- LENZITE .

Der Hut besteht aus korkigen, ledrigen Schalen, deren Oberseite von rauhen Zonen in verschiedenen Brauntönen geprägt ist; der Rand ist gelblich.

Die Lamellen sind ziemlich dick, verzweigt und gehen ineinander über; gelblich. Stamm veraltet. Wächst auf Ästen und Zweigen, insbesondere der Tanne.

Lenzite flaccida . Fr.

SCHLAFFE LENZITE .

ABBILDUNG 186. — Lenzite flaccida . Zwei Drittel der natürlichen Größe.

Flaccida bedeutet schlaff, schlaff. Der Hut ist lederartig, dünn, schlaff, ungleichmäßig, haarig, zoniert, blass, mehr oder weniger lappenförmig, schuppenförmig.

Die Lamellen sind breit, gedrängt, gerade, ungleichmäßig, verzweigt, weiß und werden blass. Die Sporen sind 5×7.

Dies ist eine sehr attraktive Pflanze und recht häufig. Sie verläuft fast unmerklich in Lenzites betulina . Man findet sie auf Stümpfen und Baumstämmen.

Lenzite vialis .

Der Hut ist korkig, fast holzig, fest und zoniert.

Die Kiemen sind dick, fest und schlangenförmig.

Stamm: keiner.

Schizophyllum . Fr.

Schizophyllum setzt sich aus zwei griechischen Wörtern zusammen und bedeutet „spalten" und „Blatt".

Der Hut ist fleischig und trocken. Die Lamellen sind korkig, fächerartig, verzweigt, oben durch die filzige Häutchen verbunden, gespalten und am Rand längs gespalten. Die Sporen sind etwas rund und weiß.

Die beiden Lippen des gespaltenen Lamellenrandes sind gewöhnlich nach hinten gebogen. Diese Gattung ist weit von der Art der Agaricini entfernt . Sie wächst auf Holz und ist sehr verbreitet. *Stevenson.*

ABBILDUNG 187. — Schizophyllum commune.

Es handelt sich um eine sehr verbreitete Pflanze, die im Wald auf Ästen und verrottetem Holz wächst, wo sie sowohl im Winter als auch im Sommer zu finden ist.

Der Hut ist dünn, hinten verwachsen, etwas verlängert, mehr oder weniger fächer- oder nierenförmig, einfach, oft stark gelappt, hinten bis zur Ansatzstelle verschmälert; weißlich, flaumig, dann strähnig.

Die Lamellen sind strahlenförmig, grau, dann bräunlich-violett, manchmal weiß, verzweigt, an den Rändern gespalten und ziemlich tief nach hinten gerollt. Die Sporen sind fast rund, 5–6μ.

Diese Art ist auf der ganzen Welt weit verbreitet. Ich fand sie im Winter 1907 auf verrotteten Schattenbäumen entlang der Straßen von Chillicothe. Sie scheint eine Vorliebe für Ahornholz zu haben. Manche nennen sie S. alneum . Sie ist sehr leicht an ihren gespaltenen violetten Lamellen zu erkennen.

Trogia . Fr.

Trogia ist zu Ehren des Schweizer Botanikers Trog benannt.

Der Hut ist nahezu membranös , weich, ziemlich zäh, schlaff, trocken, flexibel, faserig und erholt sich bei Feuchtigkeit.

Die Kiemen sind faltenförmig, geadert , schmal, unregelmäßig und gekräuselt.

Trogia knusprig . Fr.

Crispa bedeutet knusprig oder gekräuselt. Der Hut ist zäh, becherförmig, zurückgebogen, gelappt, zottig, zum Ansatz hin weißlich oder rötlich, oft hellbraun.

Die Lamellen sind recht schmal, geadert, unregelmäßig, mehr oder weniger verzweigt, am Rand stumpf, weiß oder bläulich-grau, stark gekräuselt, der Rand nicht geriffelt.

Die Kappen sind normalerweise sehr dicht gedrängt und schuppenförmig. Er erholt sich bei nassem Wetter und ist das ganze Jahr über zu finden, normalerweise auf Buchenästen in unseren Wäldern.

KAPITEL III.
DIE ROSENSPORENBLÄTTER.

Die Sporen dieser Reihe sind in vielen verschiedenen Farben erhältlich, darunter rosig, rosa, lachsfarben, fleischfarben oder rötlich. Bei Pluteus, Volvaria und den meisten Clitopilus sind die Sporen regelmäßig geformt, wie bei der weißsporigen Reihe; bei den anderen Gattungen sind sie im Allgemeinen unregelmäßig und eckig. Es gibt nicht so viele Gattungen wie bei den anderen Reihen und weniger essbare Arten.

Pluteus. Fr.

Pluteus bedeutet „Schuppen" und bezieht sich auf die Schuppen, die verwendet wurden, um den Belagerern bei ihrer Arbeit Deckung zu bieten, damit sie vor den Geschossen des Feindes geschützt sind.

Sie haben keine Volva und keinen Ring am Stiel. Die Lamellen stehen frei vom Stiel, sind zunächst weiß und dann fleischfarben.

Pluteus cervinus . Schäff .

HELLBRAUNER PLUTEUS. ESSBAR.

Foto von CG Lloyd.

Cervinus stammt von cervus , einem Hirsch. Der Hut ist fleischig, glockenförmig, ausgedehnt, bei nassem Wetter zähflüssig, bis auf einige strahlenförmige Fasern in jungen Jahren glatt, der Rand ist ganz, das Fleisch weich und weiß; die Farbe des Hutes ist hellbraun oder rehbraun, manchmal rußig, oft mehr als drei Zoll im Durchmesser.

Die Lamellen sind frei vom Stiel, breit, bauchig, ungleich lang, in jungen Jahren fast weiß, im reifen Zustand fleischfarben, da die Sporen abfallen. Der Stiel ist massiv, leicht nach oben verjüngt, fest, spröde, weiß, mit einigen dunklen Fasern übersät und im Allgemeinen krumm. Die Sporen sind breit elliptisch. Die Zystiden im Hymenium auf den Lamellen sind für diejenigen interessant, die ein Mikroskop besitzen.

Dies ist ein in Chillicothe sehr verbreiteter Pilz. Man findet ihn auf Baumstämmen, Baumstümpfen und besonders auf alten Sägemehlhaufen. Beachten Sie, wie leicht sich der Stiel vom Hut lösen lässt. Dadurch unterscheidet man ihn von der Gattung Entoloma . Sie können auf dem Markt nichts finden, das sich besser zum Braten eignet als Pluteus cervinus ; in Butter gebraten ist er einfach köstlich. Zu finden von Mai bis Oktober.

ABBILDUNG 189. — Pluteus cervinus .

Pluteus granularis . Pk.

Foto von CG Lloyd.

ABBILDUNG 190. — Pluteus granularis .

Der Hut ist konvex, dann erweitert, leicht gewölbt, faltig und mit winzigen schwärzlichen Körnchen bestreut, deren Farbe von gelb bis braun variiert.

Die Kiemen sind eher breit, eng anliegend, bauchig, frei, weißlich, dann fleischfarben.

Der Stiel ist gleichmäßig, fest, blass oder braun, an der Spitze normalerweise blasser, samtig mit einem kurzen, dichten Flor.

Die Sporen sind fast kugelförmig und haben einen Durchmesser von etwa 0,0002 Zoll. Die Pflanze ist zwei bis drei Zoll hoch, der Hut ist ein bis zwei Zoll breit und der Stamm ein bis zwei Linien dick. *Peck* , 38. Repräsentant des Staates New York, Bot.

Dies ist eine viel kleinere Art als P. cervinus , aber ihre essbaren Eigenschaften sind genauso gut. Zu finden von Juli bis Oktober.

Pluteus eximius . Schmied.

Eximius , erlesen, vornehm. Der Hut ist fleischig, in der Jugend glockenförmig, ausgedehnt, am Rand schön gefranst, größer als der Gebärmutterhals .

Die Lamellen sind frei, breit, bauchig, zunächst weiß, dann rosafarben, fleischweiß und fest.

Der Stamm ist dick, fest und mit Fasern bedeckt. Dr. Herbst, Pilzflora des Lehigh Valley.

Ich habe einige wunderschöne Exemplare in George Moshers Eiskeller gefunden. Es tut mir sehr leid, dass ich sie nicht fotografiert habe.

Volvaria . Fr.

Die Sporen dieser Gattung sind regelmäßig, oval und haben rosa Sporen. Der Schleier ist universell und bildet eine perfekte Volva, die sich von der Kutikula des Hutes unterscheidet. Der Stiel lässt sich leicht vom Hut trennen. Die Lamellen sind frei, hinten abgerundet, zuerst weiß, dann rosa, weich. Die meisten Arten wachsen auf Holz. Einige auf feuchtem Boden, reichem Schimmel, in Gärten und in Gewächshäusern. Eine ist ein Parasit auf Clitocybe nebularis und monadelphus .

Volvaria bombycina . (Pers.) Fr.

DIE SEIDIGE VOLVARIA . ESSBAR.

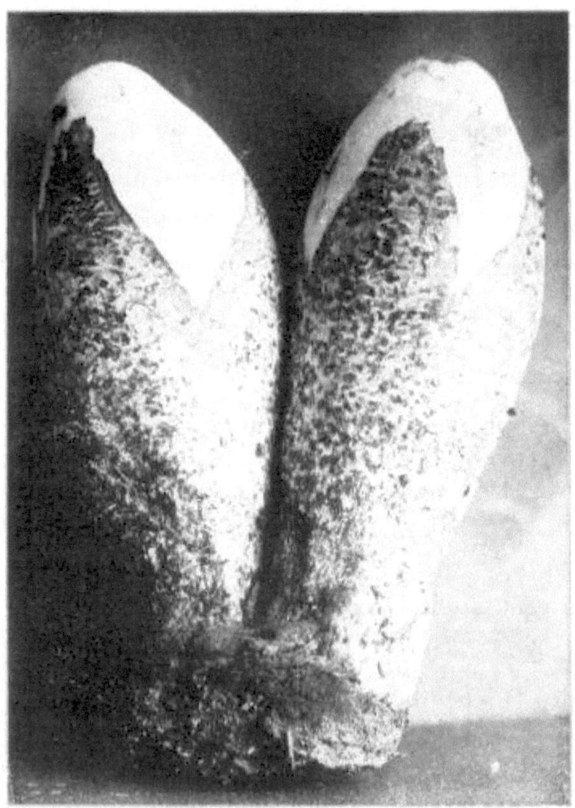

TAFEL XXIX. ABBILDUNG 191.— VOLVARIA BOMBYCINA .
Die Eiform der V. bombycina zeigt den Universalschleier oder die Volva, die an der Spitze aufplatzt. Dies sind ungewöhnlich große Exemplare.

ABBILDUNG 192. — Volvaria bombycina . Zwei Drittel der natürlichen Größe. Die ganze Pflanze ist weiß und seidig.

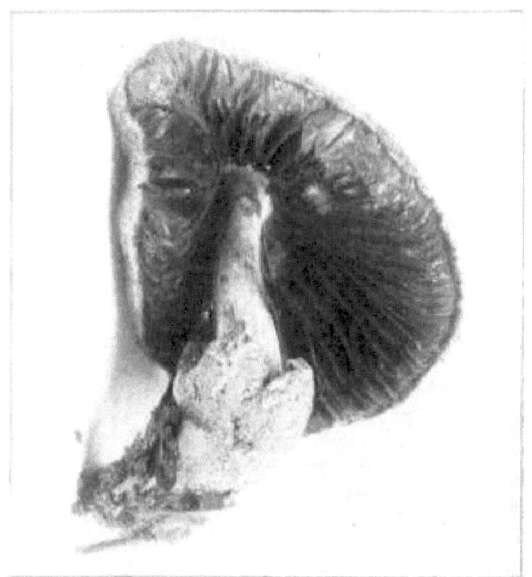

ABBILDUNG 193. — Volvaria bombycina . Zwei Drittel der natürlichen Größe, mit sichtbaren Kiemen, die erst rosa, dann dunkelbraun sind.

Bombycina stammt von *bombyx* , *Seide* . Diese Pflanze wird so genannt, weil die gesamte Pflanze einen schönen seidigen Glanz hat. Der Hut ist drei bis acht Zoll breit, kugelig, dann glockenförmig, schließlich konvex und etwas nabelförmig, weiß, die gesamte Oberfläche ist seidig, bei älteren Exemplaren mehr oder weniger schuppig, manchmal an der Spitze glatt. Das Fleisch ist weiß und nicht dick.

Die Lamellen sind frei, sehr dicht gedrängt, breit, ventrikös, fleischfarben, reichen nicht bis zum Rand und sind gezahnt. Der Stiel ist drei bis sechs Zoll lang, verjüngt sich nach oben, ist fest und glatt, die zähe Volva bleibt an der Basis becherförmig. Die Sporen sind rosig, glatt und elliptisch. Die Volva ist groß, häutig und etwas zähflüssig.

Die Pflanze in Abbildung 192 wurde am 16. August an einem Ahornbaum in der North High Street in Chillicothe gefunden, dessen Ast abgebrochen war. Viele Menschen waren vorbeigekommen und hatten den Schatten der Bäume genossen, aber ihre Entdeckung blieb Miss Marian Franklin vorbehalten, deren Augen darauf trainiert sind, Vögel, Blumen und alles Schöne in der Natur zu sehen.

Ich habe die Pflanze häufig in der Gegend von Chillicothe gefunden, normalerweise einzeln; einmal fand ich jedoch drei Exemplare an einem Stamm, die anscheinend aus derselben Myzelmasse wuchsen. Die Kappen von zweien waren jeweils fünf Zoll breit. Sie wächst normalerweise auf Ahorn und Buche. Wenn Sie eine hohle Buche oder einen Zuckerstumpf beobachten, von dem eine Seite abgebrochen ist, sodass ein geschützter, aber offener Nistplatz übrig bleibt, werden Sie sehr wahrscheinlich ein oder mehrere Exemplare dieser schönen seidigen Pflanzen gemütlich eingekuschelt in ihrem verrottenden Herzen finden. Die Volva ist ziemlich dick und häufig sieht die Pflanze im Eistadium phalloid aus . Gefunden von Juni bis Oktober.

Volvaria umbonata . Peck.

DIE UMBONATE VOLVARIA .

ABBILDUNG 194. — Volvaria umbonata . Zwei Drittel der natürlichen Größe. Die ganze Pflanze ist weiß und seidig.

Umbonata , mit einem nabelförmigen oder konischen Vorsprung wie der Buckel eines Schildes. Diese Pflanze ist auf den reich gedüngten Rasenflächen von Chillicothe recht häufig anzutreffen. Ich habe sie von Juni bis Oktober gefunden. Der Hut ist weiß oder weißlich, manchmal gräulich, auf dem nabelförmigen Teil oft rauchig; in jungen Jahren kugelförmig, glockenförmig, flach, wenn er vollständig entfaltet ist, nabelförmig, glatt; leicht klebrig, wenn feucht, glänzend, wenn trocken, 2,5 bis 3,8 cm breit. Das Fleisch ist weiß und sehr weich.

Die Lamellen sind frei, zunächst weiß, dann fleischfarben bis rötlich durch die rosafarbenen Sporen; manche Lamellen sind klein, etwas gedrängt und in der Mitte breiter.

Der Stiel ist zwei bis zweieinhalb Zoll lang, verjüngt sich von der Basis nach oben, ist glatt, zylindrisch, hohl und fest. Die Volva ist immer vorhanden, frei, unterschiedlich zerrissen, weiß und manchmal gräulich.

Die ganze Pflanze ist im trockenen Zustand seidig. Ich habe sie in meinem Schuppen für die Pferdekutsche wachsen sehen. Sie ist nicht sehr zahlreich, aber recht häufig. Ich habe sie noch nie gegessen, aber ich zweifle nicht daran, dass sie essbar ist.

Volvaria Pussilla . MF

ABBILDUNG 195. — Volvaria Pussilla .

Der Hut ist gewölbt, weiß, faserig, trocken, gestreift und im reifen Zustand in der Mitte leicht eingedrückt.

Die Lamellen sind weiß, nehmen durch die Farbe der Sporen eine fleischfarbene Farbe an, sind frei und weit voneinander entfernt.

Der Stiel ist weiß, glatt, die Volva ist bis zur Basis in vier nahezu gleich große Segmente gespalten. Die Sporen sind breit elliptisch, 5–6 mc.

Dies ist die kleinste Art der Volvaria . Sie wächst auf dem Boden zwischen Unkraut und entgeht dem Sammler wahrscheinlich, wenn er ihren Lebensraum nicht kennt. Es ist sehr wahrscheinlich, dass V. parvula dieselbe Pflanze ist. Auch V. temperata scheint dieser Art sehr ähnlich zu sein, obwohl sie einen anderen Lebensraum hat. Die Pflanzen in Abbildung 195 wurden in Michigan gesammelt und von Dr. Fischer fotografiert. Die Volva hat eine braune Spitze, wie in der Abbildung gezeigt.

Volvaria volvacea . Stier.

DER HERD VOLVARIA .

Sie wird „Die Herdvolvaria" genannt, weil sie in alten, unbenutzten Öfen gefunden wurde. Der Pileus ist fleischig, weich, glockenförmig, dann erweitert, stumpf, spitz zulaufend, mit angedrückten schwarzen Fibrillen. Die Lamellen sind frei, fleischfarben und neigen zum Zerfließen. Der Stiel ist fest, halbgleich und weiß. Die Volva ist locker und weißlich. Die Sporen sind glatt und elliptisch.

Dies ist eine viel kleinere Pflanze als die V. bombycina und wächst im Boden. Man findet sie häufig in Treibhäusern und Kellern.

Entoloma . Fr.

Entoloma setzt sich aus zwei griechischen Wörtern zusammen: *entos* – innerhalb; *loma* – Fransen, was sich auf die innere Beschaffenheit des Schleiers bezieht, die selten sichtbar ist. Die Mitglieder dieser Gattung haben rosafarbene Sporen, die auffallend eckig sind. Es sind weder Volva noch Annulus vorhanden. Die Lamellen sind mit dem Stängel verbunden oder nahe der Verbindung von Lamellen und Stängel eingekerbt. Der Hut ist fleischig und der Rand nach innen gebogen, besonders in jungem Zustand. Der Stängel ist fleischig, faserig, manchmal wachsartig und geht in den Hut über. Sie entspricht Hypholoma , Tricholoma und Hebeloma . Sie kann immer durch die eingekerbten Lamellen von den Gattungen mit rosafarbenen Sporen unterschieden werden. Die fleischfarbenen Sporen und Lamellen unterscheiden Entoloma von Hebeloma , das ockerfarbene Sporen hat, und Tricholoma , das weiße hat.

Alle Arten haben, soweit ich weiß, einen eher angenehmen Geruch und aus diesem Grund ist es äußerst wichtig, die Gattung und die Arten genau zu kennen, da sie alle gefährlich sind.

Entoloma Rhodopolium . Fr.

Das Rosagraue Entoloma .

Abbildung 196. — Entoloma Rhodopolium . Drei Viertel der natürlichen Größe.

Rhodopolium setzt sich aus zwei griechischen Wörtern zusammen: Rose und Grau.

Der Hut ist zwei bis fünf Zoll breit, hygrophan ; wenn feucht, schmutzig-braun oder bläulich, wird blass, wenn trocken, isabellfarben-bläulich, seidig glänzend; leicht fleischig, glockenförmig, wenn jung, dann ausgedehnt und etwas nabelförmig oder bucklig, schließlich ziemlich flach und manchmal eingedrückt; faserig, wenn jung, glatt, wenn ausgewachsen; Rand zuerst nach innen gebogen und wenn groß, gewellt. Fleisch weiß.

Die Lamellen sind erst angewachsen, dann getrennt, etwas gewölbt, leicht abstehend, breit, erst weiß, dann rosa gefärbt.

Der Stiel ist zwei bis vier Zoll lang, hohl; bei kleineren gleichförmig, bei größeren nach oben hin verjüngt; an der Spitze weiß bereift , sonst glatt; leicht gestreift, weiß, durch Sporen oft rötlich. Sporen 8–10×6–8μ. *Fries* .

Die Pflanze wächst in Mischwäldern und ist recht häufig. Captain McIlvaine berichtet, dass sie essbar ist, aber ich habe noch nie eine der Entolomas gegessen . Einige von ihnen haben einen schlechten Ruf. Im September und Oktober zu finden.

Entoloma Grayanum . Fzg.

ABBILDUNG 197. — Entoloma Grayanum . Halbe natürliche Größe.

Der Hut ist konvex bis ausgedehnt, manchmal breit gewölbt, von trüber Farbe, die Oberfläche runzelig oder runzelig und sieht wässrig aus. Das Fleisch ist dünn und der Rand nach innen gebogen.

Die Lamellen sind zunächst eintönig gefärbt, aber heller als der Hut und werden mit zunehmendem Alter rosa. Die Sporen auf dem Papier sind sehr hell lachsfarben. Sie haben einen kugelförmigen oder abgerundeten Umriss, sind 5–7-eckig und haben ein Ölkügelchen mit einem Durchmesser von 8–10 μm.

Der Stiel hat dieselbe Farbe wie der Hut, ist aber heller, gestreift, hohl, etwas verdreht und unten vergrößert. Die obige genaue Beschreibung wurde Atkinsons Studies of American Fungi entnommen. Die Pflanzen wurden in der Nähe eines Schieferschnitts an der B. & O.-Eisenbahn in der Nähe von Chillicothe gefunden. Nicht essbar. Diese Art und E. grisea sind sehr eng verwandt. Letztere ist dunkler gefärbt, hat schmalere Lamellen und hat einen anderen Lebensraum.

Entoloma subcostatum . Atkinson n. sp.

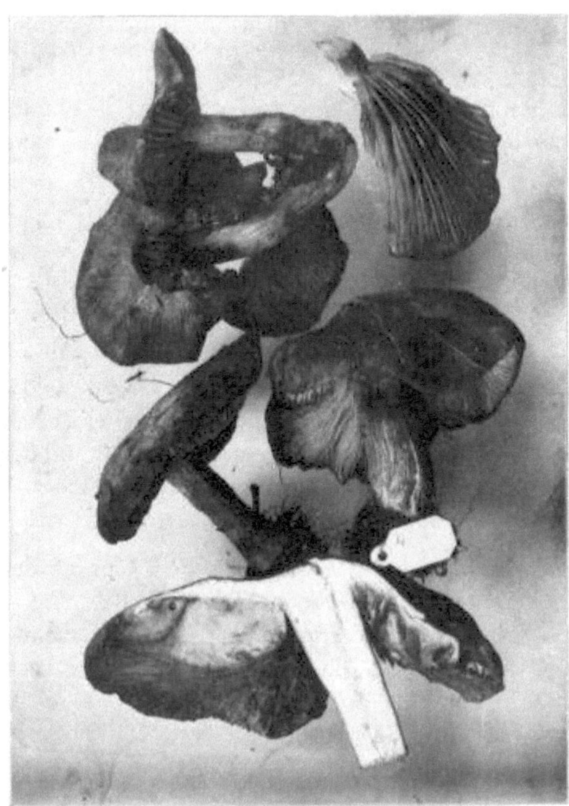

Reife Pflanzen zeigen breite Lamellen und sehr dünnes Fleisch sowie faserige, gestreifte Stängel.

Subcostatum bedeutet etwas gerippt und bezieht sich auf die Kiemen.

Pflanzen gesellig oder in Gruppen oder Büscheln, 6–8 cm hoch; Hut 4–8 cm breit; Stämme 1–1,5 cm dick.

Der Hut ist dunkelgrau bis haarbraun oder olivbraun, oft mit dunkleren Linien unterlegt ; die Lamellen sind hell lachsfarben und werden matt; der Stiel hat die gleiche Farbe wie der Hut, ist jedoch blasser; beim Trocknen werden die Stiele normalerweise so dunkel wie der Hut.

Hut im feuchten Zustand leicht zähflüssig , konvex bis ausgedehnt, eben oder leicht gewölbt , nicht genoppt, unregelmäßig, nach außen gewölbt, Rand nach innen gebogen; Fleisch weiß, ziemlich dünn, zum Rand hin sehr dünn.

Die Lamellen sind breit, 1–1,5 cm breit, verengen sich zum Rand des Hutes hin, sind tief gebuchtet, die Winkel sind normalerweise gerundet, miteinander verbunden und lösen sich leicht, der Rand ist normalerweise blass, manchmal durch Adern verbunden, manchmal gerippt, besonders zum Rand des Hutes hin.

Basidien haben vier Sporen. Sporen fast kugelig , etwa sechseckig, 8–10 μ im Durchmesser, einige etwas länger in Richtung der Spitze, unter dem Mikroskop blassrosa.

Stamm ebenmäßig, faserig gestreift, Außenrinde subknorpelig, Fleisch weiß, ausgestopft, fistelnd werdend .

Geruch etwas nach Altmehl und nussig, nicht angenehm; Geschmack ähnlich.

Verwandt mit E. prunuloides , Fr., und E. clypeatum , Linn. Unterscheidet sich von ersterem durch dunklen Stiel und unebenen Hut, unterscheidet sich von letzterem dadurch, dass er subviskos ist , einen geraden Stiel hat und der Hut nicht genoppt und viel unregelmäßiger ist, und unterscheidet sich von beiden durch die unterhalb der Rippen angeordneten Lamellen. *Atkinson* .

Die Exemplare in Tafel XXX wuchsen auf Grasboden auf dem Campus der Ohio State University in Columbus, Ohio. Sie wurden von RA Young gesammelt und von Dr. WA Kellerman fotografiert, und mit seiner freundlichen Genehmigung veröffentliche ich sie. Die Pflanzen wurden Ende Oktober 1906 gefunden.

Entoloma Lachse . Fzg.

ABBILDUNG 199. — Entoloma Lachse .

Der Hut ist dünn, konisch oder glockenförmig, subakut, selten mit einer winzigen Papille an der Spitze, glatt und von einer eigentümlichen weichen, ockerfarbenen Farbe, leicht mit lachs- oder fleischfarbenem Schimmer.

Die Lamellen und der Stiel sind wie der Hut gefärbt. *Picken.*

Dr. Peck sagt: „Dies wird nur mit einigem Zögern als Art vorgeschlagen, so groß ist die Ähnlichkeit mit einer anderen Art. Der einzige Unterschied besteht in der Farbe und im Fehlen der markanten Spitze dieser Pflanze. Bei beiden Arten ist der Hut so dünn, dass bei gut getrockneten Exemplaren schmale, dunkle, strahlenförmige Linien darauf die Position der darunter liegenden Lamellen markieren , obwohl diese bei der lebenden Pflanze nicht sichtbar sind." Die Pflanze in Abbildung 199 wurde von Mrs. Blackford im Purgatory Swamp in der Nähe von Boston gefunden. Sie werden im August und September gefunden.

Entoloma clypeatum . Linn.

DAS BUCKLER- ENTOLOMA .

Clypeatum , ein Schild oder Rundschild. Der Hut ist leicht fleischig, grell, wenn er feucht ist, grau und glänzend, wenn er trocken ist, gestreift, gefleckt, glockenförmig, dann ausgedehnt, gewölbt, glatt, wässrig.

Lamellen reichen gerade bis zum Stiel, sind gerundet, bauchig, etwas abstehend, fein gezähnt und schmutzig fleischfarben.

Der Stängel ist ausgestopft, dann hohl, gleichmäßig, rund, mit kleinen Fasern bedeckt, wird blass und mit einer feinen pulverartigen Substanz bedeckt. Das Fleisch ist im trockenen Zustand weiß. Diese Pflanze erkennt man normalerweise an der Menge des weißen Myzels an der Stängelbasis. Dr. Herbst bemerkt, dass es sich um ein echtes Entoloma handelt. Es ist sicherlich eine schöne Pflanze, wenn sie voll entwickelt ist. Sie ist von Mai bis September in Wäldern und auf fruchtbaren Böden zu finden. Bezeichnen Sie sie als giftig, bis ihr Ruf geklärt ist.

Clitopilus . Fr.

Clitopilus kommt von *clitos* , einem Abhang; pilos , einem Hut. Diese Gattung hat weder Volva noch Ring. Sie ist oft mehr oder weniger exzentrisch, der Rand anfangs eingerollt; der Stängel fleischig, nach oben in den Hut auslaufend; die Lamellen sind anfangs weiß, dann rosa oder lachsfarben, wenn die Pflanze reift und die Sporen abzufallen beginnen; herablaufend, nie eingekerbt. Der Hut ist mehr oder weniger eingedrückt, in der Mitte dunkler. Die Sporen sind lachsfarben, in einigen Fällen eher blass, glatt oder warzig .

Clitopilus ist eng mit Clitocybe verwandt ; letztere hat weiße Lamellen, erstere rosafarben. Sie unterscheidet sich von Entoloma , genauso wie sich Clitocybe von Tricholoma unterscheidet. Sie lässt sich immer von Eccilia unterschieden, da der Stängel an der Oberfläche nie knorpelig ist. Sie unterscheidet sich von der Gattung Flammula hauptsächlich in der Farbe der Sporen.

Klitopilus Prunulus . Umfang.

DIE PFLAUME CLITOPILUS . ESSBAR.

ABBILDUNG 200. — Clitopilus Prunulus .

Prunulus bedeutet kleine Pflaume und wird nach der weißen Blüte benannt, die die Pflanze bedeckt.

Der Hut ist zwei bis vier Zoll breit, fleischig und fest; zuerst konvex, dann ausgedehnt, schließlich leicht eingedrückt, oft exzentrisch, wie in Abbildung 200 zu sehen; weißlich, oft mit einem frostähnlichen Belag bedeckt, der Rand oft gewellt und nach hinten gebogen.

Die Lamellen sind stark herablaufend, verhältnismäßig wenige in voller Länge, weiß, dann fleischfarben.

Der Stiel ist fest, weiß, nackt, gestreift und kurz. Sporen: 7–8×5.

Aufgrund ihrer vielfältigen Formen ist sie eine der interessantesten Pflanzen.

Ich habe es in verschiedenen Teilen des Staates und häufig in der Nähe von Chillicothe gefunden. Es hat einen angenehmen Geschmack und einen Geruch, der an frisches Essen erinnert. Es ist zart und hat ein ausgezeichnetes Aroma.

Kommt in Wäldern oder lichten Wäldern vor, besonders in feuchten Gegenden und unter Buchen, aber auch Eichen. Vorkommen von Juni bis Oktober.

Die Pflanzen in Abbildung 200 wurden in der Nähe von Ashville, NC, gesammelt und von Prof. HC Beardslee fotografiert.

Klitopilus orcellus . Stier.

DER SÜSSE CLITOPILUS . ESSBAR.

ABBILDUNG 201. — Clitopilus orcellus .

Orcellus ist eine Verkleinerungsform und bedeutet „kleines Fass"; von *orca* bedeutet „Fass".

Der Hut ist fleischig, weich, eben oder leicht eingedrückt, oft unregelmäßig, auch in jungem Zustand; leicht seidig, im feuchten Zustand etwas klebrig; weiß oder gelblich-weiß, Fleisch weiß, Geschmack und Geruch mehlig.

Die Lamellen sind tief herablaufend, dicht, erst weißlich, dann fleischfarben.

Der Stiel ist kurz, fest, flockig , oft exzentrisch, oben verdickt. Die Sporen sind elliptisch, 9–10×5μ. *Peck* , 42. Rep. NY

Diese Pflanze ähnelt dem Pflaumenpilz, C. prunulus , in Aussehen, Geschmack und Geruch sehr stark, ist aber erheblich kleiner. Sie wächst bei nassem Wetter auf offenen Feldern und Rasenflächen. Sie ist in unserem Staat recht weit verbreitet und wurde in Salem, Bowling Green, Sidney und Chillicothe gefunden. Ich finde sie häufig in Verbindung mit Marasmius oreades . Die Exemplare in Abbildung 201 wurden in der Nähe von Ashville, NC, gefunden und von Prof. HC Beardslee fotografiert. Gefunden zwischen Juli und Oktober.

Klitopilus abortivus . B. und C.

DER ABORTIVE CLITOPILUS . ESSBAR.

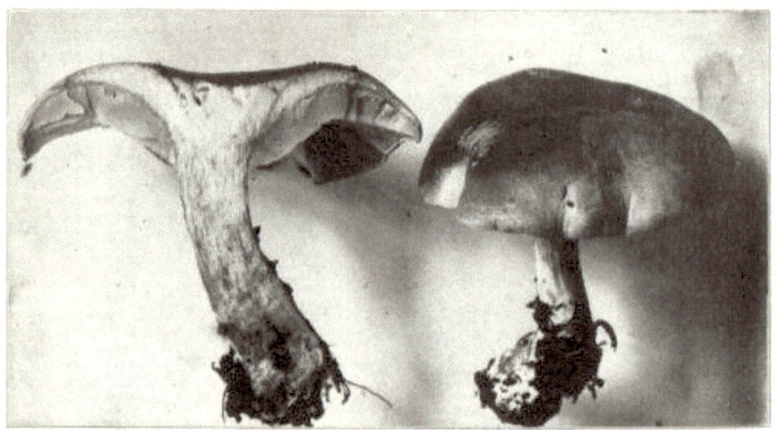

ABBILDUNG 202. — Clitopilus abortivus . Zwei Drittel der natürlichen Größe, mit graubraunem Hut und festem Stiel.

Abortivus bedeutet abortiv oder unvollständig entwickelt; der Name leitet sich von den vielen unregelmäßigen und unterentwickelten Formen ab.

Der Hut ist fleischig, fest, konvex oder nahezu eben, regelmäßig oder unregelmäßig, trocken, mit einem feinen seidigen Filz bedeckt, der mit dem Alter glatter wird, grau oder graubraun, das Fleisch weiß, der Geschmack und Geruch mehlig .

Die Lamellen sind leicht oder tief herablaufend, zunächst weißlich oder blassgrau, dann fleischfarben. Sporen unregelmäßig, 7,5–10×6,5μ.

Der Stiel ist nahezu gleichmäßig, fest, fein flockig , manchmal faserig, gestreift und blasser als der Hut. *Peck* , 42. Bericht NY

Es gibt oft drei Formen dieser Pflanze: eine perfekte Form, eine imperfekte Form und eine Fehlbildung, wie in Abbildung 203 zu sehen ist. Die Fehlbildungen scheinen häufiger zu sein, insbesondere an diesem Ort. Sie werden zunächst für eine Art Bovist gehalten. Man findet sie in offenen Wäldern und Schluchten. Ich habe einige sehr schöne Exemplare unter Buchen auf Cemetery Hill gefunden. Sie sind jedoch im ganzen Staat und in den Vereinigten Staaten weit verbreitet. Die Exemplare in Abbildung 203 wurden in der Nähe von Ashville gesammelt und von Prof. Beardslee fotografiert.

ABBILDUNG 203. — Clitopilus abortivus . Abortive Formen. Essbar.

Klitopilus subvilis .

DER SEIDENKAPPEN- KLITOPILUS . ESSBAR.

Subvilis bedeutet sehr billig, unbedeutend.

Der Hut ist dünn, mittig eingedrückt oder nabelförmig, mit nach unten gebogenem Rand, hygrophanus , dunkelbraun, im feuchten Zustand am Rand gestreift, schmeckt mehlig.

Die Lamellen sind unterständig , angewachsen oder leicht herablaufend, in der Jugend weißlich, dann fleischfarben.

Der Stiel ist schlank, brüchig, eher lang, gefüllt oder hohl, kahl, wie der Hut gefärbt oder etwas blasser.

Die Sporen sind eckig, 7,5–10 µ. *Peck* , 42. Rept.

Diese Pflanze unterscheidet sich von Clitopilus Zotten erkennt man an ihrem glänzenden Hut, den weit auseinander liegenden Lamellen und dem mehligen Geschmack. Gefunden auf Ralston's Run und in Haynes' Hollow, in der Nähe von Chillicothe, von Juli bis Oktober.

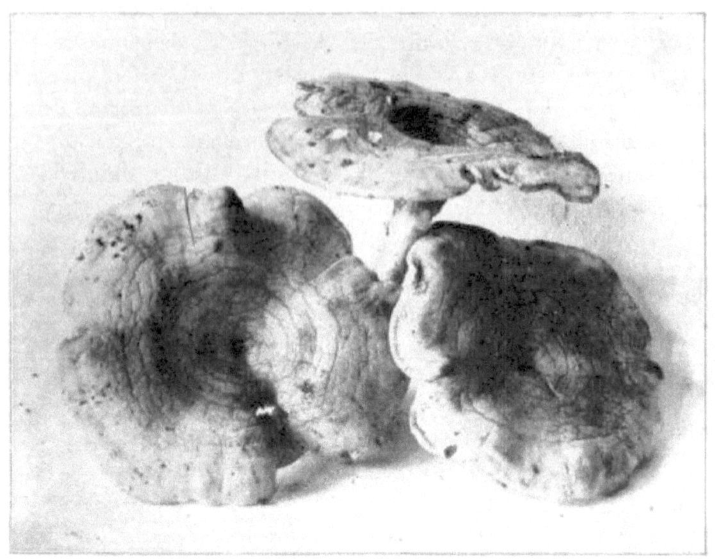

ABBILDUNG 204. — Clitopilus Noveboracensis . Zwei Drittel der natürlichen Größe.

Noveboracensis , der New Yorker Clitopilus . Hut dünn, konvex, dann erweitert oder leicht eingedrückt; schmutzig-weiß, stellenweise rissig oder konzentrisch rillig, manchmal undeutlich gezont; Geruch mehlig, Geschmack bitter.

Lamellen schmal, eng, tief herablaufend, einige gegabelt, weiß, werden schmutzig, mit einem gelblichen oder fleischfarbenen Schimmer.

Der Stängel ist gleichförmig, fest und wie der Hut gefärbt. Das Myzel ist weiß und bildet oft weiße, verzweigte, wurzelähnliche Fasern. Die Sporen sind kugelig.

Prof. Beardslee glaubt, dass diese Art zweifellos mit *C. popinalis* aus Europa identisch ist. Er hat Proben und Fotos an europäische Mykologen geschickt, die diese Ansicht vertreten.

Ich habe diese Pflanze nach schweren Regenfällen im August in großer Menge in den Huntington Hills gefunden. Ihre Saison ist von August bis Oktober. Die Exemplare in Abbildung 204 wurden nach einem schweren Regen am 10. Oktober zwischen Blättern wachsend gefunden. Die Pflanzen neigen dazu, schwärzlich zu werden, wenn sie beim Umgang mit ihnen Druckstellen erleiden.

Var. brevis. Diese Pflanze hat ihren Namen von ihrem kurzen Stiel. Der Rand des Hutes ist im feuchten Zustand reinweiß. Lamellen sind am Stiel befestigt oder leicht herablaufend.

Kirche . Fr.

Eccilia ist ein griechisches Verb, das „ich höhle aus" bedeutet. Es wird so genannt, weil der hohle Knorpelstamm sich nach oben zu einem häutigen Hut ausdehnt, dessen Rand zunächst nach innen gebogen ist. Lamellen herablaufend, hinten verjüngt.

Diese Gattung entspricht Omphalia und ist von Clitopilus durch den knorpeligen, glatten Stiel getrennt.

Kirche carneo -grisea. B. & Br.

DIE FLEISCHGRAUE ECCILIA . ESSBAR.

ABBILDUNG 205. — Eccilia carneo -grisea. Kappe dunkelgrau oder schieferfarben. Lamellen rosig.

Carneo -grisea bedeutet fleischig-grau.

Der Hut ist mindestens 2,5 cm breit, nabelförmig, von dunkelgrauer oder gräulicher Hautfarbe und fein gestreift, der Rand ist durch glimmerartige Partikel verdunkelt.

Die Lamellen sind weit auseinanderliegend, angewachsen, herablaufend, rosig, leicht gewellt und der Rand unregelmäßig dunkel gefärbt.

Der Stiel ist ein bis zwei Zoll lang, schlank, glatt, hohl, gewellt, hat dieselbe Farbe wie der Hut und ist an der Basis weißfilzig.

Sporen unregelmäßig länglich, rau, 7×5μ.

Es kommt von Nova Scotia bis in den Mittleren Westen vor. Es wird häufig in Tannen- und Kiefernwäldern gefunden, aber ich finde es an den Hängen um Chillicothe in Mischwäldern. Es wird hier häufig in Verbindung mit Boletinus gefunden. porös .

Gefunden im Juli, August und September.

Kirche polita . Pers.

Polita bedeutet, möbliert worden zu sein.

ABBILDUNG 206. — Eccilia polita . Natürliche Größe. Kappen haarbraun bis oliv, nabelförmig.

Der Hut ist mindestens 2,5 cm breit, konvex, nabelförmig, etwas membranös , wässrig, bläulich oder haarbraun bis oliv, glatt, im trockenen Zustand glänzend und am Rand fein gestreift.

Die Lamellen sind leicht herablaufend, gedrängt, unregelmäßig oder ungleichmäßig und fleischfarben.

Der Stiel ist knorpelig, gefüllt oder hohl, heller in der Farbe als der Hut, an der Basis gleich oder manchmal leicht vergrößert und poliert, woher auch der Artname stammt.

Dies ist eine größere Pflanze als E. carneo -grisea; sie unterscheidet sich wesentlich in der Art ihrer Sporen, die stark gewinkelt und teilweise quadratisch sind, einen Durchmesser von 10–12 μm haben und an einer Ecke eine markante Schleimhaut aufweisen. Sie ist von September bis zum Frost in den Wäldern zu finden.

Leptonien . Fr.

Leptonia bedeutet schlank, dünn.

Die Sporen sind lachsfarben und unregelmäßig. Der Hut ist nie wirklich fleischig, die Kutikula immer in Schuppen zerrissen, die Scheibe nabelförmig und oft dunkler als der zunächst nach innen gebogene Rand. Die Lamellen sind am Stängel befestigt und bei alten Pflanzen leicht zu trennen. Der Stängel ist starr, mit knorpeliger Rinde, hohl oder ausgestopft, glatt, glänzend, oft dunkelblau, mit dem Hut verschmolzen.

Leptonie incana . Fr.

DIE GRAUGRAUE LEPTONIE .

Incana bedeutet weißgrau oder grauweiß.

Der Hut ist etwa einen Zoll breit, etwas häutig , konvex, dann eben, in der Mitte eingedrückt, glatt, mit seidigem Glanz und gestreiftem Rand.

Die Lamellen sind am Stiel befestigt, breit, etwas abstehend, weiß, dann grünlich.

Der Stängel ist hohl, glänzend, glatt, bräunlich-grün. Die Sporen sind sehr unregelmäßig, matt-gelblich, rosa, rau, 8–9μ.

Nach warmen Regenfällen ist er häufig auf Weiden zu finden. Er wächst in Büscheln und riecht stark nach Mäusen.

Leptonie : Pers .

HABE LEPTONIA GESEHEN .

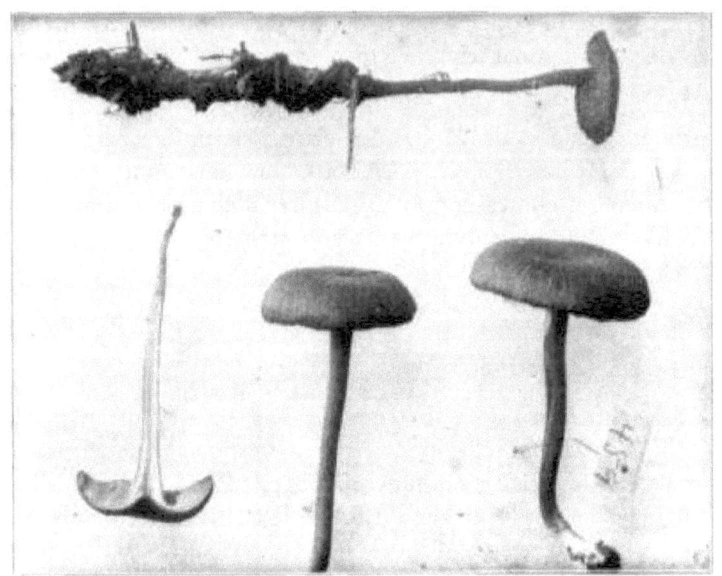

ABBILDUNG 207. — Leptonia serrulata .

„Serrulata" bedeutet „Säge tragend" und ist nach der gezähnten Beschaffenheit der Lamellen benannt.

Der Hut ist dunkelblau, fleischdünn, nabelförmig, eingedrückt, ungestreift und schuppig.

Die Lamellen sind am Stiel befestigt und haben einen dunklen, gesägten Rand.

Der Stiel ist dünn, knorpelig und blasser als der Hut.

Nolanea . Fr.

Nolanea bedeutet „kleine Glocke" und wird aufgrund der Form des Hutes so genannt.

Es hat rosa Sporen. Der Stiel ist knorpelig und hohl. Der Hut ist submembranös , dünn, glockenförmig, papillös, mit geradem Rand und dicht an den Stiel gedrückt. Die Lamellen sind frei und nicht herablaufend. Man findet sie auf dem Boden in Wäldern und auf Weiden.

Nolanea pascua . P.

DIE WEIDE NOLANEA .

Pascua bedeutet Weide.

Der Hut ist häutig , konisch, dann erweitert, leicht gewölbt, glatt, gestreift, wässrig; im trockenen Zustand glänzend wie Seide.

Die Kiemen sind nahezu frei, bauchig, gedrängt und schmutzig-grau.

Der Stängel ist hohl, zerbrechlich, seidig-faserig und gestreift. Die Sporen sind unregelmäßig, 9–10. Man findet sie im Sommer und Herbst nach Regenfällen auf Weiden.

Nolanea conica .Pk.

DER ZAPFEN NOLANEA .

Der Hut ist dünn, membranös , konisch, mit einem winzigen Wulst oder einer Papille, zimtfarben und im feuchten Zustand gestreift .

Die Kiemen sind hell fleischfarben und nahezu frei.

Der Stiel ist schlank, gerade und hohl.

Kommt in feuchten Hölzern vor.

Claudopus . Schmied.

Claudopus setzt sich aus zwei griechischen Wörtern zusammen: *claudos* – lahm; *pus* – Fuß.

Der Hut ist exzentrisch oder seitlich wie bei den Pleuroti . Die Arten wurden früher zu den Pleuroti und Crepidoti gezählt , denen sie bis auf die Farbe der Sporen sehr ähnlich sind. Diese Gattung umfasste früher Pflanzen mit lila Sporen, aber Prof. Fries beschränkte sie auf Pflanzen mit rosa Sporen. Bei einigen Arten sind die Sporen gleichmäßig und bei anderen rau und eckig. Der Stamm fehlt entweder oder ist sehr kurz, daher der Name. Alle Arten kommen auf verrottetem Holz vor.

Claudopus nidulans . Pers.

ABBILDUNG 208. — Claudopus nidulans . Halbe natürliche Größe. Kappe gelb oder hellbraun. Lamellen orangegelb.

Nidulans kommt von *nidus* , einem Nest.

Der Hut ist gestielt, manchmal hinten verschmälert und hat eine kurze stielartige Basis, die Kappen überlappen sich oft, sind nierenförmig, ziemlich flaumig, der Rand ist eingerollt, zum Rand hin behaart und haben eine kräftige gelbe oder hellbraune Farbe.

Die Lamellen sind breit, mäßig eng und orangegelb.

Die Sporen sind gleichmäßig, 3–5×1μ, länglich, etwas gebogen, von zartrosa Masse. In den Wäldern um Chillicothe ist es recht häufig. Ein Ahornstamm, von dem ich das in Abbildung 208 fotografierte Exemplar nahm, war vollständig bedeckt und bot einen schönen Anblick. Es hat einen ziemlich starken und unangenehmen Geruch. Es ist essbar, aber im Allgemeinen zäh und muss sehr fein gehackt und gut gekocht werden. Es kommt von August bis November in Wäldern auf Baumstämmen und Baumstümpfen vor.

Claudopus variabilis. MF

Variabilis, variabel oder veränderlich. Der Hut ist weiß, dünn, resupiniert – das heißt, die Pflanze scheint auf dem Rücken zu liegen, die Lamellen sind nach oben zum Licht gerichtet, ganz flaumig, gleichmäßig und in der Mitte an einem kurzen, flaumigen Stiel befestigt.

Die Lamellen sind zunächst weiß und nehmen dann die Farbe der Sporen an.

Man findet ihn auf verrottenden Ästen und Zweigen im Wald. Er ist überall recht häufig.

KAPITEL IV.
DIE ROSTSPORENBLÄTTER.

Die Sporen haben verschiedene Schattierungen von Ockergelb, Rostbraun, Rostbraun, Braun und Gelbbraun. Der Hymenophor ist bei der Rostsporenserie nie frei vom Stiel, noch gibt es eine Volva.

Pholiota . Fr.

Pholiota , eine Schuppe. Die Mitglieder dieser Gattung haben rostfarbene Sporen. Diese können sepiabraun, hellgelbbraun oder hellrot sein. Es gibt keine Volva, aber einen Ring, der manchmal hartnäckig, brüchig und flüchtig ist. In dieser Hinsicht entspricht er der Armillaria unter den weißen Sporenblättern. Der Hut ist fleischig. Die Lamellen sind am Stiel befestigt und manchmal mit einem herablaufenden Zahn versehen, der aufgrund der abfallenden Sporen gelbbraun oder rostfarben ist. Viele Arten wachsen auf Holz, Baumstämmen, Baumstümpfen und Ästen, obwohl andere auf dem Boden wachsen.

Pholiota Präkox . Pers.

DIE FRÜHEN PHOLIOTA . ESSBAR.

ABBILDUNG 209. — Pholiota precox . Zwei Drittel der natürlichen Größe. Kappen weißlich, oft gelblich getönt.

Precox , früh. Der Hut ist fleischig, weich, konvex, dann ausgedehnt, schließlich glatt, ebenmäßig, der Rand zuerst nach innen gebogen; feucht, aber nicht klebrig, weißlich, oft mit einem leichten Anflug von Gelb oder Hellbraun; wenn die Pflanze voll ausgereift ist, ist er oft nach oben gebogen und geriffelt.

Die Lamellen sind am Stiel befestigt und laufen leicht durch einen Zahn hervor, sind mäßig breit, gedrängt, ungleichmäßig, cremeweiß, dann rostbraun. Sporen bräunlich, 8–13×6–7µ.

Der Stiel ist gefüllt, dann hohl, oft gestreift über dem Ring, eher schlank, manchmal mehlig, die Haut schält sich leicht, weißlich. Die Sporen sind rostbraun und elliptisch. Die Kappen sind ein bis zwei Zoll breit und der Stiel ist zwei bis drei Zoll lang. Der Schleier ist wie ein Trommelfell vom Stiel bis zum Rand der Kappe gespannt. Er bricht auf verschiedene Weise; manchmal löst er sich vom Rand der Kappe und bildet einen Ring um den Stiel; manchmal bleibt aber nur wenig am Stiel und viel am Rand der Kappe.

Er erscheint jedes Jahr auf dem Rasen der Chillicothe High School. Die Lamellen sind cremeweiß, wenn sich der Hut öffnet, aber sie verfärben sich bald rostbraun. Er kommt im Mai. Nach Juni habe ich ihn nie mehr gefunden. Ich freue mich immer, ihn zu finden, denn zu dieser Jahreszeit ist er immer appetitlich. Suchen Sie auf Rasenflächen und Weiden und in Getreidefeldern nach ihm.

Pholiota dura. Bolzen.

DIE HARTRIEGEL -PHOLIOTA . ESSBAR.

ABBILDUNG 210. — Pholiota dura. Halbe natürliche Größe. Kappen gelbbraun gefärbt.

Dura, hart; so genannt, weil die Oberfläche des Hutes ziemlich hart und rissig wird. Der Hut ist drei bis vier Zoll oder mehr breit, sehr kompakt, konvex, dann eben, die Kutikula oft sehr rissig, der Rand eben, gelbbraun, hellbraun, manchmal ganz braun.

Die Lamellen sind fest mit dem Stiel verbunden, etwas herablaufend mit einem Zahn, bauchig, bläulich, dann rostbraun. Sporen elliptisch, 8–9×5–6μ.

Der Stiel ist vollgestopft, hart, außen faserig, zur Spitze hin verdickt, manchmal bauchig und oft unregelmäßig geformt.

Am 6. Juni 1904 entdeckte ich Mr. Dillmans Garten in der Hickory Street in Chillicothe, der von dieser Pflanze übersät war. Einige waren sehr groß und schön, und ich hatte eine hervorragende Gelegenheit, die Unregelmäßigkeiten in der Form der Stämme zu beobachten. Einige Jahre zuvor fand ich in Sidney, Ohio, einen ebenso voll bewachsenen Garten. Im Herbst 1905 wurde ich gebeten, etwa sieben Meilen von Chillicothe wegzufahren, um mir ein Weizenfeld anzusehen, das Ende Oktober gewachsen war und von Pilzen übersät war. Ich fand heraus, dass es sich um diese Art handelte.

Es sollten nur die jungen Pflanzen verwendet werden, da die älteren etwas zäh sind.

Pholiota adiposa . Fr.

DIE FETT- ODER ANANAS- PHOLIOTA . ESSBAR.

ABBILDUNG 211. — Pholiota adiposa . Zwei Drittel natürliche Größe. Kappen safrangelb.

Adiposa stammt von *Adeps* , Fett. Der Hut ist auffällig, dunkelgelb, kompakt, konvex, stumpf, leicht gewölbt, ziemlich klebrig, wenn feucht, glänzend, wenn trocken; die Kutikula ist glatt oder in Schuppen zerfallen, die dunkelbraun sind, der Rand ist nach innen gebogen; das Fleisch ist safrangelb, in der Mitte dick und wird zum Rand hin dünner.

Die Lamellen sind fest mit dem Stängel verbunden, manchmal leicht eingekerbt, dicht, gelb, mit zunehmendem Alter rostfarben. Sporen elliptisch, 7×3μ.

Der Stiel ist gleichmäßig, gefüllt, zäh, an der Basis verdickt, unten braun und oben gelb, stark schuppig.

Das schöne Aussehen der Büschel oder Büschel, in denen die Ananas-Pholiotas wachsen, wird die Aufmerksamkeit eines normalerweise unaufmerksamen Betrachters erregen. Die Schuppen auf dem Hut scheinen sich zusammenzuziehen und von der Oberfläche abzuheben und verschwinden manchmal mit der Zeit. Normalerweise sollten die Hüte von Pilzen vor dem Kochen nicht geschält werden, aber bei diesem ist es besser, sie zu schälen.

Der Ring ist schwach und die hier dargestellten Exemplare wurden auf einem Baumstumpf im Garten von Miss Effie Mace in der Paint Street in Chillicothe gefunden.

Pholiota Caperata . Pers.

DIE RUNZELIGE PHOLIOTA . ESSBAR.

TAFEL XXXI. ABBILDUNG 212.- PHOLIOTA KAPERATA .

Caperata bedeutet runzelig.

Der Hut ist drei bis vier Zoll breit, fleischig, von einer lehmigen bis zu einer gelblichen Farbe variierend, zuerst etwas eiförmig, dann erweitert, stumpf, an den Seiten runzelig, der gesamte Hut und besonders die Mitte sind mit einer weißen oberflächlichen Flocke bedeckt .

Die Lamellen sind am Stiel angewachsen oder befestigt, ziemlich dicht gedrängt, an den Rändern etwas gezahnt, lehm-zimtfarben. Sporen elliptisch, $12\times4{,}5\mu$.

Der Stiel ist vier bis fünf Zoll lang, fest, kräftig, rund, an der Basis etwas bauchig, weiß und oberhalb des Rings schuppig. Dieser ist oft sehr schwach, oft nur eine Spur, wie man an der linken Pflanze in Abbildung 212 sehen kann.

Auf weißem Papier haften die Sporen an einer dunklen, eisenhaltigen Substanz, auf dunklem Papier sind sie jedoch blasser.

Die Pflanze ist an den weißen Flocken an der Oberfläche zu erkennen. Sie ist in den Staaten weit verbreitet. Ich habe sie an mehreren Orten in Ohio gefunden und in der Gegend von Chillicothe ist sie recht häufig anzutreffen. In Deutschland ist sie sehr beliebt und wird vom einfachen Volk „ Zigeuner “ genannt.

Man findet ihn im September und Oktober.

Pholiota unicolor. Fl. Dan.

FIGUR 213.— Pholiota unicolor. Natürliche Größe.

Unicolor bedeutet einfarbig.

Der Hut ist glockenförmig bis konvex, subumbonat , hygrophan , braun, dann ockerfarben, fast eben und nie vollständig entfaltet.

Die Lamellen sind fast dreieckig, angewachsen, sich ablösend, breit und ockerfarben-zimtfarben. Sporen 9–10×5μ.

Der Stiel ist gefüllt, dann hohl, wie der Hut gefärbt, fast glatt, ringförmig dünn, aber ganz.

Sie wachsen spät und sind auf gut verrotteten Baumstämmen zu finden. Sie sind in unseren Wäldern recht häufig. Gefunden im November. Die Pflanzen in Abbildung 213 wurden am 24. November in Haynes' Hollow gefunden.

Pholiota mutablis . Schaff.

DIE VERÄNDERLICHE PHOLIOTA . ESSBAR.

Mutablis bedeutet veränderlich, variabel. Der Hut ist zwei bis drei Zoll breit und fleischig; dunkel zimtfarben, wenn feucht, blasser, wenn trocken; der Rand ist eher dünn und durchsichtig; konvex, dann erweitert, manchmal stumpf gewölbt und manchmal leicht eingedrückt; gleichmäßig, ganz glatt, das Fleisch weißlich und der Geschmack mild.

Die Lamellen sind breit, angewachsen, leicht herablaufend, dicht aneinanderliegend und erst blass umbrafarben, dann zimtfarben.

Der Stiel ist zwei bis drei Zoll lang, schlank, ausgestopft, wird hohl, oben glatt oder leicht pulverisiert und blass, unten bis zum Ring leicht schuppig und an der Basis dunkler, Ring häutig , außen schuppig. Die Sporen sind ellipsoid, 9–11×5–6μ.

Ich finde dieses Exemplar in einer büscheligen Art auf verrottetem Holz wachsend. Es ist hier spät in der Saison recht häufig anzutreffen. Ich habe am Erntedankfest 1905 in Gallia County, Ohio, einige sehr große Exemplare gefunden. Es ist eine der jüngsten essbaren Pflanzen.

Pholiota heteroclita . Fr.

PHOLIOTA MIT BAUCHIGEM STIEL .

FIGUR 214.— Pholiota heteroclita . Natürliche Größe. Kappen weißlich oder gelblich.

Heteroklit bedeutet, sich zur Seite, aus der Mitte heraus, zu neigen.

Der Hut ist drei bis sechs Zoll breit, kompakt, konvex, ausgedehnt, sehr stumpf, eher exzentrisch, mit verstreuten, angeborenen, anliegenden Schuppen gezeichnet, weißlich oder gelblich, manchmal glatt, wenn er trocken ist, und klebrig, wenn er feucht ist.

Die Lamellen sind sehr breit, zunächst blass, dann eisenhaltig, gerundet und angewachsen .

Der Stiel ist drei bis vier Zoll lang, fest, hart, an der Basis bauchig, faserig, weiß oder weißlich; Schleier an der Spitze, Ring flüchtig, anhängselförmig. Die Sporen sind subelliptisch , 8–10×5–6μ.

Diese Art hat einen starken und scharfen Geruch, der sehr an Meerrettich erinnert. Sie wächst auf Holz und ihre bevorzugten Wirte sind Pappeln und Birken. Sie ist fast den ganzen Herbst über zu finden. Die Exemplare in Abbildung 214 wurden in Michigan gefunden und von Dr. Fischer aus Detroit fotografiert.

Pholiota aurevella . Batsch.

GOLDENE PHOLIOTA .

Aurevella stammt von *Auri -Vellus* , einem goldenen Vlies.

Der Hut hat einen Durchmesser von fünf bis sieben Zentimetern, ist glockenförmig, konvex, gewölbt, gelbbraun-gelb, mit dunkleren Schuppen und eher klebrig.

Die Lamellen sind dicht gedrängt, hinten eingekerbt, fest, sehr breit, eben, blass oliv und schließlich eisenhaltig.

Der Stamm ist vollgestopft, fast gleichmäßig, hart, unterschiedlich lang, gekrümmt, mit rostfarbenen, anliegenden Schuppen , der Ring ist ziemlich weit entfernt. Im Herbst an Baumstämmen, im Allgemeinen einzeln. Nicht sehr häufig.

Pholiota Kurven . Fr.

Curvipes , mit gebogenem Fuß oder Stiel. Der Hut ist eher fleischig, konvex, dann erweitert und in aneinandergepresste, flockige Schuppen zerrissen.

Die Lamellen sind verwachsen, breit, weiß, dann gelblich und schließlich gelbbraun.

Der Stiel ist etwas hohl, dünn, nach innen gebogen (daher der Name), faserig, gelb und hat einen flockigen Ring. Sporen 6–7×3–4. *Cooke.*

Ich habe zu verschiedenen Zeiten mehrere Exemplare dieser Art auf einem stark verrotteten Buchenstamm in Ralston's Run gefunden, konnte sie aber auf keinem anderen Stamm in irgendeinem Wald in der Nähe von Chillicothe finden. Ich hatte Schwierigkeiten, sie zuzuordnen, bis mir Prof. Atkinson half. Ich habe sie zwischen August und November gefunden.

Pholiota spectabilis. Fr.

DIE AUFFÄLLIGE PHOLIOTA .

Spectabilis, von bemerkenswertem Aussehen, sehenswert. Der Hut ist kompakt, konvex, dann flach, trocken, in seidige Schuppen zerrissen, die zum Rand hin verschwinden, goldorange Farbe, Fleisch gelb.

Die Lamellen sind angewachsen , in der Nähe des Stiels abgerundet, leicht herablaufend, gedrängt, schmal, gelb, dann eisenhaltig.

Der Stamm ist massiv, drei bis vier Zoll hoch, ziemlich dick, zäh, schwammig, zur Basis hin verdickt, gleichmäßig, bauchig, etwas wurzelnd. Ring unterständig. Ich fand die Exemplare im Oktober und November. Sie wachsen möglicherweise früher. Gefunden auf verrotteten Eichenstümpfen.

Pholiota marginata. Batsch.

DIE RANDPHOLIOTA . ESSBAR.

FIGUR 215.— Pholiota marginata. Zwei Drittel der natürlichen Größe. Kappen honigfarben und hellbraun.

Marginata bedeutet kantig, gerandet; so genannt wegen der Randstreifen des Hutes.

Der Hut ist eher fleischig, konvex, dann eben, glatt, feucht, wässrig, am Rand gestreift, im feuchten Zustand honigfarben, im trockenen Zustand hellbraun.

Die Lamellen sind fest mit dem Stängel verbunden, dicht gedrängt und ungleichmäßig angeordnet; im reifen Zustand sind sie durch die Sporenablösung dunkelrotbraun. Sporen 7–8×4μ.

Der Stiel ist zylindrisch, glatt, hohl, hat die gleiche Farbe wie der Hut und ist oberhalb des Rings mit einer frostähnlichen Schicht bedeckt, die von der Spitze des Stiels entfernt ist und häufig ganz verschwindet.

Es ist recht häufig und findet sich auf fast jedem morschen Baumstamm in unseren Wäldern. Es kommt früh und hält bis in den späten Herbst an. Die Kappen sind ausgezeichnet, wenn sie gut vorbereitet sind.

Pholiota Ägerita . Fr.

Ægerita ist der griechische Name für die Schwarzpappel; sie wird so genannt, weil sie auf verrotteten Pappelstämmen wächst. Der Hut ist fleischig, konvex, dann glatt, mehr oder weniger kariert oder riffelartig, runzelig, gelbbraun, der Rand des Hutes eher blass.

Die Lamellen sind verwachsen, mit einem herablaufenden Zahn, ziemlich eng aneinanderliegend, blass und dann dunkler werdend.

Der Stiel ist gefüllt, gleichmäßig, seidenweiß, mit oberständigem Ring, faserig und geschwollen. Sporen 10×5μ.

Im Oktober und November in den Wäldern überall dort zu finden, wo verrottete Pappelstämme vorhanden sind.

Pholiota Quadratrosoide . Fzg.

Wie die Schuppenblütige Pholiota . Essbar.

FIGUR 216.— Pholiota squarrosoides . Zwei Drittel der natürlichen Größe. Kappen gelb oder gelblich.

Squarrosoides bedeutet wie Squarrosa . Der Hut ist ziemlich fest, konvex, klebrig, besonders wenn er feucht ist; zunächst dicht mit aufrecht stehenden papillösen oder subspinösen gelbbraunen Schuppen bedeckt, die sich bald voneinander lösen und die weißliche oder gelbliche Farbe des Hutes und seinen klebrigen Charakter offenbaren.

Die Lamellen stehen eng aneinander, sind ausgerandet und zunächst weißlich, dann blass oder matt zimtfarben.

Der Stiel ist gleichmäßig, fest, vollgestopft, rau, mit dicken, quadratischen, rosa Schuppen, weiß über dem dicken, flockigen Ring, blass oder gelbbraun darunter. Die Sporen sind winzig, elliptisch, 0,0002 Zoll lang und 0,00015 Zoll breit.

Sie wachsen in Büscheln auf toten Stämmen und alten Stümpfen, insbesondere des Zuckerahorns. Sie ähneln stark P. squarrosa . Sie sind im Spätherbst zu finden. Ihr bevorzugter Aufenthaltsort ist das Innere eines Stumpfes oder der Schutz eines Baumstamms.

Pholiota squarrosa . Mull.

Die Schuppige Pholiota . Essbar.

Foto von CG Lloyd.

Tafel XXXII. Abbildung 217.- Pholiota rosarot .

Squarrosa bedeutet schuppig. Der Hut ist drei bis vier Zoll breit, fleischig, glockenförmig, konvex und dann erweitert; stumpf gewölbt, gelbbraun, mit leuchtend braunen Schuppen bedeckt; das Fleisch ist an der Oberfläche gelb.

Die Lamellen sind mit einem herablaufenden Zahn am Stiel befestigt, zunächst gelblich, dann blass oliv, wechselnd zu rostbraun, dicht gedrängt und schmal. Die Sporen sind elliptisch, $8\times4\mu$.

Der Stiel ist drei bis sechs Zoll hoch, safrangelb, vollgestopft, mit kleinen Fasern bedeckt, schuppig wie der Hut, an der Basis durch die Art seines Wachstums dünner. Der Ring ist dicht an der Spitze, flaumig, tiefbraun, tendierend zu Orange.

Dies ist ein recht häufiger und auffälliger Pilz. Man findet ihn auf morschem Holz, auf oder in der Nähe von Baumstümpfen, er wächst aus einer unterirdischen Wurzel und ist oft am Fuß von Bäumen zu finden. Nur die Kappen der jungen Exemplare sollten gegessen werden. Er kommt von August bis zum Spätfrost vor.

Inocybe . Fr.

Inocybe hat zwei griechische Wörter, die Faser und Kopf bedeuten. Der Name kommt von dem faserigen Schleier, der mit der Kutikula des Hutes fest verbunden ist und am Rand oft frei ist und die Form einer Cortina hat. Die Lamellen sind etwas gewölbt, obwohl sie manchmal angewachsen sind, und bei zwei Arten sind sie herablaufend. Sie ändern ihre Farbe, sind aber nicht mit Zimt bestäubt. Die Sporen sind oft rau, aber bei anderen Exemplaren sind sie gleichmäßig und mehr oder weniger bräunlich-rostfarben. *Stevenson.*

Inocybe scaber . Mull.

RAUE INOCYBE . NICHT ESSBAR.

Scaber bedeutet rau. Der Hut ist fleischig, konisch, konvex, stumpf gewölbt und mit faserigen, anliegenden Schuppen bestreut. Der Rand ist ganzrandig und graubraun.

Die Lamellen sind in Stielnähe abgerundet, recht gedrängt und blass schmuddelig-braun.

Der Stiel ist fest, weißlich oder blasser als der Hut, mit kleinen, gleichmäßigen, verschleierten Fasern bedeckt. Die Sporen sind elliptisch, glatt und 11×5μ groß.

Man findet es auf dem Boden in feuchten Wäldern. Nicht gut.

Inocybe spitzer . Fr.

DER ZERRISSENE INOCYBE .

Lacera bedeutet zerrissen. Der Hut ist etwas fleischig, konvex, dann erweitert, stumpf, gewölbt und mit faserigen Schuppen bedeckt.

Die Lamellen sind frei, breit, bauchig, weiß, rot getönt, hellgrau. Die Sporen sind schräg elliptisch, glatt, 12×6μ.

Der Stiel ist schlank, kurz, ausgestopft, mit kleinen Fasern bedeckt, oben kahl und innen rötlich.

Findet man auf dem Boden, wo der Boden lehmig oder karg ist. Nicht gut.

Inocybe subochraceen Burtii . Peck.

ABBILDUNG 218. — Inocybe subochraceen Burtii . Natürliche Größe.

Dies ist eine sehr interessante Art. Dr. Peck beschreibt sie folgendermaßen: „Der Schleier ist auffällig, netzartig faserig, der Rand des Hutes ist faseriger; der Stiel ist länger und auffälliger faserig. Der gut entwickelte Schleier und der längere Stiel sind die charakteristischen Merkmale dieser Sorte."

Die Pflanzen sind in moosbewachsenen Flecken an den Nordhängen um Chillicothe zu finden. Das blasse Ockergelb und die sehr faserigen Kappen und Stängel werden die Aufmerksamkeit des Sammlers sofort auf sich ziehen. Die Kappen sind ein bis zweieinhalb Zoll breit und der Stängel ist zwei bis drei Zoll lang.

Inocybe subochracea . Peck.

Hut dünn, konisch oder konvex, manchmal erweitert, im Allgemeinen gewölbt, faserig, schuppig und blass ockergelb.

Die Lamellen sind ziemlich breit, angewachsen, ausgerandet, weißlich und werden bräunlich-gelb.

Der Stiel ist gleichmäßig, weißlich, leicht faserig, fest. *Picken.*

Dies ist eine kleine Pflanze von ein bis zwei Zoll Höhe, deren Kappe kaum über einen Zoll breit ist. Sie wächst in offenen Hainen mit sandigem Boden. Sie ist von Juni bis Oktober auf dem Cemetery Hill zu finden.

Inocybe geophylla , var. violacea. Klopfen.

ABBILDUNG 219. — Inocybe geophylla , var. violacea.

Dies ist eine kleine Pflanze und hat alle Eigenschaften von Inocybe geophylla, mit Ausnahme der Farbe von Hut und Lamellen.

Der Hut ist 2,5 bis 3,8 cm breit, zunächst halbkugelförmig, dann ausgedehnt, gewölbt, ebenmäßig, seidig-faserig, lila und wird mit dem Alter blasser.

Die Lamellen sind angewachsen , zunächst lila, dann durch die Sporen gefärbt. Sporen 10×5.

Der Stiel ist gleichmäßig, fest, hohl und leicht violett.

Diese Pflanze wächst im September in Mischwäldern zwischen abgestorbenen Blättern. Ihre leuchtend violette Farbe fällt sofort auf.

Inocybe dulcamara. ALS.

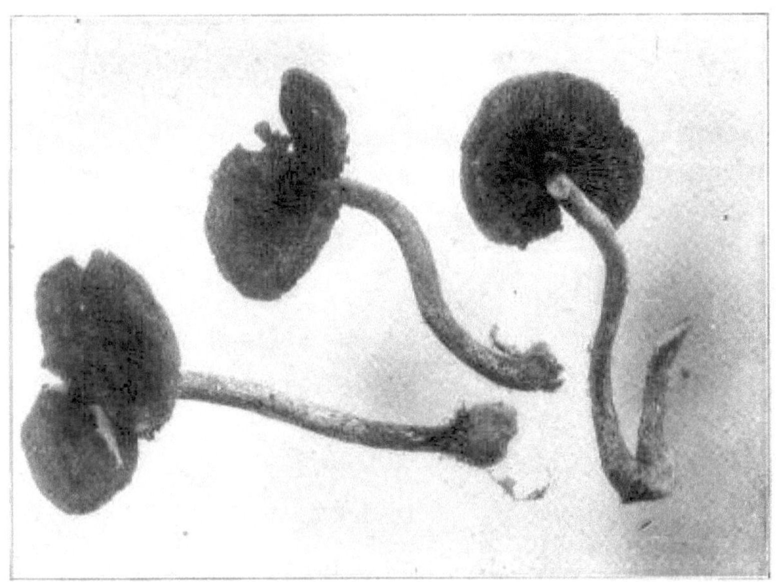

FIGUR 220.— Inocybe dulcamara.

Dulcamara bedeutet bittersüß. Der Hut hat einen Durchmesser von 2,5 bis 3,8 cm, ist ziemlich fleischig, konvex, nabelförmig und behaart -schuppig.

Die Kiemen sind bogenförmig, bauchig und blass olivfarben.

Der Stiel ist etwas hohl, vom Schleier faserig und schuppig, an der Spitze mehlig. Sporen 8–10×5μ.

Von Juli bis September an grasbewachsenen Orten zu finden.

Inocybe Cincinnati , USA . Fr.

FIGUR 221.— Inocybe cincinnata . Zwei Drittel der natürlichen Größe. Kappen schuppig, dunkel oder graubraun.

Cincinnata bedeutet „mit gekräuseltem Haar". Dies ist eine recht interessante kleine Pflanze. Man findet sie auf dem Cemetery Hill in Chillicothe unter den Kiefern und entlang der Wege, wo nur wenig Gras wächst. Sie ist gesellig und recht robust.

Der Hut ist fleischig, konvex, dann flach, ziemlich eckig schuppig, etwas dunkel oder graubraun.

Die Lamellen sind graubraun mit manchmal einem violetten Schimmer, angewachsen , ziemlich dicht und bauchig.

Der Stiel ist fest, schlank, schuppig und etwas heller als der Hut. Die Sporen sind 8–10×5μ groß.

Diese Pflanze scheint spät zu wachsen. Ich habe sie erst am 15. Oktober entdeckt und sie blieb bis Ende November blühen. Früher in der Saison hatte ich auf demselben Hügel zwei andere Arten gefunden. Keine Inocybes sind essbar.

Inocybe pyriodora . Pers.

Pyriodora , riecht wie eine Birne. Der Hut ist ein bis zwei Zoll breit, ziemlich stark genoppt, zunächst kegelförmig, dann ausgebreitet, mit faserigen, anliegenden Schuppen bedeckt, bei alten Pflanzen ist der Rand nach oben gebogen, rauchig oder braun-ocker, blass werdend.

Die Lamellen sind am Stiel eingekerbt, nicht gedrängt, schmutzig weiß, werden fast zimtbraun und haben eine etwas bauchige Form.

Der Stiel ist zwei bis drei Zoll lang, vollgestopft, fest, gleichmäßig, blass, die Spitze bereift, der Blütenschleier sehr flüchtig. Das Fruchtfleisch ist rot gefärbt.

Im September und Oktober häufig in den Wäldern anzutreffen. Die Pflanze ist nicht essbar.

Inocybe rimosa . Stier.

DER GEKNACKTE INOCYBE .

Rimosa , rissig. Der Hut ist ein bis zwei Zoll breit, glänzend, samtig, anliegend faserig, braungelb, glockenförmig, dann erweitert, längsrissig.

Die Lamellen sind frei, etwas bauchig und zunächst weiß, dann bräunlich-lehmig gefärbt.

Der Stiel ist ein bis zwei Zoll hoch, vom Hut entfernt, fest, stabil, fast glatt, bauchig, oben mehlig weiß. Sporen glatt, $10–11\times6\mu$.

I. eutheles unterscheidet sich von dieser Art durch seine nabelförmige Form, I. pyriodora durch seinen starken Geruch. In offenen Wäldern oder auf Lichtungen findet man oft viele Pflanzen an einem Ort. Die strahlenförmig gespaltenen Häutchen, bei denen die innere Substanz durch die Risse gelb hervorscheint, helfen bei der Unterscheidung der Arten. Vorkommen von Juni bis September.

Patientenoma . Fr.

Hebeloma hat zwei griechische Wörter, die Jugend und Fransen bedeuten. Teilweise ist der Schleier faserig oder fehlt. Der Hut ist glatt, durchgehend, etwas zähflüssig, der Rand ist nach innen gebogen. Die Lamellen sind gekerbt und angewachsen, der Rand ist unterschiedlich gefärbt, weißlich. Die Sporen sind lehmfarben. Alle auf dem Boden zu finden.

Gedächtnis glutinosum . Linn.

Glutinosum , reich an Klebstoff. Der Hut ist ein bis drei Zoll breit, hellgelb, die Scheibe dunkler, fleischig, konvex, dann eben, bei nassem Wetter mit klebrigem Kleber bedeckt; das Fleisch ist weiß und wird gelb.

Die Lamellen sind am Stängel befestigt, gekerbt, leicht herablaufend, gedrängt, blass, hellgelb, dann lehmfarben. Sporen elliptisch, $10–12\times5\mu$.

Der Stängel ist voll, fest, etwas bauchig, mit weißen Schuppen bedeckt und an der Spitze mehlig. Er hat teilweise eine Hülle in Form einer Cortina .

Gefunden zwischen Blättern im Wald. Bei nassem Wetter ist Gluten in großen Mengen vorhanden. Es ist zwar nicht giftig, aber auch nicht gesund.

Gedächtnisstörungen schnell . Fr.

OCKER HEBELOM . GIFTIG.

Fastibilis bedeutet übelkeitserregend, unangenehm; so genannt wegen seines scharfen Geschmacks und Geruchs.

Der Hut hat einen Durchmesser von 2,5 bis 7,5 cm, ist konvex, eben, gewellt, klebrig, glatt, blass gelblich-braun und hat einen eingerollten und flaumigen Rand.

Die Lamellen sind eingekerbt, eher weit auseinanderliegend, blass, dann zimtfarben; tränenartig.

Der Stiel ist zwei bis vier Zoll lang, fest, fast bauchig , weiß, faserig, schuppig, manchmal verdreht, oft hohl, mit deutlich erkennbarem Schleier. Die Sporen sind kernförmig, $10\times6\mu$.

crustuliniforme sehr ähnlich, unterscheidet sich jedoch durch einen deutlichen Schleier und weiter entfernte Lamellen. Von Juli bis Oktober in Wäldern zu finden.

Gedächtnis krustulinisch . Stier.

DER RING HEBELOMA . NICHT ESSBAR.

Crustuliniforme bedeutet die Form eines Kuchens oder Brötchens.

Der Hut ist konvex, dann erweitert, glatt, etwas zähflüssig, oft gewellt, gelblich-rot und in der Größe recht unterschiedlich.

Die Lamellen sind gekerbt, dünn, schmal, erst weißlich und dann braun, gedrängt, an den Rändern gekerbt und mit Feuchtigkeitsperlen versehen.

Der Stiel ist massiv oder gefüllt, fest, leicht bauchig , weißlich, mit winzigen, zurückgebogenen weißen Flecken.

Man findet sie in Wäldern oder in der Nähe von alten Sägemehlhaufen. Die Pflanzen wachsen manchmal ringförmig. September bis November.

Gedächtnis pascuense . Fzg.

FIGUR 222.— Hebeloma pascuense . Natürliche Größe. Kappen kastanienfarben.

Pascuense , bezieht sich auf Weiden; bezieht sich auf den Lebensraum.

Der Hut ist konvex, wird fast eben, ist zähflüssig, wenn er feucht ist, undeutlich von Natur aus faserig; bräunlich-tonig, in der Mitte oft dunkler oder rötlich, der Rand ist bei jungen Pflanzen durch den dünnen, netzartigen Schleier leicht weiß; der Rand des Hutes ist mehr oder weniger unregelmäßig, das Fleisch weiß, der Geschmack mild, der Geruch schwach.

Die Lamellen sind eng anliegend, hinten abgerundet, angewachsen und weißlich, werden dann blass ockerfarben.

Der Stiel ist kurz, fest, gleichmäßig, massiv, faserig, an der Spitze leicht mehlig, weißlich oder blass.

Die Sporen sind blass ockerfarben und fast elliptisch . Ich habe die Pflanzen in Abbildung 222 Ende November auf dem Cemetery Hill gefunden. Es ist eine sehr niedrige Pflanze, die unter den Kiefern wächst und sich in der Nähe der Wege aufhält. Der weiße Rand der jungen Pflanze ist ein sehr gutes Erkennungsmerkmal dieser Art.

Pluteolus . Fr.

Pluteolus bedeutet kleiner Schuppen. Es ist die Verkleinerungsform von *Pluteus*, einem Schuppen oder Penthouse, aufgrund seiner konischen Kappe.

Der Hut ist ziemlich fleischig, zähflüssig, konisch oder glockenförmig, dann erweitert; der Rand ist zunächst gerade und liegt am Stiel an. Der Stiel ist etwas knorpelig und unterscheidet sich vom Hymenophor. Lamellen frei, hinten abgerundet.

Pluteolus reticulatus. Pers.

Reticulatus bedeutet „netzartig geformt", von „*rete*" = „Netz", das aufgrund der netzartigen Adern auf dem Hut so genannt wird.

Der Hut ist leicht fleischig, glockenförmig, dann erweitert, rau -netzförmig, klebrig, der Rand ist gestreift und blass violett.

Die Lamellen sind frei, bauchig, gedrängt und safrangelb bis eisenhaltig.

Der Stiel ist ein bis zwei Zoll lang, hohl, zerbrechlich, faserig, an der Spitze mehlig und weiß.

Ich habe in unserem Staat nur wenige Pflanzen dieser Art gefunden. Sie scheint selten zu sein. Die anastomosierenden Adern auf dem Hut und seine blassviolette Farbe kennzeichnen die Art. Ich habe sie immer auf verrottetem Holz gefunden. Captain McIlvaine spricht davon, sie in großen Mengen auf den Stängeln abgefallener Unkräuter gefunden zu haben und sagt, sie sei zart und habe ein feines Aroma. September.

Galera. Fr.

Galera bedeutet kleiner Hut. Der Hut ist mehr oder weniger glockenförmig, der Rand gerade, zunächst zum Stiel hin gedrückt, hygrophan , fast eben, im trockenen Zustand atomisiert, mehr oder weniger häutig .

Die Lamellen sind am Stiel befestigt oder haben wie bei Mycena einen herablaufenden Zahn .

Der Stiel ist knorpelig, hohl und mit dem Hut verwachsen, weist aber eine andere Textur auf. Der Blütenschleier fehlt oft, ist aber, wenn er vorhanden ist, faserig und flüchtig. Die Sporen sind ockerfarben und eisenhaltig.

Galera hypnorum . Batsch.

DIE MOOSLIEBENDE GALERA.

Hypnorum bedeutet „von Moosen"; von *hypna bedeutet* Moos.

Der Hut ist häutig , kegelförmig, glockenförmig, glatt, gestreift, wässrig wenn feucht, blass wenn trocken und zimtfarben.

Die Lamellen sind am Stiel befestigt, breit, ziemlich weit auseinander, zimtfarben, am Rand weißlich.

tenera sehr ähnlich , nur viel kleiner und hat einen ganz anderen Lebensraum. Von Juni bis Oktober in Moosen zu finden.

Galera tenera . Schaeff .

DIE SCHLANKE GALERA. ESSBAR.

Foto von CG Lloyd.

FIGUR 223.— Galera tenera .

Tenera ist die weibliche Form von *Tener* : schlank, zart.

Der Hut ist etwas häutig , zunächst kegelförmig, teilweise ausgedehnt, glockenförmig, hygrophan , im trockenen Zustand ockerfarben.

Die Lamellen sind am Stiel befestigt, gedrängt, ziemlich breit, aufsteigend, zimtbraun, die Ränder weißlich, manchmal leicht gesägt.

Der Stiel ist gerade, hohl, zerbrechlich, ziemlich glänzend; drei bis vier Zoll lang, gleich lang oder manchmal nach unten hin dicker werdend, von fast derselben Farbe wie der Hut. Die Sporen sind elliptisch und dunkel rostfarben, 12–13×7μ.

Häufig trifft man auf eine Sorte, deren Hut und Stiel stark behaart sind, deren andere Merkmale aber mit denen von G. tenera übereinstimmen . Prof. Peck nennt sie G. tenera var. pilosella .

Kommt auf gut gedüngten Rasenflächen und Weiden vor. Es ist recht häufig. Nur die Kappen sind gut.

Galera lateritia . Fr.

Die Ziegelrote Galera. Essbar.

Lateritia bedeutet „aus Ziegeln gefertigt", von *später* , ein Ziegel; so genannt, weil die Kappen ziegelfarben sind.

Der Hut ist etwas häutig , kegelförmig, dann glockenförmig, stumpf, eben, hygrophan , im nassen Zustand eher blassgelb, im trockenen Zustand ockerfarben.

Die Lamellen sind fast frei, an der Spitze des Kegels befestigt , linear, sehr schmal, gelbbraun oder eisenhaltig.

Der Stiel ist drei bis vier Zoll lang, hohl, leicht nach oben verjüngt, gerade, zerbrechlich, weiß bereift, weißlich. Die Sporen sind elliptisch, 11–12×5–6μ.

Diese Pflanze ähnelt G. ovalis, von der sie sich durch ihre linear aufsteigenden Lamellen und das Fehlen eines Schleiers unterscheidet.

Von Juli bis zum Frost auf Mist und reich gedüngten Weiden zu finden.

Galera Kellermani . Pk. sp. nov.

FIGUR 224.— Galera Kellermani . Zeigt junge Pflanzen.

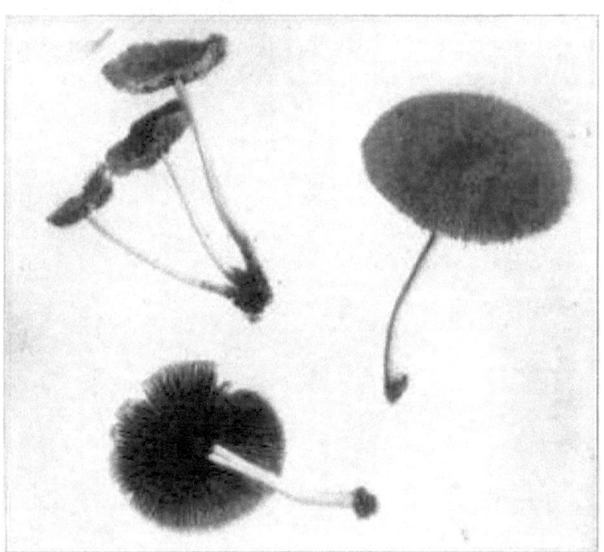

FIGUR 225.— Galera Kellermani . Zeigt ältere Pflanzen.

Kellermani ist zu Ehren von Dr. WA Kellerman von der Ohio State University benannt.

Der Hut ist sehr dünn, fast eiförmig oder fast konisch und wird bald flach oder fast flach; im feuchten Zustand fast bis zur Mitte gestreift, im trockenen Zustand mehr oder weniger gewellt und am Rand durchgehend gestreift, in der Jugend fein körnig oder mehlig, im reifen Zustand ungeglättet, in der Jugend oft mit ein paar verstreuten flockigen Schuppchen und manchmal mit ein paar leichten Fragmenten eines Schleiers am Rand, der aussieht, als sei er von den hervorstehenden Lamellenenden fein eingekerbt; im feuchten Zustand wässrig-braun, im trockenen Zustand graubraun, in der Mitte etwas dunkler; leichter Geschmack, schwacher Geruch, wie von verrottendem Holz.

Die Lamellen sind dünn, dicht, angewachsen und von zartem Zimtbraun, das mit dem Alter dunkler wird. Der Stiel ist zweieinhalb bis vier Zentimeter lang, schlank, gleichmäßig oder leicht nach oben verjüngt; fein gestreift, zumindest in jungen Jahren leicht rau oder mehlig; hohl, weiß. Die Sporen sind bräunlich-eisenhaltig mit einem schwachen rosa Farbton in der Masse, elliptisch, 8–12×6–7μ. *Peck.*

Dr. Peck sagt, die charakteristischen Merkmale dieser Art seien ihr breit ausgebreiteter oder ebener graubrauner Hut mit seiner körnigen oder mehligen Oberfläche, seinem durchgehend gestreiften Rand und seinen sehr schmalen Lamellen, die mit zunehmendem Alter bräunlich werden. Ich habe die Pflanze in den Kulturbeeten im Gewächshaus der Ohio State University wachsen sehen. Es ist eine wunderschöne Pflanze. Pflanzen jeden Alters sind in den Abbildungen 224 und 225 dargestellt.

Galera crispa . Langes Jahr.

FIGUR 226.— Galera crispa . Natürliche Größe. Hut ockerbraun.

Crispa bedeutet „knusprig". Der Artname geht auf die besondere Eigenschaft der Lamellen zurück, die immer dann knusprig werden, wenn sich der Hut ausdehnt.

Der Hut ist 1,5 bis 3,5 cm breit, häutig , durchgehend kegelförmig - glockenförmig, fast spitz zulaufend, uneben und etwas riffelartig, auf der Scheibe ockerbraun, heller zum Rand hin, der bei älteren Exemplaren gekerbt und nach oben gebogen wird; anfangs leicht bereift, rau und im trockenen Zustand etwas blasser.

Die Lamellen sind verbunden , nicht gedrängt, eher schmal und mit anastomosierenden Adern durchsetzt; stark knusprig; zunächst fast weiß, werden dann durch die Sporen eisenhaltig.

Der Stiel ist 7 bis 10 cm lang, verjüngt sich von einer etwas bauchigen Basis aus, ist gelblich-weiß, an der Basis bereift, hohl, zerbrechlich. Die Sporen sind 8–10 μ breit und 12–16 μ lang. *Langjährig.*

Man findet sie im Juni und Juli im Gras auf Rasenflächen und auf Weiden.

Dr. Peck, an den die Exemplare überwiesen wurden, vermutete, dass es sich um eine Art von G. lateritia handeln könnte , es sei denn, der besondere

Charakter der Lamellen erwies sich als konstant. Prof. Longyear hat die Pflanze häufig in Michigan gefunden und sie selbst im Juli 1905 im City Park in Denver, Colorado, entdeckt.

Sein Erkennungsmerkmal ist konstant genug, um die Erkennung der Art zu erleichtern. Die Pflanzen in Abbildung 226 wurden von Prof. BO Longyear fotografiert.

Galera ovalis. Fr.

DIE OVALE GALERA.

Der Hut ist etwas membranös , oval oder glockenförmig, gleichmäßig, wässrig, von dunkelrostfarbener Farbe und etwas größer als bei G. tenera .

Die Lamellen sind fast frei, bauchig, sehr breit und rostfarben.

Der Stiel ist gerade, gleichmäßig, leicht gestreift, hat fast dieselbe Farbe wie der Hut und ist etwa drei Zoll lang. Gefunden auf Weiden, auf denen Vieh war. Ich habe es auf der Dunn-Weide auf der Columbus Pike in Ross County, Ohio, gefunden.

Crepidotus . Fr.

Crepidotus ist ein griechisches Wort, das Pantoffel bedeutet. Die Sporen sind dunkel oder gelblich-braun. Es gibt keinen Schleier. Der Hut ist exzentrisch , dümmer oder resupinat. Das Fleisch ist weich. Der Stiel ist seitlich oder fehlt, wenn vorhanden, ist er mit dem Hut verbunden. Sie wachsen im Allgemeinen auf Holz.

Krepidotus versutus . Fzg.

FIGUR 227.— Krepidot versutus . Natürliche Größe. Kappen reinweiß.

Dies ist eine sehr unscheinbare kleine Pflanze, die auf der Unterseite von morschen Stämmen oder Rinde wächst und daher zweifellos der Aufmerksamkeit vieler entgeht. Manchmal wächst sie auch an der Seite eines Baumstamms, in diesem Fall wächst sie in einer regalartigen Form. Wenn sie unter dem Baumstamm wächst, liegt die Oberseite der Kappe am Holz an und man sagt, sie sei resupiniert.

Der Hut ist nierenförmig, ziemlich klein, dünn, reinweiß und mit einem weichen, weißlichen Flaum bedeckt.

Die Lamellen stehen strahlenförmig vom Ansatzpunkt des Hutes ab, sind nicht gedrängt, weißlich und durch die Sporen dann eisenhaltig.

Krepidotus mollis . Schaeff .

SANFTER CREPIDOTUS .

Der Hut ist zwischen subgelatinös und fleischig, ein bis zwei Zoll breit, manchmal einzeln, manchmal dachziegelförmig, schlaff, ebenmäßig, glatt, nierenförmig, subsessil, blass, dann gräulich.

Die Lamellen verlaufen von der Basis herab, sind dicht gedrängt, linear, weißlich und dann wässrig-zimtfarben. Die Sporen sind elliptisch, eisenhaltig und 8–9×5–6μ groß.

Diese Art ist weit verbreitet und kommt von Juli bis Oktober häufig auf verrotteten Baumstämmen und Baumstümpfen vor.

Naukoria . Fr.

Naucoria , eine Nussschale. Der Hut ist gelblich, konvex, gebogen, glatt, flockig oder schuppig. Die Lamellen sind am Stiel befestigt, manchmal fast frei, nie herablaufend. Der Stiel ist knorpelig, mit dem Hut verschmolzen, hat aber eine andere Textur, ist hohl oder ausgestopft. Der Schleier fehlt, oder manchmal sind kleine Spuren am Rand des Hutes zu sehen, bei jungen Pflanzen in Form von Flocken. Die Sporen haben verschiedene Brauntöne, matt oder hell. Sie wachsen auf dem Boden auf Rasenflächen und fruchtbaren Weiden. Einige auf Holz.

Naucoria hamadryas. Fr.

DIE NYMPHE NAUCORIA . ESSBAR.

Hamadryas, eine der Nymphen, deren Leben von dem Baum abhing, an dem sie hing.

Der Hut ist ein bis zwei Zoll breit, ziemlich fleischig, konvex, ausgedehnt, gewölbt, ebenmäßig, braun-eisenhaltig, wenn er jung und feucht ist, und blassgelblich, wenn er alt ist.

Die Kiemen sind verdünnt, angewachsen , fast frei, rostfarben, leicht bauchig und etwas gedrängt.

Der Stiel ist hohl, gleichmäßig, zerbrechlich, glatt, blass und zwei bis drei Zoll lang. Die Sporen sind elliptisch, rostfarben und 13–14 × 7 µ groß.

Dies ist eine recht häufige Art, die oft allein an Gehwegen, unter Schattenbäumen und im Wald wächst. Nur die Kappen sind gut. Zu finden von Juni bis November.

Naukoria Kinder . Fr.

DIE HELLBRAUNE NAUCORIA . ESSBAR.

FIGUR 228.— Naucoria Kinder . Natürliche Größe.

Pediades kommt aus dem Griechischen und bedeutet „Ebene" oder „Feld", was darauf hinweist, dass die Pflanze auf Rasenflächen und Weiden vorkommt.

Der Hut ist etwas fleischig, konvex, dann eben, stumpf oder eingedrückt, trocken, schließlich undurchsichtig und häufig leicht riffelbar.

Die Lamellen sind am Stängel befestigt, aber nicht mit ihm verwachsen. Sie sind breit, subdistant , nur wenige ganz bräunlich, dann schmutzig-zimtfarben.

Der Stängel ist markhaltig oder gefüllt, eher gewellt und seidig, gelblich, die Basis leicht bauchig. Die Sporen sind bräunlich-rostfarben, 10–12×4–5μ.

Wenn man die kleine Zwiebel an der Basis des Stängels untersucht, stellt man fest, dass sie hauptsächlich aus Myzel besteht, das um die Basis herum zusammengerollt ist. Man findet sie von Mai bis November auf Rasenflächen und reich gedüngten Weiden. Verwenden Sie nur die Kappen. Diese Pflanze ist allgemein als semiorbicularis bekannt .

TAFEL XXXIII. ABBILDUNG 229.— NAUCORIA PALUDOSELLA .
Wachstumsmodus anzeigen, lehmbraune Schuppen auf den Kappen.

Paludosella ist eine Verkleinerungsform von *Palus* , Gen. paludis , ein Sumpf
oder Moor.

Pflanzen sechs bis acht Zentimeter hoch, Hut zweieinhalb bis drei
Zentimeter breit, Stamm drei bis vier Millimeter dick.

Hut im feuchten Zustand zähflüssig, konvex bis ausgedehnt, mit
zunehmendem Alter etwas eingedrückt; lehmfarben, in der Mitte dunkler, oft
mit anliegenden lehmbraunen Schuppen von dunklerer Farbe.

Lamellen von umbrafarbener bis marsbrauner Farbe (R), ausgerandet,
manchmal mit einem herablaufenden Zahn verwachsen und lösen sich leicht.

An den Seiten der Kiemen gibt es keine Zystiden, der Rand der Kiemen
besteht aus großen, hyalinen, dünnwandigen
Zellen, subventrikös , manchmal nahezu zylindrisch, an jedem Ende abrupt
verengt mit einer leichten Biegung in der Mitte.

Sporen fast eiförmig bis fast elliptisch , fast ungleichseitig , glatt, 7–9 × 4–5 μ, bräunlich-braun, unter dem Mikroskop matt-ockerfarben.

Der Stiel hat dieselbe Farbe wie der Hut, ist jedoch blasser und knorpelig; aus losen Fäden bestehend oder in manchen Fällen mit zahlreichen Fäden über die Oberfläche verteilt; er wird hohl, die Basis ist bauchig, die äußerste Basis ist mit weißlichem Myzel bedeckt.

Schleier ziemlich dick, flockig, verschwindet und hinterlässt im frischen Zustand einen Rest am Stiel und am Rand des Hutes. *Atkinson.*

Dr. Kellerman und ich fanden diese Pflanze auf lebendem Torfmoos, anderen Moosen und morschem Holz auf Cranberry Island im Buckeye Lake, Ohio. Abbildung 229 veranschaulicht ihre Wuchsweise, und die ältere Pflanze mit nach oben gerichtetem Hut zeigt die auffälligen lehmbraunen Schuppen des Hutes. Die Pflanzen werden im September und Oktober gefunden.

Flammula . Fr.

Flammula bedeutet kleine Flamme; so genannt, weil viele der Arten leuchtende Farben haben. Die Sporen sind eisenhaltig, manchmal hellgelb. Der Hut ist fleischig und anfangs meist eingerollt , leuchtend gefärbt; der Schleier ist filamentös und fehlt oft. Die Lamellen sind herablaufend oder mit einem Zahn verbunden. Der Stiel ist fleischig, faserig und hat die gleiche Beschaffenheit wie der Hut.

Die Arten der Gattung Flammula kommen überwiegend auf Holz vor. Einige wenige sind auch auf dem Boden zu finden.

Flammula flavida . Schaeff .

DIE GELBE FLAMMULA .

Flavida bedeutet gelb.

Der Hut ist fleischig, konvex, ausgedehnt, eben, gleichmäßig glatt, feucht, der Rand zunächst eingerollt .

Die Lamellen sind fest mit dem Stiel verbunden, gelb und werden leicht eisenhaltig.

Der Stiel ist gefüllt, etwas hohl, faserig, gelb und an der Basis eisenhaltig.

Diese Pflanzen haben eine auffällige gelbe Farbe und sind in unseren Wäldern häufig auf verrotteten Baumstämmen zu finden. Man findet sie im Juli und August.

Flammula Carbonaria . Fr.

DIE KLEBRIGE FLAMMULA .

FIGUR 230.— Flammula Carbonaria .

Carbonaria wird so genannt, weil es auf Holzkohle oder gebrannter Erde vorkommt.

Der Hut ist ziemlich fleischig, gelbbraun, zuerst konvex, dann flach, eben, dünn, klebrig, der Rand des Hutes zuerst eingerollt , fleischgelb.

Die Lamellen sind fest mit dem Stiel verbunden, lehmfarben oder braun und mäßig dicht.

Der Stiel ist voll oder fast hohl, schlank, starr, schuppig, blass und ziemlich kurz.

Die Sporen sind eisenhaltig-braun, elliptisch, 7×3,5μ.

Ich habe diese Art recht häufig dort gefunden, wo ein alter Baumstumpf abgebrannt war. Sie ist gesellig. Ich habe sie nur von September bis November gefunden, aber die Exemplare in Abbildung 230 wurden mir im Mai aus Boston geschickt. Sie wurden in großer Menge im Purgatory Swamp gefunden, wo Gras und Vegetation abgebrannt waren.

Flammula fusus . Batsch.

Fusus bedeutet Spindel; der Name leitet sich von dem spindelförmigen Stamm ab.

Der Hut ist kompakt, konvex, dann erweitert, ebenmäßig, ziemlich klebrig, rötlich-braun, das Fleisch gelblich.

Die Lamellen sind etwas herablaufend, blassgelb und werden eisenhaltig.

Der Stängel ist vollgestopft, fest, gefärbt wie der Hut, faserig, gestreift, verjüngt und etwas spindelförmig, mit Wurzeln. Die Sporen sind breit elliptisch, 10×4µ.

Auf stark verrotteten Baumstämmen oder auf Böden, die größtenteils aus verrottetem Holz bestehen, zu finden von Juli bis Oktober.

Flammula Füllius . Fr.

Der Hut ist fünf bis sieben Zentimeter breit, ebenmäßig und glatt, mit einer ziemlich klebrigen Kutikula, blass orangerot und mit einer rötlichen Scheibe.

Die Lamellen sind am Stiel befestigt, bogenförmig, ziemlich gedrängt, weiß, manchmal blass oder gelbbraun.

Der Stiel ist drei bis fünf Zoll lang, hohl, glatt, blass und innen rötlich. Die Sporen sind elliptisch, 10×5µ.

Von Juli bis Oktober auf dem Boden im Wald zu finden.

Flammula erbärmlich . Fzg.

FIGUR 231.— Flammula erbärmlich .

Der Hut ist 2,5 bis 3,8 cm breit, fleischig, konvex oder flach, fest, zähflüssig, kahl, schmutzig-gelblich oder rotbraun, das Fleisch ist weißlich, hat jedoch eine ähnliche Farbe wie der Hut unter der separaten Kutikula.

Die Lamellen sind ziemlich breit, verwachsen, blass und werden dunkel eisenhaltig.

Der Stiel ist eineinhalb bis drei Zoll lang, ein bis zwei Linien dick, schlank, im Allgemeinen gebogen , hohl und faserig, blass oder bräunlich, in jungen Jahren an der Spitze blassgelb; die Sporen sind bräunlich-eisenhaltig, 0,0003 Zoll lang und 0,00016 Zoll breit. *Peck*.

Man findet sie an buschigen und sumpfigen Orten. Dr. Peck sagt, sie sei eng mit F. spumosa verwandt . Sie hat ein schmuddeliges Aussehen, einen schlanken Wuchs, eine gleichmäßigere und dunklere Farbe des Hutes und eine dunklere Farbe der Lamellen . Sie wächst in Gruppen. Die Pflanze in Abbildung 231 wurde von Mrs. Blackford im Purgatory Swamp gefunden. Gefunden im August und September.

Paxillus . Fr.

Paxillus bedeutet kleiner Pflock oder Stift. Die Sporen sowie die gesamte Pflanze sind eisenhaltig. Der Hut mit eingerolltem Rand entfaltet sich allmählich. Er kann symmetrisch oder exzentrisch sein. Der Stiel ist mit dem Hymenophor verbunden. Die Lamellen sind zäh, weich, hartnäckig, herablaufend, verzweigt, häutig und lösen sich normalerweise leicht vom Hymenophor.

Die charakteristischen Merkmale dieser Gattung sind der eingerollte Rand und die weichen, zähen und herablaufenden Lamellen, die sich leicht vom Hymenophor trennen lassen. Einige wachsen auf dem Boden, andere auf Baumstümpfen und Sägemehl.

Paxillus involutus . Fr.

Foto von CG Lloyd.

FIGUR 232.— Paxillus involutus .

Involutus bedeutet nach innen gerollt. Der Hut ist zwei bis vier Zoll breit, fleischig, kompakt, konvex, flach und dann eingedrückt; klebrig, wenn feucht, wobei der Hut mit einer feinen, flaumigen Substanz bedeckt ist, so dass die Lamellenmarkierungen deutlich zu sehen sind, wenn sich der Rand des Hutes entrollt; gelblich oder gelbbraun-ockerfarben, bei Druckstellen fleckig.

Die Lamellen sind herablaufend und verzweigt; sie anastomosieren hinten, in der Nähe des Stiels; sie lösen sich leicht vom Hymenophor.

Der Stiel ist blasser als der Hut, fleischig, fest, fest, nach oben verdickt, braun gefleckt.

Das Fleisch ist gelblich und verfärbt sich bei Quetschung rötlich oder bräunlich. Die Sporen sind rostfarben und elliptisch, 8–10 µ. Man findet sie auf dem Boden und verrotteten Baumstümpfen. Wenn man sie an der Seite eines verrotteten Baumstumpfs oder eines moosbedeckten Baumstamms findet, ist der Stamm normalerweise exzentrisch, in anderen Fällen jedoch im Allgemeinen zentral.

Man findet ihn in sumpfigen Gegenden in offenen Wäldern . Ich habe in einem Sumpfgebiet in Mr. Shrivers Wäldern in der Nähe von Chillicothe ziemlich große Exemplare gefunden, aber sie waren zu weit weg, um sie zu fotografieren. Er ist essbar, aber grob. Er kommt von August bis November vor. Einige Autoren nennen ihn den Braunen Pfifferling.

Paxillus atrotomentosus . Fr.

Atrotomentosus kommt von *ater* (schwarz) und *tomentum* (wollig oder flaumig).

FIGUR 233.— Paxillus atrotomentosus .

Der Hut ist drei bis sechs Zoll breit, rostfarben oder rötlich-braun, kompakt fleischig, exzentrisch, konvex, dann eben oder eingedrückt, der Rand ist dünn, häufig fein geriffelt, manchmal in der Mitte filzig, das Fleisch ist weiß und unter der Kutikula bräunlich getönt.

Die Lamellen sind am Stängel befestigt, leicht herablaufend, gedrängt, an der Basis verzweigt, gelblich-gelblich gefärbt und zwischen den Lamellen geadert .

Der Stamm ist zwei bis drei Zoll lang, kräftig, fest, elastisch, exzentrisch oder seitlich, wurzelnd und mit Ausnahme der Spitze mit einem dunkelbraunen, samtigen Flaum bedeckt. Die Sporen sind elliptisch, 5–6×3–4µ.

Das Exemplar in Abbildung 233 fand ich am Fuße einer alten Kiefer auf einem Hügel in Sugar Grove, Ohio. In Salem, Ohio, fand ich die Pflanze häufig. Sie wächst dort, wo die Kiefer heimisch ist. Sie ist nicht giftig. Ich halte sie nicht für besonders gut. Gefunden im August und September.

Paxillus Rhodoxanthus . Schw .

DER GELBE PAXILLUS . ESSBAR.

FIGUR 234.— Paxillus Rhodoxanthus . Zwei Drittel der natürlichen Größe. Hut rötlich-gelb oder kastanienbraun. Lamellen gelb.

Rhodoxanthus bedeutet gelbe Rose. Der Hut ist ein bis zwei Zoll breit, konvex, dann ausgeweitet, kissenförmig, die Epidermis des Hutes ist oft rissig und zeigt das gelbe Fleisch, das Boletus subtomentosus sehr ähnelt ; rötlich-gelb oder kastanienbraun. Das Fleisch ist gelb und der Hut trocken.

Die Lamellen sind herablaufend, etwas weit auseinander, kräftig, chromgelb und gelegentlich an der Basis gegabelt; die anastomosierenden Adern sind deutlich ausgeprägt, die Zystiden sind sehr auffällig.

Der Stiel ist fest, kräftig und hat dieselbe Farbe wie der Hut, an der Basis vielleicht blasser und gelber. Die Sporen sind länglich, gelb, 8–12×3–5µ.

Dies ist eine der problematischsten Pflanzen, deren Gattung wir noch festlegen müssen. Einer meiner Mykologenfreunde hat mir geraten, sie ganz aus der Gattung zu streichen. Sie wurde in verschiedene Gattungen eingeordnet, aber ich bin Prof. Atkinson gefolgt und habe sie unter Paxillus klassifiziert . Die Pflanze ist weit verbreitet. Ich finde sie häufig in der Gegend von Chillicothe. Sie ist essbar. Sie kommt im August, September und Oktober vor. Eine ausführliche Beschreibung der Pflanze finden Sie in Prof. Atkinsons Buch.

Cortinarius . Fr.

Cortinarius kommt von *cortina* , Vorhang, und bezieht sich auf einen spinnwebartigen Schleier, der nur bei vergleichsweise jungen Pflanzen zu sehen ist. Manchmal scheinen Teile davon kräftiger zu sein und verbleiben eine Zeit lang am Rand des Hutes oder am Stängel. Die Farbe des Hutes variiert, und sein Fleisch und das des Stängels sind durchgehend. Der Hymenophor und die Lamellen sind durchgehend. Die Lamellen sind am Stängel befestigt, häufig eingekerbt, membranös , bestehen bleibend, ändern ihre Farbe, sind trocken, pulverförmig, mit rostgelben Sporen, die langsam abfallen. Der Schleier und die Lamellen sind die Hauptunterscheidungsmerkmale. Ersterer ist hauchdünn und von der Kutikula getrennt, letztere sind immer gepulvert. Es ist immer wichtig, die Farbe der Lamellen bei jungen Pflanzen zu beachten, da die Farbe variabel ist und manchmal nur eine winzige Spur auf dem Stängel zeigt, die von den abfallenden Sporen gefärbt ist.

Die meisten Experten unterteilen die Gattung anhand des Aussehens des Hutes in sechs Stämme. Diese lauten wie folgt:

I. Phlegmacium , was eine glänzende oder feuchte Feuchtigkeit bedeutet. Der Hut hat eine durchgehende Haut, die im feuchten Zustand klebrig ist, der Stiel ist trocken und der Schleier ist wie ein Spinnennetz.

II. Myxacium bedeutet Schleim, Schleim; so genannt nach dem klebrigen Schleier. Der Hut ist fleischig, klebrig, ziemlich dünn; die Lamellen sind am Stiel befestigt, leicht herablaufend; der Stiel ist zähflüssig, im trockenen Zustand glatt und leicht bauchig.

III. Inoloma bedeutet faseriger Fransenrand; von *is* , Genitiv *inos* , eine Faser ; und *loma* , ein Fransenrand.

Der Hut ist fleischig, trocken, nicht hygrophan oder klebrig, seidig mit angeborenen Schuppen; die Lamellen können violett, rosabraun, zuerst gelb und dann in allen Fällen aufgrund der Sporen zimtfarben sein; der Stiel ist fleischig und etwas bauchig; der Schleier ist einfach.

IV. Dermocybe , was Skinhead bedeutet; von *derma* , Haut, und *cybe* , Kopf.

Der Hut ist dünn und fleischig, völlig trocken, zunächst mit seidigem Flaum bedeckt und wird bei ausgewachsenen Pflanzen glatt. Die Lamellen haben eine veränderliche Farbe. Der Stiel ist gleichmäßig oder verjüngt sich nach unten, ist gefüllt, manchmal hohl und glatt.

V. Telamonia , was Verband oder Flusen bedeutet. Der Hut ist feucht, wässrig, glatt oder mit weißlichen Oberflächenfasern , den Resten des netzartigen Schleiers, besprenkelt. Das Fleisch ist dünn, in der Mitte etwas dicker. Der Stängel ist durch den allgemeinen Schleier geringelt und häufig schuppig, an der Spitze leicht verschleiert, daher fast mit einem doppelten Schleier. Die Pflanzen sind normalerweise ziemlich groß.

VI. Hydrocybe , was Wasserkopf oder feuchter Kopf bedeutet. Der Hut ist feucht, nicht klebrig, glatt oder mit einer weißlichen oberflächlichen Faser bestreut, das Fleisch ändert seine Farbe, wenn es trocken ist, und ist ziemlich dünn. Der Stiel ist etwas starr und kahl. Der Schleier ist dünn, faserig und bildet selten einen Ring. Lamellen ebenfalls dünn.

STAMM I. PHLEGMAZIUM.

Cortinarius . Fr.

Der Purpurne Schlingelwurz . Essbar.

Purpurascens bedeutet „violett oder violett werden"; der Name kommt daher , weil die blauen Lamellen eine violette Farbe annehmen, wenn sie gequetscht werden.

Der Hut ist vier bis fünf Zoll breit, lorbeerbraun, klebrig, kompakt, gewellt, im Alter gefleckt; oft am Rand eingedrückt, manchmal nach hinten gebogen; das Fleisch ist blau.

Die Lamellen sind breit gekerbt, dicht gedrängt und bläulich-braun, dann zimtfarben und werden violett, wenn sie gequetscht werden.

Der Stiel ist fest, bauchig, mit kleinen Fasern bedeckt , blau, sehr kompakt, saftig; wird beim Reiben violett. Die Sporen sind elliptisch, 10–12×5–6μ.

Dies ist einer der köstlichsten Speisepilze, der Stiel ist beim Kochen genauso zart wie der Hut. Ich habe ihn in Tolertons Wäldern in Salem, Ohio, und in Poke Hollow in der Nähe von Chillicothe gefunden. September bis November.

Cortinarius turmalis . Fr.

Der Gelbbraune Cortinarius . Essbar.

Turmalis bedeutet „zu einer Truppe oder einem Geschwader gehörend" oder „zu einer Truppe oder einem Geschwader gehörend", turma ; so genannt, weil sie in Gruppen und nicht einzeln auftreten.

Der Hut ist fünf bis zehn Zentimeter breit, im nassen Zustand klebrig, ockergelb, glatt, scheibenförmig und das Fleisch weich; der Schleier erstreckt sich in zarten Spinnenfäden vom Rand des Hutes bis zum Stiel und ist bei jungen Pflanzen am besten zu sehen.

Die Lamellen sind ausgerandet, herablaufend, je nach Alter der Pflanze; gedrängt, etwas gezähnt, zuerst weißlich, dann bräunlich-ockerfarben-gelb. Die Reste des Schleiers sind normalerweise oberhalb der Mitte des Stängels als Zone winziger Streifen zu sehen , die dunkler sind als der Stängel.

Ich habe Exemplare auf dem Cemetery Hill unter Kiefern gefunden. September bis November.

Cortinarius olivaceo-stramineus . Kauff. n. Sp.

Olivaceo-stramineus bedeutet oliv-strohfarben.

Hut 4–7 cm breit, klebrig durch eine klebrige Kutikula, breit konvex, in der Mitte leicht eingedrückt, wenn er sich ausdehnt; Rand einige Zeit nach innen gebogen; blassgelb mit olivfarbener Tönung, im Alter leicht rötlich getönt;

glatt oder seidenfaserig, Scheibe manchmal mit winzigen Schuppchen bedeckt , Fetzen der Teilhülle haften im ausgebreiteten Zustand am Rand. Fleisch sehr dick, wird zum Rand hin abrupt dünn, weiß, im Alter schmutzig-gelblich, bald weich und schwammig. Lamellen ziemlich schmal, 7 mm breit, gefurcht und verbunden , anfangs weißlich, dann blass zimtfarben, gedrängt, Rand gesägt und blasser. Stiel 6–8 cm lang, in jungen Jahren leicht bauchig, aus dessen Rand die dichte Teilhülle entspringt; weiß und stark bereift oberhalb der Hülle, die als schmutzige, von den Sporen befleckte Fasern bestehen bleibt; innen schwammig und weich, wird etwas hohl. Schleier weiß mit olivfarbenem Schimmer. Sporen, 10–12×5,5–6,5μ, innen körnig, fast glatt. Angenehmer Geruch.

Kauffman sagt, dass dies C. herpeticus ähnelt , mit dem Unterschied, dass die Kiemen in jungen Jahren nie violett gefärbt sind.

Ich habe diese Pflanze in Poke Hollow in der Nähe von Chillicothe gefunden. Ich kannte sie nicht und schickte sie zur Bestimmung an Dr. Kauffman von der Michigan University. Ich fand sie im Oktober und November unter Buchen.

Cortinarius varius . Fr.

DER VERÄNDERLICHE CORTINARIUS . ESSBAR.

Varius – Variabel , so genannt, weil er in der Statur variiert, seine Farbe und Wuchsform sind unveränderlich. Der Hut ist etwa zwei Zoll breit; kompakt, halbkugelförmig, dann erweitert; regelmäßig, leicht klebrig, dünner Rand zunächst nach innen gebogen, manchmal mit anhaftenden Fragmenten des netzartigen Schleiers.

Die Lamellen sind gekerbt, dünn, dicht gedrängt, ganz vollständig, violett, schließlich lehm- oder zimtfarben.

Der Stiel ist massiv, kurz, fädenförmig, weißlich, bauchig und 3,8 bis 6,3 Zentimeter lang.

Die Größe der Pflanze variiert stark, die Farbe ist jedoch konstant. Sie kommt in Wäldern vor. Ich habe Exemplare in Salem, Ohio, und Bowling Green, Ohio, gefunden. September bis November.

Cortinarius caerulescens . Fr.

DER AZURBLAUE CORTINARIUS . ESSBAR.

Cærulescens , azurblau. Hut fleischig, konvex, ausgedehnt, eben, zähflüssig, azurblau, Fleisch weich, ändert bei Quetschung seine Farbe nicht.

Die Lamellen sind am Stängel befestigt, hinten leicht gerundet, gedrängt, ganz vollständig und zunächst rein dunkelblau, dann durch die Sporen rostrot.

Der Stängel ist massiv, nach oben hin verjüngt, fest, leuchtend violett, wird blass, weißlich, die Zwiebel wird mit zunehmendem Alter dünner und faserig aus den Adern. Die Sporen sind elliptisch. Weder das Fleisch noch die Lamellen ändern ihre Farbe, wenn sie gequetscht werden. Diese Tatsache unterscheidet sie von C. purpurascens. In jungen Jahren ist die gesamte Pflanze mehr oder weniger blau oder bläulich-violett, und die Farbe verschwindet nie ganz von der Pflanze. Mit zunehmendem Alter wird sie etwas gelb gesprenkelt. Das Fleisch ist etwas zäh und muss einige Zeit gedünstet werden. Gefunden in Whinnery's Woods, Salem, Ohio. September bis Oktober.

STAMM II. Myxacium.

Cortinarius Kollinitus . Fr.

DER VERSCHMIERTE CORTINARIUS . ESSBAR.

ABBILDUNG 235. — Cortinarius collinitus . Halbe natürliche Größe. Kappen violettbraun, auch mit Schleier.

Collinitus bedeutet verschmiert. Der Hut ist zunächst halbkugelig, konvex, dann ausgedehnt, stumpf; glatt, eben, klebrig, im trockenen Zustand glänzend; in der Jugend violett, später bräunlich; zunächst nach innen gebogen.

Die Lamellen sind am Stiel befestigt, ziemlich breit und in der Jugend schmutzig weiß oder graubraun, dann zimtfarben.

Der Stiel ist fest, zylindrisch, zähflüssig oder klebrig, wenn feucht, querrissig, wenn trocken, weißlich oder blasser als der Hut. Die Sporen sind elliptisch, 12×6µ. Ich fand diese Art in Tolertons Wäldern, Salem, Ohio, St. Johns Wäldern, Bowling Green, Ohio, auch auf Ralstons Run in der Nähe von Chillicothe, wo die Exemplare in Abbildung 235 gefunden wurden. Sowohl Hut als auch Stiel sind mit einer dicken Kleberschicht bedeckt. Sie wachsen bei uns in Wäldern zwischen Blättern. Die junge Pflanze hat eine ihr eigene Entwicklung. Der Hut variiert stark in der Farbe. Das Fleisch ist weiß oder weißlich. Die eigentümlichen bläulich-weißen Lamellen der jungen Pflanze fallen sofort auf. Sie kommt von September bis November vor.

STAMM III. INOLOMA.

Cortinarius autumnalis .

DER HERBST- CORTINARIUS . ESSBAR.

ABBILDUNG 236. — Cortinarius autumnalis . Zwei Drittel der natürlichen Größe. Kappe matt rostgelb, auch mit bauchigem Stiel.

Autumnalis bezeichnet den Herbst. Der Hut ist fleischig, konvex oder ausgedehnt, matt rostgelb, bunt oder mit angeborenen rostfarbenen Fasern durchzogen.

Die Kiemen sind ziemlich breit und haben eine breite, flache Ausbuchtung .

Der Stiel ist gleichmäßig, massiv, fest, bauchig und etwas blasser als der Hut.

Die Höhe beträgt drei bis vier Zoll, die Breite des Hutes zwei bis vier Zoll. *Picken.*

Die Pflanze wurde von Dr. Peck benannt, weil sie im Spätherbst gefunden wurde. Ich habe die Pflanze im September 1905 mehrmals gefunden. Sie wuchs sehr spärlich in einem Mischwald an einem Nordhang.

Cortinarius alboviolaceus . Pers.

DER HELLVIOLETTE CORTINARIUS . ESSBAR.

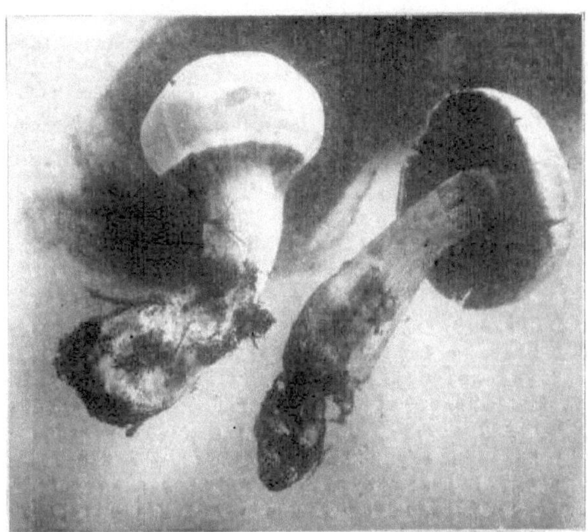

ABBILDUNG 237. — Cortinarius alboviolaceus . Die Kappen sind violett.

Alboviolaceus bedeutet weißlich-violett.

Der Hut ist zwei bis drei Zoll breit, fleischig, eher dünn, konvex, dann erweitert, manchmal breit subumbonat ; glatt, seidig, weißlich, mit einem Hauch von Lila oder Hellviolett.

Die Lamellen sind meist gesägt, weißlich-violett, dann zimtfarben.

Der Stiel ist drei bis vier Zoll lang, gleich lang oder nach oben verjüngend, fest, seidig, weiß, violett gefärbt, besonders an der Spitze, leicht bauchig, wobei die Zwiebel sich allmählich in den Stiel hinein verjüngt. Sporen: 12×5–6μ. *Pecks* Bericht.

Manchmal hat der Stamm eine ringförmige Mittelzone, die oberhalb violett und unterhalb weiß ist. Der spinnenartige Schleier ist bei dem Exemplar links in Abbildung 237 sehr deutlich zu erkennen. Bei der Pflanze rechts ist der sich von der Basis bis zur Spitze verjüngende Stamm zu sehen. Diese Pflanzen wurden am 21. September in Poke Hollow gefunden. Sie sind dort und anderswo in der Gegend von Chillicothe recht häufig anzutreffen. Sie sind sehr gut, schmecken aber nicht so gut wie C. violaceus. Sie kommen in Mischwäldern vor. September bis Frost.

Cortinarius lilacinus .Pk.

DER LILAFARBENE CORTINARIUS . ESSBAR.

Der Hut ist fünf bis sieben Zentimeter breit, fest, halbkugelig, dann konvex, leicht seidig und lilafarben.

Die Lamellen sind eng, lila, dann zimtfarben.

Der Stiel ist vier bis fünf Zoll lang, kräftig, bauchig, seidig-faserig, fest, weißlich, mit einem lila Schimmer. Sporenkerne, $10 \times 6\mu$. *Peck.*

Ich habe diese Pflanze nur an einem Ort in der Nähe von Chillicothe gefunden. In Poke Hollow an einem Nordhang habe ich eine Reihe seltener Exemplare gefunden. Alle wurden von Dr. Kauffman von der Michigan University identifiziert. Alle wurden unter Buchen in einem sehr kleinen Umkreis gefunden. September und Oktober.

Cortinarius bolaris . Fr.

DER HALSBAND- CORTINARIUS .

Der Hut ist fleischig, gewölbt, blass werdend und mit safranroten, anliegenden, angeborenen, langhaarigen Schuppen geschmückt.

Die Lamellen sind subfluvenartig , gedrängt und wässrig-zimtfarben.

Der Stiel ist fünf bis sieben Zentimeter lang, zunächst gefüllt, dann hohl, nahezu gleichmäßig geschuppt .

Unter Buchen zu finden. Hier nur gelegentlich anzutreffen.

Cortinarius violaceus. Fr.

DER VIOLETTE CORTINARIUS . ESSBAR.

ABBILDUNG 238. — Cortinarius violaceus. Zwei Drittel der natürlichen Größe. Kappen dunkelviolett. Stiele knollenförmig. Lamellen violett.

Violaceus, violette Farbe. Der Hut ist konvex, wird fast eben, trocken und mit zahlreichen hartnäckigen Haarbüscheln oder Schuppen geschmückt; dunkelviolett.

Die Lamellen sind ziemlich dick, weit auseinanderliegend, abgerundet oder am inneren Ende tief eingekerbt; bei jungen Pflanzen sind sie wie der Hut gefärbt, bei reifen Pflanzen bräunlich-zimtfarben.

Der Stiel ist fest und mit kleinen Fasern bedeckt ; bauchig und wie der Hut gefärbt. Die Sporen sind leicht elliptisch.

Der Violette Cortinarius ist ein sehr schöner Pilz und leicht zu erkennen. Anfangs ist die ganze Pflanze gleichmäßig gefärbt, aber mit zunehmendem Alter nehmen die Lamellen einen schmutzig-ockerfarbenen oder bräunlich-zimtfarbenen Farbton an. Der Hut ist im Allgemeinen gut geformt und regelmäßig und wunderschön mit kleinen haarigen Schuppen oder Büscheln geschmückt. Diese sind auf Abbildungen der europäischen Pflanze selten zu sehen, aber sie sind bei der amerikanischen Pflanze deutlich erkennbar und sollten nicht übersehen werden. Das Fleisch ist mehr oder weniger violett getönt. *Peck.* 50. Repräsentant. NY State Bot.

Diese Pflanze ist jedem klar. Sie ist an dem netzartigen Schleier der jungen Pflanze, dem bauchigen Stängel und der violetten Färbung überall erkennbar.

Sie wächst in üppigem Hügelland. Sie wächst einsam und in offenen Wäldern.

STAMM IV. DERMOCYBE.

Cortinarius cinnamoneus . Fr.

DER ZIMT- CORTINARIUS . ESSBAR.

ABBILDUNG 239. — Cortinarius cinnamoneus . Zwei Drittel der natürlichen Größe. Kappen zimtbraun. Stiele gelb.

Der Hut ist dünn, konvex, fast ausgebreitet, manchmal fast eben, manchmal leicht genoppt, manchmal ist der Hut abrupt nach unten gebogen; trocken, zumindest in der Jugend faserig, oft mit konzentrischen Schuppenreihen am Rand, zimtbraun, Fleisch gelblich.

Die Lamellen sind dünn, dicht, fest mit dem Stängel verbunden, leicht eingekerbt, mit einem Zahn herablaufend, lösen sich leicht vom Stängel, sind glänzend, gelblich, dann gelbbraun-gelb.

Der Stängel ist schlank, gleichmäßig, vollgestopft oder hohl, dünn, mit kleinen Fasern überzogen und gelb, ebenso wie das Fleisch. Die Sporen sind elliptisch. Diese Pflanze wird wegen ihrer Farbe so genannt, da die gesamte Pflanze zimtfarben ist. Manchmal finden sich Zinnoberflecken auf dem Hut. Sie scheint am besten unter Kiefern zu wachsen, aber ich habe sie auch in Mischwäldern gefunden. Ich wurde darauf aufmerksam, als die kleinen böhmischen Jungen sie pflückten, nachdem sie erst wenige Tage in diesem Land waren und kein Wort Englisch sprechen konnten. Sie ähnelt offensichtlich der europäischen Art. Es gibt auch einen Cortinarius mit blutroten Lamellen. Es ist die var. semi- sanguineus , Fr. Juli bis Oktober.

Die Pflanzen in Abbildung 239 wurden auf Cemetery Hill, Chillicothe, O. gefunden.

Cortinarius Ochroleucus . Fr.

DER BLASSE CORTINARIA .

ABBILDUNG 240. — Cortinarius ochroleucus . Zwei Drittel der natürlichen Größe, mit Schleier und bauchiger Stängelform.

Ochroleucus bedeutet gelblich und weiß, wegen der Farbe des Hutes. Der Hut ist 2,5 bis 6,5 cm breit, fleischig; konvex, manchmal in der Mitte etwas eingedrückt, bleibt oft konvex; trocken; in der Mitte fein filzig bis minimal schuppig, manchmal sind die Schuppen in konzentrischen Reihen um den Hut angeordnet; in der Mitte ziemlich fleischig, zum Rand hin dünner werdend; die Farbe ist cremig bis dunkelbraun, in der Mitte erheblich dunkler.

Die Lamellen sind am Stängel befestigt, deutlich gezähnt, etwas bauchig, bei erwachsenen Pflanzen etwas gedrängt, nicht ganzrandig, viele kurze, erst blass, dann lehmfarben-ocker.

Der Stiel ist drei Zoll lang, massiv, fest, oft bauchig, nach oben verjüngend, oft hohl und cremig-gelb.

Der sehr schöne und langlebige Schleier bildet eine Rinde in der gleichen Farbe wie der Hut, die sich jedoch durch das Abfallen der Sporen verfärbt. In Abbildung 240 sind die Rinde und die bauchige Form des Stiels zu sehen.

Entlang des Ralston's Run zu finden. In Buchenwäldern von September bis November.

ABBILDUNG 241. — Cortinarius ochroleucus . Zwei Drittel der natürlichen Größe, zeigt die entwickelte Pflanze.

STAMM GEGEN TELAMONIA.

Cortinarius ^ "Morrisii . Pk.".

ABBILDUNG 242. — Cortinarius Morrisii .

Morrisii ist zu Ehren von George E. Morris, Ellis, Mass., benannt.

Hut fleischig, mit Ausnahme des dünnen und lang zurückgebogenen Randes; konvex, unregelmäßig, hygrophan , ockerfarben oder gelbbraun-ockerfarben; Fleisch dünn, gefärbt wie der Hut; schwacher Geruch, ähnlich dem von Radieschen.

Die Lamellen sind breit, niedrig und am Rand ausgewaschen oder uneben. Hinten abgerundet, angewachsen und in der Jugend blassgelb, mit zunehmendem Alter dunkler werdend.

Der Stiel ist nahezu gleichmäßig, faserig, fest, weißlich oder blassgelb und an der Spitze seidig, unten wie der Hut gefärbt und faserig, unregelmäßig gestreift und fast netzartig , der doppelte Schleier ist weißlich oder gelblich-weiß und bildet manchmal einen unvollständigen Ring.

Die Sporen sind gelbbraun-ockerfarben, fast kugelig oder breit elliptisch, mit Kern, 8–10 μ lang und 6–7 μ breit. *Peck.*

Hut 3–10 cm breit, Stiel 7–10 cm lang, 1–2 cm dick.

Sie benötigen feuchte und schattige Plätze und die Anwesenheit von Hemlocktannen. Sie kommen von August bis Oktober vor. Die Pflanzen in Abbildung 242 wurden von Mrs. EB Blackford in der Nähe von Boston gefunden.

Cortinarius armillatus . Fr.

Cortinarius mit der roten Zone . Essbar.

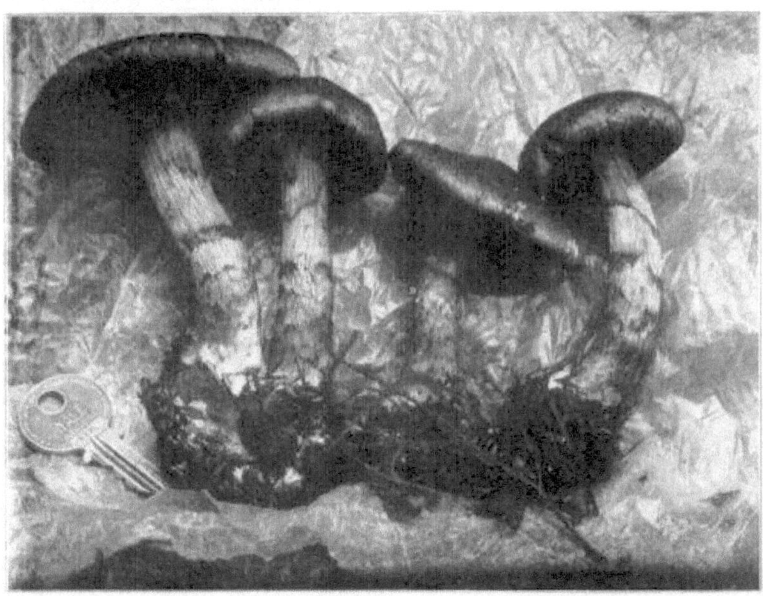

Abbildung 243. — Cortinarius armillatus . Zwei Drittel der natürlichen Größe, mit sichtbaren Ringen am Stiel.

Armillatus bedeutet ringförmig; so genannt, weil der Stiel mit einem oder mehreren Ringen oder roten Bändern umrandet ist. Der Hut ist zwei bis vier Zoll breit, fleischig, nicht kompakt, glockenförmig, dann ausgedehnt, bald von Natur aus faserig und in Schuppen zerrissen, in jungen Jahren glatt, rötlich-ziegelfarben, mit dünnem Rand, fleischig-blass.

Die Lamellen sind sehr breit, weit auseinanderliegend, angewachsen, leicht gerundet, blass, dann dunkelzimtfarben.

Der Stiel ist ziemlich lang, fest, bauchig, weißlich, mit zwei oder drei roten Zonen, etwas faserig. Die Sporen sind $10\times6\mu$ groß.

Dies ist ein sehr großer und schöner Cortinarius und er hat so viele auffällige Ohrflecken, dass man ihn leicht erkennen kann. Der dünne und im Allgemeinen ungleichmäßige Rand des Hutes und die ein bis vier roten Bänder um den Stiel, von denen das obere das hellste ist, unterscheiden diese Art von allen anderen. Man findet sie im September und Oktober in den Wäldern. Bei ganz jungen Exemplaren wird der Sammler zwei gut definierte Spinnenschleier bemerken, wobei der untere viel dichter ist . Prof. Fries spricht von ihnen wie folgt: „Äußerer Schleier gewebt, rot, in 2–4 entfernten Zinnoberzonen angeordnet, die den Stiel umgeben; teilweiser Schleier durchgehend mit der oberen Zone, Spinnenschleier, rötlich-weiß." Die Exemplare in Abbildung 243 wurden in Michigan gesammelt und von Dr. Fischer aus Detroit fotografiert. Einige dieser Arten sind eine Trophäe für die Tafel.

Cortinarius Atkinsonianus . Kauff.

ABBILDUNG 244. — Cortinarius Atkinsonianus . Kappe wachsgelb, Stiel bauchig, spinnenartiger Schleier.

Atkinsonianus ist zu Ehren von Prof. Geo. F. Atkinson benannt.

Der Hut ist 8 cm breit, ausgedehnt, *wachsgelb* oder *gallensteingelb* bis *lehmfarben und gelbbraun* (Ridg .), die Farben sind sehr auffällig und manchmal mehrere gleichzeitig vorhanden; zähflüssig, glatt, ebenmäßig, im trockenen Zustand etwas glänzend. Das Fleisch ist dick, außer am Rand, bläulich-weiß wie der Stiel oder blasser und verändert sich bei Quetschung kaum oder überhaupt nicht.

Die Lamellen sind verhältnismäßig schmal, 6–8 mm, mit Ausnahme des äußeren Endes gleichmäßig breit, angewachsen, leicht gewellt und *violett* bis gelb, dann zimtfarben.

Der Stiel ist *violett-blau* , 8 cm lang, 12–15 mm dick, gleichmäßig oder leicht nach oben verjüngt, bauchig mit einer ziemlich dicken, 3 cm dicken, gerandeten Zwiebel, die mit faserigen Fäden des allgemeinen Schleiers behangen ist, der schön blassgelb ist und die Zwiebel auch bei Reife einhüllt; innen violett-blau, fest. Sporen 13–15μ×7–8,5μ, *sehr knollig* . *Kauff.*

Die Exemplare in Abbildung 244 wurden in Poke Hollow in der Nähe von Chillicothe gefunden. Ich habe sie bei mehreren Gelegenheiten gefunden. Sie sind essbar und haben ein sehr gutes Aroma. Sie sind von September bis zum Frost zu finden. Die Exemplare zeigen den spinnenartigen Schleier, der die Gattung begründet.

Cortinarius umidicola . Kauff.

ABBILDUNG 245. — Cortinarius umidicola . Halbe natürliche Größe. Kappen rosa-gelb.

Umidicola bedeutet, an feuchten Orten zu leben. Hut bis zu 16 cm breit (im Allgemeinen 6–7 cm im ausgebreiteten Zustand), halbkugelförmig, dann konvex und ausgebreitet, mit langem deutlich nach innen gebogenem Rand; junger Hut heliotrop-violett mit umbrafarbener Scheibe oder etwas rehbraun, verblasst sehr schnell zu rosa-gelb, in diesem Zustand wird er gewöhnlich gefunden; Rand in jungem Zustand mit schmalen Streifen seidiger Fibrillen vom allgemeinen Schleier; Hut im Alter mit angeborenen, weißlichen, seidigen Fibrillen bedeckt, hygrophan ; Oberfläche punktiert, auch in jungem Zustand. Fleisch von Stängel und Hut ist in jungem Zustand lila, verblasst aber bald zu einem schmutzigen Weiß, dick auf der Scheibe, abrupt dünn zum Rand hin, bald höhlenartig durch Larven. Die Lamellen sind sehr breit, bis zu 2 cm; anfangs lila, bald sehr blassbraun bis zimtfarben; ziemlich weit abstehend, dick, ausgerandet mit einem Zahn; zuerst flach, dann bauchig; Rand leicht gezähnt , einfarbig. Stiel bis zu 13 cm lang (normalerweise 8 bis 10 cm), 1–2 cm dick, normalerweise unten verdickt und nach oben leicht verjüngt, meist auch an der Spitze dicker, selten an der Basis dünner, manchmal gekrümmt, immer kräftig, fest, lavendelfarben über dem gewebten, schmutzigweißen, allgemeinen Schleier, der zuerst den unteren Teil als Hülle bedeckt, sich aber bald auflöst und einen bandartigen Ring auf halber Höhe oder weiter unten am Stiel hinterlässt. Der Ring wird bald abgerieben und hinterlässt einen kahlen Stiel. Cortina violett-weiß. Sporen 7–9×5–6, fast glatt. *Kauffman.*

Die Exemplare in Abbildung 245 wurden in Detroit, Michigan, gesammelt und von Dr. Fischer fotografiert. Sie wachsen in Gruppen an feuchten Orten und bevorzugen Hemlocktannen.

Cortinarius croceocolor . Kauff. sp. nov.

SAFRANFARBENER CORTINARIUS . (TELAMONIE .)

Croceocolor bedeutet safranfarben.

Hut 3–7 cm breit, konvex und dann erweitert, safrangelb, mit dichten, dunkelbraunen, aufrechten Schuppchen auf der Scheibe; die gesamte Oberfläche sieht samtig aus und fühlt sich samtig an, kaum hygrophan , gleichmäßig; Fleisch des Hutes gelblich-weiß, ziemlich dünn, außer auf der Scheibe, leicht hygrophan , spaltbar.

Lamellen cadmiumgelb (Ridg .), mäßig weit voneinander entfernt, ziemlich dick, ausgerandet, ziemlich breit, 8–9 mm, gleichmäßige Breite außer vorne, wo sie schnell spitz zulaufen.

Stiel 4–8 cm lang, von einer verdickten Basis nach oben spitz zulaufend, *d. h* . keulenförmig, unten 9–15 mm dick, auf drei Vierteln seiner Länge durch den chromgelben bis safranfarbenen Schleier gegliedert , oberhalb des Schleiers blasser, fest, innen safranfarben, hygrophan , bald schmuddelig; an

Strängen aus gelblichem Myzel befestigt. Sporen subsphäroid bis kurz elliptisch, 6,5–8×5,5–6,5μ, bei Reife stachelig.

Gefunden unter Buchen in Poke Hollow in der Nähe von Chillicothe. Gefunden im Oktober.

Cortinarius Evernius . Fr.

ABBILDUNG 246. — Cortinarius Evernius .

Evernius kommt von einem griechischen Wort, das „gut sprießen", „blühen" bedeutet.

Der Hut ist ein bis drei Zoll breit, ziemlich dünn, zwischen häutig und fleischig, zuerst kegelförmig, wird glockenförmig und erweitert sich schließlich, ganz leicht genoppt, überall mit einem seidigen, anliegenden Schleier bedeckt, normalerweise purpurbraun, wenn er glatt ist, ziegelrot, wenn er trocken ist, dann blass ockerfarben, wenn er alt ist, schließlich rissig und in Fasern zerrissen, sehr zerbrechlich, das Fleisch dünn und wie der Hut gefärbt.

Die Lamellen sind am Stängel befestigt, recht breit, bauchig, etwas abstehend, purpurviolett, blass werdend, schließlich zimtfarben.

Der Stiel ist drei bis fünf Zoll lang, gleich lang oder nach unten hin dünner, oft leicht gestreift, weich, violett, schuppig von den Resten des weißen Schleiers. Die Sporen sind elliptisch, körnig, 10×7μ.

Sie wachsen in feuchten Kiefernwäldern. Die Exemplare auf dem Foto wurden im Purgatory Swamp in der Nähe von Boston gesammelt und mir von Mrs. Blackford geschickt. Sie kommen im August und September vor.

STAMM VI. HYDROCYBE.

Cortinarius castaneus . Stier.

Der Kastanienfarbene Cortinarius . Essbar.

ABBILDUNG 247. — Cortinarius castaneus . Zwei Drittel der natürlichen Größe.

Castaneus , eine Kastanie. Der Hut ist einen Zoll oder mehr breit, zunächst recht klein und kugelig, mit einem zarten Faserschleier, der den Rand silbrig erscheinen lässt; dunkelbraun oder schmutzigviolett, oft mit einem gelbbraunen Schimmer; bald ausgebreitet, breit genoppt, der Hut ist am Rand oft rissig und leicht nach oben gebogen.

Die Lamellen sind fest, ziemlich breit, etwas gedrängt, violett gefärbt, dann zimtbraun, bauchig. Sporen: 8×5μ.

Der Stiel ist ein bis drei Zoll hoch, neigt dazu, knorpelig zu sein, gefüllt, dann hohl, eben, an der Spitze lila getönt, unterhalb des Blütenhüllblattes weiß oder weißlich, der ganze Stiel ist schön faserig, das Blütenhüllblatt weiß.

Diese Pflanze wächst sehr häufig auf dem Cemetery Hill unter Kiefern. Die Hüte sind klein, aber sie wachsen so üppig, dass es nicht schwierig sein dürfte, genug davon für eine Mahlzeit zu ergattern. Sie schmecken sehr gut wie der Hexenringpilz. Sie haben wenig oder keinen Geruch. Gefunden im Oktober und November.

KAPITEL V.
VIOLETT-BRAUNE SPORENBLÄTTER.

Agaricus. Linn. (Psalliota . Fr.)

Der Hut ist fleischig, aber das Fleisch des Stängels hat eine andere Beschaffenheit als das des Hutes. Der allgemeine Schleier ist mit der Kutikula des Hutes verklebt und am Stängel befestigt, wobei er einen Ring bildet, der bei manchen Arten bald verschwindet. Der Stängel lässt sich leicht vom Hut trennen, und die Lamellen sind frei vom Stängel oder leicht damit verbunden . Sie sind zunächst weiß, dann rosa und später purpurbraun.

Alle Arten wachsen auf nährstoffreichem Boden und viele unserer wertvollen Speisepilze sind davon betroffen.

Agaricus campestris. Linn.

DER WIESENCHAMPIGNON. ESSBAR.

ABBILDUNG 248. — Agaricus campestris. Zwei Drittel der natürlichen Größe.

Campestris, von Campus, ein Feld. Dies ist vielleicht der am weitesten verbreitete Pilz, allgemein bekannt als „Pilz mit rosa Lamellen". Es ist die Art, die man auf den Märkten findet. Es ist die einzige Art, die sicher auf die Anbaumethoden reagiert.

Es handelt sich um die gleiche Art, die man im Laden in Dosen kaufen kann.

Bei sehr jungen Pflanzen ist der Hut etwas kugelig, wie man an den kleinen Pflanzen in der ersten Reihe in Abbildung 248 sehen kann. Der Rand ist durch den Hut mit dem Stengel durch den Blütenhüllblatt verbunden; dann rundlich konvex, dann sich ausdehnend und fast flach; die Oberfläche ist trocken, flaumig, ebenmäßig, ziemlich schuppig, die Farbe variiert von cremeweiß bis hellbraun; der Rand reicht über die Lamellen hinaus, wie man in Abbildung 249 am äußersten rechten Bild sehen kann.

Wenn die Lamellen durch die Ablösung des Schleiers sichtbar werden, haben sie zunächst einen zarten rosa Farbton, der sich mit zunehmendem Alter jedoch im Allgemeinen zu einem dunkelbraunen oder schwarzbraunen Farbton vertieft.

Der Stiel ist ziemlich kurz, fast gleich groß, weiß oder weißlich; die Substanz in der Mitte ist schwammiger als die Außenseite, daher wird sie als ausgestopft bezeichnet. Manchmal schrumpft der Kragen so stark, dass er kaum noch wahrnehmbar ist und bei alten Pflanzen ganz verschwinden kann. Die Sporen sind in der Masse braun. Der Hut dieses Pilzes hat einen Durchmesser von drei bis vier Zoll und der Stiel ist ein bis drei Zoll lang.

Dies ist der erste Pilz, der kultiviert werden konnte. Er wird in großen Mengen gezüchtet, nicht nur in diesem Land, sondern vor allem in Frankreich, Japan und China. Zweifellos werden mit der Zeit weitere Arten und Gattungen gezüchtet.

Diese Art wächst auf Grasflächen, Weiden und reich gedüngten Böden, nie im Wald. Ich fand sie in großer Menge in Wood County, auf Feldern, die nie gepflügt worden waren und deren Boden ungewöhnlich fruchtbar war. Dort schien sie in Gruppen oder großen Büscheln zu wachsen. Normalerweise findet man sie einzeln. Vorkommen von August bis Oktober. Die hier abgebildeten Pflanzen wurden in der Nähe von Chillicothe gefunden.

ABBILDUNG 249. — Agaricus campestris. Zwei Drittel der natürlichen Größe.

Agaricus Rodmani . Fzg.

RODMANS PILZ. ESSBAR.

ABBILDUNG 250. — Agaricus rodmani . Zwei Drittel der natürlichen Größe.

Der Hut ist cremefarben, mit bräunlichen Flecken, fest, die Oberfläche trocken. Bei ausgewachsenen Exemplaren ist die Oberfläche des Hutes häufig in große, bräunliche Schuppen zerbrochen.

Die Lamellen sind weißlich, dann rosa und werden dunkelbraun; schmal, dicht und ungleichmäßig.

Der Stiel ist fleischig, fest, kurz, dick und etwa zwei Zoll lang. Der gut entwickelte Kragen weist ein auffälliges Merkmal auf. Es sieht so aus, als ob es zwei Kragen mit einem Zwischenraum zwischen ihnen gäbe. Seine Sporen sind breit elliptisch und 0,0002 bis 0,00025 Zoll lang.

Man kann ihn vom gewöhnlichen Blätterpilz leicht anhand seines Fundzeitpunkts, seines dicken, festen Fleisches, seiner schmalen Lamellen, die anfangs fast weiß sind, und seines doppelten Kragens unterscheiden. Ich habe Leute gefunden, die ihn aßen, weil sie dachten, sie würden den gewöhnlichen Pilz essen.

Man findet ihn auf grasbewachsenen Flächen und besonders zwischen den Pflastersteinen entlang der Gossen in den Städten. Die Exemplare in Abbildung 250 wurden in Chillicothe in den Gossen gefunden. Es ist eine fleischige Pflanze und man kann sie schon allein an ihrem Gewicht erkennen. Man findet ihn im Mai und Juni. Er ist genauso gut zu essen wie der gewöhnliche Pilz. Macadam sagt, er sei im Herbst zu finden, aber ich habe ihn nie nach Juni gefunden.

Agaricus silvicola . Vitt.

DER WALDPILZ. ESSBAR.

ABBILDUNG 251. — Agaricus silvicola . Halbe natürliche Größe.

Silvicola , von silva, Wald und colo , bewohnen. Der Hut ist konvex, manchmal ausgedehnt oder fast eben, glatt, glänzend, weiß oder gelblich.

Die Lamellen sind dicht gedrängt, dünn, frei, hinten abgerundet, im Allgemeinen zu beiden Enden hin schmaler werdend, zunächst weiß, dann rosa und schließlich schwarzbraun.

Der Stiel ist lang, zylindrisch, gefüllt oder hohl, weiß, bauchig; der Ring ist entweder dick oder dünn, ganz oder zerfetzt. Sporen elliptisch, 6–8×4–5. Die Pflanze ist vier bis sechs Zoll hoch. Pileus drei bis sechs Zoll breit. *Peck*. 36. NY State Bot.

A. silvicola ist sehr eng mit dem gewöhnlichen Champignon verwandt. Die Hauptunterschiede liegen in seinem Wuchsort, seiner Schlankheit und seinem hohlen, an der Basis etwas bauchigen Stiel. Ich habe ihn oft in den Wäldern um Chillicothe gefunden, obwohl es mir nie gelungen ist, mehr als ein oder zwei auf einmal zu finden. Ich habe sie immer zu essbaren Arten gezählt und sie, so gekocht, mit anderen gegessen.

Aufgrund der Ähnlichkeit, die es in seinen frühen Stadien mit dem tödlichen Knollenblätterpilz aufweist, kann man bei seiner Identifizierung nicht allzu viel Sorgfalt walten lassen. Es wächst im Wald und ist von Juli bis Oktober zu finden.

Agaricus arvensis. Schaeff.

DER FELD- ODER PFERDECHAMPIGNON. ESSBAR.

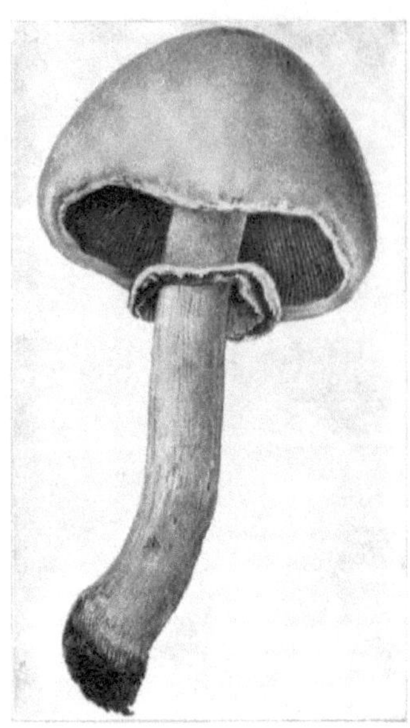

ABBILDUNG 252. — Agaricus arvensis. Zwei Drittel der natürlichen Größe, mit Schleier.

Arvensis, zu einem Feld gehörend. Der Hut ist glatt, weiß oder gelblich, konvex oder konisch, glockenförmig, dann erweitert, mehr oder weniger mehlig. Die Lamellen sind dicht gedrängt, frei, im Allgemeinen breiter zum Stiel hin; zunächst weißlich, dann rosa, schließlich schwarzbraun.

Der Stiel ist kräftig, gleichmäßig, an der Basis leicht verdickt, glatt, hohl oder gefüllt, der Ring ist ziemlich groß und dick, der obere Teil ist häutig und weiß, während die untere oder äußere Oberfläche dicker, flaumig, radikal gespalten und gelblich ist.

Die Sporen sind elliptisch und 0,0003 bis 0,0004 Zoll lang.

Diese Pflanze wird viel größer als der gewöhnliche Champignon und ist an ihrem Kragen zu erkennen, der aus zwei eng miteinander verbundenen Teilen besteht, die eine doppelte Membran bilden. Der untere Teil ist viel dicker, hat eine weichere Beschaffenheit und ist sternförmig in breite, gelbe Strahlen gespalten, wie man in Abbildung 252 sehen kann.

Ich fand es in großer Menge in Wood County, Ohio, und in großen Mengen in Dr. Manvilles Garten in Bowling Green, Ohio. Ich aß es oft und gab es meinen Freunden, die es alle für köstlich befanden.

Beim ersten Anschneiden des Stiels tritt aus der Wunde eine gelbliche Flüssigkeit aus, die ein recht sicheres Erkennungszeichen dieser Art ist.

Es gibt eine Überlieferung, dass die Sporen nicht keimen, wenn sie nicht durch den Verdauungstrakt des Pferdes oder eines anderen Tieres gelangen. Wie dem auch sei, er wird häufig dort gefunden, wo keine Spur des Pferdes zu finden ist. Er erscheint von Juli bis September. Ich habe ihn in Fayette County, Ohio, in großen Ringen gefunden, die dem Hexenringpilz ähneln, nur dass der Ring sehr groß ist, ebenso wie die Pilze.

TAFEL XXXIV. ABBILDUNG 253. – AGARICUS ARVENSIS.

Agaricus abruptus . Fzg.

ESSBAR.

ABBILDUNG 254. — Agaricus abruptus .

Abruptus bedeutet „abbrechen" und bezieht sich auf das Abreißen des Schleiers vom Rand der Kappe.

Der Hut ist cremeweiß, trocken und seidig und hat in jungen Jahren eine recht unregelmäßige Form. Er verfärbt sich gelb, wenn er gequetscht wird oder wenn der Stiel abgeschnitten wird.

Die Lamellen sind leicht rosa, wenn der Schleier zum ersten Mal aufbricht, nehmen dann mit der Zeit ein dunkleres Rosa an und werden bei ausgewachsenen Exemplaren bräunlich, weich, lösen sich vom Stiel, sind ziemlich dicht und ungleichmäßig.

Der Stiel ist cremeweiß, zur Basis hin deutlich dunkler, hohl, eher steif, recht brüchig, häufig der Länge nach gespalten, bauchig und zum Hut hin verjüngend.

Der Schleier ist ziemlich zerbrechlich; ein Teil davon klebt oft am Hut und ein anderer Teil bildet einen Ring am Stiel.

Dank der freundlichen Genehmigung von Captain McIlvaine kann ich ein hervorragendes Bild dieser Art präsentieren . Anfänger werden einige Schwierigkeiten haben, sie von A. silvicola zu unterscheiden . Diese Art ist wie A. silvicola eng mit dem Wiesenchampignon verwandt, kann aber leicht von ihm unterschieden werden. Auch dieser ähnelt, wie A. silvicola , aus der Ferne im Wald dem Knollenblätterpilz, aber ein genauer Blick auf die Lamellen wird den Unterschied erkennen.

Die Lamellen der ganz jungen Pflanze können weiß erscheinen, entwickeln aber bald einen rosa Schimmer, der sie vom Knollenblätterpilz unterscheidet. Sie ist von Juli bis Oktober in lichten Wäldern zu finden.

Agaricus comptulus . Fr.

Comptulus bedeutet „verschönert" oder „luxuriös geschmückt"; der Name leitet sich vom seidigen Glanz seiner Kappe ab.

Der Hut ist zunächst konvex, dann erweitert, ziemlich fleischig, am Rand dünner und nach innen gebogen, normalerweise mit einer an die Oberfläche des Hutes gedrückten seidigen Oberfläche, die zu seinem spezifischen Namen führt.

Die Lamellen sind frei, zum Rand und Stängel hin stark gerundet, zunächst weiß, dann gräulich, rosa, bei alten Pflanzen purpurbraun.

Der Stiel ist hohl, von der Basis zum Hut hin verjüngt, leicht bauchig, weiß, dann gelblich, fleischig, faserig. Der Schleier ist zarter als bei A. silvaticus , Teile davon finden sich bei jungen Pflanzen oft am Rand des Hutes und bilden einen Ring am Stiel, der bald fast verschwindet. Sporen klein, 4–5×2–3μ.

Die Oberfläche des Hutes, die Rundung der Lamellen vorn und hinten und auch die Tendenz, weißes Papier blau oder bläulich zu färben, wenn das

Fleisch des Hutes damit in Berührung kommt, helfen bei der Bestimmung dieser Art.

Im Oktober und November kommt er auf grasbewachsenen Stellen in offenen Wäldern vor, besonders in der Nähe von Kiefern.

Agaricus placomyces . Pk.

DER TELLERKOPFPILZ. ESSBAR.

TAFEL XXXV. ABBILDUNG 255. – AGARICUS PLACOMYCES .

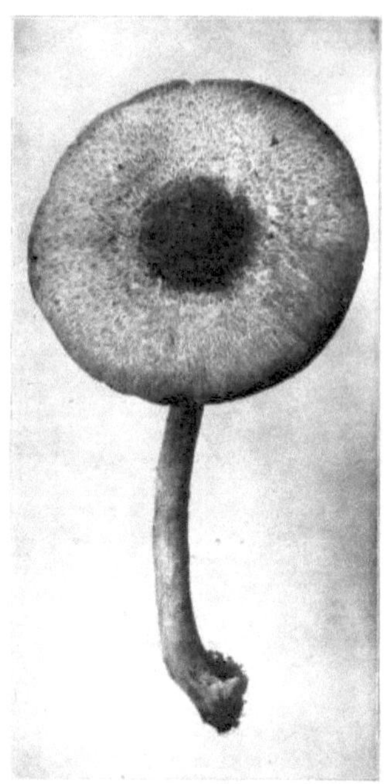

ABBILDUNG 256. — Agaricus placomyces . Zwei Drittel der natürlichen Größe.

FIGUR 257.— Agaricus placomyces . Zwei Drittel der natürlichen Größe.

Placomyces bedeutet flacher Pilz. Dies ist eine unserer schönsten Pflanzen.

Der Hut ist breit eiförmig, eher dünn und zunächst konvex. Wenn er jedoch vollständig entfaltet ist, ist er ganz flach, weißlich und in der Mitte braun, wie in Abbildung 256 zu sehen ist. Er ist jedoch mit einer hartnäckigen braunen Schuppe bedeckt.

Die Lamellen sind zuerst weiß, dann rosa und werden schwarzbraun. Sie stehen recht dicht beieinander.

Der Stiel ist ziemlich lang und schlank, zylindrisch gefüllt, an der Basis etwas bauchig, normalerweise weißlich, weist aber manchmal gelbe Flecken zur Basis hin auf und verjüngt sich zum Hut hin. Der Schleier ist recht interessant. Er ist breit und doppelt, lose durch Fäden miteinander verbunden, wobei der untere oder äußere Schleier zuerst in regelmäßig strahlenförmige Teile zerfällt. Die Sporen sind elliptisch und 5–6,5 µ lang. Die Hüte sind zwei bis vier Zoll breit und der Stiel ist drei bis fünf Zoll lang.

Man findet sie auf Rasenflächen oder in lichten Wäldern. Sie kommen in Hemlocktannenwäldern viel häufiger vor, obwohl sie häufig in Mischwäldern mit Hemlocktannen vorkommen. Das Verhalten des Schleiers ist dem von A. arvensis und A. silvicola sehr ähnlich und tatsächlich scheint diese Pflanze sehr eng mit diesen Arten verwandt zu sein. Man findet sie von Juli bis September.

Agaricus cretaceus . Fr.

Der Kalkpilz. Essbar.

Kreide , bezieht sich auf Kreide.

Der Hut ist ganz weiß, fleischig, stumpf, trocken, manchmal eben, manchmal mit feinen Linien am Rand gezeichnet.

Die Lamellen sind frei, abstehend, stark bauchig, zum Stängel hin verengt, gedrängt, weiß und werden nur bei ausgewachsenen Pflanzen bräunlich. Sporen: 5–6×3,5µ.

Der Stiel ist fünf bis sieben Zentimeter lang, gleichmäßig, glatt, fest, verjüngt sich zum Hut hin, ist hohl oder mit feinem weißen Mark gefüllt.

Man findet ihn auf Rasenflächen und an fruchtbaren Standorten. Ich finde ihn häufiger auf fruchtbaren Stoppelfeldern. Er ist ein seltenes Gericht. Im August und September zu finden.

Agaricus subrufescens . Fzg.

Der leicht rote Pilz. Essbar.

Subrufescens , sub, unter; rufescens , wird rot. Der Hut ist zunächst eher halbkugelig, wird dann konvex oder breit ausgedehnt; seidig faserig und fein oder undeutlich schuppig, weißlich, gräulich oder matt rötlich-braun, auf der Scheibe normalerweise glatt und dunkler. Fleisch weiß und unveränderlich.

Die Lamellen sind zunächst weiß oder weißlich, dann rosa und schließlich schwarzbraun.

Der Stiel ist ziemlich lang, an der Basis oft etwas verdickt oder bauchig, zuerst voll, dann hohl, weiß, der Ring ist auf der Unterseite schuppig , das Myzel weißlich und bildet schlanke, verzweigte, wurzelartige Stränge. Die Sporen sind elliptisch. *Peck* , 48. Rep. NY State Bot.

Die rötlich-braune Farbe ist auf die Fibrillenschicht zurückzuführen, die den Hut bedeckt. In der Mitte teilt er sich nicht in Schuppen, daher ist er glatter und deutlicher rötlich-braun als der Rest. Sein Schleier ähnelt dem von A. placomyces , aber anstatt dass die untere Oberfläche in radiale Abschnitte zerfällt, zerfällt er in kleine flockige Flocken oder Schuppen.

Diese Art kommt in der Nähe von Gewächshäusern vor, häufig in großen Gruppen.

Dr. McIlvaine sagt: „Diese Art wird jetzt kultiviert und hat gegenüber den marktüblichen Arten klare Vorteile – sie ist leichter zu kultivieren, sehr ertragreich, bringt nach dem Einpflanzen der Brut schneller Früchte hervor, ist frei von Insektenbefall, trägt besser und ist länger haltbar."

Pilzbeete in Kellern erfreuen sich zunehmender Beliebtheit und viele erzielen sehr gute Ergebnisse.

Agaricus halophilus . Pk.

Essbarer, meeresliebender Agaricus.

TAFEL XXXVI. ABBILDUNG 258.— AGARICUS HALOPHILUS.
Zeigt die kugelförmigen Kappen, schmalen Lamellen, den festen Stiel und
den eigentümlichen, nach innen gebogenen Rand. Natürliche Größe.

Halophilus setzt sich aus zwei griechischen Wörtern zusammen, die „Meer"
und „liebend" oder „zuneigung" bedeuten.

Dies ist eine große, fleischige Pflanze, die nicht so leicht verrottet. Zuerst ist
sie ganz rund, wird dann aber breit konvex. Alle Exemplare, die ich
untersucht habe, waren mit anliegenden Schuppen von rötlich-brauner Farbe
bedeckt, die im Alter grau-braun wurden. Das Fleisch ist weiß und wird beim
Schneiden rosa oder rötlich. Der Rand hat eine eigentümliche eckige
Biegung, wobei oft Teile des ziemlich zerbrechlichen Schleiers erhalten
bleiben.

Der Geschmack ist angenehm und der Geruch erinnert deutlich an die
Küste.

Die Lamellen sind recht schmal, wie in Abbildung 258 zu sehen ist, sehr
gedrängt, frei, zunächst rosafarben und werden mit zunehmender Reife der
Pflanze violettbraun. Der Rand der Lamellen ist weißlich.

Der Stiel ist kurz, kräftig, massiv, fest, gleichmäßig oder gelegentlich leicht
bauchig. Der Ring ist eher zart und fehlt bei älteren Exemplaren häufig. Die
Sporen sind breit elliptisch und purpurbraun, 7–8×5–6µ.

Die Exemplare in Abbildung 258 wurden mir von Mrs.
Blackford aus Boston, Mass., geschickt, und beim Öffnen der Schachtel
konnte ich deutlich den Geruch der Küste wahrnehmen. Das Fleisch nahm

beim Aufschneiden schnell einen rosafarbenen oder rötlichen Farbton an, und das Wasser, in dem die Pflanzen zum Kochen zubereitet wurden, nahm einen leicht rosa Farbton an. Diese Pflanzen wurden mir am 1. Juni geschickt, aber die Stiele waren frei von Würmern und ließen sich ebenso leicht kochen wie die Hüte. Ich halte sie für einen der allerbesten Speisepilze, und sie sind auch leicht zu erkennen.

Es scheint, als würde es sandigen Boden in der Nähe von Salzwasser mögen. Früher hieß es Agaricus maritimus.

Pilosomen . Fr.

Pilosace setzt sich aus zwei griechischen Wörtern zusammen: *pilos* – Filz und *sakos* – Gewand.

Der Hymenophor ist vom Stängel verschieden. Die Lamellen sind frei und zunächst vom Stängel entfernt. Sowohl die allgemeine als auch die teilweise Schleierschicht fehlen, daher ist sie ohne Ring oder Volva. Diese Gattung scheint die Wuchsform von Agaricus zu haben, aber keinen Ring.

Pilosace Eximie . Fzg.

ABBILDUNG 259. — Pilosace Eximie .

Eximia bedeutet Auswahl, Auszeichnung.

Der Hut ist fleischig, dünn, konvex oder breit glockenförmig, an der Länge ausgedehnt und subumbonat , glatt und dunkel rußbraun.

Die Lamellen sind eng, breit, bauchig, hinten abgerundet, frei, mattrot oder bräunlich-rosa, dann braun.

Der Stiel ist schlank, hohl, an der Basis etwas dicker und mattrot. Die Sporen sind elliptisch und 0,004 Zoll lang.

Diese Pflanzen sind klein und ziemlich selten, aber ich habe sie dreimal in Haynes' Hollow gefunden. Dr. Peck schreibt, dass es sich um eine sehr seltene Pflanze handelt. Sie wächst auf alten Baumstümpfen und verrotteten Baumstämmen. Die abgebildeten Pflanzen 259wurden in Haynes' Hollow gefunden und von Dr. Kellerman fotografiert.

Stropharie. Fr.

Stropharia kommt aus dem Griechischen und bedeutet „ Strophos" , Schwertgürtel. Die Sporen sind hell violett-braun, braun oder schieferfarben. Das Fleisch des Stiels und des Hutes ist durchgehend. Wenn der Schleier aufreißt, bildet er einen Ring am Stiel. Die Lamellen sind abgerundet und nicht frei.

Die Gattung kann von allen Gattungen der Purpursporenpflanzen außer den Blätterpilzen durch das Vorhandensein eines Rings und durch das vereinigte Fleisch des Stängels und des Hutes sowie durch die Befestigung der Lamellen unterschieden werden. Sie wachsen auf dem Boden oder sind elliptisch.

Stropharia semiglobata . Batsch.

DIE HALBKUGELIGE STROPHARIA. ESSBAR.

FIGUR 260.— Stropharia semiglobata .

Semiglobata – semi, halb; Globus, eine Kugel. Der Hut ist in der Mitte etwas fleischig, am Rand dünn, halbkugelförmig, nicht ausgedehnt, ebenmäßig, zähflüssig, wenn feucht.

Der Stiel ist hohl, schlank, gerade, glatt, klebrig, gelblich und schleierförmig abrupt.

Die Lamellen sind fest mit dem Stiel verbunden, breit, eben, manchmal bauchig geneigt und schwarz getrübt.

Diese Pflanze ist auf der Dunn-Farm am Columbus Pike nördlich von Chillicothe sehr verbreitet, kommt aber überall auf frisch gedüngten Grasflächen oder auf Mist vor.

Diese Pflanze war mehrere Jahre lang verboten, aber wie viele andere hat sich ihr schlechter Ruf überlebt. Zu finden von Mai bis November.

Stropharia Hardii . Atkinson n. sp.

FIGUR 261.— Stropharia Hardii .

Hardii ist nach dem Sammler und Autor dieses Buches benannt.

Pflanze 10 cm hoch, Hut 9 cm breit, Stamm 1½ cm dick.

Hut blass hell ockerfarben; Lamellen bräunlich, nahe Prouts Braun (R); Stiel blassgelber Schimmer.

Hut konvex bis ausgedehnt, in der Mitte dick, zum Rand hin dünn, glatt; Fleisch gelb getönt.

Lamellen hinten fast elliptisch bis fast ventrikös , breit ausgerandet, angewachsen . Basidien 4-sporig. Sporen fast länglich , glatt, 5–9×3–5μ, unter dem Mikroskop purpurbraun.

Die Zystiden sind an der Seite der Kiemen nicht sehr zahlreich und variieren von keulenförmig bis subventrikös und sublanzettlich , das freie Ende ist mehr oder weniger unregelmäßig, wenn es schmal ist, verzweigt sich selten unterhalb der Spitze und hat normalerweise einen markanten breiten Apiculus oder zwei oder mehrere kurze Fortsätze. Ähnliche Zellen am Rand der Kiemen, aber etwas kleiner und regelmäßiger.

Der Stamm ist an der Basis eben und verjüngt sich zu einer kurzen Wurzel, quer flockig, sowohl oberhalb als auch unterhalb des Rings schuppig. Der Ring ist häutig , nicht hervortretend, aber dennoch sichtbar, etwa 2 cm von der Spitze entfernt. *Atkinson.*

Die Exemplare in Abbildung 261 sind sehr alte Pflanzen. Während der Saison habe ich die Pflanze nicht fotografiert, aber als Prof. Atkinson sie benannte, beeilte ich mich, einige gute Exemplare zu finden, aber nur zwei waren lange genug erhalten, um sie zu fotografieren. Sie wurden am 15.

Oktober 1906 auf Mr. Millers Farm in Poke Hollow in der Nähe von Chillicothe gefunden.

Stropharia stercoraria . Fr.

DIE MISTSTROPHARIA. ESSBAR.

Stercoraria kommt von stercus , Mist. Der Hut ist in der Mitte leicht fleischig, aber am Rand dünn; halbkugelig, dann ausgedehnt, eben, glatt, scheibenförmig, am Rand leicht gestreift.

Die Lamellen sind fest mit dem Stängel verbunden, leicht gedrängt, breit, weiß, umbrafarben, dann olivschwarz.

Der Stiel ist drei Zoll oder mehr lang, mit faserigem Mark gefüllt, gleichmäßig, der Ring dicht am Hut, unterhalb des Rings flockig , im feuchten Zustand klebrig und gelblich.

Diese Art unterscheidet sich von der S. semiglobata durch die markhaltige Substanz, mit der der Stiel gefüllt ist, und auch durch die Tatsache, dass der Hut nie vollständig entfaltet ist. Man findet sie auf Mist- und Misthaufen, auf reich gedüngten Feldern und manchmal in Wäldern.

Stropharia aeruginosa . Curt.

DIE GRÜNE STROPHARIA.

Æruginosa kommt von ærugo , Grünspan. Der Hut ist fleischig, plankonvex, subumbonat und mit einem grünen, schwindenden Schleim bedeckt, der blasser wird, wenn der Schleim verschwindet.

Die Lamellen sind fest mit dem Stängel verbunden, weich, braun, violett getönt, leicht bauchig und nicht gedrängt.

Der Stiel ist hohl, gleichmäßig, unterhalb des Rings faserig oder schuppig und bläulich getönt.

Diese Art ist in Form und Farbe recht variabel. Die typischsten Formen findet man im Herbst, bei sehr nassem Wetter und in schattigen Wäldern. Dies ist eine der Arten, für die das Verbot nicht aufgehoben wurde, aber ihr Auftreten wird niemanden dazu veranlassen, sich mehr mit ihr bekannt zu machen als sie zu benennen. Die meisten Autoren behaupten, sie sei giftig. Sie kommt von Juli bis November auf Wiesen und in Wäldern vor.

Hypholom . Fr.

Hypholoma setzt sich aus zwei griechischen Wörtern zusammen, die „Netz" und „Fransen" bedeuten und sich auf den netzartigen Schleier beziehen, der häufig am Rand des Hutes haftet, keinen Ring um den Stiel bildet und bei alten Exemplaren nicht immer sichtbar ist.

Der Hut ist fleischig, der Rand zunächst nach innen gebogen. Die Lamellen sind am Stiel befestigt, manchmal am Stiel eingekerbt. Der Stiel ist fleischig und ähnelt in seiner Substanz dem Hut.

Sie wachsen meist in dichten Büscheln auf Holz entweder über oder unter der Erde. Die Sporen sind braunviolett, fast schwarz.

Diese Gattung unterscheidet sich von der Gattung Agaricus dadurch, dass ihre Lamellen am Stängel befestigt sind und ihr Stängel keinen Ring aufweist.

Hypholom incertum . Fzg.

DAS UNSICHERE HYPHOLOMA . ESSBAR.

Mit freundlicher Genehmigung von Captain McIlvaine.

TAFEL XXXVII. ABBILDUNG 262.- HYPHOLOMA INCERTUM .

Incertum , unsicher. Prof. Peck, der diese Art benannte, war sich nicht sicher, ob es sich nicht um eine Form von H. candolleanum handelte, mit der sie sehr eng verwandt zu sein schien; da aber die Lamellen dieser Pflanze zunächst violett und die dieser hier zunächst weiß sind, beschloss er, das Risiko bei einer neuen Art einzugehen.

Der Hut ist dünn, eiförmig, breit ausgebreitet, brüchig, weißlich, der Rand oft gewellt und oft mit Fragmenten des wolligen weißen Schleiers geschmückt, der im trockenen Zustand undurchsichtig und im feuchten Zustand durchsichtig ist.

Die Lamellen sind dünn, schmal, dicht, an ihrem inneren Ende am Stiel befestigt, zuerst weiß, dann purpurbraun, die Ränder oft uneben.

Der Stiel ist gleichmäßig, gerade, hohl, weiß, schlank und mindestens ein bis drei Zoll lang. Die Sporen sind purpurbraun und elliptisch. Man findet ihn auf Rasenflächen, in Gärten, auf Weiden und in dünnen Wäldern. Er ist klein, wächst aber so üppig, dass man große Mengen davon erhalten kann. Die Kappen sind sehr zart und köstlich. Er erscheint bereits im Mai.

Hypholom appendiculatum . Stier.

DAS APPENDIKULÄRE HYPHOLOM . ESSBAR.

Appendiculatum , ein kleiner Anhang. Dieser wird so genannt, weil am Rand der Kappe Fragmente des Schleiers haften.

Der Hut ist dünn, eiförmig, ausgedehnt, wässrig und im trockenen Zustand mit trockenen Partikeln bedeckt. Der Rand ist dünn und oft gespalten und von einem weißen Schleier bedeckt. Die Farbe ist im feuchten Zustand dunkelbraun, im trockenen Zustand nahezu weiß und weist auf dem Hut oft flockige Schuppen auf.

Die Lamellen sind fest mit dem Stiel verbunden, dicht gedrängt, weiß, dann rosabraun und schließlich schmutzigbraun.

Der Stängel ist hohl, glatt, gleichmäßig, weiß, faserig und an der Spitze mehlig. Der Schleier ist sehr zart und nur bei ganz jungen Pflanzen zu sehen.

Die Pflanze wächst im Frühjahr und Sommer und ist auf Baumstümpfen und manchmal auf Rasenflächen zu finden. Sie ist bei den Kennern ein beliebter Pilz. Die Pflanze kann für den Winter getrocknet werden und behält dabei bemerkenswerterweise ihr Aroma.

Hypholom candolleanum , Fr., ähnelt in vielen Merkmalen dem H. appendiculatum , aber die Lamellen sind violett, werden zimtbraun und sind bei alten Pflanzen fast frei vom Stängel. Es hat mehr Substanz. Die Kappen sind jedoch sehr zart und köstlich. In Büscheln zu finden.

Hypholom Tränenfluss . Fr.

DAS WEINENDE HYPHOLOM .

ABBILDUNG 263. — Hypholom lachrymabundum . Zwei Drittel der natürlichen Größe.

ABBILDUNG 264. — Hypholom Tränenfluss .

Lachrymabundum – voller Tränen. Diese Pflanze wird so genannt, weil am Morgen oder bei feuchtem Wetter die Ränder der Lamellen sehr kleine Wassertropfen zurückhalten . Die Pflanze in Abbildung 263 wurde am Nachmittag fotografiert, dennoch sind eine Reihe dieser winzigen Tropfen zu sehen.

Der Hut ist fleischig, glockenförmig, dann konvex, manchmal breit gewölbt und mit haarigen Schuppen gefleckt; das Fleisch ist weiß.

Die Lamellen sind eng am Stängel befestigt, gekerbt, gedrängt, etwas bauchig, ungleichmäßig, weißlich, dann braunviolett und geben bei nassem Wetter oder am Morgen winzige Tautropfen ab.

Der Stiel ist hohl, an der Basis etwas verdickt, ziemlich schuppig mit Fasern, wird oft bräunlich-rot und ist zwei bis drei Zoll lang. Die Sporen sind bräunlich-violett.

Ich habe die Pflanze nirgends anderswo als auf dem Rasen der Chillicothe High School gefunden und auch nicht in ausreichender Zahl, um ihre essbaren Eigenschaften zu testen. Wenn ich sie doch einmal finde, werde ich sie vorsichtig probieren, aber im vollen Vertrauen darauf, dass ich auch andere probieren darf. Gefunden auf dem Boden und auf verrottetem Holz. Sie wächst oft in Büscheln. September bis Oktober.

Hypholom Sublateritium . Schaeff .

DAS ZIEGELROTE HYPHOLOMA . ESSBAR.

ABBILDUNG 265. — Hypholom Sublateritium . Natürliche Größe.

Sublateritium ist eine Abkürzung von sub, under und später Ziegel. Der Hut ist ziegelrot mit blassgelbem Rand; die Oberfläche ist mit feinen seidigen Fasern bedeckt ; fleischig, feucht und fest; der Hut ist zwei bis vier Zoll breit; am Rand sind oft Reste des Schleiers zu sehen; das Fleisch ist cremig, fest und bitter.

Die Lamellen sind in jungen Jahren cremefarben und im Alter olivfarben. Sie sind am inneren Ende mit dem Stiel verbunden und eher schmal, gedrängt und ungleichmäßig.

Der Stängel ist in jungen Jahren cremefarben, der untere Teil ist leicht rot gefärbt, hohl oder gefüllt, mit seidigen Fasern an der Oberfläche, zwei bis vier Zoll lang, oft aufgrund der Position nach innen gebogen. Die Sporen sind rußbraun und elliptisch.

Es wächst in großen Büscheln um alte Baumstümpfe herum. Besonders häufig ist es in Chillicothe. Es ist nicht so essbar wie viele andere Hypholomas . Manchmal schmeckt es sogar nach dem Kochen bitter. Captain McIlvaine gibt einen plausiblen Grund an, wenn er sagt, dass es an der Passage von Larven durch das Fleisch der Pflanze liegen könnte. Es kommt von September bis zum frühen Winter vor.

Hypholom perplexum .

DAS RÄTSELHAFTE HYPHOLOMA . ESSBAR.

ABBILDUNG 266. — Hypholom perplexum . Halbe natürliche Größe. Kappen braun, mit blassgelbem Rand.

Perplexum bedeutet verwirrend; so genannt, weil es ziemlich schwierig ist, es von H. sublateritium , auch von H. fascicularis , zu unterscheiden . Von letzterem kann es an seinem rötlicheren Hut, seinem weißlichen Fleisch, der purpurbraunen Tönung der reifen Lamellen und seinem milden Geschmack erkannt werden. Seine kleinere Größe, die grünliche und purpurne Tönung der Lamellen und der schlanke hohle Stiel helfen dabei, es von H. perplexum zu unterscheiden .

Der Hut ist komplex, fleischig, ausgedehnt, glatt, manchmal breit und leicht genutet, braun mit hellgelbem Rand, die Scheibe manchmal rötlich.

Die Lamellen sind gerundet, gekerbt, lösen sich leicht vom Stiel, sind blassgelb, grünlich-aschfarben, schließlich purpurbraun, dünn und ziemlich dicht.

Der Stängel ist nahezu gleichmäßig, fest, hohl, leicht faserig, oben gelblich oder weißlich und unten rötlich-braun. Die Sporen sind elliptisch und purpurbraun.

Diese Pflanze ist in Ohio sehr häufig. Sie wächst um alte Baumstümpfe, aber ihr bevorzugter Lebensraum scheinen alte Sägemehlhaufen zu sein. Ich habe sie gefunden, nachdem wir ziemlich frostiges Wetter hatten. Die Pflanzen auf der Abbildung waren gefroren, als ich sie am 27. November fand. Dr. McIlvaine schreibt in seinem Buch: „Wenn der Sammler bei einer oder allen dieser Arten verwirrt ist, weil keine Beschreibung passt, was durchaus passieren kann, kann er seine Geduld und seinen Appetit anregen, indem er sie H. perplexum nennt und sie dann mit Freude verzehrt.“

Psilocybe . Pers.

Psilocybe setzt sich aus zwei griechischen Wörtern zusammen: nackt und Kopf. Die Sporen sind violett-braun oder schieferfarben. Der Hut ist glatt, zunächst nach innen gebogen, bräunlich oder violett. Der Stamm ist knorpelig, ringlos, zäh, hohl oder ausgestopft und hat oft Wurzeln. Wächst im Allgemeinen auf dem Boden.

Psilocybe fœnisecii . Pers.

DER BRAUNE PSILOCYBE .

Foto von CG Lloyd.

ABBILDUNG 267. — Psilocybe fœnisecii . Halbe natürliche Größe.

Fœnisecii bedeutet gemähtes Heu.

Der Hut ist etwas fleischig, rauchbraun oder bräunlich, konvex, zuerst glockenförmig, dann erweitert; stumpf, trocken, glatt.

Die Lamellen sind fest mit dem Stiel verbunden, bauchig, nicht gedrängt und bräunlich-umbrafarben.

Der Stängel ist hohl, gerade, eben, glatt, wurzelt nicht, ist weiß, mit Staub bedeckt und wird dann bräunlich.

Nach Sommerregen kommt es häufig auf Rasenflächen und Feldern vor. Ich habe es noch nie gegessen, aber ich zweifle nicht an seinen köstlichen Eigenschaften.

Psilocybe spadicea . Schaeff .

DER BAY PSILOCYBE . ESSBAR.

Spadicea bedeutet Lorbeer- oder Dattelbraun.

Der Hut ist fleischig, konvex-eben, stumpf, eben, feucht, hygrophan , leuchtend lorbeerbraun, blasser, wenn er trocken ist.

Die Lamellen sind hinten abgerundet, am Stiel befestigt und lösen sich leicht von ihm, sind schmal, trocken, gedrängt und weiß, dann rosabraun oder fleischfarben.

Der Stamm ist hohl, zäh, blass, gleichmäßig, glatt und ein bis zwei Zoll lang. Sie wachsen in dichten Büscheln, wo alte Baumstümpfe waren oder wo Holz verrottet ist. Die Kappen sind klein, aber sehr gut. Sie sind von September bis zum Frost oder Frostwetter zu finden.

Psilocybe ammophila . Montiert.

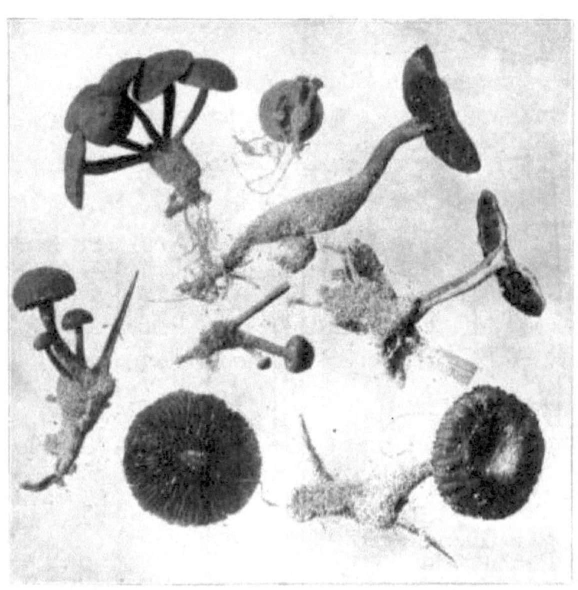

ABBILDUNG 268. — Psilocybe ammophila . Zwei Drittel der natürlichen Größe, der Sand an der Basis ist zu sehen.

Ammophila setzt sich aus zwei griechischen Wörtern zusammen: ammos (Sand) und philos (liebend). Der Name kommt daher, dass die Pflanzen offenbar gern in sandigem Boden wachsen.

Der Hut ist klein, konvex, ausgedehnt, nabelförmig, zunächst halbkugelig, eher fleischig, gelb, rötlich getönt, faserig.

Die Lamellen haben eine rauchige Farbe und einen herablaufenden Zahn, der mit schwärzlichen Sporen bestäubt ist.

Der Stiel ist weich, eher kurz, hohl, in der unteren Hälfte keulenförmig und im Sand versunken, gestreift. Die Sporen sind 12×8.

Man findet sie im August und September. Wie der Name schon sagt, lieben sie sandigen Boden. Die Pflanzen auf dem Foto wurden in der Nähe von Columbus gefunden und von Dr. Kellerman fotografiert. Sie kommen recht häufig in sandigem Boden vor. Ich glaube nicht, dass sie essbar ist. Ich rate zu großer Vorsicht bei ihrer Verwendung.

KAPITEL VI.
DIE SCHWARZSPORENBLÄTTER.

Die zu dieser Reihe gehörenden Gattungen haben schwarze Sporen. Purpur-
oder Brauntöne fehlen völlig. Die aus anderen Gründen in diese Reihe
eingeordnete Gattung Gomphidius hat schmutzig-olivfarbene Sporen.

Koprinus. MF

Coprinus ist ein griechisches Wort, das Mist bedeutet. Diese Gattung ist
leicht an den schwarzen Sporen und am Zerfließen der Lamellen und
Kappen zu einer tintenartigen Substanz zu erkennen. Viele der Arten
wachsen, wie der Name schon sagt, in Mist oder auf frisch gedüngtem
Boden. Einige wachsen auf flachem, reichhaltigem Boden oder auf
Aufschüttungen oder auf Müllhalden; einige wachsen auf Holz und um alte
Baumstümpfe herum.

Der Hut lässt sich leicht vom Stiel lösen. Die Lamellen sind häutig und dicht
aneinandergepresst. Die Sporen sind, mit wenigen Ausnahmen, schwarz. Die
meisten Arten sind essbar, viele sind jedoch so klein, dass man sie leicht
übersieht.

Coprinus comatus . Fr.

DER SCHOPFIGE MÄHNEN-COPRINUS. ESSBAR.

Foto von Prof. Shaftner .

ABBILDUNG 269. — Coprinus comatus .

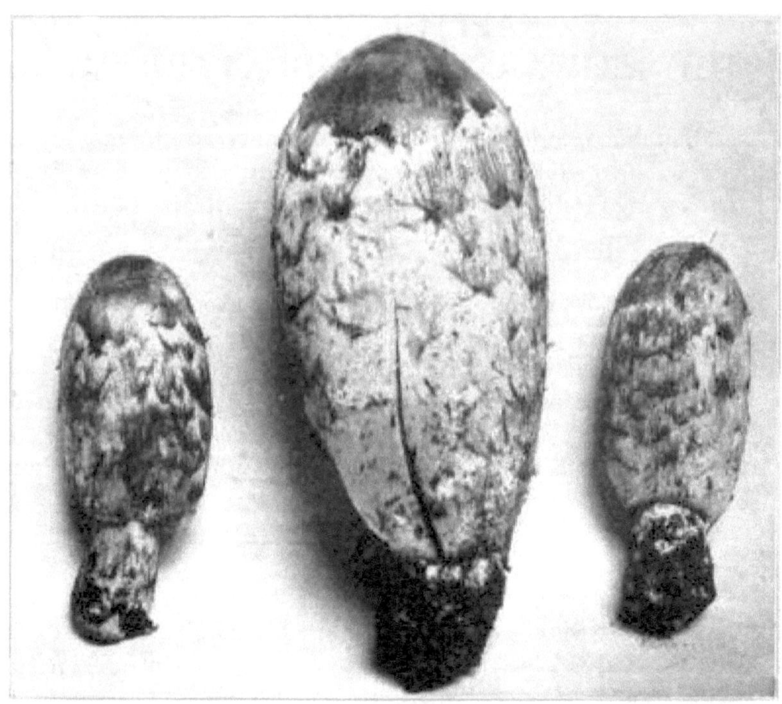

ABBILDUNG 270. — Coprinus comatus . Halbe natürliche Größe.

Comatus kommt von Coma und hat langes, zotteliges Haar. Der Name kommt von der eingebildeten Ähnlichkeit mit einer Perücke auf einem Friseurblock. Eine Beschreibung ist kaum nötig, wenn wir ein Foto vor uns haben. Sie erinnern uns immer an eine Ansammlung von Gänseeiern, die aufrecht stehen. Diese Pflanze kann mit keiner anderen verwechselt werden, und der Finder ist der glückliche Besitzer eines reichhaltigen, wohlschmeckenden Bissen, den es auf keinem Markt zu kopieren gibt.

Der Hut ist fleischig, feucht, zunächst eiförmig, dann zylindrisch, dann glockenförmig, selten ausgedehnt, am Rand entlang der Lamellenlinie gespalten und mit vereinzelten gelblichen Schuppen bedeckt, die violettschwarz getönt, manchmal jedoch auch ganz weiß sind; die Oberfläche ist zottig.

Die Lamellen sind frei, dicht angeordnet, gleichmäßig verteilt und cremeweiß, werden dann rosa, braun, dann schwarz und tropfen eine tintenfarbene Flüssigkeit ab.

Der Stiel ist drei bis acht Zoll lang, hohl, glatt oder leicht faserig, nach oben verjüngt, cremeweiß, spröde, löst sich leicht vom Hut und ist an der Basis leicht bauchig. Der Ring ist bei jungen Pflanzen selten anhaftend oder beweglich, liegt später am Boden an der Basis des Stiels oder verschwindet ganz. Die Sporen sind schwarz und elliptisch und werden in flüssigen Tropfen abgegeben.

Man findet sie in feuchten, reichen Böden, in Gärten, auf üppigen Rasenflächen, auf Scheunenhöfen und Müllhalden. Sie wachsen oft in großen Gruppen. Von Mai bis zum Spätfrost findet man sie überall in großer Menge. Ein schwacher Magen kann alle Coprini verdauen, während ihm fast jedes andere Nahrungsmittel Probleme bereitet. Ich gebe einem Kranken immer gern ein Gericht Coprini .

Coprinus atramentarius . Fr.

DER TINTENFISCH-KOPRINUS. ESSBAR.

ABBILDUNG 271. — Coprinus atramentarius . Zwei Drittel der natürlichen Größe.

Atramentarius bedeutet schwarze Tinte. Der Hut ist zunächst eiförmig, grau oder graubraun, glatt, weist jedoch ein leicht schuppiges Aussehen auf; er ist oft mit einem deutlichen Belag bedeckt, der Rand ist gerippt, oft gekerbt, weich, zart und dehnt sich aus, wenn er in einer tintenartigen Flüssigkeit zergeht.

Die Lamellen sind breit, eng, bauchig und bei jungen Exemplaren cremeweiß, werden dann rosagrau, dann schwarz, feucht und zergehen in tintenfarbenen Tropfen.

Der Stiel ist schlank, zwei bis vier Zoll lang, hohl, glatt, verjüngt sich nach oben, lässt sich leicht vom Hut lösen und weist in jungen Jahren in der Nähe der Basis einen leichten Kragen auf, der jedoch bald verschwindet. Die Sporen sind elliptisch, 12×6µ groß und schwarz und fallen in Tropfen ab.

Ich habe sie im ganzen Staat in großen Mengen gefunden, von Mai bis zum Spätfrost. In Abbildung 271 zeigt die Pflanze in der Mitte die fleckenartigen

Schuppen; auf den anderen ist die erwähnte Blüte deutlich zu erkennen; der Abschnitt rechts zeigt die breiten, ventrikösen Lamellen – cremeweiß, wenn auch leicht rosa getönt – sowie die Form des Stängels. Die Pflanze ganz rechts hat sich ausgedehnt und beginnt zu zerfließen. C. atramentarius ist sehr häufig und wächst in reichhaltiger Erde, auf Rasenflächen, aufgefüllten Plätzen und in Gärten.

TAFEL XXXVIII. ABBILDUNG 272. – COPRINUS ATRAMENTARIUS .

Zwergseiden-Coprinus micaceus . Fr.

DER GLITZERNDE COPRINUS. ESSBAR.

Micaceus kommt von *micare* , was glitzern bedeutet, und bezieht sich auf die kleinen Schuppen auf dem Hut, die Glimmerschuppen ähneln. Der Hut ist gelbbraun, hellbraun oder hellbraun, eiförmig und glockenförmig; er hat Streifen, die von der Mitte der Scheibe bis zum Rand strahlen; glitzernde, glimmerartige Schuppen bedecken ungestörte junge Exemplare; der Rand ist etwas zurückgerollt oder gewellt.

Die Kiemen sind dicht gedrängt, eher schmal, weißlich, dann rosa- oder violettbraun und schließlich schwarz getönt.

Der Stiel ist schlank, zerbrechlich, hohl, seidig, ebenmäßig, weißlich, oft verdreht, ein bis drei Zoll lang. Die Sporen sind schwärzlich, manchmal braun, elliptisch, $10{\times}5\mu$.

Der Glitzernde Coprinus ist eine kleine, aber weit verbreitete und schöne Art. Auf einem Foto erkennt man einen Coprinus sofort. Er ist etwas glockenförmig und vom Rand bis zur Mitte der Scheibe oder darüber hinaus mit eingedrückten Linien oder Streifen versehen und mit flüchtigen glimmerhaltigen Körnchen bestreut, die alle in Abbildung 273 zu sehen sind. Zum Essen ist dies ohne Zweifel der beste Pilz, der wächst. Die Exemplare in Abbildung 273 wuchsen um einen alten Pfirsichstumpf in Dr. Miesses Garten in Chillicothe. Sie werden sie um jeden Stumpf herum finden, besonders kurz vor einem Regen. Wenn Sie einen guten Vorrat haben und sie behalten möchten, kochen Sie sie teilweise und erwärmen Sie sie zum Verzehr.

Coprinus ebulbosus . Pk.

ABBILDUNG 274. — Coprinus ebulbosus . Halbe natürliche Größe.

Ebulbosus , ohne bauchig zu sein. Dies scheint der Unterschied zwischen den amerikanischen und den europäischen Pflanzen zu sein, da letztere bauchig sind.

Der Hut ist membranös , zunächst eiförmig, dann glockenförmig, gestreift, mit breiten weißen Schuppen oder weißen Flecken bemalt und ein bis zwei Zoll breit.

Die Lamellen sind frei, breit, bauchig, grauschwarz und zerfließen schnell.

Der Stiel ist hohl, gleichmäßig, zerbrechlich, glatt und zehn bis zwölf Zentimeter lang.

Normalerweise findet man sie dort, wo alte Stümpfe unter der Erde abgeschnitten wurden und die Wurzeln im Boden blieben. Sie ist sehr häufig. Der Sammler wird sie problemlos anhand von Abbildung 274 erkennen können. Man findet sie von Juni bis Oktober. Essbar, aber nicht so gut wie C. atramentarius .

Coprinus ephemerus . Fr.

DER KURZLEBIGE COPRINUS. ESSBAR.

Ephemerus , einen Tag lang. Diese Pflanze hält nur kurze Zeit. Sie wächst am frühen Morgen oder in der Nacht und zerfällt, sobald die Sonnenstrahlen sie berühren, zu einer tintenartigen Flüssigkeit.

Der Hut ist membranös , sehr dünn, oval, leicht mit kleieartigen Schuppen bedeckt, scheibenförmig erhaben und eben.

Lamellen sind angewachsen , weit voneinander entfernt, weißlich, braun, dann schwarz. Der Stiel ist schlank, gleichmäßig, durchsichtig, glatt und ein bis zwei Zoll hoch.

Wenn diese Pflanze voll entwickelt ist, ist sie ein recht schönes Exemplar, das vom Rand bis zur Mitte gestreift ist. Man findet sie von Mai bis Oktober auf Mist und Misthaufen und auf gut gedüngten Rasenflächen. Sie muss sofort gekocht werden. Ihr Hauptwert ist ihr ausgezeichneter Pilzgeschmack.

Coprinus ovatus . Fr.

Der eiförmige Coprinus. Essbar.

Ovatus kommt von ovum , einem Ei. Es wird so genannt nach der Form des Hutes, der etwas häutig , eiförmig, dann ausgedehnt, gestreift ist; zunächst in dicht überlappende, dicke, konzentrische Schuppen geflochten; ist bauchig, wurzelnd, flockig , oben hohl, der Ring laubabwerfend; Lamellen frei, abgesetzt, leicht bauchig, zeitweise weiß, dann umbra-schwärzlich.

Diese Pflanze ist viel kleiner und weniger auffällig als der C. comatus , aber ihre essbaren Eigenschaften sind die gleichen. Ich habe sie gegessen und fand sie köstlich. Sie wächst ungefähr an derselben Stelle, an der man den C. comatus erwarten würde. .

Coprinus fimetarius . Fr.

Der zottelige Mistkoprinus.

Foto von CG Lloyd.

TAFEL XXXIX. ABBILDUNG 275. – COPRINUS FIMETARIUS .

Fimetarius stammt von Fimetum , einem Misthaufen. Der Hut ist etwas häutig , keulenförmig, dann kegelförmig, schließlich zerrissen und eingerollt; zuerst rau mit flockigen Schuppen, dann nackt; längs rissig und gefurcht, sogar an der Spitze. Der Stiel ist schuppig, an der Basis verdickt und fest. Die Lamellen sind frei und reichen bis zum Stiel, zuerst bauchig, dann linear, bräunlich-schwarz. *Frittiert.*

Dies ist eine recht variable Pflanze. Es gibt mehrere Sorten, die dieser Art zugeordnet werden. Sie soll ausgezeichnet schmecken. Ich habe sie noch nie gegessen.

Panäolus . Fr.

Panæolus stammt von zwei griechischen Wörtern: alle; bunt. Diese Gattung wird so genannt, weil die Lamellen gesprenkelt aussehen. Der Hut ist etwas fleischig, der Rand ebenmäßig, aber nie gestreift. Der Rand reicht immer über die Lamellen hinaus und die Lamellen haben keine einheitliche Farbe. Das gesprenkelte Aussehen der Lamellen ist auf das Abfallen der schwarzen Sporen zurückzuführen. Die Lamellen zerfließen nicht.

Der Stiel ist glatt, manchmal schuppig, manchmal recht lang und hohl. Der Blütenschleier ist, wenn vorhanden, verflochten.

Diese Pflanze kommt auf fruchtbaren, frisch gedüngten Rasenflächen vor, hauptsächlich jedoch auf Mist.

Es gibt nur zwei essbare Arten, P. retirugis und P. solidipes . Die anderen Arten würden wahrscheinlich nicht die Aufmerksamkeit des gewöhnlichen Sammlers erregen.

Panäolus im Ruhestand . Fr.

DER GERIPPTE PANAEOLUS . ESSBAR.

Foto von CG Lloyd.

TAFEL XL. ABBILDUNG 276.— PANAEOLUS RETIRUGIS .
Natürliche Größe, am Rand sind Teile des Schleiers zu sehen.

Retirugis kommt von rete, einem Netz; ruga , einer Falte. Der Hut hat einen Durchmesser von etwa einem Zoll, ist eher kugelig, dann halbkugelig, leicht gewölbt, in der Mitte dunkler, mit verbundenen, erhabenen Rippen, manchmal mit undurchsichtigen Atomen bestreut; Schleier zerrissen, mit Gliedmaßen versehen.

Die Lamellen sind fest, aufsteigend und in der Mitte breit. Bei den ausgebreiteten Formen entfernen sich die Lamellen immer mehr vom Stiel und erscheinen schließlich mehr oder weniger dreieckig; finnisch-schwarz, häufig etwas getrübt.

Der Stiel ist gleichmäßig, mit einer frostähnlichen Beschichtung bedeckt, zylindrisch, manchmal gewunden, knorpelig, hohl werdend, rosa-violett, unten immer dunkler und oben blasser, bauchig.

Bei jungen und noch nicht ausgewachsenen Pflanzen ist der Schleier recht stark und auffällig; wenn der Stiel länger wird, löst er sich vom Stiel, und wenn sich der Hut ausdehnt, zerfällt er in Segmente, die häufig am Rand des Hutes hängen. Bei genauer Beobachtung kann man manchmal ein schwarzes Band am Stiel erkennen, das durch das Abfallen der schwarzen Sporen entsteht, wenn die Pflanze feucht ist, bevor sich der Hut vom Stiel gelöst hat. Die Sporen sind schwarz und elliptisch.

Ich habe es mehrmals auf dem Rasen der Chillicothe High School gefunden, besonders nachdem er im Winter gedüngt wurde. Von Juni bis Oktober findet man es hauptsächlich auf Mist. Als Delikatesse empfehle ich es nicht.

Panäolus Epimyces .

ABBILDUNG 277. — Panäolus epimyces . Beachten Sie die schwarzen Sporen im mittleren Vordergrund. Beachten Sie auch die riesigen Massen an Abortmaterial, auf dem es wächst.

Epimyces kommt von _epi_ , auf; _myces_ , ein Pilz; so genannt, weil er parasitär auf Pilzen lebt. Es gibt eine Reihe von Pilzarten, deren Lebensraum auf anderen Pilzen oder Pilzbewuchs ist; wie zum Beispiel Collybia cirrhata , C. racemosa , C. tuberosa, Volvaria loveiana und die Arten von Nyctalis .

Der Hut ist fleischig, zunächst fast kugelig , dann konvex, weiß, seidig, faserig, das Fleisch ist weiß oder weißlich, weich.

Die Lamellen sind ziemlich breit, etwas eng, hinten abgerundet, angewachsen , schmutzig weiß, werden braun oder schwärzlich und haben einen weißen Rand.

Der Stängel ist kurz, kräftig, verjüngt sich nach oben, ist stark gestreift und leicht mehlig oder bereift; bei jungen Pflanzen fest, bei ausgewachsenen Pflanzen hohl, aber mit kleiner Höhle; an der Basis haarig oder substrigös . Die Sporen sind elliptisch und schwarz, 0,0003 bis 0,00035 Zoll lang und 0,0002 bis 0,00025 Zoll breit. *Peck*.

Die Pflanzen sind klein, etwa zwei Drittel bis einen Zoll breit und zwischen einem und anderthalb Zoll hoch. Sie werden dieser Gattung wegen ihrer schwarzen Sporen zugeordnet. Sie haben andere Merkmale, die sie eher zu den Hypholomas zuordnen . Sie sind nicht weit verbreitet. Gefunden im Oktober und November. Die Exemplare in Abbildung 277 wurden in Michigan gefunden und von Dr. Fisher fotografiert.

Panäolus campanulatus . Linn.

GLOCKENFÖRMIGER PANAEOLUS .

Campanulatus kommt von *Campanula* , einer kleinen Glocke.

Der Hut ist 2,5 bis 3,25 cm breit, oval oder glockenförmig, manchmal leicht genoppt, glatt, etwas glänzend, graubraun, manchmal rötlich gefärbt, der Rand ist oft mit Fragmenten des Schleiers gesäumt.

Die Lamellen sind angesetzt, nicht breit, aufsteigend und grau-schwarz gefleckt.

Der Stiel ist drei bis fünf Zoll lang, hohl, schlank, fest, gerade, oft mit frostähnlichem Belag bedeckt und an der Spitze oft gestreift, wobei der Schleier nur kurze Zeit erhalten bleibt. Die Sporen sind subellipsoid , 8–9×6μ.

Die Lamellen zerfließen nicht. Sie sind weit verbreitet und kommen auf fast jeder Pferdeweide vor.

Kapitän McIlvaine sagt in seinem Buch, dass er es in kleinen Mengen gegessen hat, weil größere nicht zu bekommen waren, und das mit keinem anderen als angenehmen Effekt. Ich habe es in der Gegend von Chillicothe ziemlich oft gefunden, aber nie gegessen. Man findet es von Juni bis August.

Panäolus fimicolus . Fr.

DER MIST PANÄOLUS .

Fimicolus kommt von fimus , Dung; colo , bewohnen. Der Hut ist etwas fleischig, konvex-glockenförmig, stumpf, glatt, undurchsichtig; am Rand mit einer schmalen braunen Zone gezeichnet; der Stiel ist zerbrechlich, länglich, gleichmäßig, blass, oben mit frostartigem Belag bedeckt; die Lamellen sind fest mit dem Stiel verbunden, breit, grau und braun gefleckt. *Fries.*

Die Pflanze ist sehr klein und unscheinbar. Wie der Name schon sagt, wächst sie von Juni bis September auf Dung. Die Kappen erscheinen im trockenen Zustand heller als im nassen Zustand.

Panäolus : Solidipes .

DER VOLLFUß - PANAEOLUS . ESSBAR.

Foto von CG Lloyd.

TAFEL XLI. ABBILDUNG 278.— PANAEOLUS SOLIDIPES .

Solidipes kommt von solidus, fest; pes, Fuß; und wird so genannt, weil der Stamm der Pflanze fest ist. Der Hut ist zwei bis drei Zoll breit; fest; zunächst halbkugelförmig, dann glockenförmig oder konvex; glatt; weiß; die Kutikula zerfällt schließlich in schmutzig-gelbliche, ziemlich große, eckige Schuppen. Die Lamellen sind breit, leicht verbunden, weißlich und werden schwarz. Der Stamm ist fünf bis acht Zoll lang und zwei bis vier Linien dick, fest, glatt, weiß, fest, an der Spitze leicht gestreift. Die Sporen sind sehr schwarz mit einem bläulichen Farbton. *Peck.* 23. Rep. NY State Bot.

Dies ist eine große und schöne Pflanze, die man leicht an ihrem festen Stamm erkennt, der auf Dung wächst. Manchmal sieht man winzige Feuchtigkeitstropfen auf dem oberen Teil des Stamms. Die Pflanze gilt als einer der besten Speisepilze.

Panäolus papilionaceus . Fr.

DER SCHMETTERLING PANAEOLUS .

ABBILDUNG 279. — Panäolus papilionaceus . Natürliche Größe.

Papilionaceus kommt von *papilio* , einem Schmetterling.

Der Hut ist etwa einen Zoll breit, etwas fleischig, zunächst halbkugelig, manchmal pummelig ; die Kutikula zerfällt im trockenen Zustand in Schuppen, wie auf dem Foto zu sehen ist, und ist blassgrau mit einem rötlich-gelben Schimmer, insbesondere auf der Scheibe, manchmal glatt.

Die Lamellen sind breit am Stiel befestigt, ziemlich breit, in der Länge eben, schwärzlich oder mit unterschiedlichen Schwarztönen.

Der Stiel ist drei bis vier Zoll lang, schlank, fest, gleichmäßig, hohl, oben gepudert, weißlich, manchmal rot oder gelb getönt, an der Spitze leicht gestreift, wie auf der Fotografie durch ein Glas zu sehen ist, und im Allgemeinen durch die Sporen gefärbt.

Die Exemplare in Abbildung 279 wurden in einem stark gedüngten Garten gefunden. Normalerweise findet man ihn im Mai und Juni auf Mist und Rasenflächen. Captain McIlvaine spricht in seinem Buch davon, dass dieser Pilz Heiterkeit oder eine leichte Form der Berauschung hervorruft. Ich rate von seiner Verwendung ab.

Anellaria . Karst.

Anellaria stammt von *anellus* , einem kleinen Ring. Diese Gattung wird so genannt, weil sich am Stiel ein Ring befindet.

Der Hut ist etwas fleischig, glatt und eben. Die Lamellen sind angewachsen , dunkel schieferfarben und mit schwarzen Sporen gesprenkelt. Der Stiel ist zentral, glatt, fest, glänzend, ringförmig oder bildet eine Zone um den Stiel.

Anellaria separata. Karst.

Separata bedeutet getrennt oder verschieden.

Der Hut ist etwas fleischig, glockenförmig, stumpf, eben, zähflüssig, zuerst ockerfarben, dann schmutzig-weiß, glänzend, glatt, im Alter runzelig.

Die Lamellen sind fest mit dem Stängel verbunden, breit, bauchig, dünn, gedrängt, getrübt, schwarzbraun, der Rand ist fast weiß und leicht zerfließend.

Der Stiel ist lang, gerade, glänzend, weiß, nach unten verdickt, ringförmig abstehend, oben etwas gestreift, an der Basis bauchig. Die Sporen sind breit elliptisch-spindelförmig, schwarz, undurchsichtig, $10{\times}7\mu$.

Man findet ihn von Mai bis Oktober auf Dung. Er ist nicht giftig.

Bolbitius . Fr.

Bolbitius kommt von einem griechischen Wort, das Kuhdung bedeutet und sich auf den Ort bezieht, an dem es wächst.

Der Hut ist häutig , gelb und wird feucht; die Lamellen sind feucht, aber nicht zerfließend, verlieren schließlich ihre Farbe und werden pulverförmig; der Stängel ist hohl und mit dem Hymenophor verwachsen. Wie der Gattungsname andeutet, wächst die Pflanze normalerweise auf Dung, aber manchmal wächst sie auch auf Blättern und dort, wo der Boden im Jahr zuvor gedüngt wurde. Die Sporen haben eine rostrote Farbe.

Bolbitius zerbrechlich. (L.) Fr.

Fragilis bedeutet zerbrechlich.

Der Hut ist häutig , gelb, dann weißlich, klebrig, der Rand ist gestreift, die Scheibe etwas gewölbt.

Die Lamellen sind verdünnt, angewachsen , nahezu frei, bauchig, gelblich, dann blass zimtfarben.

Der Stiel ist zwei bis drei Zoll lang, kahl, glatt, gelb. Die Sporen sind rostfarben, $7{\times}3{,}5$, Massee. $14{-}15{\times}8{-}9\mu$. Saccardo.

Diese Art ist viel zarter und empfindlicher als B. Boltoni . Ich finde sie oft auf Milchviehweiden. Sie hat einen guten Geschmack und lässt sich leicht kochen. Sie ist von Juni bis Oktober zu finden.

Bolbitius Boltoni . Fr.

BOLTONS BOLBITIUS . ESSBAR.

Der Hut ist etwas fleischig, zähflüssig, zunächst glatt, dann am Rand gefurcht, die Scheibe dunkler und leicht eingedrückt.

Die Lamellen sind nahezu verwachsen, erst gelblich, dann bläulich-braun.

Der Stängel ist dünn, gelblich und ringförmig. Er ist auf Milchviehweiden recht häufig anzutreffen und kommt von Mai bis September vor.

Psathyrella . Fr.

Psathyrella ist ein griechisches Wort, das zerbrechlich bedeutet. Die Mitglieder dieser Gattung sind membranös , gestreift, der Rand gerade, zunächst an den Stiel gedrückt und nicht über die Lamellen hinausragend. Lamellen sind angewachsen oder frei, rußschwarz, nicht bunt. Der Stiel ist mit der sporentragenden Oberfläche verschmolzen, unterscheidet sich aber in seinem Charakter von dieser. Der Schleier ist unauffällig und fehlt im Allgemeinen.

Psathyrella verbreitet . MF

DIE BÜSCHEL- PSATHYRELLA . ESSBAR.

ABBILDUNG 280. — Psathyrella disseminata . Natürliche Größe.

Disseminata kommt von *dissemino* , „streuen". Der Hut ist etwa einen halben Zoll breit, häutig , eiförmig, glockenförmig, zuerst rau, dann nackt; grob gestreift, Rand ganz; gelblich, dann grau. Lamellen verwachsen, schmal, weißlich, dann grau, schließlich schwärzlich. Stiel ein bis anderthalb Zoll lang, eher gekrümmt, mehlig, dann glatt, zerbrechlich, hohl. *Masse.*

Dies ist eine sehr kleine Pflanze, die auf Rasenflächen wächst und sehr häufig auf alten Baumstämmen und in der Nähe von verrottenden Baumstümpfen vorkommt.

Den ganzen Sommer über sieht man in Abständen eine Ansammlung von etwa zwei Quadratmetern auf dem Rasen der Chillicothe High School. Das Gras ist dort aufgrund der Befruchtung durch den Pilz grüner und üppiger. Die gesamte Pflanze ist sehr empfindlich und schmilzt bald dahin. Ich habe die Kappen oft roh gegessen und sie haben ein reiches Aroma. Man findet sie von Mai bis zum Frost.

Psathyrella hirta .

ABBILDUNG 281. — Psathyrella hirta .

Hirta bedeutet haarig, rau oder zottig.

Hut dünn, halbkugelig oder konvex, in jungen Jahren mit aufrechten oder sich ausbreitenden Büscheln weißer, leicht erkennbarer und schnell verschwindender Haare geschmückt; hygrophan , braun oder rötlich-braun und im feuchten Zustand leicht gestreift , im trockenen Zustand blass graubraun oder schmutzig-weißlich, Fleisch nicht ganz einheitlich gefärbt ; Lamellen breit, mäßig dicht, angewachsen und oft mit einem herablaufenden Zahn versehen, zuerst blass, wird dann schwarzbraun oder schwarz; Stamm gebogen , schuppig , hohl, glänzend, weiß; Sporen elliptisch, schwarz, 0,0005 bis 0,00055 Zoll lang, 0,00025 bis 0,0003 Zoll breit.

Subcaespitose ; Hut 4 bis 6 Linien breit; Stamm 1 bis 2 Zoll lang und 1 1/5 Linien dick. Die Exemplare in Abbildung 281 wurden im Gewächshaus der State University gefunden. In jungen Jahren waren die weißen Haarbüschel sehr auffällig. Bei ausgewachsenen Exemplaren sind sie kaum zu sehen. Die Pflanzen wurden von Dr. Kellerman fotografiert.

Gomphidius . Fr.

Gomphidius kommt von einem griechischen Wort und bedeutet hölzerner Bolzen oder Stift.

Der Hymenophor ist am Stängel herablaufend. Die Lamellen sind herablaufend, weit auseinander, weich, etwas schleimig; der Rand ist spitz, bereift mit schwärzlichen, spindelförmigen Sporen; der Schleier ist zähflüssig -flockig und bildet einen unvollständigen Ring um den Stängel.

Eine kleine, aber eigenständige Gattung mit großen Unterschieden zwischen den Arten; in ihrer Wuchsform liegt sie zwischen Cortinarius und Hygrophorus .

Gomphidius viszidus . Fr.

VISKOSER GOMPHIDIUS .

Der Hut ist zwei bis drei Zoll breit, zähflüssig, konvex, dann rund um die Scheibe eingedrückt, stumpf gewölbt, mit spitzem Rand, in der Mitte rötlich-braun bis gelblich-braun, der Rand leberfarben, das Fleisch gelblich-braun.

Die Lamellen sind herablaufend, weit auseinanderliegend, etwas verzweigt, fest, elastisch, ziemlich dick, purpurbraun mit olivfarbenem Schimmer.

Der Stiel ist fünf bis sieben Zentimeter hoch, etwa gleich groß oder leicht bauchig, blass gelblich-braun, faserig, fest, massiv, schleimig von den Resten der Blüte, die einen abstehenden filamentösen Ring bilden.

Die Sporen sind länglich -spindelförmig, 18–20×6μ.

Sein bevorzugter Lebensraum sind Kiefern und Tannen. Er schmeckt süß und riecht nach Pilzen. Er ist essbar, aber nicht erstklassig.

Gefunden im September und Oktober.

KAPITEL VII.
POLYPORACEAE. RÖHRENTRAGENDE PILZE.

Bei dieser Familie hat der Hut auf der Oberseite keine Lamellen, sondern kleine Röhren oder Poren. Diese Pflanzenklasse kann natürlich in zwei Gruppen unterteilt werden: Die vergänglichen Pilze, deren Poren sich leicht vom Hut und voneinander lösen, die man Boletaceae nennen kann , und die ledrigen, korkigen und holzigen Pilze, deren Poren dauerhaft mit dem Hut und miteinander verbunden sind, bilden die Familie Polyporaceæ .

In jeder Gruppe befinden sich die Sporen auf der Porenauskleidung. Ein Sporenabdruck kann auf die gleiche Weise wie bei Pilzen mit Lamellen erstellt werden. Die Farbe der Sporen spielt bei der Klassifizierung keine Rolle, wie im Fall der Agaricini .

Die besonderen Merkmale dieser Gattungen können wie folgt beschrieben werden:

Poren verdichten sich und bilden eine kontinuierliche Schicht	1
Poren, jede eine eigene Röhre, dicht nebeneinander stehend	Fistel
1. Der Stiel ist zentral und die Sporenschicht lässt sich leicht vom Hut trennen	Steinpilze
1. Schicht der Röhren lässt sich nicht leicht trennen, Kappe mit groben Schuppen bedeckt	Strobilomyces
Schicht von Röhren, die sich trennen, aber nicht leicht; Röhren sind in klaren, strahlenförmigen Linien angeordnet. In Boletinus porosus die Röhrchen trennen sich nicht von der Kappe	Boletinus
Porenschicht nicht vom Hut trennbar; Pflanze in jungen Jahren weich, wird dann aber hart, korkig, stielt sich, wölbt sich	Polyporus

Steinpilze. Dill.

Boletus, ein Erdklumpen . Es gibt sehr viele Arten dieser Gattung und Anfänger werden große Schwierigkeiten haben, die Arten einigermaßen sicher zu unterscheiden. Der Boletus unterscheidet sich von den anderen Porenpilzen dadurch, dass sich die Röhrenschicht leicht vom Hut trennen lässt. Beim Polyporus lässt sich die Röhrenschicht nicht trennen.

Fast alle Steinpilze sind terrestrisch und haben zentrale Stängel. Sie wachsen bei warmem und regnerischem Wetter. Viele sind sehr groß und schwer, fleischig und faulig und verwesen bald nach der Reife. Es ist wichtig zu beachten, ob das Fleisch beim Quetschen seine Farbe ändert und ob der Geschmack angenehm oder nicht ist. Als ich begann, die Steinpilze zu studieren, gab es nur wenige Arten, die als essbar galten, aber das Verbot wurde für sehr viele aufgehoben, sogar für den bösartigsten, Boletus Satanus .

Steinpilz scaber . Fr.

DER RAUHSTIELIGE STEINPILZ. ESSBAR.

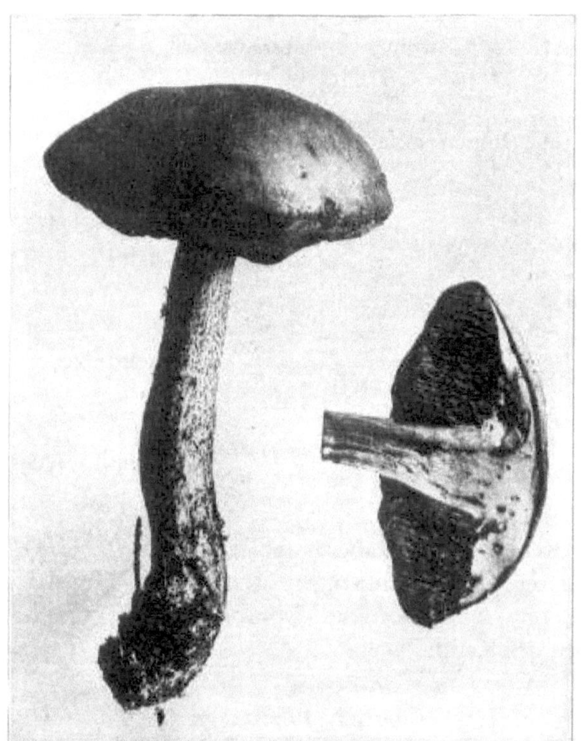

ABBILDUNG 282. — Boletus scaber . Zwei Drittel der natürlichen Größe.

Der Hut hat einen Durchmesser von fünf bis fünf Zoll, ist gerundet, konvex, glatt, im feuchten Zustand klebrig, leicht wollig, samtig oder schuppig, die Farbe reicht von fast weiß bis fast schwarz, das Fleisch ist weiß.

Die Röhren stehen frei vom Stiel, sind weiß, lang und haben eine kleine, runde Öffnung.

Der Stiel ist fest, verjüngt sich leicht nach oben, ist lang, schmutzig-weiß; aufgeraut mit schwarzbraunen oder rötlichen Punkten oder Schuppen, was das auffälligste Merkmal ist, an dem man die Art erkennen kann; drei bis fünf Zoll lang. Die Sporen sind länglich spindelförmig und braun.

Prof. Peck hat eine Reihe von Sorten dieser Art beschrieben, von denen die meisten auf der Farbe des Hutes beruhen. Alle sind essbar und gut.

Dies ist eine weit verbreitete Pflanze, die von Juni bis Oktober normalerweise in Wäldern und schattigen Ödlanden vorkommt. Fotografiert von Prof. HC Beardslee.

Granulatsteinpilz . L.

DER GRANULIERTE STEINPILZ. ESSBAR.

ABBILDUNG 283. — Boletus granulatus . Halbe natürliche Größe.

Der Hut ist zwei bis drei Zoll breit, halbkugelig, dann konvex; zuerst mit bräunlichem Kleber bedeckt, der dann gelblich wird; das Fleisch ist dick, gelblich, wird nicht blau; der Rand ist zuerst nach innen gebogen.

Die Röhren sind verwachsen, zunächst weiß, dann hellgelb; aus dem Rand tritt eine blasse wässrige Flüssigkeit aus, die im trockenen Zustand ein körniges Aussehen hat.

Der Stiel ist kurz, ein bis zwei Zoll hoch, dick, fest, oben blassgelb, unten weiß, granuliert. Die Sporen sind spindelförmig, rostgelb.

Diese Pflanze wächst in Kieferngebieten in großer Menge, aber ich habe sie auch dort gefunden, wo nur ein Teil der Bäume Kiefern waren . Das bräunliche Gluten, das sich immer am Hut befindet, und der gummiartige Saft, der wie Zuckerkörner am Stamm trocknet, sind eindeutige Merkmale zur Identifizierung der Art.

Sie kommen von Juli bis Oktober vor.

Steinpilz zweifarbig.

DER ZWEIFARBIGE STEINPILZ. ESSBAR.

Der Hut ist konvex, glatt oder nur flaumig, dunkelrot, verblasst im Alter und ist oft gelb gezeichnet. Das Fleisch ist gelb und verfärbt sich bei Quetschung langsam blau.

Die Röhren sind leuchtend gelb und am Stiel befestigt. Bei Druckstellen ändert sich die Farbe zu Blau.

Der Stiel ist fest, rot, normalerweise rot an der Spitze, und ein bis drei Zoll lang.

Die Sporen haben eine blasse, rostbraune Farbe.

Von Juli bis Oktober in Wäldern und offenen Plätzen zu finden.

Boletus subtomentosus . L.

DER GELBE STEINPILZ. ESSBAR.

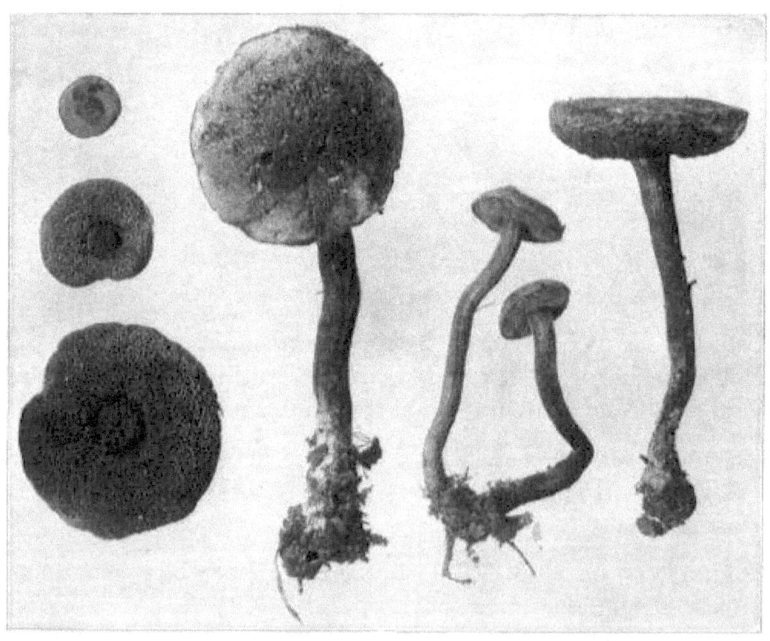

Subtomentosus , leicht flaumig. Der Hut ist drei bis sechs Zoll breit, konvex, flach; gelblich-braun, oliv oder gedämpft hellbraun; die Kutikula ist weich und trocken, mit feiner Behaarung; die Risse in der Oberfläche werden gelb. Das Fleisch ist bei ausgewachsenen Exemplaren cremeweiß, wechselt bei Quetschung zu blau und wird schließlich bleifarben.

Die Oberfläche der Röhren ist gelb oder gelblich grün und wird bei Quetschung bläulich. Die Öffnung der Röhren ist groß und eckig.

Der Stiel ist kräftig, gelblich, fein aufgerauht und mit Flecken oder schwach braun gestreift. Die Sporen sind rostbraun.

Die Risse im Hut werden gelb, weshalb diese Art auch Gelbrissiger Steinpilz genannt wird. Der Geschmack des Fleisches ist süß und angenehm. Palmer vergleicht es mit dem Geschmack einer Walnuss. Man muss die Pflanze nicht fürchten, denn das Fleisch verfärbt sich blau, wenn man es zerdrückt. Ich fand diese Art zum ersten Mal in Whinnerys Wäldern in Salem, Ohio. Die Exemplare in Abbildung 284 wuchsen in der Nähe von Chillicothe und wurden von Dr. Kellerman fotografiert. Juli bis August.

Boletus chrysenteron . Fr.

DER ROTPILZ. ESSBAR.

ABBILDUNG 285. — Boletus chrysenteron . Halbe natürliche Größe. Kappen gelblich bis rot. Fleisch gelb.

Chrysenteron bedeutet Gold oder innen golden. Der Hut ist zwei bis vier Zoll breit, konvex, wird flacher, fühlt sich weich an, variiert von hell bis gelblich-braun oder leuchtend ziegelrot, mehr oder weniger zerklüftet mit roten Rissen; das Fleisch ist gelb, wechselt bei Quetschungen oder Schnitten zu blau und ist direkt unter der Kutikula rot.

Die Oberfläche der Röhre ist olivgelb und wird bläulich, wenn man sie zerdrückt. Die Öffnungen der Röhre sind ziemlich groß, abgewinkelt und ungleich groß.

Der Stiel ist im Allgemeinen kräftig, gerade, gelblich und mehr oder weniger gestreift oder gefleckt in der Farbe des Hutes. Die Sporen sind hellbraun und spindelförmig. Diese Art lässt sich aufgrund ihrer hellen Farbe und der Risse im Hut, die sich rot verfärben, leicht von B. subtomentosus unterscheiden , daher der Name „Rotrissiger Steinpilz".

Der Hut dieser Art ähnelt stark dem von Boletus alveolatus , aber letzterer hat rosafarbene Sporen und eine rote Porenoberfläche, während ersterer hellbraune Sporen und eine olivgelbe Porenoberfläche hat. Tolertons und Bowers Wälder, Salem, Ohio, Juli bis Oktober.

Steinpilz. Stier.

Der essbare Steinpilz.

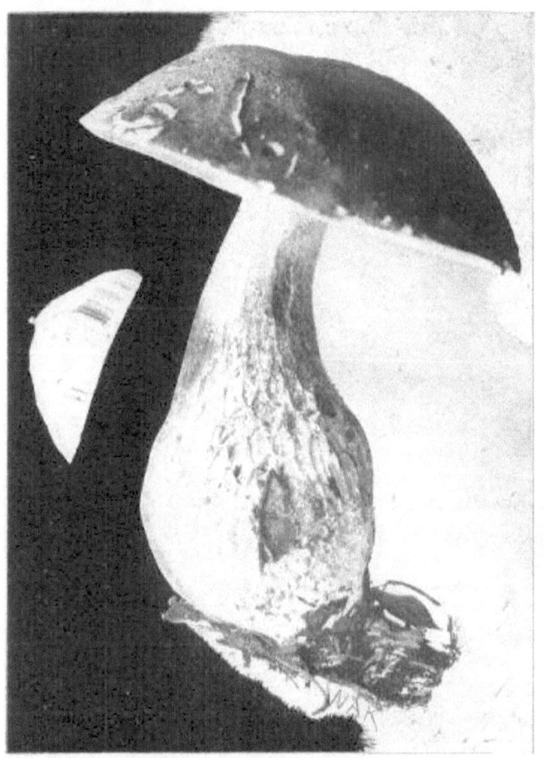

Tafel XLII. Abbildung 286.— Boletus edulis.
Hut hellbraun, Röhren gelblich oder grünlich-gelb. Stiel bauchig und leicht netzartig. Natürliche Größe.

Dies ist eine ziemlich große und schöne Pflanze, die man ziemlich leicht erkennen kann. Die festen Kappen der jungen Pflanze und die weißen Röhren mit ihren sehr undeutlichen Mündungen sowie die reifen Pflanzen, deren Röhren sich in ein grünliches Gelb verfärben und deren Mündungen deutlich erkennbar sind, genügen, um die Pflanze sofort zu identifizieren.

Der Hut ist konvex oder fast eben; die Farbe variiert von hellbraun bis dunkel bräunlich-rot, die Oberfläche ist glatt, aber matt, die Kappe ist drei bis acht

Zoll breit. Das Fleisch ist weiß oder gelblich und ändert seine Farbe nicht, wenn es gequetscht oder gebrochen wird.

Die Röhrenoberfläche ist bei sehr jungen Pflanzen weißlich und wird schließlich gelb und gelblich-grün. Die Porenöffnungen sind abgewinkelt. Die Röhren sind um den Stiel herum eingedrückt, der kräftig, bauchig und oft unverhältnismäßig verlängert ist; blassbraun; gerade oder gebogen, im Allgemeinen mit einem feinen, erhabenen Netz aus rosa Linien in der Nähe der Kappenverbindung, das sich manchmal bis zur Basis erstreckt. Der Geschmack ist angenehm und nussig, besonders wenn er jung ist. Wälder und offene Plätze. Juli und August. Häufig in der Gegend von Salem und Chillicothe, Ohio.

Es ist einer unserer besten Pilze. Kapitän McIlvaine sagt: „Sorgfältig in Scheiben geschnitten, getrocknet und an einem vor Schimmel geschützten Ort aufbewahrt, kann er zu jeder Jahreszeit auf den Tisch gebracht werden."

Steinpilz . Frost.

DER SCHÖNE STEINPILZ. ESSBAR.

FIGUR 287.— Boletus speciosus . Natürliche Größe. Hut rot oder dunkelscharlachrot. Röhren leuchtend zitronengelb.

Speciosus bedeutet gutaussehend.

Der Hut ist drei bis sechs Zoll breit, zunächst sehr dick, fast kugelig , kompakt, dann weicher, konvex, kahl oder fast kahl, rot oder dunkelscharlachrot. Das Fleisch ist blassgelb oder leuchtend zitronengelb und wechselt an Wunden zu blau.

Die Röhren sind verwachsen, klein, fast rund, eben oder um den Stiel herum leicht eingedrückt; sie sind leuchtend zitronengelb, werden mit der Zeit schmutziggelb und verfärben sich an Stellen mit Druckstellen blau.

Der Stiel ist zwei bis vier Zoll lang, kräftig, halb gleich oder bauchig, netzförmig, innen und außen leuchtend zitronengelb, an der Basis manchmal rötlich. Die Sporen sind länglich-spindelförmig, blass, ockerbraun, 10–12,5 × 4–5 µ.

Das junge Exemplar ist daran zu erkennen, dass die gesamte Pflanze bis auf die Oberfläche des Hutes ein leuchtendes Zitronengelb hat. Die Pflanze verfärbt sich bei Berührung schnell grün und dann blau. Sie ist in den östlichen und mittleren Bundesstaaten weit verbreitet. Die Pflanze in Abbildung 287 wurde von Dr. Chas. Miesse in Haynes' Hollow gefunden und von Dr. Kellerman fotografiert.

Als essbare Pflanze gehört sie zu den besten. Zu finden von August bis Oktober.

Boletus cyanescens . Stier.

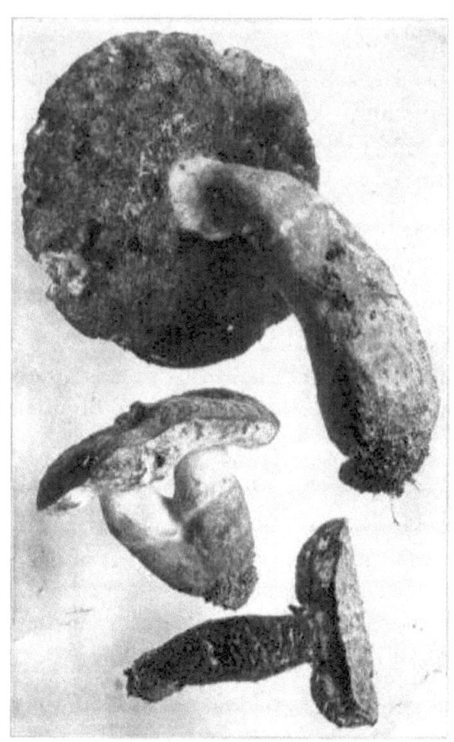

FIGUR 288.— Steinpilz cyanescens .

Cyanescens stammt von *Cyaneus* und ist ein tiefes Blau. Es wird so genannt, weil es sich in dem Moment, in dem man es berührt, tiefblau verfärbt.

Der Hut hat einen Durchmesser von fünf bis zehn Zentimetern, ist konvex, dann ausgeweitet, manchmal nahezu eben, häufig gewellt und mit einem anliegenden Filz bedeckt; undurchsichtig, blass-gelblich, graugelb oder gelblich, das Fleisch ist dick und weiß und verfärbt sich an Schnitten oder Verletzungen schnell zu einem schönen Azurblau .

Die Röhren sind völlig frei, die Öffnungen klein, weiß, dann blassgelb, rund und ändern ihre Farbe genauso wie das Fleisch.

Der Stiel ist fünf bis sieben Zentimeter lang, bauchig, graugrau mit feinen Haaren, zuerst gefüllt, dann hohl und wie der Hut gefärbt.

Die Sporen sind subelliptisch , 10–12,5×6–7,5μ.

Die Exemplare in Abbildung 288 wurden an ziemlich steilen, bewaldeten Hängen in Sugar Grove, Ohio, gefunden. Sie waren alle Einzelgänger. Ich habe einige Exemplare in der Nähe von Chillicothe gefunden. Sie sind in den östlichen Staaten weit verbreitet.

Kapitän McIlvaine sagt in seinem Buch, dass die Kappen in jeder Zubereitungsart ein ausgezeichnetes Gericht ergeben. Ich habe sie nie probiert. Im August und September auf hügeligem Boden gefunden.

Steinpilz indecisus . Fzg.

Der unentschlossene Steinpilz. Essbar.

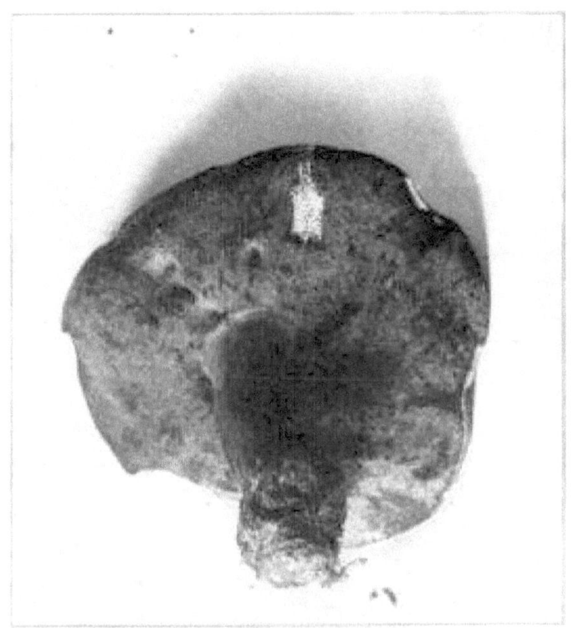

FIGUR 289.— Boletus indecisus . Halbe natürliche Größe.

Indecisus bedeutet unentschlossen; so genannt, weil es Boletus felleus sehr ähnlich ist . Es gibt einen Unterschied im Stil der beiden Pflanzen, anhand dessen der Student sie nach wiederholtem Probieren leicht unterscheiden kann.

Der Hut ist drei bis vier Zoll breit, trocken, leicht flaumig, konvex, ockerfarben-braun, glatt, am Rand oft unregelmäßig, manchmal gewellt, fleischweiß und unveränderlich, der Geschmack ist mild oder süß.

Die Oberfläche der Röhre ist nahezu eben und fest am Stiel anliegend, gräulich, nimmt mit der Zeit eine fleischfarbene Tönung an und verfärbt sich bei Quetschung braun; die Mündungen sind klein und nahezu rund. Der Stiel ist mit einer feinen, mehligen Substanz bedeckt, gerade oder gebogen, oben manchmal netzartig. Die Sporen sind länglich, fleischfarben bräunlich, 12,5–15×4μ.

Der B. indecisus kann leicht von B. felleus durch seinen süßen Geschmack und die bräunlichen Sporen unterschieden werden. Er ist mein Favorit unter allen Steinpilzen , ich glaube sogar, er ist der beste Pilz überhaupt. Sein bevorzugter Lebensraum ist unter Buchen im Freien. Er ist weit verbreitet von Massachusetts bis in den Westen. Er kommt im Juli und August vor.

Boletus edulis. Bull.— Var. clavipes . Pk.

KLUMPFUß-STEINPILZ. ESSBAR.

FIGUR 290.— Boletus edulis, var. clavipes . Zwei Drittel der natürlichen Größe. Beachten Sie die zusammenfließenden Kappen auf der rechten Seite.

Clavipes bedeutet Klumpfuß. Der Hut ist fleischig, konvex, kahl, graurot oder kastanienfarben. Fleisch weiß, unveränderlich. Die Röhren sind zunächst konkav oder fast eben, weiß und gefüllt, dann konvex, um den Stiel herum leicht eingedrückt, ockergelb. Der Stiel ist meist verkehrt keulenförmig, umgekehrt keulenförmig und bis zur Basis netzförmig. Die Sporen sind länglich-spindelförmig, 12–15×4–5μ. *Peck.* 51. Rep.

Der Klumpfuß-Steinpilz ist sehr eng mit B. edulis verwandt. Er unterscheidet sich vielleicht durch eine gleichmäßigere Farbe des Hutes und durch weniger eingedrückte Röhren um den Stiel herum, die im reifen Zustand weniger grün getönt sind. Der Stiel ist keulenförmiger und vollständiger netzartig.

Der Hut der jungen Pflanze ist viel stärker gefärbt und verblasst mit der Zeit, aber der Rand wird nicht blasser als die Scheibe, wie es bei B. edulis oft der Fall ist. Die Exemplare in Abbildung 290 wurden in Michigan gefunden und von Dr. Fischer fotografiert. Sie sind genauso gut wie B. edulis.

Boletus Sullivantii . B. & M.

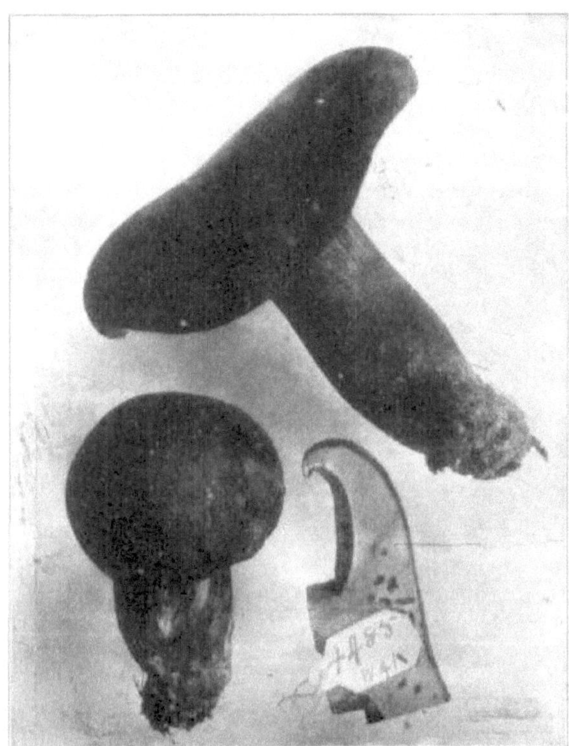

FIGUR 291.— Boletus sullivantii .

Sullivantii ist zu Ehren von Professor Sullivant benannt, einem frühen Botaniker aus Ohio.

Der Hut ist drei bis vier Zoll breit, zunächst halbkugelförmig, kahl, rötlich-gelbbraun oder braun, im trockenen Zustand bräunlich und in Quadrate gespalten.

Die Röhren sind frei, konvex, mittelgroß, eckig, zum Rand hin länger, ihre Mündungen rötlich.

Der Stiel ist massiv, an der Basis violett verdickt, an der Spitze rot-netzartig gewölbt und zum Hut erweitert.

Die Sporen sind blass bis ockerfarben, länglich-spindelförmig und 10–20 μ lang. *Pecks* Boleti in den USA.

scaber und Boletus edulis sehr ähnlich . Sie unterscheidet sich von B. scaber durch ihren netzartigen Stamm und von B. edulis durch ihre größeren Röhren. Die Exemplare in Abbildung 291 wurden von Hambleton Young in der Nähe von Columbus gefunden und von Dr. Kellerman fotografiert.

Steinpilz parvus . Fzg.

Parvus bedeutet klein; der Name leitet sich von der Kleinheit der Pflanze ab.

Der Hut ist ein bis zwei Zoll breit, konvex und wird flach, oft leicht gewölbt, subfilzig und rötlich. Das Fleisch ist gelblich-weiß und wechselt bei Quetschung langsam zu rosa.

Die Röhren sind nahezu eben und verwachsen, ihre Mündungen sind ziemlich groß, eckig und zunächst leuchtend rot, später rötlich-braun.

Der Stiel ist unten gleichmäßig oder leicht verdickt, rot und 2,5 bis 5 cm lang. Die Sporen sind länglich, 12,5 x 4µ.

Im Juli und August findet man sie in lichten Wäldern.

Steinpilz eximius . Fzg.

DER ERLESENE STEINPILZ. ESSBAR.

FIGUR 292.— Boletus eximius . Zwei Drittel der natürlichen Größe.

Eximius bedeutet auswählen.

Der Hut ist zunächst sehr kompakt, nahezu rund und etwas mit einer mehligen Substanz bedeckt. Er ist purpurbraun oder schokoladenfarben, manchmal mit einem schwachen Lilastich, wird dann konvex, weich, rauchrot oder blasskastanienbraun, die Haut ist gräulich oder rötlich-weiß.

Die Oberfläche der Röhre ist zunächst konkav oder nahezu eben, ausgestopft und nahezu wie der Hut gefärbt, wird mit dem Alter blasser und um den Stiel herum eingedrückt, die Mündungen sind winzig und rund.

Der Stiel ist kräftig, im Allgemeinen kurz, gleich lang oder nach oben spitz zulaufend, an der Basis abrupt verschmälert, leicht dornig, gleich gefärbt oder ein wenig blasser als der Hut, innen purpurgrau.

Die Sporen sind subferruginös , 12,5–15×5–6μ. Diese Pflanze kommt in offenen Wäldern vor, in denen Buchen stehen. Ich habe sie häufig auf Cemetery Hill, Chillicothe, gefunden. Sie ist weit verbreitet und kommt von Ost nach West vor. Juli und August.

Boletus pallidus. Frost.

DER BLASSE STEINPILZ. ESSBAR.

Pallidus, blass. Der Hut ist konvex, wird flach oder in der Mitte eingedrückt, weich, glatt, blass oder bräunlich-weiß, manchmal rötlich getönt. Das Fleisch ist weiß. Die Röhren sind flach oder leicht eingedrückt um den Stiel herum, fast verwachsen, sehr blass oder weißlich-gelb, werden mit dem Alter dunkler, verfärben sich an Wunden blau, die Mündungen sind klein. Der Stiel ist gleichmäßig oder zur Basis hin leicht verdickt, ziemlich lang, glatt, oft gebogen; weißlich, manchmal braun gestreift, oft innen rötlich getönt. Sporen blass ockerbraun. Hut zwei bis vier Zoll breit. Stiel drei bis fünf Zoll lang. *Peck* , Boleti der USA

Diese Art ist sehr gut, zart und appetitlich. Ich habe sie in den Wäldern von Gallia County und in der Nähe von Chillicothe, Ohio, in großer Menge gefunden.

Alveolen -Steinpilz . B. und C.

DER ALVEOLARRÖHRLING.

FIGUR 293.— Alveolenboletus .

Alveolatus kommt von *Alveolus* , einer kleinen Vertiefung, und bezieht sich auf die narbige Form der Porenoberfläche, die eines der Merkmale dieser Art ist. Der Hut ist konvex, glatt, poliert, normalerweise sattes Purpurrot oder Kastanienbraun, manchmal mit blasseren gelblichen Farbtöne; feste Substanz, die bei Brüchen oder Quetschungen blau wird, drei bis sechs Zoll breit.

Die Oberfläche der Röhre reicht bis zum eigentlichen Stiel, ist gewellt mit unregelmäßigen Vertiefungen und kastanienbraun, wobei die Röhren im Querschnitt jenseits ihrer dunkelroten Öffnungen gelb sind.

Der Stiel ist normalerweise recht lang und mit Vertiefungen oder narbigen Einkerbungen bedeckt, dazwischen befindet sich ein grobes Netz aus erhabenen roten und gelben Graten. Die Sporen sind gelblich-braun. Ich fand diese Art in den Wäldern nahe Gallipolis, Ohio, und auch nahe Salem, Ohio. Die leuchtende Farbe ihres Hutes wird die Aufmerksamkeit jedes Passanten auf sich ziehen. Sie wurde als verwerflich gebrandmarkt, aber Captain McIlvaine verleiht ihr einen guten Ruf. Gefunden in den Wäldern, besonders entlang von Flüssen, im August und September. Fotografiert von Prof. HC Beardslee.

Boletus felleus . Stier.

DER BITTERPILZ.

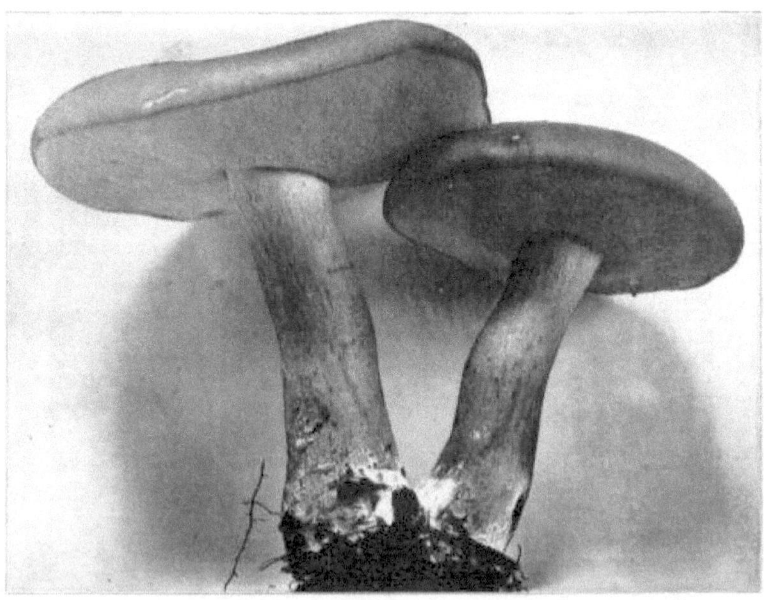

Foto von Prof. Atkinson.

FIGUR 294.— Boletus felleus . Natürliche Größe.

Felleus kommt von *fel*, Galle, bitter. Der Hut ist konvex, fast eben, zunächst eher fest, wird dann weich und kissenartig, glatt, ohne Politur, variiert in der Farbe von blassem Ocker bis gelblich oder rötlich-braun oder kastanienbraun, das Fleisch ist weiß und wird bei Quetschung fleischfarben, schmeckt extrem bitter, die Kappe hat einen Durchmesser von drei bis acht Zoll.

Die Oberfläche der Röhre ist zunächst weiß und verfärbt sich mit der Zeit oder wenn sie geschnitten oder gebrochen wird mattrosa. Zum Stiel hin abgerundet, mit dem Stiel verbunden, die Mündungen eckig.

Der Stiel ist variabel, verjüngt sich nach oben, ist ziemlich kräftig, genauso glatt wie der Hut und etwas blasser in der Farbe, zur Spitze hin mit einem Netz bedeckt, das sich bis zur Basis erstreckt und oft bauchig ist.

Das Fleisch ist nicht giftig, aber sehr bitter. Kein Garen kann die Bitterkeit zerstören. Ich habe es gründlich probiert, aber es war nach dem Kochen genauso bitter wie vorher. Es ist ein in der Gegend von Salem, Ohio, verbreiteter Steinpilz. Ich habe dort Pflanzen mit einem Durchmesser von 20 bis 25 cm und sehr großen Ausmaßen gesehen. Sie wachsen in Wäldern und an Waldrändern, normalerweise um verrottende Baumstümpfe und Baumstämme, manchmal auch auf offenen Feldern. Juli bis September.

Steinpilz . Fr.

DER STEINPILZ MIT DEM ORANGEFARBENEN HUT. ESSBAR.

FIGUR 295.— Boletus versipellis . Natürliche Größe.

Versipellis kommt von *verto* (ändern) und *pellis* (Haut). Der Hut hat einen Durchmesser von fünf bis fünfzehn Zentimetern, ist konvex, orangerot, trocken, leicht wollig oder flaumig, dann schuppig oder glatt, der Rand enthält Fragmente des Schleiers, das Fleisch ist weiß oder gräulich.

Die Oberfläche der Röhre ist grauweiß, die Röhren sind lang und frei, die Mündungen winzig und grau.

Der Stiel ist gleichmäßig oder nach oben hin verjüngt; fest, weiß mit schuppigen Falten; drei bis fünf Zoll lang; und ist häufig mit kleinen rötlichen oder schwärzlichen Punkten oder Schuppen bedeckt. Die Sporen sind länglich spindelförmig.

Diese Pflanze ist leicht an dem Rest des Schleiers zu erkennen, der am Rand des Hutes klebt und dieselbe Farbe hat. Er ist häufig unter den Rand gedreht, der an den Röhren klebt. Es ist eine große und imposante Pflanze, die in sandigem Boden und besonders zwischen Kiefern wächst. Ich habe sie in J. Thwing Brookes Wäldern in Salem, Ohio, gefunden. August bis Oktober.

Boletus gracilis .

ABBILDUNG 296. — Boletus gracilis . Zwei Drittel der natürlichen Größe.

Gracilis bedeutet schlank und bezieht sich auf den Stiel.

Der Hut ist ein bis zwei Zoll breit, konvex, glatt oder leicht filzig, die Epidermis ist häufig rissig wie in der Abbildung; ockerfarben-braun, gelbbraun oder rötlich-braun; das Fleisch ist weiß.

Die Röhrenoberfläche ist konvex bis eben, um den Stiel herum eingedrückt, nahezu frei, weißlich und wird fleischfarben.

Der Stiel ist lang und schlank, gleichmäßig oder leicht nach oben verjüngt, normalerweise gekrümmt; bereift oder mehlig. Die Sporen sind eisenhaltig , 0,0005 bis 0,0007 Zoll lang und 0,0002 bis 0,00025 Zoll breit.

Dies ist eine recht hübsche Pflanze, die man aber auf den ersten Blick nicht für einen Steinpilz hält. In unseren Wäldern gibt es sie nicht in großer Menge. Ich finde sie nur gelegentlich und dann spärlich. Man findet sie im Juli und August, den Monaten des Steinpilzes. Sie wachsen in Lauberde in Mischwäldern, insbesondere zwischen Buchenholz.

Boletus striæpes . Sekr .

Striæpes bedeutet gestreifter Stamm.

Der Hut ist konvex oder flach, weich, seidig, olivfarben, die Kutikula ist innen rostfarben, das Fleisch weiß, neben den Röhren gelb und wechselt selten ins Blaue.

Die Röhren sind verwachsen, grünlich, ihre Mündungen sind winzig, eckig und gelb.

Der Stiel ist fest, gebogen, mit bräunlich-schwarzen Streifen gezeichnet, gelb und an der Basis bräunlich-rötlich.

Die Sporen sind 10–13×4µ groß. *Peck* , Boleti der USA

Ich habe einige wunderschöne Exemplare in einem Mischwald am Edinger-Hügel in der Nähe von Chillicothe gefunden. Ich habe sie hier gefunden, aber als ich feststellte, dass diese Art nicht häufig vorkommt, schickte ich einige an Prof. Atkinson, der sie dieser Art zuordnete. August.

Steinpilz radicans. MF

Der Hut ist konvex, trocken, subfilzig , oliv-schmal, blassgelblich werdend, der Rand dünn und eingerollt. Das Fleisch ist blassgelb, der Geschmack bitter.

Die Röhren sind verwachsen, ihre Mündungen groß, ungleich und zitronengelb.

Der Stiel ist fünf bis sieben Zentimeter lang, gleichmäßig, verjüngt sich nach unten und ist strahlenförmig, flockig mit einem rötlichen Belag, blassgelb und wird bei Berührung kahl und dunkel.

Die Sporen sind spindelförmig, oliv, 10–12,5×5µ. *Peck* , Boleti der USA

Ich habe diese Exemplare am selben Standort wie B. striæpes gefunden .

Der olivgrüne Hut mit seinem besonderen eingerollten Rand und dem strahlenförmigen Stiel wird bei seiner Bestimmung sehr hilfreich sein. August.

Steinpilz subluteus . Fzg.

DER GELBE STEINPILZ. ESSBAR.

ABBILDUNG 297. — Boletus subluteus . Natürliche Größe.

Subluteus kommt von *sub* – unter – fast; *luteus* – gelb.

Der Hut ist zwei bis drei Zoll breit, konvex, wird flach, ist bei Feuchtigkeit ziemlich klebrig, matt gelblich bis rötlich braun, häufig mehr oder weniger gestreift. Das Fleisch ist weißlich oder matt gelb.

Die Röhrenoberfläche ist eben oder konvex, die Röhren stehen senkrecht auf dem Stiel, sind klein, nahezu rund, gelblich oder ockerfarben und werden mit dem Alter dunkler.

Der Stiel ist ziemlich lang, fast gleich groß, etwa so farbig wie der Hut und sowohl oberhalb als auch unterhalb des Rings gepunktet; der Ring ist membranös , recht variabel und beständig und fällt normalerweise als schmaler Ring auf den Stiel. Die Sporen sind ockerbraun, länglich oder elliptisch, 8–10×4–5.

subluteus genannt werden, sorgfältig untersucht und ist zu dem Schluss gekommen, dass sie alle B. luteus heißen sollten. Um die beiden zu unterscheiden, sagen wir normalerweise, dass die Pflanzen mit viel Gluten und gepunkteter Oberfläche über dem Ring B. luteus sind und die Pflanzen, die sowohl über als auch unter dem Ring gepunktet sind, B. subluteus sind . Die Exemplare in Abbildung 297 wurden auf der State Farm in Lancaster, Ohio, gesammelt und von Dr. Kellerman fotografiert. Sie werden im Juli und August gefunden.

Boletus parasiticus . Stier.

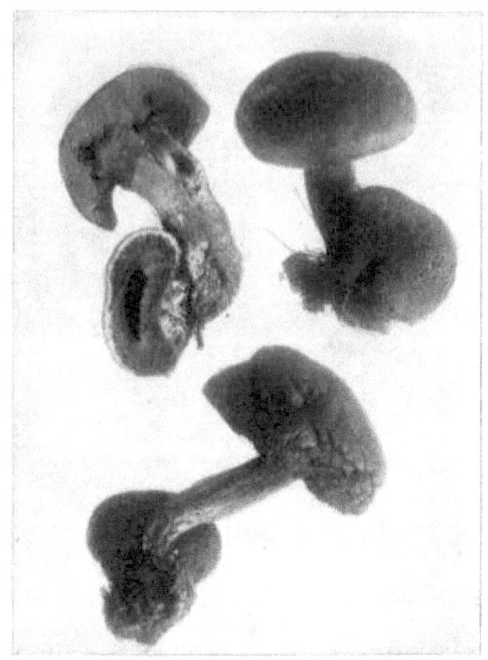

ABBILDUNG 298. — Boletus parasiticus .

Parasiticus bedeutet Parasit; so genannt, weil er auf einer Sklerodermie wächst. Es ist eine kleine Pflanze und ziemlich selten.

Der Hut ist ein bis zwei Zoll breit, konvex oder fast eben, trocken, seidig, wird kahl, bald mosaikartig rissig, gräulich oder schmutzig gelb. Röhren herablaufend, mittelgroß, goldgelb.

Der Stiel ist gleichmäßig, starr, nach innen gebogen und innen und außen gelb. Die Sporen sind länglich-spindelförmig, blassbraun und 12,5–15×4µ groß. *Peck.*

Die Röhren sind ziemlich groß und ungleichmäßig und neigen dazu, am Stiel herunterzulaufen.

Diese Pflanze wurde von Frau EB Blackford in der Nähe von Boston, Massachusetts, gefunden und von Dr. Kellerman fotografiert. Captain McIlvaine sagt, sie sei essbar, habe aber keinen guten Geschmack. Sie kommt im Juli und August vor.

Steinpilz separans . Fzg.

DER STEINPILZ. ESSBAR.

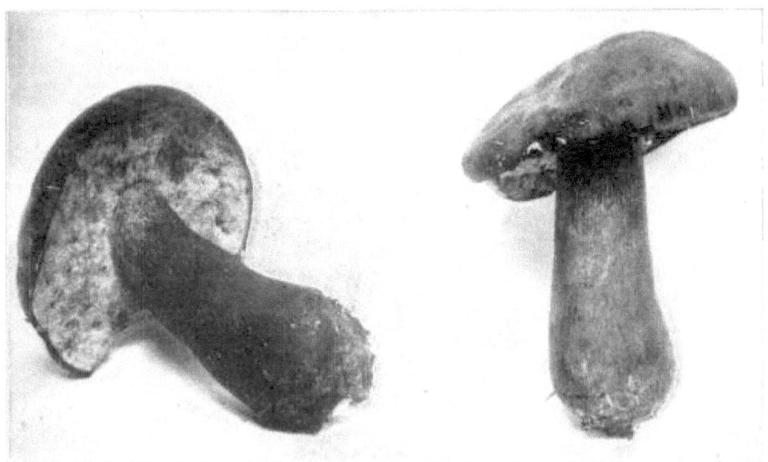

ABBILDUNG 299. — Boletus separans . Halbe natürliche Größe.

Separans (trennend) weist darauf hin, dass sich die Röhren manchmal durch die Ausdehnung des Hutes vom Stiel lösen.

Der Hut ist konvex, dick, glatt, leicht glänzend , oft narbig oder gewellt; bräunlich-rot oder matt-lila, am Rand manchmal ins Gelbliche übergehend; das Fleisch ist weiß und unveränderlich.

Die Röhren sind zunächst nahezu eben, angewachsen, weiß und gefüllt, dann konvex, um den Stiel herum eingedrückt, ockergelb oder bräunlichgelb und lösen sich manchmal durch die Ausdehnung des Hutes vom Stiel.

Der Stiel ist gleichmäßig oder leicht nach oben verjüngt; entweder ganz oder nur im oberen Teil netzartig; gefärbt wie der Hut oder etwas blasser, manchmal leicht geronnen. Sporen subspindelförmig , bräunlich-ockerfarben. *Peck* , Boleti von US

Die Exemplare in Abbildung 299 wurden in Londonderry, etwa 24 Kilometer östlich von Chillicothe, in einem grasbewachsenen Wald in der Nähe eines Baches gefunden. Der Geschmack ist roh angenehm und gekocht recht gut. Man könnte ihn passenderweise lila Steinpilz nennen, denn dieser Farbton ist normalerweise irgendwo vorhanden. August bis Oktober.

Boletus auripes .

STEINPILZ MIT GELBEM STIEL. ESSBAR.

ABBILDUNG 300. — Boletus auripes . Halbe natürliche Größe. Kappen gelblich-braun. Röhrenoberfläche und Stiel gelb.

Auripes kommt von *aureus* , gelb oder golden, *und pes* , Fuß; so genannt wegen des gelben Stiels.

Der Hut ist drei bis vier Zoll breit, konvex, nahezu glatt und gelblich-braun. Bei alten Pflanzen reißt das Fleisch stellenweise oft auf. Das Fleisch ist anfangs gelb und wird mit zunehmendem Alter heller.

Die Röhren sind fast eben, ihre Mündungen klein, fast rund, zunächst gefüllt und gelb.

Der Stiel ist zwei bis vier Zoll lang, fast gleich lang, oft netzförmig, fest, an der Oberfläche leuchtend gelb und innen hellgelb. Die Sporen sind ockerbraun mit einem Hauch von Grün, 12×5μ.

Die ganze Pflanze, mit Ausnahme der Oberseite des Hutes, ist goldgelb, und selbst die Oberfläche des Hutes ist mehr oder weniger gelb. Sie bevorzugt eine Form der B. edulis. Sie kommt manchmal in Mischwäldern vor, insbesondere wenn im Wald Berglorbeer (*Kalmia latifolia*) wächst. Sie kommt im Juli und August vor.

Boletus retipes . B. und C.

DER SCHÖNSTIELIGE STEINPILZ. ESSBAR.

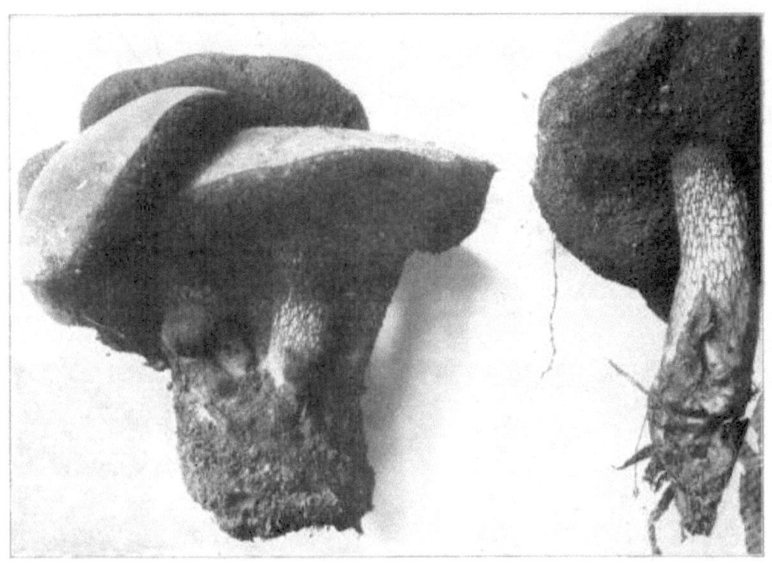

„Retipes" kommt von „*rete* " (Netz) und „*pes* " (Fuß); so genannt wegen des feinen Netzwerks, das auf dem Stiel zu sehen ist.

Der Hut ist konvex, trocken, gelblich gepudert, stellenweise rissig oder rissig. Die Röhren sind verwachsen und gelb.

Der Stängel ist halbkugelig, spitz zulaufend, bis zur Basis netzförmig, unten pulverförmig. Die Sporen sind grünlich-ockerfarben, 12–15×4–5µ. *Peck* , Boleti.

B. retipes ist B. ornatipes sehr ähnlich , aber man kann es sofort an seiner Wuchsweise, seinem pulverförmigen Hut und seinen grünlich-ockerfarbenen Sporen unterscheiden. Ich habe sie auf Ralston's Run gefunden, eine Anzahl aus demselben Myzelcluster wie in Abbildung 301. Nur die Hüte sind gut. Die Exemplare in der Abbildung wurden in der Nähe von Ashville, NC, gefunden und von Prof. HC Beardslee fotografiert.

Steinpilz (Boletus griseus). Frost.

DER GRAUE STEINPILZ.

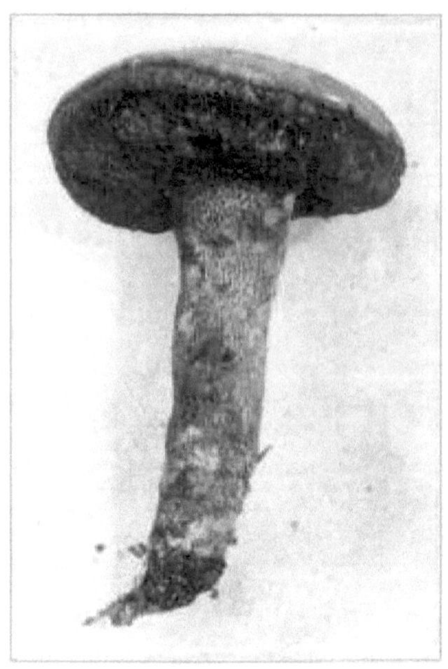

ABBILDUNG 302. — Boletus griseus. Zwei Drittel der natürlichen Größe.

Griseus bedeutet grau. Der Hut ist breit gewölbt, fest, trocken, fast glatt, grau oder grauschwarz. Das Fleisch ist weißlich oder grau.

Die Röhren sind mit dem Stiel verbunden und um den Stiel leicht eingedrückt, nahezu eben, ihre Mündungen sind klein, nahezu rund, weiß oder weißlich.

Der Stiel ist leicht ungleichmäßig, nach unten hin verjüngt, deutlich netzförmig, weißlich oder gelblich, manchmal zur Basis hin rötlich. Die Sporen sind ockerbraun, 10–14×4–5μ. *Peck.*

Diese Pflanze wächst bei uns einzeln und ist selten anzutreffen. Ich habe sie immer in Buchenwäldern entlang des Ralston's Run gefunden. Sie kommt im August und September vor.

Boletus nigrellus .

DER SCHWARZE STEINPILZ. ESSBAR.

ABBILDUNG 303. — Boletus nigrellus . Zwei Drittel der natürlichen Größe.

Nigrellus ist eine Verkleinerungsform von *niger* (schwarz). Bis auf die Porenoberfläche ist die gesamte Pflanze schwärzlich.

Der Hut ist drei bis sechs Zoll breit, eher breit gewölbt oder fast eben, trocken, schwärzlich. Das Fleisch ist weich und unveränderlich.

Die Oberfläche der Röhre ist eher eben und am Stiel anliegend, manchmal leicht um den Stiel herum eingedrückt. Die Öffnungen sind klein und nahezu rund; sie sind weißlich, werden fleischfarben und verfärben sich bei einer Verletzung schwarz oder braun.

Der Stiel ist gleichförmig, kurz, eben, schwarz oder schwärzlich. Die Sporen sind matt fleischfarben, 10–12×5–6μ.

Als ich dieses Exemplar zum ersten Mal fand , wollte ich es B. alboater nennen , aber seine fleischfarbenen Röhren dienten zur Unterscheidung. Ich fand die Exemplare in Abbildung 303 auf Edinger's Hill, in der Nähe von Chillicothe. Der Geschmack ist mild und ziemlich gut. August und September.

Amerikanischer Steinpilz. Fzg.

ABBILDUNG 304. — Boletus Americanus. Halbe natürliche Größe.

Diese Art wird die Aufmerksamkeit des Sammlers wegen ihrer sehr klebrigen Kappe auf sich ziehen. Ich fand die Exemplare in Abbildung 304 wachsen auf Cemetery Hill, in der Nähe von Chillicothe, in Gesellschaft mit Lactarius deliciosus . Sie wuchsen in der Nähe von und unter Kiefern, sowohl in dichten Gruppen als auch einzeln. Die Kappen waren sehr klebrig, gelb mit einem leichten Rotstich. Der Stiel ist mit zahlreichen rötlich-braunen Punkten bedeckt.

Der Hut ist ein bis drei Zoll breit und dünn; zunächst eher kugelig, konvex, dann ausgedehnt, manchmal breit genoppt; im feuchten Zustand sehr klebrig, besonders am Rand; mit der Zeit gelb oder schmutzig oder rot gestreift.

Die Röhrenoberfläche ist nahezu eben und die Röhren schließen sich rechtwinklig am Stiel an; sie sind ziemlich groß, eckig, blassgelb und gehen in ein stumpfes Ocker über.

Der Stiel ist schlank, gleichmäßig oder nach oben verjüngt, fest, ohne Spur eines Rings; gelb, oft bräunlich zur Basis hin, bedeckt mit zahlreichen braunen oder rötlich-braunen, ziemlich hartnäckigen körnigen Punkten; innen gelb. Die Sporen sind länglich, ockerfarben-eisenhaltig, 9–11×4–5μ.

Der Schleier ist nur bei ganz jungen Exemplaren zu sehen. Nur die Kappen sind essbar. Die Exemplare wurden für mich von Dr. Kellerman fotografiert.

Steinpilz Morgani . Fzg.

ABBILDUNG 305. — Boletus Morgani . Halbe natürliche Größe.

Morgani ist zu Ehren von Prof. Morgan benannt.

Der Hut ist eineinhalb bis zwei Zoll breit, konvex, weich, kahl, klebrig; rot, gelb oder rot, am Rand ins Gelbe übergehend; das Fleisch ist weiß, mit Rot und Gelb getönt, unveränderlich.

Die Röhrenoberfläche ist konvex und um den Stiel herum eingedrückt. Die Röhren sind ziemlich lang und groß, leuchtend gelb und werden grünlich-gelb.

Der Stiel ist länglich, nach oben verjüngt, mit langen und schmalen Vertiefungen übersät, gelb, in den Vertiefungen rot, innen wie das Fleisch des Hutes gefärbt. Die Sporen sind olivbraun, 18–22μ, etwa halb so breit. *Peck.*

Diese Pflanze findet man in Gesellschaft von B. Russelli , der sie sehr ähnelt. Sie ist an ihrem glatten, klebrigen Hut und dem weißen Fleisch zu erkennen. Ihr Stängel ist bei nassem Wetter viel rauer als bei trockenem. Die besondere Farbe des Stängels hilft bei der Identifizierung der Art. Ich habe sie häufig auf Ralston's Run in der Nähe von Chillicothe gefunden. Sie kommt in vielen Bundesstaaten der Union vor. Juli und August.

Steinpilz Russelli . Frost.

RUSSELLS STEINPILZ. ESSBAR.

ABBILDUNG 306. — Boletus Russelli . Halbe natürliche Größe.

Der Hut ist dick, halbkugelig oder konvex, trocken, mit flaumigen Schuppen oder roten Haarbüscheln bedeckt, unter dem Filz gelblich, oft stellenweise rissig. Das Fleisch ist gelb und unveränderlich.

Die Röhren sind subadnat , oft um den Stiel herum eingedrückt, ziemlich groß, schmutzig gelb oder gelblich grün.

Der Stiel ist sehr lang, gleich lang oder nach oben spitz zulaufend, durch die zerfetzten Ränder der netzartigen Vertiefungen aufgeraut, rot oder bräunlichrot. Die Sporen sind olivbraun, 18–22×8–10μ.

Der Hut ist eineinhalb bis vier Zoll breit, der Stiel drei bis sieben Zoll lang und drei bis sechs Streifen dick. Er unterscheidet sich von den anderen Arten durch den trockenen, schuppigen Hut und die Farbe des Stiels. Letzterer ist an der Basis manchmal gekrümmt. *Pick.*

Ich habe diese Art häufig in den Wäldern und auf offenem Gelände um Chillicothe gefunden. Sie ist eine der am einfachsten zu bestimmenden Steinpilzarten. Die Pflanzen hier haben einen leuchtend bräunlich-roten Hut mit einer etwas helleren Farbe am Stiel; dieser ist ziemlich rau und verjüngt sich zum Hut hin. Sie stehen normalerweise einzeln. Die Pflanzen in Abbildung 306 wurden in Michigan gesammelt und von Dr. Fischer fotografiert.

Steinpilz vermiculosus . Fzg.

ABBILDUNG 307. — Boletus vermiculosus . Halbe natürliche Größe.

Vermiculosus bedeutet voller kleiner Würmer. Der Hut ist breit konvex, dick, fest, trocken; glatt oder sehr fein filzig; braun, gelblich-braun oder grau-braun, manchmal rötlich getönt. Das Fleisch ist weiß oder weißlich und verfärbt sich an Wunden schnell blau. Die Röhren sind flach oder leicht konvex, fast frei, gelb; ihre Mündungen sind klein, rund, bräunlich-orange, werden mit dem Alter dunkler oder schwärzlich und verfärben sich an Wunden schnell blau.

Der Stiel ist nahezu gleichmäßig, fest, ebenmäßig und blasser als der Hut. Die Sporen sind ockerbraun, 10–12×4–5μ. *Peck.*

Die in Abbildung 307 dargestellte Pflanze wuchs unter den Buchen auf dem Cemetery Hill. Ich fand sie von Juli bis September häufig im Wald.

***Boletus Frostii* .**

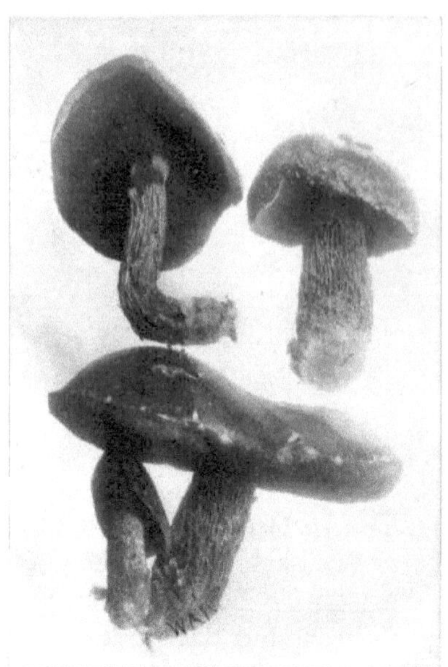

ABBILDUNG 308. — Boletus Frostii . Kappen blutrot und glänzend. Natürliche Größe.

Frostii ist zu Ehren von Herrn Frost benannt, einem bekannten Mykologen.

Der Hut ist drei bis vier Zoll breit, konvex, poliert, glänzend und blutrot. Der Rand ist dünn und das Fleisch verfärbt sich kaum bläulich.

Die Röhren sind nahezu frei, grünlich gelb, werden mit der Zeit gelblich braun, ihre Mündungen sind blutrot oder zinnoberrot.

Der Stiel ist zwei bis vier Zoll lang, drei bis sechs Linien dick, gleich oder nach oben verjüngt, deutlich netzartig, fest, blutrot. Die Sporen sind 12,5–15×5µ groß. *Peck* , Boleti of US

Dies ist eine wunderschöne Pflanze. Sie ist nicht sehr zahlreich, aber dennoch häufig auf einigen unserer Hügel zu finden. Die Pflanzen in Abbildung 308 wurden in Hayne's Hollow in der Nähe von Chillicothe gefunden und von Dr. Kellerman fotografiert. Die Pflanze kommt in Neuengland und im Mittleren Westen vor. Ich habe wunderschöne Pflanzen aus Vermont bekommen. Soweit ich weiß, ist sie nicht essbar. Gefunden im August und September.

Boletus luridus . Schaeff .

DER GRELLE STEINPILZ.

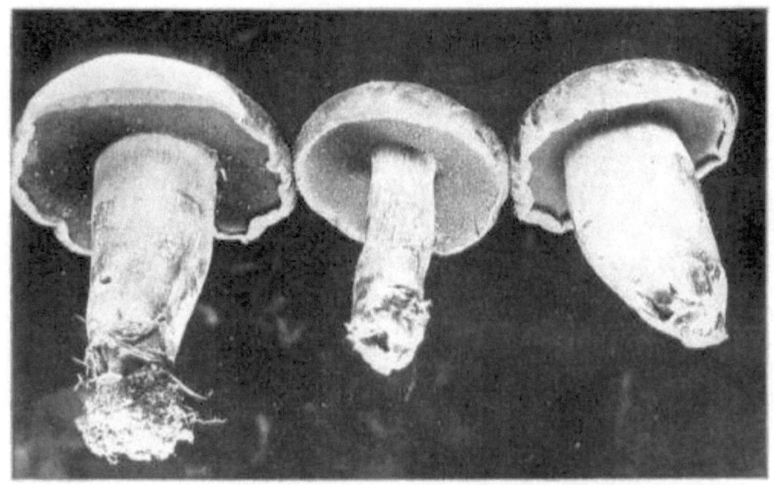

ABBILDUNG 309. — Boletus luridus . Halbe natürliche Größe.

Luridus bedeutet blassgelb, fahl. Der Hut ist konvex, filzig, braun-oliv, dann etwas zähflüssig, rußig. Das Fleisch ist gelb und verfärbt sich bei Verletzungen blau. Die Röhren sind frei, gelb, werden grünlich, ihre Mündungen rund, zinnoberrot, werden orange. Der Stiel ist kräftig, zinnoberrot, an der Spitze etwas orange, netzförmig oder punktiert. Die Sporen sind grünlich-grau, 15×9μ.

Der grelle Steinpilz ist zwar angenehm im Geschmack, gilt aber als sehr giftig. Boletus rubeolarius , Pers., mit einem kurzen, bauchigen, kaum netzartigen Stamm, wird als Varietät dieser Art angesehen. Der rotstielige Steinpilz, B. erythropus , Pers., wird von Fries ebenfalls als Varietät von luridus bezeichnet . Er ist in Abbildung 309 rechts zu sehen. Er ist kleiner als B. luridus , hat einen braunen oder rotbraunen Hut und einen schlanken, zylindrischen Stamm, der nicht netzartig, sondern mit Schuppchen übersät ist . *Peck* , Boleti der USA. Die Pflanze kommt in unseren Wäldern recht häufig vor. Vorkommen im Juli und August.

Boletus castaneus . Stier.

DER KASTANIEN-RÖHRLING. ESSBAR.

ABBILDUNG 310. — Boletus castaneus . Halbe natürliche Größe.

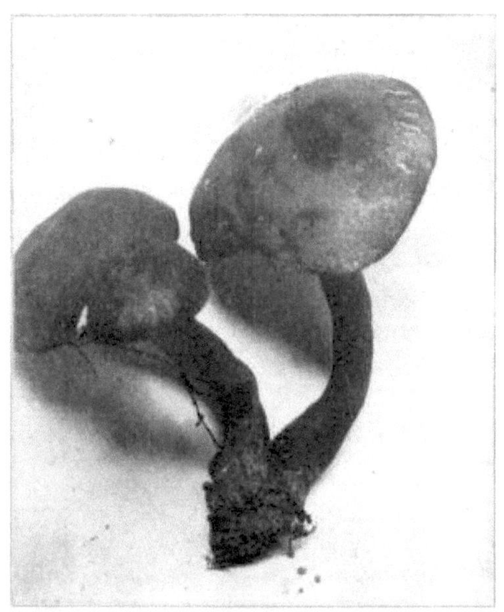

ABBILDUNG 311. — Boletus castaneus .

Castaneus , gehört zu einer Kastanie. Der Hut ist trocken, konvex, dann ausgedehnt, fein samtig; zimtfarben oder rötlich-braun, ein bis drei Zoll im Durchmesser; das Fleisch ist weiß, verändert sich nicht, wenn es gequetscht wird, die Kappe ist häufig nach oben gerichtet.

Die Röhrenoberfläche ist weiß und wird gelb. Die Röhren sind klein und kurz und stehen frei vom Stiel.

Der Stiel ist gleichmäßig oder nach oben verjüngt, gefärbt und bekleidet wie der Hut, kurz und nicht immer gerade; in jungen Jahren ist er in der Mitte schwammig, wird aber mit zunehmendem Alter hohl. Die Sporen sind blassgelb, oval oder breit elliptisch, was ein Unterscheidungsmerkmal der Art ist.

Ich fand eine Reihe von Exemplaren in James Dunlaps Wäldern in der Nähe von Chillicothe, Ohio. Eine große Mehrheit schien von dem parasitären Pilz Sepedonium befallen zu sein. Chrysospermum .

Die Kappen sind sehr gut zum Verzehr geeignet. Es sollte darauf geachtet werden, nur junge Exemplare zu verwenden. In offenen Wäldern von Juni bis September zu finden.

Boletus satanus . Lenz.

SATANISCHER STEINPILZ.

Hut konvex, glatt, etwas klebrig, bräunlich-gelb oder weißlich; Fleisch weißlich, wird an Wunden rötlich oder violett. Röhren frei, gelb, ihre Mündungen leuchtend rot, werden mit dem Alter orangefarben. Der Stiel ist dick, eiförmig-bauchig, oben mit roten Netzen markiert. *Peck* , Boleti von US

Hamilton Gibson und Captain McIlvaine scheinen seiner satanischen Majestät einen guten Ruf zu verleihen, aber ich würde sagen: „Seien Sie vorsichtig." Sein Aussehen hat mich immer abgeschreckt. Von Juni bis September in Wäldern zu finden.

Strobilomyces . Berk.

Strobilomyces setzt sich aus zwei griechischen Wörtern zusammen, die Kiefernzapfen und Pilz bedeuten. Der Hymenophor ist gleichmäßig, die Röhren sind nicht leicht davon zu trennen, groß und gleich. Er hat eine bräunlich-graue Farbe, seine zottige Oberfläche ist mehr oder weniger mit dunkelbraunen oder schwarzen Wollspitzen besetzt, jede in der Mitte eines schuppenartigen Segments. Die Röhren darunter sind zunächst mit einem Schleier bedeckt, der reißt und sich oft am Rand des Hutes befindet. Es ist eine Pflanze, die schnell Aufmerksamkeit erregt.

Strobilomyces strobilaceus . Berk.

DER KEGELFÖRMIGE STEINPILZ. ESSBAR.

ABBILDUNG 312. — Strobilomyces strobilaceus . Zwei Drittel der natürlichen Größe.

Strobilaceus , kegelförmig. Dies wird besonders dadurch unterstrichen, dass sowohl die Gattung als auch die Art nach der vermeintlichen Ähnlichkeit des Hutes mit einem Kiefernzapfen benannt sind. Aufgrund dieser Eigenschaft des Hutes ist er immer leicht zu erkennen.

Der Hut ist konvex, rau und hat dunkelbraune Schuppen, die zu regelmäßigen, kegelförmigen Spitzen zusammenlaufen und eine dunkelbraune Spitze haben. Der Rand ist verschleiert, das Fleisch ist grauweiß und wird bei Quetschungen rot und schließlich schwarz.

Bei jungen Exemplaren ist die Porenoberfläche grauweiß und normalerweise mit einem Schleier bedeckt. Die Röhren sind am Stiel befestigt, eckig und werden bei Quetschung rot.

Der Stamm ist gleichmäßig oder nach oben hin verjüngt, an der Spitze gefurcht und mit einem wolligen Flaum bedeckt. Sporen dunkelbraun, 12–13×9μ. Gefunden in Londonderry. Häufig in Wäldern. August bis September.

Boletinus . Kalchb .

Boletinus ist die Verkleinerungsform von Boletus.

Hymenium besteht aus breiten, strahlenförmigen Lamellen , die durch sehr zahlreiche und schmale, anastomosierende Äste oder Trennwände verbunden sind und große, eckige Poren bilden. Röhren etwas zäh, nicht leicht vom Hymenophor und voneinander zu trennen, angewachsen oder fast herablaufend , gelblich. *Picken.*

Steinpilz (Pilz). Fzg.

DER BUNTSTÄRLING . ESSBAR.

ABBILDUNG 313. — Boletinus pictus.

Pictus, bemalt. Diese Pflanze scheint feuchte Kiefernwälder zu lieben, aber ich habe sie nur gelegentlich in der Gegend von Chillicothe unter Buchen gefunden. Man erkennt sie leicht an dem roten, faserigen Filz, der die ganze Pflanze in jungen Jahren bedeckt. Wenn die Pflanze wächst, bricht der rötliche Filz in Schuppen der gleichen Farbe auf, wodurch die gelbliche Farbe des darunter liegenden Hutes zum Vorschein kommt. Das Fleisch ist kompakt und gelb und verfärbt sich an Wunden oft matt rosa oder rötlich.

Die Oberfläche der Röhre ist zunächst blassgelb, wird jedoch mit der Zeit dunkler und verfärbt sich häufig rosa, mit einem braunen Schimmer an den Stellen, an denen Druckstellen vorhanden sind.

Der Stamm ist fest, gleichmäßig und mit einer baumwollartigen Schicht aus Myzelfäden bedeckt, ähnlich dem Hut, obwohl er oft blasser ist. Die Sporen sind ockerfarben, 15–18×6–8μ. Die Pflanzen sind zwei bis vier Zoll breit und eineinhalb bis drei Zoll hoch. Gefunden von Juli bis Oktober.

Boletinus cavipes . Kalchb .

STEINPILZ MIT HOHLEM STIEL . ESSBAR.

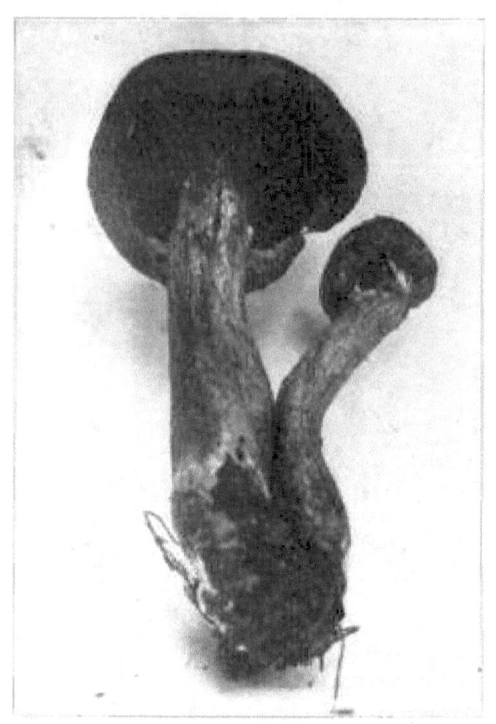

ABBILDUNG 314. — Boletinus Höhlenbewohner .

Cavipes setzt sich aus zwei lateinischen Wörtern zusammen und bedeutet „hohler Stamm".

Der Hut ist breit konvex, ziemlich zäh, biegsam, weich, subumbonat, faserig-schuppig, gelbbraun, manchmal rötlich oder violett getönt, das Fleisch ist gelblich. Die Röhren sind leicht herablaufend, zunächst blassgelb, dann dunkler und grün getönt, werden mit zunehmendem Alter schmutzig-ockerfarben. Der Stiel ist gleichmäßig oder leicht nach oben verjüngt, etwas faserig oder flockig, leicht geringelt, hohl, gelbbraun oder gelblich-braun, an der Spitze gelblich und durch die herablaufenden Ausläufer der Röhren gekennzeichnet, innen weiß. Der Schleier ist weißlich, teilweise am Rand des Hutes haftend, verschwindet bald. Die Sporen sind 8–10×4µ groß. *Peck* , in Boleti der USA

Diese Pflanze wächst in New York und den Neuenglandstaaten unter Kiefern und Lärchen. Die Kappen sind konvex und mit einem gelbbraunen, faserigen Filz bedeckt. Die Stängel der Pflanzen, die ich gesehen habe, sind von Anfang an hohl. Die Pflanzen in Abbildung 314 wurden mir von Mrs. Blackford aus Massachusetts geschickt.

Boletinus porosus . (Berk.) Pk.

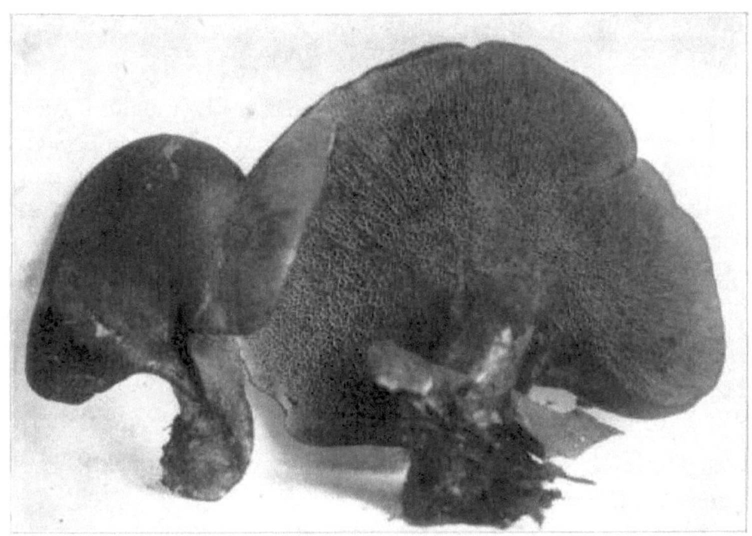

ABBILDUNG 315. — Boletinus porosus . Zwei Drittel der natürlichen Größe. Kappen nußbraun, gelblich-braun oder olivfarben.

Es handelt sich um eine kleine, aber interessante Art, deren Durchmesser normalerweise dreieinhalb Zoll und die Höhe nicht mehr als zwei Zoll beträgt.

Der Hut ist etwas fleischig, nussbraun oder gelblich-braun, bei den meisten Exemplaren, die ich gefunden habe, ins Olivfarbene übergehend; wenn er frisch und feucht ist, ist er etwas klebrig und glänzend. Die Ränder sind dünn, ziemlich eben und neigen zur Einrollung; die Form des Hutes ist mehr oder weniger unregelmäßig, in vielen Fällen fast nierenförmig.

Der Stiel ist seitlich befestigt, zäh und dehnt sich allmählich zum Hut aus, dem er in der Farbe ähnelt; er ist an der Spitze durch die herablaufenden Wände der Sporenröhren deutlich netzartig gegliedert. Die Sporenoberfläche ist gelb, die Röhren sind in strahlenförmigen Reihen angeordnet, wobei einige stärker hervortreten als andere, wobei die Trennwände oft die Form von Lamellen annehmen, die sich verzweigen und durch weniger hervortretende Quertrennwände verbunden sind. Die Röhrenschicht ist zwar weich, aber sehr zäh und löst sich nicht vom Fleisch des Hutes.

Der Geruch und Geschmack aller gefundenen Exemplare war angenehm. Gefunden in feuchten Wäldern im Juli und August. Wenn man eine ausreichende Anzahl findet, sind sie ein ausgezeichnetes Gericht.

In der Umgebung von Chillicothe kommt es in großen Mengen vor.

Fistulina . Stier.

Fistulina bedeutet kleines Rohr; der Name kommt daher , dass die Röhren eng beieinander stehen und sich leicht voneinander lösen.

Der Hymenophor ist fleischig und hat ein unterständiges Hymenium. Wenn man ihn zum ersten Mal aus einem Stumpf oder einer Wurzel sprießen sieht, sieht er aus wie eine große Erdbeere. Bald entwickelt er das Aussehen einer großen roten Zunge. In jungen Jahren ist die Oberseite ziemlich samtig und pfirsichfarben, später wird sie blassrot und verliert ihr samtiges Aussehen. Die Unterseite ist fleischfarben und rau wie die Oberfläche einer Zunge, da die Röhren voneinander getrennt sind. Wenn er feucht ist, ist er sehr klebrig, sodass Ihre Hände ziemlich blutbefleckt aussehen.

Leberfistula . Fr.

DER LEBERPILZ. ESSBAR.

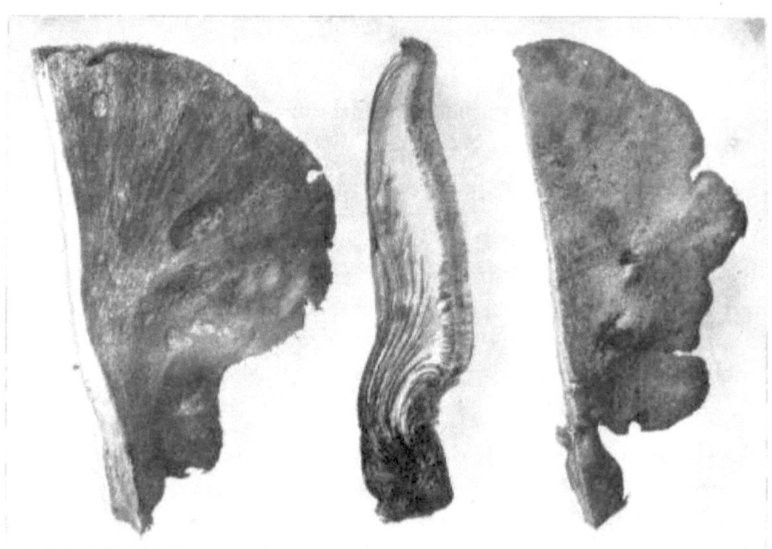

Foto von CG Lloyd.

TAFEL XLIII. ABBILDUNG 316. – FISTULINA HEPATICA. Fleischwurst.

Dies ist eine wunderschöne Pflanze, die dort, wo es Kastanienstümpfe und ‑bäume gibt, recht häufig vorkommt. Ich habe sie auch auf Kastanieneichen gefunden, und zwar recht große Exemplare. Es ist einer meiner Lieblingspilze; man kann es sich nicht leisten, an ihm vorbeizugehen. Seine schöne Farbe zieht sofort die Aufmerksamkeit auf sich, und wenn man ihn einmal gut zubereitet gegessen hat, geht man nie an einem Kastanienstumpf vorbei, ohne ihn zu untersuchen.

ABBILDUNG 317. — Fistulina hepatica. Halbe natürliche Größe.

Der Hut ist fächerförmig oder halbrund, rotsaftig, sein Fleisch ist beim Aufschneiden etwas gesprenkelt wie bei Roter Bete und verströmt einen sehr appetitanregenden Geruch; der Hut ist feucht und etwas klebrig, die Farbe variiert von rot (etwas fleischig) bis rötlich-braun bei älteren Pflanzen, während die Sporenoberfläche von Erdbeerrosa über hell- und dunkelbraun bis zu fast kastanienbraun variiert.

Bei jungen Pflanzen ist die Farbe viel satter und lebendiger als bei reiferen Pflanzen. Die Sporenoberfläche ähnelt einem sehr feinen Schwamm, die Sporenröhren sind kurz, dicht gedrängt, aber deutlich erkennbar.

Die ausgeprägte Besonderheit seiner Wuchsweise liegt in der Befestigung des Stiels; er ist etwas dick, fleischig und saftig und wächst seitlich aus dem Hut wie der Griff eines Fächers. Es sieht aus, als hätte jemand den Hut ergriffen und ihn teilweise nach rechts oder links gedreht, wie man in Abbildung 317 sehen kann. Eine weitere Besonderheit, die mir bei dieser Art aufgefallen ist, sind die nervenähnlichen Linien oder Äderchen, die vom Stiel ausgehen und die Oberseite des Hutes durchziehen. Der Geschmack ist im rohen Zustand leicht, aber angenehm säuerlich. Sein bevorzugter Lebensraum scheinen verletzte Stellen an Kastanienbäumen und in der Nähe von Kastanienstümpfen zu sein. Er ist als Leberpilz, Rindersteakpilz, Eichenzunge, Kastanienzunge usw. bekannt. Er kommt von Juli bis Oktober vor.

Ich habe es in großer Menge auf Kastanienstümpfen in der Gegend von Chillicothe und im ganzen Staat gefunden. Ich habe einige sehr schöne Exemplare auf den Kastanieneichen in der Gegend von Bowling Green, Ohio, gefunden.

Bei richtiger Zubereitung ist er jedem Fleisch ebenbürtig und einer unserer besten Pilze.

Fistulina pallida. B. und Rav.

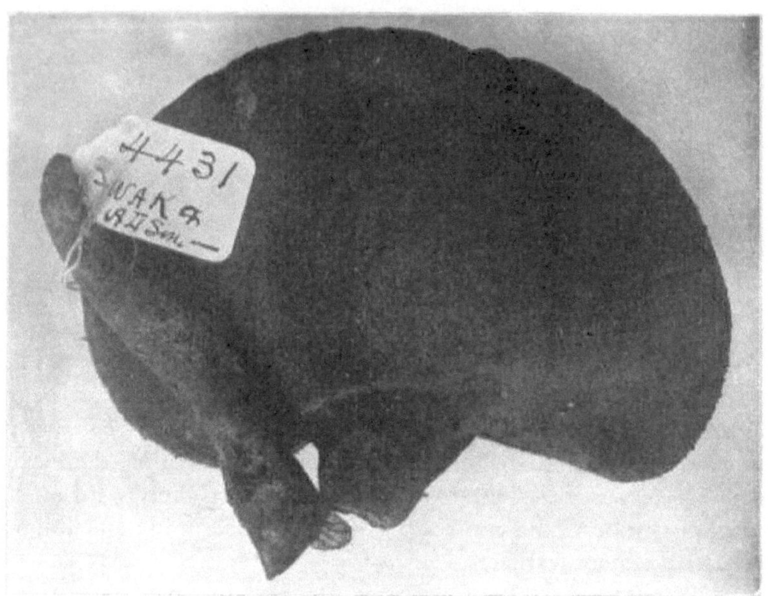

ABBILDUNG 318. — Fistulina pallida. Natürliche Größe.

Pallida bedeutet blass. Der Hut ist nierenförmig, blassrot, rehbraun oder lehmfarben, an der Basis dick und zum Rand hin dünner werdend, der oft gekerbt und eingebogen ist; pulverförmig, fest, flexibel, zäh; Fleisch weiß.

Die Röhren sind lang und schlank, die Mündungen etwas vergrößert, weißlich, die Röhrenoberfläche blass cremefarben und leicht mehlig, die Poren verlaufen nicht herablaufend, sondern enden mit dem Anfang des Stiels.

Der Stiel ist gleichmäßig mit dem konkaven Rand des Hutes verbunden; nach unten hin dünner; unten weißlich, aber in der Nähe des Hutes ändert sich die Farbe. Die besondere Art der Befestigung des Stiels wird zur Identifizierung der Art dienen, die ich mehrmals in der Nähe von Chillicothe gefunden habe. Das abgebildete Exemplar wurde auf der Staatsfarm gefunden und von Dr. Kellerman fotografiert.

Polyporus . Fr.

Polyporus setzt sich aus zwei griechischen Wörtern zusammen, die viele und Poren bedeuten. Bei dieser Gattung lässt sich die Porenschicht nicht leicht vom Hut trennen. Die meisten Arten dieser Gattung sind zäh und korkig.

Viele wachsen auf verrottetem Holz, einige auf dem Boden, aber selbst diese neigen dazu, zäh zu sein. Sehr wenige der auf Holz wachsenden Arten haben einen zentralen Stamm und viele haben anscheinend überhaupt keinen Stamm.

Polyporus picipes . Fr.

DER SCHWARZFUßPORLING .

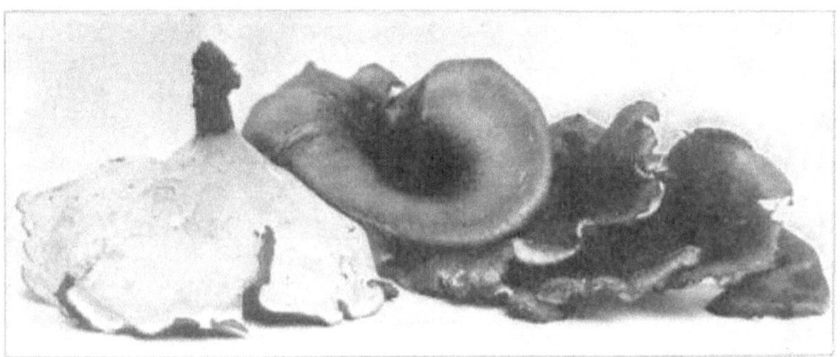

ABBILDUNG 319. — Polyporus picipes . Zwei Drittel der natürlichen Größe. Beachten Sie den schwarzen Stiel, der der Art ihren Namen gibt.

Picipes kommt von *pix* (Pech oder Schwarz) und *pes* (Fuß).

Der Hut ist fleischig, starr, lederartig, zäh, ebenmäßig, glatt, entweder hinten oder in der Mitte eingedrückt; bläulich mit einer kastanienfarbenen Scheibe.

Die Poren sind herablaufend, rund, klein, zart, weiß, schließlich rötlich-grau.

Der Stiel ist exzentrisch und seitlich, gleichmäßig, fest, zuerst samtig, dann nackt, punktiert mit schwarzen Punkten, wird schwarz.

Der Stiel ist an der Basis pechschwarz, wie in Abbildung 319 zu sehen ist. Der Rand des Hutes ist sehr dünn und die Kappen sind unregelmäßig trichterförmig. Diese Pflanze ist in den Vereinigten Staaten weit verbreitet und kommt in der Gegend von Chillicothe recht häufig vor. Von Juli bis November findet man sie in feuchten Wäldern auf verrotteten Baumstämmen. Wenn sie sehr jung und zart ist, kann sie gegessen werden.

Polyporus umbellatus . Fr.

DER SCHATTENPORLING . ESSBAR.

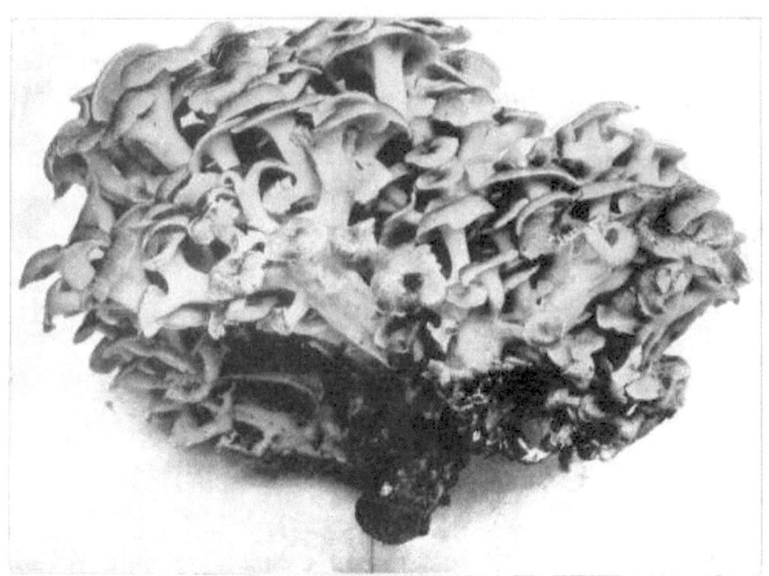

TAFEL XLIV. ABBILDUNG 320.- POLYPORUS UMBELLATUS .

Umbellatus ist von *umbella* , einem Sonnenschirm, abgeleitet. Sehr stark verzweigt, faserig-fleischig, zäh . Die Pileoli sind sehr zahlreich, 1,25 bis 3,85 cm breit, rußig, mattrot und an der Basis verwachsen. Die Poren sind winzig und weiß. Manchmal sind auch weiße Pileoli vorhanden. *Fries.*

Wie aus Abbildung 320 ersichtlich, sind die Büschel sehr dicht und ihre Verzweigung scheint keine Grenzen zu kennen. Beachten Sie, dass jeder Hut eingedrückt oder nabelförmig ist. Das Exemplar in Abbildung 320 wurde in der Nähe von Mammoth Cave, Kentucky, von Herrn CG Lloyd aus Cincinnati gesammelt, und dank seiner Freundlichkeit habe ich seinen Abdruck verwendet. Ich habe die Pflanze in der Nähe von Chillicothe und Sidney, Ohio, gefunden. Man findet sie auf verrotteten Wurzeln auf dem Boden oder auf Baumstümpfen. Wenn die Hüte frisch sind , sind sie recht gut.

Mai bis November.

Polyporus frondosus . Fr.

DER VERZWEIGTE POLYPORUS . ESSBAR.

Frondosus , voller belaubter Zweige. Die Büschel sind 15 bis über 30 cm breit, sehr stark verzweigt, faserig-fleischig, zäh .

Die Pileoli sind sehr zahlreich, 1,25 bis 5 cm breit, rußgrau, schmal, runzelig, gelappt und kompliziert zurückgebogen. Das Fleisch ist weiß. Die ineinander wachsenden Stiele sind weiß.

Die Poren sind eher weich, sehr klein, spitz, weiß, gewöhnlich rund, aber schräg angeordnet, klaffend offen und eingerissen .

Das Exemplar in Abbildung 321 wurde in der Nähe von Chillicothe gefunden. Wenn es zart ist, ist es sehr gut. Von September bis zum ersten Frost auf Baumstümpfen und Wurzeln zu finden.

Es wird berichtet, dass dieser Pilz auf den römischen Märkten häufig als Nahrungsmittel verkauft wurde.

Polyporus Leukomelas . Fr.

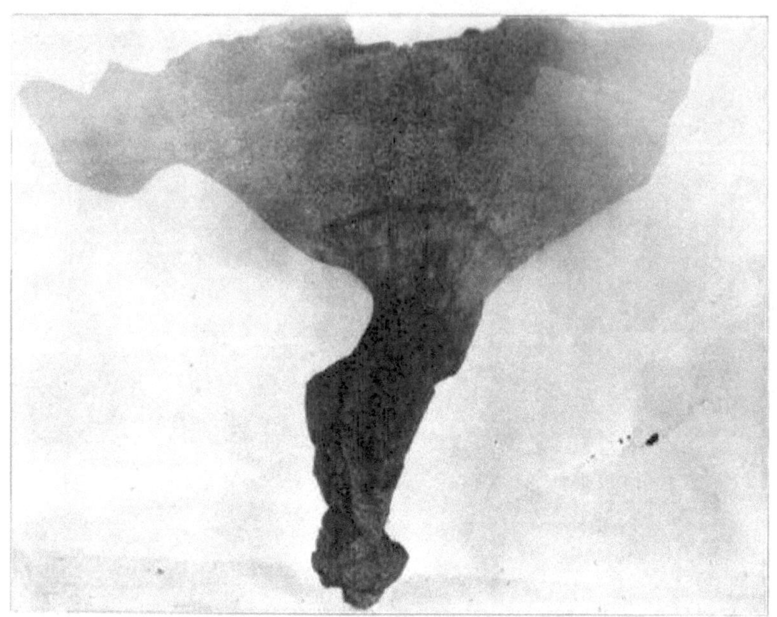

ABBILDUNG 322. — Polyporus Leukomelas .

Leucomelas setzt sich aus zwei griechischen Wörtern zusammen: *leucos* – weiß – und *melas* – schwarz.

Der Hut ist fünf bis zehn Zentimeter breit, fleischig, etwas zerbrechlich, unregelmäßig geformt, seidig und rußschwarz; das Fleisch ist weich und rötlich, wenn es bricht.

Die Poren sind eher groß, ungleichmäßig, aschig oder weißlich und werden beim Trocknen schwarz.

Der Stiel ist ein bis drei Zoll lang, kräftig, ungleichmäßig, etwas filzig, rußschwarz und wird innen schwarz. Der Hut und der Stiel werden stellenweise schwarz.

Die Sporen sind zylindrisch- fusoid , hellbraun, 10–12×4–5μ.

Man findet sie normalerweise in Kiefernwäldern. Die Kappen sind oft deformiert und brechen leicht. Die Poren ähneln denen eines Steinpilzes. Die Pflanze ist recht weit verbreitet. Die in Abbildung 322 gezeigte Pflanze wurde von Mrs. Blackford in Massachusetts gefunden und ich habe sie fotografiert, nachdem sie teilweise getrocknet war. Es handelt sich wahrscheinlich um dieselbe Pflanze wie P. griseus, P.

Polyporus *Berkeleyi*. Fr.

BERKELEYS POLYPORUS . ESSBAR.

Die Pileoli sind fleischig, zäh, werden hart und korkig, oft dachziegelförmig, werden manchmal sehr groß und viele in einem Kopf; subzoniert, schließlich filzig; die Pflanze ist stark verzweigt und alutaceisch .

Der Stiel ist kurz oder fehlt ganz und entspringt einem langen und dicken Caudex.

Die Porenoberfläche ist sehr groß, die Poren sind groß und unregelmäßig, eckig, blassgelblich.

Ich habe einige sehr große Exemplare dieser Art gesehen. Die natürliche Größe des Exemplars in Abbildung 323 beträgt 60 cm im Durchmesser. In jungen Jahren ist es essbar, aber nicht so groß wie P. sulphureus . Man findet es auf dem Boden in der Nähe von Bäumen und Baumstümpfen und es ist eine weit verbreitete Pflanze.

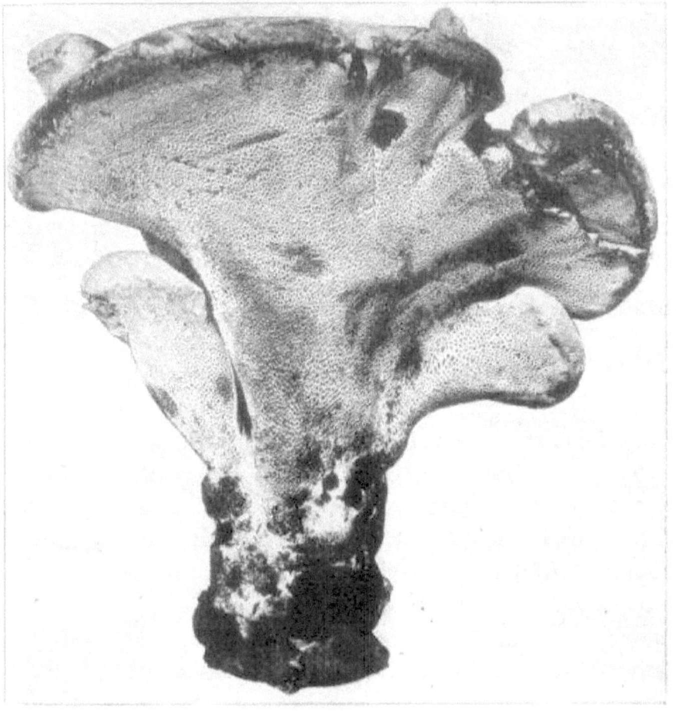

ABBILDUNG 323. — Polyporus Berkeleyi . Ein Fünftel der natürlichen Größe.

Foto von CG Lloyd.

TAFEL XLV. ABBILDUNG 324.- POLYPORUS BERKELEYI . Verkleinert. Natürliche Größe: 2½ Fuß im Durchmesser.

Polyporus giganteus. Fr.

DER RIESENPORLING . ESSBAR.

Giganteus stammt von *gigas ab* , einem Riesen. Die Pileoli sind sehr zahlreich, schuppenförmig, fleischig, zäh, etwas lederartig, schlaff, etwas gezont; bei jungen Exemplaren graubraun gefärbt, die tief cremefarbenen Porenoberflächen spitzen die Pileoli , was sie zu einer sehr attraktiven Pflanze macht; diese cremefarbene Farbe ändert sich bei Berührung schnell in Schwarz oder Dunkelbraun.

Die Poren sind winzig, flach, rund, blass und schließlich zerrissen.

Der Stängel ist verzweigt und aus einer gemeinsamen Knolle verwachsen.

Dies ist eine große und sicherlich sehr attraktive Pflanze, die oft zwei bis drei Fuß breit ist. Wenn sie jung und zart ist, ist sie essbar. Sie wächst auf verrotteten Stümpfen und Wurzeln und ist in unserem Staat ziemlich verbreitet. Ich habe in der Gegend von Chillicothe einige recht große Exemplare gefunden. Man erkennt sie leicht daran, dass ihre Porenoberfläche bei Berührung schwarz oder dunkelbraun wird. Wenn sie jung und zart ist, ergibt sie einen guten Eintopf, der aber gut gekocht werden muss.

Polyporus Fr.

Der Schuppige Polyporus .

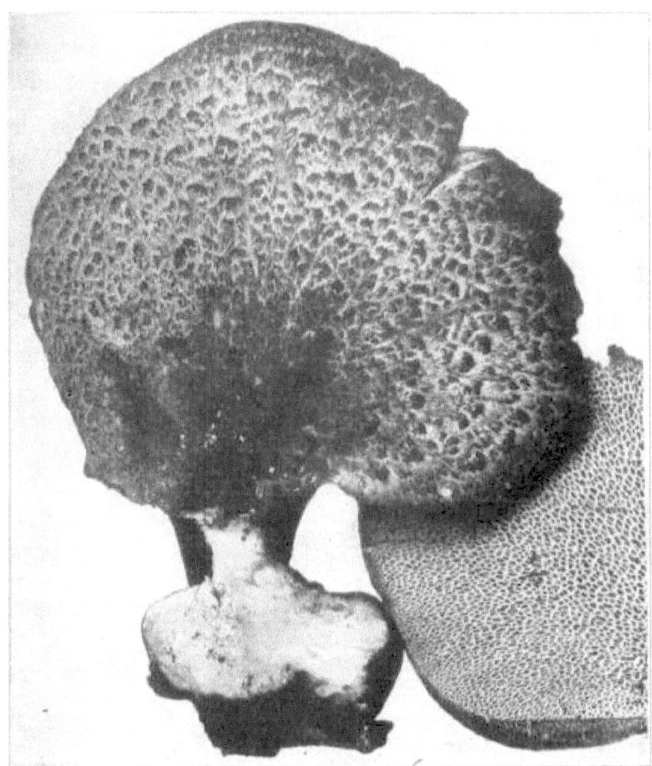

Foto von CG Lloyd.

Abbildung 325. — Polyporus squamosus . Natürliche Größe.

Squamosus bedeutet schuppenreich. Der Hut ist drei bis achtzehn Zoll breit, fleischig, fächerförmig, ausgedehnt, abgeflacht, etwas ockerfarben, bunt, mit verstreuten, braunen, anliegenden Schuppen.

Der Stiel ist exzentrisch und seitlich, stumpf, an der Spitze netzförmig und an der Basis schwärzlich.

Die Poren sind dünn und variabel; zunächst winzig, dann breit, eckig und zerrissen; blass. Die Sporen sind weiß und elliptisch, $14 \times 6\mu$.

Er kommt von Massachusetts bis Iowa vor und wird sehr groß. Es wurden Exemplare mit einem Umfang von sieben Fuß und einem Gewicht von 40 Pfund gemeldet.

Das Exemplar in Abbildung 325 wurde von Herrn CG Lloyd in den Wäldern von Red Bank in der Nähe von Cincinnati gefunden. Es ist in Europa eine recht verbreitete Pflanze.

Es ist zäh, wird aber zum Verzehr vorbereitet, indem es fein geschnitten und eine halbe Stunde oder länger gedünstet wird.

In Abbildung 325 sind die eckigen und zerrissenen Poren sowie die Schuppen, die dem Baum seinen Namen geben, deutlich zu erkennen. Von Mai bis November auf Stämmen und Stümpfen zu finden.

Polyporus sulphureus . Fr.

DER SCHWEFELFARBENE POLYPORUS . ESSBAR.

Foto von CG Lloyd.

TAFEL XLVI. ABBILDUNG 326.- POLYPORUS SCHWEFELSÄURE .

Sulphureus , bezieht sich auf Schwefel und wird nach der Farbe der röhrenförmigen Oberfläche benannt. Bei reifen Exemplaren ist der Wuchs horizontal, breitet sich fächerartig vom Stiel aus, wellig mit strahlenförmiger Riffelung. Die Oberseite ist lachsfarben, orange oder orangerot; das Fleisch ist käsig, hellgelb, der Rand ist glatt und ungleichmäßig verdickt mit knötchenartigen Vorsprüngen. Bei jungen Exemplaren ist die aufsteigende, untergelbe Oberfläche nach außen freigelegt.

Die Porenoberfläche weist eine leuchtende schwefelgelbe Farbe auf , die beständiger ist als die Farbe des Hutes. Die Poren sind sehr klein, kurz und bestehen oft aus eingebogenen Massen.

Der Stiel ist kurz und bildet lediglich eine enge Verbindung für den ausladenden Wuchs. Der Geschmack ist im rohen Zustand leicht säuerlich und schleimig. Die Sporen sind elliptisch und weiß, 7–8×4–5μ.

Es wächst auf verrotteten Baumstämmen, auf Stümpfen und an verrotteten Stellen in lebenden Bäumen. Das Myzel dieser Art findet sich häufig im Herzen von Bäumen und bleibt dort jahrelang, bevor der Baum so stark verletzt wird, dass das Myzel an die Oberfläche gelangt. Dies kann Monate oder ein Jahrhundert dauern.

Wenn diese Pflanze jung und zart ist, ist sie bei allen, die sie kennen, besonders beliebt. Man findet sie von August bis November. Ihr bevorzugter Wirt ist ein Eichenstumpf oder -stamm.

Polyporus flavovirens . B. und Rav.

ABBILDUNG 327. — Polyporus flavovirens . Zwei Drittel der natürlichen Größe.

Flavovirens bedeutet gelblich-grün oder olivgrün.

Der Hut ist ziemlich groß, drei bis sechs Zoll breit, konvex, erweitert trichterförmig oder repandförmig, fleischig, filzig, gelblich-grün oder olivfarben; häufig ist der Hut im Alter rissig; das Fleisch ist weiß.

Die Poren sind nicht groß, gezähnt, weiß oder weißlich und verlaufen aus dem sich verjüngenden Stiel.

Diese Pflanze ist auf den Eichenhügeln um Chillicothe sehr verbreitet. Die Pflanzen in Abbildung 327 wurden von Miss Margaret Mace auf der Farm von Governor Tiffin, etwa zwölf Meilen nördlich von Chillicothe, gefunden, wo sie in großen Gruppen unter Eichen wuchsen. Sie sind essbar, aber oft zäh. Man findet sie im August und September. In dieser Region ist sie sehr häufig.

Polyporus Heteroklitus . Fr.

DER BOUQUET POLYPORUS . ESSBAR.

FIGUR 328.— Polyporus heteroclitus . Ein Viertel der natürlichen Größe. Der Pileoli ist leuchtend orange.

Heteroclitus hat zwei griechische Wörter: „eins von zwei" und „lehnen", was sich auf die Wuchsform bezieht, bei der er sich scheinbar auf den Boden oder die Basis eines Baumes oder Stumpfes stützt. Er ist spitz und lederartig. Die Pileoli sind zweieinhalb Zoll breit, orange und gestielt, auf allen Seiten vom Wurzelhöcker aus ausgedehnt, gelappt, zottig, zonenlos.

Die Poren sind unregelmäßig geformt und länglich, goldgelb. *Brät.*

Das Exemplar in Abbildung 328 wurde von Herrn Beyerly in Richmond Dale, Ohio, gefunden. Es war über 30 cm im Durchmesser und 20 cm hoch und wuchs in vielen dornigen Lagen auf dem Boden unter einer Eiche aus einem Wurzelknollen. Das Fruchtfleisch war saftig und zart und brach leicht. Der Wurzelknollen, aus dem es wuchs, war mit milchigem Saft gefüllt. Das Fruchtfleisch war etwas heller als die äußeren Häutchen, die horizontal vom Knollen ausgingen. Es ist eine sehr auffällige und attraktive Pflanze, und wie Captain McIlvaine bemerkt, sieht sie in Blüte wie eine „Riesendahlie" aus. Wenn sie jung und zart ist, ist sie gut, aber mit zunehmendem Alter wird sie üppig. Diese Pflanze wurde am 1. Juli gefunden. Sie wächst in den Monaten Juni und Juli.

Polyporus radicatus . Schw .

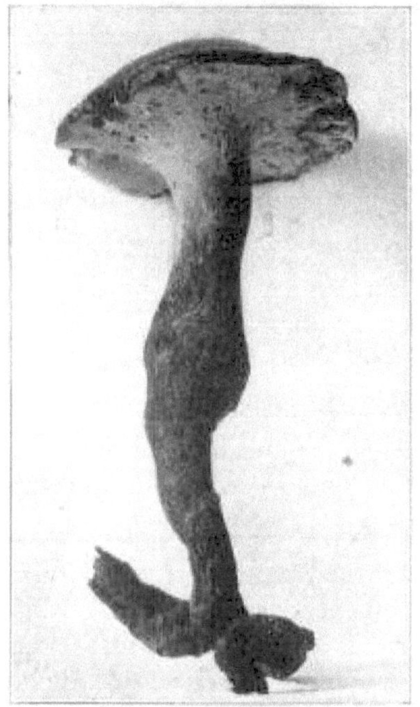

FIGUR 329.— Polyporus radicatus . Ein Drittel der natürlichen Größe.

Radicatus , von der langen Wurzel der Pflanze. Der Hut ist fleischig, ziemlich zäh, kissenförmig, leicht eingedrückt, blass rußig, etwas flaumig.

Die Poren sind herablaufend, ziemlich groß, stumpf, gleichmäßig und weiß.

Der Stiel ist sehr lang, oft exzentrisch, nach unten verjüngt, manchmal bauchig wie in Abbildung 329, mit ziemlich tiefen Wurzeln und schwarzer Unterseite.

Man findet ihn auf dem Boden in Wäldern und auf alten Lichtungen neben alten Bäumen und Baumstümpfen.

Zur Unterscheidung der Art dient der schwärzliche oder braune, mehr oder weniger filzige Hut mit schwarzem, mehr oder weniger deformiertem Stiel. Verbreitung von September bis November.

Polyporus verwirrt . Fzg.

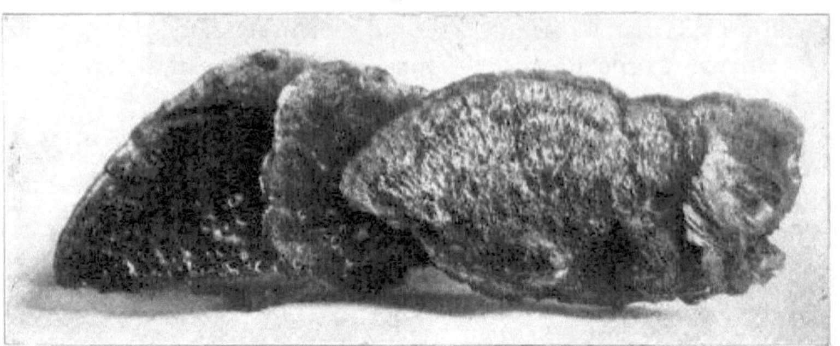

FIGUR 330.— Polyporus perplexus . Zwei Drittel der natürlichen Größe.

Der Hut ist schwammig-fleischig, faserig, gestielt, gewöhnlich schuppenförmig und etwas zusammenfließend, unregelmäßig, haarig-filzig bis borstig- borstig , gräulich-gelblich oder eisenhaltig, der Rand ist subakut, steril, die Substanz im Inneren ist gelblich-eisenhaltig und etwas zoniert.

Die Poren sind zwei bis drei Reihen lang, ungleichmäßig, eckig, die Poren werden mit der Zeit oder bei Quetschungen bräunlich-eisenhaltig. Die Sporen sind eisenhaltig, breit elliptisch, 0,00024 bis 0,0003 Zoll lang und etwa 0,0002 Zoll breit. *Peck.*

Dieses Exemplar kommt sehr häufig auf Buchenstämmen vor, wächst recht groß, massiv, schuppenartig und zusammenfließend, wobei die Pileoli oft zwei bis vier Zoll breit sind. Es ist sehr eng mit P. cuticularis und P. hispidus verwandt. Es kann leicht von P. cuticularis durch seinen geraden Rand und von P. hispidus durch seine geringe Größe und die kleineren Poren unterschieden werden . Gefunden von September bis November.

Polyporus Hispidus . Fr.

Der Hut ist sehr groß, 20 bis 25 cm breit und 7,5 bis 10 cm dick, kompakt, schwammig, fleischig, aber faserig, dünnhäutig und hat gelegentlich einen sehr kurzen Stiel. Im Allgemeinen ist er stark behaart, manchmal aber auch glatt. Der Hut ist häufig mit konzentrischen Linien gezeichnet, die auf ein Wachstumsstillstand hinzuweisen scheinen. Er ist braun, schwärzlich, gelblich oder rötlich-braun, unten blassgelb oder sattes sienabraun, am Rand blasser.

Die Poren sind winzig, rund, neigen zur Trennung, sind gefranst und blasser. Die Sporen sind gelblich, spitz zulaufend, 10×7μ. Sie kommen häufig an lebenden Bäumen vor. Die Pflanze gelangt durch die Rinde in den lebenden Stamm, und zwar durch eine Wunde, die durch irgendeinen Eindringling, z. B. einen Vogel oder ein bohrendes Insekt, verursacht wurde. Bald bildet sich eine Myzelmasse, aus der der Fruchtkörper entsteht.

Polyporus cuticularis . Fr.

Der Hut ist ziemlich dünn, schwammig, fleischig, dann trocken; glatt, haarfilzig, eisenhaltig, dann schwarzbraun; der Rand ist faserig, gefranst, innen locker und parallel, faserig.

Die Poren sind lang, recht klein, blass, dann ockerfarben; Poren länger als die Dicke des Fleisches. Die Sporen sind gelb oder ockerfarben, sehr zahlreich, $7\times4{-}5\mu$. Die Haare auf dem Hut sind dreispaltig.

Dies kommt in Buchenwäldern um Chillicothe sehr häufig vor. Im September und Oktober zu finden.

Polyporus zirkinatus . Fr.

DER RUNDE POLYPORUS . ESSBAR.

Circinatus kommt von *circinus* , einem Zirkel, und bedeutet daher „rundet wie ein Kreis".

Der Hut hat einen Durchmesser von drei bis vier Zoll und eine doppelte Kappe, eine Kappe in der anderen. Beide sind kompakt, dick, rund, flach, zonenlos, samtig, rostgelb bis rötlich-braun, das Fleisch hat dieselbe Farbe. Die obere Kappe ist biegsam, kompakt, weich und mit einem weichen Filz bedeckt, die untere Kappe, die an den Stiel angrenzt, ist holzig und korkig.

Die Poren sind herablaufend, erstrecken sich den Stängel hinunter, sind vollständig, eher klein und dunkelgrau.

Der Stiel ist kurz und ziemlich dick, oft geschwollen und mit einem rötlich-braunen Filz bedeckt.

Dies ist eine eigenartige, aber schöne Art, die man aufgrund ihres doppelten Hutes leicht erkennen kann. Sie soll Tannenwälder bevorzugen, aber ich habe sie häufig in Eichenwäldern gefunden. Sie wächst auf dem Boden, und wenn sie jung und frisch sind, sollen die Pfeifchen gut sein. Ich habe nie mehr als ein Exemplar auf einmal gefunden und nie in essbarem Zustand, obwohl zuverlässige Quellen sagen, dass sie essbar ist, wenn sie jung und zart sind. Gefunden im September und Oktober.

Polyporus adustus . Fr.

Adustus bedeutet „verbrannte" und wird wegen der schwärzlichen Farbe des Randes so genannt.

Der Hut ist oft schuppenförmig; fleischig, zäh, fest, dünn, zottig, aschfarben; der Rand ist gerade und schwärzlich.

Die Poren sind winzig, rund, stumpf, weißlich, bald aschbraun.

Es ist überall auf umgestürzten Buchen oder Buchenstümpfen häufig anzutreffen. Es ist P. fumosus sehr ähnlich , wenn es nicht mit ihm identisch ist. Es ist von August bis in den Spätherbst zu finden.

Polyporus resinosus .

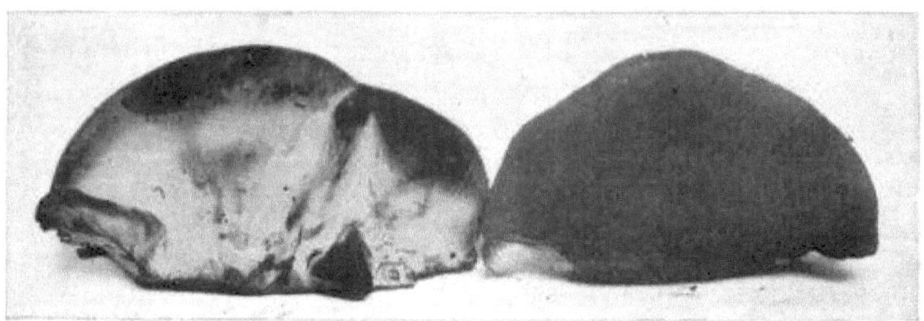

FIGUR 331.— Polyporus resinosus . Ein Viertel der natürlichen Größe.

Hut von drei bis sechs und häufig acht Zoll lang; sattes Braun, das von leuchtendem Zimt bis Rot variiert, hübsch gezeichnet mit feinen Strichen , die von der Wachstumsachse ausstrahlen; die Farbe des Hutes scheint eine Bindung um den Rand der hellgrauen Porenoberfläche zu bilden, die dicht mit winzigen elliptischen Poren durchlöchert ist.

Die Farbe der Porenoberfläche ändert sich bei leichtem Druck leicht ins Braune. Die ganze Pflanze ist voll von bräunlichem Saft, der bei Druck frei austritt. Die Pflanze ist schräg und schuppenförmig an der Seite eines Baumstamms angebracht, ohne sichtbaren Stamm.

Insgesamt betrachtet ist der Polyporus resinosus ist eines der schönsten Pilzexemplare, die man bei einer langen Tageswanderung finden kann. Wenn er frisch und im Wachstum ist, hat er einen recht angenehmen Geschmack.

Man findet ihn im Oktober und November auf verrotteten Baumstämmen, bevorzugt Buchen . Seine Häufigkeit ist seiner Schönheit ebenbürtig.

Polyporus lucidus . Fr.

FIGUR 332.— Polyporus lucidus . Ein Drittel der natürlichen Größe.

Der Hut ist zwei bis drei Zoll oder mehr breit, normalerweise sehr unregelmäßig, bräunlich-kastanienbraun, mit einer deutlichen Doppelzone aus stumpferem Dunkelbraun und Hellbraun. Hut besonders in der Mitte glasig, runzelig.

Die Sporenoberfläche ist bei jungen Pflanzen sehr hell graubraun und verfärbt sich bei älteren Pflanzen fast hellbraun; die Poren sind labyrinthförmig .

Der Stiel ist unregelmäßig, knotig und geschwollen mit Ausstülpungen, die ein wenig an Knospen erinnern, aus denen sich die Hüte entwickeln, die in manchen Fällen aussehen, als ob sie wie Seepocken an einem Stock am Stiel feststecken. Im Gegensatz zu den meisten Pilzen haben die Oberseite des Hutes und der Stiel nahezu die gleiche Farbe, wobei der Stiel normalerweise ein leuchtenderes Rot hat. Der Stiel hat eine deutlich erkennbare Wurzel, die mehrere Zentimeter in den Boden reicht. Die ganze Pflanze ist fast unbeschreiblich unregelmäßig. Sie ist eine recht hübsche Pflanze, wenn man sie zwischen Unkraut und neben Baumstümpfen wachsen sieht. Die Pflanzen in Abbildung 332 fand ich zwischen Datura stramonium neben alten Baumstümpfen auf einer Weide wachsen. Ich habe die gleiche Art auf Eichenstümpfen wachsen sehen. Sie ist bekannt als Ganoderma Curtisii , Berk., G. pseudo-boletus, Merrill. Sie kommt von August bis zum Spätherbst vor.

Schräger Polyporus . MF

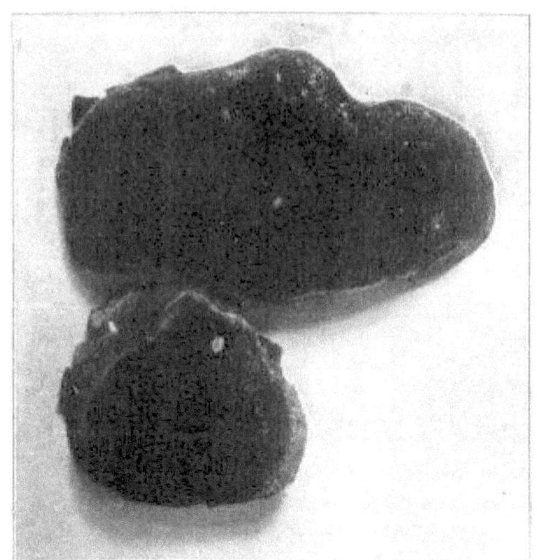

FIGUR 333.— Polyporus obliquus. Zwei Drittel der natürlichen Größe.

Obliquus bedeutet schräg, schräg. Diese Art ist weit umrandet, meist hart, recht dick, uneben, blass, elegant schokoladenbraun, dann schwärzlich; umgekehrt mit umrandetem Kammrand.

Die Poren sind lang, sehr klein, stumpf und leicht eckig. Sie wächst auf abgestorbenen Zweigen von Eisenholz und Wildkirschen. Das tiefe Schokoladenbraun und die schräge Form der Poren dienen zur Identifizierung der Art.

Bei uns wächst sie im Frühjahr. Dieses Exemplar habe ich im Juni gesammelt. Im Herbst besuchte ich denselben Stamm, stellte jedoch fest, dass er bereits zu verrotten begonnen hatte. Sie wird manchmal Poria obliqua genannt .

Polyporus graveolens. Fr.

FIGUR 334.— Polyporus graveolens.

Graveolens bedeutet stark duftend. Korkig oder holzig und extrem hart, sehr eng überlappend und verwachsen, bilden eine subglobose polyzephale Masse, Abbildung 334. Zahlreiche Pileoli , eingebogen und angedrückt, gefaltet, braun.

Poren verborgen, sehr klein, rund, blassbraun, die Poren dick und stumpf. *Morgan.*

Dies ist aufgrund ihrer besonderen Wuchsweise eine sehr interessante Pflanze. Man findet sie in Wäldern oder Lichtungen auf abgestorbenen Baumstämmen oder stehenden toten Bäumen. In einigen Teilen des Staates ist sie recht häufig. Aus der Abbildung 334 geht hervor, dass die Pflanze aus unzähligen Pileoli besteht, die eine fast kugelförmige oder längliche Masse bilden . Sie haben häufig einen Durchmesser von drei bis sechs Zoll und sind mehrere Zoll lang. Ich habe sie sehr langgestreckt an stehenden Bäumen gesehen. Wenn sie jung und im Wachstum sind, sehen sie glänzend aus und haben eine rötliche und manchmal violette Tönung. Das Innere ist eisenhaltig, aber mit einer harten braunen Kruste überzogen. Die Poren sind braun, und bei Betrachtung durch das Glas sieht man, dass sie mit einer sehr feinen Behaarung ausgekleidet sind. Die dachziegelförmige Form der Pileoli ist in der Abbildung sehr deutlich zu erkennen.

Polyporus brumalis . Fr.

DER WINTERPORLING .

FIGUR 335.— Polyporus brumalis .

Brumalis kommt von *bruma* , was Winter bedeutet; so genannt, weil es spät, bei kaltem Wetter, erscheint. Die Exemplare in Abbildung 335 wurden im Dezember gefunden.

Der Hut ist ein bis drei Zoll breit, nahezu eben, in der Mitte leicht eingedrückt, etwas fleischig und zäh, schmutzig-braun, mit winzigen Schuppen bedeckt und wird dann glatt und blass.

Die Poren sind oval, leicht eckig, schmal, spitz, gezähnt, weiß, 5–6×2µ.

Der Stiel ist kurz, dünn, an der Basis leicht bauchig, behaart oder schuppig, blass und in der Mitte.

Normalerweise kommt er einzeln vor, aber häufig findet man auch mehrere in einer Gruppe. Er wächst auf Stöcken und Baumstämmen und ist ziemlich schwer von seinem Wirt zu lösen. Zu zäh zum Essen. Er ist gleichbedeutend mit Polyporus polyporus . (Retz) Merrill.

Polyporus rufescens . Fr.

DER ROTBRAUNE POLYPORUS .

Rufescens , rot werdend. Der Hut ist fleischfarben, schwammig, weich, ungleichmäßig, haarig oder wollig.

Die Poren sind groß, gewunden und zerrissen, weiß oder hautfarben.

Der Stiel ist kurz, unregelmäßig und an der Basis knollig. Sporen elliptisch, 6×4–5μ.

In der Gegend von Chillicothe kommt es häufig auf dem Boden über alten Baumstümpfen vor.

Polyporus arcularius . Batsch.

ABBILDUNG 336. — Polyporus arcularius . Zwei Drittel der natürlichen Größe, mit dunkelbrauner und eingedrückter Mitte; ebenfalls dunkelbraune Stiele.

Der Hut ist dunkelbraun, fein schuppig, in der Mitte eingedrückt und am Rand mit steifen Haaren bedeckt.

Die Oberfläche der Röhre hat eine schmutzig-cremefarbene Farbe, die Öffnungen sind länglich, beinahe rautenförmig und ähneln den Maschen eines Netzes. Die Maschen sind am Rand kleiner, flach und an der Spitze des Stiels einfach abgegrenzt.

Der Stamm ist dunkelbraun, fein schuppig, gesprenkelt, mit cremefarbenem Grundwerk; hohl. Im Frühjahr häufig auf Ästen und verrottetem Holz auf Feldern oder alten Lichtungen. Er ist recht weit verbreitet. Essbar, aber zäh.

Polyporus elegans. Fr.

Der Hut ist fleischig, wird bald holzig; ausgedehnt, ebenmäßig, glatt, blass.

Die Poren sind eben, winzig, fast rund, blass und gelblich-weiß.

Der Stamm ist exzentrisch, eben, glatt, blass; die Basis ist von Anfang an abrupt schwarz. Dies ist bei morschem Holz in den Wäldern recht häufig. Er ähnelt P. picipes sowohl im Aussehen als auch im Lebensraum.

Polyporus medullapanis . Fr.

Ausgegossen, bestimmt, leicht gewellt , fest, glatt, weiß, mit nacktem Umfang, submarginal , vollständig aus mittelgroßen, ziemlich langen, geschlossenen Poren bestehend, das Ganze wird mit dem Alter gelblich.

Ich habe diese Art auf einem Ulmenstamm am Ralston's Run gefunden.

Polyporus albellus . Fzg.

Der Hut ist dick, gestielt, konvex oder subunguliert , subsolitär , zwei bis vier Zoll breit, ein bis eineinhalb Zoll dick, fleischig, ziemlich weich; die angewachsene Kutikula ist ziemlich dünn, glatt oder manchmal leicht aufgeraut durch ein wenig strähniges Fell, besonders zum Rand hin; weißlich, mehr oder weniger fusselig getönt ; Fleisch reinweiß, Geruch säuerlich.

Die Poren sind nahezu eben, winzig, fast rundlich und etwa zwei Linien lang; sie sind weiß, tendieren ins Gelbliche, die Poren sind dünn und spitz.

Die Sporen sind winzig, zylindrisch, gebogen, weiß und 0,00016 bis 0,0002 Zoll lang. *Peck.*

Diese Art ist hier recht häufig und in den Vereinigten Staaten weit verbreitet.

Polyporus epileucus . Fr.

Dies ist eine ziemlich große und schöne Pflanze. Sie wächst anscheinend ohne Stiel und hat eine ungleichmäßige graue Farbe. Der Hut ist etwas lederartig, fest, pulviniert und zottig.

Die Poren sind rund, länglich, stumpf, vollständig und weiß.

Dies kommt bei uns nicht häufig vor, ich bin ihm jedoch ein paar Mal begegnet, und zwar immer auf Ulmenstämmen oder -stümpfen.

Polyporus betulinus . Fr.

DER BIRKENPORLING . ESSBAR.

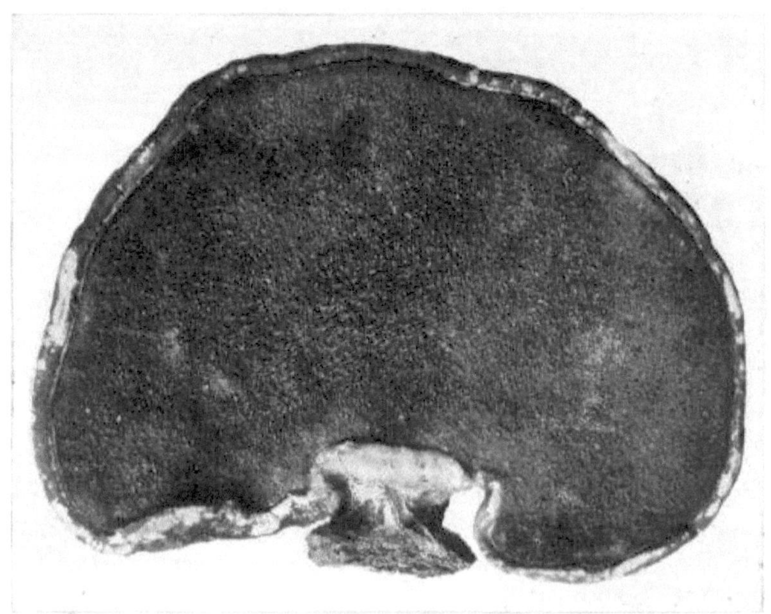

ABBILDUNG 337. — Polyporus betulinus .

Betulinus stammt von *Betulina* , Birke.

Der Hut hat einen Durchmesser von zehn bis zehn Zoll, ist fleischig, bald korkig, hufförmig, stumpf, glatt, im reifen Zustand blass rötlich-braun, oft gesprenkelt, rundlich oder etwas nierenförmig, ohne Zone, der schräge Scheitel hat die Form eines Nabels; die Haut ist dünn und trennt sich; das Fleisch ist weiß und sehr dick.

Die Poren sind kurz, rund, winzig, ungleichmäßig, im frischen Zustand vom Hut trennbar, aber wirklich fest mit ihm verbunden; weiß oder bräunlich getönt, entwickeln sich langsam; im reifen Zustand haften eigentümliche haarähnliche Schuppen an der Porenoberfläche, wodurch die Pflanze von der Seite betrachtet wie ein Hydnum aussieht . Man findet sie überall, wo die Birke wächst. Im jungen und frischen Zustand ist sie essbar, hat aber einen starken Geschmack, der vielen unangenehm ist. In diesem Zustand fressen die Rehe sie. Das Exemplar in Abbildung 337 wurde in Wisconsin gefunden und von Dr. Kellerman fotografiert. Diese Art ist der Piptoporus suberosus (L. von Merrill).

Polyporus cinnabarinus . Schw .

ZINNOBERPORLING .

ABBILDUNG 338. — Polyporus cinnabarinus . Ein Drittel der natürlichen Größe.

Cinnabarinus wie Zinnober. Der Hut ist trocken, mehr oder weniger schwammig, biegsam, ziemlich dick, an der Oberseite faserig; Fleisch hell oder gelblich-rot, abfallend.

Die Poren sind karminrot, ziemlich klein, rund und vollständig.

Diese Art ist in den Wäldern um Chillicothe recht häufig. Sie ist leicht an der schönen karminroten Farbe des Hutes und der Porenoberfläche zu erkennen, wobei letztere einen Farbton dunkler ist als erstere, wie in Abbildung 338 zu sehen ist.

Die fotografierten Exemplare wurden im Dezember gefunden. Sie wachsen auf toten Stämmen und Ästen, häufig auf Eichen und Wildkirschen, manchmal auch auf Ahorn. Einige Autoren nennen sie Trametes Zinnober .

Polyporus vulgaris. Fr.

GEWÖHNLICHER AUSGEGOSSENER POLYPORUS .

Vulgaris, gewöhnlich. Ziemlich breit ausgegossen, sehr dünn, haftet eng an seinem Wirt; gleichmäßig, weiß, trocken. Der Umfang ist bald glatt und die gesamte Oberfläche besteht aus festen, dicht gedrängten, kleinen, runden, nahezu gleichmäßigen Poren.

Ausgeschieden von abgestorbenem Holz, abgefallenen Ästen und häufig auch von feuchten Brettern.

Polyporus Milchsäurebakterien . Fr.

Der Hut ist weiß oder weißlich, fleischig, etwas faserig, zerbrechlich, dreieckig geformt, kurz weichhaarig, azoniert , der Rand ist etwas eingebogen und spitz.

Die Poren sind dünn, spitz, gezähnt, schließlich zerfetzt und labyrinthförmig
.

Diese Art kommt in den Wäldern auf Buchenstämmen vor. Sie ist klein und
dünn, kaum mehr als einen Zoll breit, manchmal aber auch länglich. Hinten
steil und gewölbt, wird sie schließlich glatt und eben. In unseren Wäldern ist
sie nicht häufig, aber ich habe sie oft gefunden. August und September.

Polyporus Cäsius . Schrad.

Der Hut ist weiß, mit gelegentlichem bläulichen Schimmer auf der
Oberfläche, weich, zäh, ungleichmäßig und seidig.

Die Poren sind klein, ungleichmäßig, lang, gebogen, gezähnt und zerfetzt.

Man findet ihn im Wald auf teilweise verrotteten Ästen. Ich habe in unseren
Wäldern nur gelegentlich ein Exemplar gefunden.

Polyporus pubescens . Schw .

ABBILDUNG 339. — Polyporus pubescens . Außen und innen weiß, kurz
weichhaarig und glänzend.

Pubescens bedeutet flaumig; der Name leitet sich von der seidigen
Oberfläche seines Hutes ab, der fleischig, ziemlich zäh und korkig, weich,
konvex, subzoniert , kurz weichhaarig und glänzend ist; außen und innen
weiß; der Rand ist spitz und wird schließlich gelblich und hart mit einem
glänzenden Schimmer .

Die Poren sind kurz, winzig, fast rund und eben.

Der Hut ist ein bis zwei Zoll breit, seitlich zusammenfließend und meist stark
schuppenförmig. Ziemlich häufig in Wäldern auf Buchenstämmen. Juli bis
November.

Polyporus volvatus . Fzg.

ABBILDUNG 340. — Polyporus volvatus . Natürliche Größe.

Volvatus , mit einer Volva. Dies ist eine höchst interessante Art. Der Hut scheint verlängert zu sein und bildet einen volvaähnlichen Schutz der Sporenoberfläche. Wenn diese Volva aufbricht, sieht man oft kleine Sporenhaufen auf der Volva, die vor dem Wind geschützt sind.

Die Pflanze ist klein, etwas rund und ähnelt, bevor die Volva aufbricht, einem Bovist; fleischig, glatt, an einer kleinen Spitze befestigt, weißlich, leicht gelb, rot oder rötlich-braun getönt; die Kutikula des Pileus umhüllt die gesamte Porenoberfläche, ist dick und fest. Die Poren sind ziemlich lang, klein, die Öffnungen gelblich mit einem Hauch von Braun. Die Sporen sind elliptisch und fleischfarben, 0,0003 bis 0,00035 Zoll lang und etwa 0,0002 Zoll breit.

Diese Pflanze ist weit verbreitet und kommt in Neuengland, den Oststaaten und den Staaten am Pazifik vor. Ich gehe davon aus, dass sie überall dort zu finden ist, wo die Fichte heimisch ist.

Die Exemplare in Abbildung 340 wurden in der Nähe von Boston gefunden und mir etwa am 1. Mai von Mrs. Blackford zugeschickt. Das erste Paket, das ich vor der Untersuchung für einen neuen Bovist hielt, dem sie in ihrem unentwickelten Zustand zu ähneln schienen, war für mich ein neuer Bovist.

Polystictus biformis . Fr.

ABBILDUNG 341. — Polystictus biformis . Natürliche Größe. Häufig mit grünem Flechten bedeckt.

Biformis bedeutet zwei Formen oder Erscheinungen und bezieht sich auf den Zustand der Poren bei der jungen und der alten Pflanze.

Der Hut ist zwei bis drei Zoll breit und ragt ein bis drei Zoll vor, ist oft dachziegelförmig, so dass er eine große Oberfläche bedeckt; seitlich zusammenfließend, lederartig, flexibel, zäh, subzoniert , mit angeborenen ausstrahlenden Fasern , die Rinde faserig und einfarbig.

Die Poren sind zunächst sehr groß, einfach, zusammengesetzt oder zusammenfließend, rund, länglich, gebogen; die Dissepimente sind gezähnt, dann zerrissen, das Hymenium löst sich schließlich in Zähne auf.

Als ich diese Pflanze zum ersten Mal fand , hatte sich das Hymenium in Zähne aufgelöst, und ich nahm an, dass ich eine Irpex gefunden hatte . Man findet sie in Wäldern auf Baumstämmen und Baumstümpfen. Bei uns sehr häufig. Oft mit grünem Flechten bedeckt. Juli bis November.

Polystictus behaart . Fr.

Der borstige Polystictus .

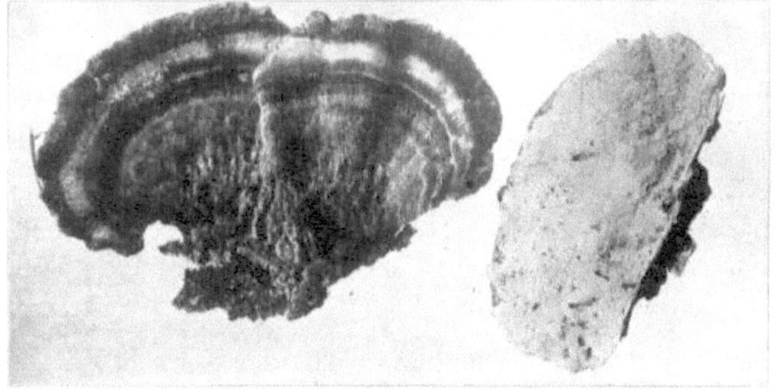

ABBILDUNG 342. — Polystictus behaart . Natürliche Größe.

Hirsutus bedeutet haarig oder borstig. Der Hut ist korkig, lederartig, konvex, dann eben, haarig mit starren Borsten, mit konzentrischen Furchen gezont; einfarbig, weißlich, manchmal sind diese Zonen deutlich ausgeprägt, wie in Abbildung 342.

Die Porenoberfläche ist zunächst weiß oder weißlich und wird mit der Zeit dunkel oder bräunlich. Die Poren sind rund, die Wände ziemlich dick. Man findet sie auf Baumstämmen und Baumstümpfen im Wald. Es ist eine sehr häufige und weit verbreitete Pflanze.

Polystictus versicolor. Fr.

DER HÄUFIG GEZONTE POLYSTICTUS .

FIGUR 343.— Polystictus versicolor. Halbe natürliche Größe.

Versicolor bedeutet verschiedene Farben. Der Hut ist lederartig, dünn, starr, eben, hinten eingedrückt; ganz samtig, fast eben und glänzend, mit bunten Zonen übersät, manchmal ganz weiß oder grauweiß, nicht selten ist die gesamte Oberfläche zottig oder wollig und die Zonen sind bloße Vertiefungen.

Die Poren sind winzig, rund, spitz, zerfetzt und weiß oder cremefarben.

Es ist sehr verbreitet und in Form und Farbe sehr variabel. Man findet es häufig auf Baumstämmen und ist dann dicht übereinander gestapelt. An unseren Hängen wächst es häufig auf einem kleinen Busch wie in Abbildung 343. Es ist eine der schönsten Pflanzen im Wald.

Polyporus gilvus . Schw .

Gilvus bedeutet blassgelbe oder tiefrötliche Fleischfarbe.

Der Hut ist korkig, holzig, hart, effuso -reflektiert, dachziegelförmig, sich zusammenziehend , subfiltrierend , dann rau, uneben, rötlich-gelb, dann subeisenhaltig , der Rand ist spitz.

Die Poren sind winzig, rund, vollständig und bräunlich-eisenhaltig. *Morgan.*

Es ist im ganzen Staat weit verbreitet und kommt auf allen Arten von Baumstämmen und Baumstümpfen vor.

Polystictus Zimtstern .

ABBILDUNG 344. — Polystictus Zimtsterne .

Der Hut ist höchstens 3,8 cm breit, lederartig und in der Mitte leicht eingedrückt; die Oberfläche ist eher rau, hat jedoch einen schönen seidigen

Glanz und ist mehr oder weniger gezont; die Hüte wachsen oft zusammen, haben jedoch getrennte Stiele; sie glänzen in einem hellen Zimtbraun.

Die Sporen sind ziemlich groß, eckig, zerrissen mit dem Alter, zimtbraun und werden bei älteren Pflanzen dunkler.

Der Stiel ist ein bis zwei Zoll lang, gleich lang oder nach oben leicht verjüngt, zimtbraun, hohl oder gefüllt, zäh und treibt häufig an den Seiten und der Basis des Stiels Äste aus.

Dies ist eine sehr schöne Pflanze, die normalerweise in Moosflecken wächst. Die Kappen haben eine ziemlich glänzende zimtbraune Oberfläche, die die Aufmerksamkeit aller auf sich zieht . Sie sind sehr klein und leicht zu übersehen. Gefunden im August und September.

Diese Pflanze wird von Dr. Peck P. subsericeus genannt.

Polystictus perennis. Fr.

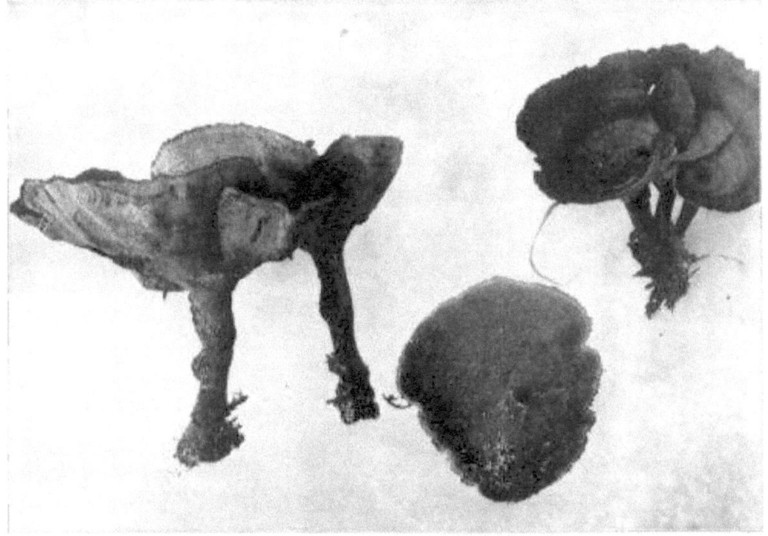

Foto von CG Lloyd.

Der Hut ist dünn und biegsam, wenn er frisch ist, aber etwas spröde, wenn er trocken ist. Er ist auf der Oberseite fein samtig, rötlich-braun oder zimtfarben; er ist ausgedehnt oder nabelförmig bis fast trichterförmig. Die Oberfläche ist schön durch Strahlen und feine konzentrische Zonen gekennzeichnet.

Der Stiel ist ebenfalls samtig. Die Sporenröhren sind winzig, die Wände dünn und spitz, die Mündungen eckig und schließlich mehr oder weniger zerrissen.

Der Rand des Hutes ist fein gefranst, aber bei alten Exemplaren neigen diese Haare dazu, abgerieben zu werden. *Atkinson.*

Ich fand Exemplare am Straßenrand in der Nähe von Lone Tree Hill, in der Nähe von Chillicothe. Es ist der einzige Ort, an dem ich diese Pflanze gefunden habe. Ich habe Polystictus gefunden subsericeus oder, wie Prof. Atkinson es nennt, P. cinnamomeus , an einer Reihe von Orten.

Polystictus pergamenus . Fr.

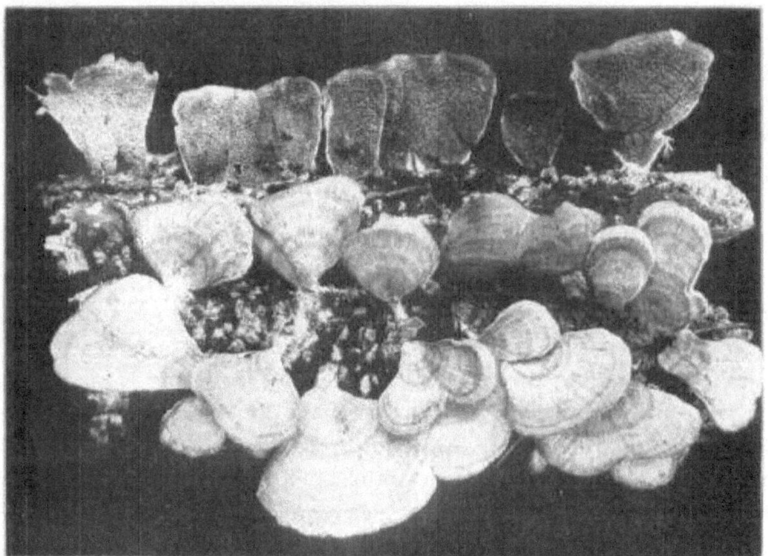

FIGUR 345.— Polystictus Pergamenus .

Pergamenus bedeutet Pergament.

Der Hut ist lederartig, dünn, ergussartig, zurückgebogen, zottig, gezont, aschgrau-weiß, mit farbiger Zone; im frischen Zustand biegsam.

Die Poren sind ungleichmäßig, zerrissen, violett, dann blass. Er kommt hier sehr häufig bei Buche, Ahorn und Wildkirsche vor. Die Poren werden zerrissen, so dass sie den Zähnen des Hydnum ähneln . Dies ist einer der häufigsten Pilze in unseren Wäldern.

Das Foto stammt von Prof. JD Smith aus Akron, O.

Fomes leucophæus . Mont.

Dies wurde von vielen Autoren in Amerika Fomes applanatus oder Polyporus genannt applanatus . Er ist in diesem Land sehr verbreitet, in Europa jedoch sehr selten, während Fomes applanatus , der in Europa weit verbreitet ist, in den Vereinigten Staaten sehr selten ist. Im allgemeinen

Erscheinungsbild sind sie sich sehr ähnlich, wobei der applanatus ein weicheres Gewebe und stachelige Sporen hat, während unsere häufige Art, leucophæus , glatte Sporen hat.

Der Hut ist ausgedehnt, knollenförmig , zoniert, pulverförmig oder glatt; zimtfarben, wird weißlich; die Kutikula ist krustig, starr, schließlich brüchig, innen sehr weich; locker flockig, der Rand geschwollen; weiß, dann zimtfarben. Die Poren sind sehr klein, leicht eisenhaltig, die Öffnung weißlich, bei Quetschung bräunlich. Die Sporenoberfläche ist im frischen Zustand weich und weiß.

Diese hübsche Pflanze ist in unseren Wäldern weit verbreitet und bietet eine hervorragende Schablonenoberfläche zum Zeichnen. Sie ist das ganze Jahr über zu finden.

Fomes fomentarius . Fr.

DIE BRACKET-FOMES.

Diese Art ist in unseren Wäldern sehr verbreitet. Die Konsolen ähneln in ihrer Form einem Pferdehuf. Sie sind rauchig, grau und haben verschiedene Brauntöne. Die Oberseite der Konsole ist ziemlich stark gezont und gefurcht, um das jährliche Wachstum anzuzeigen. Der Rand ist dick und stumpf und die Röhrenoberfläche ist konkav; die Öffnungen der Röhren sind ziemlich groß, so dass sie mit bloßem Auge leicht zu erkennen sind. Die Röhrenoberfläche ist im reifen Zustand rötlich-braun. Die Innenseite wurde früher zur Herstellung von Zunderstäben verwendet, die hergestellt wurden, indem das Pilzholz gerollt wurde, bis es vollkommen biegsam war, und dann in Salpeter getaucht wurde .

Fomes rimosus.Berkeley .

GEBROCHENE FOMES.

ABBILDUNG 347. — Fomes rimosus .

Rimosus bedeutet rissig. Die feinen Risse im Hut sind im Halbton deutlich zu erkennen.

Der Hut ist gewölbt-unguliert, stark geweitet, tief gefurcht; zimtfarben, dann braun oder schwärzlich; stark rissig oder rau . Er ist sehr hart, faserig, gelbbraun-eisenhaltig; der Rand ist breit, bereift -samtig, ziemlich spitz.

Die Poren sind winzig, undeutlich geschichtet, gelbbraun-eisenhaltig, die Mündungen rhabarberfarben. *Morgan.*

Diese Pflanze kommt sehr häufig auf den Robinien in der Gegend von Chillicothe vor. Auf anderem Holz habe ich sie noch nie gefunden.

Pinienkerne . (Swartz.) Fr.

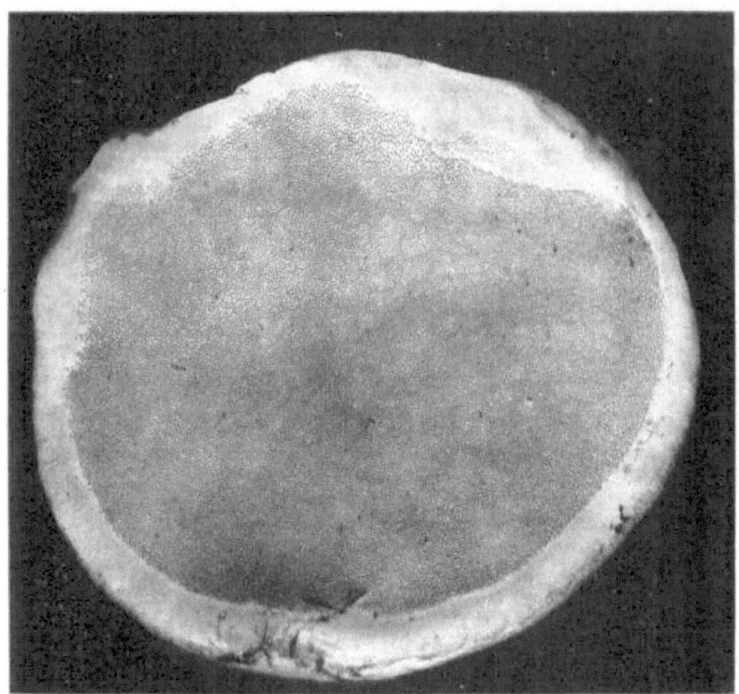

ABBILDUNG 348. — Fomes pinicola .

Pinicola bedeutet „auf Kiefern wohnend". Man findet ihn auf toten Kiefern, Fichten, Balsamtannen und anderen Nadelbäumen. Er ähnelt Fomes leucophæus , ist aber etwas kräftiger und hat keine so harte und feste Kruste. Das junge Wachstum befindet sich am Rand und ist weißlich oder gelblich gefärbt, während die alten Zonen rötlich sind. Die Röhrenoberfläche ist weißlich-gelb oder gelblich. Dies wird häufig Polyporus genannt. pinicolus . (Swartz.) Fr.

Fomes igniarius. Fr.

ABBILDUNG 349. — Fomes igniarius.

Dies ist eine in unserem Staat recht häufig vorkommende Art; sie ist schwarz oder bräunlich-schwarz gefärbt, hat eine etwas dreieckige Form und ist häufig hufförmig. Die Zonen, die das jährliche Wachstum anzeigen, sind deutlich markiert und die Röhren sind recht lang und von dunkelbrauner Farbe. Ihr Wachstum ist eher langsam und es dauert Jahre, bis einige Exemplare mittlerer Größe entstehen. Prof. Atkinson von der Cornell University fand ein Exemplar, das seiner Meinung nach über 80 Jahre alt ist.

Viele Autoren nennen ihn Polyporus igniarius (L.), Fr. Murrill nennt ihn Pyropolyporus igniarius. Diese Pflanze ist in den Vereinigten Staaten weit verbreitet und kommt in jedem Wald in Ohio häufig vor.

Fomes fraxinophilus . Fr.

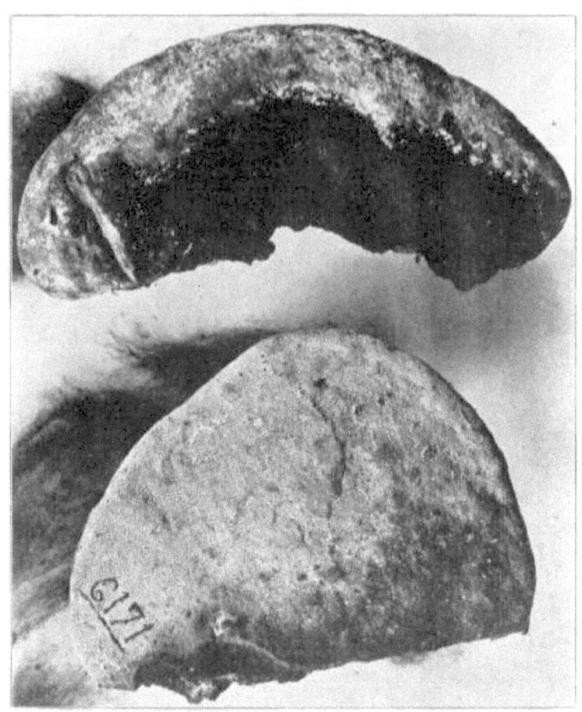

ABBILDUNG 350. — Fomes fraxinophilus .

Fraxinophilus bedeutet Eschenfreund; hierzulande eher verbreitet, wächst in Europa jedoch nicht.

Der Hut ist zwischen korkig und holzig, glatt, etwas abgeflacht, zunächst zonenlos; jung weiß, dann rötlich-braun, am Rand weiß; zunächst eben, dann konzentrisch gefurcht, innen blass.

Die Röhren sind kurz, die Poren winzig, rostrot, aber von Anfang an mit einer weißen Behaarung bedeckt und bis zum Rand durchgehend; die Sporen sind nahezu rund, 6–7 μ.

Die Exemplare in Abbildung 350 wurden in Haynes' Hollow auf einer lebenden Esche gefunden. Sie wuchsen in Abständen von fünf bis sechs Fuß übereinander und erreichten eine Höhe von neun Metern.

Trameten . Fr.

Bei der Gattung Trametes geht das Hymenophorum unverändert in die Trama der Poren über und ist dauerhaft mit dem Hut verbunden. Die Poren sind vollständig. Es gibt jedoch einige Polypori , die recht dünn sind und deren Trama die gleiche Struktur wie das Hymenophorum hat. Diese wurden von Fries abgetrennt und *Polystictus* genannt . Sie zeichnen sich dadurch aus, dass sich die Poren von der Mitte nach außen entwickeln und senkrecht zur fibrillisen Schicht über dem Hymenophorum stehen , während bei der Gattung *Trametes* das Hymenophorum nicht weit vom Rest des Hutes entfernt ist.

Trameten rubescens . Fr.

ABBILDUNG 351. — Trameten rubescens .

ABBILDUNG 352. — Trameten rubescens .

Dies ist eine der schönsten Pflanzen dieser Struktur in unseren Wäldern. Sie wächst auf den kleinen Ästen und bedeckt diese oft recht gut. Sie ist resupiniert, der Hut ist schön gezont, wie Sie in Abbildung 351 sehen. Häufig wachsen sie an der Seite eines kleinen Baumes, der auf den Boden gefallen ist, und in diesem Fall sind sie schräg.

Die Porenoberfläche ist normalerweise rötlich oder hautfarben. Die Poren sind lang und unregelmäßig und neigen bei älteren Exemplaren zur Labyrinthform , wie in Abbildung 352 zu sehen ist.

Die ganze Pflanze ist rötlich oder blass fleischfarben. An diesen Schnitten ist sie für jeden erkennbar.

Trameten scutellata . Schw .

Scutellata bedeutet Schildträger. Es ist häufig recht klein, einen Zoll oder weniger; lederartig, dürr, kreisrund oder hufförmig, an der Spitze befestigt; die Häute sind recht hart: weiß, dann bräunlich und schwärzlich, werden rau und uneben, mit weißem Rand; Hymenium scheibenförmig, konkav, weiß-pulverförmig, wird dunkel; Poren winzig, lang, mit dicken, stumpfen Einschlüssen. Dies findet man an Zaunpfählen.

Trameten ^ "Ohiensis , Berk".

Die Häutchen sind gewölbt, schmal, gezont, oft seitlich zusammenfließend; ockerfarben-weiß, filzig, dann glatt, laccat . Diese Pflanze ähnelt T. scutellata in vielen Punkten, sowohl in Wuchs als auch in Form.

Trameten suaveolens . (L.) Fr.

Zuerst weich, pulviniert, weiß, zottig, zonenlos; Poren rundlich, ziemlich groß, stumpf, weiß, dann dunkler; Anisduft. Auf Weiden zu finden.

Merulius . Fr.

Merulius bedeutet Amsel; von der Farbe des Pilzes.

Hymenophor ist mit weichem, wachsartigem Hymenium bedeckt, das unvollständig porös ist oder in netzartigen, gewundenen, gezähnten Falten angeordnet ist. Diese Gattung wächst auf Holz, das zunächst nach außen gestreckt ist; der Hymenophor entspringt einem schleimigen Myzel.

Merulius Röteln . Fzg.

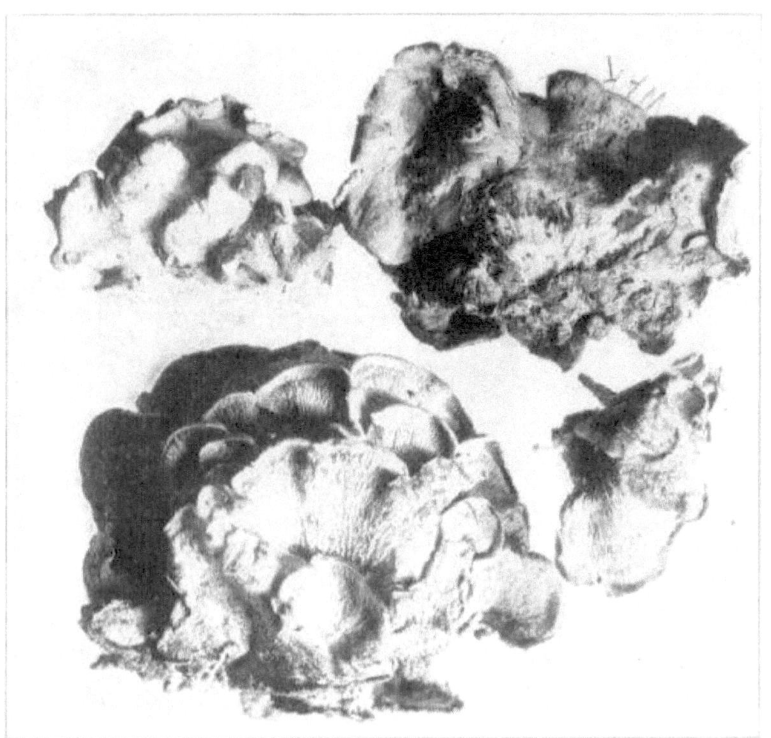

ABBILDUNG 353. — Merulius Röteln . Natürliche Größe.

Rubellus ist die Verkleinerungsform von *ruber* , rötlich. Der Hut wächst in Büscheln, gestielt, zusammenfließend und dachziegelartig, rückenförmig, dünn, konvex, weich, dünnhäutig, ziemlich zäh; filzig, gleichmäßig rot, Rand meist wellig gebogen, mit zunehmendem Alter blass werdend. Hymenium weißlich oder rötlich, Falten stark verzweigt, bilden anastomosierende Poren. Die Sporen sind elliptisch, hyalin, winzig, 4–5×2,5–3μ. Der Hut ist zwei bis drei Zoll lang und anderthalb Zoll breit.

Man findet sie sehr häufig auf verrotteten Buchen und Zuckerbäumen und ich habe sie auf einer Virginia-Eiche wachsen sehen. Die Exemplare in Abbildung 353 wurden in der Nähe von Columbus gesammelt und von Dr. Kellerman fotografiert. Es handelt sich wahrscheinlich um dieselbe Art wie M. incarnati, Schw .

Merulius tremellosus . Schrad.

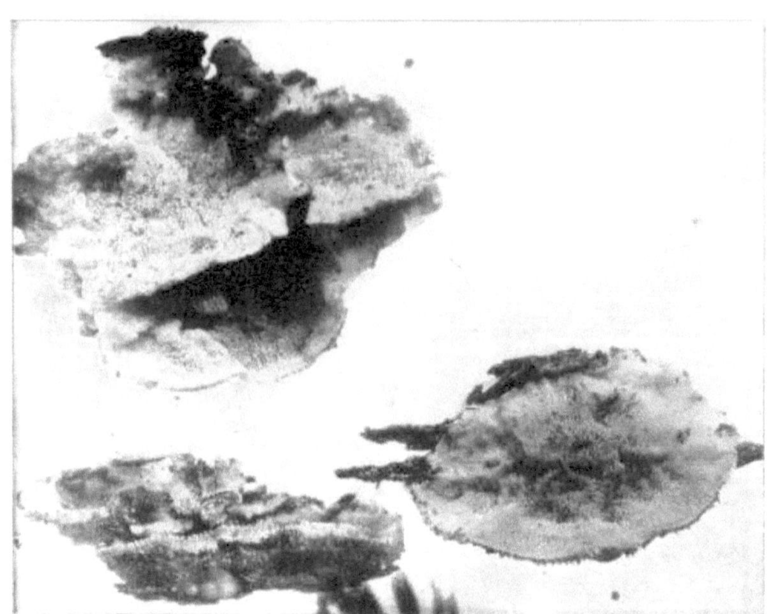

Foto von CG Lloyd.

ABBILDUNG 354. — Merulius tremellosus

Tremellosus , zitternd. Resupinat; der Rand wird frei und mehr oder weniger zurückgebogen, normalerweise strahlenförmig gezahnt, fleischig, tremelloid , filzig, weiß; Hymenium unterschiedlich runzelig und porös , weißlich und nicht durchscheinend, in der Mitte braun gefärbt. Die Sporen sind zylindrisch, gekrümmt, etwa $4\times1\mu$. Ein bis drei Zoll im Durchmesser, bleiben blass, wenn sie an dunklen Orten wachsen. Der Rand ist manchmal rosa gefärbt und strahlt, wenn er gut entwickelt ist. *Massee.*

Diese Pflanze wächst in Wäldern auf Holz und ist in unseren Wäldern recht häufig – sowohl in der rosafarbenen als auch in der durchscheinend-braunen. Kapitän McIlvaine nennt Merulius tremellosus und M. rubellus sind Notarten. Er sagt, sie seien eher geschmacklos, zäh und hätten einen leicht holzigen Geschmack. Man findet sie im Oktober und November.

Merulius corium. Fr.

Resupinat, ergossen, weich, papierartig, Umfang schließlich frei, zurückgebogen, weiß, unten zottig. Hymenium netzartig, porös , blass, hellbraun.

Auf verrottenden Ästen zu finden. Ziemlich häufig.

Merulius Tränenmänner . Fr.

Resupinat, fleischig, schwammig, feucht, zart, zunächst sehr leicht, baumwollartig und weiß; wenn die Adern erscheinen, sind sie fein gelb, orange oder rötlich-braun und bilden unregelmäßige Falten, die so angeordnet sind, dass sie wie Poren aussehen (aber nie wie Röhren). In vollkommenem Zustand destillieren sie Wassertropfen, die zu dem spezifischen Namen „weinend" führen.

Dr. Charles W. Hoyt aus Chillicothe brachte zwei oder drei Pflanzen dieser Art in mein Büro, die auf der Unterseite des Fußbodens in seinem Waschhaus gewachsen waren. Als er den Fußboden aufnahm, entdeckten die Arbeiter eine Anzahl herabhängender Fortsätze, einige oval, andere kegelförmig. Einige waren 20 cm lang, sehr weiß und schön, zeigten aber deutlich den Nässeprozess. Der Arzt nannte sie weiße Ratten, die an ihren Schwänzen aufgehängt waren.

Dædalea . MF

Dædalea bezieht sich auf die labyrinthförmigen Poren, benannt nach Dædalos , dem Erbauer des Labyrinths von Kreta.

unverändert in die Trama über, die Poren sind fest, im ausgewachsenen Zustand gewunden und labyrinthförmig , zerrissen und gezähnt. Die Wuchsformen von Dædalea sind denen von Trametes sehr ähnlich , sie sind jedoch geruchlos. Man sollte darauf achten, sie nicht mit den Polyporus-Arten zu verwechseln, die längliche, gekrümmte Poren haben.

Dædalea mehrdeutig .

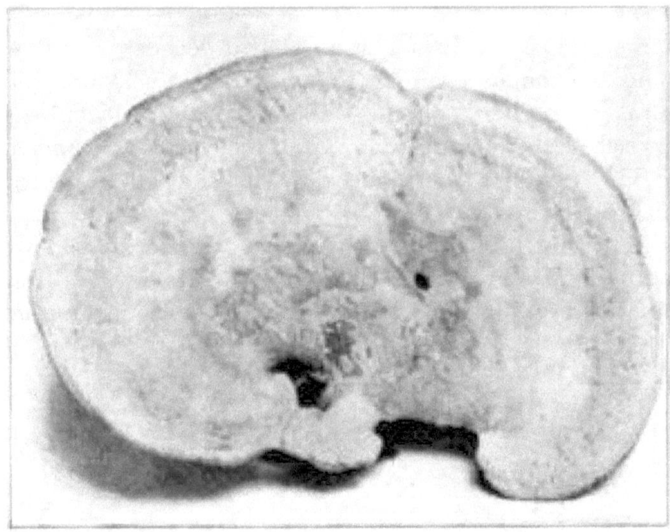

FIGUR 355.— Dædalea ambigua . Ein Drittel der natürlichen Größe, zeigt die Oberseite.

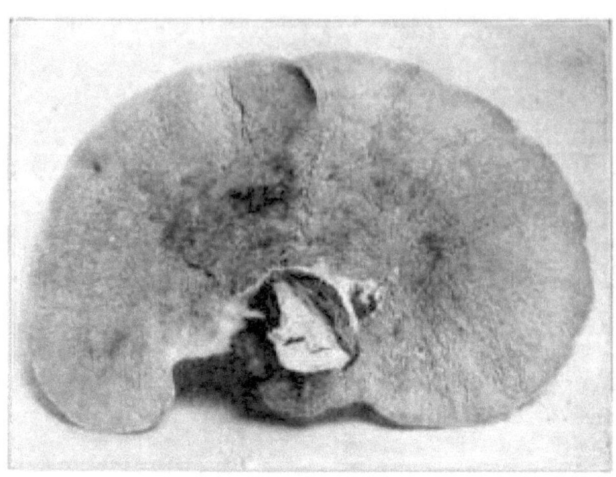

FIGUR 356.— Dædalea ambigua . Ein Drittel der natürlichen Größe, zeigt die Porenoberfläche.

Der Hut ist weiß, korkig, horizontal, gewölbt, nierenförmig, subsessil, azoniert , fein behaart und wird glatt.

Die Poren reichen von rund bis linear und labyrinthförmig , die Poren sind immer stumpf und nie lamelliert.

Es ist ein in Ohio sehr verbreitetes Gewächs und kommt auf alten Stämmen des Zuckerahorns vor. Den Beginn des Wachstums erkennen Sie im Frühjahr als runder weißer Knötchen, das sich langsam entwickelt. Beobachten Sie dieselbe Pflanze im Sommer, stellen Sie fest, dass sie gewölbt oder konvex geformt ist. Das Wachstum ist im Herbst beendet, wenn die Pflanze bauchig und horizontal geworden ist, oben eingedrückt und mit einem dünnen Rand. Im frischen Zustand hat sie eine satte cremefarbene Farbe, fühlt sich weich und samtig an und verströmt einen angenehmen Duft. Abbildung 355, die die Oberfläche des Hutes zeigt, zeigt das Wachstum der Pflanze in Form der Zonen. Abbildung 356 zeigt die Form der Dissepimente. Bei jüngeren Exemplaren sind diese oft rund, ähnlich wie bei einem Polyporus . Es gibt einen Ort in Poke Hollow, wo die Ahornstämme dieser Art weiß sind und von weitem wie Austernpilze aussehen.

Dædalea quercina .

DIE EICHE DÆDALEA .

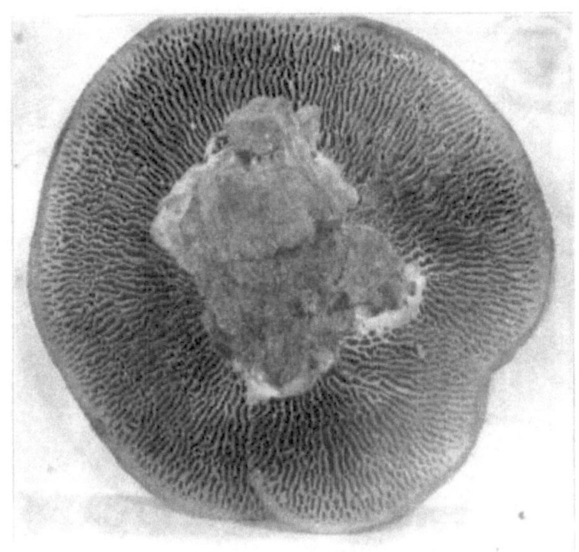

FIGUR 357.— Dædalea quercina .

Der Hut hat eine blasse, holzige Farbe, ist korkig, rau, uneben, ohne Zonen, wird glatt; hat innen und außen die gleiche Farbe; der Rand ist bei ausgewachsenen Exemplaren dünn, bei unvollständig entwickelten Exemplaren jedoch geschwollen und stumpf.

Die Poren sind zunächst rund, dann in verdrehte oder kiemenartige labyrinthförmige Nebenhöhlen aufgeteilt, mit stumpfen Rändern in der gleichen Farbe wie der Hut, manchmal mit einem leichten Rosaton.

Sie werden sehr groß, 15 bis 20 cm breit, und kommen auf Eichenstümpfen und -stämmen vor, sind in Ohio jedoch nicht so häufig wie D. ambigua . Das Exemplar in Abbildung 357 wurde von Mrs. Blackford in Massachusetts gefunden und hier fotografiert.

Dædalea unicolor. Fr.

Villose -strigose, cinereous mit gleichfarbigen Zonen; Hymenium mit gebogenen, gewundenen, komplizierten, spitzen Einschlüssen, schließlich zerrissen und gezähnt. Die Poren sind weißlich cinereous, manchmal trüb; Dicke, Farbe und Charakter des Hymeniums sind unterschiedlich; manchmal mit weißem Rand; oft schuppenförmig und rötlich, wenn feucht. Weit verbreitet in den Staaten und auf fast allen Laubbäumen zu finden.

Dædalea confragosa . Knopf .

DIE WEIDE DÆDALEA .

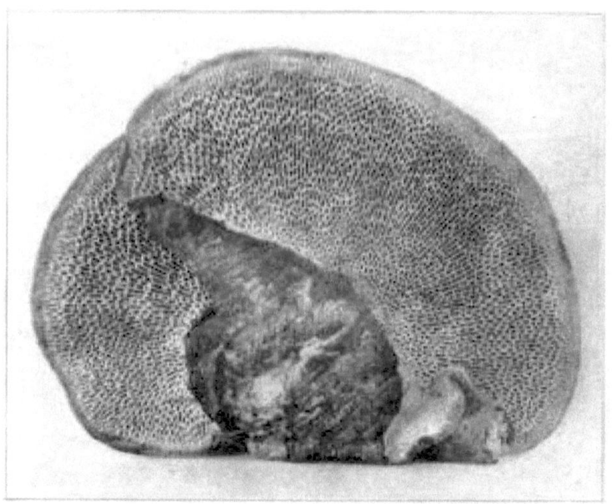

FIGUR 358.— Dædalea confragosa .

Confragosa bedeutet gebrochen, rau. Der Hut ist eher konvex, korkig, rau, leicht gezont, rötlich-braun, einfarbig, innen etwas rostrot.

Die Poren sind häufig rund, wie beim Polyporus , manchmal aber auch zu Lamellen verlängert, wie bei den Lenziten ; rötlich-braun.

Ich habe ziemlich alte Exemplare gesehen, die sehr schwer von einigen der Formen der Lenzites zu unterscheiden waren . Die jungen Pflanzen ähneln sehr stark Trametes rubescens . Es wächst auf Cratægus , Weiden und manchmal auf anderen Bäumen und ist weit verbreitet. Das Exemplar in Abbildung 358 wurde von Mrs. Blackford in Massachusetts gefunden und in meinem Arbeitszimmer fotografiert.

Favolus . Fr.

Favolus ist eine Verkleinerungsform von *favus* (Honigwabe).

Das Hymenium ist alveolenförmig, strahlenförmig und besteht aus dicht und unregelmäßig verbundenen Lamellen. Es ist länglich und rautenförmig. Die Sporen sind weiß. Der Umriss ist halbkreisförmig und etwas gestreift.

Favolus canadensis. Klotsch .

FIGUR 359.— Favolus Canadensis.

Der Hut ist fleischig, zäh, dünn, nierenförmig, faserig, schuppig, gelbbraun, wird blass und glatt.

Die Poren oder Alveolen sind eckig, länglich, zuerst weiß, dann strohfarben.

Der Stiel ist exzentrisch, seitlich, sehr kurz oder fehlt ganz.

Diese Pflanze ist in der Gegend von Chillicothe sehr häufig auf abgefallenen Ästen in den Wäldern zu finden, insbesondere auf Hickory. Sie ist von September bis zum Frost zu finden. Sie ist nicht giftig, aber zu zäh zum Essen. Ich glaube nicht, dass es einen Unterschied zwischen F. canadensis und Favolus gibt. Europeus . Mir fällt auf, dass unsere Pflanze in verschiedenen Wachstumsstadien unterschiedliche Farben annimmt und sich auch die Form der Poren ändert.

Cyclomyces . Kunz & Fr.

Cyclomyces setzt sich aus zwei griechischen Wörtern zusammen, die Kreis und Pilz bedeuten. Diese Gattung unterscheidet sich deutlich von anderen röhrenförmigen Gattungen. Der Hut ist fleischig, ledrig oder membranös und normalerweise kissenförmig. Auf der Unterseite befinden sich plattenartige Körper, die den Lamellen von Blätterpilzen ähneln, jedoch aus winzigen Poren bestehen. Diese Porenkörper sind in konzentrischen Kreisen um den Stiel angeordnet.

Cyclomyces ^ "Grünii , Berk".

FIGUR 360.— Cyclomyces Grünii

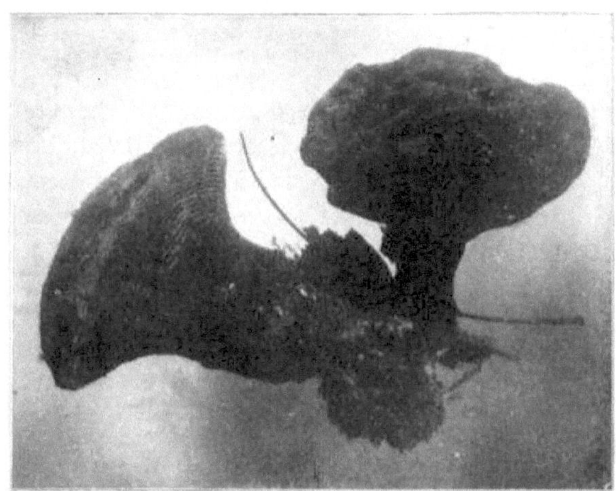

FIGUR 361.— Cyclomyces Greenii . Alte Exemplare.

Der Hut ist zwei bis drei Zoll breit, zunächst kugelig, konvex, manchmal gewellt, etwas gezont, filzig, trocken, kissenförmig, zimtbraun, ziemlich auffällig.

Die Lamellen sind in konzentrischen Kreisen um den Stängel angeordnet und werden immer größer, je weiter sie den Rand des Hutes erreichen. Bei jungen Pflanzen sind die Lamellen in lange Abschnitte unterteilt, bei älteren Pflanzen verschwinden diese Teilungslinien jedoch, wie in Abbildung 361 zu sehen ist. Die Ränder der Lamellen sind zunächst weiß, wie in Abbildung 361 zu sehen ist, werden aber schließlich zimtbraun.

Der Stiel ist zentral, nach oben verjüngt, ziemlich groß und manchmal geschwollen, sehr ähnlich wie Hydnum Spongiosipes ; die Farbe ist die gleiche wie beim Hut.

Dies ist eine sehr interessante Pflanze und in Ohio ziemlich selten. Ich habe jedoch im Herbst 1905 mehrere Pflanzen in Ralston's Run gefunden. An derselben Stelle fand ich Boletus badius, und als ich C. Greenii zum ersten Mal sah , hätte ich es beinahe mit derselben Pflanze verwechselt und es deshalb vernachlässigt, da die Kappen auf den ersten Blick so ähnlich waren.

Gloeoporus . Mont.

Glœoporus setzt sich aus zwei griechischen Wörtern zusammen, die Gluten und Pore bedeuten. Die Pflanzen dieser Gattung ähneln dem Polyporus und werden häufig dieser Gattung zugeordnet.

Gloeoporus Conchoides . Mont.

Conchoides bedeutet wie eine Muschel.

Der Hut ist ledrig oder holzig, zunächst fleischig, weich, eruptiv, mit nach oben gebogenem Rand; dünn, seidig, weißlich, mit Randrand oft rötlich. Er hat eine zitternde, gallertartige, sporentragende Oberfläche, die oft etwas elastisch ist.

Die Poren sind kurz, sehr klein, rund und zimtbraun.

Es gibt mehrere Synonyme. Polyporus dichrous , Fr., und P. nigropurpurascens , Schw . Montgomery ordnet es aufgrund seines gallertartigen Hymeniums der obigen Gattung zu.

KAPITEL VIII.
HYDNACEAE – PILZE MIT ZÄHNEN.

Es gibt in der Mykologie wohl keine Familie, die eine größere Vielfalt an Form, Größe und Konsistenz aufweist als diese. Manche Arten sind sehr groß, manche sind klein, manche fleischig und manche sind korkig oder holzig. Die Fruchtoberfläche ist das besondere Merkmal, das die Familie kennzeichnet. Diese Oberfläche ist mit Stacheln oder Zähnen bedeckt, die fast immer zur Erde zeigen.

Viele der Hydnaceæ sind regalförmig und wachsen auf Bäumen oder Baumstämmen; einige wachsen auf dem Boden auf zentralen, aber normalerweise exzentrischen Stämmen. Die Gattungen der Hydnaceæ unterscheiden sich durch Größe, Form und Befestigung der Zähne. Die folgenden Gattungen sind enthalten:

- Hydnum : Stacheln an der Basis diskret.

- Irpex – Resupinat; mit kiemenartigen Zähnen, die mit dem Hut verklebt sind.

- Mucronella – Pflanzen nur mit Zähnen und ohne Basalmembran.

- Radulum – Hymenium mit dicken, stumpfen, unregelmäßigen Stacheln.

- Sistotrema – Fleischige Pflanzen mit Kappen und abgeflachten Zähnen, auf dem Boden.

- Phlebia – Pflanzen, die sich mit dichten Falten oder Runzeln über den Wirt ausbreiten.

- Grandinia – Mit Granulat bedeckt, mehr oder weniger glatt und ausgegraben.

- Zahnbein – Mit kammförmigen Körnchen bedeckt.

Hydnum . Linn.

Hydnum ist ein griechisches Wort, das essbarer Pilz bedeutet. Die Gattung ist durch ahlenförmige Stacheln gekennzeichnet, die an der Basis weit auseinander stehen. Diese Stacheln sind zunächst papillenförmig, dann länglich und rund. Sie bilden die Fruchtoberfläche und ersetzen bei der Familie der Agaricaceæ die Lamellen und bei der Familie der Polyporaceæ die Poren . Die Stacheln sind einfach oder in einigen Fällen sind die Spitzen mehr oder weniger verzweigt.

Dies ist die größte Gattung der Familie und umfasst viele wichtige essbare Arten. Sie kann in zwei Gruppen unterteilt werden: die einen Arten mit Hut und zentralem oder seitlichem Stamm; die anderen Arten, die mit oder ohne ausgeprägten Hut in großen schuppenartigen Massen wachsen. Einige imitieren Korallen in ihrer Struktur und andere scheinen eine Masse aus Stacheln zu sein. Viele dieser Pflanzen werden sehr groß und massiv und wiegen häufig über zehn Pfund.

Hydnum repandum . Linn.

DAS SICH AUSBREITENDE HYDNUM . ESSBAR.

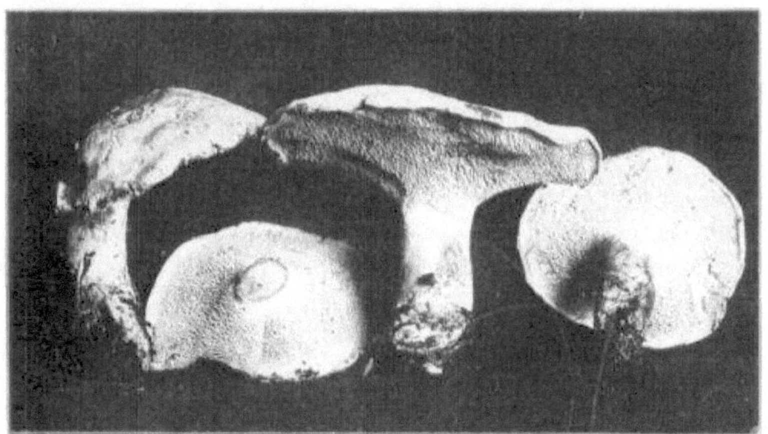

FIGUR 362.— Hydnum Repandum . Zwei Drittel der natürlichen Größe.

Repandum , nach hinten gebogen, bezieht sich auf die Position des Stiels und des Hutes. Der Hut ist zwei bis vier Zoll breit, im Allgemeinen unregelmäßig, mit exzentrischem Stiel; fleischig, spröde, konvex oder nahezu eben, kompakt, mehr oder weniger repandiert, nahezu glatt; die Farbe variiert von einem blassen Gelbbraun – dem typischen Farbton – bis zu einem deutlichen Ziegelrot; das Fleisch ist cremeweiß und neigt dazu, bei Druckstellen braun zu werden; der Geschmack ist leicht aromatisch, der Rand oft gewellt.

Die Stacheln liegen unterhalb des Hutes, sind 6 bis 12 mm lang, unregelmäßig, ganzrandig, spitz und lösen sich relativ leicht ab, hinterlassen kleine Hohlräume im fleischigen Hut, sind weich und cremig und werden bei älteren Exemplaren dunkler.

Der Stiel ist kurz, dick, bei jungen Exemplaren massiv, bei älteren Exemplaren hohl; blasser als der Hut, eher rau, oft exzentrisch in den Hut eingesetzt; ein bis drei Zoll lang, manchmal an der Basis verdickt, manchmal an der Spitze. Die Sporen sind kugelig oder breit oval, mit einer kleinen Papille an einem Ende.

Die Farbe des Hutes ist normalerweise gelbbraun, manchmal sehr blass, fast weiß. Die Farbe und Glätte des Hutes haben ihm den Namen „Rehhautpilz" eingebracht. Ich habe diese Pflanze gelegentlich in den Wäldern um Salem, Ohio, gefunden. Sie ist sehr variabel in Größe und Farbe und ziemlich zerbrechlich. Sie wächst einzeln oder in Büscheln. Wenn er richtig gekocht wird, ist er einer unserer besten Pilze. Er kann getrocknet und für den Winter aufbewahrt werden. Er kommt von Juli bis Oktober, manchmal auch früher, in Wäldern und auf offenem Gelände vor. Die Exemplare in Abbildung 362 wurden in Poke Hollow gefunden.

Hydnum imbricatum . Linn.

DAS IMBRIZIERTE HYDNUM . ESSBAR.

Imbricatum kommt von *imbrex* , einem Ziegel, und bezieht sich auf die Oberfläche des Hutes, die in dreieckige Schuppen zerrissen ist, die einander scheinbar wie Dachschindeln überlappen.

Der Hut ist fleischig, eben, leicht eingedrückt, mosaikartig schuppig, flaumig, nicht gezont, umbrafarben oder bräunlich wie verbrannt, das Fleisch schmutzig-weiß, schmeckt im rohen Zustand leicht bitter und hat einen runden Rand.

Die Stacheln sind herablaufend, ganzrandig, zahlreich, kurz, aschweiß und im Allgemeinen gleich lang.

Der Stiel ist fest, kurz, dick, ebenmäßig, weißlich. Die Sporen sind blass gelbbraun, rau.

Der bittere Geschmack verschwindet vollständig, wenn die Pflanze gut gekocht wird. Kiefern- oder Kastanienwälder scheinen ihr zu schmecken. Ich habe sie in Emmanuel Thomas' Wäldern östlich von Salem, Ohio, gefunden. Sie wächst dort von September bis November.

Hydnum erinaceum . Stier.

DAS IGEL- HYDNUM . ESSBAR .

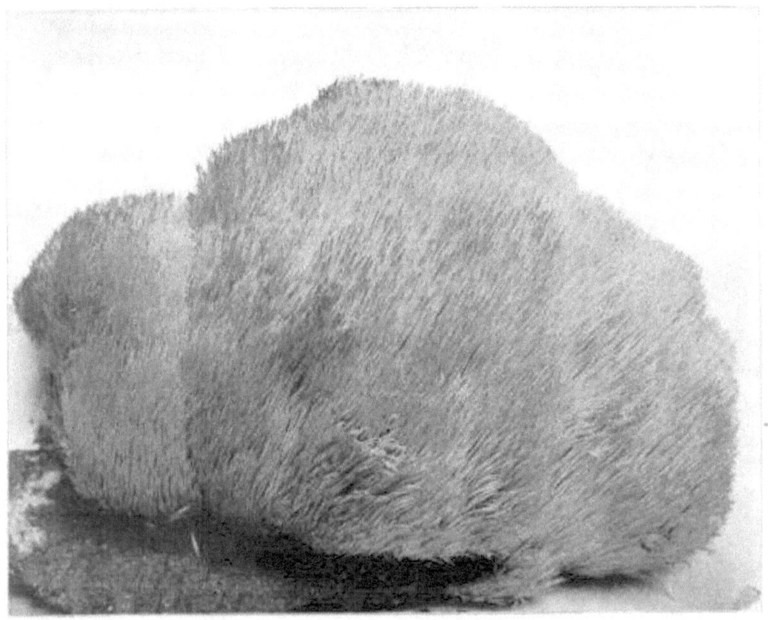

Erinaceum , ein Igel. Zwei bis acht Zoll oder mehr im Durchmesser. Büschel
hängend. Weiß und gelblich-weiß, werdend gelblich-braun; fleischig,
elastisch, zäh, manchmal ausgerandet (breit verbunden, als ob das Büschel in
zwei Hälften geschnitten oder an der Stelle abgeschnitten wäre), eine Masse
aus gitterartigen Zweigen und Fasern. Dornen eineinhalb bis vier Zoll lang,
dicht gedrängt, gerade, gleichmäßig, hängend. Der Stamm ist manchmal
rudimentär. Die Sporen sind fast kugelig , weiß, glatt, 5–6 μ. *Peck* , 22 NY
Report.

Die Stacheln sehen am Anfang wie kleine Papillen aus, wie man in Abbildung
364 sehen kann. Abbildung 363 zeigt ein sehr schönes Exemplar, das am
Ende eines Buchenstamms in den Huntington Hills in der Nähe von
Chillicothe gefunden wurde. Es war eine Mahlzeit für drei Familien. Ich habe
in den letzten Jahren mehrere Körbe dieser Art auf demselben Stamm
gefunden. Ich habe auf demselben Stamm auch große Exemplare von
Hydnum gefunden. Corralloides-Arten .

Das Foto am Anfang des Buches zeigt das größte Exemplar dieser Art, das
ich je gesehen habe. Es war in eine Richtung 45 cm und in die andere 43 cm
groß und wurde auf einem Ahornbaum auf dem Gipfel des Mount Logan
gefunden. Es wuchs aus einem zentralen Stamm, während das Exemplar in
Abbildung 363 aus einem Riss in einem Baumstamm wuchs und offenbar

keinen Stamm hatte. Tafel I, Abbildung 1 wurde fotografiert, nachdem es getrocknet war. Das Exemplar ist in der Lloyd Library in Cincinnati zu sehen. Gefunden zwischen Juli und Oktober.

ABBILDUNG 364. — Hydnum erinaceum . Junger Staat.

Hydnum caputursi . Fr.

DAS BÄRENKOPF- HYDNUM . ESSBAR.

ABBILDUNG 365. — Hydnum caputursi .

Caputursi bedeutet Kopf eines Bären.

Dies ist eine sehr schöne Pflanze, aber nicht so verbreitet wie andere Hydnum -Arten . Sie wächst in sehr großen, herabhängenden Büscheln, wie Abbildung 365 zeigt. Man findet sie häufig auf stehenden Eichen und Ahornbäumen, manchmal ziemlich weit oben in den Bäumen. Wie verwandte Arten findet man sie häufiger auf Baumstämmen und Baumstümpfen. Die Pflanze wächst aus dem Holz mit einem einzigen kräftigen Stamm, der sich in viele Zweige verzweigt, die alle mit langen, herabhängenden Stacheln bedeckt sind. Wenn sie auf der Spitze eines Baumstamms oder Baumstumpfs wächst, stehen die Stacheln häufig aufrecht. Sie ist weiß und wird mit dem Alter gelb und bräunlich. Sie ist in den Staaten weit verbreitet. Als Esspflanze ist sie schön. Das Exemplar in Abbildung 365 wurde in der Nähe von Akron, Ohio, gefunden und von Herrn GD Smith fotografiert. Sie kommt von Juli bis Oktober vor.

Hydnum caput- Medusæ . Stier.

DAS MEDUSENHAUPT HYDNUM . ESSBAR.

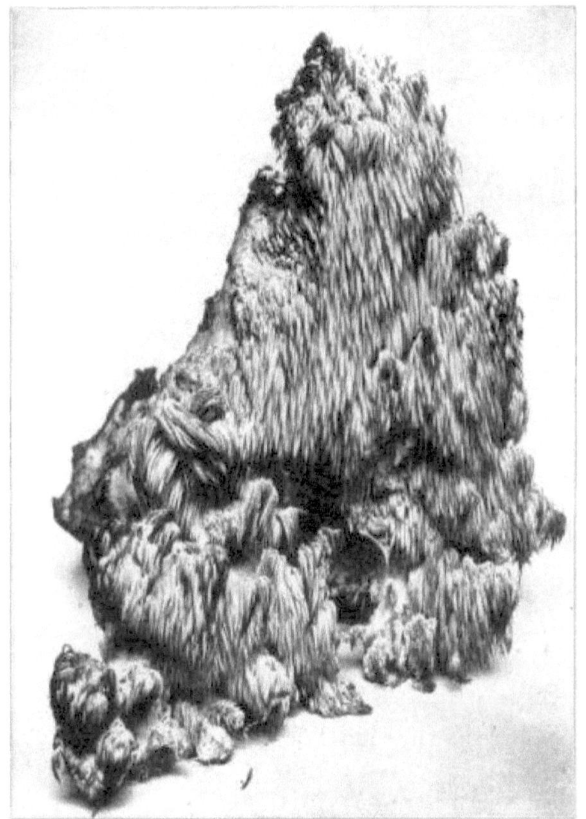

ABBILDUNG 366. — Hydnum caput- Medusæ . Ein Drittel der natürlichen Größe.

Caput- Medusæ , Haupt der Medusa. Dies ist eine sehr auffällige Pflanze, wenn man sie im Wald sieht. Die Büschel hängen herab. Die langen, gewellten Stacheln ähneln den gewellten Locken der Medusa, daher der

Name. Die langen, weichen Stacheln bedecken die gesamte Oberfläche des Pilzes, der in fleischige Zweige oder Abschnitte unterteilt ist, von denen jeder in einer Krone aus kürzeren, herabhängenden Zähnen endet.

Die Farbe ist zunächst weiß und ändert sich mit zunehmendem Alter zu einem gelbbraunen oder dunklen Cremeton, was sie von H. caputursi unterscheidet . Der Geschmack ist süß und aromatisch, manchmal leicht scharf. Der Stiel ist kurz und unter dem Wuchs verborgen.

Ich habe diese Pflanze auf einem Hickory-Baumstamm auf Lee's Hill in der Nähe von Chillicothe gefunden, von dem das Exemplar in Abbildung 366 stammt. Ich habe sie auch auf Ulmen und Buchen gefunden. Gefunden von Juli bis Oktober.

Es ist sowohl ansprechend als auch schmackhaft.

Hydnum coralloides . Scop.

DAS KORALLENÄHNLICHE HYDNUM . ESSBAR.

FIGUR 367.— Hydnum coralloides . Ein Viertel der natürlichen Größe. Die ganze Pflanze ist weiß.

Diese Art wächst in großen, schönen Büscheln auf verrottenden Baumstämmen in feuchten Wäldern. Sie wächst aus einem gemeinsamen Stamm, teilt sich in viele Äste und dann in viele lange und korallenartige Triebe, die ganz aus dünnen, ineinander verschlungenen, spitz zulaufenden Ästen bestehen. Die Stacheln wachsen auf einer Seite der abgeflachten Äste. Man muss ihn nur einmal sehen, um ihn als korallenartigen Pilz zu erkennen. Er ist zunächst rein weiß und wird mit der Zeit creme- oder schmutzigweiß.

Er scheint feuchte, hügelige Gegenden zu mögen, doch ich fand ihn in Sidney in großer Menge und in gewissem Maße auch in der Gegend von Bowling Green, Ohio, wo er sehr eben war. In der Umgebung von Chillicothe ist er in großen Mengen vorhanden. Ein Hickory-Baumstamm, von dem das Exemplar in der Abbildung stammt, lieferte mir drei Saisons lang mehrere Körbe dieser Pflanze, aber am Ende der dritten Saison zerbröckelte der Stamm, da das Myzel ihn buchstäblich aufgefressen hatte. Er ist einer der schönsten Pilze, die Mutter Natur je hervorbringen konnte. Es heißt, dass Elias Fries schon als kleiner Junge vom Anblick dieses wunderschönen Pilzes, der in den Wäldern seiner Heimat in Schweden in Hülle und Fülle wuchs, so beeindruckt war, dass er sich als Erwachsener entschloss, Mykologie zu studieren, was er auch tat; und er wurde zu einer der weltweit größten Autoritäten auf diesem Gebiet der Botanik. Tatsächlich legte er den Grundstein für das Studium der Basidiomyceten, und dieser wunderschöne kleine korallenartige Pilz war seine Inspiration.

Man findet es hauptsächlich auf Buche, Ahorn und Hickory in feuchten Wäldern, von Juli bis zum Frost. Ich esse es seit Jahren und halte es für eines der besten.

Hydnum septentrional . Fr.

DAS NÖRDLICHE HYDNUM .

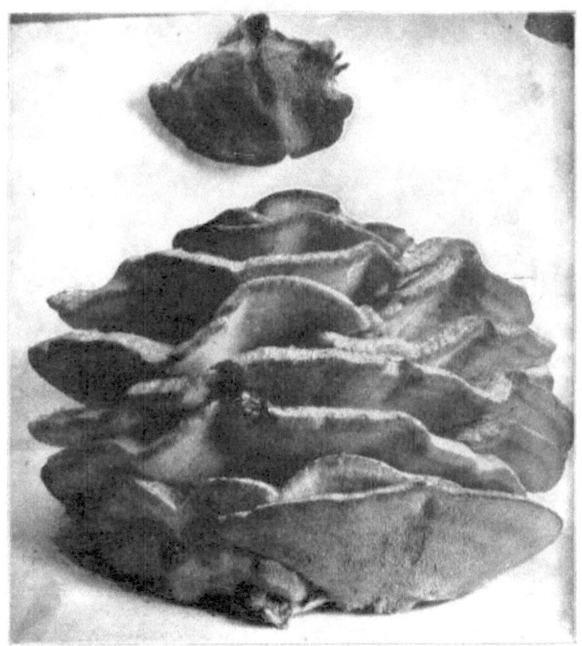

TAFEL XLIX. ABBILDUNG 368.— HYDNUM SEPTENTRIONALE .
Wuchs aus einer kleinen Öffnung in einer lebenden Buche.

Septentrionale , nördlich. Dies ist eine sehr große, fleischige, faserige Pflanze,
die normalerweise auf Baumstämmen und Baumstümpfen wächst.

Es gibt viele übereinander wachsende Häutchen, eben, mit geradem Rand
und ganz. Die Dornen stehen dicht beieinander, sind schlank und
gleichmäßig.

Ich habe in der Gegend von Chillicothe mehrere Exemplare gefunden, die
jeweils zwischen acht und zehn Pfund wiegen. Die Pflanze ist zu holzig zum
Essen. Außerdem scheint sie kaum Geschmack zu haben. Ich habe sie von
September bis Oktober immer auf Buchenstämmen gefunden.

An einer lebenden Buche auf dem Cemetery Hill wächst jedes Jahr eine sehr
große Pflanze.

Hydnum Spongiosipes .

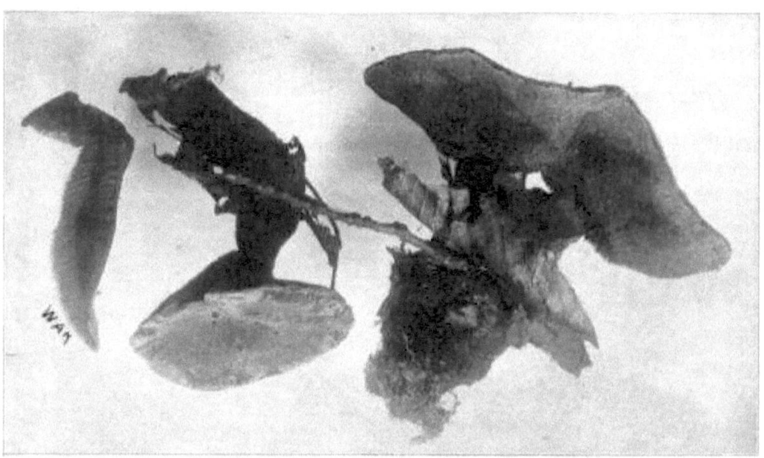

FIGUR 369.— Hydnum Spongiosipes . Ein Drittel der natürlichen Größe.

Spongiosipes bedeutet schwammartiger Fuß. Hut konvex, weich,
schwammig-filzig, aber von zäher Beschaffenheit, rostbraun, die untere
Schicht fester und faseriger, aber gleichfarbig.

Die Stacheln sind schmal, ein bis zwei Reihen lang, rostbraun und werden
mit dem Alter dunkler.

Der Stiel ist innen hart und korkig, außen schwammig-filzig; gefärbt wie der
Hut, die zentrale Substanz oft quer gezont, besonders in der Nähe der Spitze.
Sporen kugelig, knotig , purpurbraun, 4–6 breit. Hut 1,5 bis 4 Zoll breit. Stiel
1,5 bis 3 Zoll lang und vier bis acht Linien dick. *Peck* , 50. Rep.

Man findet sie in großer Menge in den Wäldern um Chillicothe. Ich habe sie lange Zeit als H. ferrugineum bezeichnet, war aber nicht zufrieden und schickte einige Exemplare an Dr. Peck, der sie als H. spongiosipes klassifizierte . Sie ist essbar, aber sehr zäh. Sie kommt von Juli bis Oktober vor.

Hydnum zonatum . Batsch.

DAS IN ZONEN EINGETEILTE HYDNUM .

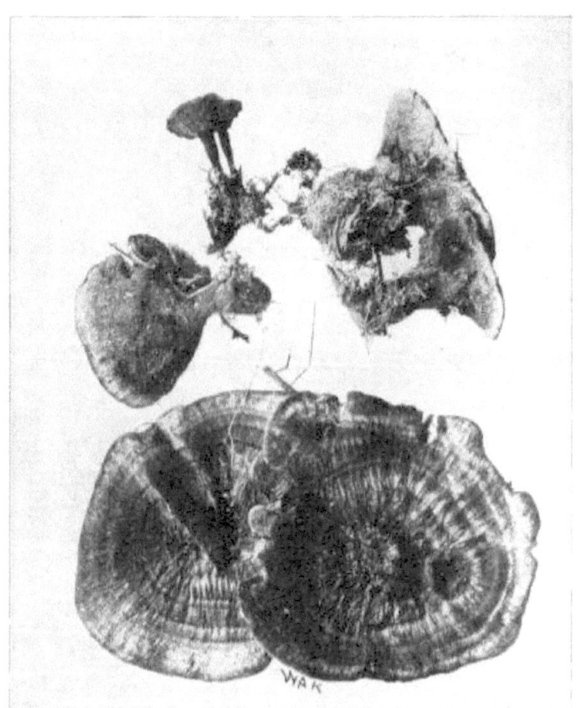

FIGUR 370.— Hydnum zonatum .

Zonatum , gezont. Eisenhaltig; Hut ebenso lederartig, dünn, ausgedehnt, subinfundibuliform , gezont, glatt werdend; zäh, von fast lederartiger Beschaffenheit, mit einer Oberfläche von schönem braunen, seidigen Glanz und mit strahlenförmigen Streifen ; Rand blasser; steril.

Der Stiel ist schlank, nahezu gleichmäßig, flockig und an der Basis bauchig.

Die Stacheln sind schlank, blass, dann von gleicher Farbe wie der Hut, gleich. Die Sporen sind rau, kugelig, blass, 4μ.

Die sporentragenden Dornen sind in den oberen Pflanzen in Abbildung 370 zu sehen. Zwei von ihnen zeigen zusammengewachsene Kappen, obwohl die Stiele getrennt sind. Dies ist bei H. scrobiculatum und H. spongiosipes der

Fall . Die Pflanzen in Abbildung 370 wurden am Straßenrand in Wäldern auf der State Farm in der Nähe von Lancaster gesammelt und von Dr. Kellerman fotografiert.

Hydnum scrobiculatum . Fr.

FIGUR 371.— Hydnum scrobiculatum . Zwei Drittel der natürlichen Größe.

Scrobiculatum bedeutet „mit einem Graben oder einer Furche markiert"; so genannt nach der rauen Beschaffenheit des Hutes. Der Hut ist ein bis drei Zoll breit, korkig, konvex, dann eben, manchmal leicht eingedrückt; von zäher Textur, rostbraun; die Oberfläche des Hutes ist normalerweise ziemlich rau, mit Graten oder Furchen markiert, das Fleisch eisenhaltig.

Die Stacheln sind kurz, rostbraun und werden mit dem Alter dunkler.

Der Stiel ist fest, ein bis zwei Zoll lang, ungleichmäßig, rostbraun und oft mit einem dichten Filz bedeckt.

Diese Art kommt in unseren Wäldern sehr häufig vor, zwischen den Blättern unter Buchen. Sie wachsen in Reihen über eine gewisse Distanz, die Kappen stehen so dicht beieinander, dass sie sehr oft ineinander übergehen. Ich habe die Pflanze in Salem und an mehreren anderen Orten im Staat gefunden, obwohl ich nie eine Beschreibung davon gesehen habe. Jeder wird sie anhand von Abbildung 371 erkennen können. Sie wächst im August und September in den Wäldern.

Hydnum Blackfordæ . Pk.

Der Hut ist fleischig, konvex, kahl, gräulich oder grünlich-grau, das Fleisch ist weißlich mit rötlichen Flecken und wird bei Einwirkung langsam dunkler; die Stacheln sind pfriemlich, 2–5 mm lang, gelblich-grau und werden mit dem Alter oder beim Austrocknen braun; der Stiel ist gleichförmig oder gefüllt und wird beim Austrocknen hohl; kahl, wie der Hut gefärbt; die Sporen sind braun, kugelig, warzenförmig, 8–10 µ breit.

Der Hut ist 2,5–6 cm breit, der Stiel 2,5–4 cm lang und 3–4 mm dick.

Moosiger Boden an niedrigen, federnden Stellen in feuchten Mischwäldern. August. *Peck.*

Diese Art wurde in Ellis, Mass., gefunden und mir mit freundlicher Genehmigung der Sammlerin, Mrs. EB Blackford, Boston, zugesandt, nach der sie benannt wurde.

Hydnum fennicum . Karst.

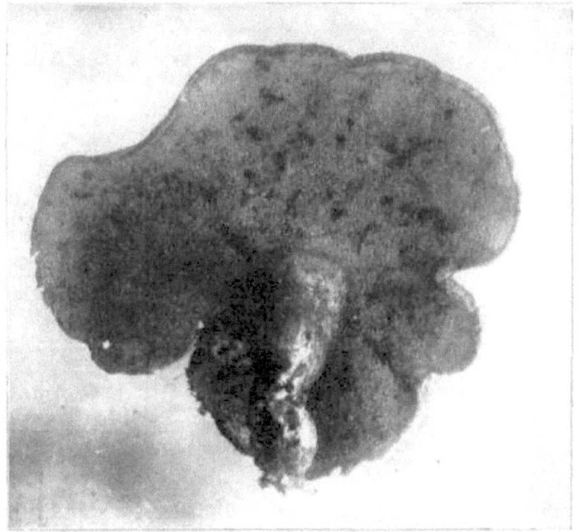

FIGUR 372.— Hydnum fennicum . Natürliche Größe, mit sichtbaren Zähnen.

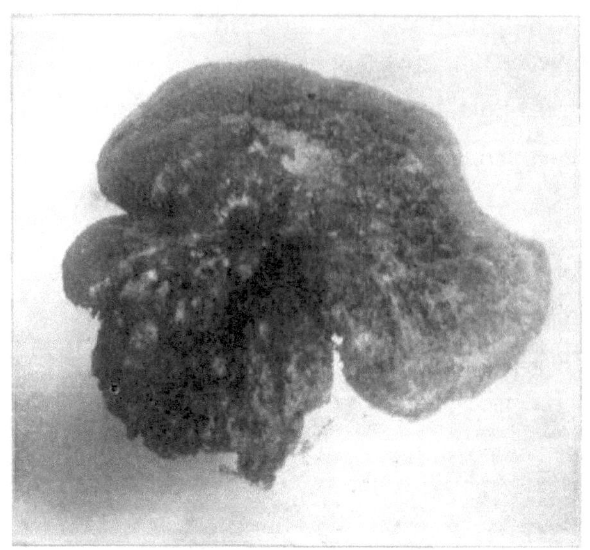

ABBILDUNG 373. — Hydnum fennicum . Natürliche Größe, mit sichtbarer schuppiger Kappe.

Hut fleischig, zerbrechlich, ungleichmäßig; zunächst schuppig, bricht schließlich auf; ziegelrote Farbe, die dunkler wird; Rand gewellt gelappt, zwei bis vier Zoll breit. Fleisch weiß.

Die Zähne sind herablaufend, gleich groß, spitz, von weiß bis dunkel und etwa 4 mm lang.

Der Stiel ist ausreichend kräftig, unten ungleichmäßig, dünn, gebogen oder gekrümmt, glatt und von der gleichen Farbe wie der Hut, die Basis ist spitz, außen ist das Fell weiß, innen hell blassblau oder dunkelgrau.

Die Sporen sind ellipso-kugelförmig oder subkugelförmig , rau, dunkel, 4–6μ lang und 3–5μ breit.

Die Pflanzen in den Abbildungen 372 und 373 wurden in Haynes' Hollow gefunden.

Die Pflanze ist ziemlich bitter und kann durch langes Kochen nicht genießbar gemacht werden.

Von August bis September in Wäldern zu finden.

Hydnum adustum . Fr.

ABBILDUNG 374. — Hydnum adustum . Natürliche Größe.

Adustum bedeutet versengt, verbrannt. Der Hut ist zwei bis drei Zoll breit, gelblich-weiß, am Rand schwärzlich, lederartig, leicht gezont; zuerst flach, dann leicht eingedrückt; filzig, dünn; häufig wächst eine Pflanze auf der Spitze einer anderen Pflanze. Die Stacheln sind zuerst weiß, angewachsen, kurz, werden fleischfarben und sind im getrockneten Zustand fast schwarz.

Der Stiel ist kurz, kräftig und verjüngt sich nach oben.

Die Pflanze wächst im Wald auf Stämmen und Stöcken nach Regenfällen im Juli, August und September. Sie ist nicht so häufig wie Hydnum spongiosipes und H. scrobiculatum . Im Wald ist es eine hübsche Pflanze.

Hydnum Ockergelb . P.

OCKER HYDNUM .

Klein, zunächst vollständig zurückgebogen, allmählich zurückgebogen und etwas zurückgebogen, zunächst spärlich mit schmutzig-weißem Flaum bedeckt, schließlich runzelig; ein bis drei Zoll breit. Die Stacheln sind kurz, ganz und werden blass. *Braten.*

Gelegentlich findet man ihn auf verrotteten Stöcken im Wald.

Hydnum pulcherrimum . B. & C.

SCHÖNSTES HYDNUM .

ABBILDUNG 375. — Hydnum pulcherrimum . Zeigt die Unterseite eines der Pileoli .

Pulcherrimum ist der Superlativ von *Pulcher* – schön.

Der Hut ist fleischig, etwas faserig, stumpfhaarig , behaart; der Rand ist dünn, ganzrandig und nach innen gebogen.

Die Aculei sind kurz, gedrängt und gleich.

Es kommt auf Buchenholz vor, ist häufig schuppenförmig und seitlich zusammenfließend; ein einzelner Hut von zwei bis fünf Zoll Breite und zwei bis vier Zoll Vorsprung. Die Stacheln sind eher kurz und nicht länger als ein Viertel Zoll.

Die gesamte Pflanze ist ziemlich faserig und hat eine haarige Oberfläche. Die Farbe variiert von weißlich bis ölig und gelblich. Bei uns ist sie nicht üblich. Abbildung 375 zeigt einen der Häutchen mit den Stacheln.

Hydnum graveolens. Entf.

DUFTENDES HYDNUM .

Graveolens bedeutet süß duftend.

Der Hut ist lederartig, dünn, weich, nicht gezont, runzelig, dunkelbraun, innen braun, der Rand wird weißlich. Der Stiel ist schlank und die Dornen sind herablaufend. Die Dornen sind kurz und grau.

Die gesamte Pflanze duftet nach Steinklee; auch nach jahrelanger Trocknung und Lagerung verliert sie diesen Duft nicht.

Ich habe zwei Exemplare in Haynes's Hollow gefunden.

Irpex . Fr.

Irpex , eine Egge, so genannt wegen der vermeintlichen Ähnlichkeit ihrer Zähne mit den Zähnen einer Egge. Sie wächst auf Holz; von Anfang an gezahnt, sind die Zähne an der Basis verbunden, fest, etwas lederartig, mit dem Hut verfestigt, in Reihen oder wie ein Netz angeordnet. Irpex unterscheidet sich von Hydnum dadurch, dass die Stacheln an der Basis verbunden und stumpfer sind .

Irpex Carneus . Fr.

Diese Pflanze hat, wie ihr spezifischer Name schon sagt, eine fleischähnliche Farbe. Rötlich, durchzogen, ein bis drei Zoll lang, knorpelig-gallertartig, häutig , verwachsen. Die Zähne sind stumpf und ahlenförmig, ganzrandig, an der Basis verbunden. *Braten.*

Gefunden auf Tulpenbäumen, Hickorybäumen und Ulmen. September und Oktober.

Irpex Milchsäurebakterien . Fr.

Auf Holz wachsend, häutig , mit steifen Haaren bedeckt, mehr oder weniger gefurcht, milchweiß, wie der spezifische Name schon sagt.

Die Stacheln sind zusammengedrückt, strahlenförmig und haben einen porösen Rand . Kommen auf Hickory- und Buchenstämmen und -stümpfen vor.

Irpex tulipifera . Schw .

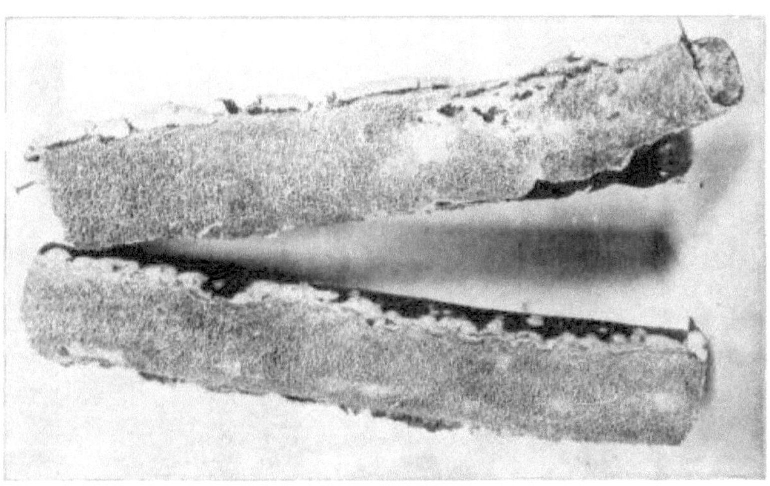

ABBILDUNG 376. — Irpex Tulpengewächse .

Lederartig- membranös , ergossen; Hymenium unterständig, zunächst gezahnt, die Zähne entspringen einer porösen Basis, etwas lederartig, vollständig mit dem Hut verwachsen, netzartig und an der Basis verbunden, weiß oder weißlich, wird mit dem Alter gelblich.

Diese Pflanze wächst hier sehr häufig auf umgestürzten Tulpenbäumen. Ich habe ganze Baumkronen und Stämme gesehen, die mit dieser Pflanze bedeckt waren. Die Zweige werden sehr leicht und brüchig, nachdem sie von den Myzelfäden durchdrungen wurden.

Phlebia . Fr.

Lignatil , resupinat, Hymenium weich und wachsartig, mit Falten oder Runzeln bedeckt, Ränder ganz oder gewellt.

Phlebia radiata. Fr.

ABBILDUNG 377. — Phlebia radiata.

Etwas rund, dann erweitert, konfluierend, fleischig und häutig , rötlich oder fleischrot, der Umfang eigentümlich strahlenförmig gezeichnet. Die Falten verlaufen in Reihen strahlenförmig vom Zentrum aus.

Die Sporen sind zylindrisch-länglich, gebogen, 4–5×1–1,5µ.

Dies kommt auf Buchenrinde im Wald recht häufig vor. Seine leuchtende Farbe und Wuchsform fallen auf.

Grandinia . Fr.

Lignil , ergossen, wachsartig, granuliert, Körnchen kugelig, ganz, dauerhaft.

Grandinia granulosa. Fr.

Ausgegossen, eher dünn, wachsartig, etwas ockerfarben, Umfang bestimmt, Körnchen kugelig, gleichmäßig, gedrängt.

Kommt auf verrottetem Holz vor. In unseren Wäldern recht häufig.

KAPITEL IX.
THELEPHORACEAE.

Thelephoraceæ setzt sich aus zwei griechischen Wörtern zusammen: Zitze und tragen. Das Hymenium ist eben, lederartig oder wachsartig, rippenförmig oder papillös. Es gibt eine Reihe von Gattungen in dieser Familie, aber ich kenne nur die Gattung Craterellus .

Craterellus . Fr.

Craterellus bedeutet kleine Schale. Hymenium wachsartig- membranös , deutlich erkennbar, aber mit dem Hymenophor verwachsen, unterständig, durchgehend, glatt, eben oder runzelig. Sporen weiß. *Fries.*

Kraterellus Pfifferling . (Schw .) Fr.

GELBER CRATERELLUS . ESSBAR.

ABBILDUNG 378. — Craterellus Cantharellus . Kappen und Stiele gelb.

Cantharellus ist die Verkleinerungsform eines griechischen Wortes, das eine Art Trinkbecher bedeutet.

Der Hut ist 2,5 bis 7,5 cm breit, konvex, wird oft eingedrückt und trichterförmig, kahl, gelblich oder rosa. Das Fleisch ist weiß, zäh und elastisch.

Hymenium leicht runzelig, gelb oder blass lachsfarben.

Der Stiel ist ein bis drei Zoll hoch, verjüngt sich nach unten, ist glatt, fest und gelb. Die Sporen sind gelblich oder lachsfarben, wenn sie auf weißem Papier gefangen werden, 7,5–10×5–6μ. *Picken.*

Diese Pflanze ähnelt sehr stark dem Cantharellus cibarius. Farbe, Wuchsform und Geruch sind denen des letzteren sehr ähnlich. Sie kann leicht von C. cibarius durch das Fehlen von Falten auf der Unter- oder Fruchtoberfläche unterschieden werden. Die Hüte sind oft groß und gewellt und ähneln gelbem Blumenkohl. In den Monaten Juli und August ist sie in Chillicothe recht häufig anzutreffen. Ich habe häufig Scheffel davon für meine Pilzfreunde gesammelt. Sie ist leicht an Abbildung 378 zu erkennen, wenn man bedenkt, dass die Hüte und Stiele gelb sind.

Kraterellus cornucopioides Fr.

DAS FÜLLHORN CRATERELLUS . ESSBAR.

ABBILDUNG 379. — Craterellus Cornucopioides . Ein Drittel der natürlichen Größe.

Cornucopioides kommt von *cornu* (Horn) und *copia* (Fülle).

Der Hut ist dünn, biegsam, röhrenförmig, an der Basis hohl, schwarzbraun, manchmal etwas schuppig, das Hymenium eben oder etwas runzelig, agarös.

Der Stiel ist hohl, glatt, schwarz, kurz, fast fehlend. Die Sporen sind elliptisch, weißlich, 11–12×7–8μ.

Wer einmal ein Bild gesehen und die Beschreibung gelesen hat, wird diese Art nicht leicht erkennen. Sie ist sofort an ihrem länglichen oder trompetenförmigen Hut und ihrer schmutzig-grauen oder rußbraunen Farbe zu erkennen. Die sporentragende Oberfläche ist oft etwas blasser als die Oberseite. Der Kelch ist oft drei bis vier Zoll lang. Ich habe sie in ziemlich großen Büscheln in den Wäldern in der Nähe von Bowling Green und Londonderry gefunden, obwohl sie auf den Hügeln um Chillicothe eher spärlich zu finden ist. In anderen Staaten ist sie weit verbreitet. Aufgrund ihrer Farbe sieht sie nicht gerade einladend aus, aber sie erweist sich bei jedem Test als beliebt und kann getrocknet und für die spätere Verwendung aufbewahrt werden. Sie kommt von Juli bis September vor.

Kraterellus zweifelhaft . Fzg.

ABBILDUNG 380. — Craterellus zweifelhaft . Natürliche Größe.

Dubius bedeutet „unsicher", aufgrund der großen Ähnlichkeit mit C. cornucopoides .

Der Hut ist ein bis zwei Zoll breit, trichterförmig, subfibrillös , grellbraun, bis zur Basis durchlässig, der Rand meist gewellt und gelappt. Hymenium dunkel kiemerartig, rauh, wenn feucht, die winzigen, dicht gedrängten, unregelmäßigen Falten sind reichlich anastomosierend; im trockenen Zustand fast gleichmäßig. Der Stiel ist kurz. Die Sporen sind breit elliptisch oder subglobös , 6–7,5 µ lang. *Peck.*

Es unterscheidet sich von C. cornucopioides in der Wuchsform, der blasseren Farbe und den kleineren Sporen.

Es unterscheidet sich von Craterellus sinuosus durch seinen durchlässigen Stiel, während er in der Farbe dem Cantharellus cinereus sehr ähnlich ist.

Diese Pflanze lässt sich wie C. cornucopoides leicht trocknen, quillt beim Befeuchten auf und schmeckt genauso gut wie frisch. Man muss sie langsam dünsten, bis sie weich ist, dann ergibt sie ein köstliches Gericht.

Die Pflanzen in Abbildung 380 wurden in der Nähe von Columbus von RH Young gesammelt und von Dr. Kellerman fotografiert. Sie kommen von Juli bis Oktober vor.

Kortizismus . Fr.

Vollständig resupiniert, Hymenium weich und fleischig, wenn feucht, kollabiert beim Trocknen, oft rissig.

Kortison Milch . Fr.

Dies ist eine sehr kleine Pflanze, resupinat, membranös , und sie ist so genannt wegen der milchig-weißen Farbe darunter. Das Hymenium ist wachsartig, wenn es feucht ist, und rissig, wenn es trocken ist.

Kortison B. & C.

Die Pflanze ist klein, wachsartig-biegsam, etwas lederartig, becherförmig, dann gewölbt, zusammenfließend, randständig und außen weißfilzig.

Das Hymenium ist ebenmäßig, zusammenhängend und wird blass. Die Sporen sind elliptisch und haben einen Anhang.

Ich habe sehr schöne Exemplare dieser Pflanze auf dem Eisenholz, Ostrya Virginica, gefunden, das auf dem Rasen der High School in Chillicothe wächst. Bei Regenwetter im Oktober und November ist die Rinde der Pflanze weiß. Sie ähnelt zunächst einer kleinen Peziza.

Kortison incarnatum . Fr.

Wachsartig, wenn feucht, wird hart, wenn trocken, konfluierend, agglutiniert, strahlenförmig. Hymenium rot oder fleischfarben, bedeckt mit einer zarten fleischfarbenen Blüte. Einige schöne Exemplare wurden auf toten Kastanienbäumen in Poke Hollow gefunden.

Kortison Holunder .

Aus der Rinde des Holunders austretend, weiß, im Wachstum zusammenhängend, im trockenen Zustand rissig oder flockig und zerfallend. Wächst auf der Rinde oder dem Holz des Holunders.

Corticium cinereum. Fr.

Wachsartig, wenn feucht, starr, wenn trocken, verklebt, grell. Das Hymenium ist zinnartig und weist eine sehr zarte Blüte auf. Häufig auf Stöcken im Wald zu finden.

Thelephora . Fr.

Der Hut ist ohne Kutikula und besteht aus verwobenen Fasern . Das Hymenium ist gerippt und besteht aus einer zähen, fleischigen Substanz, eher starr, dann kollabierend und flockig.

Thelephora Schweinitzii .

ABBILDUNG 381. — Thelephora Schweinitzii .

Schweinitzii ist zu Ehren des Reverends David Lewis de Schweinitz benannt . Cæspitose , weiß oder blass. Die Blütenhütchen sind weich- lederartig und stark verzweigt; die Zweige sind abgeflacht, gefurcht und an der Spitze etwas erweitert.

Die Stiele sind unterschiedlich lang und oft miteinander verwachsen oder zu einer festen Basis verwachsen.

Das Hymenium ist gleichmäßig und wird mit zunehmendem Alter dunkler. *Morgan.*

Diese Pflanze ist als T. pallida bekannt. Sie ist auf unseren Hügeln in Ross County und im ganzen Staat sehr häufig anzutreffen.

Thelephora laciniata. P.

Der Hut ist weich, etwas lederartig, krustig, eisenbraun. Die Huthäute sind dachziegelartig, faserig, schuppig, der Rand gefranst, zunächst schmutzig weiß. Das Hymenium ist unterständig und papillös.

Thelephora palmata . Fr.

Der Hut ist lederartig, weich, aufrecht und handförmig verzweigt sich von einem gemeinsamen Stiel aus; behaart, purpurbraun; die Zweige sind flach, ebenmäßig, die Spitzen gefranst und weißlich. Der Duft ist schon bald nach der Ernte deutlich wahrnehmbar. Sie wachsen im Juli und August auf dem Boden.

Thelephora cristata. Fr.

Der Hut ist krustig, ziemlich zäh, blass und geht in Äste über, die Spitzen sind zusammengedrückt, ausgedehnt und schön gefranst. Die Pflanze ist weißlich, gräulich oder purpurbraun. Man findet sie auf Moos oder Stängeln von Unkraut. Ich habe wunderschöne Exemplare in den Bainbridge Caves gefunden.

Thelephora Talgpflanze . Fr.

Der Hut ist ergussartig, fleischig, wachsartig, wird hart, verkrustet, variabel, höckerig oder stalaktitisch , weißlich, der Umfang ist ähnlich; das Hymenium ist flockig , bereift oder schwindend.

Man findet es ausgebreitet über Gras. Man begegnet ihm häufig.

Stereo . Fr.

Das Hymenium ist lederartig, ebenmäßig, ziemlich dick und fest mit der Zwischenschicht des Hutes, der eine ebenmäßige und aderlose Kutikula aufweist, die unverändert und glatt bleibt.

Stereum versicolor.

ABBILDUNG 382. — Stereum versicolor.

Versicolor bedeutet „Farbwechsel" und bezieht sich auf die verschiedenen Farbbänder. Der Hut ist ausgegossen, zurückgebogen und hat eine Reihe verschiedener Zonen; bei manchen Pflanzen sind die Zonen ausgeprägter als bei anderen, sie ähneln stark denen bei Polyporus versicolor.

Das Hymenium ist ebenmäßig, glatt und braun.

Dies ist eine sehr häufige Pflanze, die man überall auf alten Baumstämmen und Baumstümpfen findet. Sie ist weit verbreitet und kann das ganze Jahr über gefunden werden.

Stereoanlage spadiceum . Fr.

Die Pilei sind lederartig und ausgebreitet, zurückgebogen, zottig, etwas eisenhaltig; der Rand ist ziemlich stumpf, weißlich, auch darunter; glatt, bräunlich und blutet, wenn man sie zerkratzt oder quetscht.

Stereoanlage hirsutum . Fr.

Hirsutum bedeutet zottig, haarig. Die Häutchen sind lederartig und ausgebreitet, ziemlich haarig, schuppenförmig, mehr oder weniger zoniert, ziemlich zäh, oft mit einem grünlichen Schimmer durch die Anwesenheit einer winzigen Alge ; nackt, saftlos, gelblich, unverändert bei Quetschungen oder Kratzern. Das Hymenium ist blassgelb, glatt, der Rand ist ganz, oft gelappt. Ich finde es normalerweise auf Hickory-Stämmen.

Stereoanlage Faszientum . Schw .

Fasciatum bedeutet Bänder oder Filets. Der Hut ist lederartig, glatt, zottig, gezackt und gräulich; das Hymenium ist glatt und blassrot. Wächst auf verrotteten Stämmen. In allen unseren Wäldern verbreitet.

Stereoanlage serumum . Schw .

ABBILDUNG 383. — Stereum serum .

Sericeum bedeutet seidig oder satinartig; so genannt wegen seines Satinglanzes . Die Pflanze ist sehr klein und leicht zu übersehen, wächst normalerweise in einer resupinierten Form; gestielt, kugelig, frei, papierartig, mit einem hellen Satinglanz , glänzender, glatter, blassgrauer Farbe.

Die Pflanze wächst auf beiden Seiten kleiner Zweige, wie auf dem Foto zu sehen ist. Ich finde sie nicht auf großen Stämmen, aber auf Ästen ist sie recht häufig. An ihrem spezifischen Namen erkennt sie jeder.

Als ich sie zum ersten Mal entdeckte, nannte ich sie S. sericeum , ohne zu wissen, dass es eine Art mit diesem Namen gab. Später schickte ich sie an Prof. Atkinson und war überrascht, dass ich sie richtig benannt hatte.

Stereoanlage rugosum . Fr.

Rugosum bedeutet voller Falten.

Breit ausgegossen, manchmal kurz zurückgebogen; lederartig, schließlich dick und starr; Hut schließlich glatt, bräunlich.

Das Hymenium ist blass graugelb, verfärbt sich bei Quetschung leicht rot und ist bereift. Die Sporen sind zylindrisch -elliptisch, gerade, 11–12×4–5µ. *Massee.*

Die Form ist sehr variabel und stimmt mit S. sanguinolentum darin überein , dass es bei Quetschung rot wird; es ist jedoch dicker und von steiferer Substanz, seine Poren sind gerader und größer.

Purpurnes Stereum . MF

Purpureum bedeutet lila, nach der Farbe der Pflanze.

Lederartig, aber biegsam, effuso -reflektiert, mehr oder weniger schuppenförmig, filzig, gezont, weißlich oder blass.

Das Hymenium ist nackt, glatt und ebenmäßig; die Farbe ist ein blasses, klares Purpur, das im trockenen Zustand zu einem schmutzigen Ockerton mit nur einem Hauch Purpur wird. Die Sporen sind elliptisch, 7–8×4μ.

Ich fand die Pflanze im Dezember und Januar 1906–1907 in großer Menge auf weichem Holz, das in der Papierfabrik in Chillicothe zu Schnüren gebunden war, als das Wetter mild und feucht war.

Stereum kompaktum.

Breit ausgegossen, lederartig, oft schuppenförmig und oft seitlich verbunden, Hut dünn, gezont, fein strigös, die Zonen grauweiß und zimtbraun.

Das Hymenium ist glatt und cremeweiß.

Diese Art kommt auf verrotteten Ästen und Stämmen von Bäumen vor.

Hymenochäte . Lev.

Hymenochæte setzt sich aus zwei griechischen Wörtern zusammen: *hymen* bedeutet Membran und *chæte* bedeutet Borste.

Bei dieser Gattung kann der Hut oder Pileus durch einen zentralen Stiel oder an einer Seite am Wirt befestigt sein, am häufigsten jedoch auf dessen Rückseite. Die Gattung ist an dem samtigen oder borstigen Aussehen der Fruchtoberfläche zu erkennen, das auf glatte, hervorstehende, dickwandige Zellen zurückzuführen ist. Ich habe mehrere Arten gefunden, war mir aber nur bei drei sicher.

Hymenochäte rubiginosa . (Schr .) Lev.

Rubiginosa bedeutet rostig und wird nach der Farbe der Pflanze benannt.

Der Hut ist starr, lederartig, zurückgebogen, ausgestochen, zurückgebogen, der untere Rand ist im Allgemeinen fest anliegend, etwas gefiedert ; samtig, rötlich oder rostfarben, dann glatt und hellbraun, die Zwischenschicht gelbbraun-eisenhaltig. Das Hymenium ist eisenhaltig und samtig. Man findet ihn hier auf Weichhölzern wie Kastanienstümpfen und Weiden.

Hymenochäte ^ "Curtisii , Berk".

Curtisii ist zu Ehren von Herrn Curtis benannt.

Der Hut ist lederartig, fest, zurückgebogen, geschwollen, zurückgebogen, braun und leicht gefurcht; das Hymenium samtig mit braunen Borsten. Dies kommt häufig bei teilweise verrotteten Eichenzweigen im Wald vor.

Hymenochäte gewellt . Berk.

Corrugata bedeutet, dass es Falten oder Knickfalten aufweist.

Der Hut ist lederartig, dicht verwachsen, unbestimmt, zimtfarben, im trockenen Zustand rissig und gewellt, was ihm seinen Namen gibt. Unter dem Mikroskop sieht man, dass die Borsten miteinander verbunden sind. Wird im Wald auf teilweise verrotteten Ästen gefunden.

KAPITEL X.
CLAVARIACEAE – KORALLENPILZE.

Hymenium nicht vom Hymenophor verschieden, bedeckt die gesamte Außenfläche, ist etwas fleischig, nicht lederartig; aufrecht, einfach oder verzweigt. *Fries.*

Die meisten Arten wachsen auf dem Boden oder auf gut verrotteten Baumstämmen. Folgende Gattungen sind hier zu finden:

- Sparassis – Fleischig, stark verzweigt, Äste zusammengedrückt, plattenförmig.

- Clavaria – fleischig, einfach oder verzweigt, typischerweise rund.

- Calocera – gallertartig, dann hornartig.

- Typhula – Einfach oder keulenförmig, starr im trockenen Zustand, normalerweise klein.

Sparassis . Fr.

Sparassis , in Stücke reißen. Die Art ist fleischig, verzweigt mit plattenartigen Ästen, bestehend aus zwei Platten, die auf beiden Seiten fruchtbar sind.

Sparassis Herbstii . Pk.

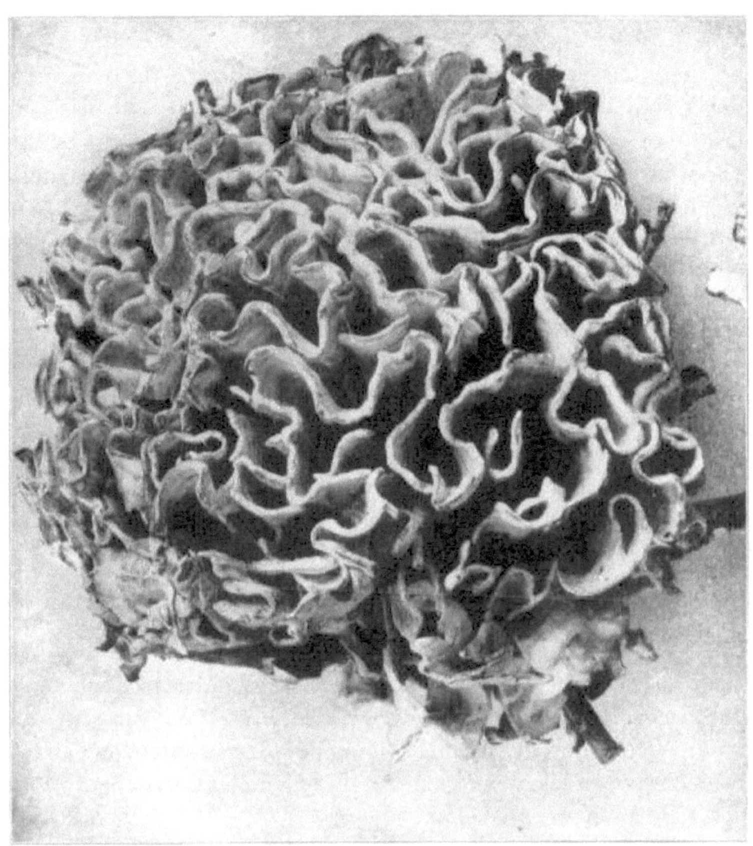

ABBILDUNG 384. — Sparassis Herbstii .

Dies ist eine sehr stark verzweigte Pflanze, die Büschel von vier bis fünf Zoll Höhe und fünf bis sechs Zoll Breite bildet; weißlich, ins Cremegelbe tendierend; zäh, feucht; die Zweige sind zahlreich, dünn, abgeflacht, sich zusammenziehend , oben verbreitert, spatel- oder fächerförmig, oft etwas längs gebogen oder gewellt; meist gleichmäßig gefärbt, selten mit einigen undeutlichen, nahezu gleichfarbigen Querzonen in der Nähe der breiten, ungeteilten Spitzen.

Die Sporen sind kugelförmig oder breit elliptisch, 0,0002 bis 0,00025 Zoll lang und 0,00016 bis 0,0002 Zoll breit.

Diese Art wurde erstmals von dem verstorbenen Dr. William Herbst aus Trexlertown , Pennsylvania, entdeckt und von Dr. Peck ihm zu Ehren benannt. Das Exemplar in Abbildung 384 wurde in Trexlertown , Pennsylvania, gefunden und von Herrn CG Lloyd fotografiert. Die Pflanze gedeiht wunderbar in offenen Eichenwäldern und ist im August und September zu finden. Sie ist essbar und recht gut.

Sparassis knusprig . Fr.

Crispus, gekräuselt. Dies ist eine schöne rosettenartige Pflanze, die manchmal recht groß wird, sehr stark verzweigt, weißlich, austernfarben oder blassgelb ist; die Zweige sind kompliziert, flach und blattartig und haben auf beiden Seiten eine Sporenoberfläche. Die gesamte Pflanze bildet eine große, runde Masse mit einer blattartigen Oberfläche, die unterschiedlich gekräuselt, gefaltet und gelappt ist, einen kammartigen Rand hat und einer gut ausgeprägten Wurzel entspringt, die größtenteils im Boden vergraben ist.

Niemand wird sie erkennen, wenn er einmal ein Foto davon gesehen hat. Ich habe die Pflanze ziemlich oft in den Wäldern um Bowling Green gefunden. Sie ist nicht einfach gut, sondern sehr gut.

Clavaria . Linn.

Clavaria stammt von *clavus*, einer Keule. Dies ist die bei weitem größte Gattung in dieser Familie und enthält sehr viele essbare Arten, von denen einige ausgezeichnet sind.

Die gesamte Gattung ist fleischig, entweder verzweigt oder einfach; zur Spitze hin allmählich dicker werdend, ähnelt sie einer Keule.

Beim Sammeln von Clavaria sollte man besonders auf die Beschaffenheit der Spitzen der Zweige, die Farbe der Zweige, die Farbe der Sporen, den Geschmack der Pflanze und die Beschaffenheit des Ortes achten, an dem sie wächst. Diese Gattung ist leicht zu erkennen und niemand muss zögern, eine der verzweigten Formen zu essen.

Clavaria flava. Schaeff.

BLASSGELBE CLAVARIA . ESSBAR.

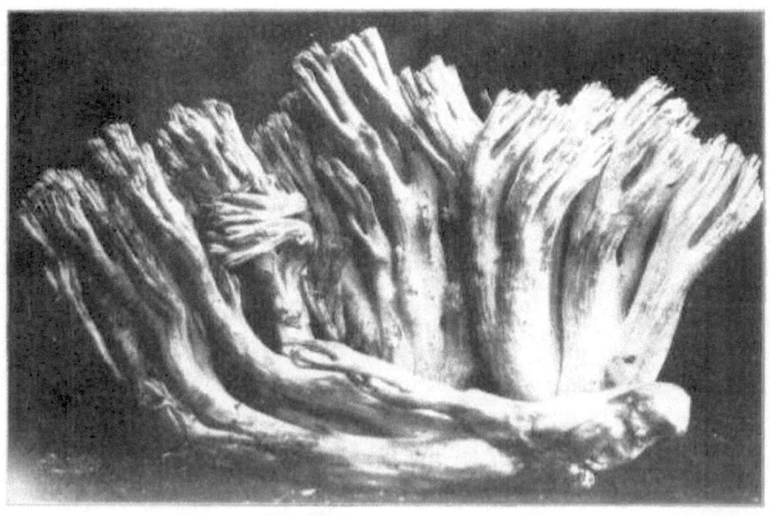

ABBILDUNG 385. — Clavaria flava. Natürliche Größe.

Flava kommt von *flavus* , gelb. Die Pflanze ist ziemlich zerbrechlich, weiß und gelb, zwei bis fünf Zoll hoch, die Masse der Zweige zwei bis fünf Zoll breit, der Stamm dick, stark verzweigt. Die Zweige sind rund, gleichmäßig, glatt, gedrängt, fast parallel, nach oben gerichtet, weißlich oder gelblich, mit blassgelben Spitzen zahnartiger Punkte. Wenn die Pflanze alt ist, sind die gelben Spitzen wahrscheinlich verblasst und die ganze Pflanze weißlich gefärbt. Das Fleisch und die Sporen sind weiß und haben einen angenehmen Geschmack.

Ich esse diese Art seit 1890 und finde sie sehr gut. Man findet sie in Wäldern und auf offenen Grasflächen. Ich habe sie schon im Juni und noch im Oktober gefunden.

Clavaria aurea . Pers.

DIE GOLDENE CLAVARIA . ESSBAR.

Diese Pflanze wird drei bis vier Zoll hoch. Ihr Stamm ist dick und elastisch und ihre Zweige sind gleichmäßig tief goldgelb und oft längs gerunzelt. Die Zweige sind gerade, regelmäßig gegabelt und rund.

Der Stamm ist kräftig, aber dünner als bei C. flava. Die Sporen sind gelblich und elliptisch. Man findet sie im August und September in Wäldern.

Clavaria Botryten .

DIE ROTSPITZIGE CLAVARIA . ESSBAR.

Botrytes ist ein griechisches Wort, das Weintraube bedeutet. Diese Pflanze unterscheidet sich in Größe und Struktur kaum von C. flava, ist aber leicht an den roten Spitzen ihrer Zweige zu erkennen. Sie ist weißlich, gelblich oder rosa und ihre Zweige haben rote Spitzen.

Der Stamm ist kurz, dick, fleischig, weißlich und ungleichmäßig. Die Zweige sind oft etwas runzelig, dicht gedrängt und mehrfach verzweigt. Bei älteren Exemplaren sind die roten Spitzen etwas verblasst. Die Sporen sind weiß und länglich-elliptisch. Man findet sie in Wäldern und auf offenen Flächen bei nassem Wetter. Ich habe diese Pflanze gelegentlich von Juli bis Oktober in der Nähe von Salem gefunden, aber in Ohio ist sie keine häufige Pflanze.

Clavaria muscoides . Linn.

GEGABELTE GELBE CLAVARIA . ESSBAR.

Muscoides bedeutet moosartig. Diese Pflanze ist eher zäh, wächst aber anmutig; sie hat einen schlanken Stamm, zwei- oder dreimal gegabelt; glatt; die Basis ist flaumig und leuchtend gelb. Die Zweige sind dünn, halbmondförmig und spitz. Die Sporen sind weiß und fast rund. Die Pflanze steht normalerweise einzeln und verzweigt sich nicht so stark wie andere Arten; sie ist ziemlich trocken und sehr glatt, außer an der Basis, die flaumig ist und in der Farbe an das Eigelb erinnert. Man findet sie häufig auf feuchten Weiden, insbesondere an solchen, die an einen Wald grenzen.

Clavaria Amethystina . Stier.

DIE AMETHYST- CLAVARIA . ESSBAR.

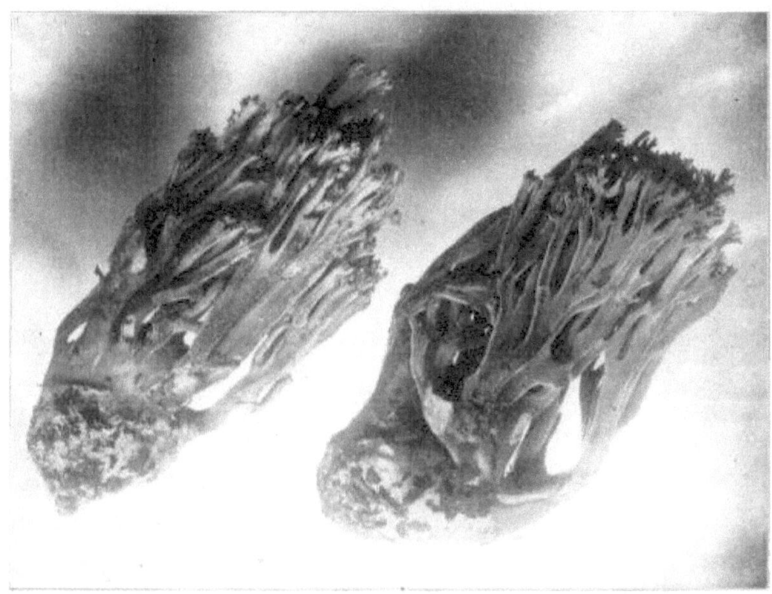

ABBILDUNG 387. — Clavaria Amethyst .

Amethystina bedeutet Amethystfarbe. Dies ist eine bemerkenswert attraktive Pflanze, die leicht an ihrer Farbe zu erkennen ist. Sie ist manchmal recht klein, wird aber oft drei bis fünf Zoll hoch. Die Farbe der gesamten Pflanze ist violett; sie ist sehr verzweigt oder fast einfach; die Zweige sind rund, gleichmäßig, zerbrechlich, glatt und stumpf. Die Sporen sind elliptisch, blass-ockerfarben, subtransparent und 10–12 × 6–7 µ groß.

Diese Pflanze ist in der Gegend von Chillicothe recht häufig und in den Vereinigten Staaten weit verbreitet. Die Exemplare in Abbildung 387 wurden in Poke Hollow gefunden.

Clavaria strenge. MF

DIE GERADE CLAVARIA . ESSBAR.

Foto von CG Lloyd.

ABBILDUNG 388. — Clavaria stricta.

Stricta ist ein Partizip von *stringo* , zusammenziehen. Die Pflanze ist sehr verzweigt, blass, mattgelb und wird bräunlich, wenn sie gequetscht wird; der Stamm ist etwas verdickt; die Zweige sind sehr zahlreich und gegabelt, gerade, gleichmäßig, dicht gepresst, die Spitzen spitz. Die Sporen sind dunkel zimtfarben. Sie kommt in den Huntington Hills in der Nähe von Chillicothe vor. Suchen Sie im August und September danach.

Clavaria pyxidata . Pers.

DER POKAL CLAVARIA . ESSBAR.

ABBILDUNG 389. — Clavaria pyxidata . Natürliche Größe.

Pyxidata stammt von *Pyxis* , einer kleinen Schachtel. Diese Pflanze ist ziemlich zerbrechlich, wachsartig, hellbraun in der Farbe, mit einem dünnen Hauptstamm, weißlich, glatt, unterschiedlich lang, verzweigt und wieder verzweigt, wobei die Zweige in einer Tasse enden. Die Sporen sind weiß.

Man findet es auf morschem Holz und erkennt es leicht an den becherartigen Spitzen. Das Exemplar in Abbildung 389 wurde in der Nähe von Columbus gefunden und von Dr. Kellerman fotografiert. Gefunden zwischen Juni und Oktober.

Clavaria Abietina . Schum.

CLAVARIA AUS TANNENHOLZ .

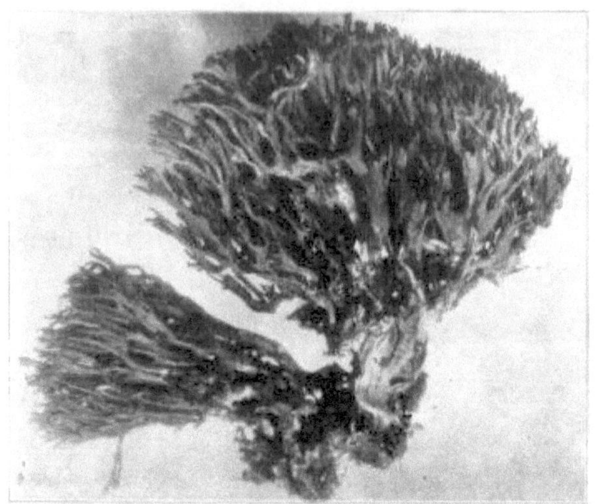

ABBILDUNG 390. — Clavaria Abietina .

Abietina bedeutet Tannenholz.

Diese Pflanze wächst in dichten Büscheln, ist stark verzweigt, ockerfarben, der Stamm ist etwas verdickt, kurz und mit einem weißen Flaum bedeckt; die Zweige sind gerade, gedrängt, im trockenen Zustand längs runzelig, die Zweige gerade.

Die Sporen sind oval und ockerfarben.

Man erkennt es leicht daran, dass es bei einer Quetschung eine Grünfärbung annimmt.

Er ist an unseren bewaldeten Hängen weit verbreitet und kann von August bis Oktober angetroffen werden.

Clavaria spinulosa. MF

ABBILDUNG 391. — Clavaria spinulosa.

Spinulosa bedeutet stachelig oder voller Stacheln.

Der Stamm dieser Pflanze ist ziemlich kurz und dick, mindestens einen halben bis einen Zoll dick, weißlich. Die Zweige sind länglich, dicht gedrängt, gespannt und gerade; dünn, nach oben hin verjüngend; durchgehend etwas zimtbraun gefärbt.

Die Sporen sind elliptisch, gelblich-braun, 11–13×5μ.

Normalerweise wird es als unter Kiefern vorkommend angegeben, aber ich finde es in der Gegend von Chillicothe in Mischwäldern, in denen es überhaupt keine Kiefern gibt. Man findet es nach häufigen Regenfällen von August bis Oktober. Als Nahrungsmittel ist es ziemlich gut.

Clavaria formosa .

WUNDERSCHÖNE CLAVARIA . ESSBAR.

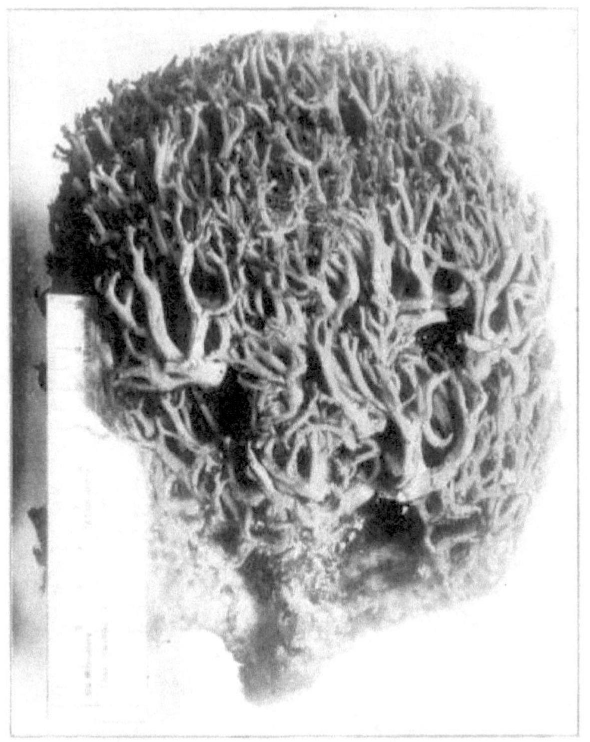

ABBILDUNG 392. — Clavaria formosa . Drei Viertel seiner natürlichen Größe.

Formosa kommt von *formosus* und bedeutet fein geformt.

Diese Pflanze ist zwei bis sechs Zoll hoch, der Stamm ist ziemlich dick, oft über einen Zoll dick; er ist weißlich oder gelblich, elastisch, die Zweige sind zahlreich, dicht gedrängt, verlängert und an den Enden in gelbe Zweige geteilt, die dünn, gerade, stumpf oder gezähnt sind.

Die Sporen sind länglich-oval, rau, gelbbraun gefärbt und 16×8μ groß.

Dies ist eine äußerst schöne Pflanze, sehr zart oder spröde. Wenn die Pflanze noch recht jung ist und gerade aus der Erde kommt, sind die Spitzen der Zweige oft leuchtend rot oder rosa. Diese leuchtende Farbe verblasst bald und die gesamte Pflanze hat eine hellgelbe Farbe.

Die Pflanze ist weit verbreitet und wächst häufig in Reihen auf dem Boden in Wäldern. Sie ist zwar die schönste der Clavarias , aber nicht die beste, und es sollten nur die zarten Teile der Pflanze verwendet werden. Sie wächst von Juli bis Oktober. Das Exemplar in Abbildung 392 wurde in Poke Hollow gefunden.

Clavaria cristata. MF

Foto von CG Lloyd.

ABBILDUNG 393. — Clavaria cristata.

Cristata stammt von *cristatus* , kammförmig. Dies ist eine kleinere Pflanze als C. flava oder C. botrytes . Sie ist normalerweise zwei bis drei Zoll hoch, weiß oder weißlich, die Büschel breiter, abgeflachter Zweige sind manchmal mit einem matten Rosa oder Cremeton gefärbt. -gelb. Die Zweige sind zahlreich, oben verbreitert und abgeflacht, tief in mehrere fingerartige Spitzen eingeschnitten, manchmal so zahlreich, dass sie wie ein Kamm aussehen. Dieses besondere Merkmal unterscheidet sie von C. coralloides . Wenn die Pflanze alt ist, sind die Spitzen werden normalerweise braun.

Manchmal findet man auch eine Form, bei der das gekämmte Aussehen fehlt, und in diesem Fall enden die Zweige in stumpfen Spitzen. Der Stamm ist kurz und neigt dazu, schwammig zu sein.

Man findet ihn in den Wäldern an kühlen, feuchten und schattigen Orten. Er ist zwar zäher als einige der anderen Arten, aber wenn man ihn fein schneidet und gut kocht, schmeckt er sehr gut. Ich esse ihn schon seit Jahren. Man findet ihn von Juni bis Oktober.

Clavaria coronata . Schw .

DIE GEKRÖNTE CLAVARIA . ESSBAR.

Foto von CG Lloyd.

ABBILDUNG 394. — Clavaria coronata .

Blassgelb, dann rehbraun; unmittelbar an der Basis geteilt und sehr stark verzweigt; die Zweige divergieren und sind zusammengedrückt oder gewinkelt, die letzten Zweige sind an der Spitze gestutzt-stumpf und dort von einer Krone aus winzigen Fortsätzen umgeben. *Morgan* .

Diese Pflanze wächst auf verrottetem Holz. Sie ist mehrfach zu zweit verzweigt und bildet manchmal mehrere Zentimeter hohe Büschel. Sie ähnelt in ihrer Form C. pyxidata , ist aber eine ganz eigene Art. An manchen Orten kommt sie recht häufig vor. In der Gegend von Chillicothe ist sie in großen Mengen vorhanden. Sie wächst von Juli bis Oktober.

Clavaria vermicularis. Umfang.

WEISSBÜSCHEL- CLAVARIA .

Foto von CG Lloyd.

ABBILDUNG 395. — Clavaria vermicularis.

Klein, zwei bis drei Zoll hoch; spitz zulaufend , zerbrechlich, weiß, keulenförmig; Keulen voll, einfach, zylindrisch, pfriemlich.

Auf Rasenflächen, kleinen Weiden oder auf Waldwegen zu finden. Jemand hat gesagt, sie „sehen aus wie ein kleines Bündel Kerzen". Essbar, aber zu klein zum Sammeln. Juni und Juli.

Clavaria knusprig . Fr.

GEBOGENE CLAVARIA . ESSBAR.

Sehr stark verzweigt, hellbraun, dann ockerfarben; Stamm schlank, zottig, wurzelnd; Äste gebogen, vielfach geteilt, Äste von gleicher Farbe, sich teilend, brüchig.

Die Sporen sind cremegelb und leicht elliptisch. Der Geschmack der Pflanze ist leicht scharf und behält auch nach dem Kochen einen leichten säuerlichen Geschmack. In unseren Wäldern ist sie sehr häufig. Sie ist von Juli bis Oktober zu finden.

Clavaria Kunzei . Fr.

KUNZES CLAVARIA .

Ziemlich zerbrechlich, stark verzweigt von der schlanken, spitz zulaufenden Basis; weiß; Äste länglich, dicht gedrängt, mehrfach gegabelt, subfastigiat, gleichmäßig, gleich; Achseln zusammengedrückt. Exemplare wurden auf dem Cemetery Hill unter Buchen gefunden und von Dr. Herbst identifiziert. Die Sporen sind gelblich.

Clavaria cinerea. Stier.

ASCHEFARBENE CLAVARIA . ESSBAR.

Cinerea, gehört zu den Eschen. Dies ist eine kleine Pflanze, die in Gruppen, häufig in Reihen, unter Buchen wächst. Die Farbe ist grau oder aschig; sie ist ziemlich zerbrechlich; der Stamm ist dick, kurz, sehr verzweigt, mit verdickten, etwas runzeligen, eher stumpfen Zweigen. Ihre graue Farbe unterscheidet sie von den anderen Clavaria .

Clavaria pistillaris .

INDIANER-CLUB CLAVARIA . ESSBAR.

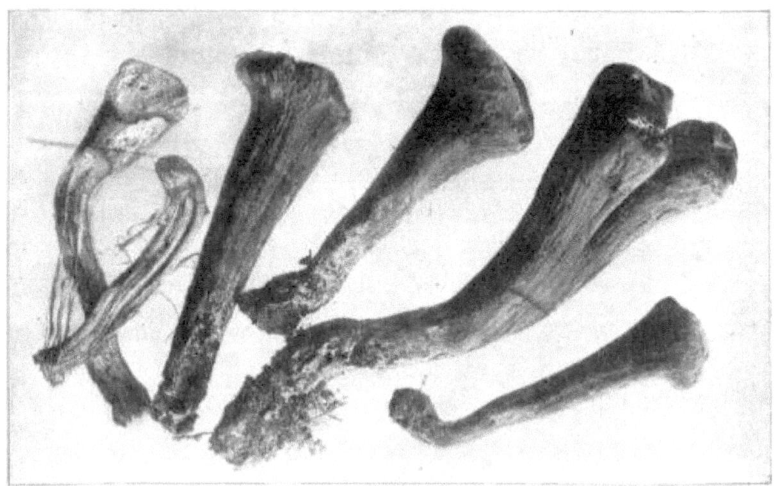

ABBILDUNG 396. — Clavaria pistillaris . Halbe natürliche Größe.

Pistillaris kommt von *pistillum* , einem Stößel.

Sie sind einfach, groß, vollgestopft, fleischig, überall glatt, drei bis zehn Zoll hoch und bis zu einem Zoll dick; hellgelb, ockerfarben, bräunlich, schokoladenbraun, keulenförmig, eiförmig-rund, an der Spitze gerunzelt; Fleisch weiß, schwammig. Die Sporen sind weiß, $10 \times 5\mu$.

Man findet sie im Laub von Mischwäldern, manchmal auch mehrere davon zusammen. Sie sind von Juli bis zum Frost zu finden.

Die dunkle Sorte, die häufig vertikal runzelig ist, ist im rohen Zustand leicht scharf, was jedoch beim Kochen verschwindet. Die Pflanze ist weit verbreitet, aber nirgends in unserem Staat in großen Mengen vorhanden. Ich fand sie gelegentlich in den Wäldern in der Nähe von Chillicothe. Die Pflanzen in Abbildung 396 wurden in der Nähe von Columbus gefunden und von Dr. Kellerman von der Ohio State University fotografiert.

Clavaria fusiformis. Sau.

SPINDELFÖRMIGE CLAVARIA . ESSBAR.

ABBILDUNG 397. — Clavaria fusiformis. Natürliche Größe.

Fusiformis setzt sich aus *fusus* (Spindel) und *forma* (Form) zusammen.

Die Pflanze ist gelb, glatt, ziemlich fest, bald hohl, spitz zulaufend ; fast aufrecht, ziemlich spröde, an beiden Enden verjüngt; die Keulen sind etwas spindelförmig, einfach, gezähnt, die Spitze etwas dunkler; gleichmäßig, leicht fest, meist mit mehreren vereinigten an der Wurzel.

Die Sporen sind hellgelb, kugelig und 4–5 µ groß.

Man findet sie in Wäldern und auf Weiden. Die Pflanzen auf der Abbildung befanden sich im Wald neben einer unbefahrenen Straße am Ralston's Run.

Sie ähneln stark C. inæqualis . Wenn sie in ausreichender Menge vorhanden sind, sind sie sehr zart und haben ein ausgezeichnetes Aroma.

Clavaria inæqualis . Mull.

DIE UNGLEICHE CLAVARIA . ESSBAR.

Inæqualis bedeutet ungleich.

Etwas büschelig, ziemlich zerbrechlich, 2,5 bis 7,5 cm hoch, oft zusammengedrückt, eckig, oft gegabelt, ventrikös; gelb, gelegentlich weißlich, manchmal an der Spitze unterschiedlich gesägt. Die Sporen sind farblos, elliptisch, 9–10×5µ.

Man kann ihn leicht von C. fusiformis an den Spitzen unterscheiden, die nicht spitz zulaufen. Er ist von August bis Oktober in Büscheln in Wäldern und auf Weiden zu finden. Genauso köstlich wie C. fusiformis.

Clavaria mucida . Pers.

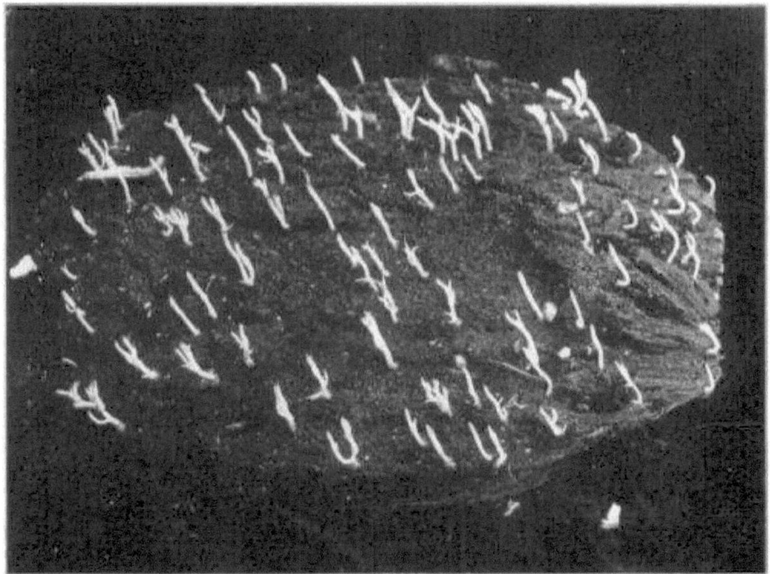

ABBILDUNG 398. — Clavaria Schleim .

Mucida bedeutet schleimig und verdankt seinen Namen der weichen und wässrigen Beschaffenheit der Pflanzen.

Die Pflanzen sind recht klein, normalerweise einfach, manchmal aber auch verzweigt, keulenförmig, 3 bis 2,5 cm hoch, weiß, manchmal gelblich, häufig rosa oder rosafarben.

Diese Pflanzen sind sehr klein und leicht zu übersehen. Man findet sie auf verrottetem Holz. Ich habe sie im Spätherbst und im frühen Frühjahr gefunden. Man kann sie das ganze Jahr über nach warmen Regenfällen oder an feuchten Orten auf gut verrottetem Holz suchen. Die Exemplare in Abbildung 398 wurden von Prof. GD Smith, Akron, Ohio, fotografiert.

Calocera . Fr.

Die Pflanze ist gallertartig, im feuchten Zustand etwas knorpelig, im trockenen Zustand hornig, aufrecht, einfach oder verzweigt, dornenförmig oder einzeln.

Das Hymenium ist universell; die Basidien sind rund und zweilappig, wobei jeder Lappen ein einzelnes einsporiges Sterigma trägt. Die Sporen sind tendenziell länglich und gekrümmt.

Diese Gattung ähnelt Clavaria , ist aber daran zu erkennen, dass sie im feuchten Zustand etwas gallertartig und zähflüssig und im trockenen Zustand eher hornartig ist, vor allem aber an den zweilappigen Basidien.

Hornhautkalotte . Fr.

Foto von CG Lloyd.

ABBILDUNG 399. — Hornhautkalotte .

Diese ist unverzweigt, spitz zulaufend , wurzelnd, eben, zähflüssig, orangegelb oder blassgelb; die Keulen sind kurz, pfriemlich, an der Basis verwachsen. Die Sporen sind rund und länglich, 7–8×5μ.

Gefunden auf Baumstümpfen und Baumstämmen, besonders auf Eichenholz, wo das Holz Risse aufweist und die Pflanzen aus den Rissen sprießen. Im trockenen Zustand sind sie ziemlich steif und starr.

Calocera strenge. Fr.

Diese Pflanzen sind unverzweigt, einzeln, etwa einen Zoll hoch, länglich, mit etwas stumpfer Basis und auch im trockenen Zustand gelb.

Sein Lebensraum ist dem von C. cornea sehr ähnlich, aber verstreuter. C. striata, Fr., ist C. cornea sehr ähnlich, unterscheidet sich jedoch dadurch, dass es einzeln vorkommt und im trockenen Zustand gestreift oder runzelig ist.

Typhula . Fr.

Epiphytal. Der Stängel ist fadenförmig und schlaff; die Keulen sind zylindrisch und deutlich vom Hymenium getrennt, manchmal entspringen sie einem Sklerotium; das Hymenium ist dünn und wachsartig.

Dies unterscheidet sich von Clavaria und Pistillaria dadurch, dass sich sein Stamm vom Hymenium absetzt. Es ist eine kleine Pflanze, die im Miniaturformat Typha ähnelt, daher auch ihr Gattungsname.

Typhula erythropus . Fr.

Einfach; keulenförmig, zylindrisch, schlank, glatt, weiß; Stiel fast gerade, dunkelrot, tendenziell schwarz, entspringt meist einem schwärzlichen und etwas runzeligen Sklerotium. Die Sporen sind länglich, 5–6×2–2,5μ.

Diese Pflanze ist weit verbreitet und kommt an feuchten Orten auf den Stängeln krautiger Pflanzen vor.

Typhula incarnata. Fr.

Einfach; keulenförmig, länglich, glatt; weißlich, oben mehr oder weniger rosa getönt; ein bis zwei Zoll hoch, Basis leicht gestreift, entspringt einem komprimierten bräunlichen Sklerotium. Die Sporen sind fast rund, 5×4μ.

Dies ist eine häufig vorkommende und schöne kleine Pflanze, die sich leicht an ihrer Farbe sowie der Größe und Form ihrer Sporen erkennen lässt. Wenn der Sammler die toten krautigen Stängel an feuchten Orten beobachtet, findet er nicht nur die beiden gerade beschriebenen, sondern auch eine weitere, die sich in Farbe, Größe und Form der Sporen unterscheidet und T. phacorrhiza , Fr. genannt wird. Sie hat eine bräunliche Farbe und ihre Sporen sind ziemlich länglich, 8–9×4–5μ.

Lachnocladium .

Lachnocladium setzt sich aus zwei griechischen Wörtern zusammen, die „Vlies" und „Zweig" bedeuten.

Hut lederartig, zäh, vielfach verzweigt; die Zweige schlank oder fadenförmig, filzig. Hymenium amphigen . Pilze schlank und stark verzweigt, terrestrisch, wachsen aber manchmal auf Holz.

Lachnocladium Halbvestitum . B. & C.

ABBILDUNG 400. — Lachnocladium Halbvestitum .

Der stark verzweigte Hut besteht aus einem schlanken, unterschiedlich langen und an den Ecken verbreiterten Stamm. Die Äste sind fadenförmig, gerade, etwas büschelförmig, an den Spitzen glatt und von blasserer Farbe.

Dies ist ein recht häufiges Exemplar an unseren Nordhängen. Es ist weiß und recht zerbrechlich. Im August und September an feuchten Orten zu finden.

Lachnocladium Micheneri . B. & C.

ABBILDUNG 401. — Lachnocladium Micheneri .

Lederartig, zäh, blass oder weißlich; Stängel gut ausgeprägt, verzweigt sich von einer Spitze aus, Zweige zahlreich, Spitzen spitz; weißer Filz an der Stängelbasis.

Diese Pflanze ist hier sehr häufig und in den gesamten Vereinigten Staaten weit verbreitet. Sie wächst nach Regenfällen auf abgefallenen Blättern in Wäldern und ist von Juli bis Oktober zu finden.

KAPITEL XI.
TREMELLINI FR.

Tremellini kommt von *tremo* , zittern. Die ganze Pflanze ist gallertartig, mit Ausnahme des Zellkerns. Die Sporophoren sind groß, einfach oder geteilt. Die Spiculae sind zu Fäden verlängert. *Berk.*

Folgende Gattungen sind enthalten:

- Tremella – Immarginat . Hymenium universal.

- Exidia – Gerandet. Hymenium superior.

- Hirneola – Knorpelig, ohrenförmig, an einer Spitze befestigt.

Tremella. Fr.

Der Name dieser Pflanze kommt daher, dass die gesamte Pflanze gallertartig, zitternd und ohne ausgeprägte Ränder sowie ohne nippelartige Erhebungen ist.

Zitterpappel . Fr.

GELBLICHES ZITTERPLÄTTCHEN. ESSBAR.

Dies ist ein kleiner gallertartiger Klumpen, zitternd, gewunden, in welligen Falten, blass, dann gelblich, mit dicht gedrängten und ganzflächigen Lappen. Im ganzen Staat recht häufig. Man findet ihn von Juli bis Winter auf verrottenden Ästen und Baumstümpfen. Er trocknet, wenn es nicht regnet, erwacht aber bei nassem Wetter wieder und zittert. Er wird wegen seiner gelblichen Farbe lutescens genannt.

Tremella mesenterica. Retz.

Mesenterica stammt von zwei griechischen Wörtern und bedeutet Gekröse. Die Pflanze variiert in Größe und Form, manchmal ziemlich flach und dünn, aber im Allgemeinen aufsteigend und stark gelappt; gefaltet und gewunden; gallertartig, aber fest; Lappen kurz, glatt, bei Reife mit einer frostähnlichen Schicht aus weißen Sporen bedeckt. Die Sporen sind breit elliptisch. Häufig im Wald auf verrottenden Stöcken und Ästen.

Zitterrochen.

DAS WEIßLICHE ZITTERPLÄTTCHEN. ESSBAR.

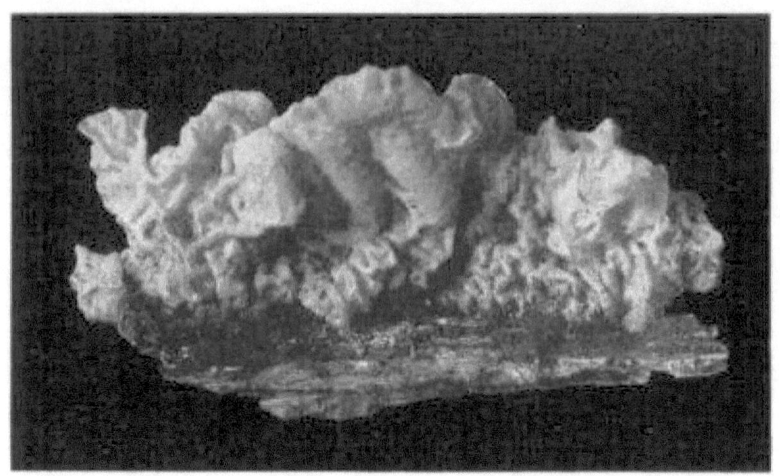

ABBILDUNG 402. — Tremella albida. Natürliche Größe.

Albida, weißlich. Diese Pflanze ist in den Wäldern um Chillicothe und überall im Staat, wo Buche, Zuckerahorn und Hickory vorherrschen, sehr verbreitet.

Es ist weißlich und wird im trockenen Zustand schmutzig-braun; ausgedehnt, zäh, gewellt, ebenmäßig, mehr oder weniger gewunden , bereift. Es bricht die Rinde und breitet sich in unregelmäßigen und gezackten Massen aus; im feuchten Zustand hat es eine gallertartige Konsistenz, fühlt sich weich und feucht an und gibt nach wie eine Masse aus Gelatine. Seine Sporen sind länglich, stumpf, gekrümmt, mit tränenartigen Flecken versehen, fast durchsichtig, 12–14×4–5µ. Das in Abbildung 402 dargestellte Exemplar wurde in der Nähe von Sandusky gefunden und von Dr. Kellerman fotografiert.

Mycetophila-Tremella.Pk .

ABBILDUNG 403. — Tremella mycetophila .

Mycetophila setzt sich aus zwei griechischen Wörtern zusammen: *mycetes* bedeutet Pilz und *phila* bedeutet gern. Die Pflanze wird so genannt, weil sie auf anderen Pilzen wächst.

Oft nahezu rund, etwas eingedrückt, in Falten kreisend, manchmal in recht großen Massen um die Stängel der Pflanze, wie in Abbildung 403 zu sehen ist, tremelloid – fleischig, leicht bereift, schmutzig weiß oder gelblich.

Ich habe festgestellt, dass es häufig auf Collybia wächst drophila , wie es in Abbildung 403 der Fall ist. Captain McIlvaine spricht in seinem Buch davon, dass diese Pflanze parasitär auf Marasmius gefunden wurde oreades in einer für diese Pflanze recht großen Masse. Ich kann die Aussage bestätigen, da ich es bei feuchtem Wetter im August und September auf M. oreades gefunden habe. Es hat einen angenehmen Geschmack.

Zitterrochen.

Fimbriata kommt von *frimbriæ* , einer Franse.

Es ist sehr weich und gallertartig, olivfarben, ins Schwarze tendierend, büschelig, zwei bis drei Zoll hoch und ebenso breit, aufrecht, die Lappen sind schlaff, gewellt und am Rand eingeschnitten, was der Art ihren Namen gibt; die Sporen sind fast birnenförmig. Man findet sie auf abgestorbenen Ästen, Baumstümpfen und bei feuchtem Wetter auf Zaunlatten. Leicht zu erkennen an der dunklen Farbe.

Tremellodon . Pers.

Tremellodon bedeutet zitternder Zahn.

Diese Pflanzen sind gallertartig und haben einen Hut oder Pileus; das Hymenium ist mit spitzen, gallertartigen Stacheln bedeckt, die ahlenförmig und gleich groß sind. Die Basidien sind fast rund mit vier ziemlich kräftigen, länglichen Sterigmata, die Sporen sind fast rund.

Tremellodon gelatinosum .

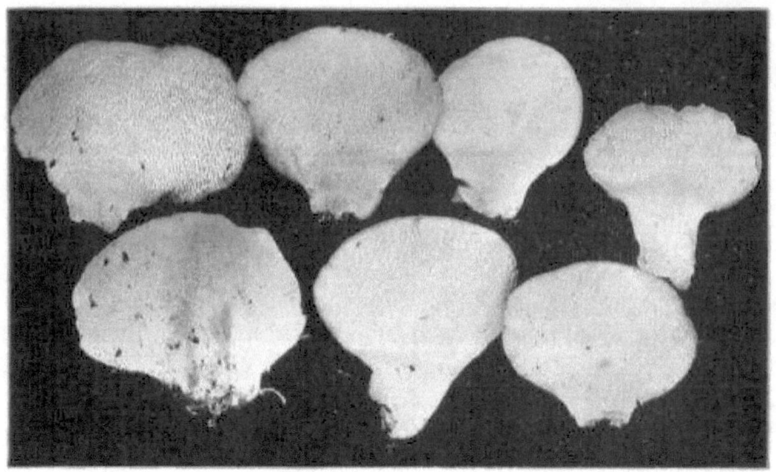

Gelatinosum bedeutet voller Gelee oder geleeartig, von *Gelatina* , Gelee.

Der Hut ist dünn , gallertartig, tremelloid , ein bis drei Zoll breit, ziemlich dick und hat nach hinten eine seitliche dicke, stammartige Basis. Der Hut ist mit einem grünlich-braunen Belag bedeckt und sehr fein körnig.

Das Hymenium ist wässrig-grau, mit hydnumartigen Zähnen bedeckt, kräftig, spitz, gleichförmig, ein bis zwei Zoll lang, weißlich, weich, tendenziell blaugrün. Die Sporen sind fast rund, 7–8 μ.

Diese Pflanzen findet man auf Kiefern- und Tannenstämmen und auf Sägemehlhaufen. Sie wachsen in Gruppen und sind in Form und Größe sehr variabel, aber leicht zu bestimmen, da es sich um den einzigen Tremelloidpilz mit echten Stacheln handelt. Die Pflanzen in Abbildung 405 wurden von Prof. GD Smith aus Akron, Ohio, fotografiert. Sie sind essbar. Sie kommen von September bis in kaltes Wetter vor.

Fr.

Gallertartig, randständig, oben fruchtbar, unten unfruchtbar. Exidia ist an seinen winzigen, nippelartigen Erhebungen zu erkennen.

Exidia großblütig . Fr.

PLATTE L. ABBILDUNG 404.- EXCIDIA GLANDULOSA .

Diese Pflanze wird „Hexenbutter" genannt. Ihre Farbe variiert von weißlich über braun und dunkelgrau bis hin zu schwärzlich; sie ist abgeflacht, gewellt, oben stark runzelig, unten leicht gefaltet; zunächst und in feuchtem Zustand weich, wird im trockenen Zustand filmartig. Sie kommt auf abgestorbenen Eichenzweigen vor.

Hirneola . Fr.

Hirneola ist die Verkleinerungsform von *Hirnea* , Krug. Gallertartig, becherförmig, im trockenen Zustand hornig. Hymenium runzelig, wird bei Feuchtigkeit knorpelig. Das Hymenium hat die Form einer harten Haut, die die becherförmigen Hohlräume bedeckt und nach dem Einweichen in Wasser abgezogen werden kann. Die Zwischenräume sind ohne Papillen und die Außenfläche ist samtig.

Hirneola auricula - Judæ . Berk.

DAS JUDENOHR HIRNEOLA . ESSBAR.

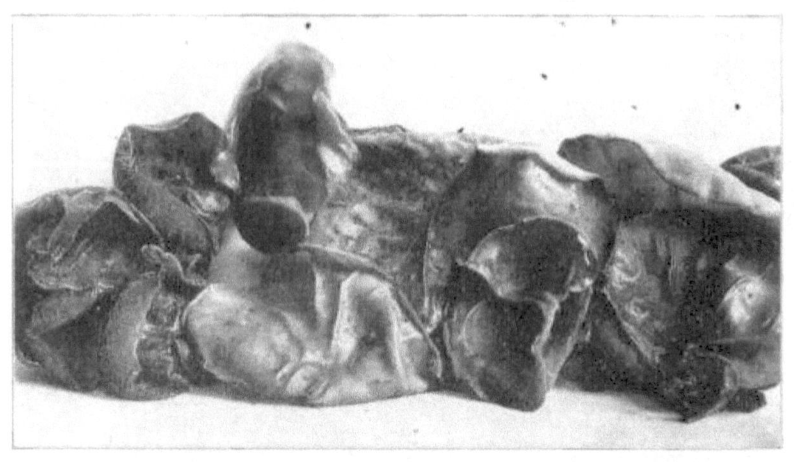

ABBILDUNG 406. — Hirneola auricula- Judæ .

Foto von CG Lloyd.

TAFEL LI. ABBILDUNG 407.- HIRNEOLA AURICULA- JUDAE .

Auricula – Judæ , das Ohr des Juden. Die Pflanze ist gallertartig, 2,5 bis 10 cm breit, dünn, konkav, gewellt, biegsam im feuchten Zustand, hart im trockenen Zustand, schwärzlich, flaumig, an der Unterseite haarig; wenn sie mit weißen Sporen bedeckt ist, ist sie ölig. Das Hymenium bildet durch seine Wellen Vertiefungen, wie sie im menschlichen Ohr vorkommen. Man wird sie nicht übersehen, wenn man sie einmal gesehen hat. Sie ist in unseren Wäldern nicht häufig, aber ich habe sie mehrmals gefunden. Man findet sie auf fast jedem Holz, aber am häufigsten auf Ulmen und Holunder. Die Pflanze in Abbildung 406 wurde in der Nähe von Chillicothe gefunden. Sie ist weit verbreitet.

Guepinia . Fr.

Gallertartig, ins Knorpelige tendierend, frei, beidseitig unterschiedlich, in der Form variabel, substipiert . Hymenium auf eine Seite beschränkt.

Guepinia Spatularia .

Foto von CG Lloyd.

ABBILDUNG 408. — Guepinia spathularia . Die gesamte Pflanze ist hellgelb.

Gelb, knorpelig, besonders im trockenen Zustand, spatelförmig, nach oben ausgedehnt, Hymenium leicht gerippt, dort zusammengezogen, wo es aus einem Stamm hervortritt.

Es kommt recht häufig auf Buchen- und Ahornstämmen vor. Ich habe Buchenstämme gesehen, die etwas verrottet und ziemlich gelb waren und diese interessante Pflanze enthielten.

Hymenula . Fr.

Ergussförmig, sehr dünn, makulär , agglutiniert, zwischen gewellt und gallertartig. *Berk.*

Hymenula punctiformis . B. & Br.

PUNKTFÖRMIGE HYMENULA .

Schmutzig weiß, ganz blass, gallertartig, punktförmig, leicht gewellt; bestehend aus aufrecht stehenden, einfachen Fäden; häufig ist ein leichter Gelbstich vorhanden. Die Sporen sind sehr klein. Als ich sie fand, sah sie sehr nach einer unentwickelten Peziza aus, tatsächlich hielt ich sie für P. vulgaris, bis ich Prof. Atkinson ein Exemplar überreichte.

KAPITEL XII.
ASCOMYCETEN – SPORENSACKPILZE.

Ascomycetes setzt sich aus zwei griechischen Wörtern zusammen: *ascos* bedeutet Sack; *mycetes* bedeutet Pilz oder Pilz. Alle Pilze dieser Klasse entwickeln ihre Sporen in kleinen membranösen Beuteln. Diese Asci drängen sich dicht an dicht, und bei ihnen gibt es schlanke, leere Asci, die Paraphysen genannt werden. Die Sporen sind in diesen Beuteln eingeschlossen , normalerweise acht in einem Beutel. Sie werden Sporidien genannt, um sie von den Basidiomycetes zu unterscheiden. Diese Beutel entstehen aus einer nackten oder geschlossenen Schicht fruchtbarer Zellen und bilden ein Hymenium oder einen Zellkern.

FAMILIE – HELVELLACEAE .

Hymenium ist schließlich mehr oder weniger freigelegt, die Substanz weich. Die Gattungen unterscheiden sich von den Erdzungen durch die becherartige Form des Sporenkörpers, aber vor allem durch den Charakter der Sporensäcke, die sich durch einen kleinen Deckel anstelle von Sporen öffnen. Im Folgenden sind einige der Gattungen aufgeführt:

- Morchella Pileus ist tief gefaltet und narbig.

- Gyromitra Pileus mit abgerundeten und unterschiedlich verdrehten Falten bedeckt.

- Helvella Pileus hängend, unregelmäßig gewellt und gelappt.

Morchel . Dill.

Morchella ist ein griechisches Wort, das Pilz bedeutet. Diese Gattung ist leicht zu erkennen. Man erkennt sie an dem tief narbigen und oft länglichen, nackten Kopf, dessen Vertiefungen normalerweise regelmäßig sind, manchmal aber bloßen Furchen mit runzeligen Zwischenräumen ähneln. Die Form des Hutes oder Kopfes variiert von rundlich bis eiförmig oder kegelförmig. Sie sind alle durch tiefe, die gesamte Oberfläche bedeckende, durch netzartig geformte Grate voneinander getrennte Gruben gekennzeichnet. Die Sporensäcke entwickeln sich sowohl in den Graten als auch in den Vertiefungen. Alle Arten sind in jungen Jahren hellgelb mit einem Hauch von Braun. Die Stiele sind kräftig und hohl und von weißer oder weißlicher Farbe.

Der gebräuchliche Name ist Morchel und sie erscheinen bei nassem Wetter im frühen Frühling.

Morchel . Pers.

DIE GEMEINE MORCHEL. ESSBAR.

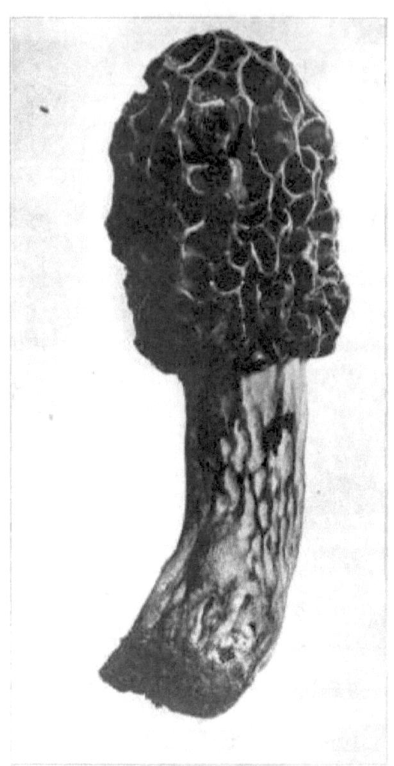

ABBILDUNG 409. — Morchella esculenta. Zwei Drittel der natürlichen Größe.

Der Hut der Gemeine Morchel ist etwas länger als breit, so dass er einen fast ovalen Umriss hat. Manchmal ist er fast rund, aber oft ist er in seiner oberen Hälfte leicht verengt, allerdings nicht spitz oder kegelförmig. Die Gruben auf seiner Oberfläche sind eher rund als bei den anderen Arten. Bei dieser Art sind die Gruben unregelmäßig angeordnet, so dass sie keine Reihen bilden, wie in Abbildung 409 zu sehen ist.

Er wird 5 bis 10 cm hoch und ist den meisten Leuten als Schwammpilz bekannt. Er wächst in Wäldern und an Gehölzrändern, besonders neben Waldbächen. Alte Apfel- und Pfirsichplantagen sind beliebte Orte für Morcheln. Es macht nichts, wenn der Anfänger die Arten nicht identifizieren kann, da sie alle gleich gut sind. Ich habe gesehen, wie Sammler einen ganzen Korb voll mit einem halben Dutzend Arten zum Verkauf anboten. Sie trocknen sehr leicht und können für den Winter aufbewahrt werden. Man sagt, dass sie in großer Fülle über abgebrannten Gebieten wachsen. Die deutschen Bauern sollen Waldstücke abgebrannt haben, um eine reiche Ernte zu sichern. Ich habe festgestellt, dass mehr Leute die Morcheln kennen als jeden anderen Pilz. Man findet sie im April und Mai, nach warmen Regenfällen.

Morchel . Fr.

Die köstliche Morchel. Essbar.

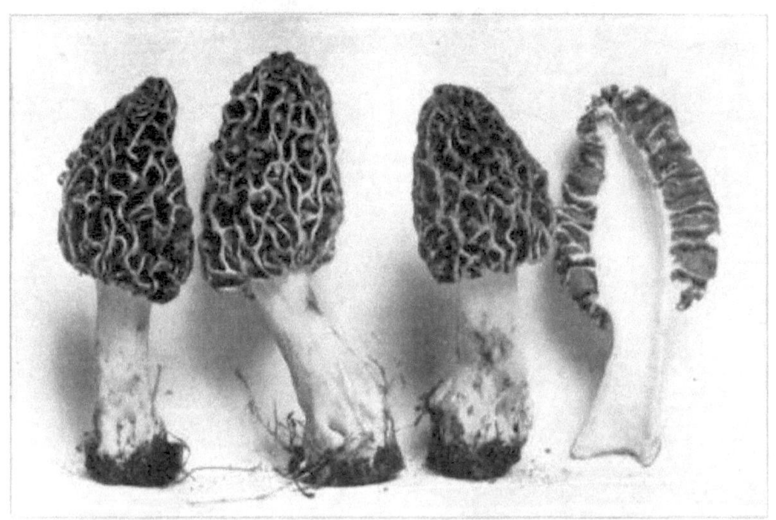

ABBILDUNG 410. — Morchella deliciosa. Zwei Drittel der natürlichen Größe.

Diese und die vorhergehenden Arten lassen anhand ihrer Namen darauf schließen, dass sie schon seit langer Zeit hoch geschätzt werden, da die Professoren Persoon und Fries, die sie benannt haben, vor über hundert Jahren lebten. Die Köstliche Morchel erkennt man an der Form ihres Hutes, der im Allgemeinen zylindrisch, manchmal spitz und leicht gebogen ist. Der Stiel ist ziemlich kurz und wie der Stiel aller Morcheln von oben bis unten hohl.

Man findet sie in Verbindung mit anderen Morchelarten in Wäldern und Gehölzrändern sowie in alten Apfel- und Pfirsichplantagen. Sie müssen langsam und lange gekocht werden. Da sie früh im Frühjahr wachsen, ist die Wahrscheinlichkeit gering, dass sie von Würmern befallen sind. Das Fleisch ist ziemlich brüchig und nicht sehr wässrig. Sie lassen sich leicht trocknen. Man findet sie bis April und Mai.

Morchella esculenta var. conica . Pers.

Die Kegelmorchel. Essbar.

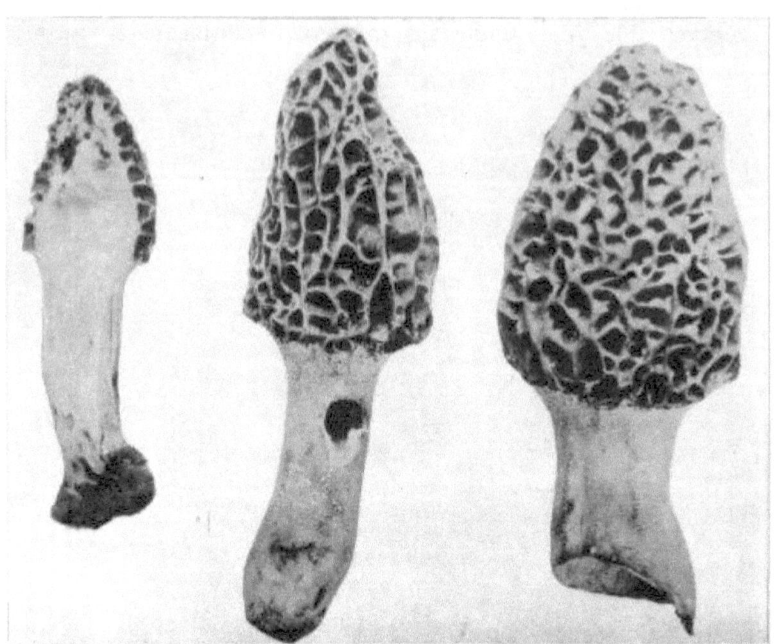

TAFEL LII. ABBILDUNG 411. – MORCHELLA ESCULENTA VAR. CONICA .

Die Kegelmorchel ist sehr eng mit M. esculenta und M. deliciosa verwandt, von denen sie sich dadurch unterscheidet, dass ihr Hut länger als breit und spitzer ist, so dass er kegelförmig oder länglich-kegelförmig ist. Die Pflanze wird im Allgemeinen größer als die anderen Arten. Es ist jedoch ziemlich schwierig, diese drei Arten zu unterscheiden. Die Kegelmorchel kommt in der Umgebung von Chillicothe recht häufig vor. Ich habe Morcheln besonders häufig an den Stauseen in Mercer County und in den Counties Auglaize, Allen, Harden, Hancock, Wood und Henry gefunden. Ich kenne Morchelliebhaber, die auf Campingtouren in die Wälder rund um die Stauseen gingen, um Morcheln zu suchen, und große Mengen davon nach Hause brachten.

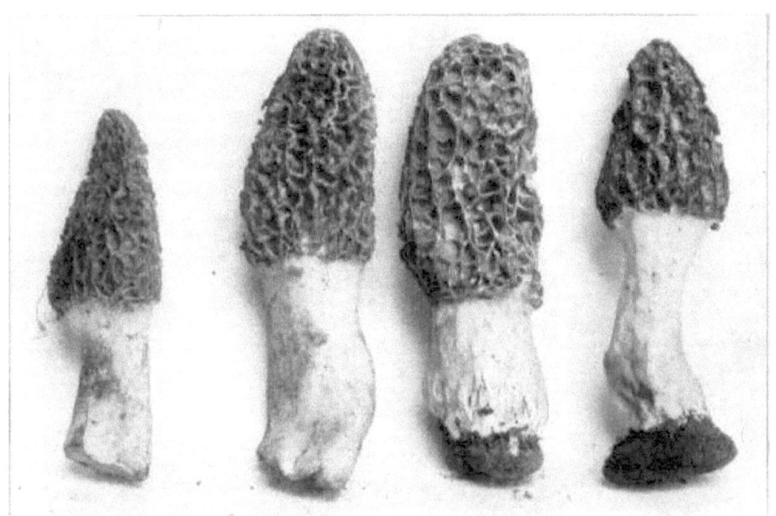

ABBILDUNG 412. — Morchella esculenta var. conica . Zwei Drittel der natürlichen Größe.

Morchel angusticeps .

DIE SCHMALKOPFMORCHEL. ESSBAR.

ABBILDUNG 413. — Morchel Angusticeps .

Angusticeps setzt sich aus zwei lateinischen Wörtern zusammen: *angustus* – schmal; *caput* – Kopf. Diese Art und M. conica sind sich so ähnlich, dass eine einigermaßen zufriedenstellende Identifizierung sehr schwierig ist. Bei beiden Arten ist der Hut wesentlich länger als breit, aber bei angusticeps ist er schmaler und spitzer. Die Gruben sind im Allgemeinen länger als bei den anderen Arten. Man findet sie oft in Obstgärten, aber auch oft in niedrigen Wäldern unter Schwarz-Eschen. Ich habe einige typische Exemplare in der Nähe der Stauseen gefunden. Die Exemplare in Abbildung 413 wurden in Michigan gesammelt und von Prof. BO Longyear fotografiert. Sie erscheinen sehr früh im Frühjahr, sogar wenn bei uns noch Frost herrscht.

Morchel halblibera . DC

DIE HYBRID-MORCHEL. ESSBAR.

ABBILDUNG 414. — Morchel semilibera . Halbe natürliche Größe.

Semilibera bedeutet halbfrei und wird so genannt, weil der Hut glockenförmig ist und die untere Hälfte frei vom Stiel ist. Der Hut ist selten länger als einen Zoll und normalerweise viel kürzer als der Stiel, wie in Abbildung 414 zu sehen ist. Die Gruben im Hut sind länger als breit. Der Stiel ist weiß oder weißlich und etwas mehlig oder rau, hohl und oft an der Basis geschwollen. Ich habe die Exemplare in Abbildung 414 etwa Ende Mai unter Ulmen in James Dunlaps Wäldern gefunden. Sie sind dort ziemlich zahlreich. Ich kann keinen Unterschied im Geschmack dieser und anderer Arten feststellen.

Morchel bispora . Sor.

DIE ZWEISPORIGE MORCHEL. ESSBAR.

ABBILDUNG 415. — Morchel bispora . Halbe natürliche Größe.

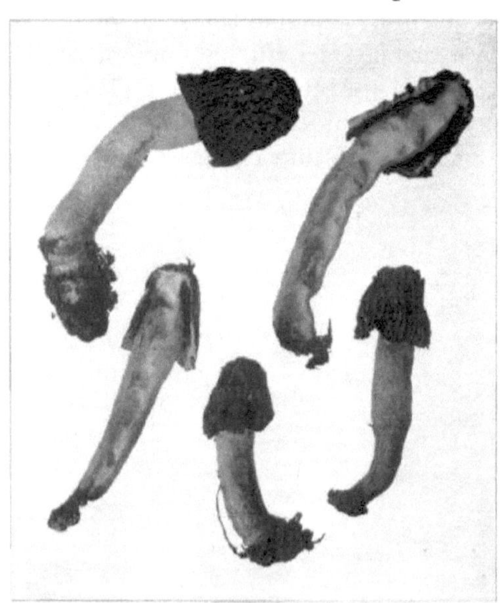

TAFEL LIII. ABBILDUNG 416.— MORCHELLA BISPORA .
Die Morchel mit zwei Sporen. Essbar. Der Hut ist bis ganz oben vom Stiel
abstehend.

Bispora , zweisporig, unterscheidet sich von den anderen Arten dadurch, dass der Hut bis ganz oben vom Stängel freisteht. Das Unterscheidungsmerkmal, das der Art ihren Namen gibt, kann nur mit Hilfe eines starken Mikroskops erkannt werden. Bei dieser Art gibt es nur zwei Sporen in jedem Ascus oder Beutel, und diese sind viel größer als bei den anderen Arten, die acht Sporen in einem Beutel oder Ascus haben. Die Rillen verlaufen, wie in Abbildung 415 zu sehen, von oben nach unten. Der Stängel ist viel länger als der Hut, hohl und manchmal an der Basis geschwollen. Die ganze Pflanze ist zerbrechlich und sehr weich. Die Pflanzen in Abbildung 415 wurden in Michigan von Prof. Longyear gesammelt. Die in der ganzseitigen Darstellung gezeigten wurden in der Nähe von Columbus gefunden und von Dr. Kellerman fotografiert. Die Pflanze scheint weit verbreitet zu sein, ist aber nirgends sehr häufig.

Die Sporen können leicht aus Morcheln gewonnen werden, indem man ein reifes Exemplar entnimmt und es einige Stunden auf weißem Papier unter ein Glas legt.

Der Anfänger wird große Schwierigkeiten bei der Identifizierung der Morchelarten haben; wenn er sie jedoch als Nahrungsmittel sammelt , muss er sich darüber keine Gedanken machen, da keine Morcheln vermieden werden müssen und sie so charakteristisch sind, dass niemand Angst haben muss, sie zu sammeln.

Morchella crassipes. Pers.

DIE RIESENMORCHEL. ESSBAR.

Crassipes kommt von *crassus* – dick; *pes* – Fuß.

Der Hut ähnelt in seiner Form und unregelmäßigen Vertiefung dem Hut von M. esculenta, ist aber etwas größer. Der Stiel ist sehr kräftig, viel länger als der Hut, oft sehr runzelig und gefaltet. Ich habe nur wenige Exemplare dieser Art gefunden. Gefunden im April und Mai.

^ *"Verpa , Swartz"*.

Verpa bedeutet Stab. Ascospore glatt oder leicht runzelig, frei von den Seiten des Stängels, an der Spitze des Stängels befestigt, glockenförmig, dünn; Hymenium bedeckt die gesamte Oberfläche der Ascospore; Asci zylindrisch, 8-sporig. Die Sporen sind elliptisch, hyalin; Paraphysen septiert.

Der Stiel ist aufgeblasen, gefüllt, ziemlich lang und verjüngt sich nach unten.

Verpa digitaliformis .

ABBILDUNG 417. — Verpa digitaliformis .

Digitaliformis setzt sich aus *digitus* (Finger) und *forma* (Form) zusammen.

Der Hut ist glockenförmig und an der Spitze des Stängels befestigt, ansonsten jedoch frei von ihm. Er hat eine oliv-umbrafarbene Farbe, ist glatt, dünn und dicht an den Stängel gedrückt, jedoch immer frei. Der Rand ist manchmal nach innen gebogen.

Der Stiel ist drei Zoll hoch, verjüngt sich nach unten und ist an der Basis mit rötlichen Keimwurzeln versehen; weiß, mit einem rötlichen Schimmer; scheinbar glatt, aber unter dem Glas ziemlich schuppig; locker gefüllt. Die Asci sind groß, haben 8 Sporen, die Sporen sind elliptisch. Die Paraphysen sind schlank und septiert.

Abbildung 417 zeigt mehrere Pflanzen in natürlicher Größe. Die in der rechten Ecke ist alt und hat einen zerfetzten Hut; der vertikale Schnitt zeigt den Markinhalt des Stängels. Die Pflanzen kommen von Mai bis August in kühlen, feuchten und schattigen Schluchten vor. Essbar, aber nicht sehr gut.

Gyromitra. Fr.

Gyromitra kommt von *gyro* , drehen; *mitra* , Hut oder Haube. Diese Gattung wird so genannt, weil die Pflanzen wie eine stark zerknitterte oder geflochtene Haube aussehen.

Ascophore stipituliert; Hymenophor fast kugelig , aufgeblasen und mehr oder weniger hohl oder höhlenartig, an der Oberfläche unterschiedlich gewunden und gewunden, überall mit Hymenium bedeckt; Substanz fleischig; Asci zylindrisch, mit 8 Sporen; Sporen einreihig, verlängert, hyalin oder nahezu hyalin, durchgehend; Paraphysen vorhanden. *Massee.*

Gyromitra esculenta. Fr.

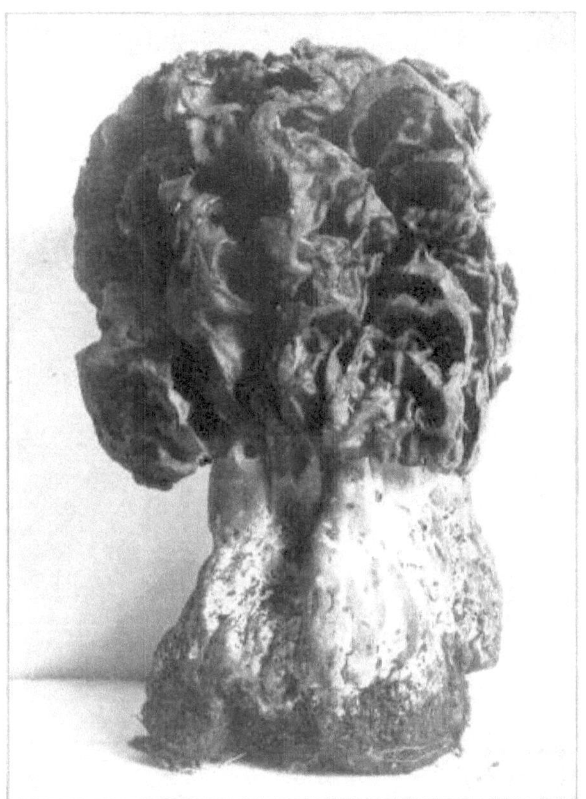

Esculenta bedeutet essbar. Dies ist der größte Sporensackpilz. Der ursprüngliche Name war Helvella esculenta. Er ist lorbeerrot, rund, runzelig oder gewunden, am Stängel befestigt, unregelmäßig, mit gehirnähnlichen Windungen.

Der Stängel ist im reifen Zustand hohl, oft stark deformiert, weißlich, rau, häufig an der Basis vergrößert oder geschwollen, manchmal lückenhaft, häufig nach oben hin dünner, zunächst ausgestopft; Asci zylindrisch, Spitze stumpf, Basis dünner, 8-sporig; Sporen schräg einreihig, hyalin, glatt, durchgehend, elliptisch, 17–25×9–11μ; zahlreiche Paraphasen .

Diese Pflanze erkennt man leicht an Abbildung 418 und ihrem lorbeer- oder kastanienroten Hut mit den hirnartigen Windungen. In den Büchern wird von einem Vorkommen in Kiefernregionen gesprochen, aber ich habe sie häufig in den Wäldern in der Nähe von Bowling Green, Sidney und Chillicothe gefunden. Viele Autoren schreiben dieser Pflanze einen schlechten Ruf zu, aber ich habe sie oft gegessen und wenn sie gut zubereitet ist, schmeckt sie gut. Ich rate jedoch zu Vorsicht bei ihrer Verwendung. Sie kommt im Mai und Juni in feuchten, sandigen Wäldern vor. Die Pflanze in Abbildung 418 wurde in der Nähe von Chillicothe gefunden.

Gyromitra brunnea . Unterholz.

DIE BRAUNE GYROMITRA. ESSBAR.

Foto von CG Lloyd.

ABBILDUNG 419. — Gyromitra brunnea .

Brunnea stammt von *brunneus* , braun. Eine stämmige, fleischige Pflanze mit Stängeln, drei bis fünf Zoll hoch, mit einem breiten, stark verdrehten, braunen Ascoma. Der Stängel ist ¾ bis 1,5 Zoll dick, mehr oder weniger vergrößert und schwammig, an der Basis fest, unten hohl, selten leicht geriffelt, rein weiß; Blütenboden zwei bis vier Zoll breit in der breitesten Richtung, die beiden Durchmesser normalerweise mehr oder weniger ungleich, unregelmäßig gelappt und gefaltet; stellenweise schwach in Bereiche durch undeutliche anastomosierende Grate unterteilt; in den verschiedenen Teilen eng mit dem Stängel verbunden; Farbe ein sattes Schokoladenbraun oder etwas heller, wenn sie stark von den Blättern bedeckt ist, zwischen denen sie wächst; Unterseite weißlich; Asci haben 8 Sporen. Sporen oval. Diese Pflanze kommt recht häufig in der Gegend von Bowling

Green vor. Das Land ist dort sehr fruchtbar und hat sowohl G. esculenta als auch G. brunnea in größerer Menge hervorgebracht, als ich sie anderswo im Staat gefunden habe. Sie ist recht zart und zerbrechlich. Das Exemplar in Abbildung 419 wurde in der Nähe von Cincinnati gefunden und von Herrn CG Lloyd fotografiert.

Helvella elastica . Stier.

DIE PEZIZA-ÄHNLICHE HELVELLA . ESSBAR.

Foto von CG Lloyd.

ABBILDUNG 420. — Helvella elastisch .

Elastica bedeutet elastisch und bezieht sich auf den Stiel. Der Hut ist frei vom Stiel, herabhängend, zwei- bis dreilappig, in der Mitte eingedrückt, eben, weißlich, bräunlich oder rußig, auf der Unterseite fast glatt, etwa 2 cm breit.

Der Stiel ist zwei bis dreieinhalb Zoll hoch und an der aufgeblähten Basis drei bis fünf Linien dick; nach oben verjüngend, elastisch, glatt oder oft mehr oder weniger narbig; gefärbt wie der Hut, leicht samtig oder pelzig; zuerst fest, dann hohl. Sporen hyalin, durchgehend, elliptisch, Enden stumpf, oft 1-kehlig, 18–20×10–11; 1-gezähnt; Paraphysen septiert, keulenförmig. *Massee.*

Die Pflanzen in der Abbildung wurden in der Nähe von Columbus gefunden und von Dr. Kellerman fotografiert. Ich habe die Pflanze nicht so weit südlich wie Chillicothe gefunden, obwohl ich sie im nördlichen Teil des Staates häufig fand. Sie wächst in den Wäldern auf Lauberde .

Helvella lakunös . Afz .

DIE CINEREOUS HELVELLA . ESSBAR.

ABBILDUNG 421. — Helvella lakunös .

Lacunosa , voller Gruben oder mit Gruben. Dies ist eine wunderschöne Pflanze, die sehr eng mit den Morchellas verwandt ist .

Der Hut ist aufgeblasen, gelappt, schwarzbraun und kieselartig, die Lappen sind nach außen gebogen und verwachsen.

Der Stiel ist hohl, weiß oder dunkel, an der Außenseite gerippt und bildet dazwischen Hohlräume.

Die Asci sind zylindrisch und gestielt. Die Sporidien sind eiförmig und hyalin.

Die tiefen Längsrillen im Stamm sind charakteristisch für diese Art. Die Pflanzen, aus denen das Halbtonbild gemacht wurde, wurden in der Nähe von Sandusky gesammelt und von Dr. Kellerman fotografiert. Sie wachsen in feuchten Wäldern. Ich fand die Pflanzen häufig in den Wäldern in der Nähe von Bowling Green und gelegentlich in der Nähe von Chillicothe, wo sie um gut verrottete Baumstümpfe wuchsen.

Hypomyces . Tul.

Hypomyces bedeutet auf einem Pilz. Es ist ein Pilzparasit. Myzel ist zweischalig, Perithecien klein, Asci haben 8 Sporen.

Hypomyces lactifluorum . Schw .

FIGUR 422.— Hypomyces lactifluorum . Die gesamte Pflanze ist leuchtend gelb. Natürliche Größe.

Lactifluorum bedeutet milchfließend. Es ist ein Parasit auf Lactarius , wahrscheinlich piperatus , da diese Art es umgab. Es scheint die Fähigkeit zu haben, die Farbe in eine orangerote Masse zu ändern, wobei in vielen Fällen die Kiemen der Wirtsart vollständig ausgelöscht werden, wie in Abbildung 422 zu sehen ist.

Die Asci sind lang und schlank. Die Sporidien sind einreihig, spindelförmig, gerade oder leicht gebogen, rau, hyalin, uniseptisch , spitz, an den Enden spitz, 30–38×6–8µ.

Dies ähnelt sehr stark Hypomyces aurantius , aber die Sporidien sind größer, rau und warzig , und das filzige Myzel an der Basis fehlt.

Es gibt ihn in verschiedenen Farben: Orange, Rot, Weiß und Violett. Er ist nicht in großen Mengen vorhanden und kommt nur gelegentlich vor. Kapitän McIlvaine sagt: „Wenn er gut in kleinen Stücken gekocht wird, gehört er zu den Besten." Man findet ihn von Juli bis Oktober.

Leptoglossum . (Pk.) Beutel.

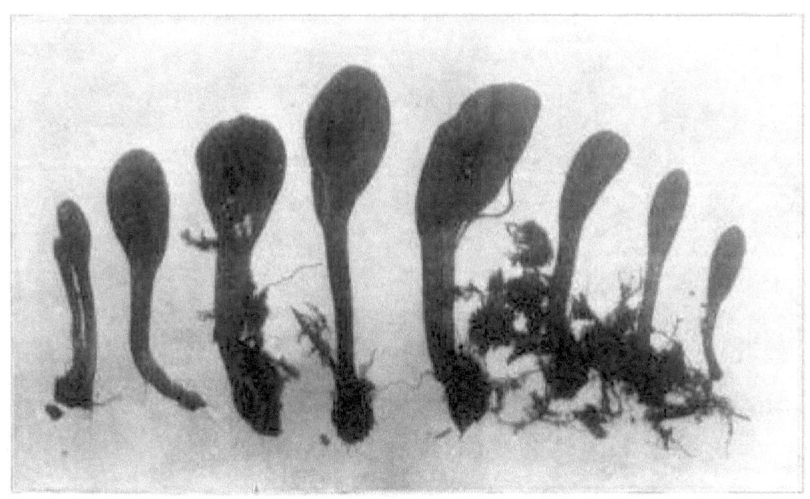

FIGUR 423.— Leptoglossum luteum.

Leptoglossum setzt sich aus zwei griechischen Wörtern zusammen und bedeutet dünn, zart und Zunge; luteum bedeutet gelblich.

Die Keule hebt sich deutlich vom Stiel ab, ist glatt, zusammengedrückt und weist im Allgemeinen auf einer Seite eine Rille auf. Sie ist lautig und wird an der Spitze oder am Scheitel oft braun.

Der Stiel ist oben gleich groß oder leicht vergrößert, gefüllt, lautig und fein schuppig.

Die Sporen sind länglich, leicht gebogen, stehen in einer Doppelreihe und sind 1–1.000 bis 1–800 Zoll lang. *Picken.*

Diese findet man recht häufig zwischen Moos oder dort, wo ein alter Baumstamm verrottet ist, an den Nordhängen um Chillicothe. Die Pflanzen wurden zuerst von Dr. Peck als „ Geoglossum luteum" beschrieben, später jedoch von Saccardo als „ Leptoglossum luteum" bezeichnet. Die Pflanzen in Abbildung 423 wurden im August oder September auf Ralston's Run in der Nähe von Chillicothe gefunden und von Dr. Kellerman fotografiert.

Spathularia . Pers.

Dies ist eine sehr interessante Gattung, die auf den ersten Blick die Aufmerksamkeit aller auf sich zieht. Sie wächst in Form einer Spatel , woher auch ihr Gattungsname stammt. Der Sporenkörper ist abgeflacht und wächst auf beiden Seiten des Stängels nach unten, wobei er sich nach unten verjüngt.

Spatularia flavida . Pers.

DIE GELBE SPATHULARIA . ESSBAR.

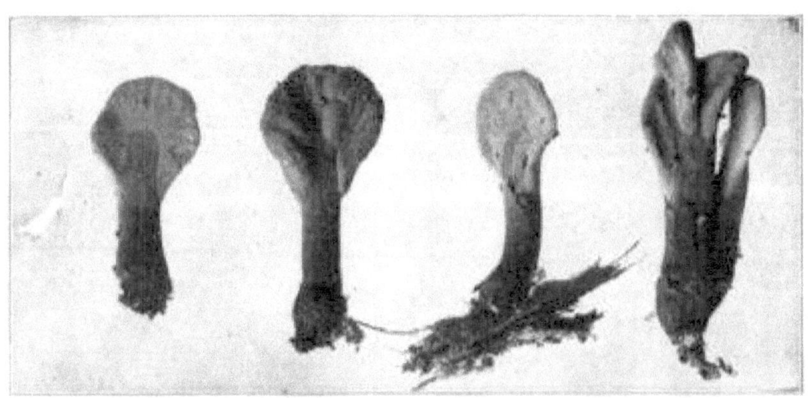

Foto von CG Lloyd.

FIGUR 424.— Spathularia flavida .

Der Sporenkörper ist klar gelb, manchmal mit einem roten Schimmer, hat die Form einer Spachtel , die Spitze ist stumpf , manchmal leicht gespalten, die Oberfläche ist gewellt, etwas knusprig und wächst auf gegenüberliegenden Seiten des Stängels weiter hinunter als bei V. velutipes .

Der Stamm ist dick, hohl, weiß, dann gelblich angehaucht, leicht zusammengedrückt; Asci keulenförmig, Spitze etwas spitz, 8-sporig; Sporen in parallelen Bündeln angeordnet, hyalin, linear-keulenförmig, normalerweise sehr leicht gebogen, 50–60×3,5–4μ; Paraphysen fadenförmig, septiert, oft verzweigt, Spitzen nicht verdickt, gewellt. Obwohl dies eine schöne Pflanze ist, ist sie nicht häufig. Im August und September zu finden.

Spatularia Velutipes . C. & F.

SAMTFUß- SPATHULARIA . ESSBAR.

Velutipes kommt von *velutum* (Samt) und *pes* (Fuß).

Der Sporenkörper ist abgeflacht, spatelförmig , die Sporenoberfläche gewellt, wächst auf den gegenüberliegenden Seiten des oberen Teils des Stängels und ist gelbbraun. Der Stängel ist hohl, leicht flaumig oder samtig, dunkelbraun mit einem gelblichen Schimmer. Er trocknet genauso gut wie Morchella . Man findet ihn in feuchten Wäldern auf moosbedeckten Baumstämmen. Er ist keine gewöhnliche Pflanze. Man findet ihn im August und September.

Leotia . Hügel.

Blütenboden häutig. Der Hut ist kreisrund, der Rand eingerollt, vom Stiel losgelöst, glatt, das Hymenium bedeckt die Oberseite.

Der Stängel ist hohl, mittig, ziemlich lang und durchgehend mit Hut; die ganze Pflanze ist grünlich gelb.

Asci keulenförmig, spitz, 8-sporig. Die Sporen sind elliptisch und hyalin. Die Paraphysen sind vorhanden, meist schlank und rund.

Leotia Schmiermittel . MF

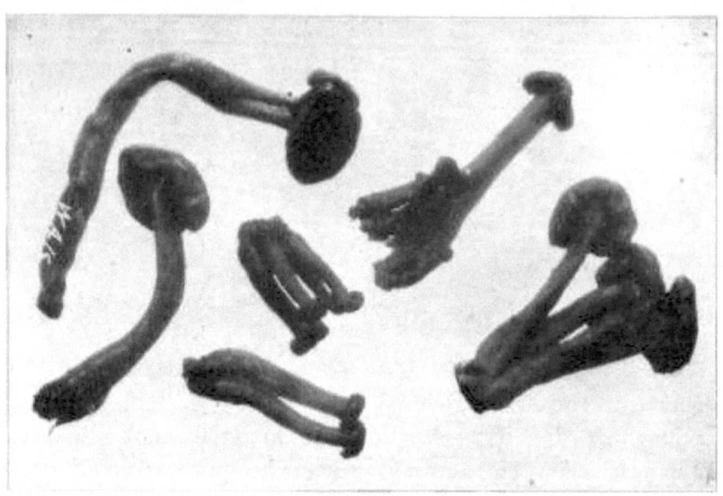

FIGUR 425.— Leotia Schmiermittel .

Lubrica bedeutet glitschig; der Name kommt daher , dass die Pflanzen meist schleimig sind.

Der Hut ist unregelmäßig halbkugelig, etwas runzelig, aufgebläht, gewellt, mit stumpfem Rand, stielfrei, gelblich olivgrün, tremelloid .

Der Stiel ist ein bis drei Zoll lang, nahezu gleich groß, hohl und geht in den Hut über; grünlich-gelb, mit kleinen weißen Körnchen bedeckt.

Die Asci sind zylindrisch, an der Spitze leicht spitz zulaufend, 8-sporig. Die Sporen sind länglich, hyalin, glatt, manchmal leicht gebogen, 22–25×5μ. Die Paraphysen sind schlank, rund, hyalin.

Die Pflanzen sind gesellig und wachsen zwischen Moos oder Blättern im Wald. Diese Art ist in Chillicothe recht häufig anzutreffen. Sie unterscheidet sich von Leotia chlorocephala erkennt man an der Farbe seines Stiels und seines Hutes. Letzterer ist grün oder dunkelgrün. Man findet sie von Juli bis zum Frost. Sie sind essbar, aber nicht auserlesen.

Leotia chlorocephala . Schw .

FIGUR 426.— Leotia Chlorocephala .

Chlorocephala bedeutet grüner Kopf. Allerdings ist die gesamte Pflanze grün.

Sie wachsen in Büscheln, der Hut ist rund, niedergedrückt, etwas durchscheinend, mehr oder weniger wachsartig, der Rand nach innen gebogen und dunkelgrün, manchmal eher dunkelgrün.

Der Stiel ist eher kurz, fast gleich groß; grün, aber oft blasser als der Hut, mit feinem, pulverförmigem Staub bedeckt, oft verdreht.

Asci zylindrisch-keulenförmig, Spitze eher verschmälert, 8-sporig, Sporen glatt, hyalin, Enden spitz, oft leicht gebogen, 17–20×5μ.

Die Exemplare in Abbildung 426 wurden von Mrs. Blackford im Purgatory Swamp in der Nähe von Boston gefunden. Sowohl Hut als auch Stiel waren tiefgrün. Sie wurden mir im warmen Augustwetter zugeschickt.

Linn, 1987.

Peziza bedeutet stielloser Pilz. Dies ist eine große Gattung von discomyceten Pilzen, bei denen das Hymenium die Höhle eines fleischigen, membranösen oder wachsartigen Bechers auskleidet. Sie sind mit der Mitte am Boden, verrottendem Holz oder anderen Substanzen befestigt, obwohl sie manchmal deutlich gestielt sind. Sie sind oft schön gefärbt und werden Feenbecher, Blutbecher und Becherpilze genannt. Sie sind alle becher- oder untertassenförmig; außen warzig , rau oder glatt; Asci zylindrisch, 8-sporig.

Die Gattung ist groß. Prof. Peck berichtet von 150 Arten. Sie kommen vom frühen Frühling bis zum frühen Winter vor.

Peziza acetabulum. Linn.

NETZFÖRMIGE PEZIZA. ESSBAR.

Acetabulum, eine kleine Tasse oder Essigtasse. Der sporentragende Körper ist stipelförmig, becherförmig, schmutzig, außen gerippt mit verzweigten Adern, die vom kurzen, narbigen und hohlen Stiel nach oben verlaufen; die Mündung ist etwas verengt; außen hellbraun und innen dunkler. Im Frühjahr auf dem Boden gefunden.

Peziza badia . Pers.

GROßE BRAUNE PEZIZA. ESSBAR.

Foto von CG Lloyd.

ABBILDUNG 427. — Peziza badia .

Geselliger Wuchs; gestielt oder zu einem sehr kurzen, kräftigen Stiel verengt, mehr oder weniger narbig; zunächst fast rund und geschlossen, dann erweitert bis zur Becherform; Rand zunächst eingerollt; außen mit frostähnlicher Blüte bedeckt; Scheibe dunkler als die Außenfläche, sehr wechselhaft in der Farbe; Lappen mehr oder weniger gespalten und gewellt, etwas dick; Sporensäcke zylindrisch, Spitze gestutzt , Sporidien länglich-eiförmig, Episporen rau, 8-sporig. Auf dem Boden im Gras oder am Straßenrand in offenen Wäldern zu finden. Meine ersten Exemplare fand ich auf einer Lichtung in Salem, aber seitdem habe ich sie an mehreren Stellen im Staat gefunden. Sie sollte beim Verzehr frisch sein.

Peziza coccinea.

DIE KARMINROTE PEZIZA.

ABBILDUNG 428. — Peziza coccinea. Ein Drittel der natürlichen Größe.

Coccinea bedeutet Scharlachrot oder Purpurrot. Normalerweise wachsen zwei oder drei davon auf demselben Stock. Die Farbe ist ein sehr reines und schönes Scharlachrot, das Kinder anzieht. Schulkinder bringen mir häufig Exemplare, weil sie neugierig sind, was sie sind. Die Exemplare sind nicht groß, die Scheibe ist innen klar und rein karminrot, außen weiß, ebenso wie der Stiel; filzig, mit kurzem, angedrücktem Flaum; Sporidien länglich, 8-sporig. Man erkennt sie leicht an der rein karminroten Scheibe und der weißlich filzigen Außenseite. Man findet sie in feuchten Wäldern auf verrotteten Stöcken und sie ist im ganzen Staat sehr verbreitet.

Peziza odorata. Pk.

DIE DUFTENDE PEZIZA. ESSBAR.

Geselliges Verhalten. Kelch gelblich, gestielt, durchscheinend, wird im Alter mattbraun, im frischen Zustand spröde, das Fleisch feucht und wässrig; der Kelchrahmen ist in zwei Schichten trennbar; die äußere ist rau, die innere glatt. Die Scheibe ist gelblich-braun. Die Asci sind zylindrisch und haben einen Deckel. Auf dem Boden in Kellern, in der Nähe von Scheunen und

Nebengebäuden. Ein sehr schöner Cluster wuchs auf einem Wassereimer in meinem Stall. Die Kelche waren ziemlich groß, zweieinhalb bis drei Zoll im Durchmesser. Sein Geruch ist unverwechselbar. Er ist Peziza Petersii sehr ähnlich , von dem er sich durch seine größeren Sporen und seinen besonderen Geruch unterscheidet. Im Mai und Juni gefunden.

Peziza Stevensoni .

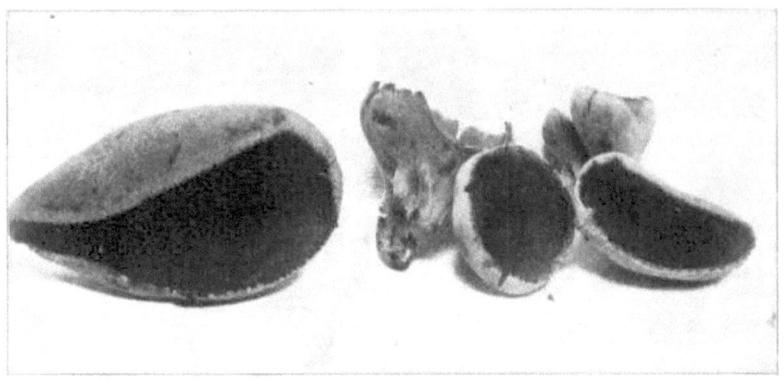

ABBILDUNG 429. — Peziza Stevensoni .

Diese Pflanze ist sitzend oder fast sitzend und wächst in dichten Büscheln auf dem Boden. Die Exemplare in Abbildung 429 wuchsen im Keller von Dr. Chas. Miesse in Chillicothe. Sie werden zeitweise recht groß; sie sind eiförmig, außen grauweiß, mit einem winzigen Flaum oder Filz bedeckt, innen rötlichbraun, der Kelchrand ist fein gezähnt, wie in der Abbildung unten zu sehen ist. Sie sind von Mai bis Juli zu finden.

Halbtosta- Peziza .

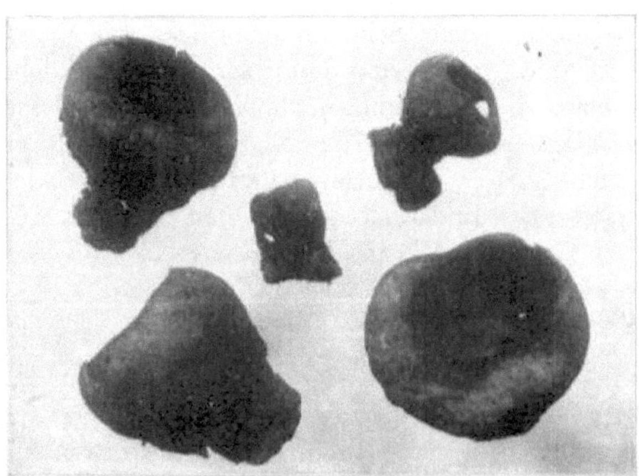

ABBILDUNG 430. — Peziza semitosta .

Semitosta , aufgrund seines verbrannten Aussehens oder seiner umbraähnlichen Farbe.

Der Durchmesser der Tasse beträgt 2,5 bis 3,8 cm, sie ist halbkugelförmig, außen samtig haarig und innen dattelbraun; der Rand ist mit einem Index versehen.

Der Stiel ist gerippt oder runzelig. Die Sporidien sind subfusiform und 0,00117 Zoll lang.

Diese Pflanzen kommen auf dem Boden an feuchten Orten vor. Früher hieß sie Peziza semitosta oder Sarcoscypha semitosta . Die Pflanzen in Abbildung 430 wurden im August oder September auf der Nordseite des Edinger Hill in der Nähe von Chillicothe gefunden und von Dr. Kellerman fotografiert. Zweifellos essbar, aber der Autor hat sie nicht probiert. Sie werden Macropodia semitosta genannt .

Peziza aurantia. Fr.

ORANGEN-GEMAHLENE PEZIZA. ESSBAR.

Aurantia bedeutet orange Farbe.

Subsessil, unregelmäßig, schräg, äußerlich etwas bereift, weißlich. Die Sporidien sind elliptisch, rau.

Auf dem Boden in feuchten Wäldern zu finden. Die Kelche sind oft recht groß und sehr unregelmäßig. Im August und September zu finden.

Kleines Stück . Wahl.

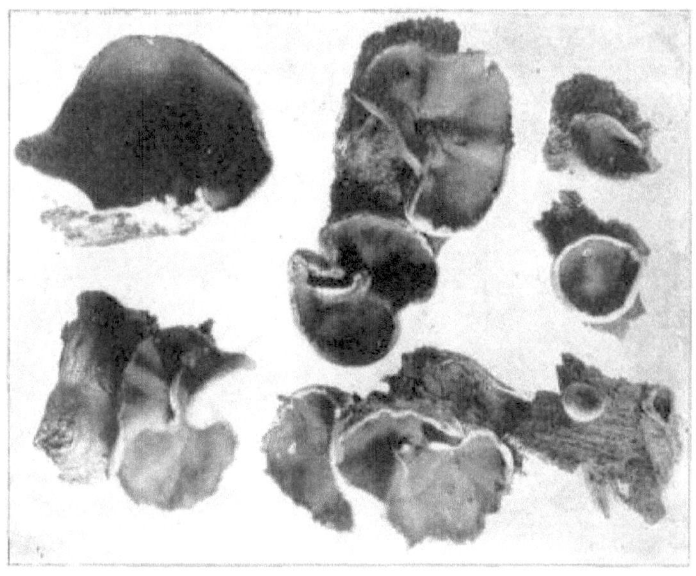

ABBILDUNG 431. — Peziza repanda .

Repanda bedeutet nach hinten gebogen. Diese Pflanzen kommen in dunklen, feuchten Wäldern vor, wachsen auf alten, nassen Baumstämmen oder in gut bewaldeter Erde. Die Kelche sind gebündelt oder verstreut, unterständig und zu einer kurzen, kräftigen, stammähnlichen Basis zusammengezogen. Wenn sie sehr klein sind, erscheinen sie wie ein winziger weißer Knoten auf der Oberfläche des Baumstamms. Dieser wächst, sodass bald eine hohle Kugel mit einer Öffnung an der Spitze entsteht. Die Pflanze beginnt sich nun auszudehnen und abzuflachen und bildet eine unregelmäßige, abgeflachte Scheibe mit kleinen nach oben gebogenen Kanten. Der Rand wird oft gespalten und wellig, manchmal herabhängend und zurückgebogen; die Scheibe ist blass oder dunkelbraun, mehr oder weniger zur Mitte hin runzelig; außen ist der Kelch skorbutweiß. Die Asci haben 8 Sporen und sind ziemlich groß. Die Paraphysen sind wenige, kurz, getrennt, keulenförmig und an den Spitzen bräunlich. Die Sporen sind elliptisch, dünnwandig, hyalin, kernlos, $14\times9\mu$.

Von Mai bis Oktober zu finden. Essbar.

Peziza vesiculosa . Stier.

DIE BLASEN-PEZIZA. ESSBAR.

ABBILDUNG 432. — Peziza vesiculosa .

Oft in dichten Büscheln. Die in der Mitte sind häufig durch gegenseitigen Druck verformt; groß, ganz, sessilezunächst kugelig; zunächst geschlossen, dann sich ausdehnend; der Rand der Schale mehr oder weniger nach innen gebogen, manchmal leicht eingekerbt; die Scheibe ist außen blassbraun; die Oberfläche ist mit einer grobkörnigen oder warzigen Substanz bedeckt, die auf dem Foto deutlich zu sehen ist. Das Hymenium ist im Allgemeinen von der Substanz des Hutes trennbar. Die Sporen sind glatt, durchsichtig, durchgehend, elliptisch und enden stumpf.

Man findet sie auf Misthaufen, Mistbeeten oder überall dort, wo der Boden stark gedüngt wurde und die nötige Feuchtigkeit enthält. Es handelt sich um eine interessante Pflanze, die oft in großer Zahl vorkommt. Vesicolosa bedeutet „voller Blasen", wie das Bild vermuten lässt.

Am 25. April 1904 fand ich in meinem Stall eine sehr schöne Traube.

Peziza scutellata . Linn.

DIE SCHILDARTIGE PEZIZA.

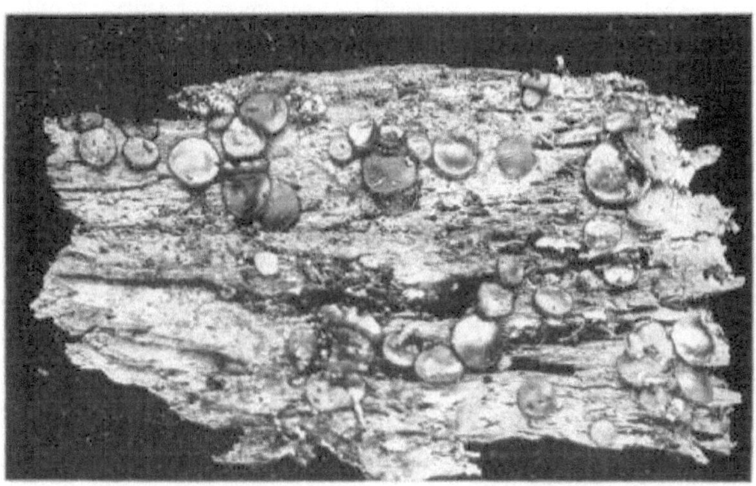

ABBILDUNG 433. — Peziza scutellata . Sehr klein, zeigt aber unter dem Glas seine Form.

Platan werdend, zinnoberrot, außen blasser, zum Rand hin borstig mit geraden schwarzen Haaren. Sporen ellipsoid. Von Juli bis Oktober auf feuchten, morschen Stämmen zu finden. Sehr zahlreich und unter der Lupe sehr hübsch.

Peziza tuberosa. Stier.

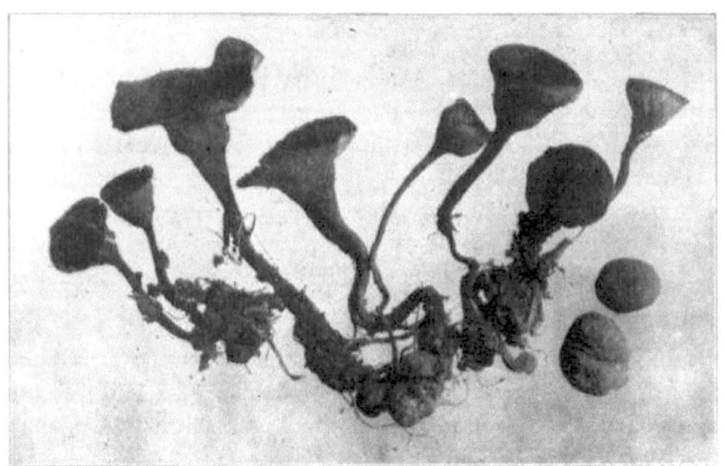

ABBILDUNG 434. — Peziza tuberosa. Natürliche Größe.

Tuberosa, mit einer Knolle oder Sklerotium versehen. Die Kelchform ist dünn, trichterförmig, hellbraun und wird blass.

Der Stiel ist länglich und entspringt einer unregelmäßigen schwarzen Knolle, dem sogenannten Sklerotium. Die Stiele reichen tief in die Erde und sind an einem Sklerotium befestigt, das im Halbton zu sehen ist. Viele Pilzpflanzen haben gelernt, Pilzstärke für die neue Pflanze zu speichern.

Die Sporidien sind länglich-ellipsoid, einfach. Manche Autoren nennen sie Sclerotinia tuberosa. Sie wächst im Frühjahr auf dem Boden und ist an ihrer hellbraunen Farbe und ihrem tief in die Erde reichenden, an einer Knolle befestigten Stiel zu erkennen.

Peziza hemispherica . Wigg.

Sitzend, halbkugelig, wachsartig, außen bräunlich, mit dichten, büscheligen Haaren bekleidet; Scheibe blau-weiß. Gillet nennt dies Lachnea hemispherica . Die Becher sind klein, haben sehr unterschiedliche Farben und die Sporidien sind ellipsoid. Man findet sie im September und Oktober auf dem Boden. Gefunden in Poke Hollow.

Peziza leporina . Batsch.

Substipitate , einseitig verlängert, ohrenförmig, außen eisenhaltig , innen mehlig; Basis eben. Manchmal eisenhaltig oder gelblich. Sporidien ellipsoid. Diese werden häufig Otidea genannt. leporina , (Batsch.) Fckl . Im September und Oktober ist sie auf dem Boden in den Wäldern zu finden. Gefunden in Poke Hollow.

Venosa -Peziza . P.

Diese Pflanze ist untertassenförmig, manchmal mehrere Zentimeter breit; gestielt, etwas verdreht, dunkel umbra, unterseits weiß, runzelig mit rippenartigen Adern. Geruch oft stark. Wächst auf dem Boden in Lauberde. Gefunden im Frühjahr, etwa Ende April, in James Dunlaps Wäldern, in der Nähe von Chillicothe. Diese Pflanze wird auch Discina genannt. venosa , Schweden .

Peziza flockosa . Schw .

ABBILDUNG 435. — Peziza floccosa . Natürliche Größe.

Dies ist eine wunderschöne Pflanze, die auf teilweise verrotteten Baumstämmen wächst. Ich habe sie immer auf Hickory-Stämmen gefunden. Der Hut ist becherförmig, sehr ähnlich einem Becher. Der Stiel ist lang und schlank, eher wollig; der Rand des Hutes ist mit langen, strähnigen Haaren gesäumt. Die Innenfläche des Bechers stellt den sporentragenden Teil dar.

Die Innenseite und der Rand der Tasse sind sehr schön und mit tiefem Scharlachrot und Weiß gefleckt. Auch Sarcoscypha genannt flockosa .

Die Pflanze ist von Juni bis September zu finden.

Peziza occidentalis.

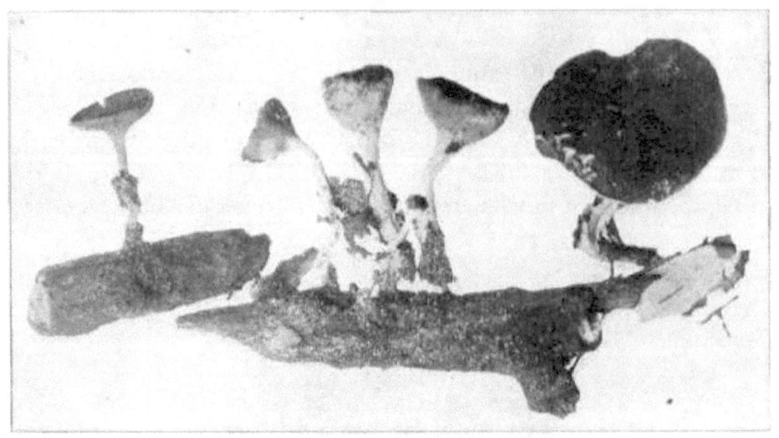

FIGUR 436.— Peziza occidentalis. Natürliche Größe.

Dies ist eine weitere sehr auffällige Pflanze, die in ihrer Attraktivität P. floccosa und P. coccinea durchaus ebenbürtig ist.

Der Kelch ist trichterförmig, die Außenseite sowie der Stiel weißlich und flaumig, die Schale oder Scheibe ist rötlich-orange. Manche Autoren bezeichnen ihn als Sarcoscypha occidentalis. Er wächst auf morschen Stöcken auf dem Boden. Mai und Juni.

Peziza nebulosa . Cooke.

FIGUR 437.— Peziza nebulosa .

Nebulosa bedeutet wolkig oder dunkel, von *Nebel* , einer Wolke; von ihrer Farbe.

Ascophore sind gestielt, eher fleischig, zuerst geschlossen, dann becherförmig, etwas flach werdend, der Rand leicht nach innen gebogen, außen behaart oder flaumig, blassgrau oder manchmal ganz dunkel.

Asci sind zylindrisch; Sporen spindelförmig, gerade oder bogenförmig, rau, 35–8; Paraphysen fadenförmig.

Diese Pflanzen findet man auf verrotteten Baumstümpfen oder Baumstämmen im Wald. Die Wälder, in denen ich sie gefunden habe, waren ziemlich dicht und feucht. Die Pflanzen in Abbildung 437 wurden in Haynes' Hollow gefunden und von Dr. Kellerman fotografiert.

Urnula Kraterium . (Schw .) Fr.

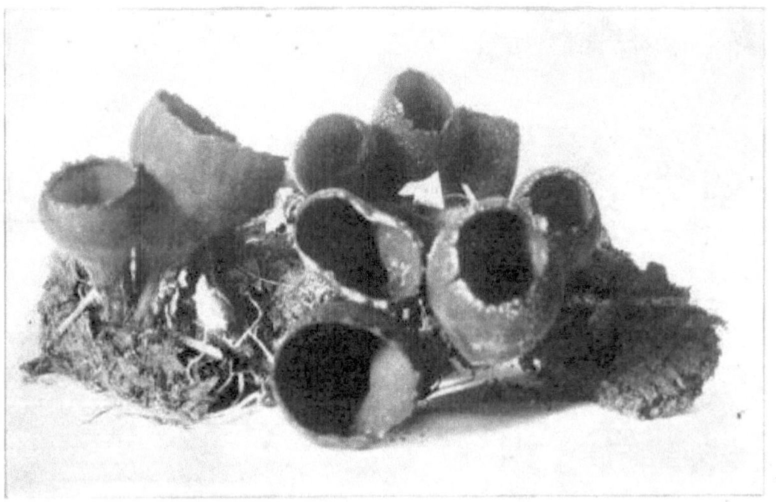

FIGUR 438.— Urnula Kraterium . Zwei Drittel der natürlichen Größe.

Urnula bedeutet verbrannt; craterium bedeutet kleiner Krater, daher lautet die Übersetzung ausgebrannter Krater, was dem Studierenden als sehr passender Name erscheinen wird. Es ist ein sehr verbreiteter und auffallender Ascomycetous oder Becherpilz, der in Büscheln auf morschen Stöcken wächst, die an feuchten Orten liegen. Wenn die Pflanzen zuerst erscheinen, sind es kleine, schwarze Stiele, die kaum Anzeichen eines Bechers aufweisen. Nach kurzer Zeit zeigt das Ende des Stiels Anzeichen einer Vergrößerung und weist an der Oberseite Trennlinien auf. Bald öffnet es sich und wir haben den Becher, wie Sie ihn in Abbildung 438 sehen. Das Hymenium oder die sporentragende Oberfläche ist die Innenwand des Bechers. Der Becher ist innen mit einer Palisade langer, zylindrischer Beutel ausgekleidet, die jeweils acht Sporen und eine kleine Menge Flüssigkeit enthalten. Diese Beutel stehen im rechten Winkel zur Innenfläche und sind mit Deckeln ähnlich denen einer Kaffeekanne versehen; bei Reife wird der Deckel aufgebrochen und die

Sporen werden aus diesen Beuteln geschossen. Wenn der Pilz bereit ist, den Ausfluss zu produzieren, schüttelt man ihn, und man kann sie als kleine Wolke ein bis zwei Zoll über dem Becher sehen. Wenn Sie ein kleines Glasstück über den Becher halten, werden Sie Sporen in Gruppen von acht in sehr kleinen Flüssigkeitstropfen auf dem Glas sehen. Diese Art kommt im April und Mai vor und ist sicherlich eine sehr interessante Pflanze. Manche nennen sie Peziza craterium , Schw .

Helotium . Fr.

Scheibe immer offen, zuerst punktförmig, dann erweitert, konvex oder konkav, nackt. Excipulum wachsartig, frei, randständig, äußerlich nackt.

Helotium Citrin . Fr.

ZITRONENFARBENES HELOTIUM .

FIGUR 439.— Helotium citrinum . Gelber Scheibenpilz, der auf morschen Baumstämmen wächst. Leicht vergrößert.

Dies ist ein wunderschöner kleiner gelber Scheibenpilz, der auf morschen Baumstämmen in feuchten Wäldern wächst. Er wächst oft in dichten Büscheln; er ist wunderschön zitronengelb, der Kopf ist flach oder konkav, mit einem kurzen, dicken, helleren Stiel, der einen umgekehrten Kegel bildet. Asci sind länglich, schmal zylindrisch, an der Basis zu einem langen, schlanken, krummen Stiel verjüngt, 8-sporig.

Sporidien länglich, elliptisch, mit zwei oder drei winzigen Kernen.

Dies ist eine recht häufige Pflanze in unseren Wäldern bei nassem Wetter oder an feuchten Orten, die im Herbst auf alten Baumstämmen und Baumstümpfen in Wäldern wächst. Abbildung 439 gibt eine Vorstellung davon, wie sie in dichten Büscheln aussehen. Die Pflanzen wurden von Dr. Kellerman fotografiert.

Helotium lutescens . Fr.

GELBLICHES HELOTIUM .

Lutescens bedeutet gelblich. Die Pflanzen sind klein, gestielt oder an einem sehr kurzen Stiel befestigt; zuerst geschlossen, dann ausdehnend, bis sie fast eben sind; Scheibe gelb, glatt; Asci keulenförmig, 8 Sporen; Sporen hyalin, glatt.

Gesellig oder verstreut. Auf halb verrotteten Zweigen zu finden.

Helotium aeruginosum . Fr.

DAS GRÜNE HELOTIUM .

Æruginosum bedeutet Grünspan. Gesellig oder verstreut, färben das Holz, auf dem sie wachsen, dunkelgrün; Ascophor erst muschelförmig und geschlossen, dann breiter werdend, der Rand normalerweise gewellt und mehr oder weniger unregelmäßig; biegsam, kahl, ebenmäßig, etwas zusammengezogen und im trockenen Zustand leicht runzelig; jeder Teil dunkelgrün, die Scheibe wird oft blasser mit einem Hauch von Gelbbraun; 1–4 mm breit; Stiel 1–3 mm lang, erweitert sich in den Ascophor hinein ; Hypothecium und Excipulum bestehen aus ineinander verschlungenen, hyalinen Hyphen , 3–4 µ dick, diese werden kräftiger und färben sich in der Rinde grün; Asci schmal zylindrisch-keulig, Spitze leicht verschmälert, 8-sporig; Sporen unregelmäßig 2-reihig, hyalin oder mit einem leichten Grünstich, sehr schmal zylindrisch-spindelförmig, gerade oder gebogen, 10–14×2,5–3,5µ. 2-gutullat oder mit mehreren winzigen grünen Ölkügelchen; Paraphysen schlank, mit einem Grünstich an der Spitze. *Massee.*

Massee nennt dies Chlorosplenium æruginosum , De Not. Es ist recht häufig auf Eichenzweigen anzutreffen und färbt das Holz, auf dem es wächst, dunkelgrün. Es ist weit verbreitet; mir wurden Exemplare aus dem Osten, sogar aus Massachusetts, zugeschickt. Die Myzelflecken im Holz sind häufiger anzutreffen als die Früchte.

Bulgarien. Fr.

Bulgarien – wahrscheinlich zuerst in diesem Fürstentum gefunden.

Blütenboden kreisrund, dann gestutzt, innen klebrig, anfangs geschlossen; Hymenium eben, dauerhaft, glatt.

Bulgarien Inquinans . Fr.

DAS SCHWÄRZLICHE BULGARIEN.

FIGUR 440.— Bulgaria inquinans . Zwei Drittel natürliche Größe.

Inquinans bedeutet „beschmutzend" oder „verschmutzend"; der Name geht auf die schwärzliche, gallertartige Beschichtung des Hutes zurück.

Blütenboden kugelförmig, zuerst geschlossen, dann öffnend und becherförmig, wie rechts in Abbildung 440 gezeigt; Scheibe oder Becher wird flach; schwarz, manchmal lückenhaft; zäh, elastisch, gallertartig, dunkelbraun oder schokoladenbraun, fast schwarz, runzelig und äußerlich rau; Stiel sehr kurz, fast veraltet; Kelch helles Umbra; Sporidien groß, elliptisch, braun.

Diese Pflanze ist in einigen Gegenden in der Nähe von Chillicothe recht häufig anzutreffen. Man findet sie in Wäldern, an Eichenstämmen oder teilweise verrotteten Ästen.

KAPITEL XIII.
NIDULARIACEAE – VOGELNESTPILZE.

Auf Sporophoren produzierte Sporen, die zu einem oder mehreren kugel- oder scheibenförmigen Körpern verdichtet sind und in einem deutlich erkennbaren Peridium eingeschlossen sind. *Berkeley.*

Diese Ordnung umfasst vier Gattungen.

- Cyathus – Peridium becherförmig, aus drei verschiedenen Membranen bestehend.

- Crucibulum – Peridium einer gleichmäßigen Schwammmembran.

- Nidularia – Peridium kugelig, Sporangien mit Schleim umhüllt.

- Sphærobolus – Doppeltes Peridium, Sporangien werden einzeln ausgestoßen.

Cyathus . Pers.

Cyathus kommt von einem griechischen Wort und bedeutet Tasse.

Das Peridium besteht aus drei sehr eng miteinander verbundenen Membranen, die zunächst durch eine weiße Membran verschlossen sind, schließlich aber an der Spitze aufplatzen. Die Sporangien sind eben, nabelförmig und durch eine elastische Schnur an der Wand befestigt.

Cyathus striatus. Hoffm .

GESTREIFTER CYATHUS .

Foto von CG Lloyd.

ABBILDUNG 441. — Cyathus striatus.

Die Pflanzen sind klein, verkehrt kegelförmig, gestutzt und breit offen; außen eisenhaltig, mit haarigem Filz, innen bleifarben, glatt und gestreift.

Die Sporangien sind etwas dreieckig, weißlich und breit nabelförmig. Die Hülle des Kelchs ist dünn, schwindend, auf der Unterseite etwas dicker und baumwollartig, oft mit daunenartigem Mehl bedeckt.

Die Sporen sind dick und länglich.

Dies ist eine sehr interessante kleine Pflanze. Sie ist recht weit verbreitet. Ich habe sie aus mehreren Staaten, darunter Neuengland. Sie ist leicht an den Streifen oder Linien auf der Innenseite des Kelchs zu erkennen, da sie die einzige Art ist, die durch innere Streifen gekennzeichnet ist . Die Peridiolen der Art füllen nur den unteren Teil des Kelchs unterhalb der Streifen aus.

Cyathus vernicosus . Gleichstrom

LACKIERTER CYATHUS .

ABBILDUNG 442. — Cyathus vernicosus .

Vernicosus bedeutet lackiert. Er ist glockenförmig, die Basis ist schmal unterständig, oben breit offen, etwas gewellt; außen rostbraun, seidig filzig, schließlich glatt werdend, innen bleifarben.

Die Sporangien sind schwärzlich, häufig etwas blass, ebenmäßig; die Bedeckung ist ziemlich dick, mit einer gräulichen Mehlschicht bestreut. Sporen elliptisch, farblos, 12–14×10μ. Ich habe häufig den Boden in Gärten und auf Stoppelfeldern mit diesen schönen kleinen Pflanzen bedeckt gesehen. Die Art ist leicht an der ziemlich festen, dicken und ausgestellten Schale zu erkennen. Die Eier oder Peridiolen sind schwarz und ziemlich groß und erscheinen weiß, weil sie mit einer dünnen weißen Membran bedeckt sind. Gefunden im Spätsommer und Herbst. Die Pflanzen in Abbildung 442 wurden von Prof. GD Smith fotografiert.

Cyathus stercoreus .

ABBILDUNG 443. — Cyathus stercoreus .

Stercoreus kommt von stercus , Dung. Diese Art findet sich, wie der Name schon sagt, auf Mist oder gedüngten Böden. Mr. Lloyd gibt folgende Beschreibung: „Die Becher sind innen eben und außen zottig behaart. Im Alter werden sie glatter und werden manchmal mit Cyathus verwechselt. vernicosus . Wenn man sich jedoch einmal damit auskennt, kann man die Pflanzen leicht anhand der Kelche unterscheiden. Cyathus stercoreus variiert jedoch je nach Lebensraum erheblich hinsichtlich Form und Größe der Becher. Wenn sie auf einem Mistkuchen wachsen, sind sie kürzer und zylindrischer; wenn sie auf lockerem, gedüngtem Boden, insbesondere auf Gras, wachsen, sind sie schlanker und neigen an der Basis zu einem Stiel." Die Peridiolen oder Eier sind schwärzer als bei anderen Arten. Sie werden im Spätsommer und Herbst gefunden.

Kruzibulum . Tul.

Das Peridium besteht aus einem gleichmäßigen, schwammartigen Faserfilz, der von einer flächigen, schuppenartigen Hülle gleicher Farbe überzogen ist.

Die Sporangien sind flach und durch eine Schnur miteinander verbunden und entspringen einem kleinen, brustwarzenartigen Tuberkel.

Diese Gattung unterscheidet sich von ihrem nächsten Verwandten, Cyathus , durch die Peridialwand , die nur aus zwei Schichten besteht.

Crucibulum vulgare. Tul.

Foto von CG Lloyd.

ABBILDUNG 444. — Crucibulum vulgare.

Das Peridium ist hellbraun, außen fast gleichmäßig dick, innen ziemlich gleichmäßig, glatt und glänzend; die Mündungen junger Pflanzen sind mit einer dünnen gelblichen Membran, dem sogenannten Epiphragma, bedeckt. Im Alter bleichen die Kelche aus und verlieren ihre gelbe Farbe. Die Peridiolen oder Eier sind weiß, das heißt, sie sind mit einer weißen Membran bedeckt. An ihrer gelblichen Farbe und den weißen Eiern erkennt man diese Art leicht.

Man findet sie auf verrottetem Unkraut, Stöcken und Holzstücken. Die Exemplare im Halbton wuchsen auf einer alten Matte und wurden von Herrn CG Lloyd fotografiert.

Nidularia . Tul.

Das Peridium ist gleichmäßig und besteht aus einer einzigen Membran; es ist kugelförmig, zunächst geschlossen und schließlich aufgerissen oder öffnet sich mit einer kreisförmigen Öffnung.

Die Sporangien sind recht klein und zahlreich, nicht durch einen Funiculus mit dem Peridium verbunden und mit Schleim umhüllt.

Nidularia pisiformis .

ERBSENFÖRMIGE NIDULARIA .

ABBILDUNG 445. — Nidularia Erbsenbein .

Pisiformis setzt sich aus zwei lateinischen Wörtern zusammen, die „ *Erbse*"
und „ *Form" bedeuten* .

Die Pflanze ist gesellig, fast rund, gestielt, wurzellos, haarig, braun oder
bräunlich und unregelmäßig gespalten.

Die Sporangien sind subrotund oder scheibenförmig, dunkelbraun, glatt und
glänzend.

Die Sporen sind farblos, rund oder elliptisch oder birnenförmig und werden
auf Sterigmata (7–8 × 8–9 μ) gebildet. Manchmal findet man sie auf dem
Boden und auf Blättern, aber ihr bevorzugtes Zuhause ist ein alter
Baumstamm. Sie finden sie von Juli bis September.

KAPITEL XIV.
UNTERKLASSE BASIDIOMYCETEN.GRUPPE GASTROMYCETEN.

Gastromycetes setzt sich aus zwei griechischen Wörtern zusammen: *gaster* – Magen; *mycetes* – Pilz. Wir haben bereits gesehen, dass bei der Gruppe der Hymenomycetes die sporentragende Oberfläche freiliegt, wie beim gewöhnlichen Champignon oder bei den porentragenden Arten, bei den Gastromycetes jedoch ist das Hymenium von der Schale oder dem Peridium umschlossen . Das Wort Peridium kommt von *peridio* (ich wickle um), weil das Peridium den sporentragenden Teil vollständig umhüllt, der zu gegebener Zeit die eingeschlossenen Sporen abwirft, die sich im Inneren der Basidien und Spiculae gebildet haben, wie in Abbildung 2 zu sehen ist. Der Hohlraum im Peridium besteht aus zwei Teilen: dem gewindeförmigen Teil, dem Capillitium, das bei jedem getrockneten Bovist zu sehen ist, und einem zellulären Teil, der Gleba , dem sporentragenden Gewebe, das aus winzigen, mit Hymenium ausgekleideten Kammern besteht. Das Peridium bricht auf verschiedene Weise, damit die Sporen entweichen können. Wenn Kinder einen Bovist kneifen, um zu sehen, wie „Rauch" aus ihm aufsteigt, wie sie sagen, wissen sie nicht, dass sie damit genau das tun, was der Bovist von ihnen verlangt, nämlich dass seine Samen in alle Winde zerstreut werden.

Bei den Phalloides zerfließt das Hymenium, anstatt auszutrocknen.

Berkeley charakterisiert diese Familie in seinen „Outlines" wie folgt: „Das Hymenium ist mehr oder weniger dauerhaft verborgen und besteht in den meisten Fällen aus dicht gepackten Zellen, von denen die fruchtbaren Zellen nackte Sporen in deutlich erkennbaren Spiculae tragen, die nur durch das Aufbrechen oder den Zerfall der Deckschicht oder des Peridiums freigelegt werden."

Folgende Familien werden hier betreut:

I.   Phalloideæ – terrestrisch. Hymenium zerfließt.

II.   Lycoperdaceæ – Zunächst zellular. Das Hymenium trocknet zu einer Masse aus Fäden und Sporen aus.

III.   Sklerodermie – Peridium umschließende Sporangien.

Phalloideæ . Fr.

Volva universal, die Zwischenschicht gallertartig. Hymenium zerfließend. *Berkeleys Gliederungen.*

Folgende Gattungen werden vertreten sein:

I.   Phallus – Pileus frei um den Stiel herum.

II.   Mutinus – Am Stiel befestigter Hut.

Phallus duplicatus . Bosc.

GEFLECKTER STINKMORCHEL.

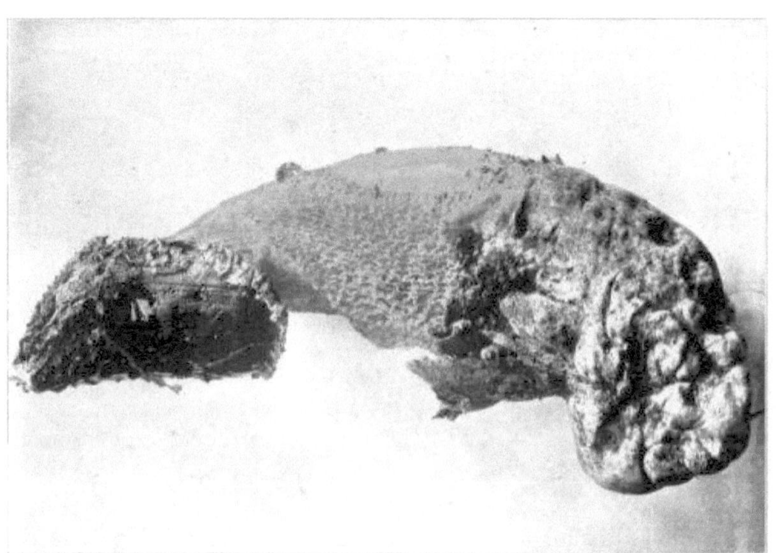

Foto von CG Lloyd.

TAFEL LV. ABBILDUNG 446. — PHALLUS DUPLICATUS .
Natürliche Größe, mit Schleier.

Volva eiförmig, dick, weißlich, häufig mit einem rosa Schimmer.

Der Stiel ist zylindrisch, aus Zellulose und verjüngt sich nach oben. Der Schleier ist netzförmig und umgibt häufig den gesamten Stiel vom Hut bis zur Volva und ist oft zerrissen. Der Hut ist narbig, zerfließend, 15 bis 20 cm hoch und hat eine spitze Spitze. Die Sporen sind elliptisch-länglich.

Ich bin sicher, dass ich noch nie so feine Spitzenmuster gesehen habe wie bei dieser Pflanze. Vor ein paar Jahren bestand eine dieser Pflanzen darauf, in der Nähe meines Hauses zu wachsen, wo früher ein Zaunpfahl gestanden hatte, was die Familie fast von zu Hause vertrieben hätte. Man kann sich kaum eine so schöne Pflanze vorstellen, die einen solchen Geruch verströmt. In unserem Staat ist sie keine häufige Pflanze.

Phallus Ravenelii . B. & C.

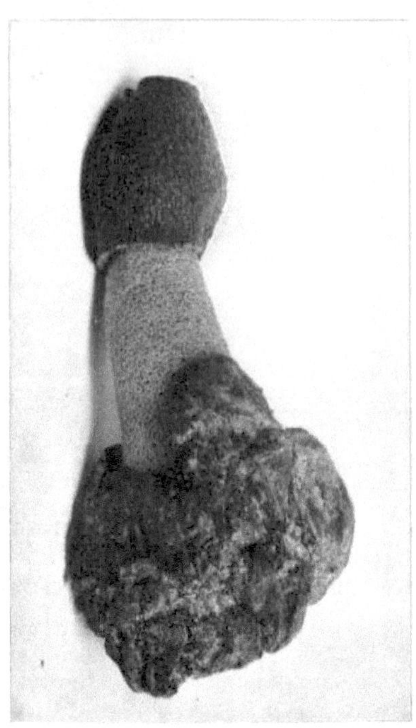

ABBILDUNG 447. — Phallus Ravenelii . Natürliche Größe, mit Volva an der Basis, Blütenboden und Kappe.

Diese Pflanze ist in der Gegend von Chillicothe äußerst häufig. Ich habe Hunderte voll entwickelter Pflanzen auf ein paar Quadratmetern alten Sägemehls gesehen, und man könnte leicht meinen, dass alle üblen Gerüche der Welt an diesem Ort freigesetzt worden seien. Die Eier im Sägemehl können scheffelweise gesammelt werden. In Abbildung 449 ist ein Haufen dieser Eier dargestellt. Der Abschnitt eines Eies in der Mitte des Haufens zeigt die Umrisse der Volva, des Hutes und des Embryostämmchens. In der Mitte der Volva befindet sich der kurze, unentwickelte Stängel; den oberen Teil und die Seiten des Stängels bedeckt der Hut; der fruchttragende Teil, der in kleine Kammern unterteilt ist, liegt an der Außenseite des Hutes. Die Sporen werden auf keulenförmigen Basidien getragen, wie in Abbildung 448 gezeigt, innerhalb der Kammer des fruchttragenden Teils, und wenn die Sporen reifen, beginnt sich der Stamm zu verlängern und drückt die Gleba und den Hut durch die Volva, so dass sie an der Basis des Stammes zurückbleiben, wie in Abbildung 448 zu sehen ist. Das große Ei links im Hintergrund von Abbildung 449 ist fast bereit, die Volva zu durchbrechen. Eines Abends brachte ich ein großes Ei herein und legte es auf den Kaminsims. Später am Abend, als es im Zimmer warm war, bemerkte meine Frau beim Lesen, dass sich dieses Ei zu bewegen begann, und es nahm innerhalb weniger Minuten die Form an, die Sie in Abbildung 447 sehen. Die

Entwicklung ging so schnell, dass die Bewegung sehr deutlich wahrnehmbar war. Der Hut ist konisch geformt, und nach dem Verschwinden der Gleba ist die Oberfläche des Hutes lediglich körnig. Die Pflanzen sind vier bis sechs Zoll hoch. Der Stamm ist hohl und verjüngt sich von der Mitte zu jedem Ende. Diese Pflanze ist auch als Dictyophora bekannt Raveneli , Burt.

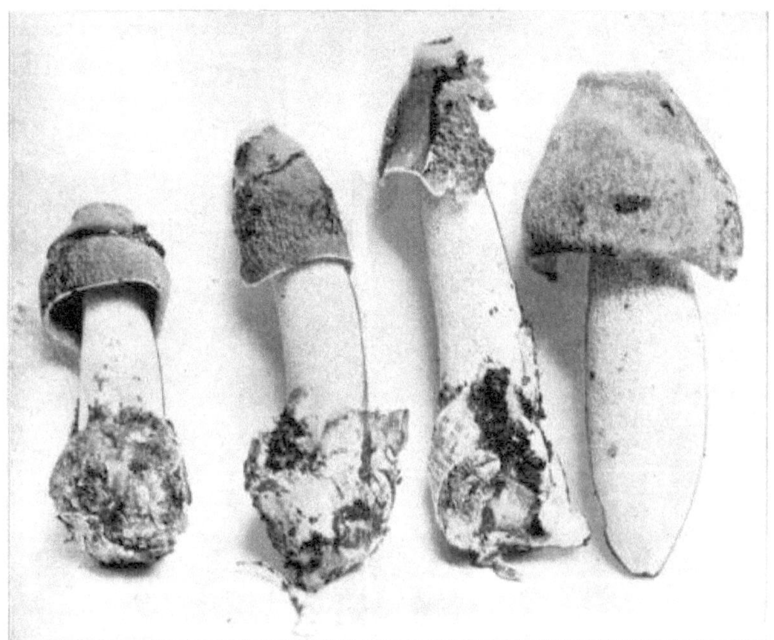

ABBILDUNG 448. — Phallus Ravenelii . Zwei Drittel der natürlichen Größe.

ABBILDUNG 449. — Phallus Ravenelii . Zwei Drittel der natürlichen Größe, zeigt das Eistadium.

Lysurus borealis. Burt.

ABBILDUNG 450. — Lysurus borealis.

Der Blütenboden sitzt auf einem Stiel, ist hohl, zur Basis hin dünner und oben in Arme unterteilt, die an ihren Spitzen nicht zusammenlaufen und an ihren Innenflächen und Seiten die Sporenmasse tragen. In jungen Jahren umschließen sie die Sporenmasse, später divergieren sie jedoch.

Der Stiel des Phalloids ist weiß, hohl und nach unten hin dünner, die Arme sind schmal, lanzenförmig, mit blass fleischfarbener Rückseite und über ihre gesamte Länge von einer flachen Furche durchzogen.

Das Ei in der Mitte ist kurz davor, die Volva aufzubrechen und sich zu einer ausgewachsenen Pflanze zu entwickeln. Die Pflanzen in Abbildung 450 wurden in der Nähe von Akron, Ohio, gefunden und von GD Smith fotografiert.

Mutinus . Fr.

Die Gleba sitzt direkt am oberen Teil des Stängels, der hohl ist und aus einer einzigen Gewebeschicht besteht. Die Pflanze besitzt keinen separaten Hut, wodurch sich die Gattung von Phallus unterscheidet.

Mutinus Hund . Fr.

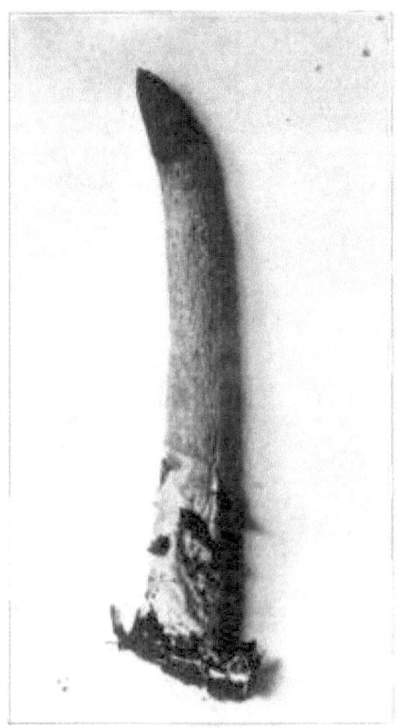

ABBILDUNG 451. — Mutinus Hund .

Der Gleba -tragende Teil ist kurz, rot oder fleischfarben, subakut und runzelig. Der Hut oder die Gleba bildet die sporentragende Masse, die normalerweise konisch, manchmal länglich oder eiförmig ist und ein Viertel bis ein Sechstel der Gesamtlänge des Stängels bedeckt.

Der Stamm ist länglich, spindelförmig, hohl, zylindrisch, zellig, weiß, manchmal rosig. Die Sporen sind elliptisch und in einen grünen Schleim eingebunden, $6{\times}4\mu$. Die Pflanze stammt aus einem Ei, das etwa so groß ist wie ein Wachtelei. Sie können sie im Boden finden, wenn Sie die Stelle markieren, an der Sie sie wachsen gesehen haben. Man findet sie in Gärten und in alten Wäldern und Dickichten. Ich habe diese Art an mehreren Orten in der Umgebung von Chillicothe gefunden, aber immer in feuchtem Dickicht. Mr. Lloyd fand, dass diese Art der europäischen Art ähnlicher sei als alle anderen, die er in diesem Land gesehen hatte. Gefunden im Juli, August und September.

Mutinus elegans. Berg.

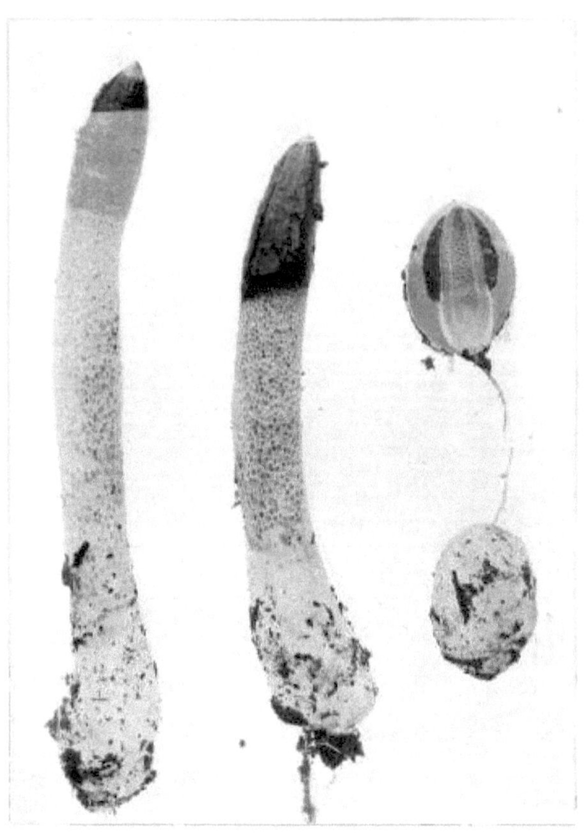

Foto von CG Lloyd.

TAFEL LVI. ABBILDUNG 452. – MUTINUS ELEGANS.
Natürliche Größe, zeigt ein Ei und einen Abschnitt eines Eies.

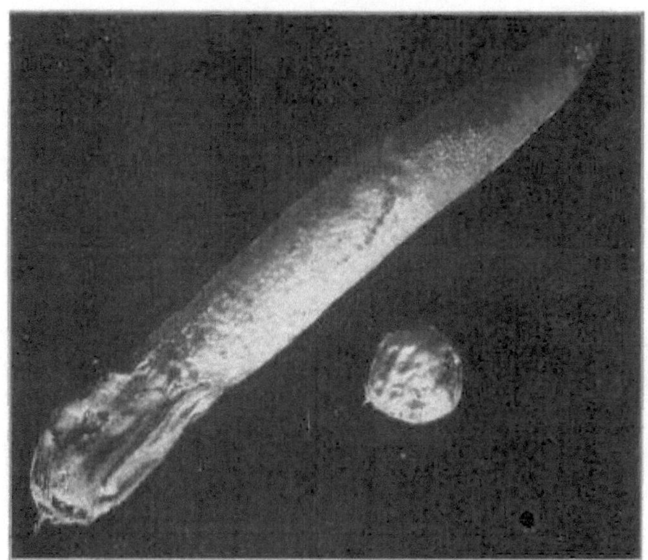

Der Hut ist zugespitzt und an der Spitze durchbrochen. Der Stiel ist zylindrisch und verjüngt sich allmählich zur Spitze hin, an der Unterseite weißlich oder rosa, der Hut leuchtend rot.

Die Volva ist länglich-eiförmig, rosafarben, mit zwei oder drei Segmenten. Die Sporen sind elliptisch-länglich. *Morgan.*

Der Geruch dieser Pflanze ist nicht so stark wie bei manchen Phalloiden . Die Eier von Phallus und Mutinus sollen sehr gut schmecken, wenn sie richtig gebraten werden, aber meine Erinnerung an den Geruch der Pflanze war zu lebhaft, als dass ich sie hätte probieren können. Normalerweise findet man sie in Mischwäldern, manchmal aber auch auf reich bebauten Feldern. Ich habe sie häufig in der Nähe von Chillicothe gefunden, 15 bis 18 cm hoch. In Abbildung 452 ist rechts ein Ei zu sehen und darüber ein Teil eines Eies, der die embryonale Pflanze enthält. Diese Pflanze wird von Prof. Morgan Mutinus genannt. bovinus . Der Sammler wird es nach dem Betrachten dieses Bildes sofort erkennen. Es ist eines der merkwürdigsten Gewächse in der Natur. Gefunden im Juli und August.

KAPITEL XV.
LYCOPERDACEAE – PUFFBÄLLE.

Zu dieser Familie gehören alle Pilze, deren Sporen bis zur Reife in geschlossenen Kammern aufbewahrt werden. Die Kammern werden Gleba genannt und sind von der Schale oder Rinde umgeben, die sich bei verschiedenen Bovisten auf unterschiedliche Weise öffnet, damit die Sporen entweichen können. Die Schale besteht aus zwei unterschiedlichen Schichten, von denen die eine als Rinde und die andere als eigentliche Schale bezeichnet wird. Die Pflanze ist im Allgemeinen sitzend, manchmal mehr oder weniger gestielt und bei Reife mit einer staubigen Masse aus Sporen und Fäden gefüllt.

Viele unserer köstlichsten Pilz-Lebensmittel werden aus ihnen hergestellt. Folgende Gattungen werden hier berücksichtigt:

I. Calvatia – Der große Bovist.

II. Lycoperdon – Der kleine Bovist.

III. Bovista – Der taumelnde Bovist.

IV. Geaster – Erdstern.

V. Sklerodermie – der harte Bovist.

Kalvatia. Fr.

Diese Gattung umfasst die größten Boviste. Sie haben ein dickes, schnurartiges Myzel, das an der Basis wurzelt. Das Peridium ist sehr groß und bricht bei Reife in Fragmente ab und legt die Gleba frei . Die Rinde ist dünn, anhaftend, oft weich und glatt wie Ziegenleder, manchmal mit winzigen Schuppchen bedeckt ; das innere Peridium ist dünn und brüchig und bricht bei Reife in Bereiche auf. Das Capillitium ist ein Netzwerk aus feinen Fäden durch das Gewebe des sporentragenden Teils; das Gewebe ist zunächst schneeweiß, wird dann grünlich-gelb und dann braun; die Sporenmasse und das dichte Netzwerk aus Fäden (Capillitium) sind am Peridium und an der Subgleba oder sterilen Basis aus Zellulose befestigt; oben begrenzt und konkav. Die Sporen sind klein, rund und für gewöhnlich sitzend.

Calvatia gigantea. Batsch.

DER RIESENBOVIST. ESSBAR.

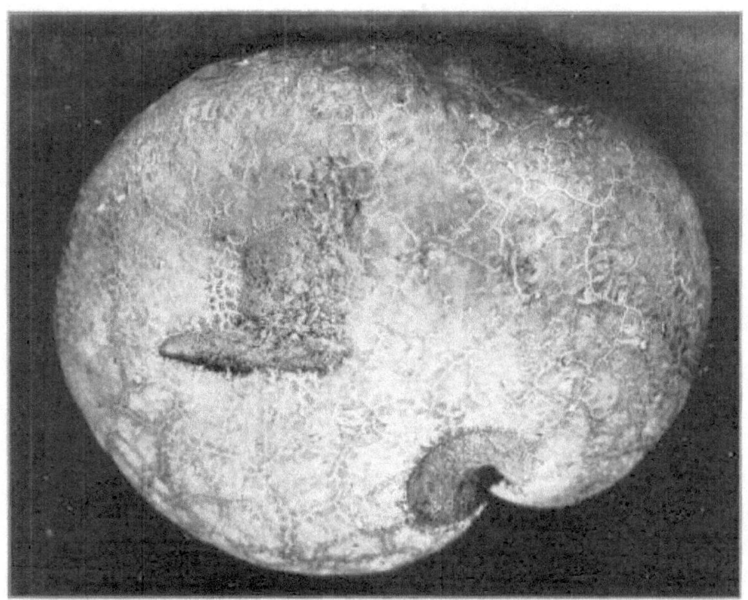

Diese Art erreicht eine enorme Größe (oft 20 Zoll im Durchmesser); rund oder verkehrt eiförmig, mit einem dicken Myzelstrang, der sie im Boden verwurzelt, gestielt, Rinde weiß und glänzend, manchmal leicht aufgeraut durch winzige flockige Warzen, gelblich oder braun werdend. Das innere Peridium ist dünn und zerbrechlich, zerfällt nach der Reife in Fragmente, anscheinend ohne Subgleba ; Capillitium und Sporen gelblich-grün bis schmutzig-oliv. Die Sporen sind rund, manchmal fein warzig .

In Chillicothe sind sie nicht häufig, aber im Nordwesten des Staates gibt es zur Saison sehr viele und sehr große Boviste. Als ich auf Mr. Josephs Waldweide östlich von Bowling Green stand, habe ich fünfzehn Riesenboviste gezählt, deren Durchmesser durchschnittlich zehn Zoll betrug und deren Rinde so weiß und glänzend war wie ein neuer Glacéhandschuh. Ein Freund von mir, der in Bowling Green lebt und von Deshler nach Hause fuhr, sah auf einer Waldweide fünfundzwanzig dieser Riesenboviste. Er war von dem Anblick beeindruckt und hatte einige Getreidesäcke in seinem Wagen, die er füllte und nach Hause brachte. Er rief mich sofort an und bat mich, zu ihm nach Hause zu kommen, da der Berg zu groß sei, um ihn nach Mohammed zu bringen. Er war überrascht zu erfahren, dass er das sprichwörtliche Kalb gefunden hatte, das nur aus Bries besteht. An diesem Abend versorgten wir fünfundzwanzig Familien mit Scheiben dieser Boviste.

Sie können zwei bis drei Tage auf Eis aufbewahrt werden. Das Foto, aufgenommen von Prof. Shaffner von der Ohio State University, zeigt, wie sie im Gras wachsen . Sie scheinen es zu genießen, sich im hohen Blaugras einzunisten. Diese Art wurde bisher als Lycoperdon klassifiziert. giganteum . Gefunden von August bis Oktober.

ABBILDUNG 455. — Calvatia gigantia . Ein Fünftel der natürlichen Größe, zeigt, wie sie im Gras wachsen.

Calvatia lilacina . Berk.

LILA BOVIST. ESSBAR.

Das Peridium hat einen Durchmesser von drei bis sechs Zoll; kugelig oder eingedrückt kugelig; glatt oder leicht flockig oder schuppig; weißlich, zinnbraun oder rosabraun, im oberen Teil oft bereichsweise aufgebrochen; üblicherweise mit kurzer, dicker, stammloser Basis; Capillitium und Sporen purpurbraun, diese und der obere Teil des Peridiums fallen ab und verschwinden im Alter, wobei eine becherförmige Basis mit ausgefranstem Rand zurückbleibt. Sporen kugelig, rau, purpurbraun, 5–6,5 breit. *Peck* , 48. Rep. NY State Bot.

Er ist im ganzen Staat sehr verbreitet. Ich habe Weiden in den Bezirken Shelby und Defiance gesehen, die überall mit dieser Art übersät waren. Wenn das Innere weiß ist, sind sie sehr gut und fleischig. Soweit bekannt, ist kein Bovist giftig, aber wenn das Innere überhaupt gelblich geworden ist, schmeckt er wahrscheinlich ziemlich bitter. Er ist auf Weiden und in offenen Wäldern oft in Form einer Tasse zu sehen, wobei der obere Teil abgebrochen ist und der Wind die violette Sporenmasse herausgeschöpft hat, sodass nur die becherförmige Basis übrig geblieben ist. Die Exemplare in Abbildung 457 beginnen gerade aufzubrechen und violette Flecken zu zeigen. Sie stellen weniger als ein Viertel der natürlichen Größe dar. Sie sehen der kleineren C. gigantea sehr ähnlich, aber die violetten Sporen und die Subgleba unterscheiden die Art sofort. Diese Art, die von Juli bis Oktober gefunden wird, wird manchmal als Lycoperdon klassifiziert. cyathiforme . Das Foto wurde von Prof. Longyear aufgenommen.

ABBILDUNG 457. — Calvatia lilacina .

Calvatia cælata . Stier.

DER GESCHNITZTE BOVIST. ESSBAR.

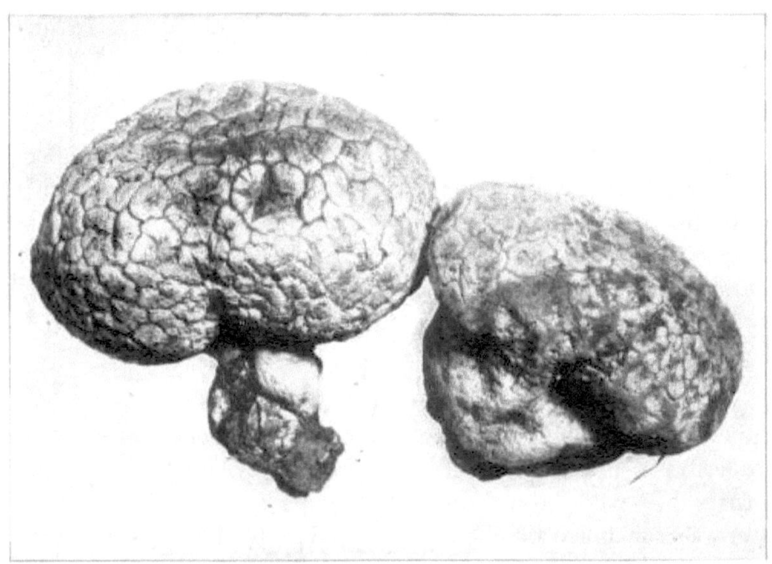

Foto von CG Lloyd.

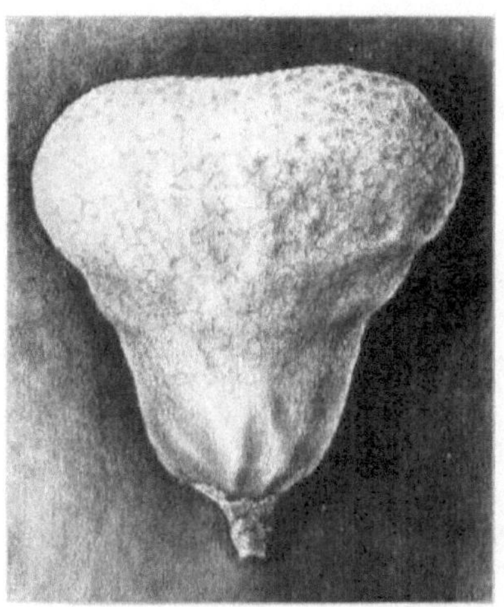

ABBILDUNG 459. — Calvatia cælata .

Cælata , geschnitzt. Peridium groß, verkehrt eiförmig oder kreiselförmig, oben eingedrückt, mit kräftiger dicker Basis und schnurartiger Wurzel. Rinde eine dickliche, flockige Schicht, mit groben Warzen oder Stacheln oben, weißlich, dann ockerfarben oder schließlich braun, schließlich in Warzenhöfe zerfallend, die mehr oder weniger bestehen bleiben; inneres Peridium dick, aber brüchig, dünner um die Spitze, wo es schließlich reißt und eine große, unregelmäßige, zerrissene Öffnung bildet. Subgleba nimmt fast die Hälfte des Peridiums ein, oben becherförmig und lange bestehen bleibend; die Masse der Sporen und des Capillitiums kompakt, mehlig, grünlich-gelb oder olivfarben, blass bis dunkelbraun werdend; die Fäden sind sehr stark verzweigt, die primären Äste zwei- oder dreimal so dick wie die Sporen, sehr spröde, bald in Fragmente zerfallend. Sporen kugelig, gleichmäßig, 4–4,5 Zoll im Durchmesser, gestielt oder manchmal mit kurzem oder winzigem Stiel. Peridium hat einen Durchmesser von drei bis fünf Zoll. *Morgan.*

Diese Art ähnelt stark der vorhergehenden, kann aber leicht an ihrer größeren Größe und der gelblich-olivfarbenen Farbe der reifen Sporenmasse unterschieden werden. Die sterile Basis ist oft der größere Teil des Pilzes und, wie in Abbildung 459 zu sehen ist, ist sie durch ein schweres wurzelartiges Wachstum verankert. Man findet ihn auf dem Boden in Feldern und dünnen Wäldern wachsend. Wenn er durch und durch weiß ist, in Scheiben geschnitten, in Ei und Crackerbröseln gewälzt und schön gebraten wird, ist man froh, dass man einen Bovist kennt. Zu finden von August bis Oktober.

Calvatia craniiformis . Schw .

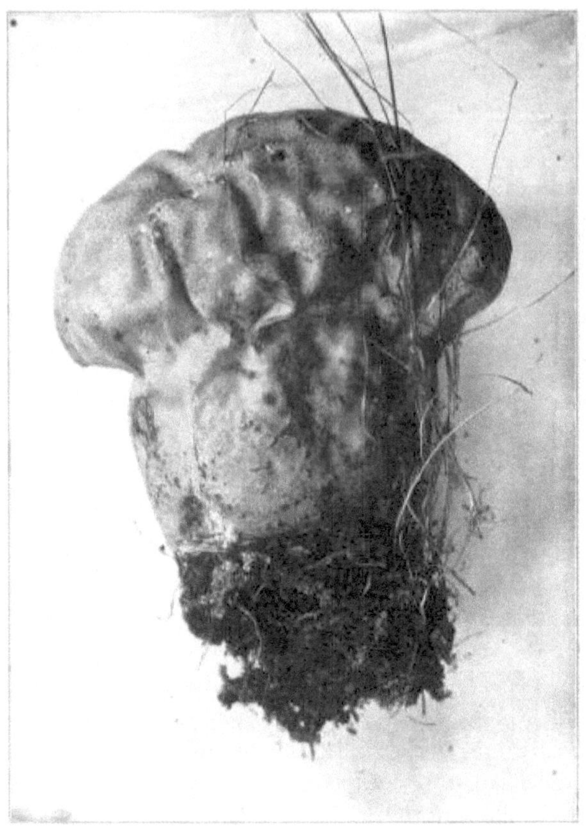

PLATTE LX. ABBILDUNG 460. – CALVATIA CRANIIFORMIS .

ABBILDUNG 461. — Der sterile Teil von C. craniiformis .

Craniiformis kommt von *Cranion* , einem Schädel; *forma* , einer Form.

Das Peridium ist sehr groß, verkehrt eiförmig oder kreiselförmig, oben eingedrückt, die Basis dick und kräftig, mit einer schnurartigen Wurzel. Die Rinde ist eine glatte, durchgehende Schicht, sehr dünn und zerbrechlich, blättert leicht ab, ist blass oder gräulich, manchmal mit einem rötlichen Schimmer, und ist oft stellenweise gefaltet; das innere Peridium ist dünn, ockerfarben bis hellbraun, extrem zerbrechlich, der obere Teil zerbricht nach der Reife in Stücke und fällt ab.

Die Subgleba nimmt etwa die Hälfte des Peridiums ein, ist oben becherförmig und lange bestehen; die Sporenmasse und das Capillitium sind grünlich-gelb, dann ockerfarben oder schmutzig olivfarben; die Fäden sind sehr lang, etwa so dick wie die Sporen, verzweigt. Die Sporen sind kugelig, gleichmäßig, 3–3,5 μ im Durchmesser, mit winzigen Stielen. *Morgan.*

ist dieser Pilz schwer von C. lilacina zu unterscheiden , im reifen Zustand verrät er jedoch die Art an der Farbe. Abbildung 460 zeigt die Pflanze, wie sie auf dem Boden aussieht, und Abbildung 461 zeigt die Subgleba oder sterile Basis, die man häufig nach dem Winter auf dem Boden findet. Diese Pflanze ist an Berghängen unter kleinen Eichenbüschen häufig anzutreffen. Ich habe im Umkreis von wenigen Fuß einen Korb voll gesammelt. Sie werden sehr groß, oft fünf bis sechs Zoll im Durchmesser, und scheinen eher kargen Boden zu genießen. Wenn die Sporenmasse weiß ist, ist dies ein ausgezeichneter Pilz, aber äußerst bitter, wenn er gelb geworden ist. Gefunden im Oktober und November.

Calvatia elata . Massee.

DIE CALVATIA MIT STIEL. ESSBAR .

ABBILDUNG 462. — Calvatia elata .

Elata bedeutet hoch; der Name kommt von seinem langen Stiel.

Das Peridium ist rund, oben oft leicht eingedrückt, unten gefaltet, wo es abrupt zu einer langen stammähnlichen Basis zusammengezogen ist. Die Basis ist schlank, rund und häufig narbig; das Myzel ist ziemlich reichlich vorhanden, faserig und fadenförmig. In gutem Zustand hat es eine satte cremefarbene Farbe. Die Rinde besteht aus einer Schicht winziger, hartnäckiger Körnchen oder Stacheln. Das innere Peridium ist weiß oder cremefarben, wird braun oder oliv, ziemlich dünn und zerbrechlich, der obere Teil bricht bei Reife auf und fällt ab. Die Subgleba nimmt den Stamm ein. Die Masse der Sporen und des Capillitiums ist normalerweise braun oder grünlich-braun. Die Fäden sind sehr lang, verzweigt, die Äste schlank. Die Sporen sind rund, gleichmäßig, manchmal leicht warzig , 4–5 µ, mit einem leichten Stiel.

Die Pflanze wächst auf niedrigem, moosbedecktem Boden zwischen Büschen, besonders dort, wo es sumpfig wird. Die Pflanze in Abbildung 462 wurde in einem Torfsumpf in der Nähe von Akron gefunden und von Prof. GD Smith fotografiert. Ich neige dazu, anzunehmen, dass es sich um dieselbe Pflanze wie Calvatia saccata , Fr. handelt.

Lycoperdon . Tourn.

Das Myzel ist faserig und wurzelt von der Basis aus. Das Peridium ist klein, kugelig, verkehrt eiförmig oder muschelförmig, mit einer mehr oder weniger verdickten Basis; die Rinde ist eine unterschwellige Schicht aus weichen Stacheln, Schuppen, Warzen oder Körnchen; das innere Peridium ist dünn, membranös , wird papierartig und platzt durch eine regelmäßige apikale Öffnung auf. *Morgan.*

Diese Gattung umfasst Boviste mit apikalen Öffnungen und ist in zwei Serien unterteilt, eine Serie mit violetten und eine mit olivfarbenen Sporen. Unter dem Mikroskop ist zu erkennen, dass die Gleba aus einer großen Anzahl von Sporen besteht, die mit einfachen oder verzweigten Fäden vermischt sind. Es gibt zwei Sätze von Fäden; ein Satz entspringt der Peridialwand und der andere der Subgleba oder Columella.

LILA-SPOREN-REIHE.

Lycoperdon pulcherrimum . B. & C.

DER SCHÖNSTE BOVIST. ESSBAR.

ABBILDUNG 463. — Lycoperdon pulcherrimum .

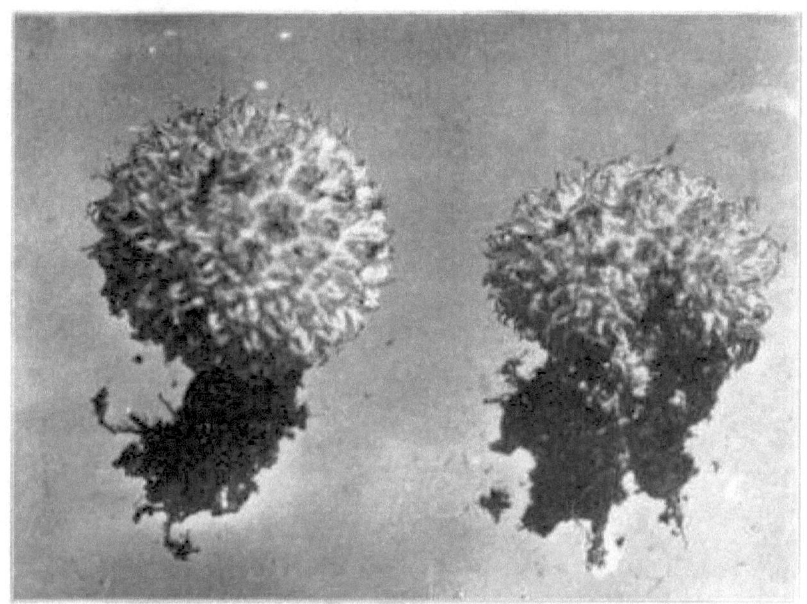

ABBILDUNG 464. — Lycoperdon pulcherrimum .

Pulcherrimum , sehr schön. Das Peridium ist verkehrt eiförmig mit kurzer Basis, das Myzel bildet einen wurzelähnlichen Strang. Die Rinde ist mit langen weißen Stacheln bedeckt, die an der Spitze zusammenlaufen, wie in Abbildung 463 zu sehen ist. Die Stacheln fallen bald vom oberen Teil des Peridiums ab und hinterlassen im inneren Peridium eine glatte, purpurbraune Oberfläche, die oft an der Basis der Stachel leicht vernarbt ist. Die Subgleba nimmt mindestens ein Drittel des Peridiums ein. Die Sporen und das Capillitium sind zuerst olivfarben, dann bräunlich-purpurn, die Sporen rau und leicht warzig . Die Pflanze hat einen Durchmesser von 2,5 bis 5 cm. Man findet sie in niedrigem, fruchtbarem Boden, auf Feldern und an Waldrändern. Nur junge und frische Pflanzen sind gut.

Die untere Pflanze in Abbildung 463 zeigt, wo die Stacheln zu fallen begonnen haben, und auch den starken Myzelstrang, auf den in der Beschreibung Bezug genommen wird. Ich bin Herrn Lloyd für das Foto zu Dank verpflichtet. Gefunden im September und Oktober.

Lycoperdon umbrinum . MF

DER GLATTBOVIST. ESSBAR.

Umbrinum , dunkelbraun. Peridium verkehrt eiförmig, fast subturbiniert, mit weicher, zarter, samtiger Rinde; gelblich; inneres Peridium glatt und glänzend, mit kleiner Öffnung. Sporen und Capillitium oliv, dann purpurbraun. Das Capillitium mit zentraler Columella. Eine sehr attraktive kleine Pflanze, die man nicht oft findet. Diese Pflanze wird auch L. glabellum genannt. In Wäldern, September und Oktober.

Olivensporen-Reihe.

Lycoperdon Gemmatum . Batsch.

DER MIT EDELSTEINEN BESETZTE BOVIST. ESSBAR.

Foto von CG Lloyd.

TAFEL LXI. ABBILDUNG 465.— LYCOPERDON GEMMATUM .
Natürliche Größe. In jungen Jahren ganz weiß. Von der jungen bis zur reifen, aufspringenden Pflanze.

Das Peridium ist muschelförmig und oben eingedrückt; die Basis ist kurz und verkehrt konisch oder länger und spitz zulaufend oder fast zylindrisch und entspringt einem faserigen Myzel. Die Rinde besteht aus langen, dicken, aufrechten Stacheln oder Warzen von unregelmäßiger Form, mit dazwischen liegenden kleineren, weißlich oder grau gefärbt, manchmal mit einem Hauch von Rot oder Braun; die größeren Stacheln fallen zuerst ab und hinterlassen blasse Flecken auf der Oberfläche, was ihr ein netzartiges Aussehen verleiht. Die Menge der Subgleba ist unterschiedlich, normalerweise mehr als die Hälfte des Peridiums; Masse der Sporen und Capillitium grünlich-gelb, dann blassbraun; Fäden einfach oder kaum verzweigt, etwa so dick wie die Sporen. Sporen kugelig, gleichmäßig oder sehr fein warzig . *Morgan.*

Die Art ist leicht an den großen aufrechten Stacheln zu erkennen, die aufgrund ihrer besonderen Form und Farbe den Eindruck von Edelsteinen erwecken, daher der Name der Art. Diese und die Netze sind in Abbildung

465 mit Hilfe eines Glases zu sehen. Man findet sie häufig in der Gegend von Chillicothe.

Lycoperdon subinkarnatum . Fzg.

DER ROSAFARBENE BOVIST. ESSBAR.

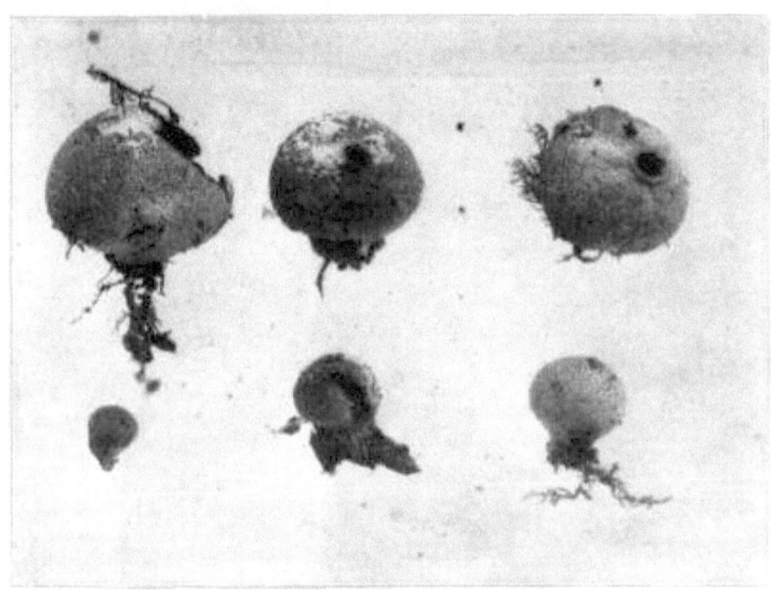

Foto von CG Lloyd.

ABBILDUNG 466. — Lycoperdon subinkarnatum .

Subincarnatum bedeutet blasse Fleischfarbe. Das Peridium ist kugelförmig, gestielt, ohne stammähnliche Basis. Nicht groß, selten über einen Zoll im Durchmesser. Die Subgleba ist vorhanden, aber klein. Das äußere Peridium ist rosa-braun, mit winzigen kurzen, kräftigen Stacheln, die bei Reife abfallen, sodass das innere aschefarbene Peridium durch das Abfallen der Stacheln der Außenhülle sauber narbig ist, wobei die Narben nicht von gepunkteten Linien umgeben sind. Das Capillitium und die Sporen sind zuerst grünlich-gelb, dann bräunlich-oliv. Die Fäden sind lang, einfach und durchsichtig. Die Columella ist vorhanden und die Sporen sind rund und fein warzig .

Man findet sie häufig in großer Zahl auf verrotteten Baumstämmen, alten Baumstümpfen und auf dem Boden um Baumstümpfe herum, wo der Boden besonders viel verrottetes Holz enthält. Man findet sie von August bis Oktober.

Lycoperdon Kreuzbein . Roth.

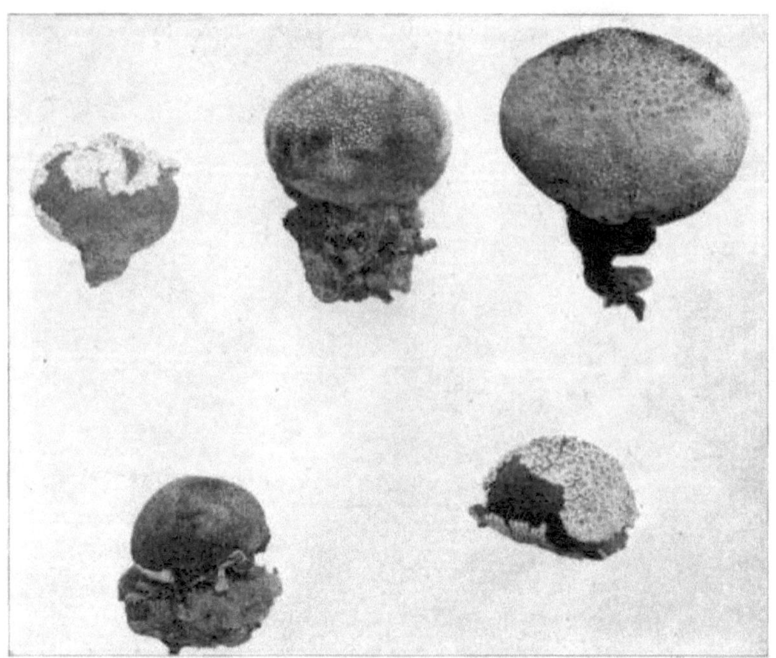

Foto von CG Lloyd.

ABBILDUNG 467. — Lycoperdon Kreuzbein .

Peridium breit eiförmig, oft stark eingedrückt, an der Unterseite gefältelt, mit schnurartiger Wurzel; Rinde eine dichte weiße Schicht aus konvergierenden Stacheln, die sich bei Reife in Flocken ablösen, wie auf dem Foto zu sehen ist, und eine dünne, pelzartige Schicht aus winzigen gelblichen Schuppen freigeben, die das innere Peridium bedecken. Die Subgleba ist breit und nimmt etwa ein Drittel der Höhle ein. Die Sporen und das Capillitium sind dunkelbraun. Diese Art ist sehr schwer von Wrightii zu unterscheiden. Sie wurde früher *separans* genannt, da sich die äußere Schicht so leicht vom inneren Peridium löst oder ablöst. In offenen Wäldern oder an Pfaden in offenen Wäldern oder auf Weiden zu finden.

Von Juli bis Oktober.

Lycoperdon Wrightii . B. & C.

ESSBAR.

ABBILDUNG 468. — Lycoperdon Wrightii . Natürliche Größe.

Der spezifische Name ist eine Hommage an Charles Wright. Das Peridium ist kugelförmig, gestielt, weiß, leicht stachelig und läuft an der Spitze oft zusammen. Wenn es entblößt ist, ist es glatt oder leicht samtig.

Die Sporen und das Capillitium sind grünlich-gelb, dann braun-oliv; die Columella ist vorhanden, aber sehr klein. Die Sporen sind klein, glatt, 3–4μ.

Die Pflanzen sind sehr klein und haben kaum einen Durchmesser von mehr als zwei Zentimetern. Sie wachsen im Allgemeinen in kurzem Gras, an Pfaden und auf sandigen Stellen.

Ich habe den Boden auf Cemetery Hill, wo die Exemplare in Abbildung 468 gefunden wurden, häufig mit ihnen übersät gesehen. Sie wurden von Dr. Kellerman fotografiert. Gefunden von Juli bis Ende Oktober.

Lycoperdon pyriforme . Schaeff .

DER BIRNENFÖRMIGE BOVIST. ESSBAR.

Natürliche Größe im jungen Zustand, wie sie auf verrottetem Holz wächst.
Die Schnitte zeigen, dass sie essbar sind.

Pyriforme bedeutet birnenförmig. Das Peridium ist eiförmig oder birnenförmig und weist eine Fülle von Myzelfäden auf, wie in Abbildung 470 zu sehen ist.

Die Rinde ist mit einer dünnen Schicht winziger bräunlicher Schuppen oder Körnchen bedeckt, die ziemlich hartnäckig sind. Diese sind auf dem Foto mit Hilfe eines Glases zu sehen. Sie sind gestielt oder haben eine kurze stammartige Basis; die Subgleba ist klein und kompakt; das Capillitium und die Sporen sind zuerst weiß, dann grünlich-gelb, dann schmutzig-oliv; die innere Schicht ist glatt, papierartig, weißlich-grau oder bräunlich und öffnet sich durch eine apikale Öffnung; die Sporen sind rund, ebenmäßig, grünlich-gelb bis bräunlich-oliv.

Sie wachsen in dichten Büscheln, wie in Abbildung 470 zu sehen ist. Ein ganzer Baumstamm und Stumpf, etwa vier Fuß hoch, und die Wurzeln darum herum waren bedeckt, wie in Tafel LXII zu sehen ist. Ich sammelte an dieser Stelle etwa drei Pecks, um sie mit meinen Freunden zu teilen. Es ist einer der häufigsten Boviste, und Sie können normalerweise sicher sein, welche zu bekommen, wenn Sie in den Wald gehen, wo es verrottete Baumstämme und Stümpfe gibt. Ein Freund von mir, der gelegentlich mit mir auf die Jagd geht, isst sie, wie man Kirschen essen würde.

Gefunden von Juli bis November.

ABBILDUNG 470. — Lycoperdon pyriforme . Natürliche Größe.

Lycoperdon Pusillum . Pr.

DER KLEINE LYCOPERDON . ESSBAR.

Pusillum bedeutet klein.

Peridium ist ein Viertel bis einen Zoll breit, kugelig, verstreut oder spitz zulaufend, gestielt, radiär , mit nur wenig Zellgewebe an der Basis, weiß oder weißlich, im Alter bräunlich, rau -schuppig oder leicht rau mit winzigen flockigen oder pelzigen Warzen; Capillitium und Sporen grünlich-gelb, dann schmutzig-oliv. Sporen glatt, 4 µ im Durchmesser. *Peck.*

Diese findet man von Juni bis in den kühlen Herbst hinein auf Weiden, auf denen das Gras kurz abgefressen wird. Wenn sie reif sind, platzen sie durch eine kleine Öffnung auf, und wenn sie aufgebrochen werden, kommt das olivfarbene oder grünlich-gelbe Capillitium zum Vorschein. Die Sporen haben dieselbe Farbe, sind glatt und rund.

Lycoperdon acuminatum. Bosc.

DER SPITZBLÄTTRIGE LYCOPERDON . ESSBAR.

Acuminatum bedeutet spitz.

Das Peridium ist klein, rund, dann eiförmig; mit einer reichlichen Myzelmasse im Moos, an der die Pflanzen ihre Freude zu haben scheinen. Die Pflanze ist weiß und die äußere Schale ist weich und zart. Es gibt keine Subgleba ; die Sporen und das Capillitium sind blassgrünlich-gelb, dann schmutziggrau. Die Fäden sind einfach, durchsichtig und viel dicker als die Sporen. Die Sporen sind rund, glatt und haben einen Durchmesser von 3 µ.

Ich habe die Pflanzen häufig in der Gegend von Chillicothe auf feuchten, moosbedeckten Baumstämmen und manchmal am Fuß von Buchen gefunden, wenn diese mit Moos bedeckt sind. Sie sind sehr klein und haben einen Durchmesser von höchstens einem halben Zoll. Die kleine eiförmige Form mit der weißen, weichen, zarten Rinde dient zur Unterscheidung der Art. Gefunden von September bis Oktober.

Bovista. Dill.

Die Gattung Bovista unterscheidet sich in mehreren Punkten von Lycoperdon . Wenn Bovista reift, löst es sich von seiner Verankerung und wird vom Wind umhergeweht. Es öffnet sich, wie auch die Gattung Lycoperdon , mit einer apikalen Öffnung , doch die Bovista-Arten haben keine sterile Basis. Es sind kleine Boviste. Die äußere Hülle ist dünn und brüchig und löst sich bei Reife ab, zurück bleibt eine feste, papierartige und elastische Innenhülle, genau eine Hülle, die sich zur Verbreitung ihrer Sporen eignet. Wenn es bei Reife seine Verankerung verlässt, wird es über Felder und Wälder umhergeweht und verstreut bei jedem Sturz einige seiner Sporen. Es kann Jahre dauern, bis dies perfekt gelingt. Die Lycoperdon -Arten verlassen ihre Verankerung nicht auf natürliche Weise; ihre Sporen werden durch eine apikale Öffnung verbreitet, indem die Wände des Peridiums einstürzen, ähnlich wie bei einem Blasebalg, durch den die Sporen vom Wind hinausgetrieben werden. Bei Bovista sind die Fäden frei oder vom Peridium getrennt, bei Lycoperdon entspringen sie jedoch sowohl dem Peridium als auch der Columella.

Bovista pila. B. & C.

DER BALLÄHNLICHE BOVISTA.

Foto von CG Lloyd.

TAFEL LXIII. ABBILDUNG 471. – BOVISTA PILA.
Natürliche Größe ausgewachsener Exemplare.

Pila bedeutet runde Kugel. Das Peridium ist kugelförmig, gestielt, mit einem kräftigen Myzel und einer dünnen Rinde, die zuerst weiß, dann braun ist und eine glatte, durchgehende Hülle bildet, die bei Reife aufbricht und rasch verschwindet.

Das innere Peridium ist zäh, pergamentartig, elastisch, glatt, beständig, purpurbraun und verblasst zu grau. Die Sporen werden durch eine apikale Öffnung verbreitet. Das Capillitium ist fest, kompakt, beständig, zunächst lehmfarben, dann purpurbraun; die Fäden sind klein verzweigt, die Enden sind starr, gerade und spitz. Dieser kleine Tumbler hat etwas so Auffälliges, dass Sie ihn erkennen, wenn Sie ihn sehen, und wenn Sie oft über die Felder streifen , werden Sie ihm bald begegnen. Ich habe jedoch bisher nur die ausgewachsenen Exemplare gesehen.

Bovista plumbea . MF

BLEIFARBENER BOVISTA. ESSBAR.

ABBILDUNG 472. — Bovista plumbea . Natürliche Größe. Jung weiß.

Die Pflanze ist klein und wird nie größer als 1 1/4 Zoll im Durchmesser. Das Peridium ist kugelig und hat ein faseriges Myzel. Das äußere Peridium ist ziemlich dick und wenn die Pflanze kurz vor der Reife steht, bricht es leicht auseinander, wenn man nicht sehr vorsichtig damit umgeht; bei der Reife löst es sich ab, bis auf einen kleinen Teil an der Basis. Das äußere Peridium ist weiß und vergleichsweise glatt, das innere ist dünn, zäh, glatt, bleifarben und platzt an der Spitze durch eine runde oder längliche Öffnung auf. Sporenmasse und Capillitium nicht fest oder hart; gelblich-braun oder oliv, dann purpurbraun; die Fäden sind drei- bis fünfmal verzweigt, die Enden der Zweige sind schlank und laufen spitz zu. Die Sporen sind oval und glatt, mit langen transparenten Stielen.

Diese Art wächst auf dem Boden alter Weiden und ist nach warmen Regenfällen vom 1. Mai bis zum Herbst recht häufig. Sie ist eine der besten Boviste, sollte aber gegessen werden, bevor das innere Peridium beginnt, die harte Form anzunehmen.

Bovistella . Morgan.

Bovistella , eine Verkleinerungsform von Bovista, obwohl die Pflanzen normalerweise größer sind als die Bovistas .

Das Myzel ist strangförmig; Peridium fast rund, Rinde eine dichte flockige Schicht; inneres Peridium dünn, stark, elastisch, mit Öffnung an der Spitze; Subgleba vorhanden, becherförmig; Fäden frei und getrennt, verzweigt; Sporen weiß. Die Gattung Bovistella hat den inneren Charakter von Bovista und die Wuchsformen von Lycoperdon .

Bovistella-Pflanze Ohiensis : Morgan.

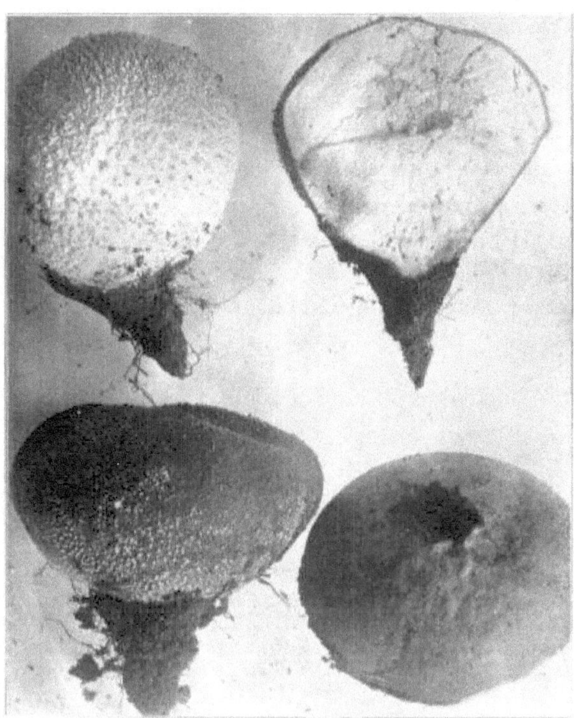

ABBILDUNG 473. — Bovistella Ohiensis . Natürliche Größe.

Das Peridium ist kugelförmig oder breit verkehrt eiförmig, manchmal stark eingedrückt, mit kleinen Falten oder Runzeln an der Unterseite und einer dicken schnurartigen Basis oder Wurzel, wie in Abbildung 473 zu sehen ist. Die äußere Hülle ist dicht, flockig oder mit weichen Warzen oder Stacheln, weiß oder gräulich, trocknet zu einer gelbbraunen Farbe und fällt mit der Zeit ab; die innere Hülle ist glatt, glänzend und hat eine blassbraune oder gelbliche Oberfläche. Die Subgleba ist groß, nimmt die Hälfte des Peridiums ein und erstreckt sich an den Wänden des Peridiums nach oben, wodurch es becherförmig und recht beständig wird. Die Sporen und das Capillitium sind eher locker, bröckelig, lehmfarben bis blassbraun. Die Fäden, die innerhalb der Sporenmasse entstehen und keine Verbindung mit der inneren Hülle haben, sind frei, kurz, drei- bis fünfmal verzweigt; die Zweige verjüngen sich zum Ende hin. Die Sporen sind rund bis oval und haben lange durchscheinende Stiele.

Dies kann leicht von der Art Bovista unterschieden werden, da es eine sterile Basis hat; und von Lycoperdon , da seine Fäden getrennt und frei sind, während die Fäden von Lycoperdon sowohl am Gewebe des inneren Peridiums als auch an der Columella oder sterilen Basis befestigt sind.

Man findet sie auf dem Boden alter Weiden oder in offenen Wäldern.

Sklerodermie.

Sklerodermie setzt sich aus zwei griechischen Wörtern zusammen: *scleros* – hart und *derma* – Haut.

Das Peridium ist fest, einzeln, im Allgemeinen dick, platzt normalerweise unregelmäßig und legt die Gleba frei , die eine gleichmäßige Textur und Konsistenz aufweist. Es gibt kein Capillitium, aber zwischen den Sporen sind gelbe Flocken zu finden. Die Sporen sind kugelig, rau und normalerweise mit dem Hyphengewebe vermischt .

Scleroderma aurantium.

Die gewöhnliche Sklerodermie. Essbar.

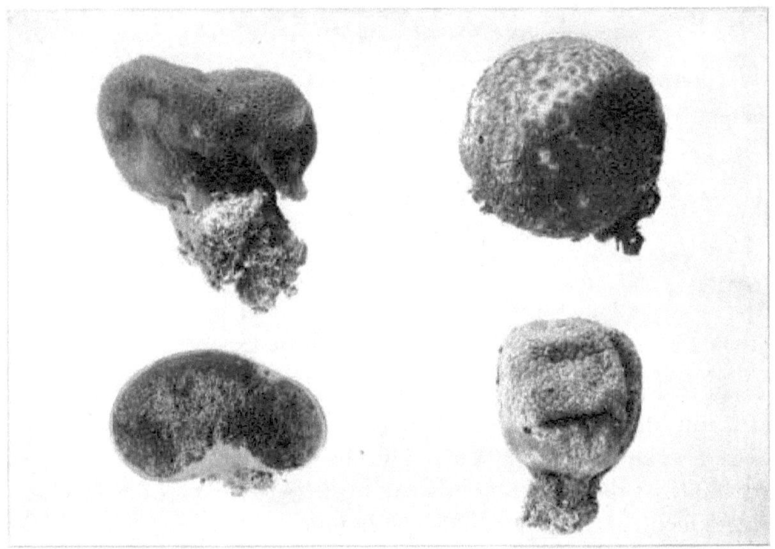

Foto von CG Lloyd.

Tafel LXIV. Abbildung 474.— Scleroderma aurantium. Natürliche Größe, zeigt einen Abschnitt eines jungen Exemplars.

ABBILDUNG 475. — Scleroderma aurantium.

Aurantium bedeutet „orangefarben". Dies wird normalerweise als S. vulgare bezeichnet. Das Peridium ist rau, warzig, eingedrückt, kugelig, korkig und hart, gelblich und öffnet sich durch unregelmäßige Risse, um die Sporen zu verteilen; die innere Masse ist bläulich-schwarz, die Sporen sind schmutzig. Die Pflanze bleibt bis zum Alter fest. Sie ist gestielt und hat eine Wurzelbasis, die niemals steril ist.

Bei der Unterscheidung der Arten bin ich der Klassifizierung von Herrn Lloyd gefolgt und habe die Art mit der rauen Oberfläche S. aurantium und die Art mit der glatten Oberfläche S. cepa genannt.

Mit der Bezeichnung „essbar" möchte ich lediglich darauf hinweisen, dass es nicht giftig ist, wie allgemein angenommen wird. Es handelt sich jedoch nicht um ein besonders gutes Nahrungsmittel.

Es ist in den Staaten weit verbreitet. Die Pflanzen in Abbildung 475 wurden auf Cemetery Hill, Chillicothe, gefunden und von Dr. Kellerman fotografiert. Gefunden von August bis November.

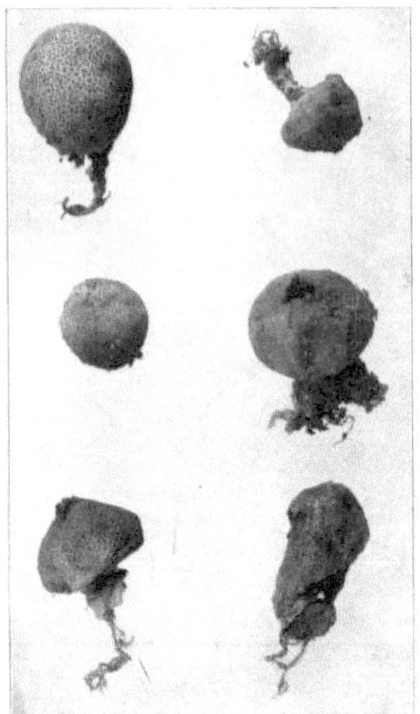

Foto von CG Lloyd.

ABBILDUNG 476. — Scleroderma tenerum .

Diese Art wird oft als kleine Form von S. verrucosum angesehen, aber es kam mir immer seltsam vor, dass diese eher glatte Pflanze „ verrucosum " genannt wird, wenn ihr häufig benachbarter Vertreter, S. aurantium, sehr warzig ist.

S. tenerum ist eine in den Vereinigten Staaten weit verbreitete Art, deren Form relativ konstant ist und die recht häufig vorkommt. Mr. Lloyd zeigt in seinen Mycological Notes ein sehr klares Foto einer Pflanze, die in diesem Land recht lokal vorkommt und die seiner Meinung nach S. verrucosum von Europa heißen sollte.

verrucosum genannt wird . Manche haben sie sogar Scleroderma bovista genannt .

Die Pflanze ist beinahe gestielt, etwas unregelmäßig, das Peridium ist dünn, weich, gelblich, dicht mit kleinen Schuppen gezeichnet, die Dehiszenz ist unregelmäßig, die Flocken gelb und die Sporen schmutzig oliv.

Die Art ist an ihrem dünnen und vergleichsweise glatten Peridium und den gelben Flocken zu erkennen. Sie ist in den Vereinigten Staaten recht häufig, während die typische Pflanze, S. verrucosum , auf wenige Orte entlang der Atlantikküste beschränkt ist.

Sklerodermie cepa.

Cepa bedeutet Zwiebel und sieht sehr stark wie eine Zwiebel aus.

Das Peridium ist dick, glatt, rötlich-gelb bis rötlich-braun und öffnet sich durch eine unregelmäßige Öffnung. Die Pflanze ist gestielt und hat recht starke Wurzeln mit feinen Wurzeln. Ihr Lebensraum bei uns liegt an den Ufern kleiner Bäche im Wald. Sie wurde bisher als S. vulgare, glatte Sorte, klassifiziert. Ich habe einige an Prof. Peck geschickt, der völlig damit einverstanden ist, dass sie von S. vulgare getrennt werden sollten. Gefunden von August bis November.

Sklerodermie geaster . Fr.

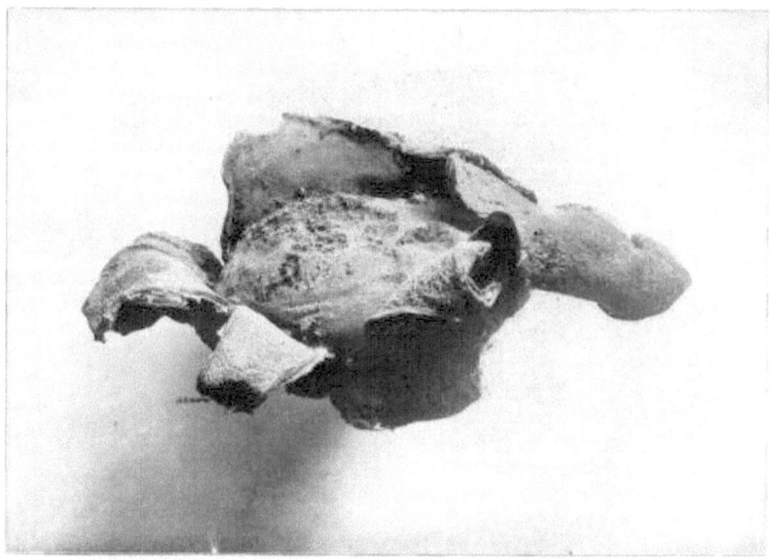

Foto von CG Lloyd.

TAFEL LXV. ABBILDUNG 477. – SCLERODERMA GEASTER .

Geaster wird so genannt, weil es eine sternförmige Öffnung hat, die der Gattung Geaster etwas ähnelt .

Peridium subglobose , dick, mit sehr kurzem Stiel oder fast – manchmal ganz – gestielt; hart, rau, in unregelmäßige sternförmige Glieder gespalten; häufig tief im Boden vergraben. Innere Masse dunkelbraun oder schwärzlich, manchmal mit einem eher violetten Schimmer. Manche werden recht groß und haben ein sehr dickes Peridium. Meine Aufmerksamkeit wurde zuerst von einigen Peridiumschalen auf dem Boden von Cemetery Hill erregt. Die Pflanze ist dort von September bis Dezember recht häufig.

Katastoma . Morgan.

Dies ist eine kleine bovistähnliche Pflanze, die knapp unter der Erde wächst und durch sehr kleine Fäden, die aus jedem Teil der ziemlich dicken Rinde hervorgehen, mit ihrem Boden verbunden ist. Bei Reife bricht sie kreisrund ab und der untere Teil bleibt am Boden haften, während der obere Teil wie eine Art Becher am inneren Peridium befestigt bleibt. Das innere Peridium, an dem der obere Teil des äußeren Peridiums befestigt ist, löst sich und fällt über den Boden, wobei sich die Öffnung während des Wachstums an der Basis der Pflanze befindet.

Katastoma Zirkumcissum . B. & C.

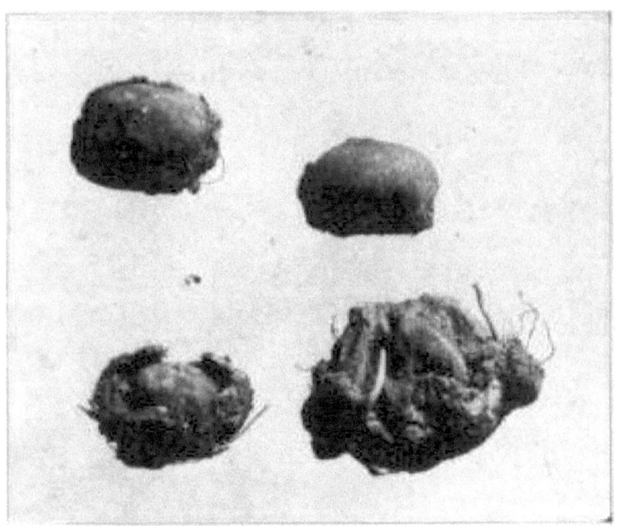

Foto von CG Lloyd.

ABBILDUNG 478. — Katastoma Zirkumcissum .

Circumscissum bedeutet in Hälften geteilt.

Das Peridium ist normalerweise rund, mehr oder weniger eingedrückt, normalerweise rau aufgrund der anhaftenden Erde; der größere Teil der Pflanze bleibt becherförmig im Boden; der obere Teil mit dem inneren Peridium ist eingedrückt-kugelig, dünn, blass, wird grau, mit kleeartigen Schuppen und einer kleinen basalen Öffnung. Zwischen dem äußeren und inneren Peridium ist häufig eine dünne schwammartige Schicht zu sehen. Die Masse der Sporen ist oliv und wechselt zu blassbraun. Die Sporen sind rund, leicht warzig , 4–5 μ im Durchmesser, oft mit sehr kurzen Stielen.

Die Pflanzen findet man normalerweise auf Weiden entlang von Wegen. Ich habe sie in mehreren Teilen von Ohio gesehen. Sie kommen von Maine bis zu den westlichen Bergen vor. Berkeley nennt sie Bovista circumscissa .

Es gibt eine Art mit westlichem Verbreitungsgebiet namens C. subterraneum . Diese unterscheidet sich hauptsächlich durch größere Sporen. Sie scheint auf den Mittleren Westen beschränkt zu sein. Sie wächst jedoch nicht unter der Erde, wie ihr Name vermuten lässt.

Es gibt auch eine andere Art namens C. pedicellatum . Diese Art scheint auf die südlichen Staaten beschränkt zu sein und unterscheidet sich hauptsächlich durch die Sporen mit ausgeprägten Stielen und eng warzigen Flecken .

Podaxineæ .

Charakteristisch für diese Tribus ist ein Stiel, der sich bis zur Spitze des Peridiums fortsetzt und eine Achse bildet. Manche Pflanzen haben einen kurzen, manche einen langen Stiel. Die Tribus bildet ein natürliches Bindeglied zwischen den Gastromycetes und den Agarics. So ist Podaxon ein echter Gastromycetes mit Capillitia vermischt mit Sporen; Caulogossum steht mit seinen permanenten Gleba- Kammern den Hymenogasters nahe ; Secotium ist nur einen Schritt von Caulogossum entfernt , da die Tramalplatten stärker gewendelt-lamellar sind; und Montagnites , das üblicherweise zu den Agarics gezählt wird, ist nur ein Gyrophragmium mit wirklich lamellierten Platten.

SCHLÜSSEL ZU DEN GATTUNGEN.

Gleba mit unregelmäßigen, anhaltenden Kammern—

Peridium, länglich keulenförmig	Cauloglossum .
Peridium, rund oder konisch, mit Aufspringen durch Abbrechen an der Basis	Secotium .
Gleba mit gewellten Lamellenplatten	Gyrophragmium .
Wände der Gleba- Kammern nicht persistent	Podaxon .

— Lloyd.

Kunz .

Dies ist eine sehr interessante Gattung. Als ich mein erstes Exemplar fand , war ich mir nicht sicher, ob es ein Blätterpilz oder ein Bovist war, da es eine

Art Bindeglied zwischen den beiden Klassen zu sein schien. Die Gattung ist in Arten mit glatten und rauhen Sporen unterteilt, die beide einen Stiel haben, der als Achse bis zur Spitze der Pflanze reicht. Das Peridium ist rund oder konisch und platzt, indem es an der Basis abbricht. Secotium kommt von einem griechischen Wort, das Kammer bedeutet.

Secotium acuminatum. Berg.

ABBILDUNG 479. — Secotium acuminatum. Lebensgröße kleiner Exemplare.

Es handelt sich um eine äußerst variable Art, wie sie in der Umgebung von Chillicothe vorkommt. Die Variabilität erstreckt sich jedoch nur auf das äußere Erscheinungsbild der Pflanze; einige sind fast rund, leicht eingedrückt, andere (und eine große Mehrheit) neigen zu einer unregelmäßigen kegelförmigen Form.

Das Peridium ist hell gefärbt und von weicher, nicht spröder Beschaffenheit. Es stößt seine Sporen langsam aus, indem es an der Basis abbricht. Der Stiel ist normalerweise kurz, aber deutlich erkennbar und bis zur Spitze des Peridiums verlängert und bildet eine Achse für die Gleba . Die Oberfläche des Peridiums ist glatt, schmutzigweiß oder aschfarben und weist aufgrund der Schuppen winzige weiße Flecken auf. Es hat verschiedene Formen: spitz-eiförmig, manchmal stumpf, nahezu kugelförmig, manchmal leicht eingedrückt und unregelmäßig kegelförmig. Die Gleba besteht aus halbbeständigen Zellen, die mit einem Glas oder sogar mit bloßem Auge deutlich zu erkennen sind. Sie hat kein Capillitium. Die Sporen sind kugelig und glatt, oft spitz zulaufend. Diese Pflanze ist in der Gegend von Chillicothe recht häufig und ich habe sie vom 1. Mai bis Ende Oktober gefunden.

Diese Art ist in Amerika weit verbreitet und kommt in Nordafrika und Osteuropa vor.

Polysaccum . DeC.

Polysaccum kommt von *polus* (viele) und *saccus* (Sack). Das Peridium ist unregelmäßig kugelig, dick und nach unten zu einer stammähnlichen Basis verjüngt, die sich durch Zerfall des oberen Teils öffnet; die innere Masse oder Gleba ist in einzelne sackähnliche Zellen unterteilt.

Verwandtschaft mit der Sklerodermie und unterscheidbar durch die Hohlräume der Gleba , die deutlich erkennbare Peridiolen enthalten. *Massee.*

Polysaccum pisocarpium . Fr.

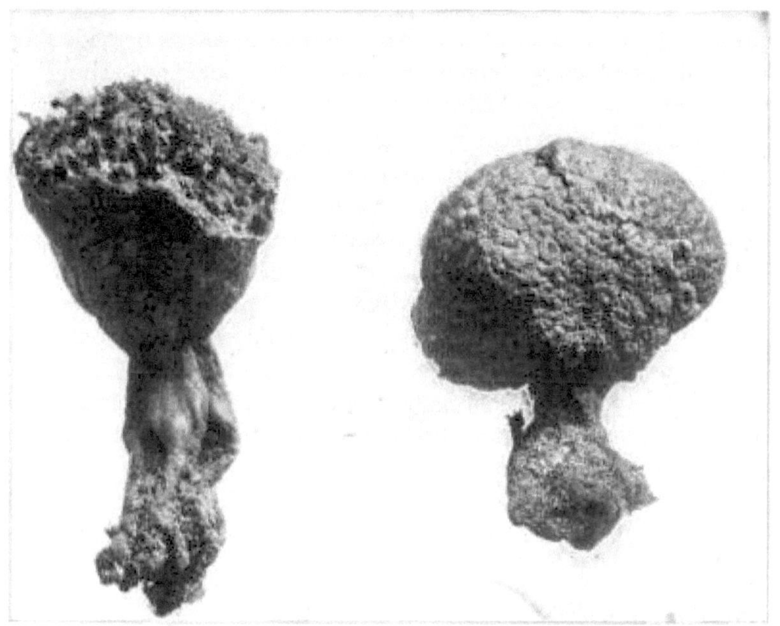

ABBILDUNG 480. — Polysaccum Pisokarpium .

Pisocarpium setzt sich aus zwei griechischen Wörtern zusammen, die „Erbse" und „fruchtbar" bedeuten.

Peridium unregelmäßig kugelig, undeutlich knotig , nach unten in eine kräftige stammartige Basis übergehend, Peridiolen unregelmäßig eckig, 4–5×3μ, gelb. Sporen kugelig, warzig , kaffeefarben, 9–13μ. *Massee.*

Ich habe diese Pflanze nur ein paar Mal in der Nähe von Chillicothe gefunden. Mr. Lloyd hat sie für mich identifiziert. Sie hat sehr ähnlich einer Birnenform. Die Schale ist ziemlich hart, glatt, olivschwarz mit gelben Flecken, nicht unähnlich der Haut einer Klapperschlange. Die Peridiolen, kleine eiförmige Beutel, die die Sporen im Inneren tragen, sind sehr deutlich zu erkennen. Das Innere der Pflanze ist im reifen Zustand dunkel, und sie bricht und zerfällt vom oberen Teil her, ganz ähnlich wie C. cyathiformis . Dies ist eine sehr interessante Pflanze, an deren eiförmigen, beutelartigen Zellen man sie leicht erkennen kann. Sie ist von August bis Oktober zu finden und gedeiht wunderbar in sandigem Boden, in Kiefern- oder Mischwäldern.

Mitremyces.Nees .

Mitremyces besteht aus zwei Wörtern: *mitre* , ein Hut; *myces* , ein Pilz. Es ist eine kleine Gattung; in diesem Land kommen nur drei Arten vor. Die Sporenmasse oder Gleba ist in ihrem jungen Zustand von vier Schichten umgeben. Die äußere Schicht ist gallertartig und verhält sich bei jeder Art etwas anders. Diese äußere Schicht ist als Volva oder volvaähnliches Peridium bekannt und verschwindet bald. Die nächste Schicht wird Exoperidium genannt und besteht aus zwei Schichten, von denen die innere ziemlich dünn und knorpelig ist – bei M. cinnabarinus ist sie leuchtend rot; diese ist mit einer ziemlich dicken, gallertartigen Außenschicht verbunden, die bald abfällt und das Endoperidium freigibt, die Schicht, die bei älteren Exemplaren zu sehen ist. Im Endoperidium befinden sich die Sporen, die blass ocker- oder schwefelfarben und kugelig oder elliptisch sind. Sie sind in einer separaten Membran oder einem Beutel enthalten; wenn sie reif sind, zieht sich der Beutel zusammen und drückt die Sporen in die Luft. Das Myzel dieser Pflanze ist besonders eigenartig, da es aus einem Bündel wurzelartiger Stränge besteht, die in jungem und frischem Zustand durchscheinend und geleeartig sind, dann aber zäh und hart werden. Diese Gattung wird von einigen Autoren Calostoma genannt, was „schöner Mund" bedeutet, ein sehr passender Name, da die Münder aller amerikanischen Arten rot und recht schön sind.

Mitremyces cinnabarinus . Desv .

ABBILDUNG 481. — Mitremyces cinnabarinus . Natürliche Größe.

Die Wurzelstränge sind lang, kompakt, dunkel, wenn sie trocken sind. Exporidium leuchtend rot, innen glatt; die äußere Schicht dick, im frischen Zustand gallertartig, bricht schließlich in Bereiche und wölbt sich nach innen. Die Trennung wird dadurch verursacht, dass sich die Zellen des dicken gallertartigen Teils durch die Aufnahme von Wasser ausdehnen, während dies bei den Zellen der inneren Schicht nicht der Fall ist, wodurch es zum Bruch kommt. Das Endoperidium und die Strahlenmündung sind im frischen Zustand leuchtend rot, bei alten Exemplaren verblassen sie teilweise.

Die Sporen sind elliptisch-länglich, punktiert geformt und weisen bei Exemplaren aus verschiedenen Fundorten erhebliche Größenunterschiede auf; 6–8×10–14 bei Exemplaren aus West Virginia. Exemplare aus Massachusetts: 6–8×12–20. *Lloyd.*

Ich habe diese Exemplare in den Bergen in West Virginia wachsen sehen. Sie erregen schnell die Aufmerksamkeit wegen ihrer leuchtend roten Kappen. Sie scheinen die Alleghenies bisher nicht überquert zu haben – zumindest habe ich sie nicht in Ohio gefunden. Es gibt eine Reihe von Synonymen: Scleroderma calostoma , Calostoma cinnabarinum , Lycoperdon heterogeneum , L. calostoma .

Die Pflanzen in Abbildung 481 wurden von Dr. Kellerman fotografiert. Herr Geo. E. Morris aus Waltham, Mass., schickte mir Anfang August 1907 einige Exemplare.

Geaster . Mich.

Geaster , ein Erdstern; so genannt, weil bei Reife die äußere Hülle ihre Verbindung mit dem Myzel im Boden löst und wie die Blütenblätter einer Blume aufplatzt; dann werden diese Blütenblätter zurückgebogen und heben den inneren Ball vom Boden ab, und er bleibt in der Mitte des erweiterten, sternförmigen Mantels. Der Mantel des inneren Balls ist dünn und papierartig und öffnet sich durch einen apikalen Mund. Die Fäden oder Capillitium, die die Sporen tragen, gehen von den Wänden des Peridiums aus und bilden die zentrale Columella. Die Fäden sind einfach, lang, schlank, in der Mitte am dicksten und zu den Enden hin verjüngt, an einem Ende befestigt und am anderen frei.

Der Geaster ist eine malerische kleine Pflanze, die selbst den unvorsichtigsten Beobachter in ihren Bann zieht. Er ist weit verbreitet und kommt im Spätsommer und Herbst häufig in Wäldern und auf Weiden vor.

Geaster minimus . Schw .

ABBILDUNG 482. — Geaster minimus . Natürliche Größe.

Die äußere Hülle oder das Exoperidium ist zurückgebogen, die Segmente sind an der Spitze spitz, acht bis zwölf Segmente etwa bis zur Mitte geteilt. Die Myzelschicht ist normalerweise anhaftend, im Allgemeinen zottig mit Blatt- oder Grasfragmenten, die sich manchmal teilweise oder ganz lösen. Die fleischige Schicht ist dicht anliegend, sehr hell in der Farbe, am Rand des Exoperidiums normalerweise glatt, aber an den Segmenten rissig. Der Blütenstiel ist kurz, aber deutlich erkennbar. Das innere Peridium ist eiförmig, 0,6 bis 1,27 cm im Durchmesser; weiß bis blassbraun, manchmal fast schwarz. Die Mündung ist leicht kegelförmig angehoben, die Lippe von einem haarähnlichen Fransenrand eingefasst; die Columella ist schlank, ebenso wie die Fäden. Die Sporen sind braun, kugelförmig und leicht warzig . Im Sommer und Frühherbst zu finden.

Die Natur scheint ihm die Kraft zu geben, den sporentragenden Körper anzuheben, um die Sporen besser in den Wind zu schleudern. Er ist sehr häufig auf Weiden im ganzen Staat zu finden. Ich habe ihn an vielen Orten in der Umgebung von Chillicothe gefunden. Er wird „ minimus " genannt, weil er der kleinste Stern auf der Erde ist.

Geaster hygrometricus . MF

WASSERMESSENDER ERDSTERN.

ABBILDUNG 483. — Geaster hygrometricus . Natürliche Größe.

Die unausgedehnte Pflanze ist nahezu kugelförmig. Die Myzelschicht ist dünn und reißt ab, wenn die Pflanze wächst, wobei die Rinde oder Haut mit dem Myzel abfällt. Die äußere Hülle ist tief gespalten, die Segmente sind an der Spitze spitz, vier bis zwanzig; stark hygrometrisch, werden zurückgebogen, wenn die Pflanze feucht ist, und stark nach innen gebogen, wenn die Pflanze trocken ist. Die innere Hülle ist nahezu kugelförmig, dünn, gestielt und öffnet sich durch eine einfache gerissene Öffnung. Es gibt keine Columella. Die Fäden sind durchsichtig, stark verzweigt und verwoben. Die Sporen sind groß, kugelförmig und rau.

Die Pflanze reift im Herbst und das dicke äußere Peridium teilt sich in Segmente, deren Anzahl zwischen vier und zwanzig variiert. Bei nassem Wetter wird die Auskleidung der Segmentspitzen gallertartig und krümmt sich nach hinten, und die Spitzen ruhen auf dem Boden und halten die innere Kugel vom Boden ab. Bei trockenem Wetter wird die weiche, gallertartige Auskleidung hart und die Segmente wölben sich nach innen und umklammern die innere Kugel. Daher der Name „ hygrometricus ", ein Feuchtigkeitsmesser. Die Pflanze ist recht allgemein.

Geaster Bogenschütze . Berk.

ABBILDUNG 484. — Geaster Bogenschütze .

Junge Pflanze spitz. Exoperidium über die Mitte hinaus in sieben bis neun spitze Segmente eingeschnitten. In Herbariumexemplaren meist sackförmig, manchmal aber auch zurückgerollt. Myzelschicht dicht anliegend, im Vergleich zu früheren Arten relativ glatt. Wie bei den früheren Arten bedeckt das Myzel die junge Pflanze, ist aber nicht so stark entwickelt, so dass der anhaftende Schmutz an der reifen Pflanze nicht so deutlich zu sehen ist. Fleischige Schicht im trockenen Zustand, dünn und dicht anliegend. Endoperidium kugelig, gestielt. Mund gefurcht, unbestimmt. Columella kugelig-keulig. Capillitium dicker als die Sporen. Sporen klein, 4 mc. fast glatt. *Lloyd.*

Ich fand die Pflanze zunächst im jungen Zustand. Die spitze Spitze, die auf dem Foto zu sehen ist, verwirrte mich. Ich markierte die Stelle, an der sie wuchs, und fand nach ein paar Tagen den entwickelten Geaster . Die Pflanze ist rötlich-braun und unterscheidet sich von anderen Arten „mit gefurchten Mündern durch ihr eng sitzendes Endoperidium". Ich habe die Pflanze mehrere Male in Hayne's Hollow in der Nähe von Chillicothe gefunden. Ich fand sie in den Spuren verrotteter Baumstämme.

Geaster Morganii genannt, ihr vorheriger Name stammt jedoch aus Australien.

Geaster Asper. Michelius .

ABBILDUNG 485. — Geaster asper. Natürliche Größe.

Exoperidium zurückgerollt, bis zur Mitte in acht bis zehn Segmente geteilt. Sowohl Myzel- als auch Fleischschichten haften dichter zusammen als bei den meisten Arten. Blütenstiel *kurz* und *dick* . Inneres Peridium fast kugelig , *warzig* . Mund konisch, schnabelförmig, stark gefurcht, auf einer vertieften Zone sitzend. Columella hervorstehend, anhaltend. Capillitiumfäden einfach, lang spitz zulaufend. Sporen kugelig, rau.

Das Charakteristische dieser Pflanze ist das warzenartige innere Peridium. Unter einem Glas mit geringer Vergrößerung sieht es so aus, als ob das Peridium dicht mit Körnern scharfen Sandes bedeckt wäre. Unseres Wissens hat nur diese Pflanze dieses Charakteristische; und obwohl es in den Abbildungen von G. cornatus sowohl von Schaeffer als auch von Schmidel angedeutet ist , glauben wir, dass es sich dort nur um eine Übertreibung des sehr *feinkörnigen* Aussehens von cornatus handelt. Das Wort „asper" ist das erste beschreibende Adjektiv, das Michelius verwendet hat . Fries hat es in seinen Komplex striatus aufgenommen. *Lloyd.*

Ich habe die Pflanze häufig in der Nähe von Chillicothe gefunden. Die abgebildeten Pflanzen wurden von Herrn Lloyd fotografiert.

TAFEL LXVI. ABBILDUNG 486. – GEASTER -TRIPLEX.

Die unausgedehnte Pflanze ist spitz. Das Exoperidium ist zurückgebogen (oder, wenn es nicht vollständig ausgebreitet ist, an der Basis etwas sackförmig), bis zur Mitte (oder normalerweise zwei Drittel) in fünf bis acht Segmente eingeschnitten. Die Myzelschicht ist angewachsen. Die fleischige Schicht löst sich im Allgemeinen von den Segmenten ab. der fibrillösen Schicht, bleibt aber normalerweise teilweise frei, wie eine Tasse an der Basis des inneren Peridiums. Inneres Peridium subglobös , eng gestielt. Mund deutlich, fibrillös, breit konisch. Columella hervorstehend, verlängert. Fäden dicker als Sporen. Sporen kugelig, aufgerauht, 3 –6 mc. *Lloyd*, in Mycological Notes.

Die Farbe von Geaster triplex ist rötlich-braun. Beachten Sie die Überreste einer fleischigen Schicht, die an der Basis des inneren Peridiums eine Schale bildet, ein Punkt, der diese Art auszeichnet und ihr ihren Namen gibt –

Triplex, drei Falten oder anscheinend drei Schichten. Das Foto wurde von
Dr. Kellerman gemacht.

Geaster saccatus . Fr.

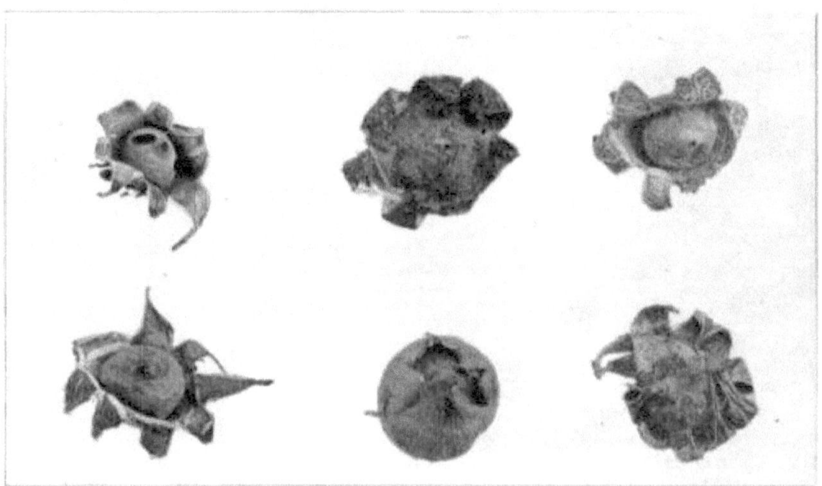

Foto von CG Lloyd.

ABBILDUNG 487. — Geaster saccatus . Natürliche Größe.

Die unausgedehnte Pflanze ist kugelig. Das Myzel ist universell. Das
Exoperidium ist etwa zur Hälfte in sechs bis zehn Segmente zerteilt, die Äste
sind tief sackförmig. Die Myzelschicht ist mit Fibrillen verwachsen. Die
fleischige Schicht ist im trockenen Zustand dünn und verwachsen. Das
innere Peridium ist gestielt, kugelig und hat eine bestimmte fibrillenförmige
Öffnung.

Die Sporen sind kugelförmig, fast glatt. *Lloyd.*

Herr Lloyd glaubt, dass diese Pflanze praktisch identisch mit dem
europäischen G. fimbriatus ist, sich von diesem aber dadurch unterscheidet,
dass sie tiefer sackförmig ist und eine ausgeprägte Öffnung hat. Diese Pflanze
ist auf allen bewaldeten Hügeln um Chillicothe sehr verbreitet. Ich habe
gesehen, dass der Boden auf dem Gipfel des Mt. Logan fast vollständig mit
ihnen bedeckt war. Sie wurden von Herrn Lloyd, Prof. Atkinson und Dr.
Peck identifiziert. Die Pflanzen in Abbildung 487 wurden von Herrn Lloyd
anhand typischer Exemplare fotografiert.

Geaster Mammutbaum .

Foto von CG Lloyd.

Abbildung 488. — Geaster Mammutbaum .

Exporidium dünn, starr, hygroskopisch, glatt, fast bis zur Basis in etwa zehn lineare Segmente unterteilt, oft an der Basis nabelförmig; inneres Peridium kugelig, glatt, gestielt, mit einer konischen, gleichmäßigen, hervorstehenden Mündung versehen, die auf einer bestimmten Fläche sitzt.

Columella kurz, kugelig, deutlich erkennbar (bei ausgewachsenen Pflanzen jedoch deutlich erkennbar).

Capillitium einfach, spitz zulaufend, hyalin, oft abgeflacht, etwas dünner als die Sporen. Sporen kugelig, rau, 3–7 mc. *Lloyd.*

Diese Pflanze ist von Juli bis in den Spätherbst in den Wäldern zu finden. Sie unterscheidet sich von G. hygrometricus durch ihre gleichmäßige, konische Öffnung. Ich habe mehrere Exemplare in Haynes's Hollow gefunden.

Geaster velutinus . Morgen .

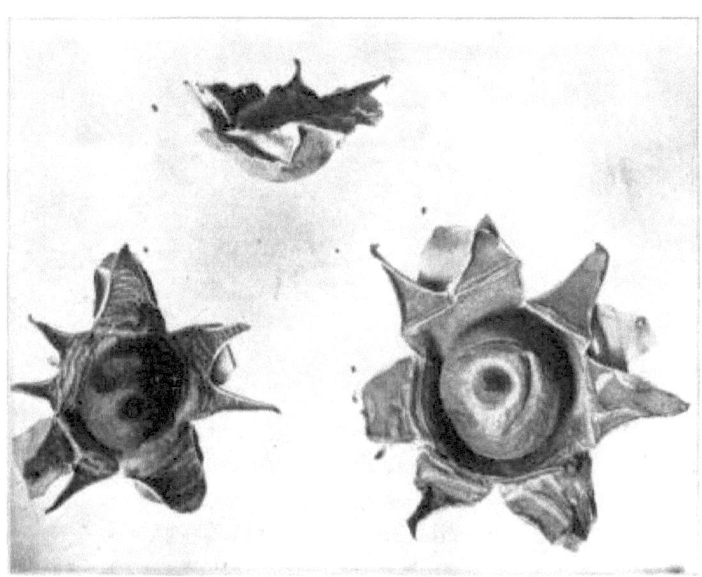

Foto von CG Lloyd.

ABBILDUNG 489. — Geaster velutinus .

Unausgedehnte Pflanzen sind kugelig, manchmal an der Spitze leicht spitz.
Das Myzel ist basal. Die äußere Schicht ist starr, membranös , fest und bei
der amerikanischen Pflanze hell gefärbt. Die Oberfläche ist mit kurzem,
dichtem, angedrücktem Velours bedeckt , so dass die Oberfläche für das
Auge einfach matt und rau erscheint, ihre wahre Beschaffenheit jedoch unter
einem Glas mit geringer Vergrößerung leicht zu erkennen ist.

Die äußere Oberfläche trennt sich von der inneren, wenn die Pflanze wächst,
und ist bei reifen Exemplaren normalerweise teilweise frei. Dicke und
Beschaffenheit der beiden Schichten sind ungefähr gleich. Die fleischige
Schicht ist im trockenen Zustand dunkelrotbraun, eine dünne, angewachsene
Schicht. Inneres Peridium gestielt, dunkel gefärbt, kugelig, mit breiter Basis
und spitzer Mündung. Mündung eben, mit deutlich erkennbarer,
kreisförmiger, hell gefärbter Basalzone markiert. Columella länglich,
keulenförmig. Sporen kugelig, fast glatt, klein, 2½–3½ mc. *Lloyd.*

Myriostoma coliformis . Dick.

ABBILDUNG 490. — Myriostoma coliformis . Natürliche Größe.

Exporidium normalerweise zurückgebogen, etwa bis zur Mitte in sechs bis zehn Lappen geschnitten; wenn gesammelt und getrocknet, wenn es sich zum ersten Mal öffnet, ziemlich fest und starr; wird bei Witterungseinflüssen durch Ablösen der inneren und äußeren Schichten wie Pergamentpapier. Inneres Peridium, fast kugelförmig , auf mehreren mehr oder weniger zusammenfließenden Stielen gestützt. Oberfläche leicht aufgeraut; mehrere Mündungen, angedrückt, faserig, rund, glatt oder leicht erhaben; mehrere Columellae , fadenförmig, wahrscheinlich genauso viele wie die Stiele; Sporen kugelförmig, aufgeraut, 3–6 m; Capillitium einfach, unverzweigt, lang, spitz zulaufend, etwa halb so groß wie der Durchmesser der Sporen.

Das innere Peridium mit seinen mehreren Öffnungen kann nicht unpassend mit einer „Pfefferbüchse" verglichen werden. Der spezifische Name leitet sich vom lateinischen „ *colum* " (Sieb) ab, und der alte englische Name, den wir in Berkeley finden, „Cullender puffball", bezieht sich auf einen Cullender (oder Colander, eine modernere Form), der im Englischen mittlerweile fast veraltet ist, aber eine Art Sieb bedeutet. *Lloyd.*

Kommt in sandigem Boden vor. Ziemlich selten. Sowohl der Gattungs- als auch der Artname beziehen sich auf seine vielen Münder. Die Exemplare in Abbildung 490 wurden auf Green Island im Eriesee gefunden, einem der Orte, an denen diese seltene Art vorkommt. Sie kommt auch in Cedar Point, Ohio, vor. Die Pflanze wurde von Prof. Schaffner von der Ohio State University fotografiert.

KAPITEL XVI.
FAMILIE – SPHAERIACEAE.

Die Perithecien sind kohlenstoffhaltig oder membranös , manchmal mit dem Stroma verschmelzend, an der Spitze durchbohrt und meist papillös; das Hymenium ist diffus . – *Berkeley Outlines.*

Es gibt vier Stämme in dieser Familie, nämlich:

- Nectriae .

- Xylariaei .

- Valsei .

- Sphæriei .

Unter Nectriæi haben wir die folgenden Gattungen:

Vorschreiben—

Köpfchenförmig oder kopfförmig	Cordyceps.
Kopf kugelig, Basis sklerotoid	Schlüsselbein.

Parasit auf Gras—

Stromamyzeloid	Epichloe .

Variable-

Sporidien verdoppeln sich und trennen sich schließlich	Hypokrea .
Sporidien doppelt, rankenförmig ausgestoßen, parasitär auf Pilzen	Hypomyces .
Stroma deutlich, Perithecien frei, gebündelt oder verstreut	Nektria .
Perithecien aufrecht, in einem polierten und farbigen Beutel	Oomyceten .

Unter Xylariæi haben wir:

Vorschreiben—

Stroma korkig, subelavat   Xylaria .

Stroma etwas korkig, scheibenförmig   Poronia .

Cordyceps. Fr.

Cordyceps hat seinen Ursprung im Griechischen und bedeutet Keule, im Lateinischen bedeutet es Kopf. Es handelt sich um eine Gattung von Pyrenomyceten , von denen einige auf anderen Pilzen wachsen, die weitaus größere Zahl jedoch parasitiert auf Insekten oder deren Larven, wie in Abbildung 491 zu sehen ist.

Die Sporen dringen in die Atemöffnungen an den Seiten der Larve ein und das Myzel wächst, bis es das Innere der Larve ausfüllt und sie tötet.

Bei der Fruchtbildung wächst ein Stiel aus dem Körper des Insekts oder der Larve, und an dessen vergrößertem Ende sind die Perithecien angeordnet. Das Stroma ist vertikal und fleischig, der Kopf deutlich erkennbar, hyalin oder gefärbt; die Sporidien sind mehrfach geteilt und submoniliform.

Cordyceps Herculea . (Schw .) Sacc .

ABBILDUNG 491. — Cordyceps herculea . Zeigt die Made , auf der diese Art wächst.

Herculea verdankt ihren Namen ihrer Größe. Anhand des Halbtons lässt sich diese Art leicht identifizieren. Die Pflanze ist recht groß und hat eine keulenförmige Gestalt, der Kopf länglich, rund, sich leicht nach oben verjüngend mit einer deutlichen Ausstülpung an der Spitze, wie in Abbildung 491 zu sehen ist. Bei allen Exemplaren, die ich gefunden habe, ist der Kopf hellgelb und weder alutaceus , wie Schw . angibt, noch ist der Kopf stumpf. Im August und September fand ich mehrere Exemplare an einem Seitenhang in Haynes's Hollow, die alle aus den Körpern der großen weißen Larven wuchsen, die man um morsches Holz herum findet. Sie wurden bei nassem Wetter gefunden. Sie wurden sowohl von Dr. Peck als auch von Dr. Herbst identifiziert.

Cordyceps militaris . Fr.

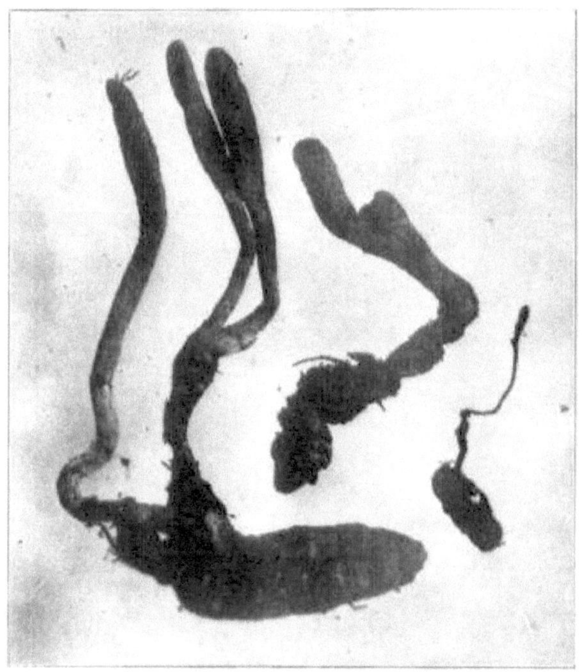

ABBILDUNG 492. — Cordyceps militaris .

Dies ist viel kleiner und häufiger als C. Herculea . Konidien – Subcæspitose , weiß; Stiel deutlich, einfach, wird glatt; Keulen verdickt, mehlig; Konidien kugelig. Ascophore – fleischig, orangerot; Kopf keulenförmig, knollenförmig ; Stiel gleichförmig; Sporidien lang, in Gelenke zerfallend. Dies wird häufig Torrubia genannt. Militäris .

Er ist als Raupenpilz bekannt. Seine Sporen sind zylindrisch und werden im Herbst auf orangeroten Fruchtkörpern gebildet. Sobald die Spore auf die Raupe fällt, sendet sie Keimfäden aus, die in die Raupe eindringen. Dort bilden die Fäden lange, schmale Sporen, die abbrechen und andere Sporen bilden, bis die Körperhöhle vollständig ausgefüllt ist. Die Raupe wird bald träge und stirbt. Der Pilz wächst weiter, bis er alle Weichteile des Insekts in Beschlag genommen hat. Äußerlich eine perfekte Raupe, aber innen vollständig mit Myzelfäden ausgefüllt. Unter günstigen Bedingungen sendet diese Myzelraupe, die zu einem Speicherorgan geworden ist, einen orangeroten, keulenförmigen Körper aus, wie in Abbildung 492 zu sehen ist, und produziert die oben beschriebenen Sporen. Unter bestimmten Bedingungen kann diese Myzelraupe dazu gebracht werden, auf ihrer gesamten Oberfläche ein dichtes Fadenwachstum zu produzieren, das wie ein kleiner weißer Ball aussieht, und aus diesen Fäden wird eine andere Art von Spore gebildet. Diese Sporen werden in großer Zahl abgeschnürt und keimen in der Larve genauso wie die Sackspore. Die Exemplare wurden von Mrs. EB Blackford in der Nähe von Boston gefunden und von Dr. Kellerman fotografiert.

Cordyceps capitata. Fr.

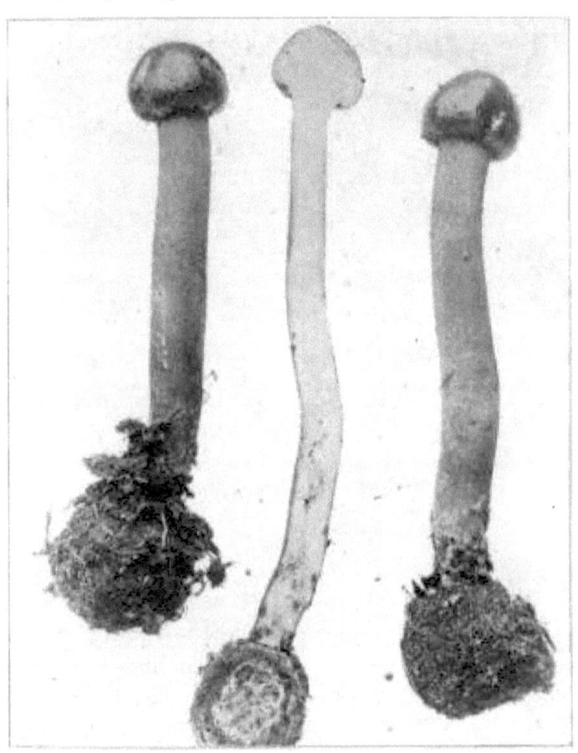

ABBILDUNG 493. — Cordyceps capitata. Natürliche Größe.

Diese Pflanze ist fleischig, kopfförmig, der Kopf eiförmig, lorbeerbraun, der Stiel gelb, dann schwärzlich.

Diese Pflanze ist parasitär auf Elaphomyces granulatus . Es ist an der Basis des Stängels der Pflanze zu sehen. Es wächst zwei bis drei Zoll unter der Oberfläche und ähnelt in seinem Aussehen ein wenig einem Trüffel.

Beide sind sehr interessante Pflanzen. Die Pflanze in Abbildung 493 wurde in der Nähe von Boston, Massachusetts, gefunden. Normalerweise findet man sie in Kiefernwäldern, oft in Büscheln. Die Stängel sind ein bis vier Zoll lang, fast gleich lang, glatt, zitronenfarben, an der Länge fibrostrostig und schwärzlich.

Manchmal wird sie auch Torrubia capitata genannt.

KAPITEL XVII.
MYXOMYCETEN.

Die hier genannten Pflanzen gehören zu den Schleimpilzen und sind zunächst ganz gallertartig. Alle Arten und Gattungen sind klein und leicht zu übersehen, dennoch sind sie bei genauer Beobachtung äußerst interessant. Morgens kann man eine Masse gallertartiger Masse sehen und abends ein wunderschönes Netz aus Fäden und Sporen, da die Umwandlung sehr schnell erfolgt. Diese gallertartige Masse heißt Protoplasma oder Plasmodium, und die Antriebskraft des Plasmodiums hat viele dazu veranlasst, sie in das Tierreich einzuordnen oder Pilztiere zu nennen. Dasselbe gilt für Schizomycetes , zu denen alle Bakterien, Bacillus, Spirillum und Vibrio und eine Reihe anderer Gruppen gehören. Ich kann nur einige Myxomycetes vorstellen. Ich habe die Entwicklung mehrerer Pflanzen dieser Gruppe beobachtet, aber wegen der spärlichen Literatur zu diesem Thema war ich nicht in der Lage, sie zufriedenstellend zu identifizieren.

Lycogala epidendrum. Fr.

ABBILDUNG 494. — Lycogala epidendrum.

Dies wird als Stumpf- Lycogala bezeichnet . Es ist recht häufig und sieht in einem bestimmten Stadium wie ein kleiner Bovist aus. Das Peridium hat eine doppelte Membran, ist papierartig, hartnäckig und platzt unregelmäßig an der Spitze; äußerlich ist es leicht warzig, fast rund, blutrot oder rosa, dann bräunlich; die Mündung ist unregelmäßig; die Sporen werden blass oder violett.

Reticularia maxima. Fr.

Dies kommt bei teilweise verrotteten Stämmen recht häufig vor. Das Peridium ist sehr dünn, knollenförmig , ausgewaschen, zart, olivbraun; die Sporen sind oliv, stachelig oder stachelig.

Didymius xanthopus . Fr.

Dies sind sehr kleine Pflanzen mit gelbem Stiel, die man bei nassem Wetter auf Eichenblättern findet. Das Sporangium hat ein inneres membranöses Peridium; das Ganze ist rund, braun, weißlich. Der Stiel ist länglich, eben und gelb. Die Columella ist in die Sporangien gestielt.

D. cinereum. Fr.

Sporangien gestielt, rund, weißlich, mit aschgrauer Kruste bedeckt. Sporen schwarz. Sehr klein. Auf abgefallenen Eichenblättern. Leicht zu übersehen.

Xylaria . Schrank.

Xylaria bedeutet „Holz". Es ist normalerweise vertikal und mehr oder weniger gestielt. Das Stroma ist zwischen fleischig und korkig und mit einer schwarzen oder rotbraunen Rinde bedeckt.

Xylaria polymorpha. Grev.

ABBILDUNG 495. — Xylaria polymorpha. Natürliche Größe.

Polymorpha bedeutet viele Formen. Es ist fast fleischig, viele wachsen normalerweise zusammen oder sind gesellig; verdickt wie geschwollen, unregelmäßig; schmutzig-weiß, dann schwarz; der Blütenboden trägt an jeder Stelle Perithecien.

Diese Pflanze ist in unseren Wäldern recht häufig anzutreffen und wächst um alte Baumstümpfe oder auf verrotteten Ästen oder Holzstücken. Die Sporenöffnungen sind mit einem gewöhnlichen Handglas zu erkennen.

Xylaria polymorpha, var. Spatularia .

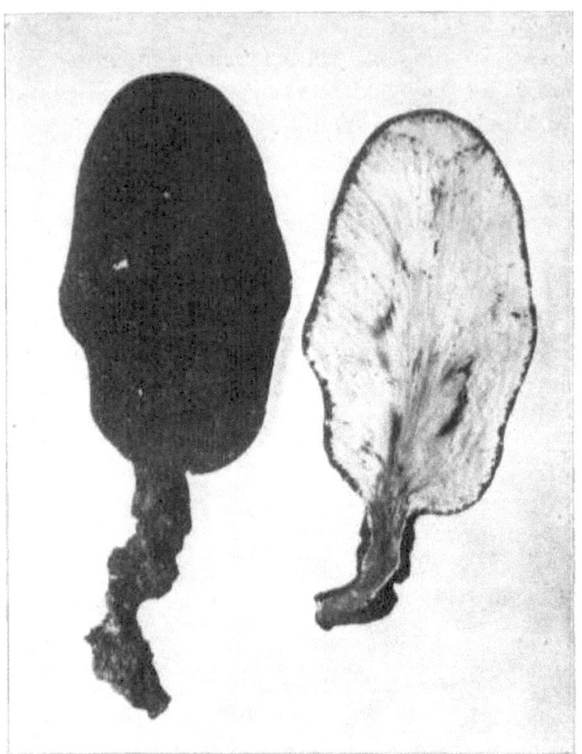

ABBILDUNG 496. — Xylaria polymorpha var. spathularia . Natürliche Größe.

Spathularia bedeutet in Form einer Spachtel oder eines Spatels. Es ist aufrecht und gestielt, der Stiel ist deutlicher als bei X. polymorpha, das Stroma ist zwischen fleischig und korkig, wächst häufig in großer Zahl oder gesellig, prall, ziemlich regelmäßig, schmutzig-weiß, dann bräunlich-rot, schließlich schwarz. Ein gewöhnliches Handglas zeigt, dass es in allen Teilen Perithecien aufweist. Dies ist im Abschnitt rechts deutlich zu sehen.

Diese Pflanzen sind nicht so verbreitet wie X. polymorpha, kommen aber an ähnlichen Standorten wie die andere Pflanze vor, insbesondere in der Nähe von Ahornstümpfen oder auf verrotteten Ahornzweigen.

Stemonitis . Gled .

Stemonitis ist ein griechisches Wort, das Staubblatt bedeutet, eines der wesentlichen Organe einer Blume. Dies ist eine Gattung myxomycetischer

Pilze, die der Familie Stemonitaceæ ihren Namen gibt . Sie besitzt ein einzelnes Sporangium oder æthalium ; ohne die besonderen Kalkablagerungen, die die Fruchtbildung anderer Ordnungen kennzeichnen, und die Sporen, das Capillitium und die Columella sind normalerweise gleichmäßig schwarz oder bräunlich.

Stemonitis Fusca . Roth.

ABBILDUNG 497. — Stemonitis Fusca . Natürliche Größe.

Fusca bedeutet dunkelbraun, rauchig. Die Sporangien sind zylindrisch und an der Spitze spitz zulaufend, die Peridien sind flüchtig und legen das schöne Netzwerk des Capillitiums frei. Das netzförmige Capillitium entspringt dem dunklen, durchdringenden Stiel.

Dies ist eine sehr schöne Pflanze, wenn man sie mit einem gewöhnlichen Handglas betrachtet. Ich habe oft einen ganzen Baumstamm gesehen, der mit dieser Pflanze bedeckt war.

Stemonitis ferruginea . Ehrb .

Ferruginea bedeutet rostfarben. Die Sporangien sind denen von S. fusca sehr ähnlich , zylindrisch, mit flüchtigem Peridium, das das netzförmige Capillitium freilegt, aber statt dunkelbraun sind sie gelblich oder rostbraun.

KAPITEL XVIII.
REZEPTE ZUM KOCHEN VON PILZEN.

GESCHMORTE PILZE. NR. 1.

Wählen Sie Pilze von möglichst gleichmäßiger Größe und ohne Insekten. Legen Sie sie fünf Minuten lang in Salzwasser, um sie von Insekten zu befreien, die sich in den Lamellen verstecken könnten; lassen Sie sie abtropfen und trocknen und säubern Sie sie mit einem eher groben Tuch; schneiden Sie die Stiele dicht am Hut ab. Geben Sie sie in einen Granit- oder Porzellantopf, decken Sie sie fest ab und lassen Sie sie 15 Minuten leicht dünsten. Salzen Sie nach Geschmack. Reiben Sie einen Esslöffel Butter in etwa einen Esslöffel Mehl und rühren Sie dies in die Pilze, lassen Sie es drei oder vier Minuten kochen; rühren Sie drei Esslöffel Sahne ein, die mit einem gut geschlagenen Ei vermischt ist, und rühren Sie das Ganze zwei Minuten lang um, ohne es kochen zu lassen, und servieren Sie es entweder auf Toast oder als Gemüse.

GESCHMORTE PILZE. NR. 2.

Pilze wie oben beschrieben säubern und zehn Minuten in Wasser dünsten; dann einen Teil des Wassers abgießen und so viel warme Milch hinzugeben, wie Sie Wasser abgegossen haben; fünf bis zehn Minuten dünsten lassen; dann etwas flüssige Butter oder Kalbs- oder Hühnersoße sowie Salz und Pfeffer nach Geschmack hinzugeben. Mit etwas in kalter Milch angefeuchteter Maisstärke andicken. Heiß servieren.

Pilze sollten beim Kochen immer möglichst dicht abgedeckt aufbewahrt werden, damit das Aroma besser erhalten bleibt und nie zu großer Hitze ausgesetzt werden.

GEBACKENE PILZE.

Stellen Sie sicher, dass Ihre Pilze frisch und frei von Insekten sind. Schneiden Sie die Stiele dicht am Hut ab und wischen Sie die Oberseite mit einem feuchten Tuch ab. Legen Sie sie mit den Lamellen nach oben in eine Kuchenform und geben Sie ein wenig Butter auf jeden Pilz. Streuen Sie Pfeffer, Salz und ein wenig Muskatblüte darüber. Legen Sie sie in einen heißen Ofen und backen Sie sie je nach Zartheit der Pilze 15 Minuten bis eine halbe Stunde. Wenn sie zu trocken werden könnten, bestreichen Sie sie gelegentlich mit Butter und Wasser. Gießen Sie etwas *Maitre darüber. d'Hotel*-Sauce und in der Form, in der sie gebacken wurden, auf den Tisch servieren.

GEGRILLTE PILZE.

Wählen Sie die besten und frischesten, die Sie bekommen können, und bereiten Sie sie wie zum Backen vor. Legen Sie sie in eine tiefe Schüssel, übergießen Sie sie mit etwas geschmolzener Butter und wenden Sie sie dabei immer wieder. Salzen und pfeffern Sie sie und lassen Sie sie anderthalb Stunden in der Butter liegen. Legen Sie sie mit den Kiemen nach oben auf einen Austernrost über ein klares, heißes Feuer und wenden Sie sie, wenn eine Seite braun wird. Legen Sie sie auf eine heiße Schüssel, würzen Sie sie gut mit Butter, Pfeffer und Salz und träufeln Sie nach Belieben ein paar Tropfen Zitronensaft auf jede Auster.

PILZ- UND KALBSRAGOUT.

Nehmen Sie gleiche Mengen kaltes Kalbssteak oder Kalbsbraten und kleine Boviste oder andere Pilze und hacken Sie alles fein. Hacken Sie eine kleine Zwiebel und geben Sie sie mit den Pilzen und dem Fleisch in eine Pfanne mit etwas kalter Kalbssoße (falls vorhanden) und ausreichend Wasser, um die Mischung zu bedecken. Fügen Sie einen Esslöffel Butter, Pfeffer und Salz hinzu und lassen Sie die Mischung kochen, bis sie fast trocken ist. Rühren Sie sie häufig um, damit sie nicht anbrennt. Sie sollte eine volle halbe Stunde kochen. Wenn sie fast fertig ist, fügen Sie einen großen Esslöffel guten Ketchup oder, wenn Sie es vorziehen, Worcestershire-Sauce hinzu. Heiß servieren.

PILZPASTETEN.

Pilze gut waschen, in kleine Stücke schneiden und fünf Minuten in Salzwasser legen. Bereiten Sie in einer Pfanne auf dem Herd etwa zwei Unzen Butter pro halben Liter Pilze vor. Pfanne und Butter müssen sehr heiß, aber nicht anbrennen. Nehmen Sie die Pilze mit einer Schaumkelle aus dem Salzwasser und legen Sie sie in die heiße Butter. Decken Sie sie fest ab, damit das Aroma erhalten bleibt. Schütteln Sie die Pfanne oder rühren Sie sie um, damit sie nicht anbrennen oder anhaften. Lassen Sie sie bei mäßiger Hitze 15 bis 30 Minuten kochen, je nachdem, wie zart die Pilze sind. Nehmen Sie den Deckel von der Pfanne, legen Sie die Pilze auf eine Seite und heben Sie die Pfanne auf einer Seite an, damit die Soße auf die andere Seite läuft. Rühren Sie einen gestrichenen Esslöffel gesiebtes Mehl in die Soße und reiben Sie diese mit der Soße glatt. Fügen Sie dann einen halben Liter Milch oder Sahne hinzu. Rühren Sie die Pilze hinein und lassen Sie es eine Minute lang kochen. Bereiten Sie im Ofen einige Pastetenschalen vor, füllen Sie diese mit den Pilzen, würzen Sie sie nach Belieben mit Salz und Pfeffer und stellen Sie sie vor dem Servieren noch einmal für einige Minuten in den Ofen, um sie zu erhitzen. Diese sind besonders gut, wenn sie aus Tricholoma hergestellt werden. personatum oder Pleurotus ostreatus, aber auch viele andere Sorten sind gut geeignet.

GEBACKENES BEEFSTEAK MIT PILZSAUCE.

Schneiden Sie Ihr Lendensteak mindestens 2,5 cm dick und legen Sie es in eine sehr heiße Backform auf dem Herd. Drehen Sie das Steak nach einer Minute um, damit beide Seiten angebraten werden. Stellen Sie die Pfanne in einen sehr heißen Ofen und lassen Sie sie zwanzig Minuten darin liegen.

Bereiten Sie in einem Topf zwei Esslöffel geschmolzene Butter vor, erhitzen Sie sie gut und geben Sie zwei Tassen frische, saubere Pilze hinzu, die Sie fünf Minuten lang in Salzwasser ziehen ließen. Decken Sie den Topf gut ab und lassen Sie ihn zehn Minuten lang kräftig kochen, ohne dass er anbrennt. Stellen Sie ihn (nachdem Sie ihn gründlich mit Salz und Pfeffer gewürzt haben) auf die Rückseite des Herdes, damit er warm bleibt, bis er verwendet wird. Legen Sie das Steak auf eine heiße Platte, gießen Sie die Pilze darüber und servieren Sie es sofort. Es ist ein Gericht, das eines Königs würdig ist.

GEFÜLLTE MORCHELN.

Wählen Sie die frischesten und besten Morcheln aus. Reinigen Sie sie gründlich, indem Sie Wasserhahnwasser darüber laufen lassen. Öffnen Sie den Stiel unten. Füllen Sie die Morcheln mit Kalbsfüllung, Sardellen oder einer anderen gehaltvollen Farce Ihrer Wahl, verschließen Sie die Enden und garnieren Sie sie zwischen den Speckscheiben. Backen Sie sie eine halbe Stunde lang, bestreichen Sie sie mit Butter und Wasser und servieren Sie sie mit der Soße, die aus den Morcheln entsteht.

GEBRATENE MORCHELN.

Waschen Sie ein Dutzend Morcheln sorgfältig und schneiden Sie die Enden der Stiele ab. Teilen Sie die Pilze und geben Sie sie in eine Pfanne, in der zwei Esslöffel Butter geschmolzen sind. Decken Sie sie fest ab und lassen Sie sie fünfzehn Minuten lang bei mäßiger Hitze kochen. Mischen Sie zwei Teelöffel Maisstärke mit einem halben Liter frischer Milch und gießen Sie sie in die Pfanne mit den Pilzen. Lassen Sie sie ein oder zwei Minuten lang kochen. Mit Salz und Pfeffer abschmecken und heiß servieren, auf Wunsch auch auf Toast.

BOLETI KOCHEN.

Schneiden Sie die Stiele ab und entfernen Sie die Sporenröhren, nachdem Sie die Kappen mit einem feuchten Tuch abgewischt haben. Sie können in einer heißen, gebutterten Pfanne gebraten werden, wobei Sie sie häufig wenden, bis sie gar sind. Das dauert etwa 15 Minuten. Mit Salz und Pfeffer bestreuen und Butterstücke darüber streuen, wie Sie es bei gebratenem Beefsteak tun würden.

Sie können in etwas Wasser in einem abgedeckten Topf gedünstet werden, nachdem man sie in gleich große Stücke geschnitten hat. Lassen Sie sie zwanzig Minuten dünsten und fügen Sie anschließend Pfeffer, Salz, Butter oder Sahne hinzu.

Oder sie werden frittiert, nachdem sie wie Auberginen in Scheiben geschnitten und in Teig getaucht oder in Ei und Crackerbröseln gewälzt wurden.

Bei der Zubereitung von Boleti müssen die Sporenröhren entfernt werden, es sei denn, sie sind sehr jung, da sie das Gericht schleimig machen.

PILZ-KETCHUP.

Auf zwei Quarts Pilze kommt ein Viertelpfund Salz. Ausgewachsene Pilze eignen sich besser dafür, da sie mehr Saft abgeben. Legen Sie eine Schicht Pilze auf den Boden eines Steingefäßes und bestreuen Sie sie mit Salz. Dann eine weitere Schicht Pilze, bis Sie alle aufgebraucht haben. Lassen Sie sie sechs Stunden lang so liegen und brechen Sie sie dann in Stücke. Stellen Sie sie drei Tage lang an einen kühlen Ort und rühren Sie sie jeden Morgen gründlich um. Gießen Sie den Saft ab und geben Sie auf jeden Quart eine halbe Unze Piment, die gleiche Menge Ingwer, einen halben Teelöffel Muskatblüte und einen halben Teelöffel Cayennepfeffer. Geben Sie alles in ein Steingefäß, decken Sie es fest zu, stellen Sie es in einen Topf mit Wasser über dem Feuer und lassen Sie es fünf Stunden lang kräftig kochen. Nehmen Sie es heraus, leeren Sie es in einen Porzellankessel und lassen Sie es eine weitere halbe Stunde langsam kochen. Stellen Sie es an einen kühlen Ort und lassen Sie es die ganze Nacht stehen, bis es sich gesetzt und klar ist. Gießen Sie es dann vorsichtig vom Bodensatz in kleine Flaschen und füllen Sie sie bis zum Mund. Verkorken Sie sie fest und verschließen Sie sie sorgfältig. Bewahren Sie sie in einem trockenen, kühlen und dunklen Schrank auf.

PILZE MIT SPECK.

Nehmen Sie einige ausgewachsene Pilze, säubern Sie sie, nehmen Sie einige Scheiben schönen durchwachsenen Speck und braten Sie ihn wie üblich. Wenn er fast gar ist, geben Sie etwa ein Dutzend Pilze hinzu und braten Sie sie langsam, bis sie gar sind. Beim Braten nehmen sie das ganze Fett des Specks auf und ergeben mit etwas Salz und Pfeffer ein äußerst appetitanregendes Frühstücksgericht.

HYDNUM .

Die Hydnums sind manchmal leicht bitter und man sollte sie ein paar Minuten lang kochen und dann das Wasser wegschütten. Lassen Sie die Pilze sorgfältig abtropfen; fügen Sie Pfeffer und Salz, Butter und Milch hinzu; lassen Sie sie in einem abgedeckten Topf langsam zwanzig bis fünfundzwanzig Minuten lang kochen; legen Sie einige Toastscheiben bereit, streuen Sie die Pilze darüber und servieren Sie sie sofort.

AUSTER PILZE.

Eine der besten Zubereitungsarten für Austernpilze ist, sie wie Austern zu braten. Verwenden Sie den zarten Teil des Austernpilzes; säubern Sie ihn gründlich; würzen Sie ihn mit Pfeffer und Salz; tauchen Sie ihn in geschlagenes Ei und dann in Semmelbrösel und braten Sie ihn in Fett oder Butter. Oder kochen Sie ihn 45 Minuten lang vor, lassen Sie ihn abtropfen, wälzen Sie ihn in Mehl und braten Sie ihn.

Auch als Kompott schmeckt der Austernpilz ausgezeichnet.

LEPIOTA PROCERA .

Reinigen Sie die Hüte mit einem feuchten Tuch und schneiden Sie den Stiel dicht am Hut ab. Grillen Sie die Pilze leicht auf beiden Seiten über klarem Feuer oder in einer sehr heißen Pfanne und wenden Sie sie dabei drei- oder viermal. Halten Sie frisch gebackenen, gut gebutterten Toast bereit. Legen Sie die Pilze auf den Toast, streichen Sie auf jeden ein kleines Stück Butter und streuen Sie Pfeffer und Salz darüber. Stellen Sie den Toast in den Ofen oder vor ein lebhaftes Feuer, um die Butter zu schmelzen. Servieren Sie ihn dann rasch.

Manche Leute meinen, dass über den Pilzen geröstete Speckscheiben den Geschmack verbessern.

MIT PILZEN ÜBERGOSSENES BEEFSTEAK.

Bereiten Sie eine ausreichende Menge ausgewachsener, sorgfältig gesäuberter Pilze vor; schneiden Sie sie in Stücke und geben Sie sie mit einem Esslöffel Butter auf zwei Tassen Pilze in eine Backform, bestreuen Sie sie mit Pfeffer und Salz und backen Sie sie 45 Minuten lang in einem mäßig heißen Ofen. Grillen Sie Ihr Steak, bis es fast gar ist; geben Sie es dann in die Pfanne mit einem Teil der Pilze darunter und dem Rest darüber; geben Sie es erneut in den Ofen und lassen Sie es zehn Minuten lang darin liegen; stürzen Sie es auf einen heißen Teller und servieren Sie es schnell.

Agaricus, Lepiota , Coprinus, Lactarius , Tricholoma und Russula eignen sich besonders gut für diese Zubereitungsmethode.

KAPITEL XIX.
PILZZUCHT.

VON PROF. LAMBERT,

Die American Spawn Co., St. Paul, Minnesota.

ALLGEMEINE ÜBERLEGUNGEN. — Kommerziell und in einem engeren Sinne wird der Begriff „Pilz" im Allgemeinen wahllos verwendet, um Pilzarten zu bezeichnen, die essbar und kultivierbar sind. Die erfolgreich für den Markt gezüchteten Sorten stammen fast alle von *Agaricus campestris* , *Agaricus villaticus* und *Agaricus Arvensis ab* . Sie können weiß, cremefarben oder cremeweiß oder braun sein; die Farbe ist jedoch nicht immer ein dauerhaftes Merkmal, sondern wird oft von den Umgebungsbedingungen beeinflusst.

In Frankreich und England werden Pilze in großem Maßstab für den Markt angebaut. Schätzungsweise werden auf dem Pariser Großmarkt jährlich fast zwölf Millionen Pfund frische Pilze verkauft. Eine große Menge Pilze wird in Dosen abgefüllt und von Frankreich aus in alle zivilisierten Länder exportiert. Diese Industrie hat in den Vereinigten Staaten kürzlich bemerkenswerte Fortschritte gemacht, und frische Pilze werden jetzt regelmäßig auf den Märkten unserer Großstädte gehandelt. Sie werden zu Preisen zwischen 25 Cent und 1,50 Dollar pro Pfund verkauft, je nach Saison, Nachfrage und Angebot.

ABBILDUNG 498. — Pilzbeete in einem Keller.

WESENTLICHE BEDINGUNGEN. — Pilze können in jedem Klima und zu jeder Jahreszeit gezüchtet werden, sofern die wesentlichen

"

Bedingungen vorhanden sind, erreicht oder kontrolliert werden können. Diese Bedingungen sind *erstens* eine Temperatur zwischen 12 und 16 °C (53 bis 60 °F) mit Extremwerten zwischen 10 und 17 °C (63 °F); *zweitens* eine mit Feuchtigkeit gesättigte (aber nicht tropfende) Atmosphäre; *drittens* gute Belüftung; *viertens* ein geeignetes Medium oder Bett; *fünftens* gutes Brutgut. Es ist ersichtlich, dass diese Bedingungen im Freien selten über längere Zeit gleichzeitig vorhanden sind. Um Pilze kommerziell züchten zu können, ist es daher notwendig, eines oder mehrere dieser Elemente künstlich zu erzeugen oder zu kontrollieren. Dies geschieht normalerweise in Kellern, Höhlen, Bergwerken, Gewächshäusern oder speziell errichteten Pilzhäusern. Eine praktische Anordnung der Regale in einem Keller ist in Abbildung 498 dargestellt. Eine große Anlage für gewerbliche Zwecke ist in Abbildung 500 und ein speziell konstruierter Keller in Abbildung 499 dargestellt. Wo verlassene Minen, natürliche oder künstliche Höhlen zur Verfügung stehen, sind die erforderlichen atmosphärischen Bedingungen oft kombiniert anzutreffen und können das ganze Jahr über gleichmäßig aufrechterhalten werden.

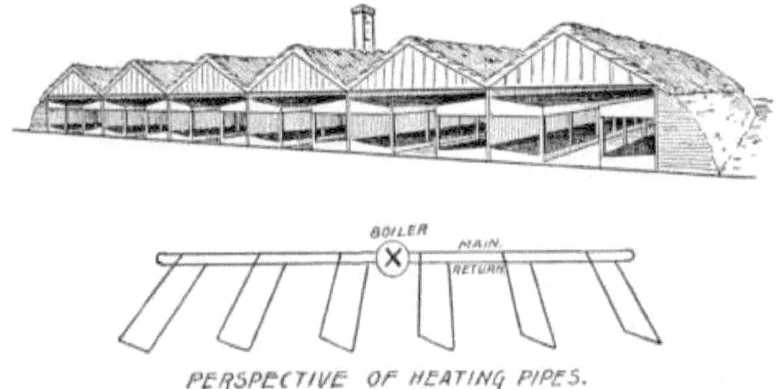

ABBILDUNG 499. – Speziell konstruierte Pilzhäuser.

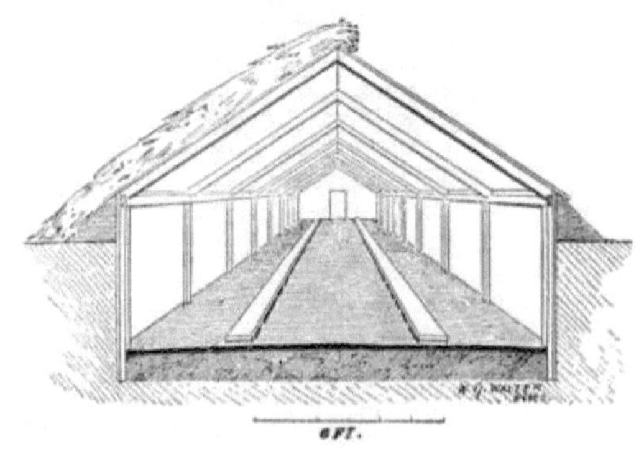

ABBILDUNG 500. — Pilzhäuser, Flachbeete.

TEMPERATUR. – Innerhalb der vorgeschriebenen Grenzen sollte die Temperatur während des Wachstums der Pflanzen gleichmäßig sein. Wenn es zu kalt ist, wird die Entwicklung des Pilzbeets verzögert oder gestoppt. Eine hohe Temperatur begünstigt die Entwicklung von Schimmel und Bakterien, die den Pilzbeet oder die wachsende Pflanze bald zerstören. Der Anbau des Pilzes als Sommerpflanze ist daher stark eingeschränkt. Als Herbst-, Winter- oder Frühlingspflanze kann er überall dort angebaut werden, wo Mittel zur Verfügung stehen, um die Temperatur auf etwa 58 °F zu erhöhen. Viele Floristen nutzen den ungenutzten Raum unter den Bänken zu diesem Zweck; sie haben den Vorteil, das verbrauchte Material der Pilzbeete für den Blumenanbau verwenden zu können.

FEUCHTIGKEIT. — Feuchtigkeit ist ein wichtiger Faktor beim Pilzanbau und muss mit Bedacht eingesetzt werden. Der Pilz benötigt eine nahezu mit Feuchtigkeit gesättigte Atmosphäre, und dennoch ist die direkte Anwendung von Wasser auf den Beeten mehr oder weniger schädlich für die wachsende Ernte. Es ist daher wichtig, dass die Beete beim Anlegen die erforderliche Feuchtigkeitsmenge enthalten und dass diese Feuchtigkeit nicht durch übermäßige Verdunstung verloren geht. Sie sollten vor trockener Atmosphäre oder starker Zugluft geschützt werden. Wenn eine Bewässerung erforderlich ist, sollte sie in einem feinen Sprühnebel um die Beete herum erfolgen, um die Feuchtigkeit in der Atmosphäre wiederherzustellen, und auf den Beeten, nachdem die Pilze geerntet wurden.

BELÜFTUNG. — Reine Luft ist für eine gesunde Ernte unerlässlich. Daher sollte für eine allmähliche Erneuerung der Luft im Pilzhaus gesorgt werden. Zugluft muss jedoch vermieden werden, da sie zu einer zu schnellen Verdunstung und Abkühlung der Beete führt, ein unglücklicher Zustand, der danach nicht mehr vollständig behoben werden kann.

DIE BETTEN. — Der am weitesten verbreitete Beettyp ist das sogenannte „Flachbett". Es wird auf dem Boden oder auf Regalen gebaut, wie in den Abbildungen gezeigt. Es ist normalerweise etwa 25 cm tief. Ein anderer Typ, der hauptsächlich in Frankreich verwendet wird, ist das sogenannte „Kammbett", das mehr Arbeit erfordert als das Flachbett. Das Pilzhaus und die Regale sollten, falls verwendet, häufig desinfiziert und gekalkt werden, um Gefahren durch Insekten und Bakterien vorzubeugen. Die Vorbereitung der Beete und die nachfolgenden Arbeitsschritte werden im Zusammenhang mit den anderen Themen gezeigt.

VORBEREITUNG DES MIST. — Der beste Mist wird von Pferden gewonnen, die mit reichlich trockenem und stickstoffhaltigem Futter gefüttert werden. Der Mist von Tieren, die mit Grünfutter gefüttert werden, ist unerwünscht. Die Landwirte wenden nicht alle dieselbe Methode zur Gärung oder Kompostierung des Mists an. Beim ersten Abladen wird der

Mist einige Tage in seinem ursprünglichen Zustand belassen. Dann wird er in Haufen von etwa drei Fuß Höhe aufgehäuft und gut angedrückt. Bei diesem Vorgang sollte das Material sorgfältig mit der Gabel zerteilt und gut vermischt werden, und wo es zu trocken ist, sollte es leicht bestreut werden. Man lässt es etwa sechs Tage in diesem Zustand bleiben, bevor es erneut gut mit der Gabel zerteilt und gewendet wird. Bei letzterem Vorgang wird es zusätzlich leicht bestreut; die trockenen Teile werden nach innen gewendet, damit die gesamte Masse homogen und gleichmäßig feucht wird, und der Haufen wird erneut auf etwa drei Fuß angehoben. Etwa sechs Tage später wird der Vorgang wiederholt, und in etwa drei Tagen sollte der Mist für die Beete bereit sein. Er hat dann eine dunkelbraune Farbe, gemischt mit Weiß, und ist frei von unangenehmem Geruch. Es ist geschmeidig, elastisch und feucht, jedoch nicht nass und sollte keine Feuchtigkeit in der Hand hinterlassen.

Selbstverständlich können die oben genannten Regeln je nach Zustand des Düngers, seinem Alter und seiner bisherigen Handhabung modifiziert werden.

LAICHEN. — Der Mist wird, nachdem er richtig kompostiert wurde, gleichmäßig auf dem Boden oder auf Regalen verteilt und in Beeten von etwa 25 cm Tiefe fest zusammengedrückt. Die Temperatur des Beets ist dann zu hoch zum Laichen und steigt normalerweise noch weiter an. Sie sollte mithilfe eines speziellen oder Pilzthermometers sorgfältig beobachtet werden. Wenn die Temperatur der Beete auf etwa 24 °C oder 27 °C gefallen ist, kann das Laichen erfolgen. Das Laichen muss bei fallender Temperatur erfolgen, niemals bei steigender Temperatur. Die Laichblöcke werden in acht oder zehn Stücke zerbrochen und diese Stücke werden 2,5 bis 5 cm unter der Oberfläche in einem Abstand von etwa 23 bis 30 cm eingefügt. Das Beet wird dann fest zusammengedrückt. Es ist von Vorteil, das Laichen einige Tage vor dem Laichen zu zerbrechen und auf der Oberfläche des Beets zu verteilen; dadurch kann das Myzel etwas Feuchtigkeit aufnehmen und bis zu einem gewissen Grad aufquellen. Wenn das Beet in gutem Zustand ist, sollte es mehrere Wochen lang nicht gegossen werden müssen.

ABBILDUNG 501. – Brick Spawn, reine Kultur.

DIE BETE EINFÜLLEN. — Sobald man beobachtet, dass der Laich „läuft", oder nach acht Tagen bis zwei Wochen, werden die Beete „eingehüllt" oder mit einer Schicht aus etwa einem Zoll leichtem Gartenlehm bedeckt, der gut abgesiebt ist. Der Lehm sollte leicht feucht und frei von organischen Stoffen sein. Die Beete sollten nun beobachtet werden und dürfen nicht verdunsten oder austrocknen.

PFLANZEN. — Pilze sollten fünf bis zehn Wochen nach dem Laichen erscheinen, und die Produktionszeit eines guten Beets beträgt zwei bis vier Monate. Beim Pflücken der Pilze wird eine kluge Hand sie vorsichtig aus der Erde drehen und das im Beet verbleibende Loch mit frischer Erde auffüllen. Wurzel- oder Stängelstücke sollten niemals in den Beeten verbleiben, da sonst Fäule einsetzen und die umliegenden Pflanzen infizieren könnte. Ein gutes Pilzbeet bringt eine Ernte von einem halben bis zwei Pfund pro Quadratfuß. Pilze sollten jeden Tag oder jeden zweiten Tag gepflückt werden; sie sollten nicht liegen bleiben, wenn die Pilzhäute zu brechen beginnen.

Für den Markt werden die Pilze nach Größe und Farbe sortiert und in Kisten oder Körbe zu je einem, zwei oder fünf Pfund verpackt. Da sie sehr verderblich sind, müssen sie den Markt in kürzester Zeit erreichen.

ALTE BETTE. — Es ist nicht praktikabel, im Material eines alten Beets eine weitere Pilzernte anzubauen, obwohl dieses Material für Gartenzwecke immer noch wertvoll ist. Das alte Material sollte vollständig entfernt und das Pilzhaus gründlich gereinigt werden, bevor die neuen Beete angelegt werden. Wenn diese Vorsichtsmaßnahme versäumt wird, kann die nächste Ernte unter Krankheiten oder Feinden der Pilze leiden.

ABBILDUNG 502. – Eine Ansammlung von 50 Pilzen auf einer Wurzel, gezüchtet aus „Lambert's Pure Culture Spawn" der American Spawn Co., St. Paul, Minnesota.

BRUTBRUT. — Der gezüchtete Pilz wird aus „Brut" vermehrt, dem Handelsnamen für das Myzel; der Begriff „Brut" umfasst sowohl das Myzel als auch das Medium, in dem es getragen und aufbewahrt wird. Brut kann auf dem Markt in zwei Formen beschafft werden: Flockenbrut und Ziegelbrut. In beiden Formen wird das Myzelwachstum auf einem vorbereiteten Medium, das hauptsächlich aus Dünger besteht, gestartet und dann gestoppt und getrocknet. Der Flockenbrut ist aufgrund seiner losen Form, in der das Myzel leicht der Luft und zerstörerischen Bakterien zugänglich ist, kurzlebig. Er verdirbt schnell beim Transport und bei der Lagerung und kann nur im frischen Zustand vorteilhaft verwendet werden. Züchter, insbesondere in den Vereinigten Staaten, haben ihn daher zugunsten von Ziegelbrut aufgegeben, die dem Myzel mehr Schutz bietet und für einen angemessenen Zeitraum sicher transportiert und gelagert werden kann.

Bis vor kurzem war der Hersteller von Pilzmyzel gezwungen, sich bei seiner Versorgung ganz auf die Launen der Natur zu verlassen. Die einzige bekannte Methode bestand darin, den wilden Pilzmyzel dort zu sammeln, wo die Natur ihn hinterlassen hatte, und ihn ohne Rücksicht auf die Sorte in Ziegel oder loses Material zu verarbeiten. Weder der Hersteller noch der

Züchter hatten eine Möglichkeit, die wahrscheinliche Art der Ernte festzustellen, bis die Pilze auftauchten.

ABBILDUNG 503. — Agaricus villaticus .

REINE KULTURBRUTE . — Die kürzliche Entdeckung reiner Kulturbrute in diesem Land hat die Auswahl und Verbesserung von Sorten gezüchteter Pilze mit besonderem Augenmerk auf ihre Widerstandsfähigkeit, Farbe, Größe, Geschmack und Fruchtbarkeit sowie die Beseitigung minderwertiger oder unerwünschter Pilze aus der Ernte ermöglicht. Der Umfang dieses Artikels schließt eine Beschreibung der Reinkulturmethode zur Herstellung von Brut aus. Sie wird jetzt von den großen kommerziellen Züchtern verwendet und hat in vielen Bereichen die alte englische Brut und andere Formen wilder Brut vollständig verdrängt. In der jetzt hergestellten Form ähnelt sie in ihrem Aussehen stark der alten englischen Brut (siehe Abbildung 501). Durch die Verwendung reiner Kulturbrute wurden einige bemerkenswerte Ergebnisse erzielt. Wir zeigen eine Gruppe von fünfzig Pilzen auf einer Wurzel, die von den Herren Miller & Rogers aus Mortonville , Pennsylvania, aus „Lamberts Pure Culture Spawn" der American Spawn Company aus St. Paul, Minnesota, gezüchtet wurden (Abbildung 502). Mit der neuen Methode wurden bereits mehrere vielversprechende Sorten entwickelt, die jetzt nach Belieben reproduziert werden können. Abbildung 503 ist eine gute Illustration von *Agaricus villaticus* , einer fleischigen Art, die sehr gefragt ist. Abbildung 504 zeigt ein Beet mit Pilzen, die aus Reinkulturbrut in einer Sandsteinhöhle im Flachbeet gezüchtet wurden.

ABBILDUNG 504. – Eine Pilzhöhle, die eines der Testbetten der American Spawn Co., St. Paul, Minnesota, zeigt.

SO KOCHT MAN PILZE ZUBEREITET . — Für den wahren Feinschmecker gibt es nur vier Möglichkeiten, Pilze zuzubereiten: grillen, rösten, in süßer Butter braten und in Sahne schmoren.

Wenn Sie frische Pilze zum Kochen vorbereiten, waschen Sie sie so wenig wie möglich, da sie durch das Waschen ihr feines Aroma verlieren. Denken Sie immer daran, dass Pilze umso besser schmecken, je einfacher sie gekocht werden. Wie alle Lebensmittel mit feinem Geschmack verderben sie durch die Zugabe von stark gewürzten Gewürzen.

Gegrillte Pilze. — Wählen Sie schöne, große, flache Pilze aus und achten Sie darauf, dass sie frisch sind. Wenn sie staubig sind, tauchen Sie sie einfach in kaltes Salzwasser. Legen Sie sie dann auf ein Käsetuch und lassen Sie sie gründlich abtropfen. Wenn sie trocken sind, schneiden Sie den Stiel ganz nah am Kamm ab. Oder, was noch besser ist, brechen Sie den Stiel vorsichtig ab. Werfen Sie die Stiele nicht weg. Bewahren Sie sie zum Schmoren, für Suppen oder für Pilzsaucen auf. Nachdem Sie die Stiele abgeschnitten oder abgebrochen haben, nehmen Sie ein scharfes Silbermesser und häuten Sie die Pilze, beginnend am Rand und endend an der Spitze. Legen Sie sie auf einen gut mit süßer Butter eingeriebenen Grillrost. Legen Sie die Pilze mit dem Kamm nach oben auf den Grillrost. Geben Sie eine kleine Menge Butter, ein wenig Salz und Pfeffer in die Mitte jedes Kamms, von dem der Stiel entfernt wurde, und lassen Sie die Pilze über dem Feuer, bis die Butter geschmolzen ist. Servieren Sie sie dann auf dünnen Scheiben gebutterten und gut gebräunten Toasts, die rund oder rautenförmig geschnitten sein sollten.

Servieren Sie die Pilze so schnell wie möglich, nachdem sie gegrillt sind, da sie heiß gegessen werden müssen. Gegrillte Pilze sind so nahrhaft, dass sie mit einem leichten Salat ein ausreichendes Mittagessen für jedermann darstellen.

Gebratene Pilze. — Reinigen Sie die Pilze und bereiten Sie sie zum Grillen vor. Geben Sie etwas süße, ungesalzene Butter in eine Bratpfanne – genug, um die Pilze darin schwimmen zu lassen. Stellen Sie die Bratpfanne auf ein schnelles Feuer, und wenn die Butter kocht, geben Sie die Pilze vorsichtig hinein, lassen Sie sie drei Minuten braten und servieren Sie sie auf dünnen Scheiben gebuttertem Toast.

Servieren Sie eine Sauce aus Zitronensaft, etwas geschmolzener Butter, Salz und rotem Pfeffer zu den gebratenen Pilzen.

Geschmorte Pilze. — Geschmorte Pilze nach dem folgenden Rezept sind eines der köstlichsten Frühstücksgerichte: Zum Schmoren müssen Sie keine großen Pilze verwenden – kleine reichen aus. Nehmen Sie die Pilze, die im Korb liegen geblieben sind, nachdem Sie die zum Grillen ausgewählten Pilze ausgewählt haben, und verwenden Sie auch die Stiele, die Sie von den zum Kochen vorbereiteten Pilzen abgeschnitten haben. Nachdem Sie sie gesäubert und gehäutet haben, legen Sie sie in kaltes Wasser mit etwas Essig und lassen Sie sie eine halbe Stunde stehen. Wenn Sie einen Liter Pilze haben, geben Sie einen Esslöffel schöne frische Butter in eine Schmorpfanne und stellen Sie diese auf den Herd. Wenn die Butter zu sprudeln beginnt, geben Sie die Pilze in die Pfanne und würzen Sie sie nach einer Minute gut mit Salz und schwarzem Pfeffer. Halten Sie nun den Griff der Schmorpfanne fest und schütteln Sie die Pfanne fast ständig, während die Pilze sanft und langsam kochen, damit die Butter nicht braun wird und die Pilze nicht aneinander kleben. Nachdem sie acht Minuten gekocht haben, gießen Sie so viel reichhaltige, süße Sahne hinein, dass die Pilze einen halben Zoll hoch bedeckt sind, und lassen Sie sie etwa acht oder zehn Minuten länger kochen. Servieren Sie sie in einem sehr heißen Gemüsegericht. Verdicken Sie die Creme nicht mit Mehl oder Ähnlichem. Kochen Sie sie einfach auf diese einfache Art und Weise. Sie werden sie perfekt finden.

GLOSSAR.

- Abortive, unvollständig entwickelte.
- Abweichend vom Typ.
- Nadelförmig.
- Gespitzt, schlank und spitz zulaufend.
- Zugespitzt, in einer Spitze endend.
- Spitz, spitz zulaufend.
- Angewachsen, Lamellen gerade und fest mit dem Stiel verbunden.
- Angewachsen , Lamellen reichen gerade bis zum Stiel.
- Adhäsion, Verbindung verschiedener Organe oder Gewebe.
- Angedrückt, in engen Kontakt gedrückt, wie auf die Kiemen aufgetragen.
- Agglutiniert, auf der Oberfläche festgeklebt.
- Alveolenförmig, wabenförmig.
- Alutaceous , mit der Farbe von gegerbtem Leder.
- Anastomose, Verzweigung, Verbindung einer Vene mit einer anderen.
- Jährlich, das Wachstum ist innerhalb eines Jahres abgeschlossen.
- Ringförmig, ringförmig.
- Annuliert, einen Ring habend.
- Annulus, der Ring um den Stiel eines Pilzes.
- Apex, bei Pilzen das äußerste Ende des Stängels neben den Lamellen.
- Apikal, nahe der Spitze.
- Gespitzt und in einer kleinen Spitze endend.
- Mit Gliedmaßen versehen, in kleinen Fragmenten hängend.
- Applanat, abgeflacht oder horizontal ausgebreitet.
- Arachnoid, spinnennetzartig.
- Bogenförmig , bogenförmig.

- Areolat, narbig, netzartig.

- Ascus, Sporenkapsel bestimmter Pilze.

- Beuteln produziert werden .

- Ascospore, Hymenium oder Sporophor mit einem Ascus oder Asci.

- Atomisiert, mit Atomen oder winzigen Partikeln bestreut.

- Atro (ater , schwarz), in der Komposition „schwarz" oder „dunkel".

- Atropurpureous , dunkles Violett (Purpura, Lila).

- Aurantiaceous, orangefarben (Aurantium, eine Orange).

- Goldfarben , goldgelb.

- Öhrchenförmig, ohrförmig.

- Azoniert , ohne Zonen oder kreisförmige Bänder.

- Braun, braun, kastanienbraun oder rötlich-braun.

- Basidium (Plural: Basidien), eine vergrößerte Zelle, auf der Sporen getragen werden.

- Basidiomyceten, die Gruppe von Pilzen, deren Sporen auf einem Basidium wachsen.

- Gespalten, gespalten oder in zwei Teile geteilt.

- Gebootet, wird auf den Stiel von Pilzen aufgetragen, wenn diese in einer Volva eingeschlossen sind .

- Buckel, ein Knopf oder eine kurze, abgerundete Ausstülpung.

- Bucklig, mit einer Buckel- oder Knaufform versehen, bauchig .

- Byssus, eine feine, filamentöse Masse.

- Cæspitose , in Büscheln wachsend.

- Calyptra, aufgetragen auf den Teil der Volva, der den Hut bedeckt.

- Glockenförmig, glockenförmig.

- Hut, der erweiterte, schirmartige Blütenboden eines gewöhnlichen Pilzes.

- Capillitium, sporentragende Fäden, oft stark verzweigt, kommen in Bovisten vor.

- Karnose , fleischfarben.

- Knorpelig, hart und zäh.

- Kastanienbraun, kastanienfarben.

- Wachsartig , wachsartig.

- Cerebriform, hirnförmig.

- Cespitose, in Büscheln wachsend.

- Zilien, randständige haarähnliche Fortsätze.

- Wimperförmig, mit haarähnlichen Fortsätzen gesäumt.

- Cinereous, helles bläuliches Grau oder Aschgrau.

- Zirkumspaltbar , bricht in der Mitte oder nahe der Mitte der Äquatorlinie.

- Rund, abgerundet.

- Keulenförmig, keulenförmig, nach oben hin allmählich verdickt.

- Columella, ein steriles Gewebe, das säulenartig inmitten des Capillitiums aufsteigt.

- Konkret, zusammengewachsen.

- Kontinuierlich, ohne Unterbrechung, ein Teil geht in den anderen über.

- Herzförmig, herzförmig.

- Lederartig, mit einer lederartigen oder korkartigen Textur.

- Rinde, äußere oder rindenartige Schicht.

- Cortina, der netzartige Schleier der Gattung Cortinarius .

- Cortinate , mit einer Cortina .

- Costate, mit einem oder mehreren Graten.

- Am Rand gekerbt, eingekerbt, eingebuchtet oder gezackt.

- Kryptogamie , angewendet auf die Teilung nicht blühender Pflanzen.

- Cyathiform, becherförmig.

- Zyste, eine blasenartige Zelle oder Höhle.

- Cystidium (Plural: Cystidia), sterile Zellen des Hymeniums, blasenartig.

- Laubabwerfend, Blätter abfallend.

- Herablaufend, wie wenn die Lamellen eines Pilzes den Stiel hinunter verlängert sind.

- Dehiszent: Ein geschlossenes Organ, das sich bei Reife öffnet.

- Zerfließend, schmelzend, flüssig werdend.

- Dendroid, geformt wie ein Baum.

- Gezähnt, gezahnt.

- Gezähnt, mit kleinen Zähnen.

- Dichotom, gepaart, regelmäßig gegabelt.

- Dimidiat, halbiert, auf nicht ganze Lamellen aufgetragen.

- Disc (Scheibe), die Hymenialoberfläche, meist becherförmig.

- Discomycetes , Ascomycetes mit freiliegendem Hymenium.

- Dissepiments, Trennwände.

- Entfernt, wird auf Kiemen angewendet, die nicht nah beieinander liegen.

- Diskret, deutlich erkennbar, nicht geteilt.

- Stachelig, mit steifen Borsten versehen.

- Ausgegossen, ausgebreitet ohne regelmäßige Form.

- Ausgerandet, wenn die Lamellen an der Verbindung mit dem Stiel eingekerbt oder ausgehöhlt sind.

- Vergänglich, hält nur kurze Zeit.

- Epidermis, die äußere oder äußere Schicht der Pflanze.

- Epiphytal, wächst auf einer anderen Pflanze.

- Exzentrisch, außerhalb des Zentrums; Stiel nicht mit der Mitte des Hutes verbunden.

- Exoperidium, äußere Schicht des Peridiums.

- Exotisch, fremd.

- Erklären, abgeflacht oder erweitert.

- Mehlig, mehlig.

- Farinose, mit einem mehligen Pulver überzogen.

- Sichelförmig, hakenförmig oder sensenförmig gebogen.

- Faszikulär, in Bündeln wachsend.

- Fastigiate, mit einer Scheide gebündelt.

- Eisenhaltig, rostfarben.

- Fibrilös, mit kleinen Fasern bekleidet.

- Faserig, aus Fasern bestehend.

- Fadenförmig, fadenförmig.

- Gefranst, gesäumt.

- Spaltbar, spaltbar.

- Fistelförmig, fistulos , mit hohlem oder hohl werdendem Schaft.

- Flabelliform, fächerförmig.

- Schlaff, weich und schlapp.

- Bläulich, wird gelb.

- Gebogen , gewellt.

- Flocci, Fäden wie von Schimmel.

- Flockig, flaumig.

- Flocculose , mit Flocken bedeckt.

- Frei, bezeichnet Lamellen, die nicht am Stiel befestigt sind.

- Bröckelig, zerbröckelt leicht.

- Flüchtig, verschwindet schnell.

- Rotstichige, rußbraune oder dunkle Rauchfarbe.

- Gegabelt, gegabelt.

- Fellartig, mit kleieartigen Schuppen oder Schorf.

- Dunkelbraun, schmutzig, bräunlich oder braun mit grauem Schimmer.

- Spindelförmig, spindelförmig.

- Gasteromyces , Basidiomycetes, bei denen das Hymenium geschlossen ist .

- Gelatineartig, geleeartig.

- Gattung, eine Gruppe eng verwandter Arten.

- Buckel, an einer Stelle geschwollen.

- Lamellen, vom Stiel ausgehende Platten, auf denen die Basidien sitzen.

- Kahl, glatt.

- Blaugrün, mit weißem Belag.

- Gleba, das sporentragende Gewebe, wie bei Bovisten und Phalloiden .

- Kugelförmig, fast rund.

- Körnig, mit aufgerauter Oberfläche.

- Gesellig, ihre Zahl nimmt in derselben Gegend zu.

- Lebensraum, der natürliche Wachstumsort einer Pflanze.

- Behaart.

- Wirt: die Pflanze oder das Tier, auf dem ein parasitärer Pilz wächst.

- Hyalin, durchsichtig, klar wie Glas.

- Hygrophan , sieht im feuchten Zustand wässrig und im trockenen Zustand undurchsichtig aus.

- Hygrometrisches Material, nimmt leicht Wasser auf.

- Hymenium, die fruchttragende Oberfläche.

- Hymenophor, der Teil, der das Hymenium trägt.

- Hyphe, eine der länglichen Zellen oder Fäden des Pilzes.

- Überlappend, d. h. wie Schindeln.

- Eingerandet , ohne deutliche Grenze.

- Inkarniert, fleischfarben.

- Indehiszent, öffnet sich nicht.

- Einheimisch, gebürtig aus einem Land oder einem Ort.

- Verhärtet, ausgehärtet.

- Indusium, ein Schleier unter dem Hut.

- Unterer Ring tief unten am Stängel des Blätterpilzes.

- Infundibuliform, trichterförmig.

- Angeboren, durch Wachstum gewachsen.

- Evolvente, Kanten nach innen gerollt.

- Isabellin, Farbe des Sohlenleders bräunlich-gelb.

- Lackiert , lackiert oder mit Wachs überzogen.

- Zerfetzt, unregelmäßig gerissen.

- Gespalten, in Lappen unterteilt.

- Lakunös, narbig oder hohl.

- Lamelle (lamellæ), Lamellen eines Pilzes.

- Lanate, wollig.

- Leukospore , weiße Spore.

- Bläulich, bläulich-schwarz.

- Lautenartig, gelblich.

- Gefleckt, gefleckt.

- Marginal, mit deutlicher Grenze.

- Glimmerhaltig, mit glitzernden Schuppen bedeckt, glimmerartig.

- Mikron, ein Tausendstel Millimeter, fast 0,00004 Zoll .

- Myzel, die zarten Fäden aus keimenden Sporen, werden als Myzel bezeichnet.

- Nigrescent , wird schwarz.

- Obkonisch, umgekehrt konisch.

- Verkehrt eiförmig, umgekehrt eiförmig.

- Fettleibig, kräftig, mollig.

- Ockerfarben, ockergelb, bräunlichgelb.

- Blass, blass, unentschlossen in der Farbe.

- Papillenförmig, mit weichen Tuberkeln bedeckt.

- Paraphysen, sterile Zellen, die unter den Fortpflanzungszellen einiger Pflanzen vorkommen.

- Parasitär, wächst auf einer anderen Pflanze und erhält von ihr Unterstützung.

- Kammförmig, gezahnt wie ein Kamm.

- Peridium, die äußere Hülle eines Bovists, einfach oder doppelt.

- Perithecien, flaschenartige Behälter, die Asci enthalten.

- Peronat , wird verwendet, wenn der Stiel eine ausgeprägte strumpfartige Beschichtung aufweist.

- Hartnäckig, neigt dazu, fest zu haften.

- Pileatus, mit einer Kappe oder einem Pileus versehen.

- Pileolus (Plural: Pileoli), ein sekundärer Pileus, der aus dem primären entsteht.

- Pileus (Pileus, Hut), der kappenartige Kopf eines Pilzes.

- Langhaarig, mit Haaren bedeckt, pelzig.

- Pore, die Öffnung der Röhren eines Polyporus .

- Bereift, mit einer frostähnlichen Schicht bedeckt.

- Behaart, flaumig.

- Pulverförmig, mit Staub bedeckt.

- Gewölbt, kissenförmig.

- Faulig, verwesend schnell.

- Punktiert, mit Punkten übersät.

- Nach hinten gebogen.

- Reniform, nierenförmig.

- Nach hinten gebogen, nach oben oder hinten gedreht.

- Resupinat, über den Rücken an der Matrix befestigt.

- Netzartig, mit Querlinien durchzogen, wie die Maschen eines Netzes.

- Revolut, nach hinten oder oben gerollt.

- Rimosig , rissig oder voller Spalten.

- Rimulose , mit kleinen Rissen bedeckt.

- Ring, ein Teil des Schleiers, der am Stängel des Blätterpilzes haftet.

- Rötlich rötlich.

- Rubinfarben, rostfarben.

- Gebräunt, rötlich in der Farbe.

- Runzelig, faltig.

- Rotbraun, bräunlich-rot.

- Würzig, angenehm im Geschmack.

- Saprophyt, eine Pflanze, die von verrottender tierischer oder pflanzlicher Materie lebt.

- Skrobikulär, mit kleinen Grübchen oder Vertiefungen versehen.

- Gezähnt, sägezahnförmig.

- Gewellter, gewellter Rand der Lamellen oder der Sinus dort, wo sie den Stiel erreichen.

- Spatelförmig, in Form einer Spachtel .

- Myzel, auch Spawn genannt, wird beim Pilzanbau verwendet.

- Sporen, die Fortpflanzungskörper von Pilzen.

- Sporophor, Bezeichnung für die Basidien.

- Squamose , mit Schuppen.

- Schuppig, mit kleinen Schuppen bedeckt.

- Quadratrosa, rau mit Schuppen.

- Stigmata, die schlanken Stützen der Sporen.

- Gestielt, mit einem Stiel.

- Gestreift, mit Linien durchzogen.

- Strigose, mit scharfen und starren Linien bedeckt.

- Strobiliform , ananasförmig.

- Gefüllt, der Stiel ist mit anderem Material als die Wände gefüllt.

- Gefurcht, gefurcht.

- Gelbbraun, fast die Farbe von gegerbtem Leder.

- Rund, kreiselförmig.

- Mosaikartig angeordnet, in kleinen Quadraten.

- Filzig, flaumig, mit kurzen Haaren.

- Trama, die Substanz zwischen den Kiemenplatten.

- Stutzen, gerade abschneiden.

- Tuberkel, eine kleine warzenartige Auswüchsigkeit.

- Turbiniert, kreiselförmig.

- Nabelförmig , mit einer Vertiefung in der Mitte.

- Umbo, der Buckel eines Schildes, auf der zentralen Erhebung der Kappe angebracht.

- Umbonate, mit einer zentralen, buckelartigen Erhebung.

- Uncinat, hakenförmig.

- Gewellt, wellig.

- Vaginal, mit Scheide.

- Schleier, eine teilweise Bedeckung des Stiels oder Randes des Hutes.

- Veliform , eine dünne schleierartige Hülle.

- Geädert oder geadert, unten und an den Seiten von geschwollenen Falten durchzogen.

- Ventrikös, in der Mitte geschwollen.

- Vernicose , glänzend wie lackiert.

- Verrucose, mit Warzen bedeckt.

- Zottig , zottig, mit langen, schwachen Haaren bedeckt.

- Zähflüssig, mit einer glänzenden Flüssigkeit bedeckt, die an den Fingern klebt; klebrig.

- Zähflüssig, klebrig.

- Volute, in jede beliebige Richtung aufgerollt.

- Volva, ein universeller Schleier.

- In Zonen unterteilt, zoniert, mit konzentrischen Farbbändern markiert.